IONIQ 전장회로도

목차

| 일반사항 (GENERAL INFORMATION) | **GI** |

| 회로도 (SCHEMATIC DIAGRAMS) | **SD** |

| 커넥터 정보 CONNECTOR VIEWS) | **CV** |

| 구성 부품 위치도 (COMPONENT LOCATIONS) | **CL** |

| 하네스 위치도 (HARNESS LAYOUTS) | **HL** |

| 부품 인덱스 (HARNESS LAYOUTS) | **CI** |

일반사항

- 회로도 보는 방법 ·································· GI-1
- 회로도내 기호 ···································· GI-5
- 고장 진단법 ······································ GI-7
- 와이어링 리페어 ·································· GI-9

회로도 보는 방법 (1) GI-1

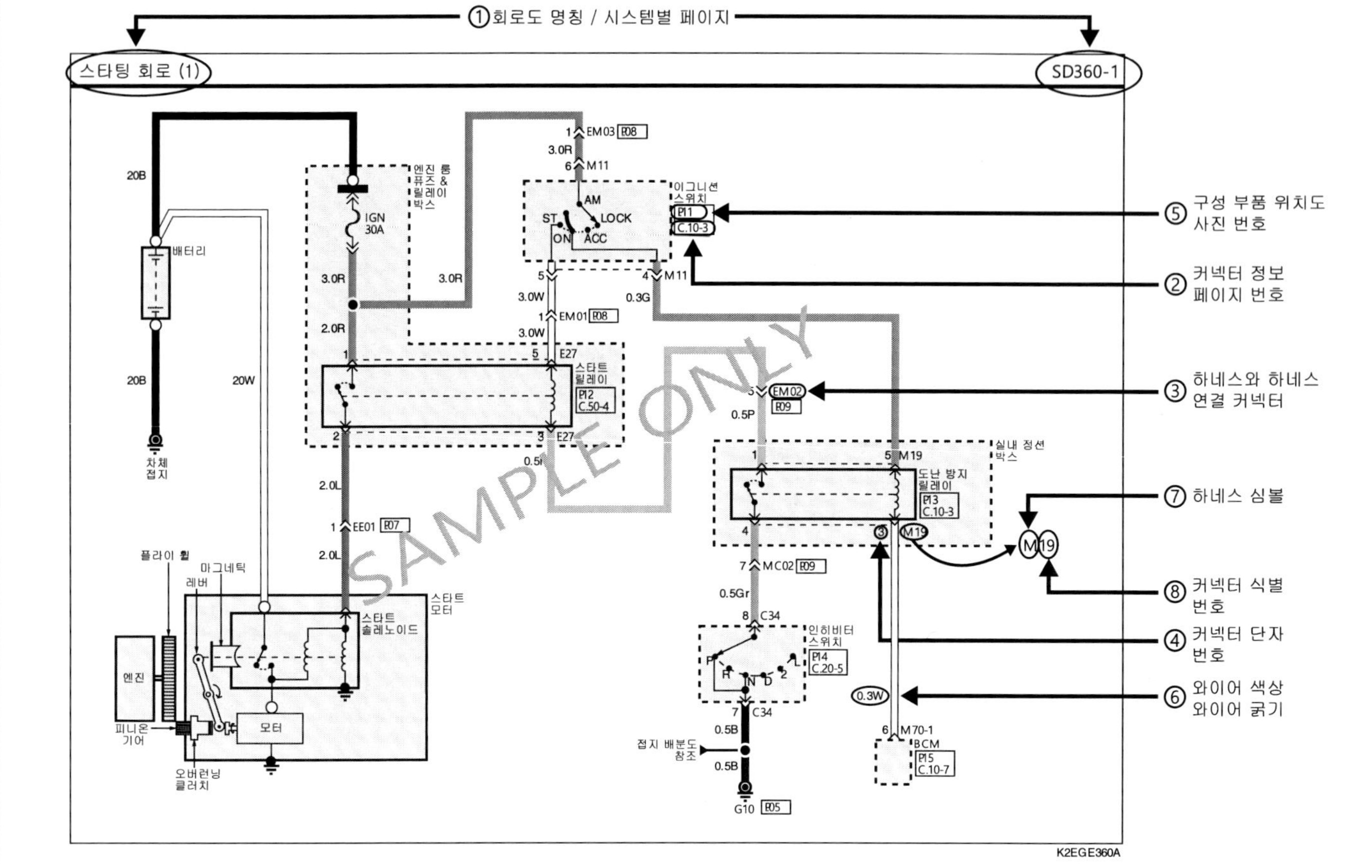

① 회로도 명칭 / 시스템별 페이지

스타팅 회로 (1) SD360-1

- ⑤ 구성 부품 위치도 사진 번호
- ② 커넥터 정보 페이지 번호
- ③ 하네스와 하네스 연결 커넥터
- ⑦ 하네스 심볼
- ⑧ 커넥터 식별 번호
- ④ 커넥터 단자 번호
- ⑥ 와이어 색상 와이어 굵기

K2EGE360A

회로도 보는 방법 (2) GI-2

① 회로도 명칭/시스템별 페이지
- 각 장마다 시스템별 회로가 구성되어 있으며, 이 회로도는 전기 흐름 경로와 각 스위치 연결 상태, 기타 관련된 회로 기능 등을 동시에 수록하여 실 정비 작업에 활용 될수 있도록 구성하였다.
- 고장 진단에 앞서 관련 회로를 정확하게 이해를 하는 것이 무엇보다 중요하다.
- 시스템별 회로 전개는 PART NO에 따라 부여하며, 전장 회로도 목차에 표기되어 있다.

② 커넥터 정보
  i. 표기 방법은 구성 부품에 하네스 커넥터가 연결되지 않은 상태의 하네스측 커넥터 앞 부분을 보여주며, 다음 항목을 표기한다.
  - : ⓐ 커넥터의 터미널 개수
  - : ⓑ 커넥터 암수 구분 (Female/Male)
  - : ⓒ 커넥터 단자의 배선 색상 및 단자 정보
  ii. 사용하는 터미널 단자의 번호는 ④커넥터 단자 번호 부여 방법에 준한다.
  iii. 사용하지 않는 터미널 단자는 (-)로 표기한다.
  iv. 커넥터 부품 번호 및 명칭 표기 방법
  - 커넥터 부품 번호 및 명칭 표기는 현대 부품 번호ⓓ, 공급 업체 부품 번호 ( )ⓔ, 업체 부품 명칭( ) 순ⓕ로 표기한다.
  - 현대 부품 번호ⓓ는 A/S 부품 신청시 사용한다.

  🛈 참 고
  - A/S 품 커넥터의 색상은 검정색(B)만 공급된다.
  - 현대 부품 번호가 있어도 모든 커넥터가 공급되지 않을 수 있다.
    단, 공급은 모비스 WPC 사이트에서 확인한다.
  - 부품 번호가 없는 커넥터는 (-) 표기한다.

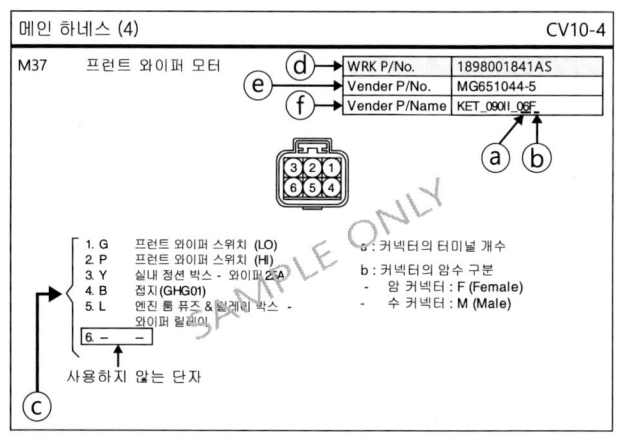

③ 하네스와 하네스 연결 커넥터
  i. 하네스와 하네스간의 커넥터가 연결되는 경우 2개의 암수 커넥터를 모두 보여 주며 별도의 커넥터 식별도 그룹에 표기한다.
  ii. 사용하는 터미널 단자의 번호는 ④넥터 단자 번호 부여 방법에 준한다.
  iii. 사용하지 않는 터미널 단자는 (*)로 표기한다.

회로도 보는 방법 (3)

GI-3

④ 커넥터 단자 번호 부여

암 커넥터(하네스측)	수 커넥터(부품측)	비 고
록킹 포인트 하우징 단자	록킹 포인트 단자 하우징	암 수 커넥터 구별은 하우징 형상이 아닌 단자 형상에 의해서만 이루어진다. 각 커넥터의 단자 번호부여에 대해서는 좌측 표를 참조하라. 단, 몇몇 커넥터는 이 단자 번호 부여 체계를 따르지 않을 수도 있다. 자세한 단자 번호는 각 커넥터 식별도를 참조하라.
3 2 1 6 5 4	1 2 3 4 5 6	
3 2 1 6 5 4 →	← 1 2 3 4 5 6	암 커넥터 단자 번호는 오른쪽 위에서 왼쪽 밑으로, 수 커넥터 단자 번호는 왼쪽 위에서 오른쪽 밑으로 번호를 매긴다.

⑤ 구성 부품 위치도
- 구성 부품위치도는 회로도상의 구성 부품을 차량에서 쉽게 찾을 수 있도록 부품명 하단에 PHOTO NO가 표기되어 있다.
- 사진의 커넥터는 차량에 부착된 상태로 표시되어 커넥터 식별이 용이하도록 하였다.

56. 대쉬 패널 좌측

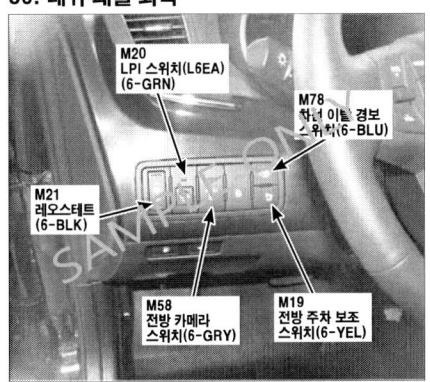

회로도 보는 방법 (4)

GI-4

⑥ 와이어 색상 지정 약어
- 회로도상의 와이어 색상을 식별하는데 사용되는 약어.

기 호	와이어 색상	기 호	와이어 색상
B	검 정 색 (Black)	O	오렌지색 (Orange)
Br	갈 색 (Brown)	P	분 홍 색 (Pink)
G	초 록 색 (Green)	R	빨 강 색 (Red)
Gr	회 색 (Gray)	W	흰 색 (White)
L	파 랑 색 (Blue)	Y	노 랑 색 (Yellow)
Lg	연 두 색 (Light Green)	Ll	하 늘 색 (Light Blue)

* Y/B : 노랑 바탕색에 검정색 줄무늬 선 (2가지 색)
  바탕색 줄무늬색

⑦ 하네스 심볼
- 각 하네스를 하네스 명칭, 장착 위치에 의해 분류하여 식별 심볼을 부여함.

심 볼	하네스 명칭	위 치
C	컨트롤, 배압 조절 밸브, 저압력 EGR 밸브 하네스	엔진 룸
D	도어 하네스	도어
E	프런트, 배터리, 프런트 엔드 모듈, 프런트 범퍼 하네스	엔진 룸, 차량 앞
F	플로어, EPB 익스텐션 하네스	플로어, 콘솔
M	메인 하네스	실내, 크래쉬 패드
R	루프, 테일 게이트, 리어 범퍼 하네스	루프, 차량 뒤
S	시트 하네스	실내

* 차종에 따라 변경 가능하므로 상세한 심볼은 하네스 배치도의 하네스 명칭 심볼 확인이 필요함.

⑧ 커넥터 식별 번호
- 커넥터 식별 번호는 와이어링 하네스 심볼과 커넥터 일련 번호로 구성되어 있다.
  부품과 와이어링의 연결

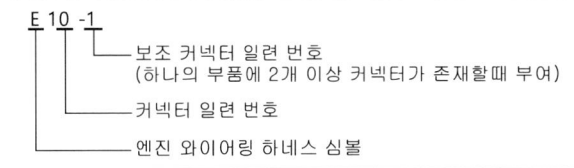

와이어링간의 연결
각 와이어링 하네스를 연결하는 (와이어링과 와이어링의 연결) 커넥터는 아래와 같이 표기한다.

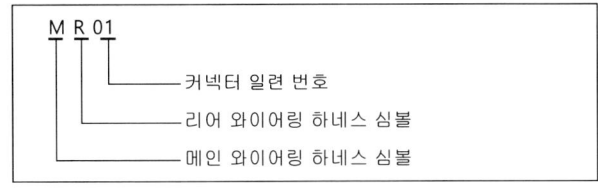

정션 박스와의 연결
정션 박스와 각 와이어링 하네스를 연결하는 커넥터는 아래의 심볼로 나타낸다.

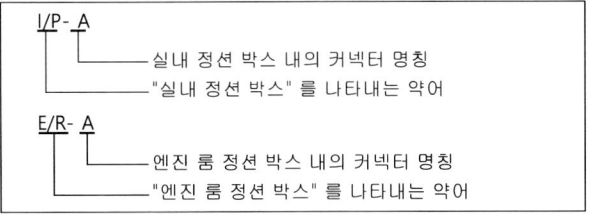

회로도 보는 방법 (5)

와이어링 하네스 위치도

와이어링 하네스 위치도는 책자의 마지막 쪽에 위치하며 주요 와이어링 하네스의 전체적인 위치를 보여주며, 또한 커넥터의 개략적인 위치가 표기된다.

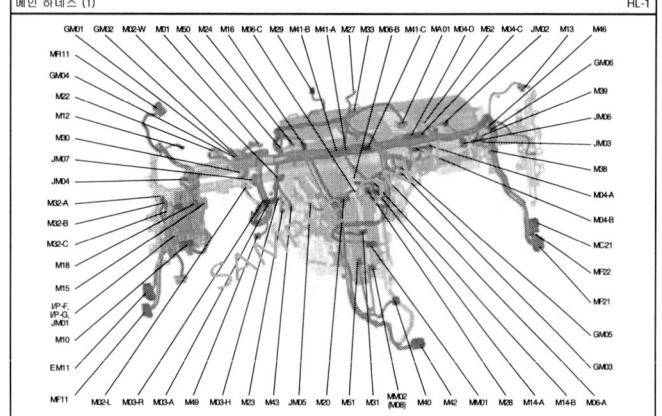

만족도 조사

자료에 대한 만족도를 선택하여 주세요.

매우불만 ○ 1 ○ 2 ● 3 ○ 4 ○ 5 매우만족

초기화 제출

회로도내 기호 (1)

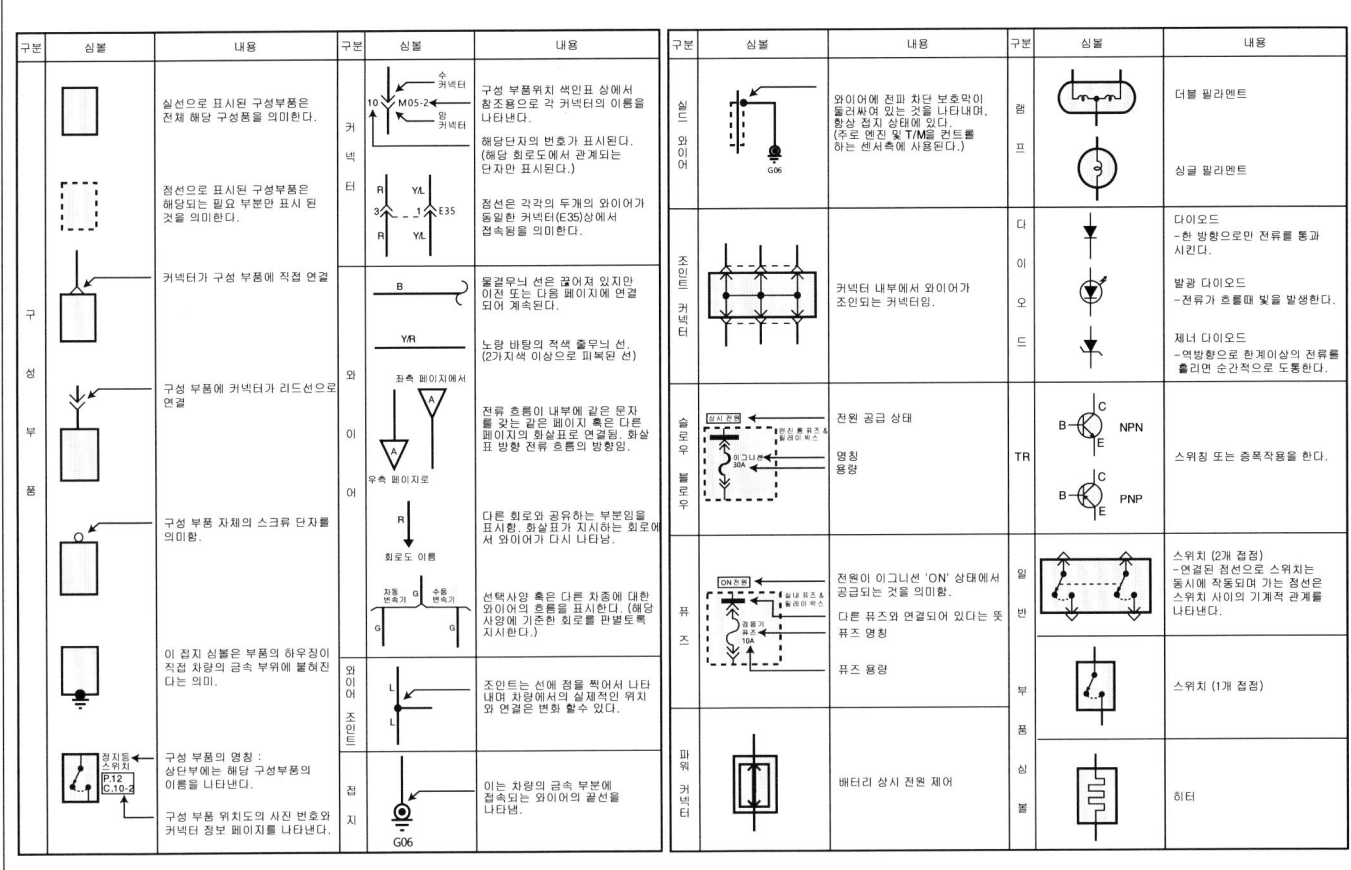

회로도내 기호 (2)

만족도 조사

자료에 대한 만족도를 선택하여 주세요.

매우불만 ○1 ○2 ◉3 ○4 ○5 매우만족

초기화 제출

고장 진단법 (1)

고장 진단법

고장 진단법

아래 5단계 고장 진단 과정을 거쳐 문제에 접근한다.

1단계 : 고객 불만 사항 검토

정확한 점검을 위해 문제되는 회로의 구성부품을 작동시킨 후 문제를 검토하고, 그 현상을 기록한다. 확실한 원인 파악전에는 분해나 테스트를 실시하지 말아야 한다.

2단계 : 회로도의 판독 및 분석

회로도에서 고장 회로를 찾아 시스템 구성부품에의 전류 흐름을 파악하여 작업 방법을 결정한다. 작업 방법을 인식하지 못할 경우에는 회로 작동 참고서를 읽는다.
또한 고장 회로를 공유하는 다른 회로를 점검한다. 예를 들어 같은 퓨즈, 접지, 스위치등을 공유하는 회로의 명칭을 각 회로도에서 참조한다.
1단계에서 점검하지 않았던 공유되는 회로를 작동시켜 본다. 공유 회로의 작동이 정상이면 고장회로 자체의 문제이고, 몇 개의 회로가 동시에 문제가 있으면 퓨즈 접지상의 문제일 것이다.

3단계 : 회로 및 구성 부품 검사

회로 테스트를 실시하여 2단계의 고장 진단을 점검한다. 효율적인 고장 진단은 논리적이고 단순한 과정으로 실시되어야 한다. 고장 진단 힌트 또는 시스템 고장 진단표를 이용하여 확실한 원인 파악을 한다. 가장 큰 원인으로 파악된 부분부터 테스트를 실시하며, 테스트가 쉬운 부분에서 부터 시작한다.

4단계 : 고장 수리

고장이 발견되면 필요한 수리를 실시한다.

5단계 : 회로 작업 확인

수리후 확인을 위해 다시 한번 더 점검을 실시한다. 만약 문제가 퓨즈가 끊어지는 것이었다면, 그 퓨즈를 공유하는 모든 회로의 테스트를 실시한다.

고장 진단 설비

1. 전압계 및 테스트 램프

테스트 램프로 개략적인 전압을 점검한다. 테스트 램프는 한쌍의 리드선으로 접속된 12V 벌브로 구성되어 있다. 한쪽 선을 접지후 전압이 반드시 나타나야 하는 회로를 따라 여러 위치에 테스트 램프를 연결 시켜 벌브가 계속해서 점등 되면 테스트 지점에 전압이 흐르는 것이다.

주의

회로는 컴퓨터 제어 인젝션과 함께 사용하는 ECM과 같은 반도체가 포함된 모듈(유니트)을 갖는다. 이러한 회로의 전압은 10MΩ이나 그 이상의 임피던스를 갖는 디지탈 볼트 메타로 테스트해야 한다. 안전 상태의 모듈이 포함된 회로는 테스트 램프 사용시 내부 회로가 손상될 수 있으므로 테스트 램프를 절대 사용하지 말아야 한다.

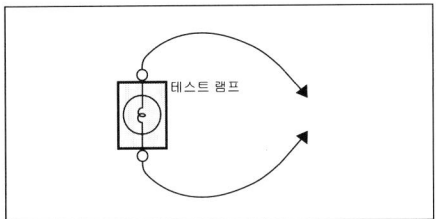

테스트 램프와 동일한 요령으로 전압계를 사용할 수도 있으며, 전압의 유.무만 판독하는 테스트 램프와는 달리 전압계에서는 전압의 세기까지 표시한다.

고장 진단법 (2)

2. 자체 전원 테스트 램프 및 저항기

통전 여부 점검을 위해 벌브, 배터리, 2개의 리드선으로 구성되는 자체 전원 테스트 램프나 저항기를 사용한다. 두개의 리드선이 모두 접속되면 램프는 계속 점등된다.
그 위치점을 점검하기 전에 우선 배터리 (-) 케이블이나 작업중인 해당 회로의 퓨즈를 탈거한다.

주의

반도체가 포함된 유니트 (ECM, TCM이 접속된 상태) 회로에서는 모듈 (유니트)이 손상 될 위험이 있으므로 자체 전원 테스트 램프를 사용하지 말아야 한다.

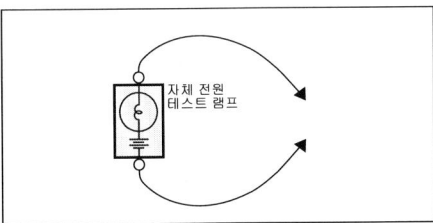

저항기는 자체 전원 테스트 램프 위치에서 사용할 수 있으며, 회로의 두 지점간의 저항을 나타낸다. 낮은 저항은 양호한 통전 상태를 나타낸다. 반도체가 포함된 유니트 회로는 10MΩ이나 임피던스가 큰 용량의 디지탈 멀티메타만 사용해야 한다. 디지탈 멀티미터로 저항 측정시에는 배터리의 (-) 단자는 분리해야 한다. 그렇지 않을 경우 부정확한 수치가 나타날 수도 있다.
회로상에서 다이오드나 모듈에서는 잘못된 수치를 나타낼 수 있다.
유니트가 측정치에 영향을 줄 경우에는 수치를 한번 측정한 후 리드를 반대로 갖다대고 다시 한번 측정한다. 측정치가 다르면 유니트가 영향을 미치는 것이다.

3. 퓨즈 포함된 점프 와이어

열려진 회로를 점검해야 할때는 점프 와이어를 사용한다. 점프 와이어는 테스트 리드 세트에 인 라인 (IN-LINE) 퓨즈 홀더가 연결되어 있다. 점프 와이어는 스몰 클램프 커넥터와 함께 대부분의 커넥터에 손상을 주지 않고 사용 가능하다.

주의

테스트 되는 회로 보호를 위해 정격 퓨즈 용량 이상의 것은 사용하지 말아야 한다. ECM, TCM 등과 같은 것은 커넥터가 접속된 유니트 상태에서 입출력을 위한 대체용등 어떤 상황에서도 사용해서는 안된다.

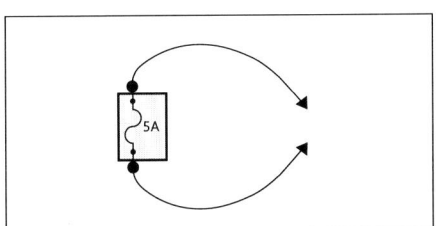

고장 진단 테스트

1. 전압 테스트

커넥터의 전압 측정시에는 커넥터를 분리시키지 않고 탐침을 커넥터 뒷쪽에서 꽂아 점검한다. 커넥터의 접속표면 사이의 오염, 부식으로 전기적 문제가 발생될수 있으므로 항시 커넥터의 양면을 점검해야 한다.

A. 테스트 램프나 전압계의 한쪽 리드선을 접지 시킨다. 전압계 사용시는 접지 시키는 쪽에 반드시 전압계의 (-) 리드선을 연결해야 한다.
B. 테스트 램프나 전압계의 다른 한쪽 리드선은 선택한 테스트 위치 (커넥터나 단자)에 연결한다.
C. 테스트 램프가 켜진다면 전압이 있다는 것을 의미한다.
D. 전압계 사용시는 수치를 읽는다. 규정치보다 1볼트 이상 낮은 경우는 고장이다.

고장 진단법 (3)

GI-10

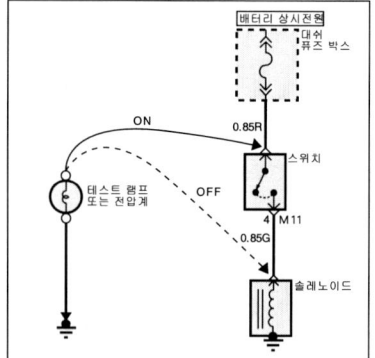

2. 통전 테스트

A. 배터리(-) 단자를 분리한다.
B. 자체 전원 테스트 램프나 저항기의 한쪽 리드선을 테스트하고자 하는 회로의 한쪽 끝에 연결한다. 저항기 사용시에는 리드선 2개를 함께 잡은 다음 저항이 0Ω이 되도록 저항기를 조정한다.
C. 다른 한쪽 리드선은 테스트 하고자하는 회로의 다른 한쪽 끝에 연결한다.
D. 자체 전원 테스크 램프가 켜지면 통전상태이다. 저항기 사용시에는 저항이 0Ω 또는 값이 작을 때 양호한 통전상태를 나타낸다.

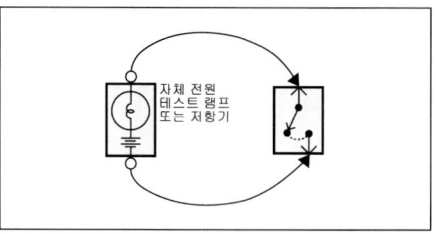

3. 접지 단락 테스트

A. 배터리의 (-) 단자를 분리한다.
B. 자체 전원 테스트 램프나 저항기의 한쪽 리드선을 구성품 한쪽의 퓨즈 단자에 연결한다.
C. 다른 한쪽 리드선은 접지 시킨다.
D. 퓨즈 박스에서 근접해 있는 하네스부터 순차적으로 점검해 간다. 자체 전원 테스트 램프나 저항기를 약15㎝ 간격을 두고 순차적으로 점검해 간다.
E. 자체 전원 테스트 램프가 열화되거나 저항이 기록되면 그 위치점 주위 와이어링의 접지가 단락된 것이다.

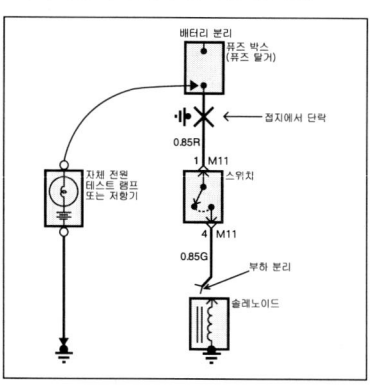

만족도 조사

자료에 대한 만족도를 선택하여 주세요.

매우불만 ○ 1   ○ 2   ● 3   ○ 4   ○ 5   매우만족

초기화   제출

와이어링 리페어 (1)

와이어링 리페어

개요

리페어 툴은 차량 내 와이어링 하네스 정비 담당자용으로 제작되었으며 이 설명서는 리페어 툴 및 사용 방법을 설명합니다.
리페어 툴을 사용하여 작업하면 인건비 및 부품 비용을 절감할 수 있으며 차량 서비스 완료 시간을 단축시켜 고객 만족에 기여할 수 있습니다.

장점

1. 수리 용이

와이어링 하네스 결함 중 커넥터 부 결함이 확인될 때 리페어 툴을 사용하여 적절한 방법으로 리페어 작업을 진행한다면 와이어링 하네스 전체를 교체할 필요가 없습니다.

2. 서비스 센터

차량 수리 비용과 시간을 단축함으로써 고객 만족에 기여할 수 있습니다. 리페어 툴은 정비 담당자 분들의 의견을 반영하여 기존 툴들의 단점을 보완하여 제작되었습니다. 따라서 이 리페어 툴을 사용하여 작업을 진행한다면 작업 능률 및 서비스 능력이 향상이 될 것입니다.

3. 구성 요소

리페어 툴 명번	적용 차종
RJ-G04 外 10종	양산 차종

- 총 11 종 리페어 툴 / CASE / KIT VAATZ 등록 품번

이미지	VAATZ 품번	품번	구 모델번호
RJ-G04	GT710201309270451	HKY001	RJ-G04
RJ-H01	GT710201309270453	HKY002	RJ-H01
RJ-AFMR	GT710201309270459	HKY003	RJ-AFMR
RJ-G021	GT710201309270480	HKY004	RJ-G021
RJ-025	GT710201309270468	HKY005	RJ-025
RJ-KS52	GT710201309270469	HKY006	RJ-KS52
RJ-KS04	GT710201309270470	HKY007	RJ-KS04
RJ-RT03	GT710201309270472	HKY008	RJ-RT03
RJ-ASMR	GT710201309270473	HKY009	RJ-ASMR
RJ-TBAA	GT710201309270474	HKY010	RJ-TBAA
RJ-JPT	GT710201309270476	HKY011	RJ-JPT
	GT710201309270477	(CASE) HKY990	
	GT710201309270478	(KIT) HKY999	

와이어링 리페어 (2)

4. 커넥터 및 터미널 교환 방법

4.1 문제추정 커넥터 및 터미널 시리즈 확인

1) GWS 전장 회로도 확인 http://www.globalserviceway.com

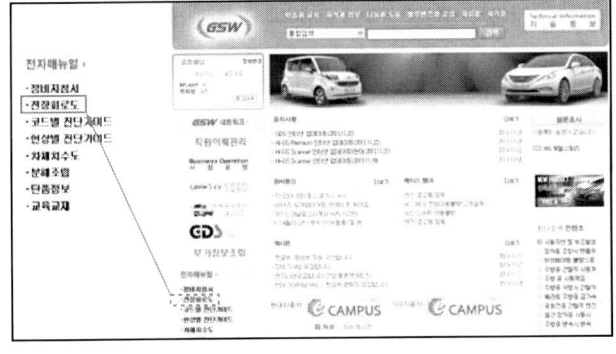

2) 차종/모델 등 정보 확인

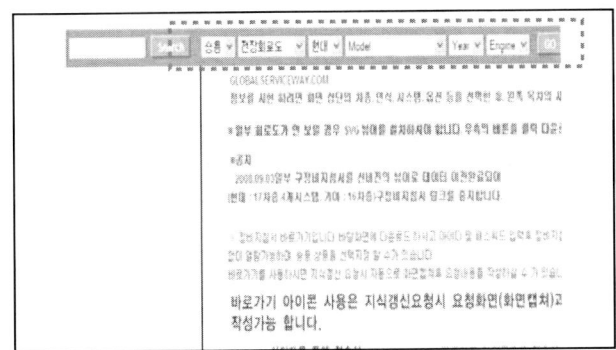

3) 문제 추정 대상 부위 확인

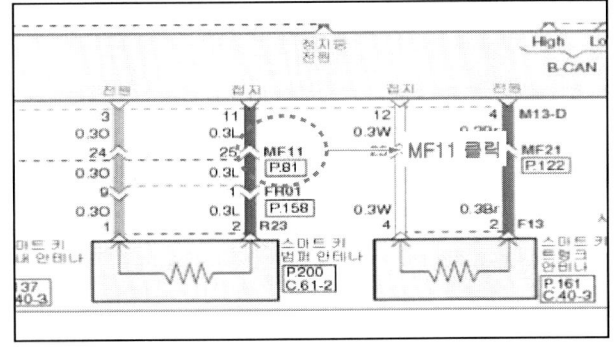

4) 문제 추정 대상 부위 확인

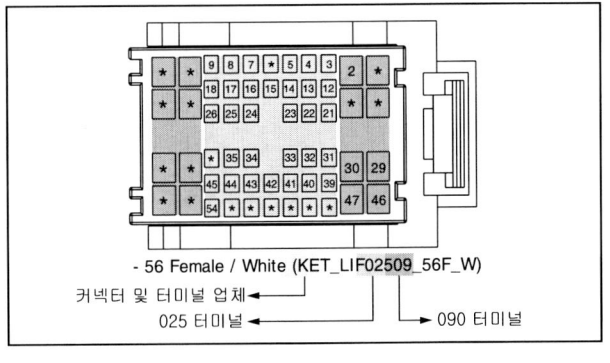

- 56 Female / White (KET_LIF02509_56F_W)

커넥터 및 터미널 업체
025 터미널 → 090 터미널

와이어링 리페어 (3)

4.2 문제 추정 부위 리페어 툴 적용

사용 리페어 툴: RJ-G04

커넥터 구성	적용 시리즈
	AMP_040(MK-II), AMP_040-II, AMP_090III, AMP_EJMK-II, AMP_MQS(025WP), AMP_MQS(14), FCI_1.2APEX(MICRO), KET_025(UNSEAL), KET_030(91A), KET_040(0407), KET_040(SP), KET_040-III, KET_060(62C), KET_060, KET_070, KET_090-II, KET_090III(WP), KET_SP58V(050WP), KET_SSD(050WP), KUM_CDR(050), KUM_MMC(025), KUM_NIC(060), KUM_TWP(025WP), PKD_MICRO, HVT1.2WP, SUM_HX040WP, SUM_HY1.5(060), SUM_NH025

1) 문제 부위 적용 시리즈 확인 (커넥터 및 터미널)

2) 리페어 툴 명번 확인 후 적용

5. 주의사항

> ⚠️ 고
> 전기가 통하는 차량 상태에서는 작업하기 전에 음극 (-) 케이블을 분리 후 작업한다.

※ 다음과 같은 상황에는 커넥터를 통째로 교환한다.
 - 하우징 또는 락킹부 손상 커넥터
 - 단자 또는 와이어 손상 커넥터

> ⚠️ 의
> 리페어 툴은 숙련된 서비스 센터 직원들을 위해 제작되었으며 함부로 사용시 커넥터 결함의 원인이 된다.

6. 리페어 툴 사용법

6.1 하우징 락킹 타입

1) 리테이너 탈거 타입 - A 타입 (B, C, D)

A 타입   B 타입   C 타입   D 타입

① 리테이너의 하단 구멍 부에 툴을 위치 시킵니다.

② 리테이너를 부드럽게 당겨 커넥터로 부터 탈거 시킵니다.

③ 리페어 툴을 탈거하고자 하는 락킹부에 넣습니다.
④ 락킹부를 해제하고 와이어를 서서히 당깁니다.

와이어링 리페어 (4)

2) 리테이너 미탈거 (빼냄) 타입 - E 타입 (F)

E 타입   F 타입

① 리테이너의 구멍 부에 툴을 위치 시킵니다.

② 리테이너를 커넥터에서 분리될 때까지 들어 올립니다.

③ 리페어 툴을 탈거하고자 하는 락킹부에 넣습니다.
④ 락킹부를 해제하고 와이어를 서서히 당깁니다.

3) 터미널 락킹 타입 (양쪽) - G 타입 (H, I)

G 타입   H 타입   I 타입

① 리테이너의 가장 자리 단층 부에 툴을 위치 시킵니다.

② 리테이너를 커넥터에서 분리될 때까지 들어 올립니다.

③ 리페어 툴을 탈거하고자 하는 락킹부에 넣습니다.
④ 양쪽 터미널 락킹부를 해제하고 와이어를 서서히 당깁니다.

4) 터미널 락킹 타입 (한쪽) - J 타입 (K)

J 타입   K 타입

① 리테이너의 가장 자리 단층 부에 툴을 위치 시킵니다.

② 리테이너를 커넥터에서 분리될 때까지 들어 올립니다.

③ 리페어 툴을 탈거하고자 하는 락킹부에 넣습니다.
④ 터미널 락킹부를 해제하고 와이어를 서서히 당깁니다.

와이어링 리페어 (5)

6.2 커넥터 락킹 타입

A 타입 : 한 개의 하우징 란스 하단에 위치함

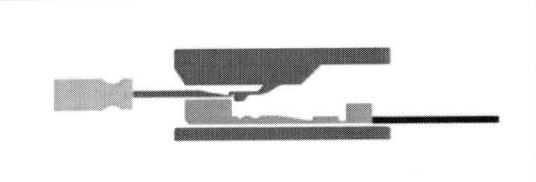

B 타입 : 한 개의 하우징 란스 상단에 위치함

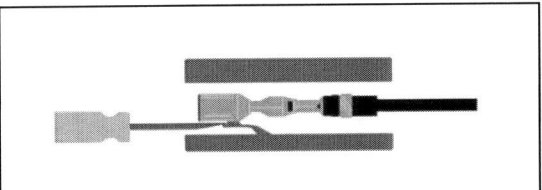

C 타입 : 한 개의 하우징 란스 측면에 위치함

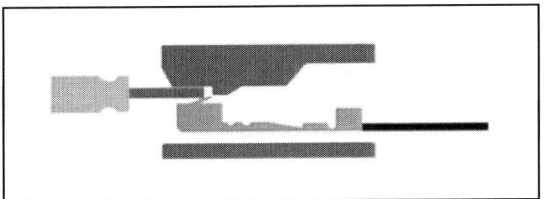

D 타입 : 터미널 상단 한 개의 란스가 위치함

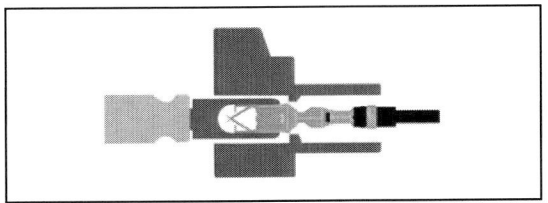

E 타입 : 터미널 양쪽에 란스가 위치함

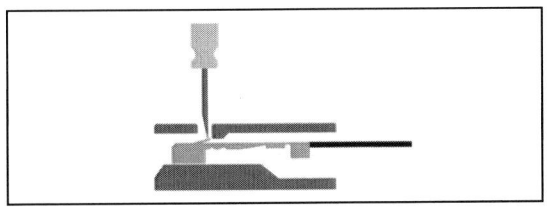

F 타입 : 터미널 상단 한 개의 란스가 위치함

만족도 조사

자료에 대한 만족도를 선택하여 주세요.

매우불만 ○ 1   ○ 2   ● 3   ○ 4   ○ 5   매우만족

초기화   제출

전기차 시스템 주의사항
고전압 시스템 작업 전 주의사항

⚠ 위험
전기 자동차는 고전압 배터리를 포함하고 있어서 시스템이나 차량을 잘못 건드릴 경우 심각한 누전이나 감전 등의 사고로 이어질 수 있다.
그러므로 고전 시스템 작업 전에는 반드시 아래 사항을 준수하도록 한다.

⚠ 경고
- 보호 장비를 착용한 작업 담당자 이외에는 고전압 부품과 관련된 부분을 절대 만지지 못하도록 한다. 이를 방지하기 위해 작업과 연관되지 않는 고전압 시스템은 절연 덮개로 덮어놓는다.
- 고전압 시스템 관련 작업 시, 절연 공구를 사용한다.
- 탈거한 고전압 부품은 누전을 예방하기 위해 절연 매트에 정리하여 보관하도록 한다.
- 고전압 단자 간 전압이 0V 이하임을 확인한다.
- 고전압 시스템 작업 시 체결 토크를 준수한다.
- 고전압 케이블을 분리 할 경우, 분리 직후 절연 테이프 등을 이용하여 절연 조치한다.
- 고전압 케이블 및 버스 바 또는 고전압 배터리 관련 부품 분해 작업 시 (+), (-) 단자 간 접촉이 발생하지 않도록 한다.

ℹ 참고
- 모든 고전압 시스템 와이어링과 커넥터는 오렌지 색으로 구분되어 있다.
- 고전압 시스템 부품에는 "고전압 경고" 라벨이 부착되어 있다.
- 고전압 시스템 부품 : 배터리 시스템 어셈블리(BSA), 모터 어셈블리, 인버터 어셈블리, 고전압 정션 블록, 파워 케이블 등

⚠ 주의
1. 고전압 시스템 작업 시 아래와 같이 "고전압 위험 차량" 표시를 하여 타인에게 고전압 위험을 주지시킨다.

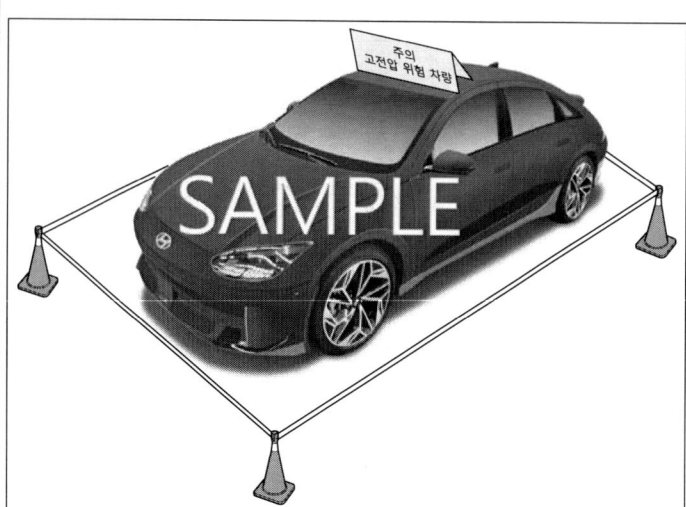

2. 금속성 물질(시계, 반지, 기타 금속성 제품 등)은 고전압 단락을 유발하여 심각한 신체 상해를 입을 수 있고, 차량이 손상될 수 있으므로 작업 전에 반드시 몸에서 제거한다.
3. 고전압 시스템 관련 작업 전에는 안전 사고 예방을 위해 개인 보호 장비를 착용하도록 한다. ("개인 보호 장비(PPE)"참조)
4. 고전압 시스템을 점검하거나 정비하기 전에는 반드시 고전압 차단 절차를 수행해야 한다. ("고전압 차단 절차"참조)

전기차 시스템 주의 사항 (2)

경고

고전압 주의:
차량 작업 중이니 만지지 마시오.
————— 담당자: —————

정지

고전압 주의:
차량 작업 중이니 만지지 마시오.
————— 담당자: —————

이 페이지를 복사해서 고전압 작업 중인 차량의 지붕 위에 접어서 올려 놓을 것.

전기차 시스템 주의 사항 (3)

개인 보호 장비 (PPE)

형상 / 명칭	용도
절연 장갑	고전압 부품 점검 및 관련 작업 시 착용 [절연 성능 : 1000V / 300A 이상]
절연화	
절연복	고전압 부품 점검 및 관련 작업 시 착용
절연 안전모	

형상 / 명칭	용도
보호 안경	아래의 경우에 착용 • 스파크가 발생할 수 있는 고전압 배터리 단자나 와이어링을 탈장착 또는 점검 • 고전압 배터리 시스템 어셈블리(BSA) 작업
안면 보호대	
절연 매트	탈거한 고전압 부품에 의한 감전 사고 예방을 위해 절연 매트 위에 정리하여 보관
절연 덮개	보호 장비 미착용자의 안전 사고 예방을 위해 고전압 부품을 절연 덮개로 차단
경고 테이프	작업 중 사고 발생할 수 있으므로 사람들의 접근을 막기위해 차량 주변에 설치

전기차 시스템 주의 사항 (4)

개인 보호 장비 점검

- 절연화, 절연복, 절연 안전모, 안전 보호대등도 찢어졌거나 파손되었는지 확인한다.
- 절연 장갑 찢어졌거나 파손되었는지 확인한다.
- 절연 장갑의 물기를 완전히 제거한 후 착용한다.

참고

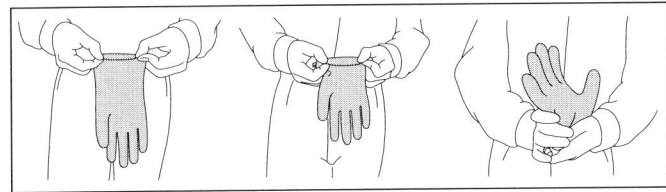

1. 절연 장갑을 위와 같이 접는다.
2. 공기 배출을 방지하기 위해 3~4번 더 접는다.
3. 찢어지거나 손상된 곳이 있는지 확인한다.

파워 케이블 작업 시 주의사항

- 고전압 단자를 다시 체결할 경우, 체결 직후 절연 조치한다. (절연 테이프 이용)
- 고전압 단자 체결용 스크류는 규정 토크로 체결한다.
- 파워 케이블 및 부스바 체결 또는 분해 작업 시 (+), (-) 단자 간 접촉이 발생하지 않도록 주의한다.

전기 자동차 장기 방치 시 주의사항

- 시동 스위치를 OFF 한 후, 의도치 않은 시동 방지를 위해 스마트 키를 차량으로부터 2m이상 떨어진 위치에 보관하도록 한다. (암전류 등으로 인한 고전압 배터리 심방전 방지)
- 고전압 배터리 SOC(State Of Charge, 배터리 충전률)가 30% 이하일 경우, 장기 방치를 금한다.
- 차량을 장기 방치할 경우, 고전압 배터리 SOC의 상태가 0으로 되는 것을 방지하기 위해 3개월에 한 번 보통 충전으로 만충전하여 보관한다.
- 보조 배터리 방전 여부 점검 및 교체 시, 고전압 배터리 SOC 초기화에 따른 문제점을 점검한다.

전기 자동차 냉매 회수/충전 시 주의사항

- 고전압을 사용하는 전기 자동차의 전동식 컴프레서는 절연성능이 높은 POE 오일을 사용한다.
- 냉매 회수/충전 시 일반 차량의 PAG 오일이 혼입되지 않도록 전기 자동차 정비를 위한 별도 전용 장비(냉매 회수/충전기)를 사용한다.

⚠ 경고

- 반드시 전동식 컴프레서 전용의 냉매 회수/충전기를 이용하여 지정된 냉매(R-134a)와 냉동유(POE)를 주입한다. 일반 차량의 냉동유(PAG)가 혼입될 경우 컴프레서 손상 및 안전사고가 발생할 수 있다.

전기차 시스템 주의 사항 (5)

사고 차량 취급 시 주의사항

- 절연 장갑(또는 고무 장갑), 보호 안경, 절연복 및 절연화를 착용한다.
- 절연 피복이 벗겨진 파워 케이블(Bare Cable)은 절대 접촉하지 않는다. ("파워 케이블 작업 시 주의 사항" 참조)
- 차량 화재 시, 불을 끌 수 있다면 이산화탄소 소화기를 사용한다. 단, 그렇지 못할 경우 물이나 다른 소화기를 사용하도록 한다
- 차량이 절반 이상 침수 상태인 경우, 서비스 플러그 등 고전압 관련 부품에 절대 접근하지 않는다. 불가피한 경우라도 차량을 안전한 곳으로 완전히 이동시킨 후 조치한다.
- 가스는 수소 및 알칼리성 증기이므로, 실내일 경우는 즉시 환기를 실시하고 안전한 장소로 대피한다.
- 누출된 액체가 피부에 접촉 시, 즉각 붕소액으로 중화시키고, 흐르는 물 또는 소금물로 환부를 세척한다.
- 고전압 차단이 필요할 경우, "고전압 차단 절차"를 참조하여 작업한다.

사고 차량 작업 시 준비사항

- 절연 장갑(또는 고무 장갑), 보호 안경, 절연복 및 절연화
- 붕소액(Boric Acid Power or Solution)
- 이산화탄소 소화기 또는 그외 별도의 소화기
- 전해질용 수건
- 비닐 테이프 (터미널 절연용)
- 메가옴 테스터 (고전압 절연저항 확인용)

고전압 차단 절차

⚠️ **경고**

- 고전압 시스템 관련 작업 시, "고전압 차단절차"에 따라 반드시 고전압을 먼저 차단해야 한다. 미준수 시, 감전 또는 누전 등으로 인한 심각한 사고를 초래할 수 있다.

ℹ️ **참고**

- 고전압 시스템 부품 : 배터리 시스템 어셈블리(BSA), 모터 어셈블리, 인버터 어셈블리, 고전압 정션 블록, 파워 케이블 등

1. 진단기기를 자기 진단 커넥터(DLC)에 연결한다.
2. IG 스위치를 ON 한다.
3. 진단기기 서비스 데이터의 BMS 융착 상태를 확인한다.

규정값 : Relay Welding not detection

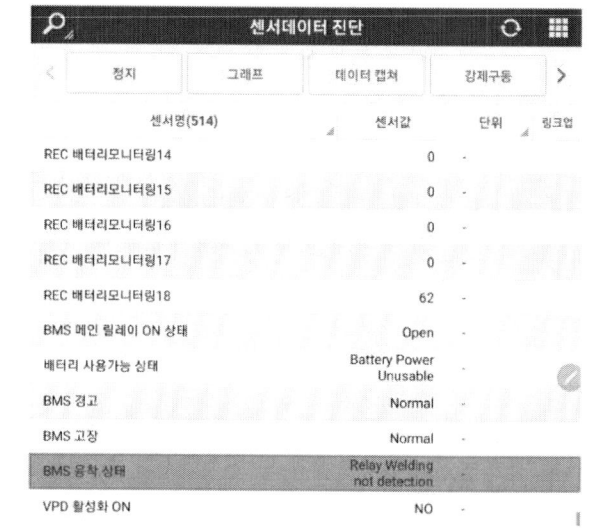

전기차 시스템 주의 사항 (6)

4. IG 스위치를 OFF 한다.
5. 12V 배터리 (-) 터미널을 분리한다.
6. 서비스 인터록 커넥터(A)를 화살표 방향으로 분리한다.

⚠️ **경고**
- 고전압 시스템의 캐패시터가 완전히 방전될 수 있도록 3분 이상 기다린다.

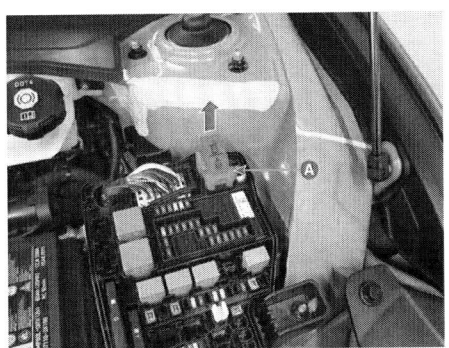

7. 인버터 단자 사이의 전압을 측정하여 인버터 캐패시터가 방전되었는지 확인한다.
   (1) 리프트를 이용하여, 차량을 들어올린다.
   (2) 프런트 언더커버를 탈거한다.
   (3) 리어 언더커버를 탈거한다.
   (4) 고전압 커넥터 커버(A)를 탈거한다.

체결 토크 : 0.8 ~ 1.2 kgf.m

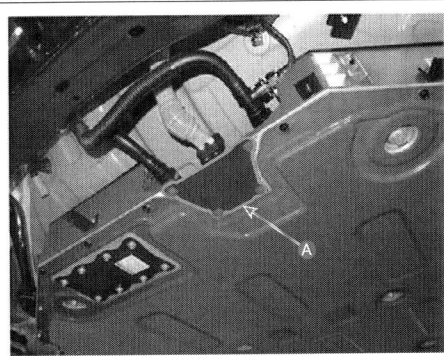

(5) 고전압 배터리 프런트 커넥터(A)를 분리한다.

전기차 시스템 주의 사항 (7)

(6) 고전압 배터리 리어 커넥터(A)를 분리한다.

(7) 프런트 인버터 단자 사이의 전압을 측정한다.

정상 : 30V 이하

(8) 리어 인버터 단자 사이의 전압을 측정한다.

정상 : 30V 이하

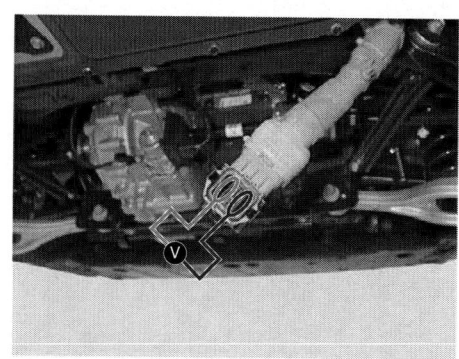

전기차 시스템 주의 사항 (8)

8. 배터리 시스템 어셈블리의 리어 고전압 커넥터 단자간 전압을 측정하여 파워 릴레이 어셈블리의 융착 유무를 점검한다.

정상 : 0V

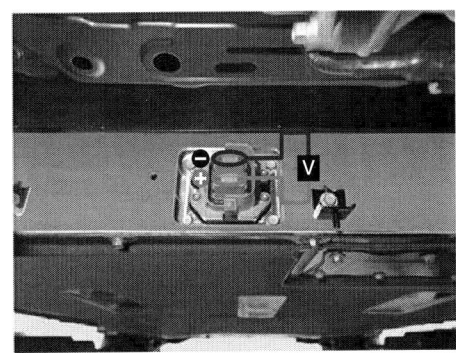

⚠ **경고**
- 전압이 비정상으로 측정 된 경우, 고전압 차단이 정상적으로 되지 않았을 수 있으므로 메인 퓨즈를 탈거한다.

전기차 시스템 주의 사항 (8)

8. 배터리 시스템 어셈블리의 리어 고전압 커넥터 단자간 전압을 측정하여 파워 릴레이 어셈블리의 융착 유무를 점검한다.

정상 : 0V

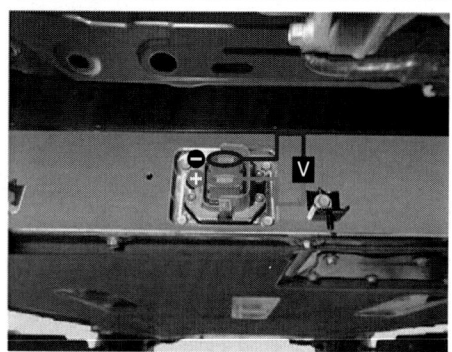

⚠ **경고**
- 전압이 비정상으로 측정 된 경우, 고전압 차단이 정상적으로 되지 않았을 수 있으므로 메인 퓨즈를 탈거한다.

회로도

- 바디 전장 ……………………… SD969-1
- 배터리 제어 시스템 ……………… SD371-1
- 변속기 ………………………… SD451-1
- 브레이크 시스템 ………………… SD588-1
- 스티어링 시스템 ………………… SD563-1
- 에어백 시스템 …………………… SD569-1
- 전원 & 접지 ……………………… SD100-1
- 차량 제어 시스템 ………………… SD366-1
- 히터 및 에어컨 장치 ……………… SD971-1

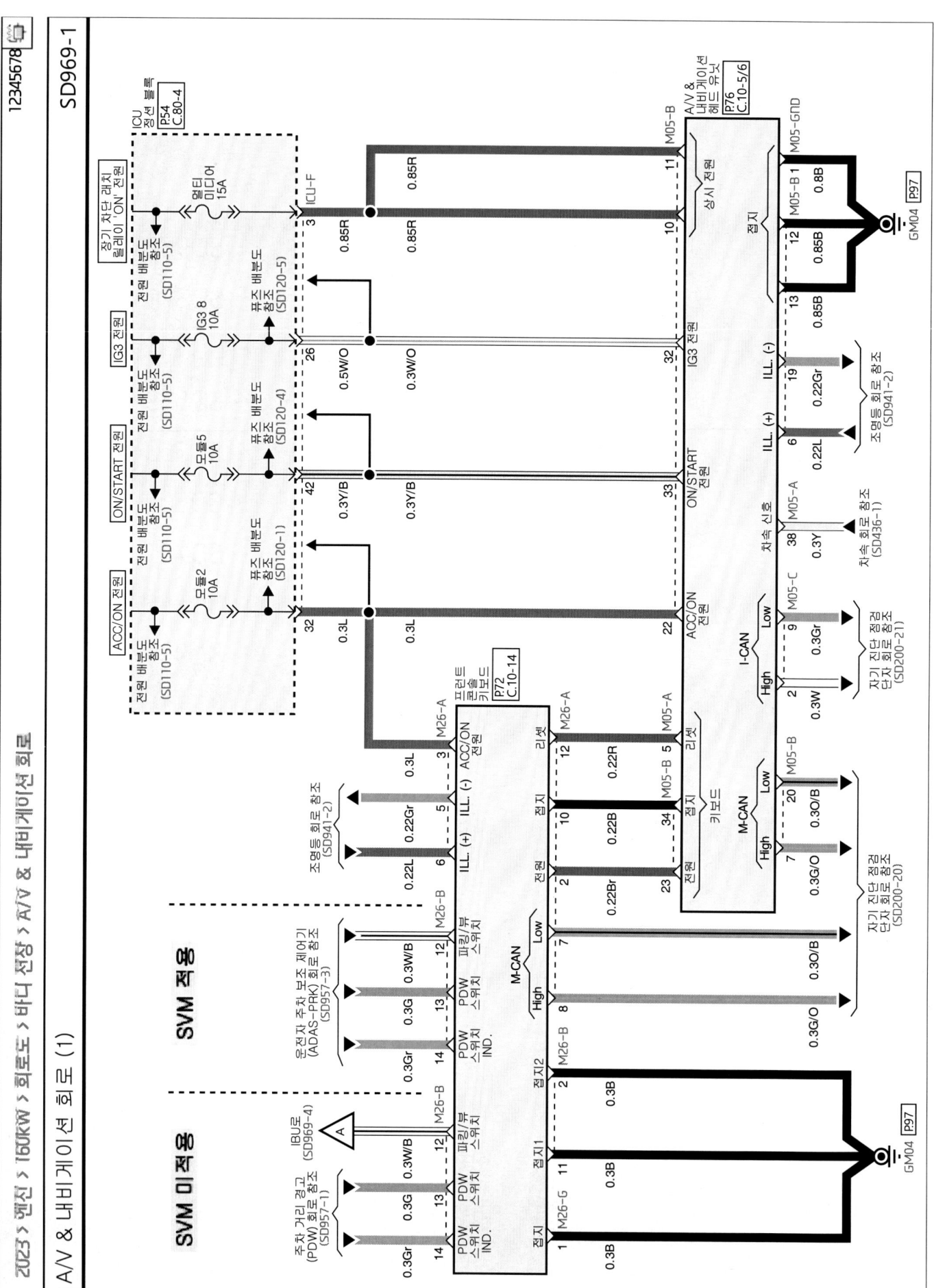

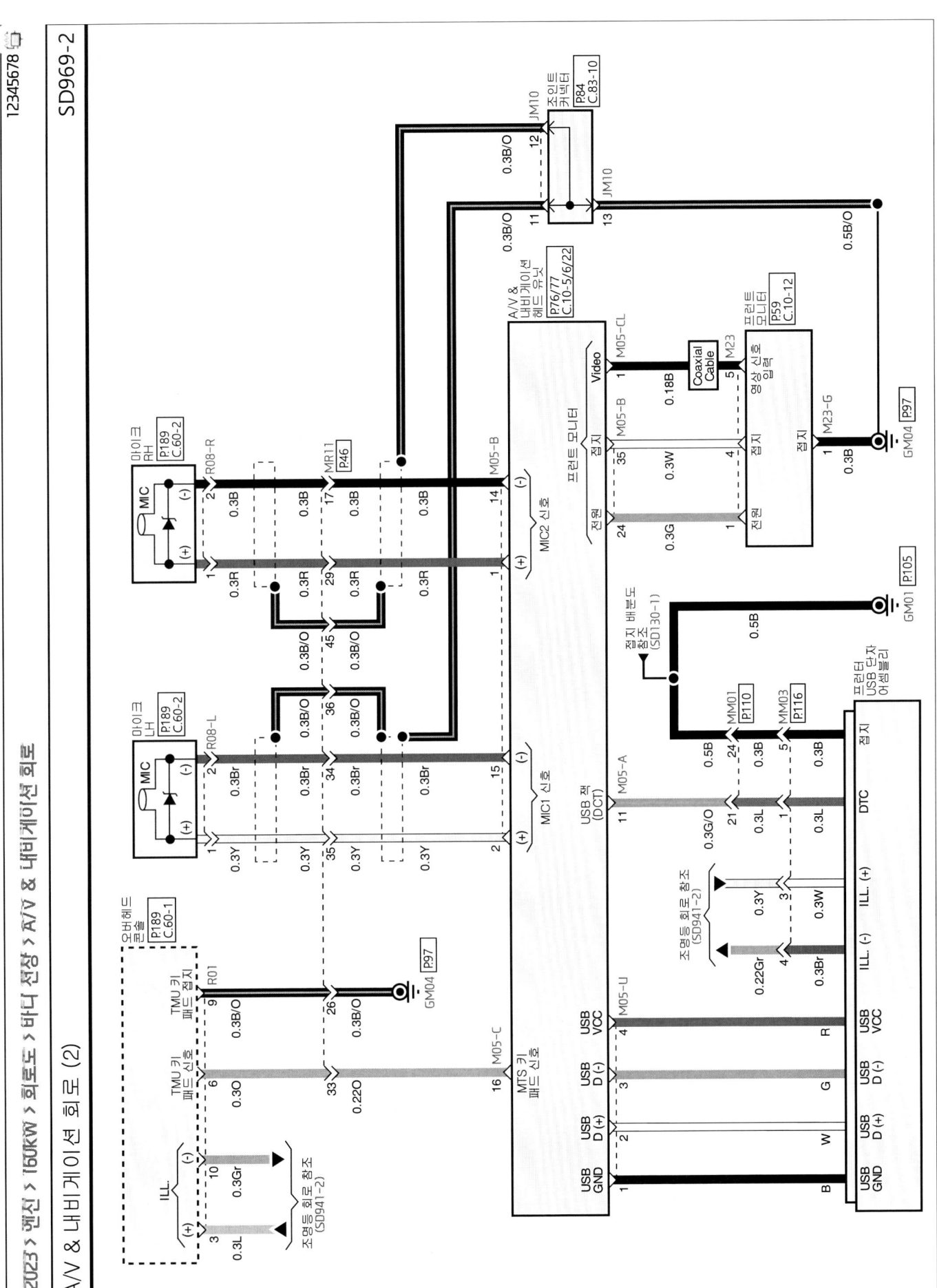

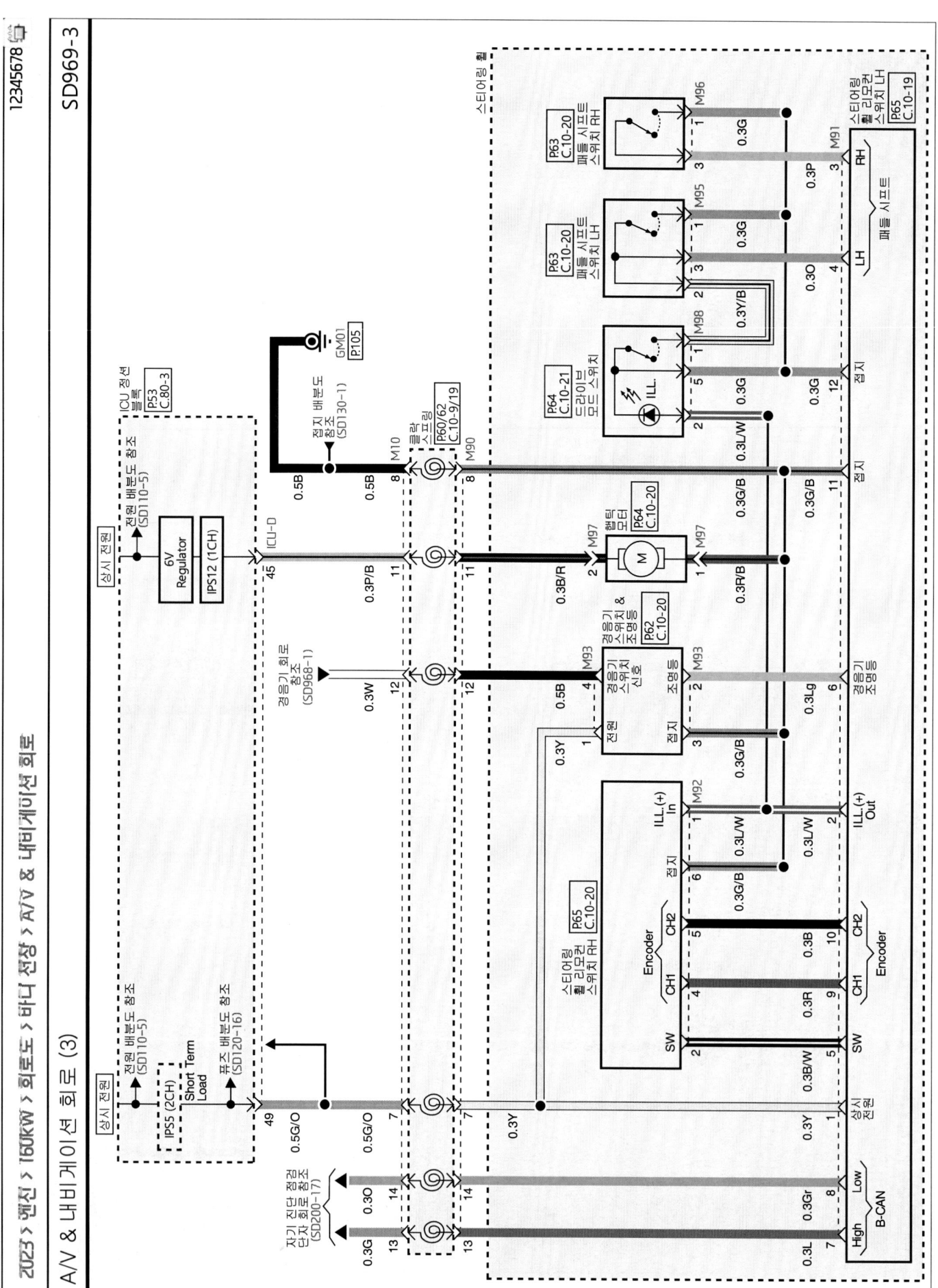

A/V & 내비게이션 회로 (4)

SD969-4

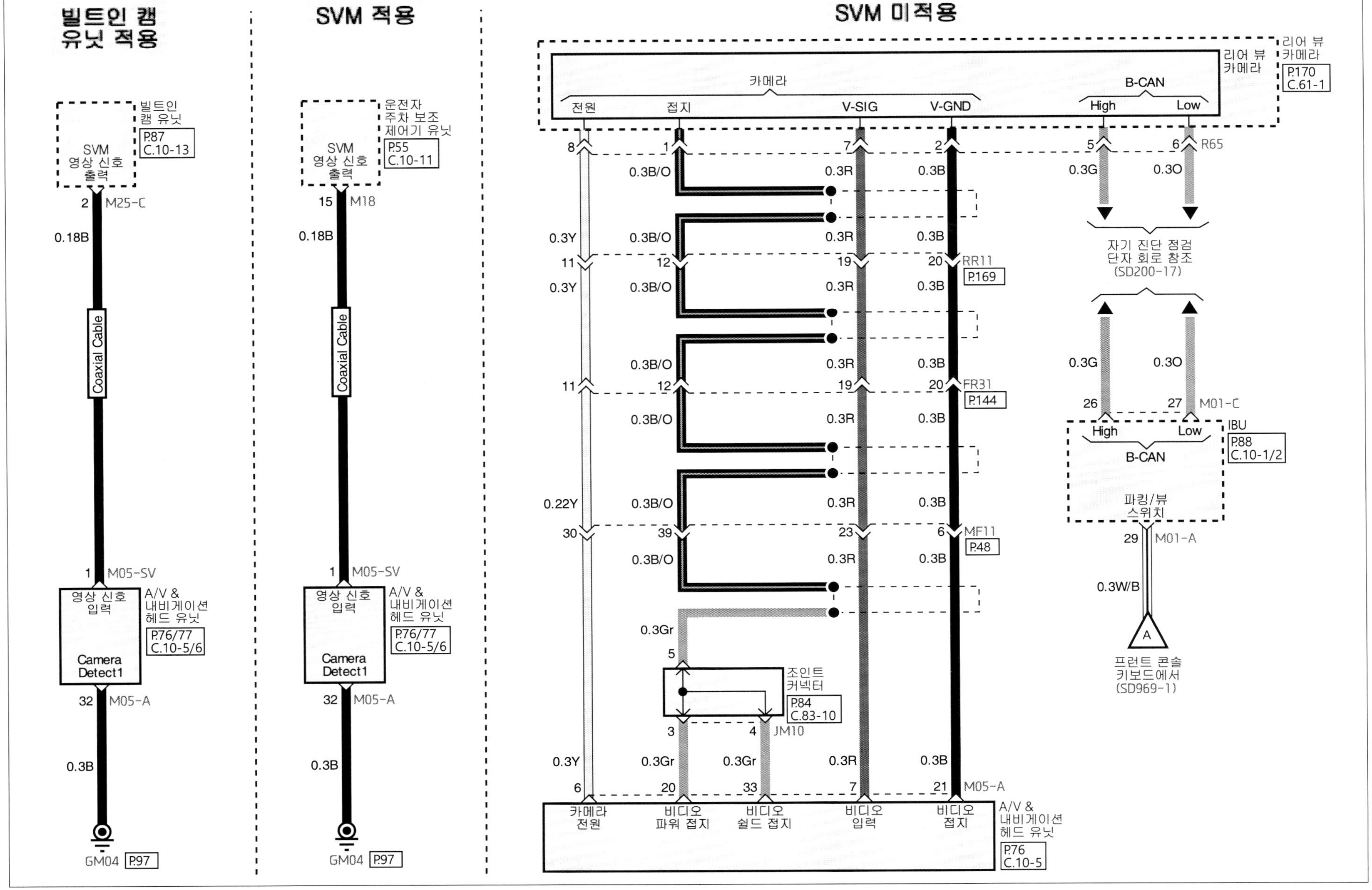

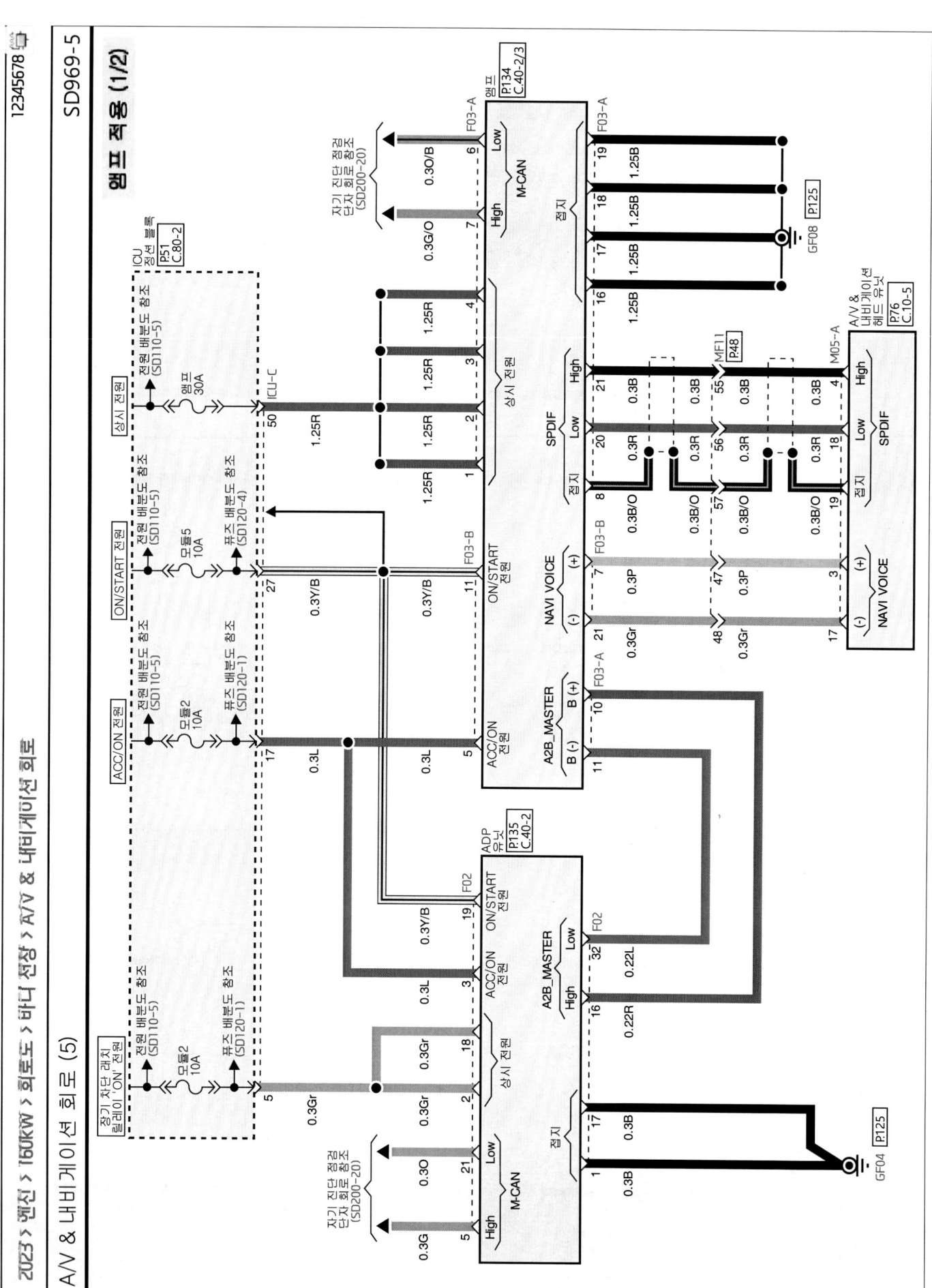

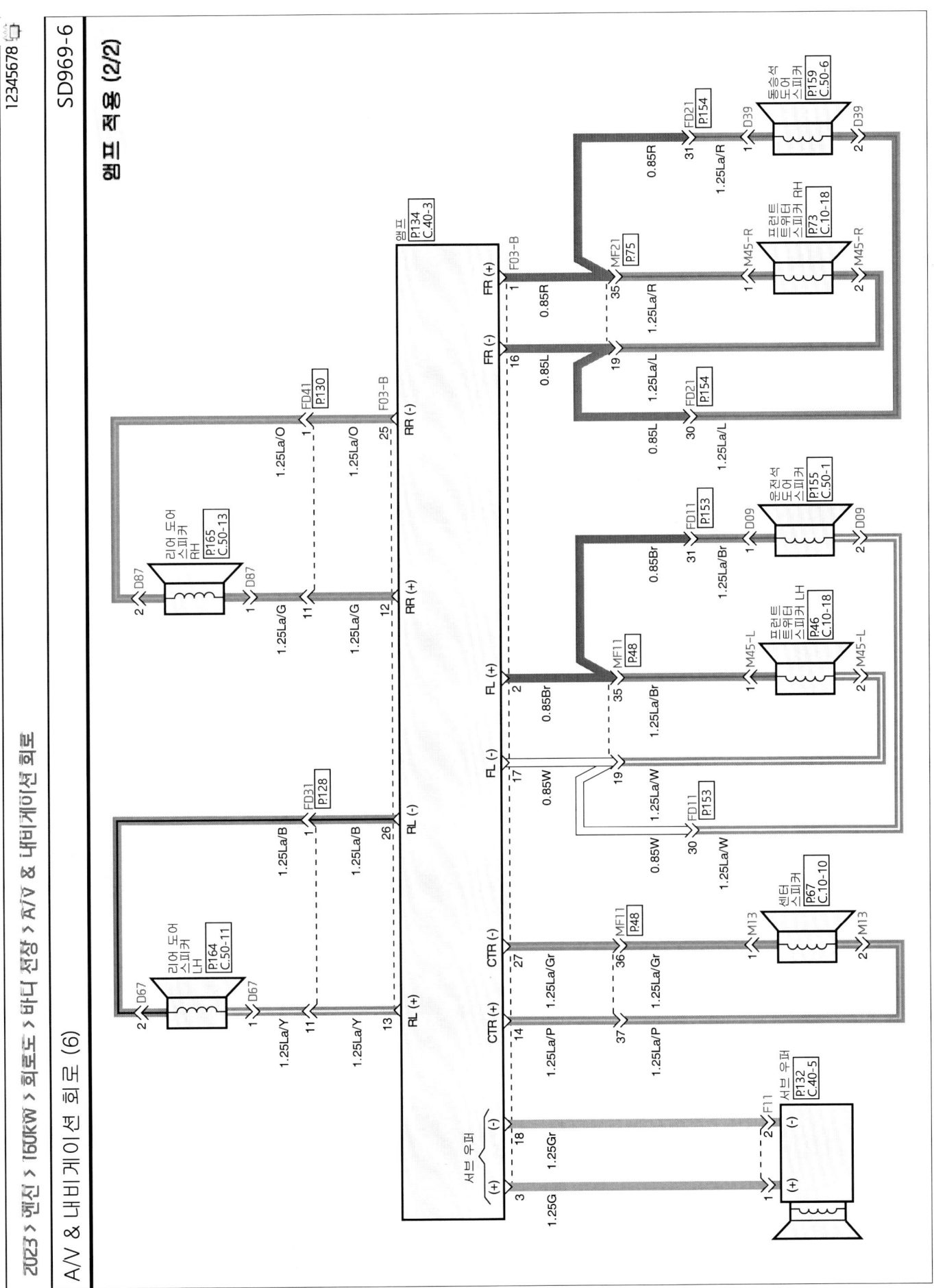

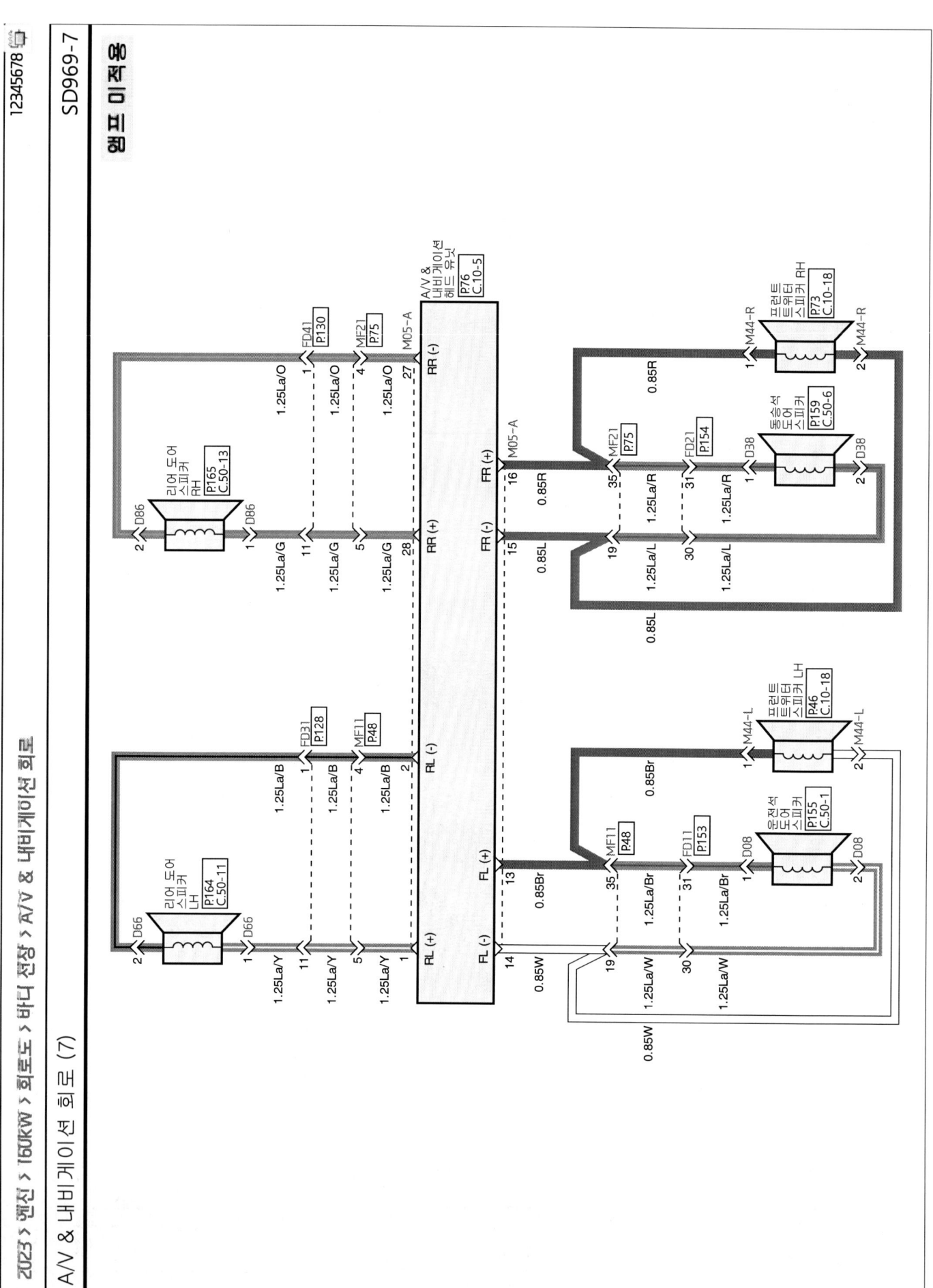

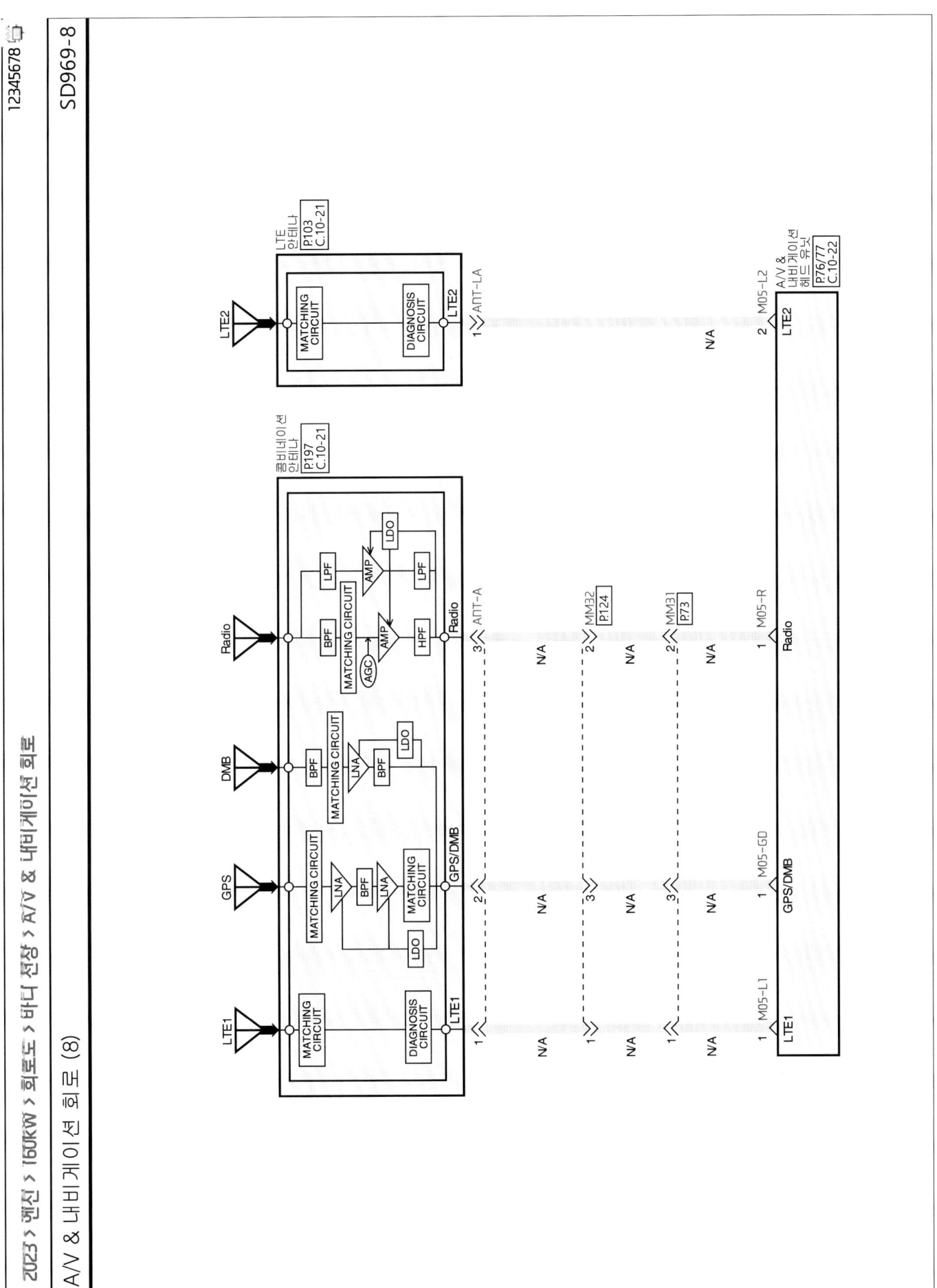

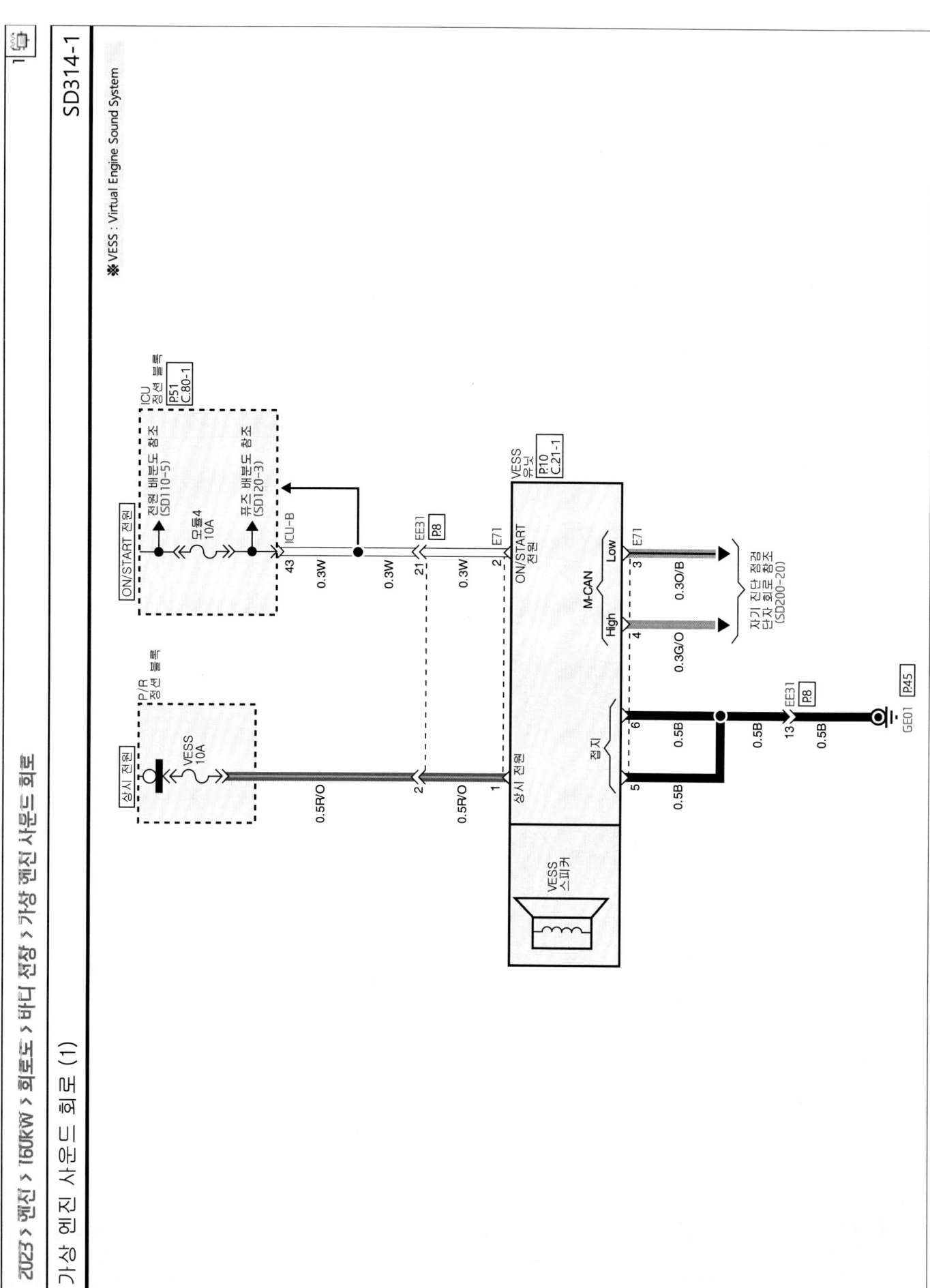

2023 > 엔진 > 160KW > 회로도 > 바디 전장 > 가상 엔진 사운드 시스템 회로 > 서비스 팁

서비스 팁 (1)

가상 엔진 사운드 회로

회로 설명

전기차는 저속 주행이나 정차 시 일반 차량에 비해 소음이 없으므로 차량에 대한
보행자의 인지가 어려워 보행자는 위험에 노출될 수 있다.

이에 대한 대책으로 차량 외부에 장착된 스피커를 통해 가상 사운드 (Virtuel
sound)를 작동하여 보행자에게 차량 접근을 경고함으로써 사전에 사고를 예방
시켜주는 안전 보조 장치이다.

• 동작 조건

1. 저속 또는 정차 시 출력 됨.
2. 차속이 최고 28km/h 이하에서 출력 됨.
3. 변속 레버가 R/ N/ D단에서만 출력 됨. (P단에서는 출력 없음)

경음기 회로 (1)

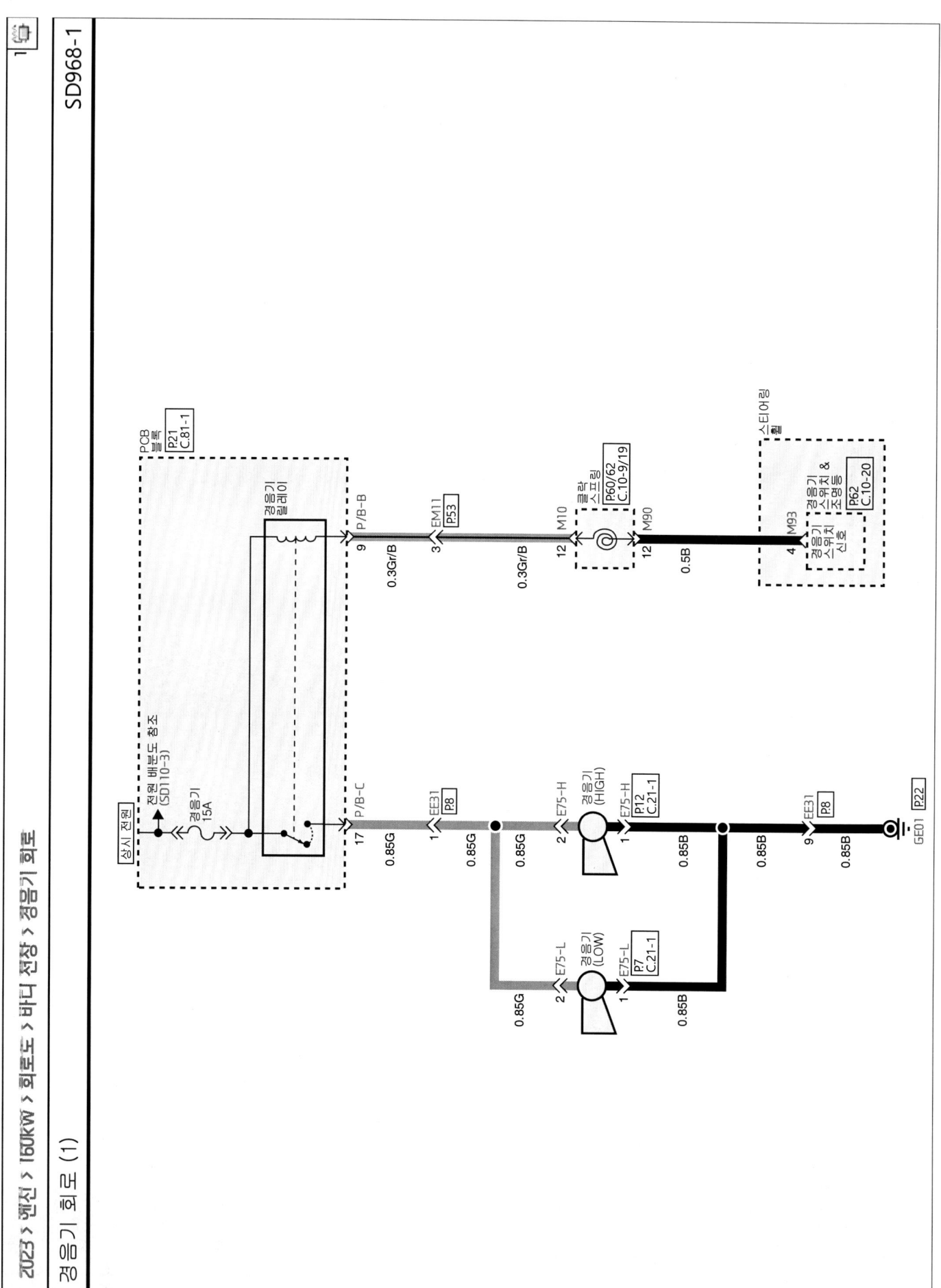

SD968-1

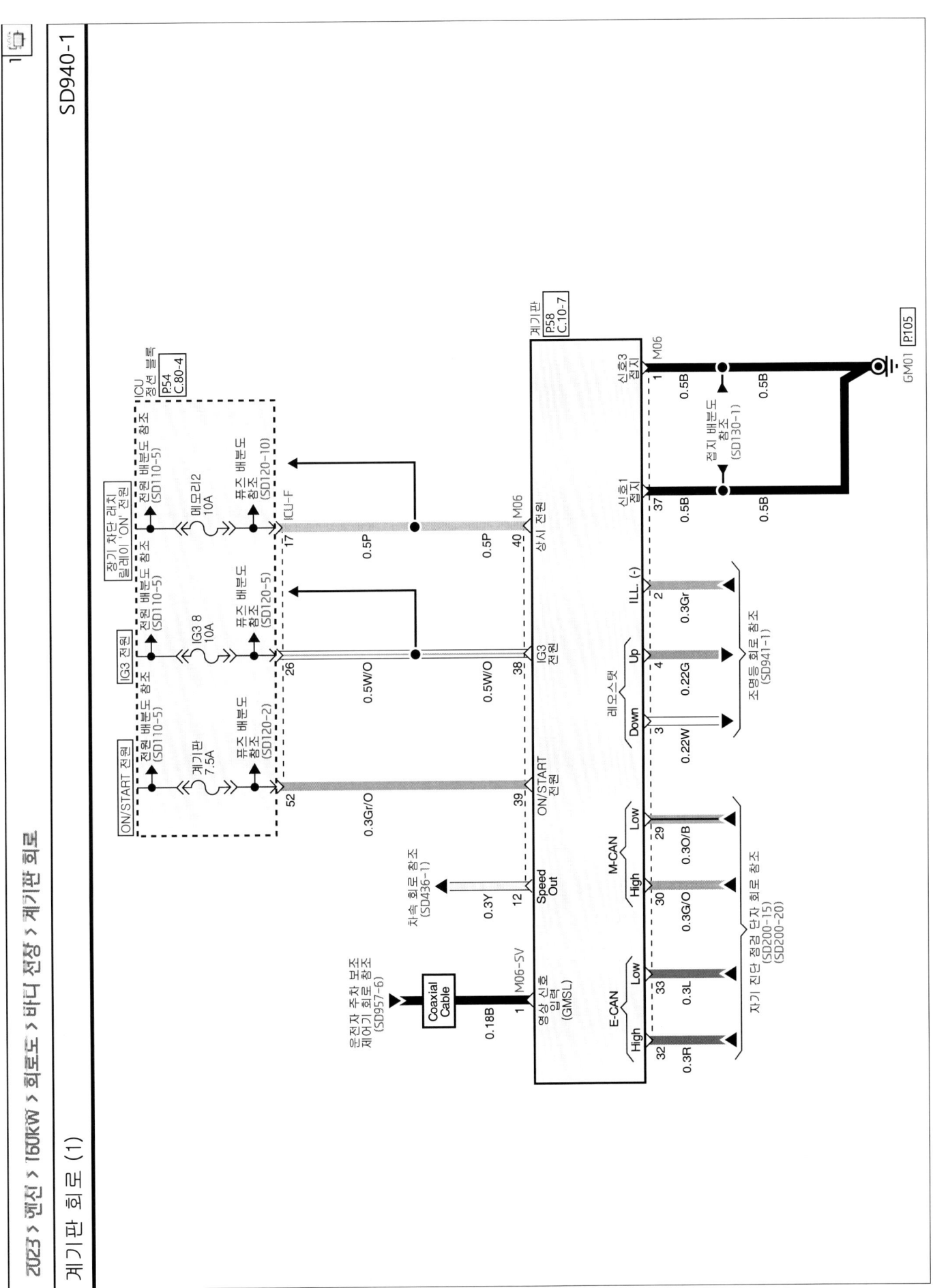

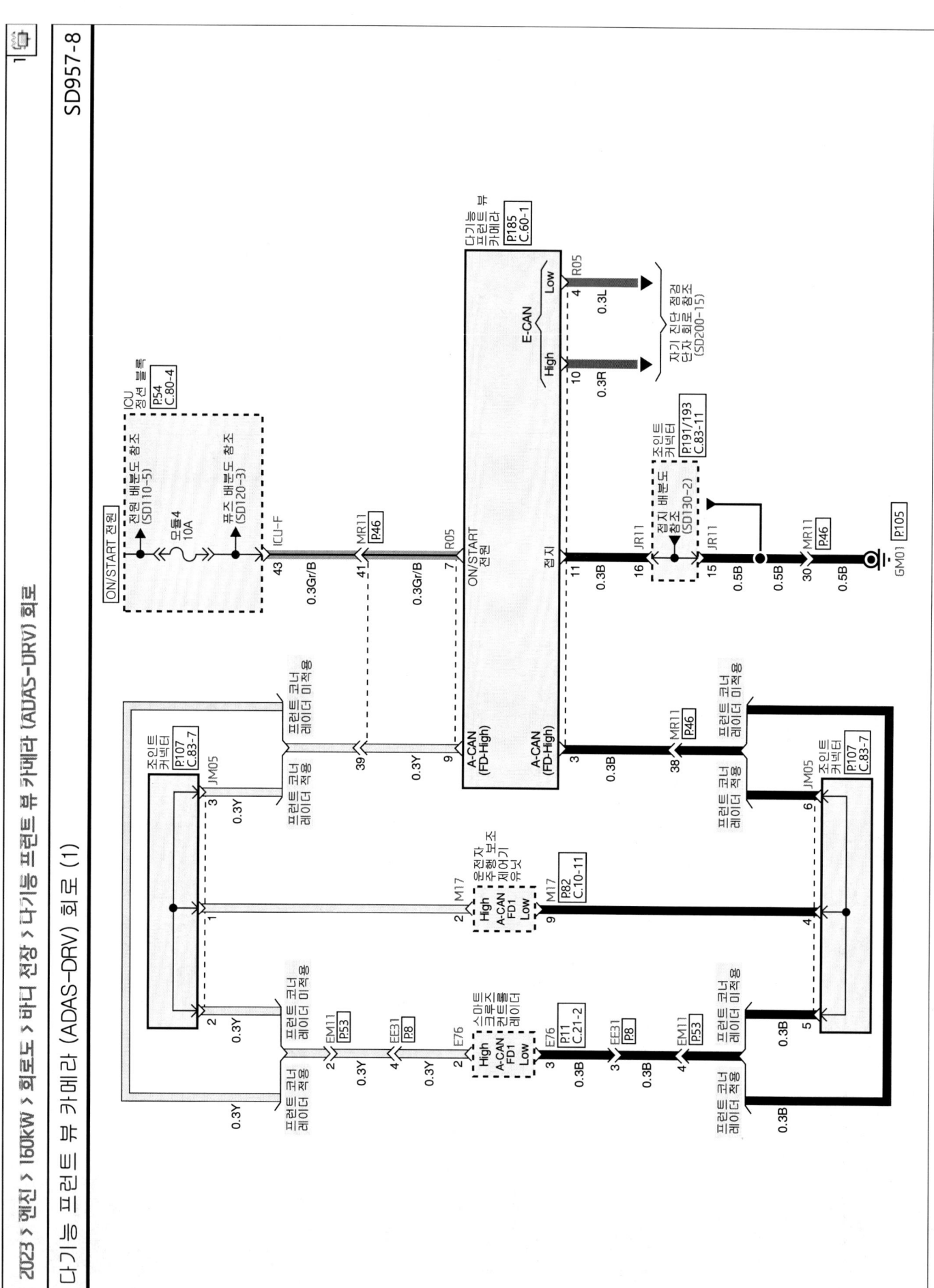

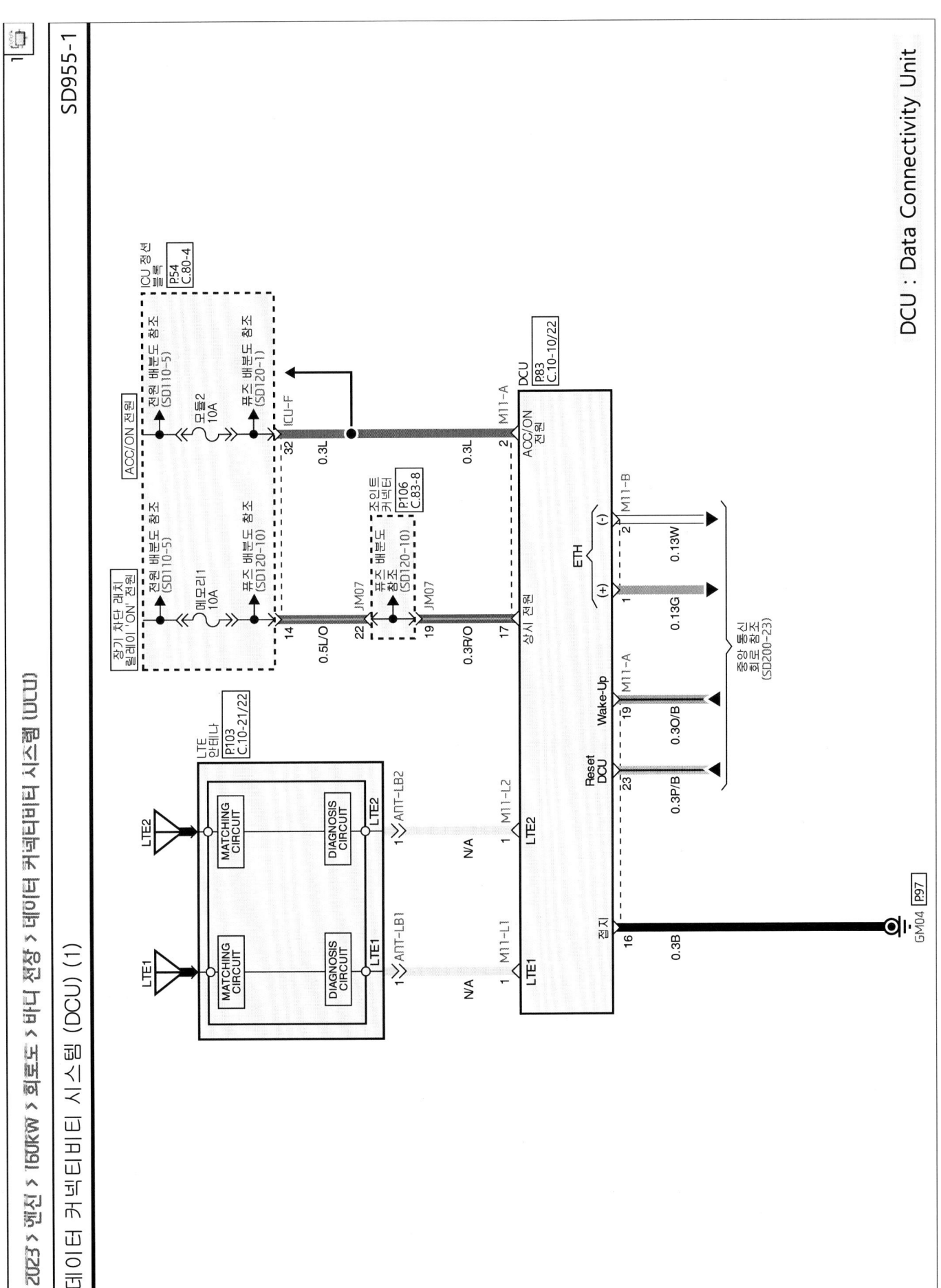

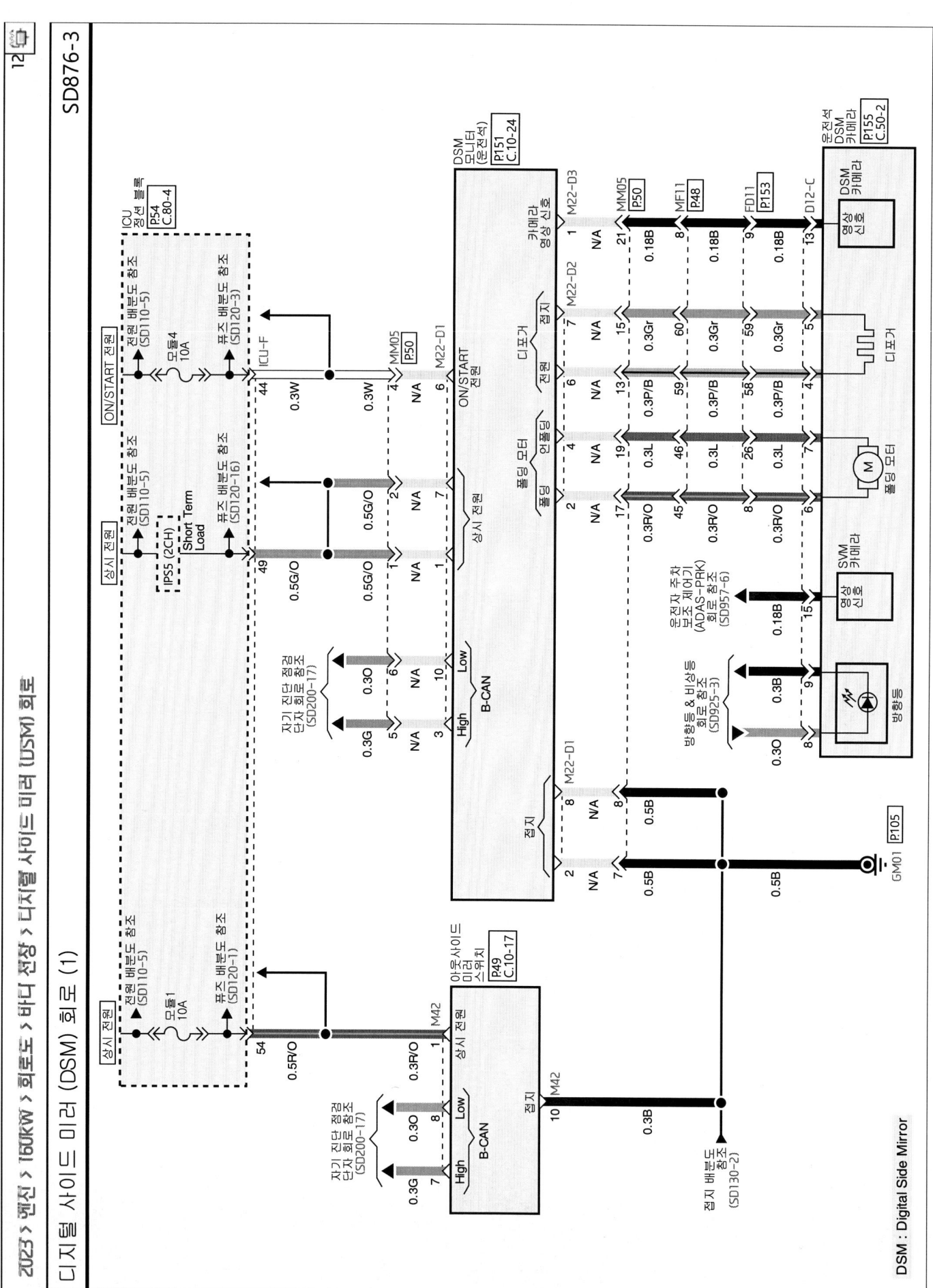

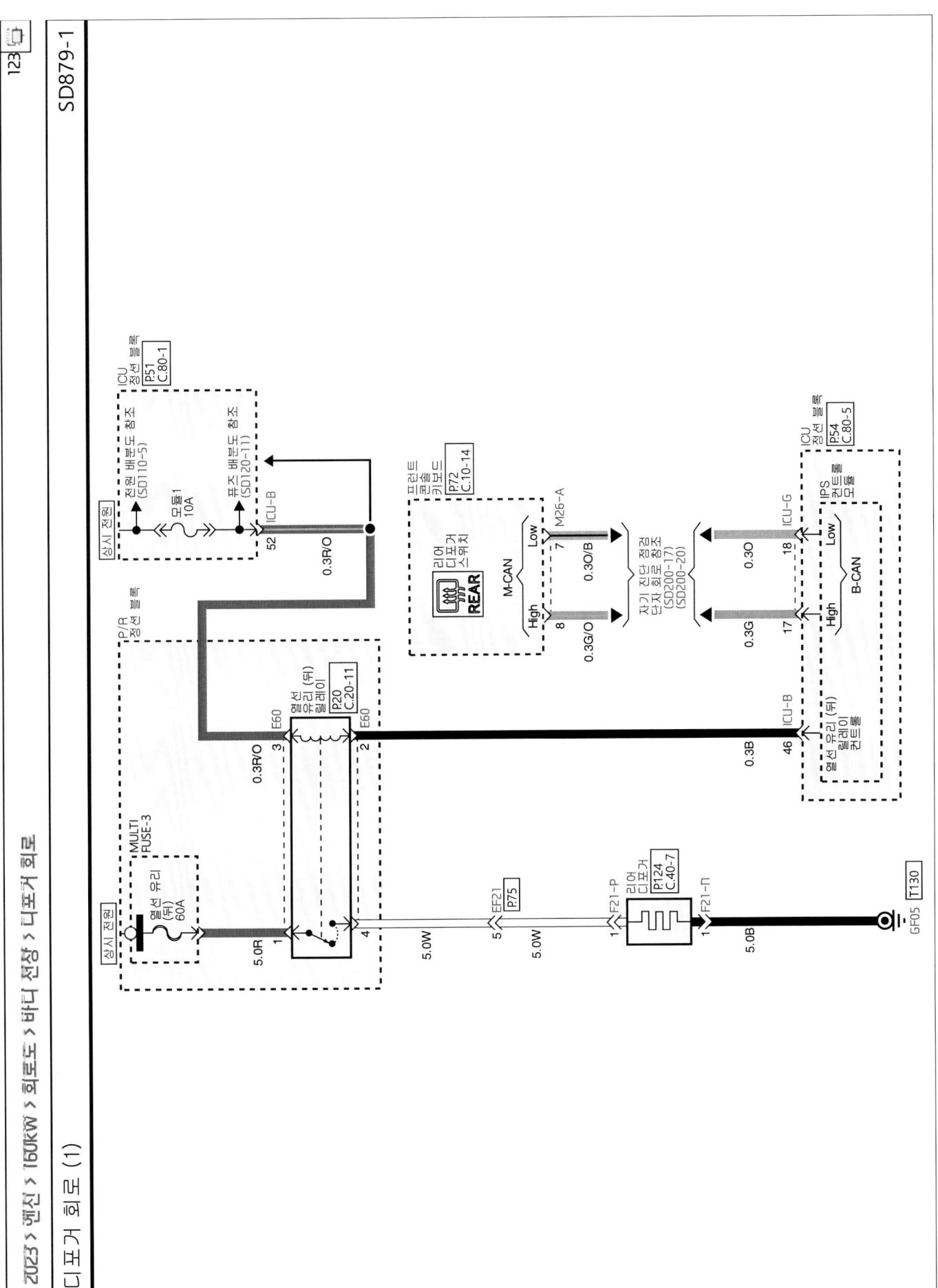

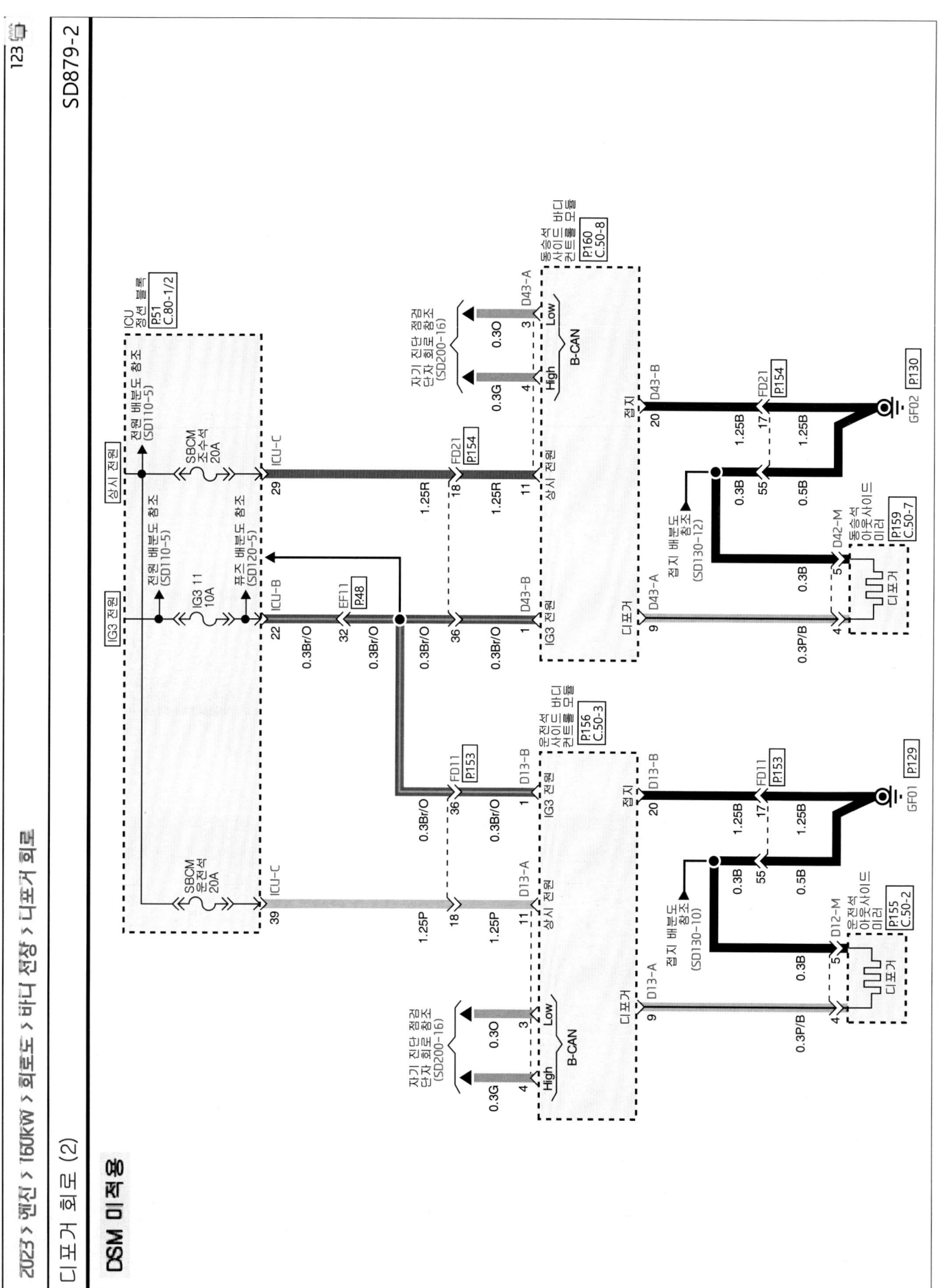

디포거 회로 (2)

DSM 미적용

디포거 회로 (3)

DSM 적용

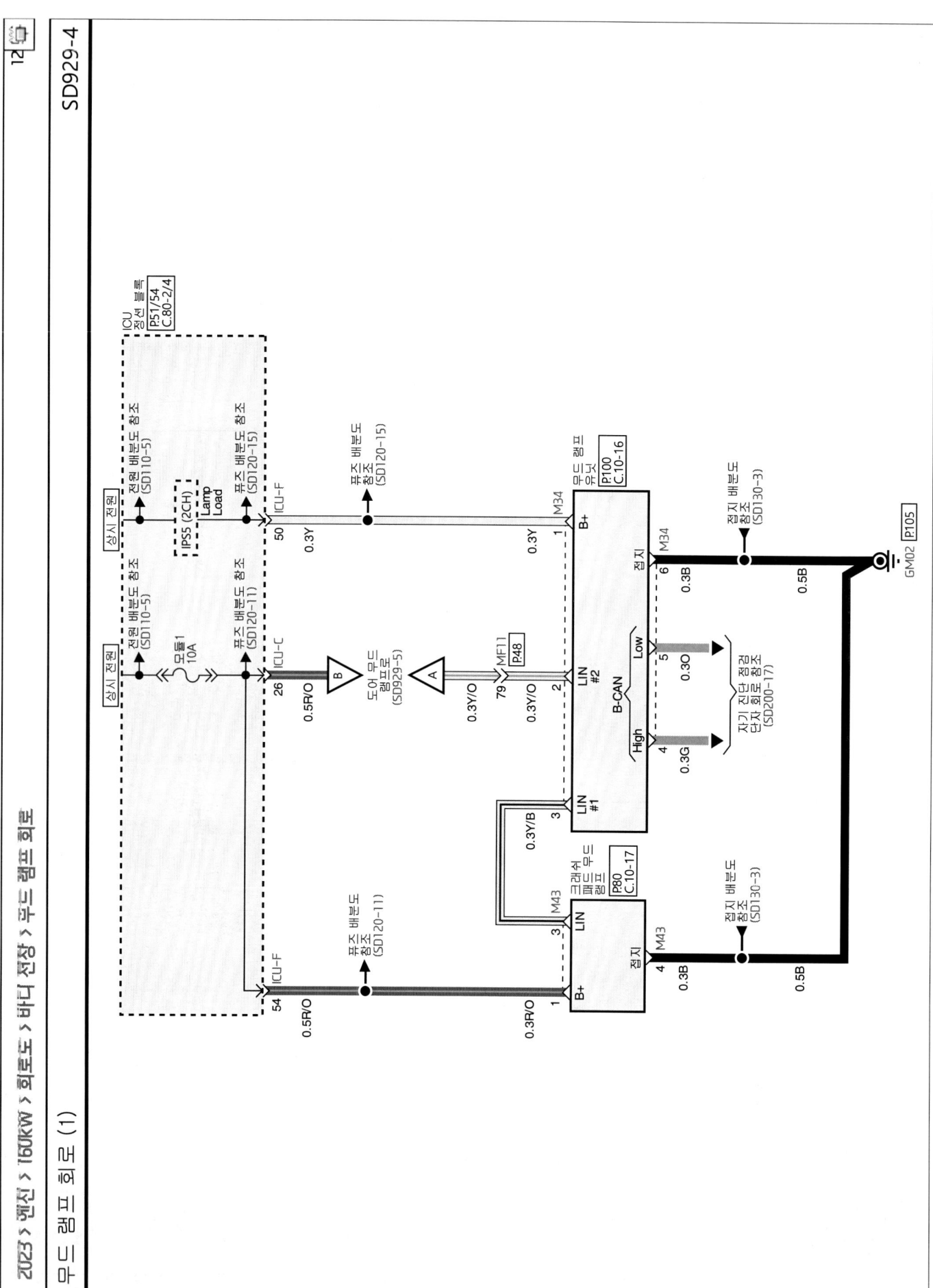

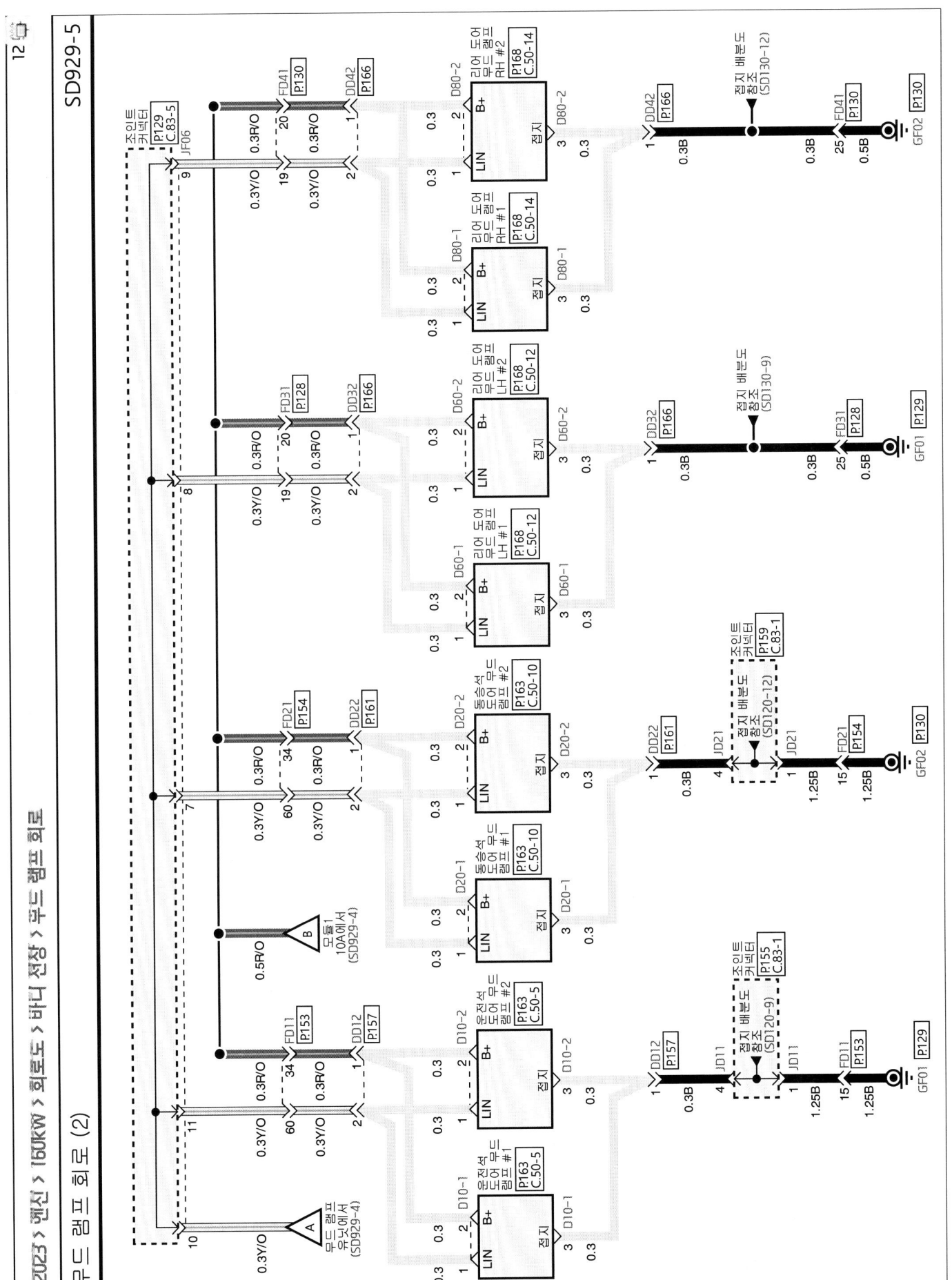

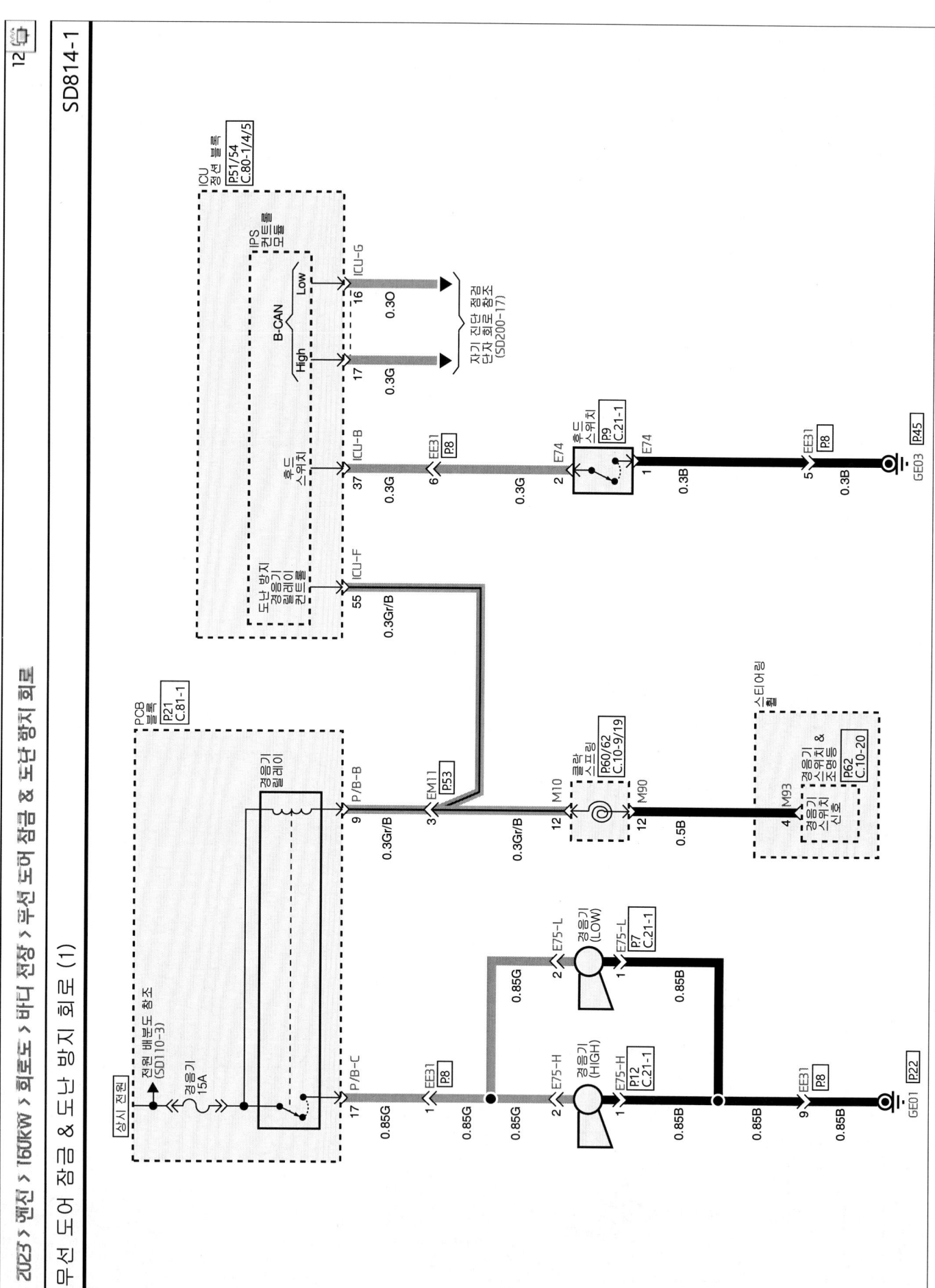

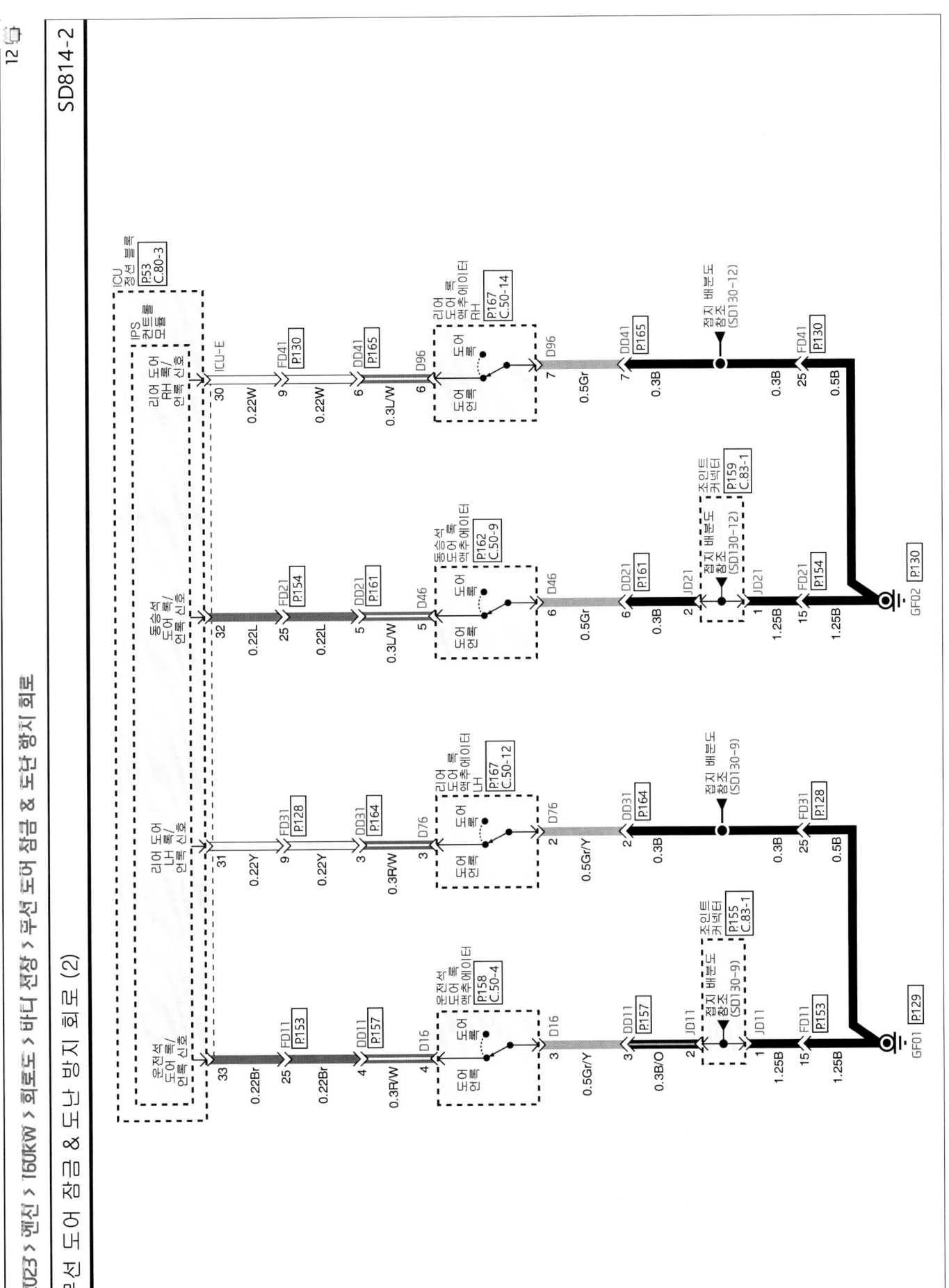

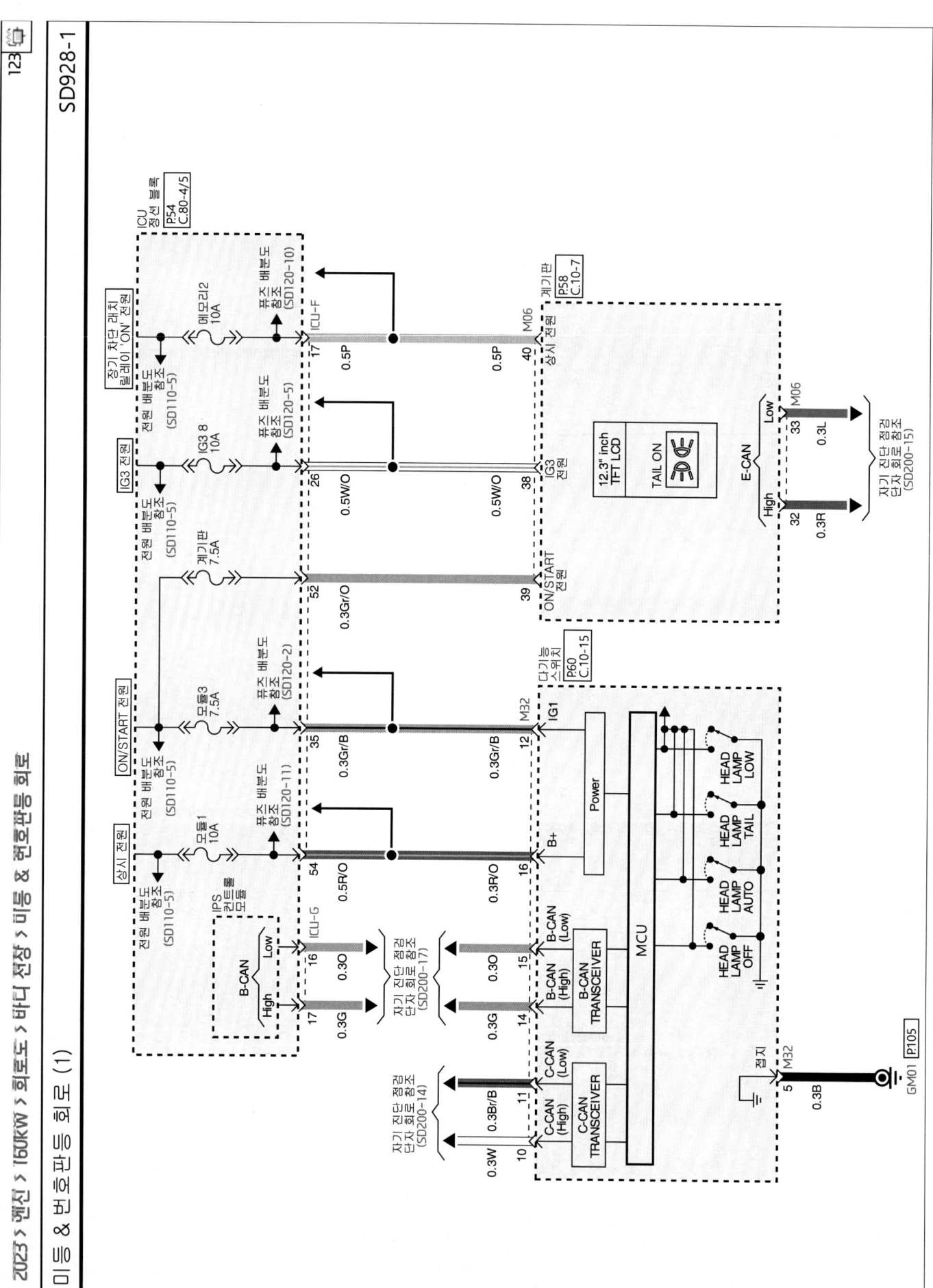

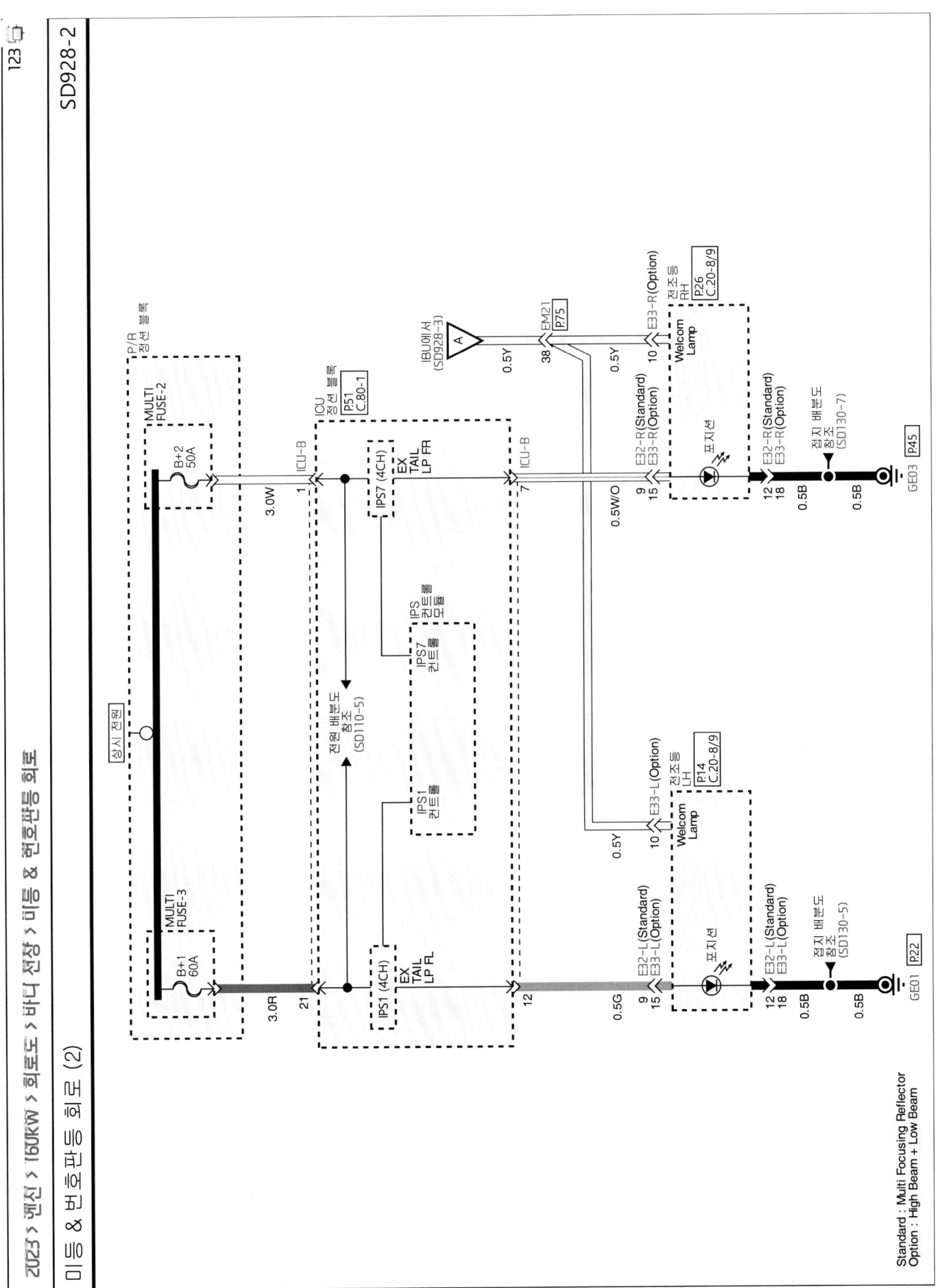

미등 & 번호판등 회로 (3)

SD928-3

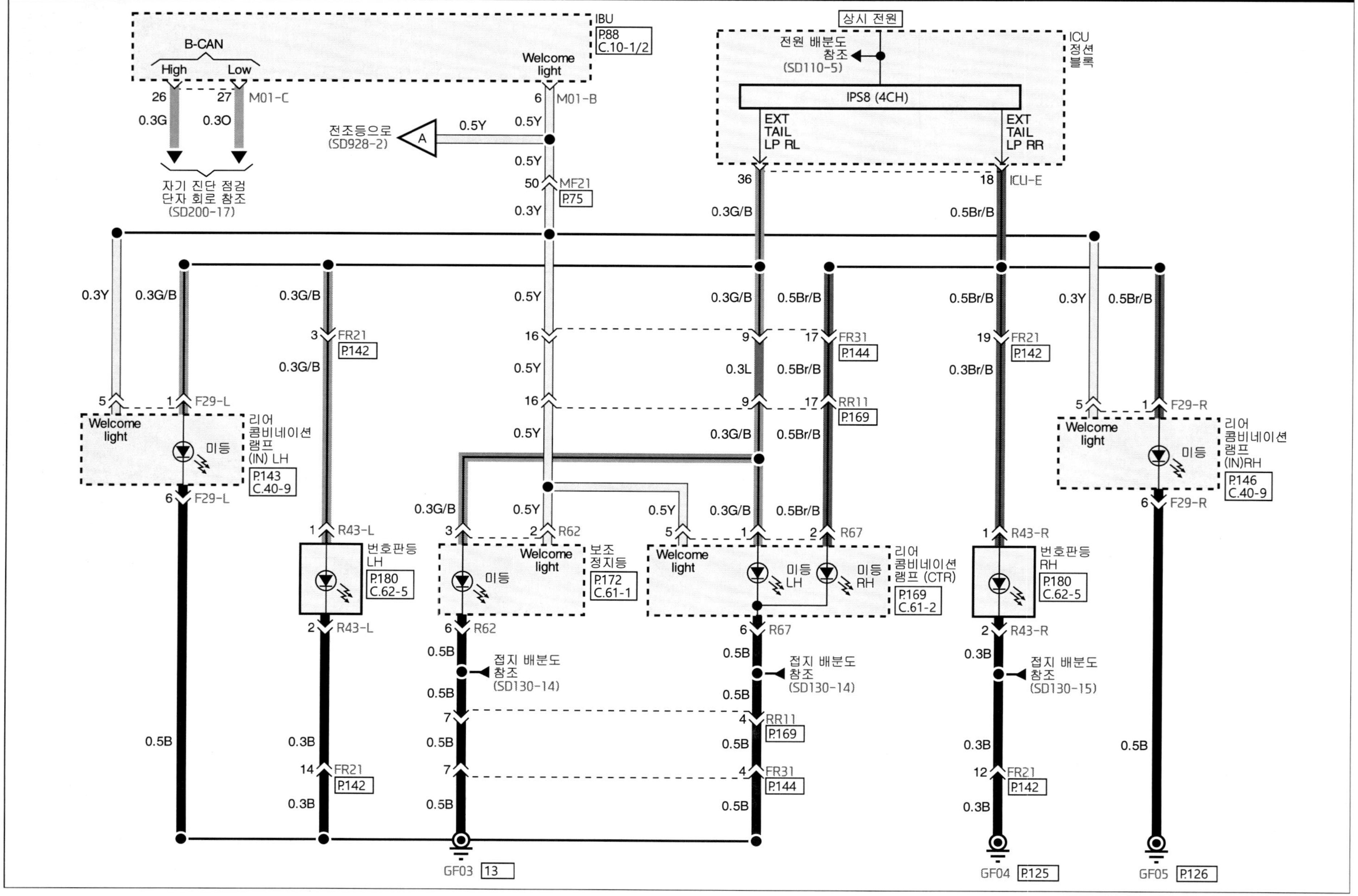

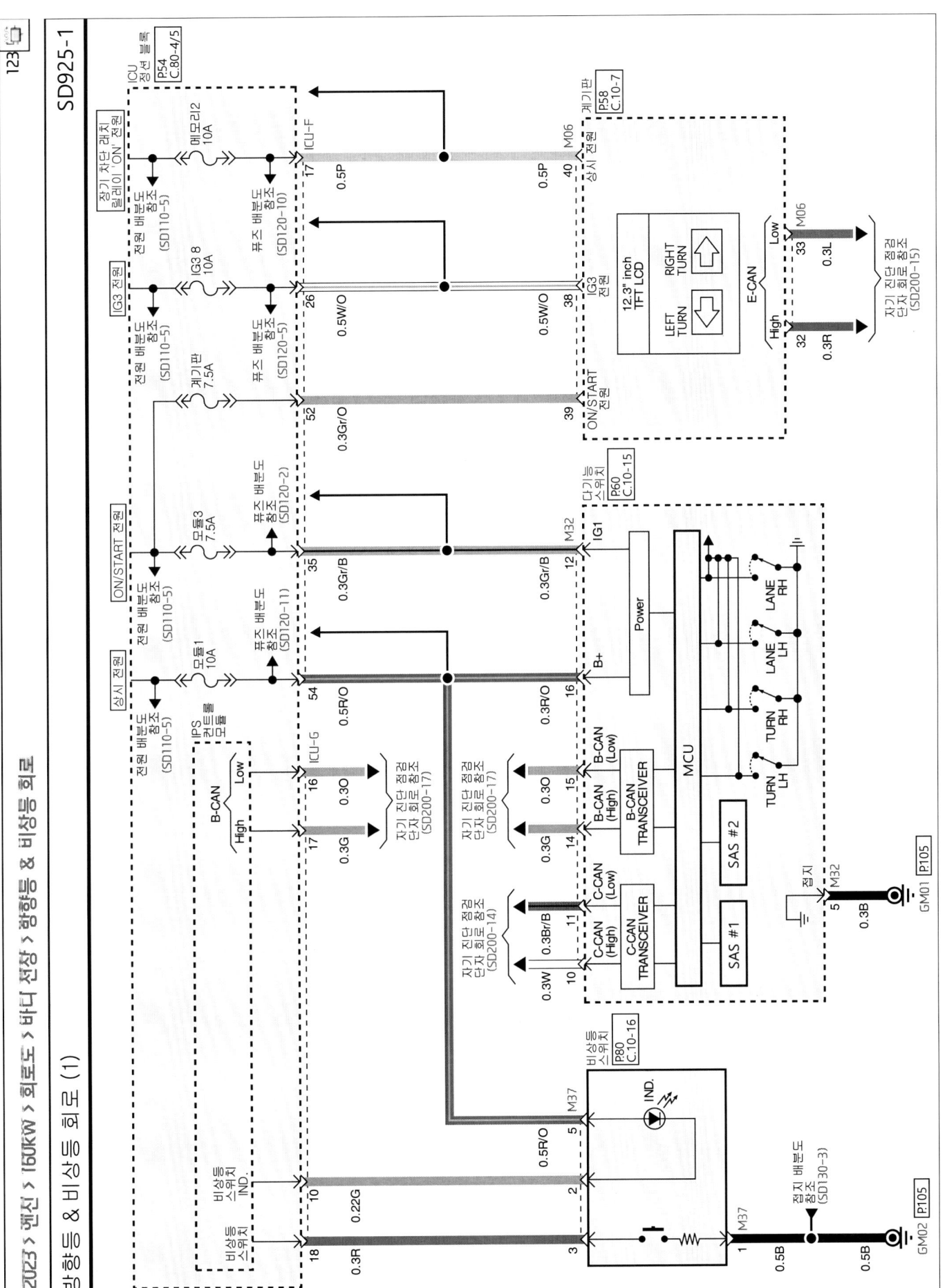

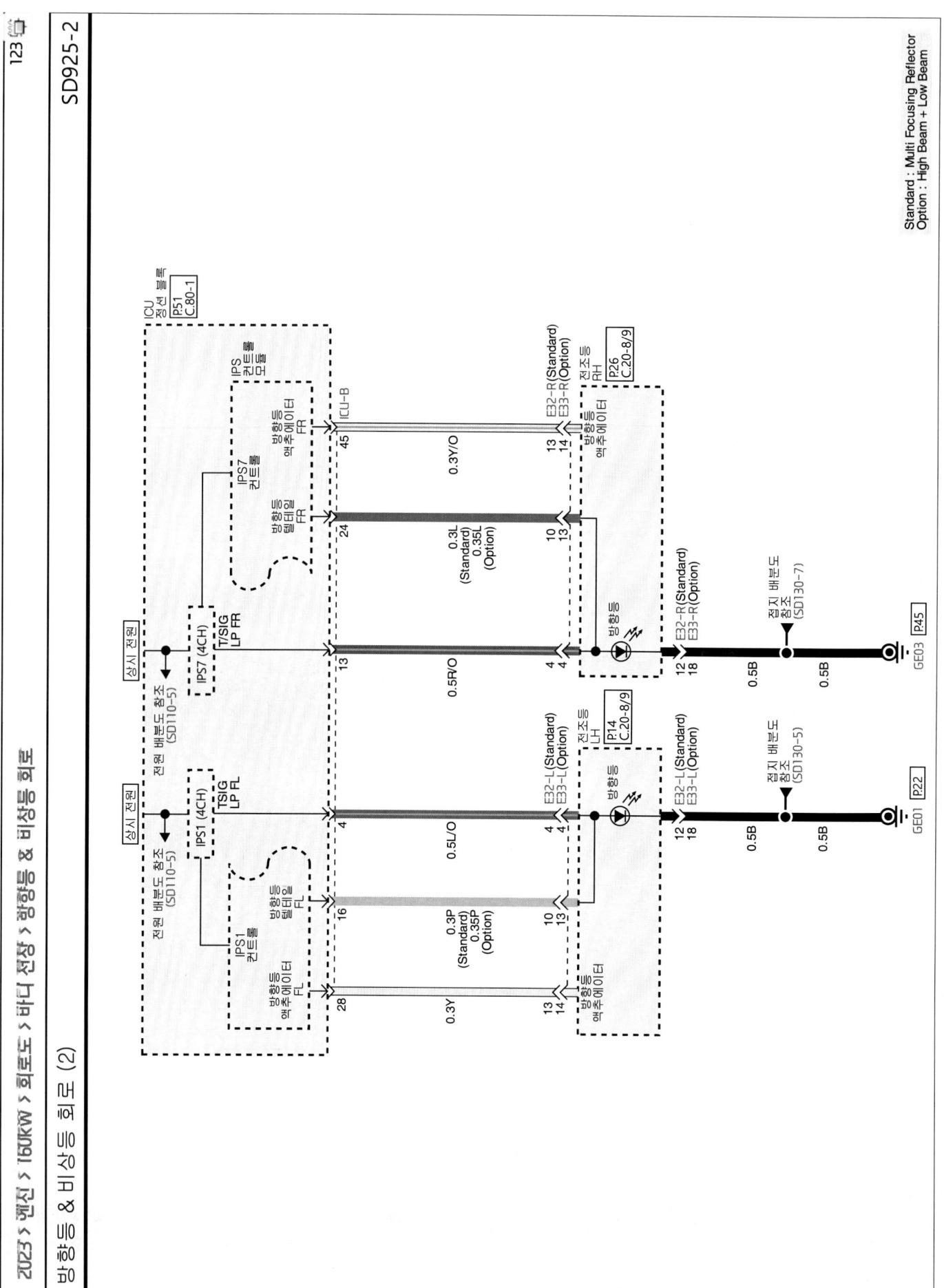

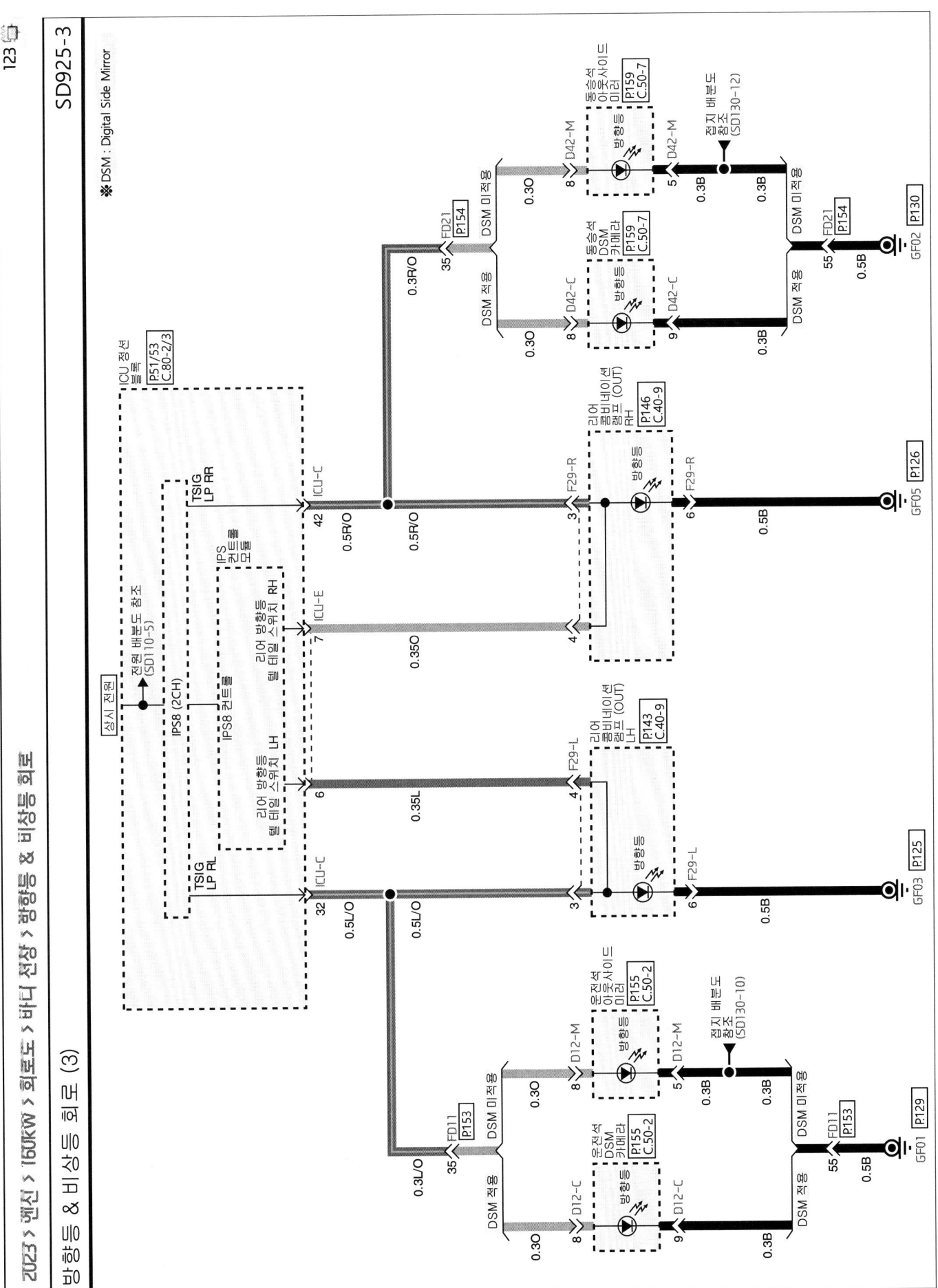

2023 > 엔진 > 150kW > 회로도 > 바디 전장 > 방향등 & 비상등 회로 > 서비스 팁

방향등 & 비상등 회로

서비스 팁 (1)

회로 설명

통신 네트워크를 구성하고 있는 각 모듈간의 데이터 입, 출력 과정을 통해 제어되며, 비상경고등은 시동 상태와 상관 없이 비상등 스위치를 눌러 작동시킬 수 있다.

방향지시등 및 비상경고등 제어는 IPS 컨트롤 모듈 및 IPS1, 7 (4CH), IPS8 (2CH)을 다른 차량에 대한 경고 표시로 비상시에 사고를 방지하기 위하여 사용한다. 비상 이용하여 작동된다.

스위치를 누르면 IPS 컨트롤 모듈은 신호를 입력 받아 IPS1, 7 (4CH), IPS8 (2CH)을 제어하여 모든 방향지시등이 일제히 점멸시킨다. 다시 한번 비상등

• 방향지시등

방향등은 IG1 전원을 받으며 다기능 스위치 내의 방향등 스위치를 LH 또는 RH로 스위치를 누르면 해제되며, 비상경고등이 점멸하는 동안 방향 지시등은 작동하 선택하여 작동시킨다. 방향등을 우측 방향으로 표시하려면 방향등 스위치를 지 않는다.
위로, 좌측 방향을 표시하려면 아래로 움직인다.
이때 IPS 컨트롤 모듈은 방향등 스위치(LH/ RH)의 신호를 입력 받아 계기판과 ※방향지시 및 비상경고등의 점멸횟수가 이상하게 빠르거나 눈을 뜰때는 전구의
CAN 통신하여 계기판의 방향 표시등을 작동시키고, IPS1, 7 (4CH), IPS8 단선이나 접지 불량일 수 있다.
(2CH)을 제어하여 방향지시등이 원하는 방향등을 점등시킨다.
방향전환이 완료되어 자동으로 작동이 취소되며 만일 자동으로 작동이 취소되지
않으면 스위치를 중앙으로 놓을 것. 차선변경 시 방향등 스위치가 완전히 걸리기
전까지 위, 아래로 움직이면 해당 방향등이 작동하나 스위치를 놓으면 스위치가
원위치 되면서 방향지시등 작동이 정지된다.

• 비상경고등

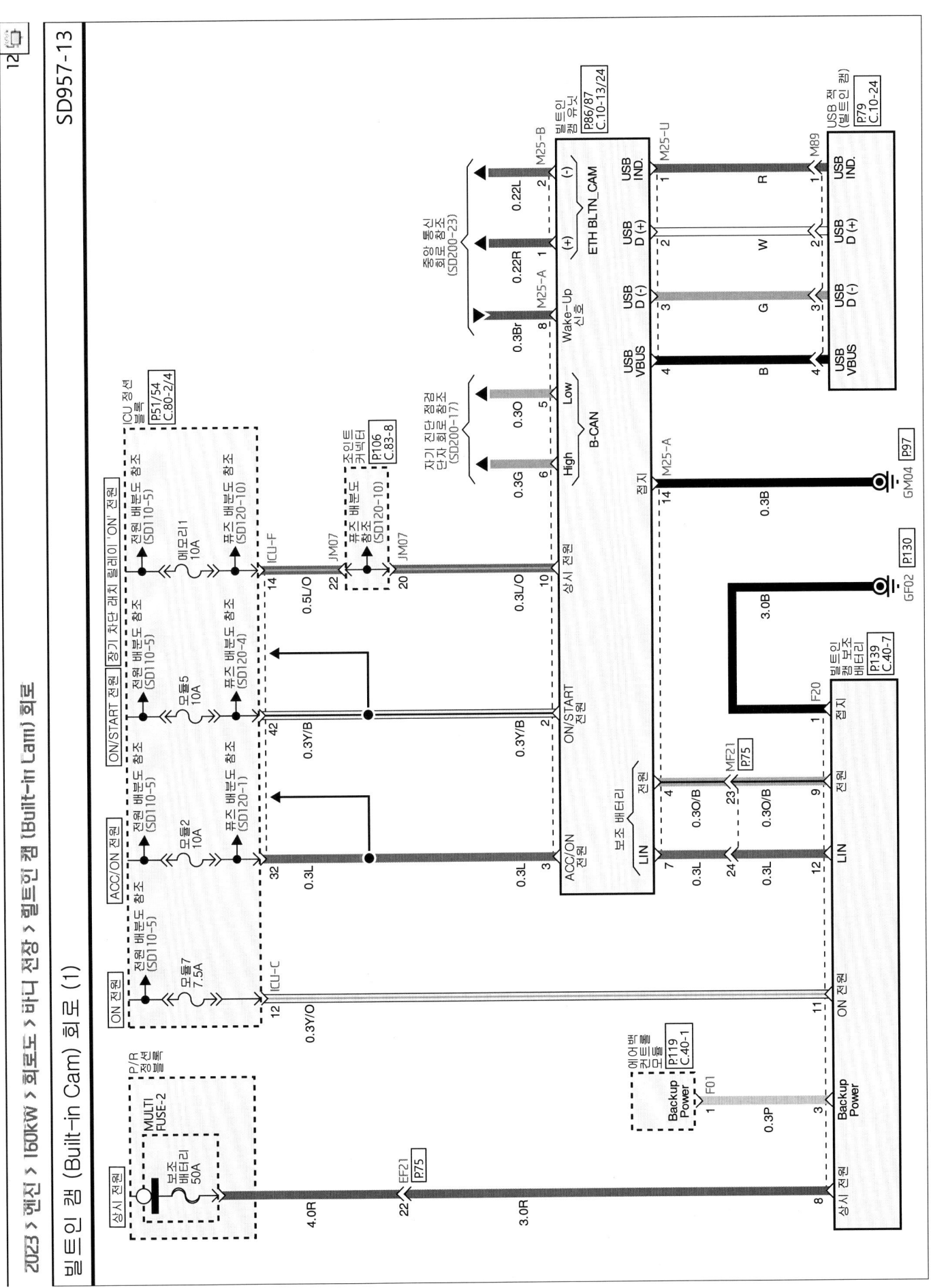

빌트인 캠 (Built-in Cam) 회로 (2)

SD957-14

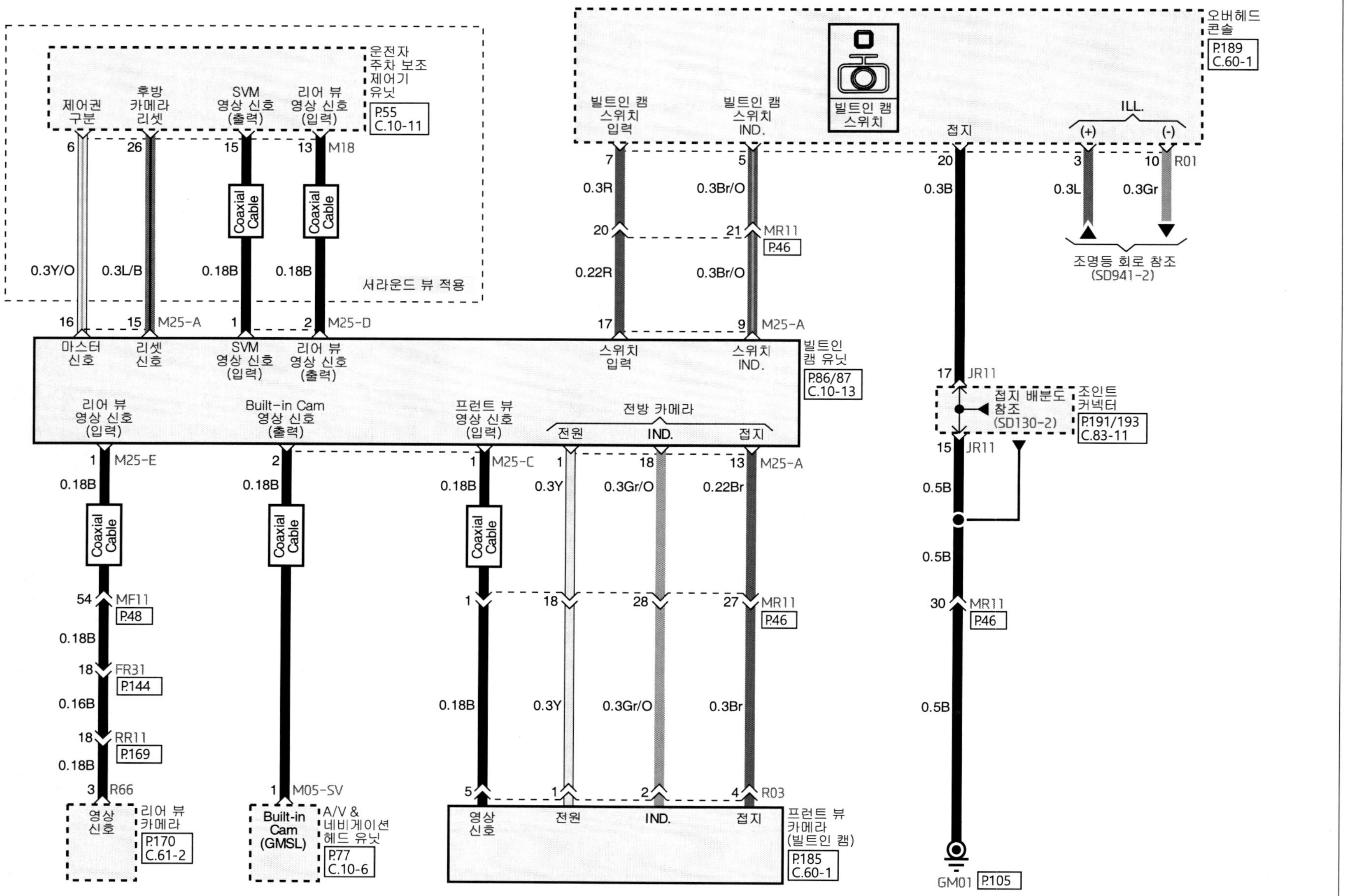

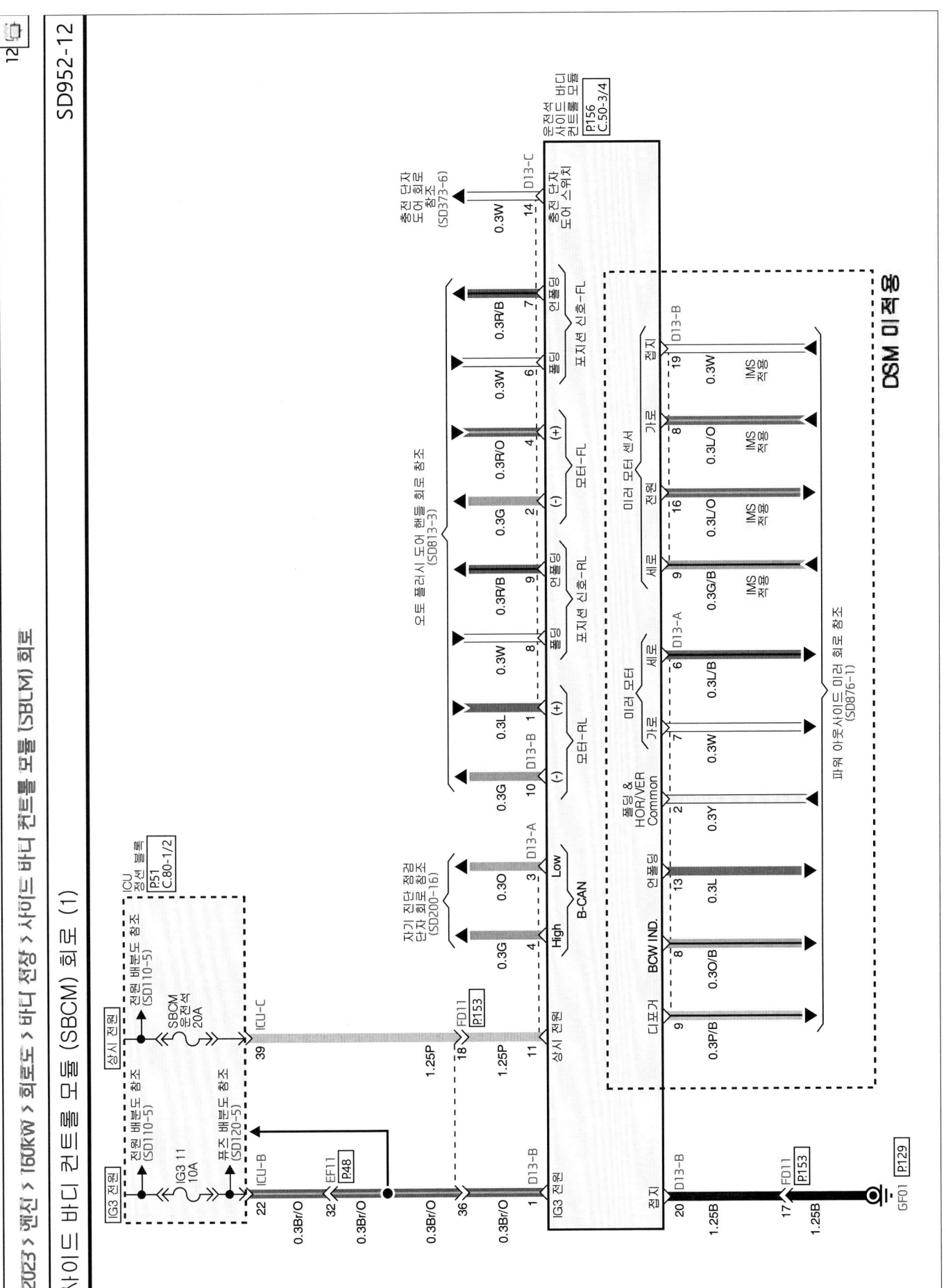

사이드 바디 컨트롤 모듈 (SBCM) 회로 (2)

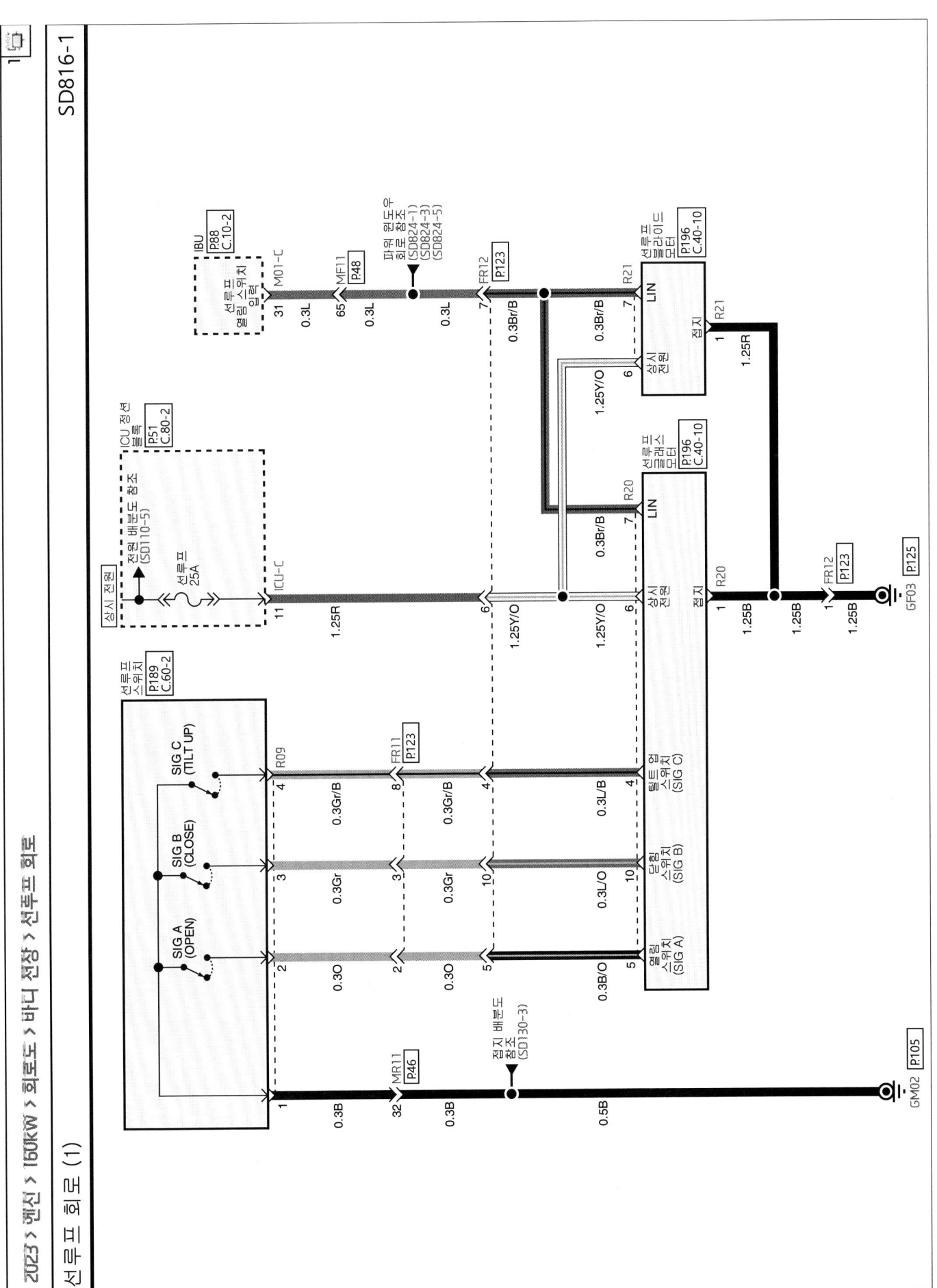

선루프 회로

회로 설명

IG2 이상의 상태에서 선루프를 틸트 또는 슬라이드 상태로 열 수 있다. 스위치 1회 조작으로 글라스 전개 및 전폐가 가능한 원터치 OPEN/CLOSE 기능이 있으며, AUTO CLOSE 동작중에 물체의 끼임을 방지하는 ANTI-PINCH 기능이 있다.

• 선루프 스위치 점검

선루프 스위치 커넥터 단자 사이의 통전을 점검하고 일치하지 않으면 스위치를 스위치를 교환한다.

단자 위치	1 (접지)	2 (SIG A)	3 (SIG B)	4 (SIG C)
자동 열림	○—	—○		
자동 닫힘	○—	———	—○	
틸트 다운	○—	———	———	—○
틸트 업				○

• 선루프 모터 점검

선루프 모터측 커넥터를 분리한 후 아래표와 같이 터미널을 접지시켜 아래와 같이 구동하는지 점검한다.

단자 위치	6	5	10	4
자동 열림	⊕	⊖		
자동 닫힘	⊕		⊖	
틸트 다운	⊕			⊖
틸트 업				⊖

서비스 팁 (1)

• 선루프 초기화

선루프 모터와 연결된 배터리 전원이 차단되거나 방전되었을 때, 관련 퓨즈를 교체하였을 때 선루프 장치를 다음과 같이 초기화 해야 한다.

1. IG2 상태에서 선루프를 완전히 닫는다.
2. 선루프가 완전히 닫힌 상태에서 선루프 조절 레버를 닫힘 방향으로 누른다. (선루프가 살짝 한번 움직일 때까지 10초 이상)
3. 손을 떼고 다시 한번 선루프 조절 레버를 닫힘 방향으로 누르고 있으면 다음 같이 작동하면서 초기화 된다.

   * 틸트다운 → 슬라이드 열림 → 슬라이드 닫힘

동작이 완료되기 전에는 조절 레버에서 손을 떼지 않는다.

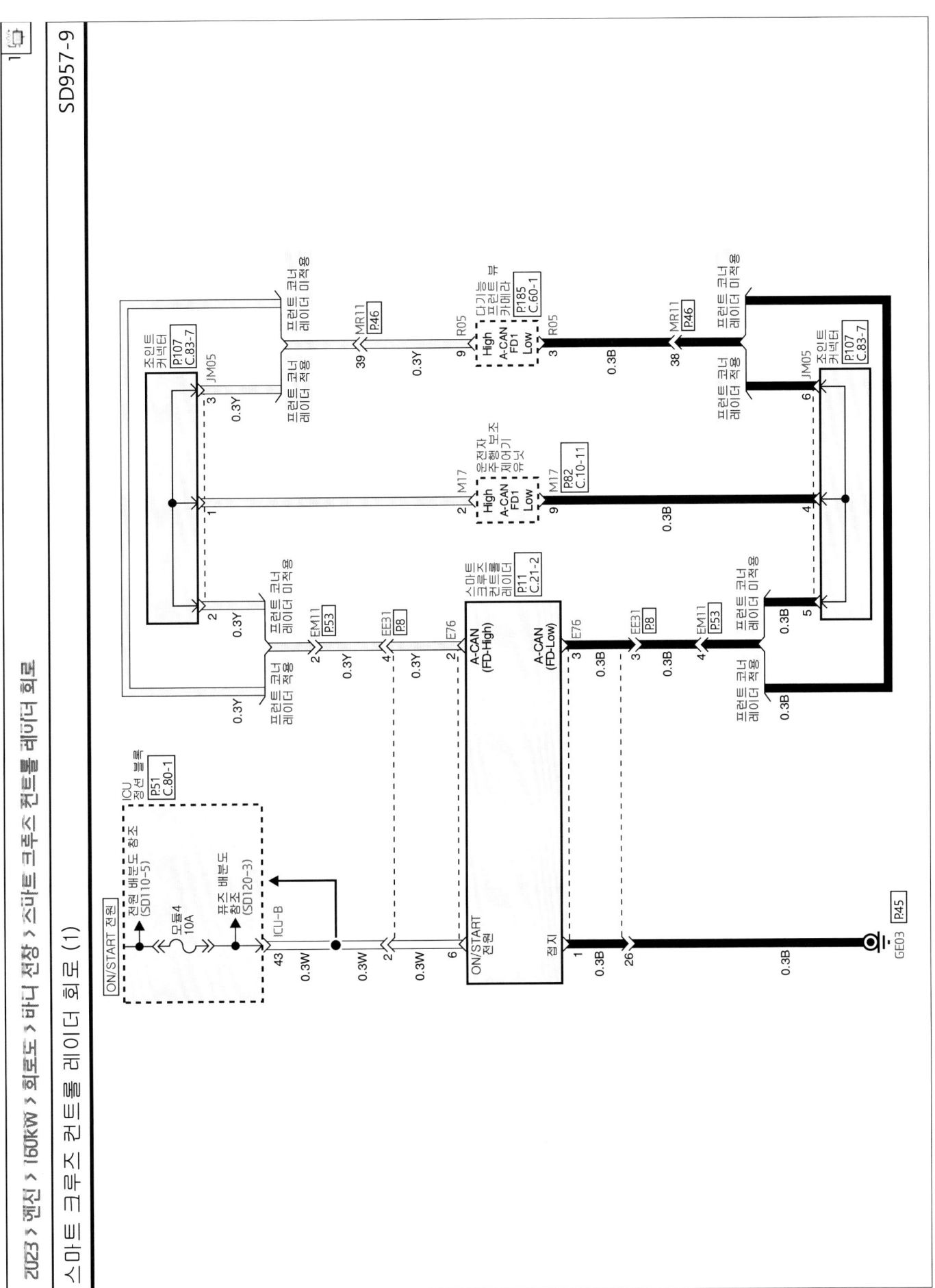

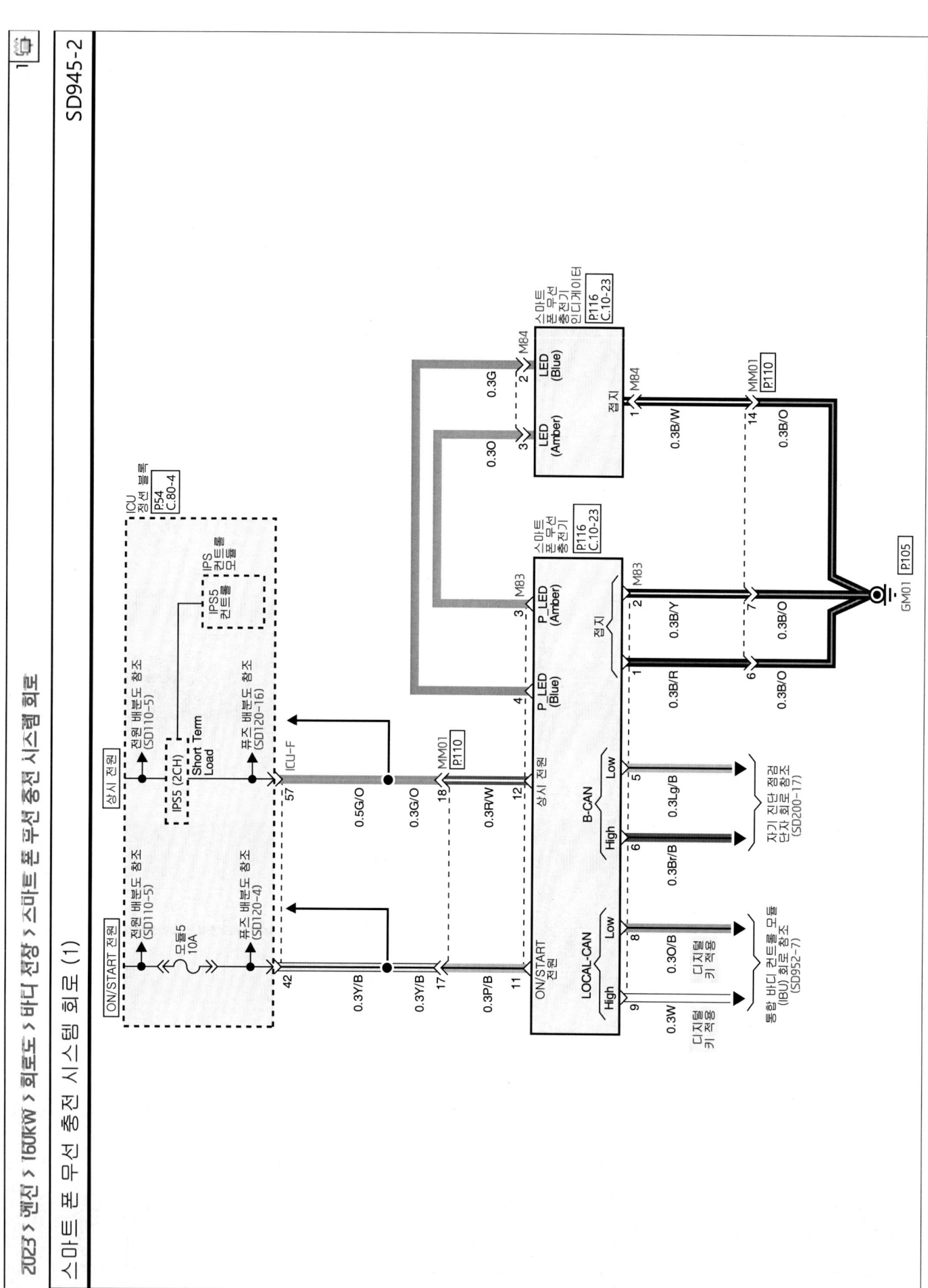

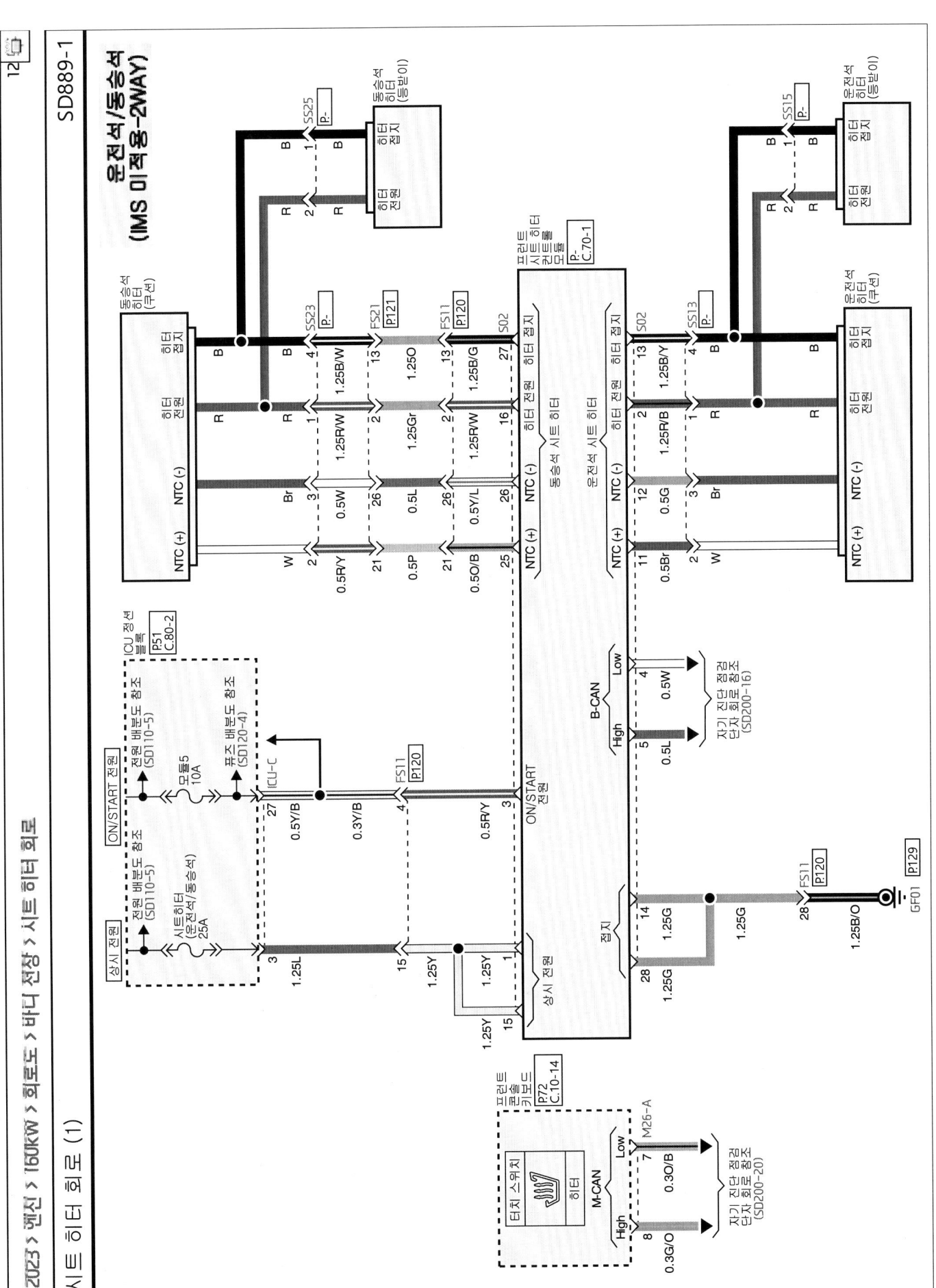

시트 히터 회로 (2)

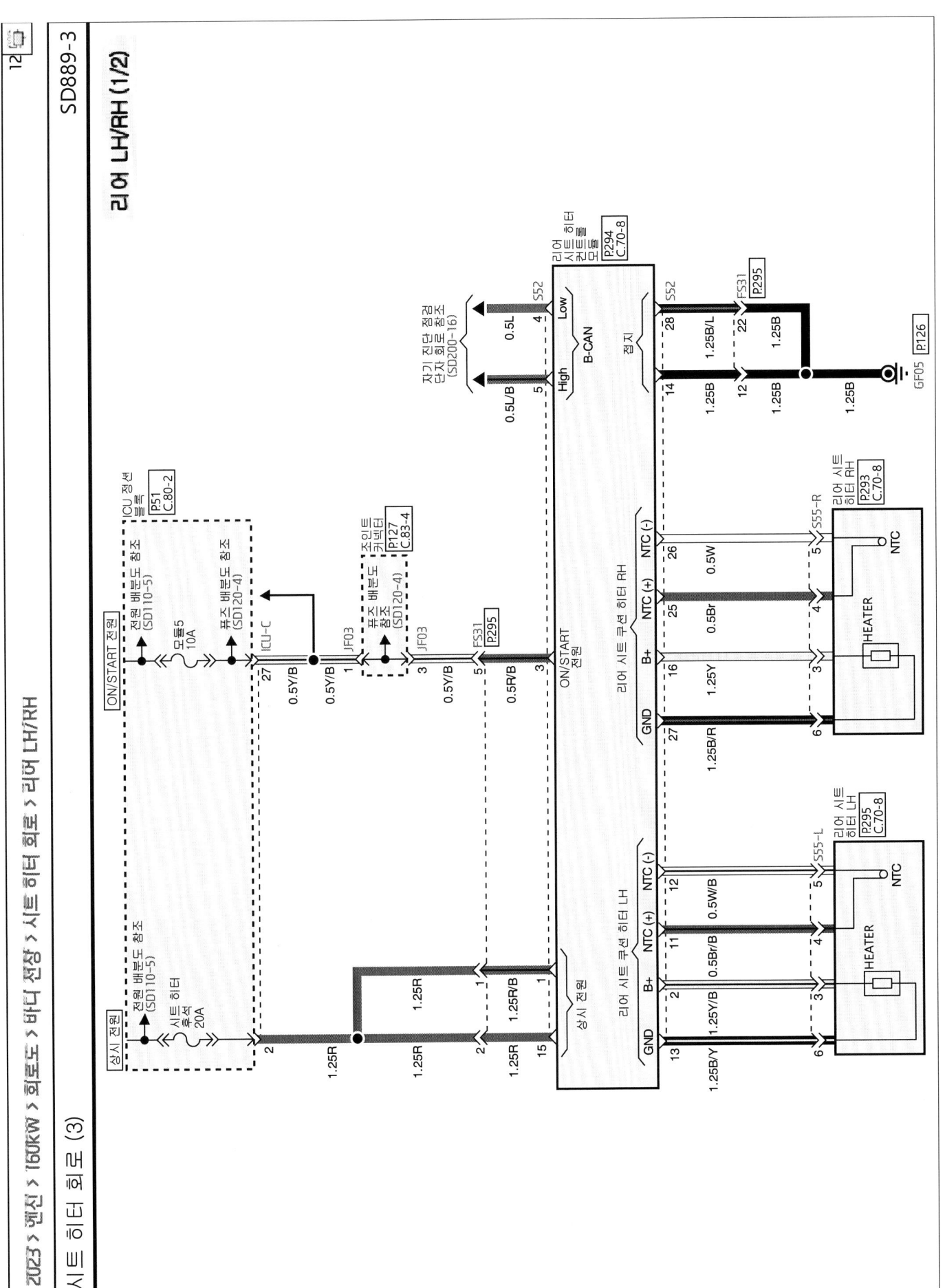

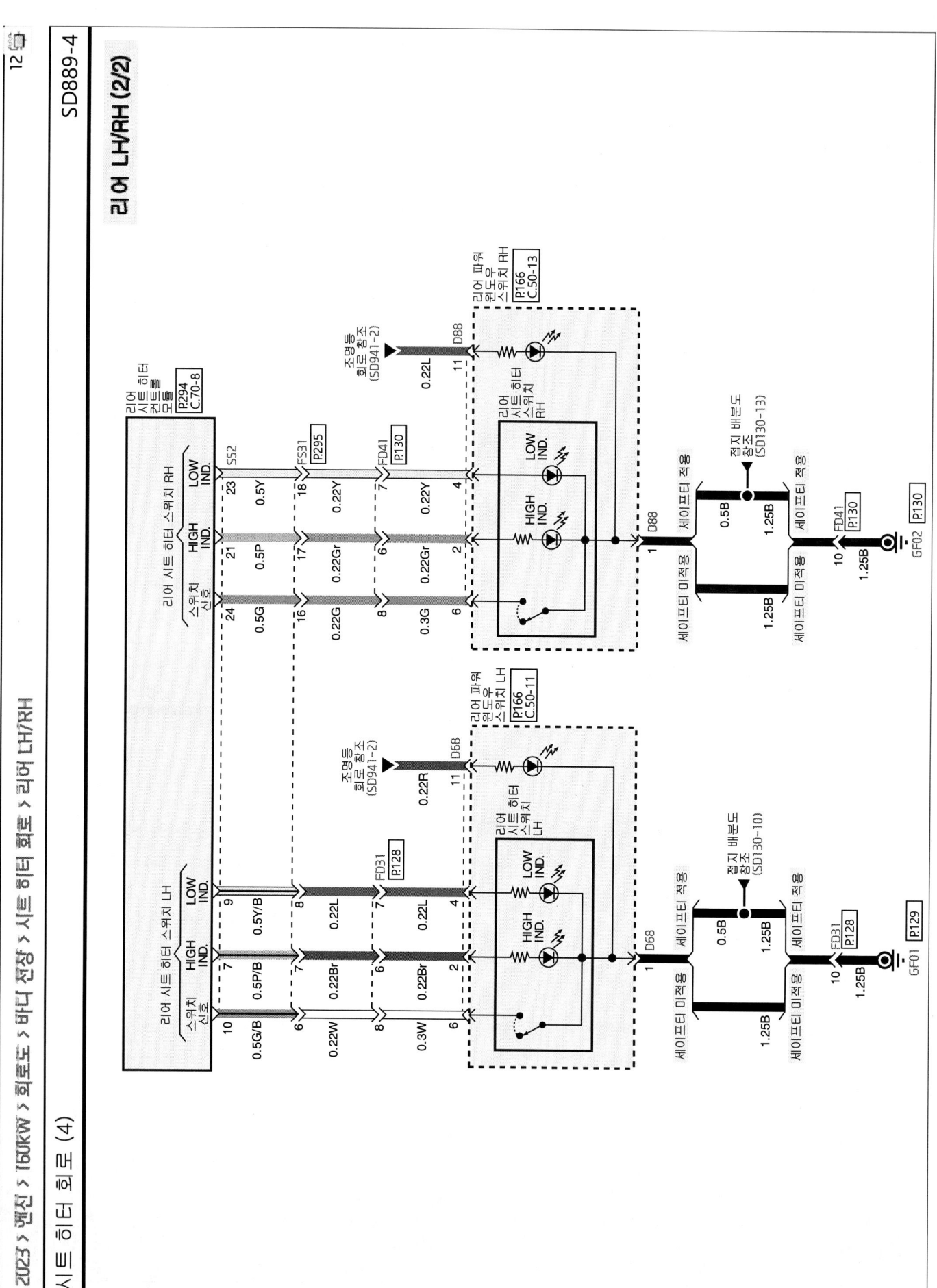

실내 감광 미러 회로 (1)

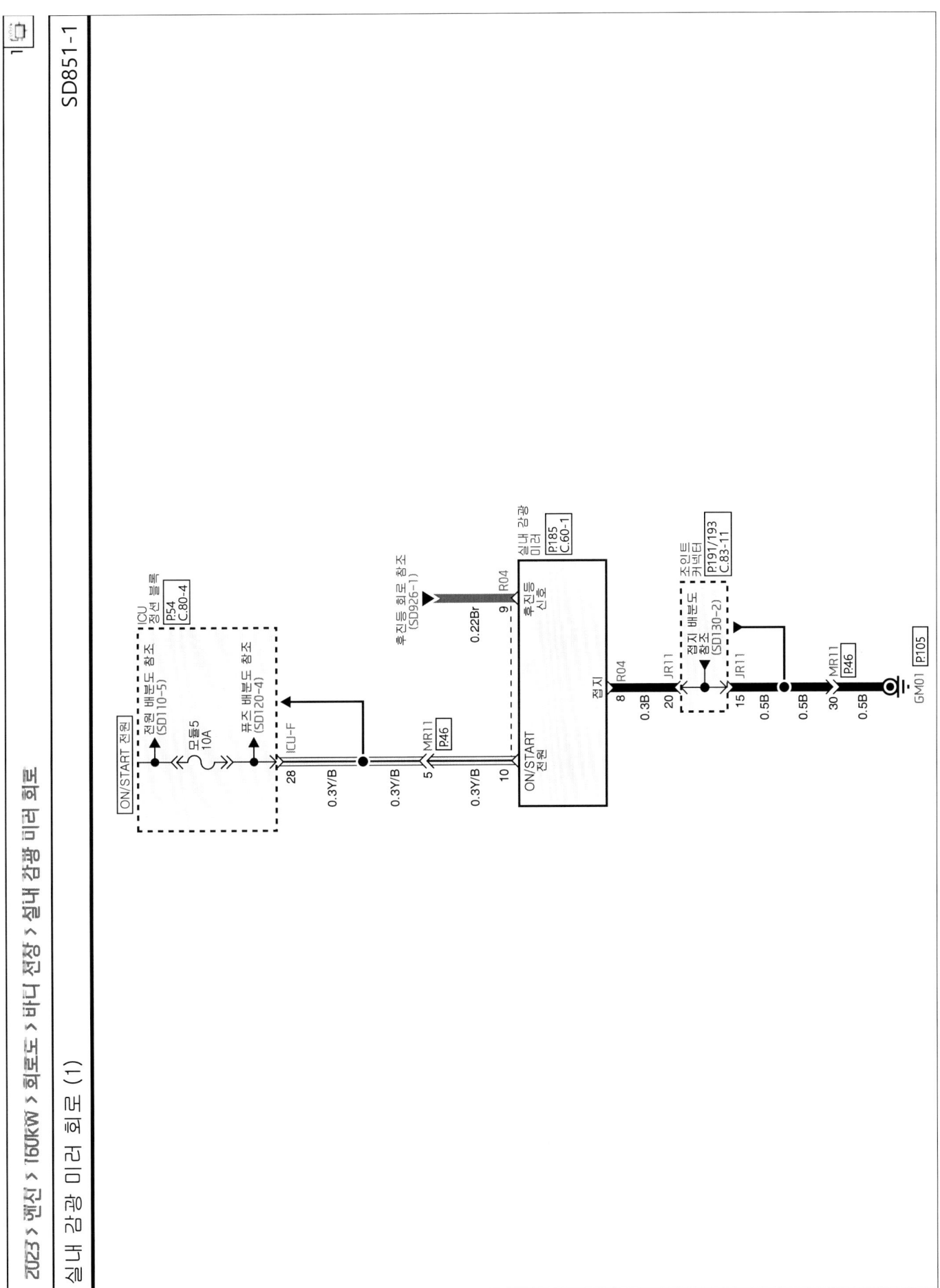

SD851-1

실내 감광 미러 회로

회로 설명

실내 감광 미러 (ECM : Electro chromic Mirror)회로는 이그니션 스위치 IG1 전원을 받으며 야간 운행시 후방 차량의 강한 전조등 빛을 자동 차단하여 운전자의 눈부심을 방지하는 시스템이다.

주위의 어두운 정도를 센서가 감지하여 후방 차량의 전조등 빛이 미러에 비춰지면 내부의 화학층이 반응하여 미러의 반사율을 10~70%까지 조절한다. 후진 기어 작동시 주위 환경에 관계없이 밝아진다.

실내 감광 미러는 전압, 접지 그리고 후진신호를 받는다. 실내 감광 미러는 빛의 눈부심을 측정하기 위해 전/후방 두개의 센서를 이용한다.

1. 전방 센서는 주위 빛의 밝기를 탐지한다. 눈부심이 탐지되었을 때, 후방 센서는 미러가 요구되는 수준까지 어두워지기 위한 신호를 출력한다.

2. 후방 센서는 미러의 눈부심을 탐지한다. 눈부심이 충분히 어두운가를 결정한다.

3. 미러는 후방 센서로부터 유도된 수준까지 어두워진다. 빛의 눈부심이 더 이상 탐지되지 않으면 거울은 원래의 상태로 되돌아간다.

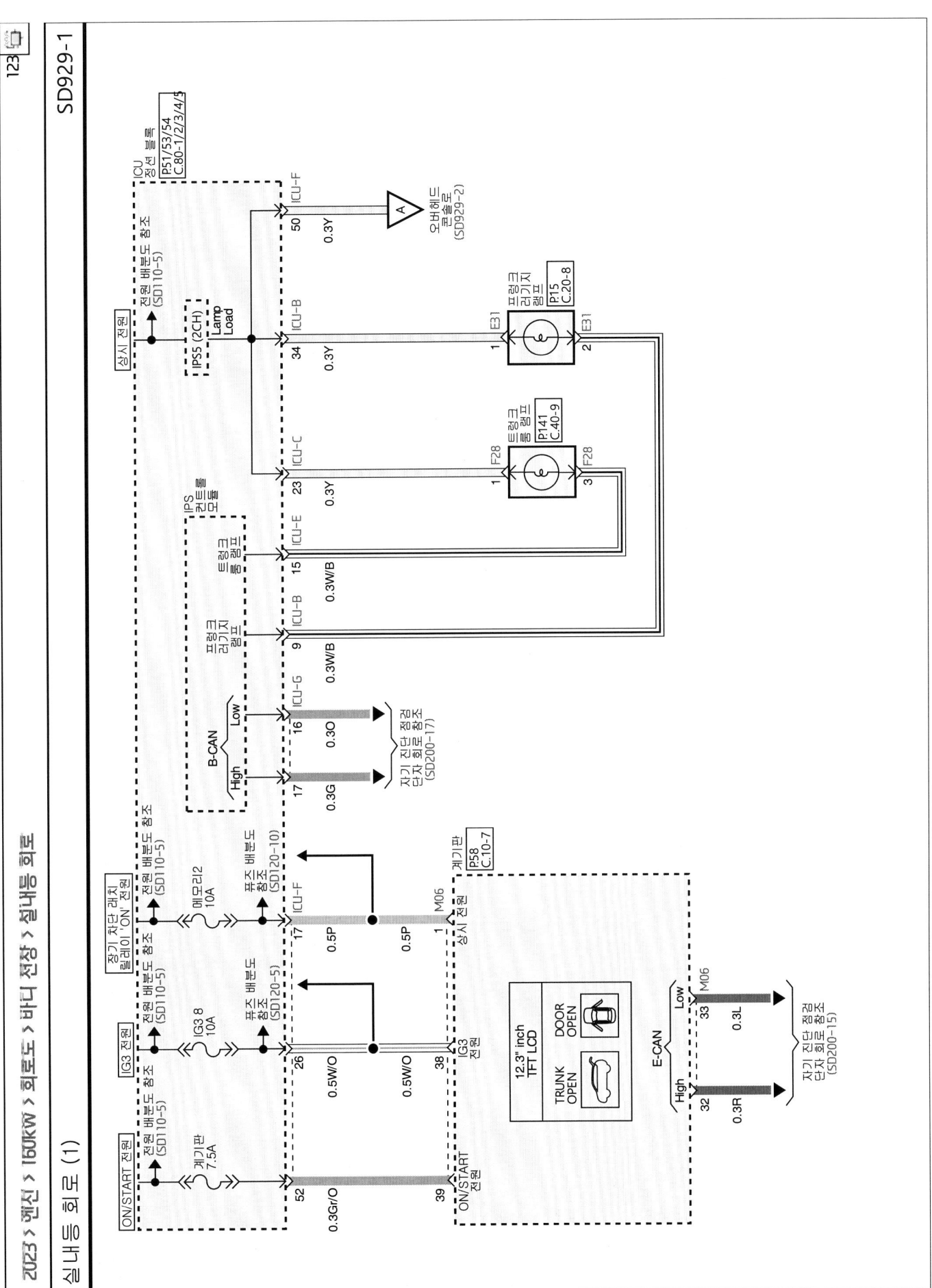

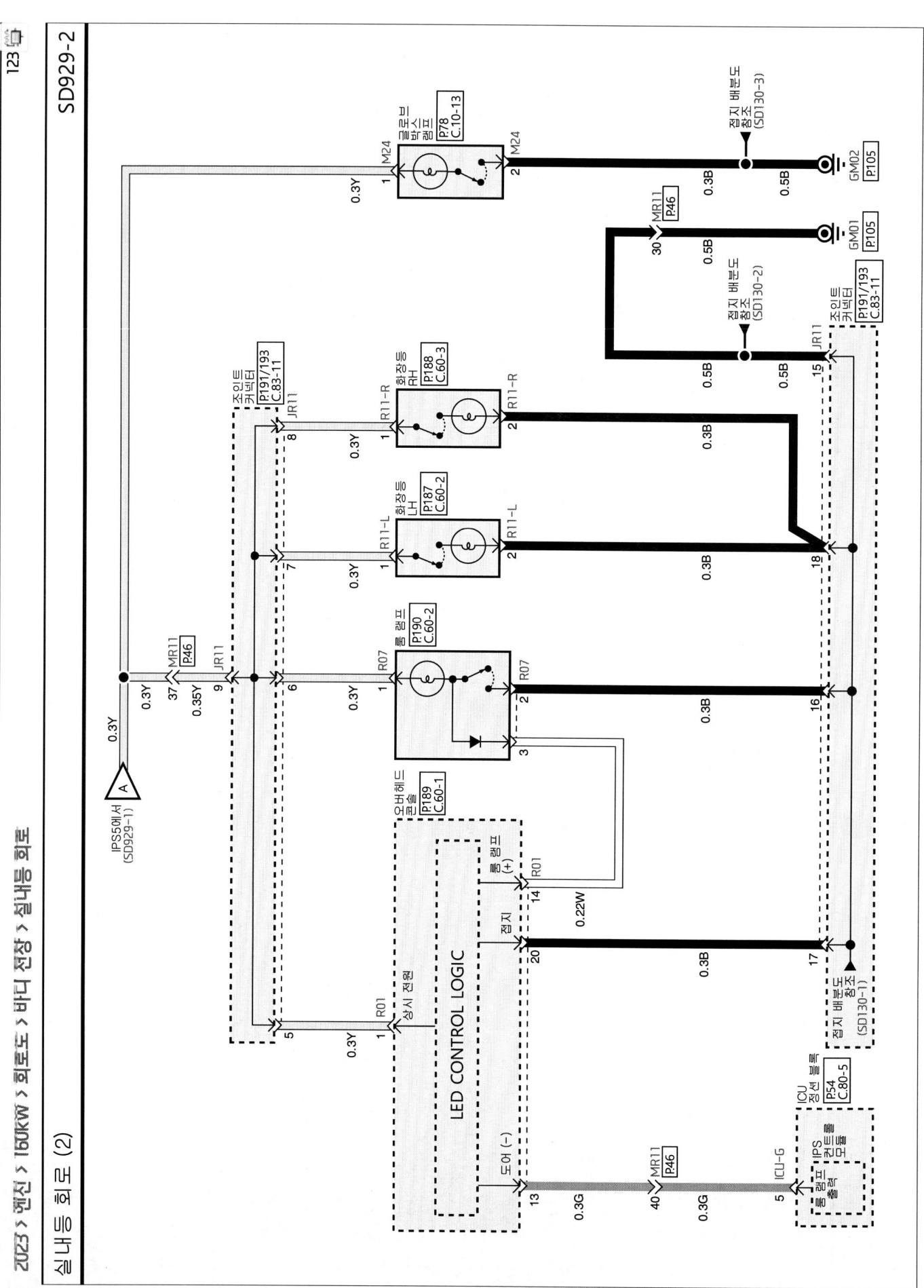

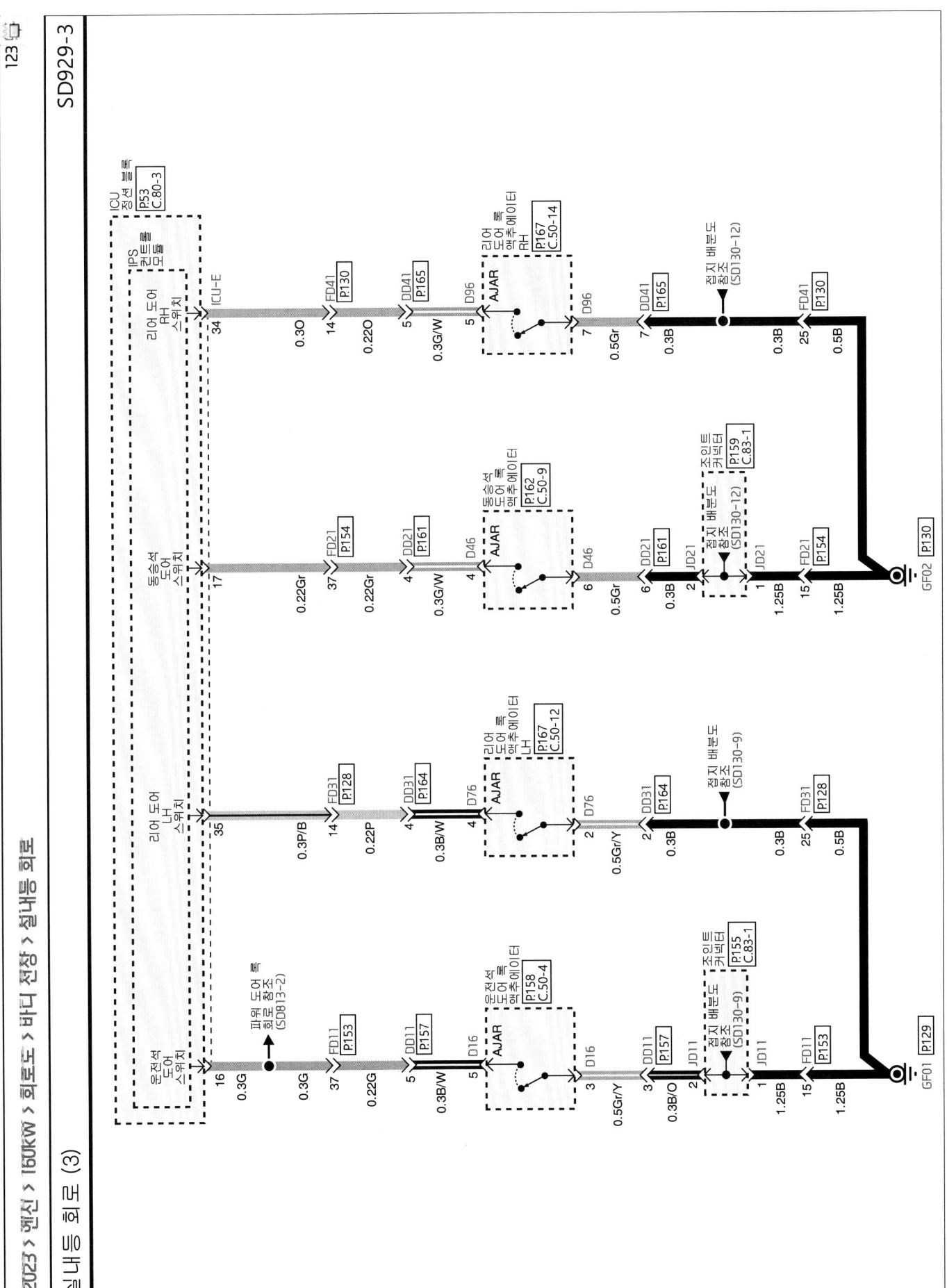

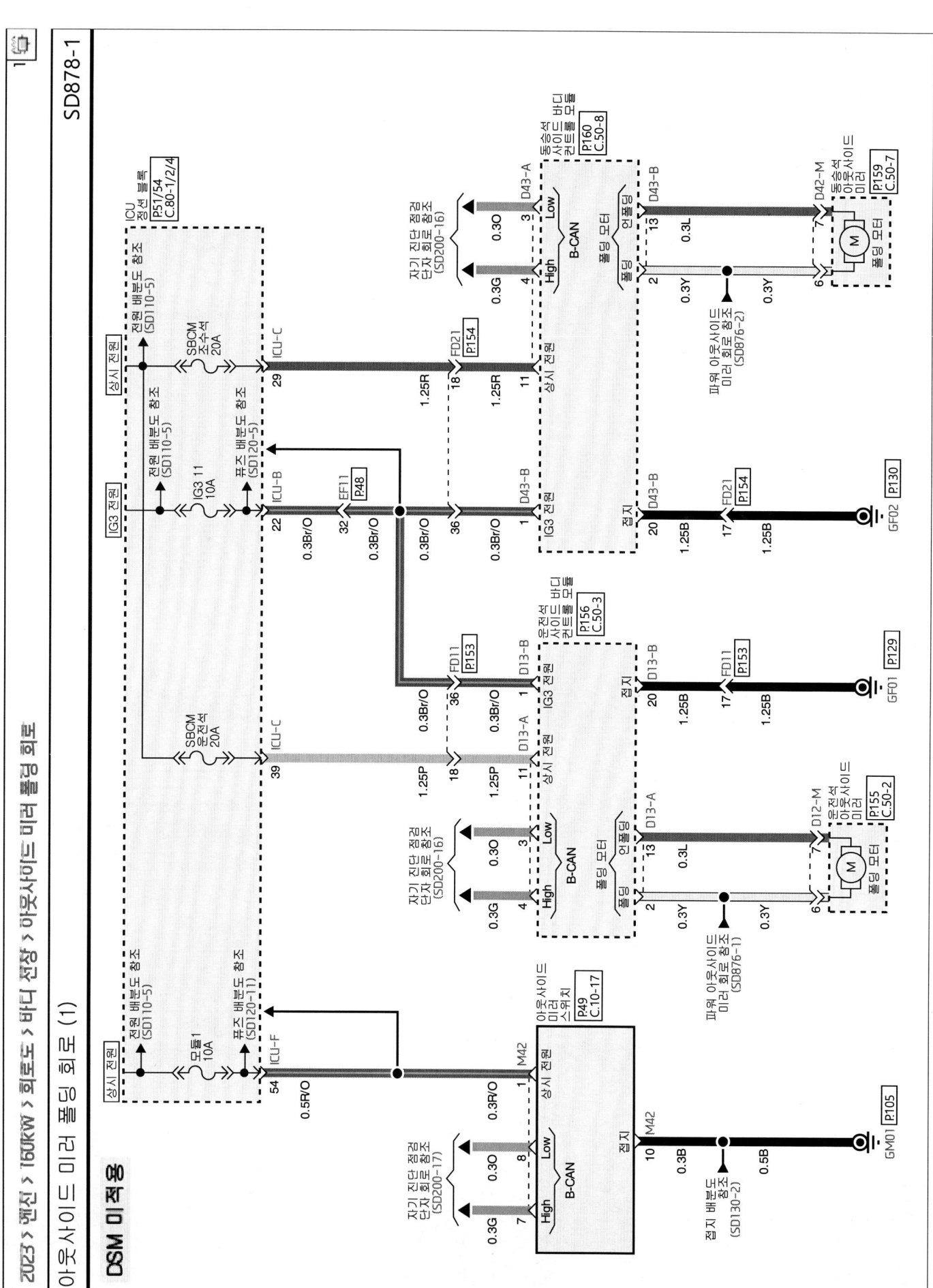

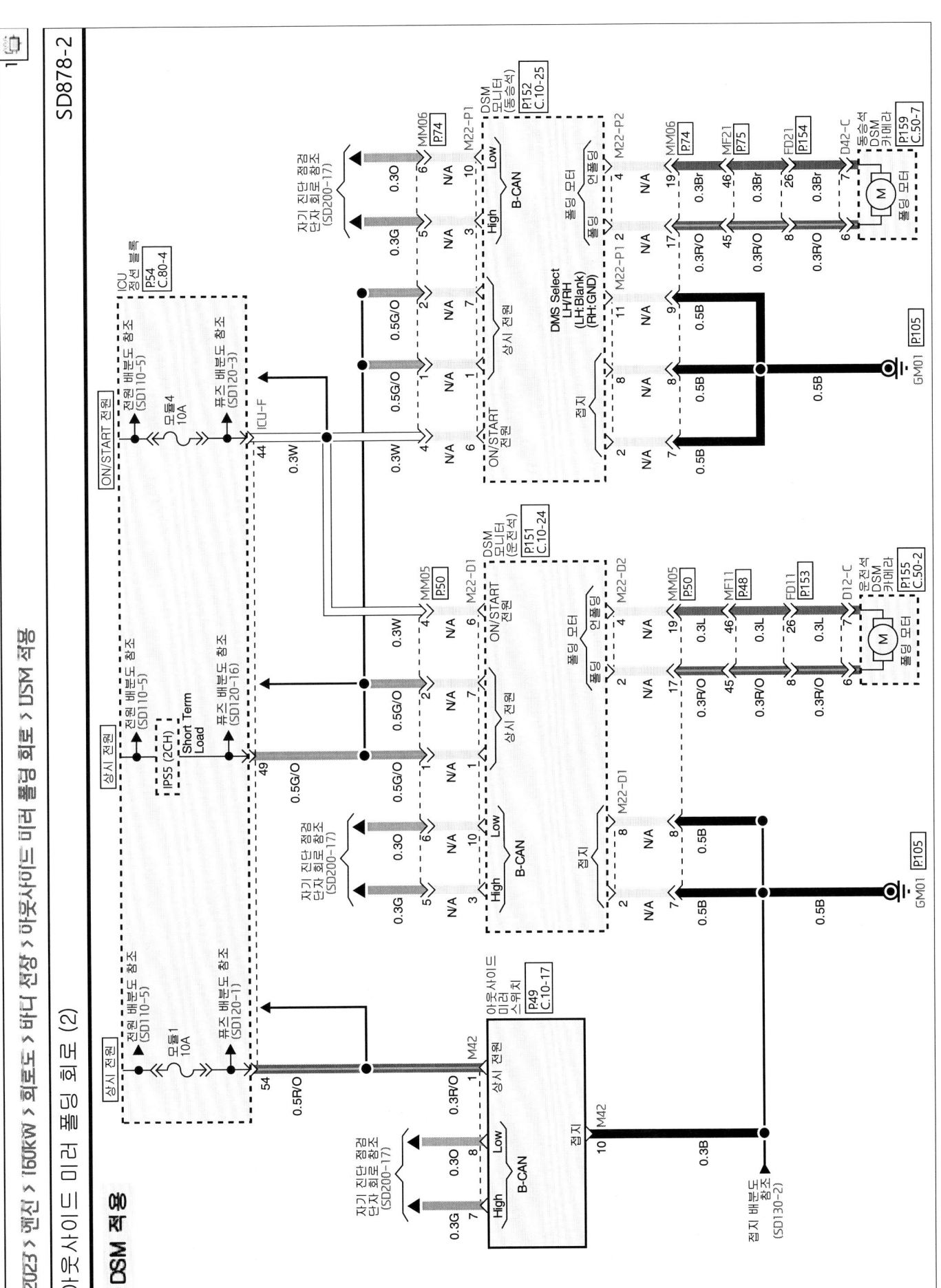

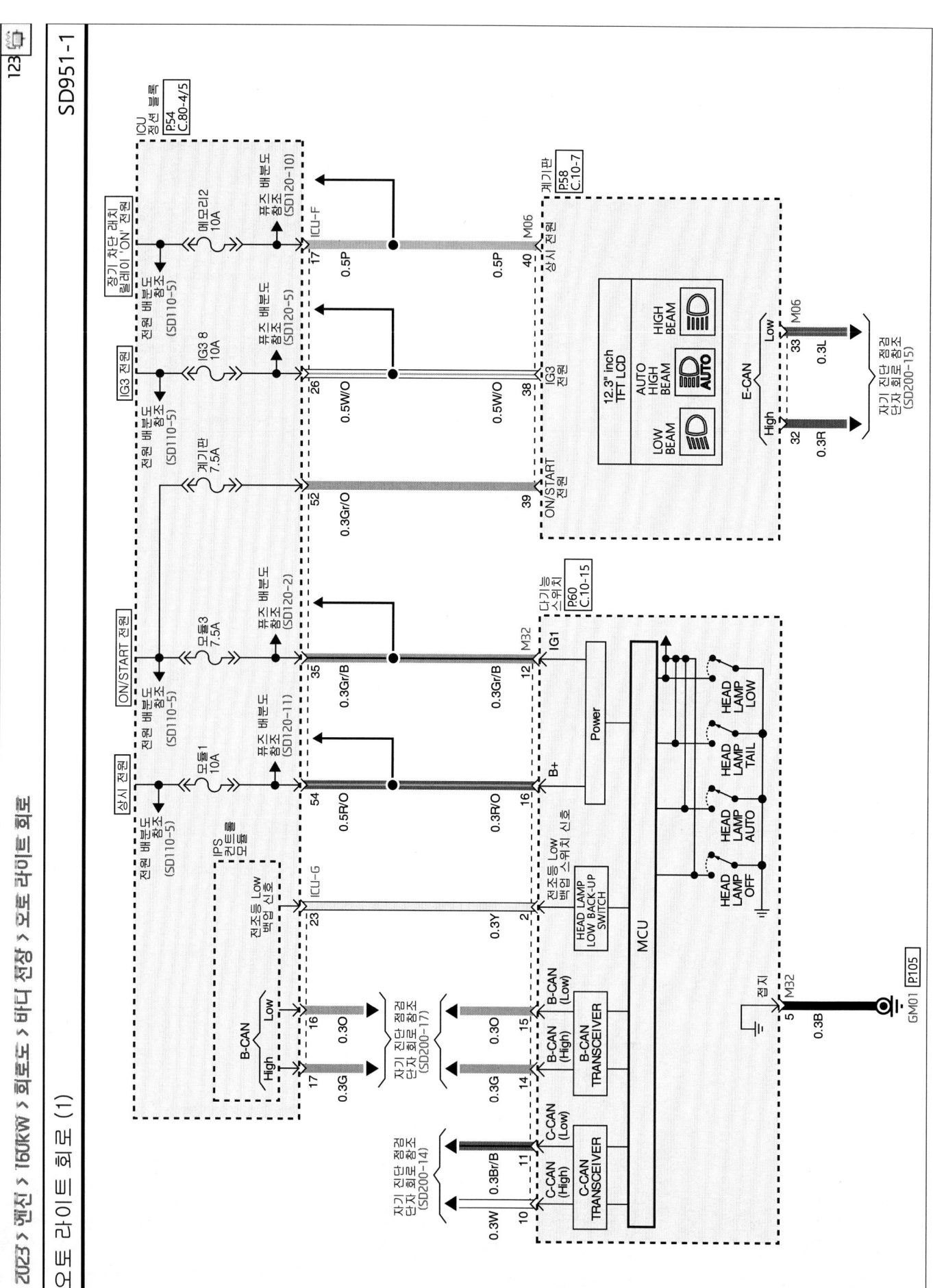

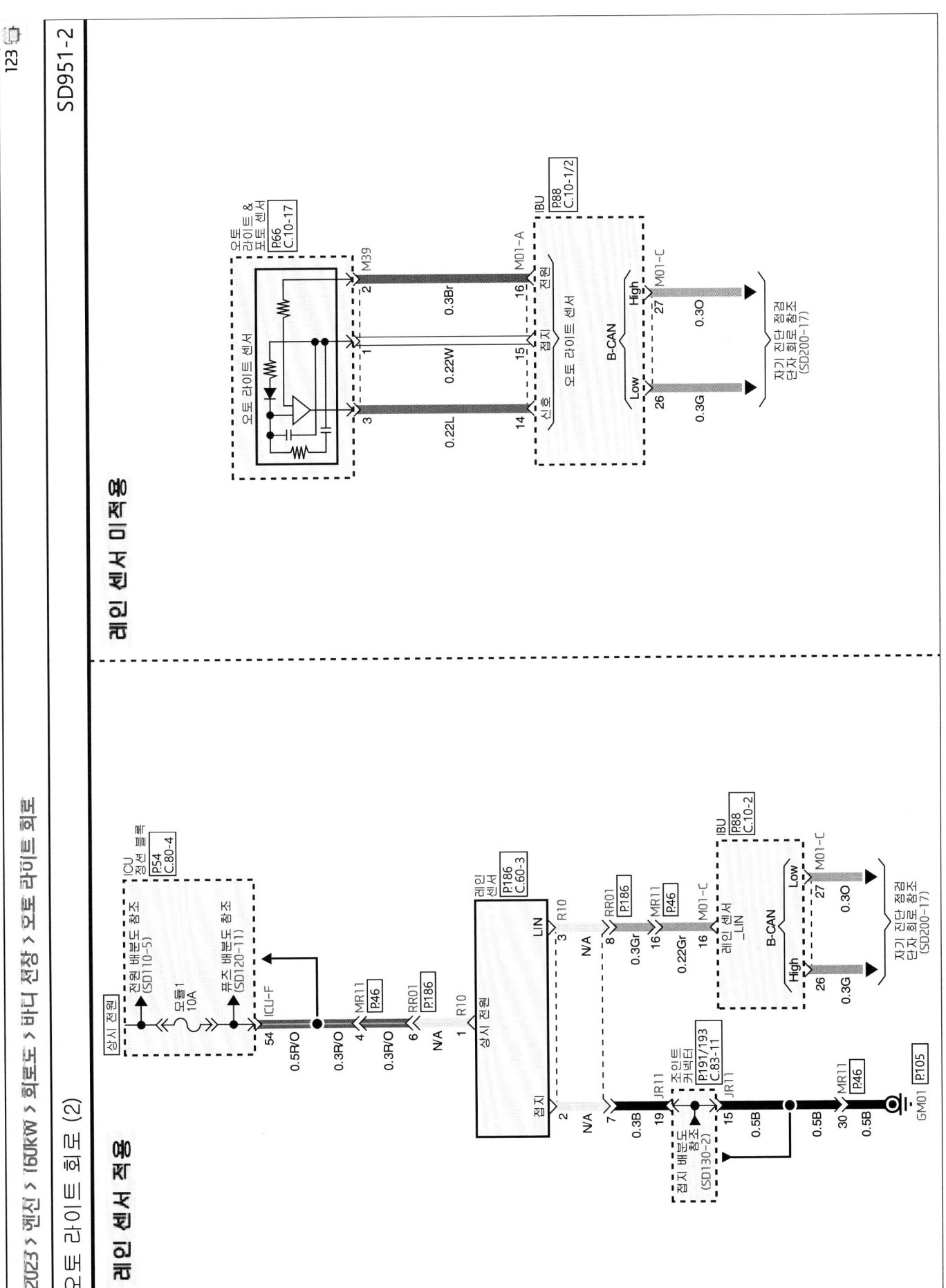

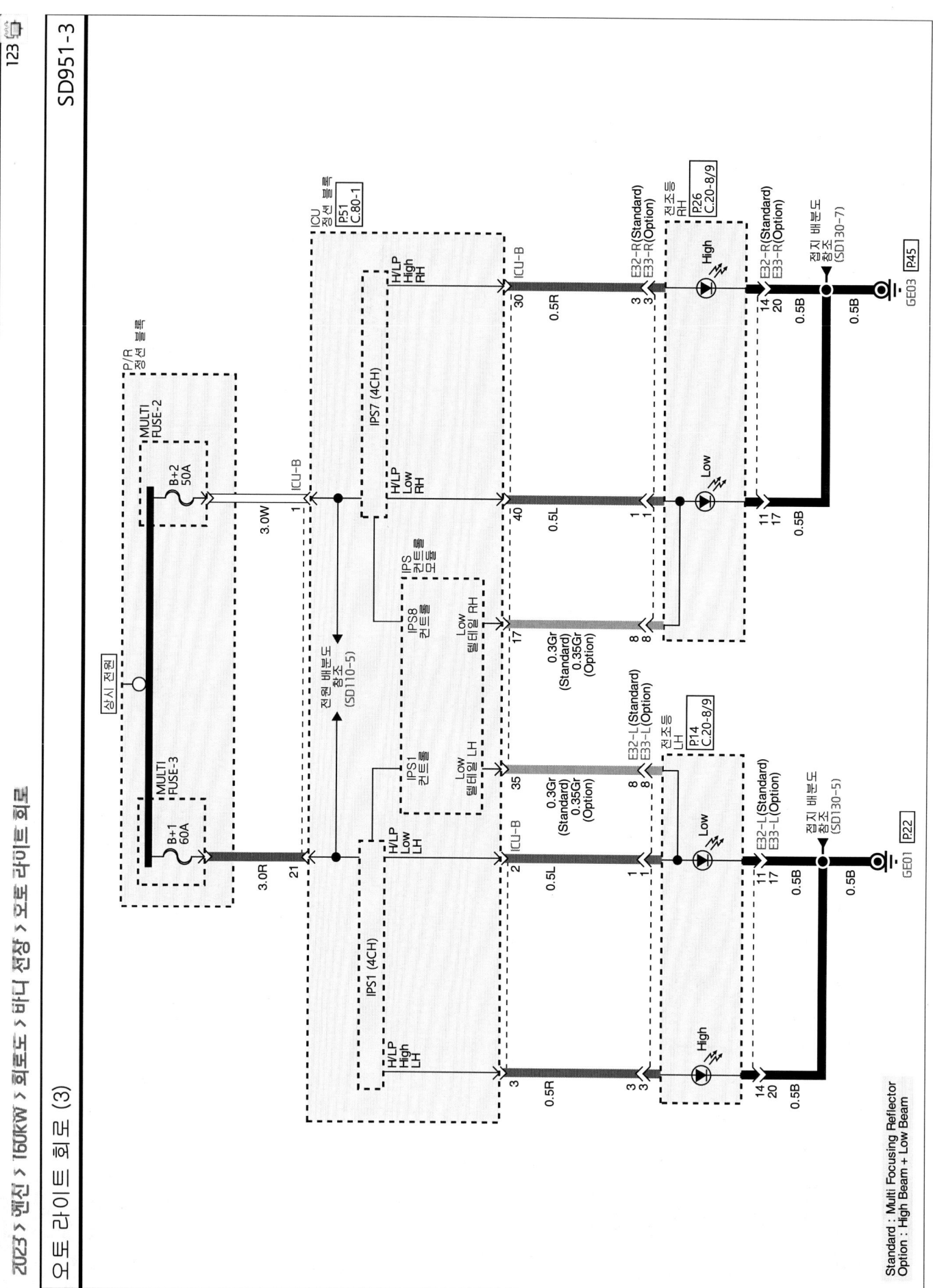

2023 > 엔진 > 150KW > 회로도 > 바디 전장 > 오토 라이트 회로 > 서비스 팁

오토 라이트 회로

서비스 팁 (1)

회로 설명

오토 라이트를 작동하기 위해서는 이그니션 스위치 ON 이상의 상태이어야 한다.
라이트 스위치 AUTO 모드는 오토 라이트 센서를 이용하여 주위 조도 변화에 따라 운전자가 라이트 스위치를 조작하지 않아도 AUTO 모드에서 자동으로 미등 및 전조등을 ON시켜주는 장치로 주행중 터널 진출입시, 비, 눈, 안개등으로 주위 조도 변경시 작동한다.
이 장치 사용시 주의 사항은 아래와 같다.

1. 이 장치의 성단에 다른 장치를 추가하지 않도록 한다.
2. 안개, 우천시 및 흐린 날씨에는 반드시 수동으로 전환하여 사용한다.
3. 실차 조도는 항상 일정하지 않기 때문에 기후, 계절 및 주위 환경에 따라 점/소등 되는 시간이 달라질 수 있다.
4. 이 장치 작동은 일출과 일몰시에 제한적으로만 사용하여 일반적인 램프 점/소등 작동은 수동으로 조작한다.
5. 실내 조도에 변화를 줄 수 있는 광자단 코팅을을 할 경우 오작동 할 수 있다.

• 딤머/패싱 스위치 LOW

오토 라이트 작동 조건에서 딤머/패싱 스위치를 LOW 위치에 놓으면 다기능 스위치의 MCU는 CAN 통신을 통해 제기판 및 IPS 컨트롤 모듈로 작동 신호를 보낸다. 제기판은 하향 표시등을 점등시키고, IPS 컨트롤 모듈은 IPS 1, 7 (4CH)를 제어하여 전조등(LOW)을 점등시킨다.

• 딤머/패싱 스위치 HIGH

오토 라이트 작동 조건에서 딤머/패싱 스위치를 HIGH 위치에 놓으면 다기능 스위치의 MCU는 CAN 통신을 통해 제기판 및 IPS 컨트롤 모듈로 작동 신호를 보낸다. 제기판은 상향 표시등을 점등시키고, IPS 컨트롤 모듈은 IPS 1, 7 (4CH)를 제어하여 전조등(HIGH)을 점등시킨다.

• 전조등 에스코트 기능

밤길에 운전자의 시야를 확보하기 위한 기능이다.

1. 전조등(LOW) 스위치 ON 상태에서 이그니션 스위치를 OFF 한 경우 약 5분 동안 점등유지 후 소등된다.
2. 그리고 운전석 도어를 열고 단으면 전조등은 약 15초동안 점등 후 소등된다.
3. 그러나 에스코트 기능 작동중 리모컨 키 또는 스마트 키의 2회 잠금 요청을 받은 경우 또는 전조등(LOW) 작동 요청을 취소한 경우 즉시 해제된다.

• 제어 기능 - CAN 페일

ICU 정션 블록은 CAN 페일시 이그니션 스위치가 ON 이고, 라이트 스위치(오토 ON 이면 전조등(LOW)을 강제로 점등하여 운전자의 안전을 확보한다.

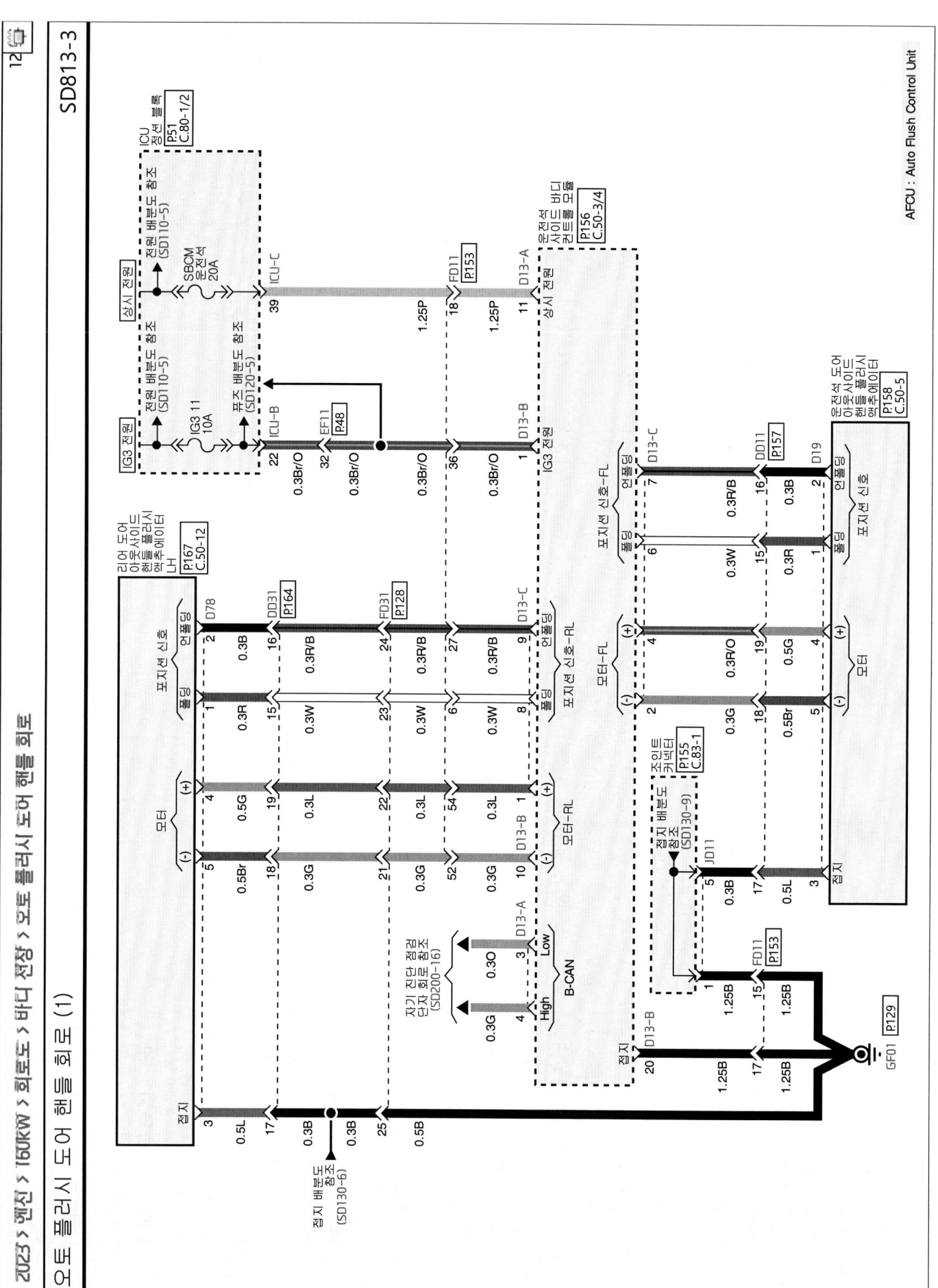

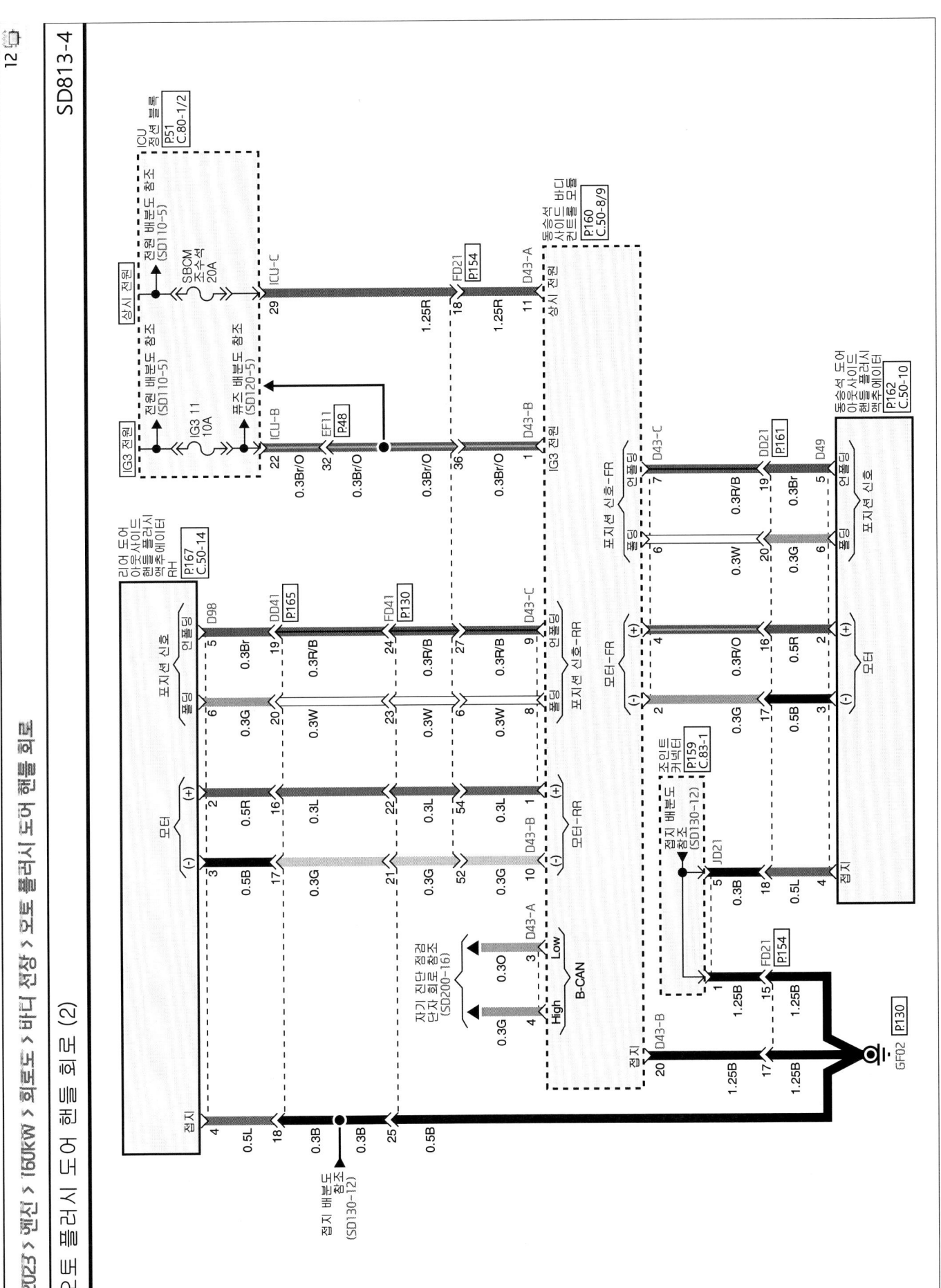

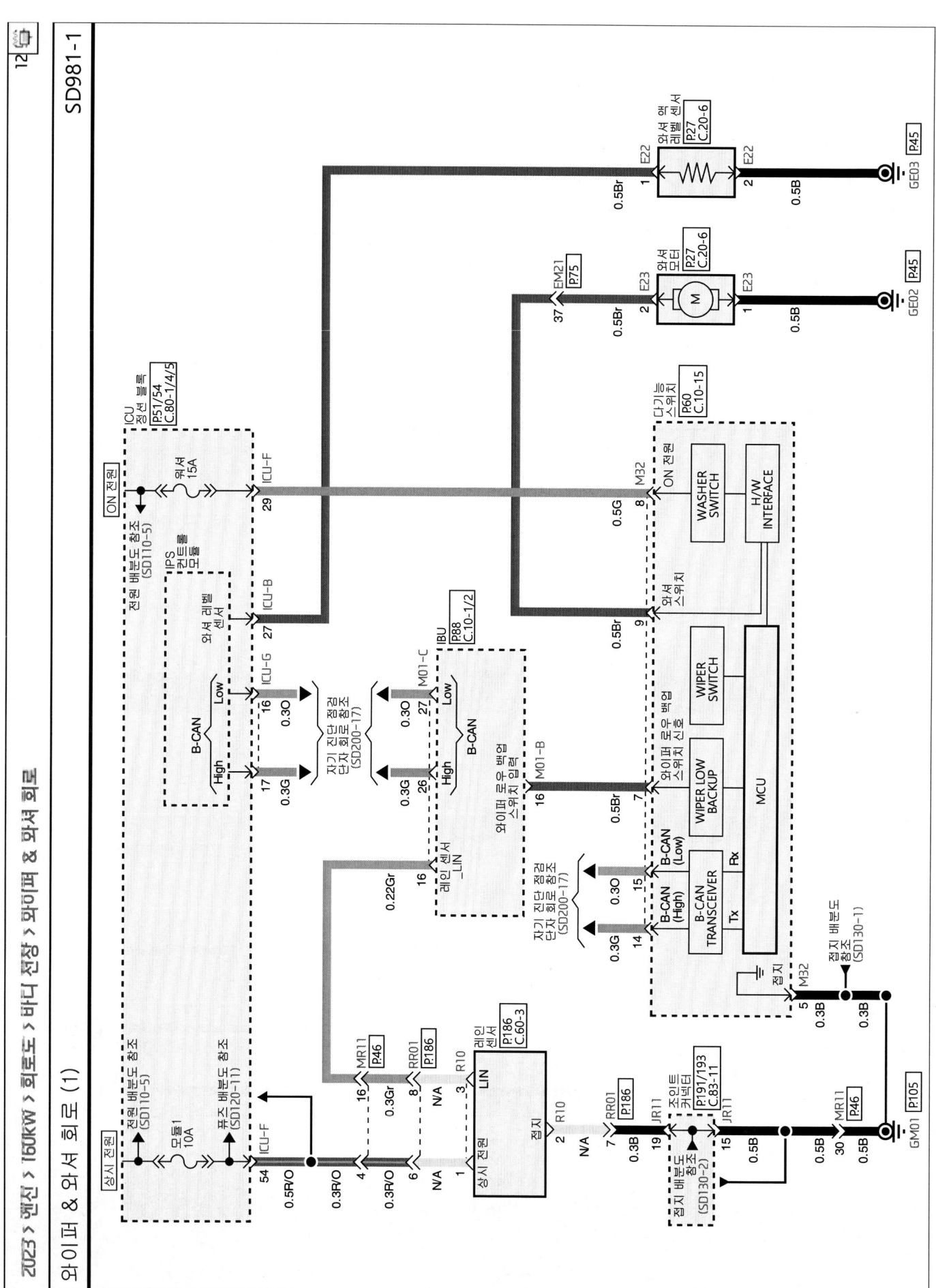

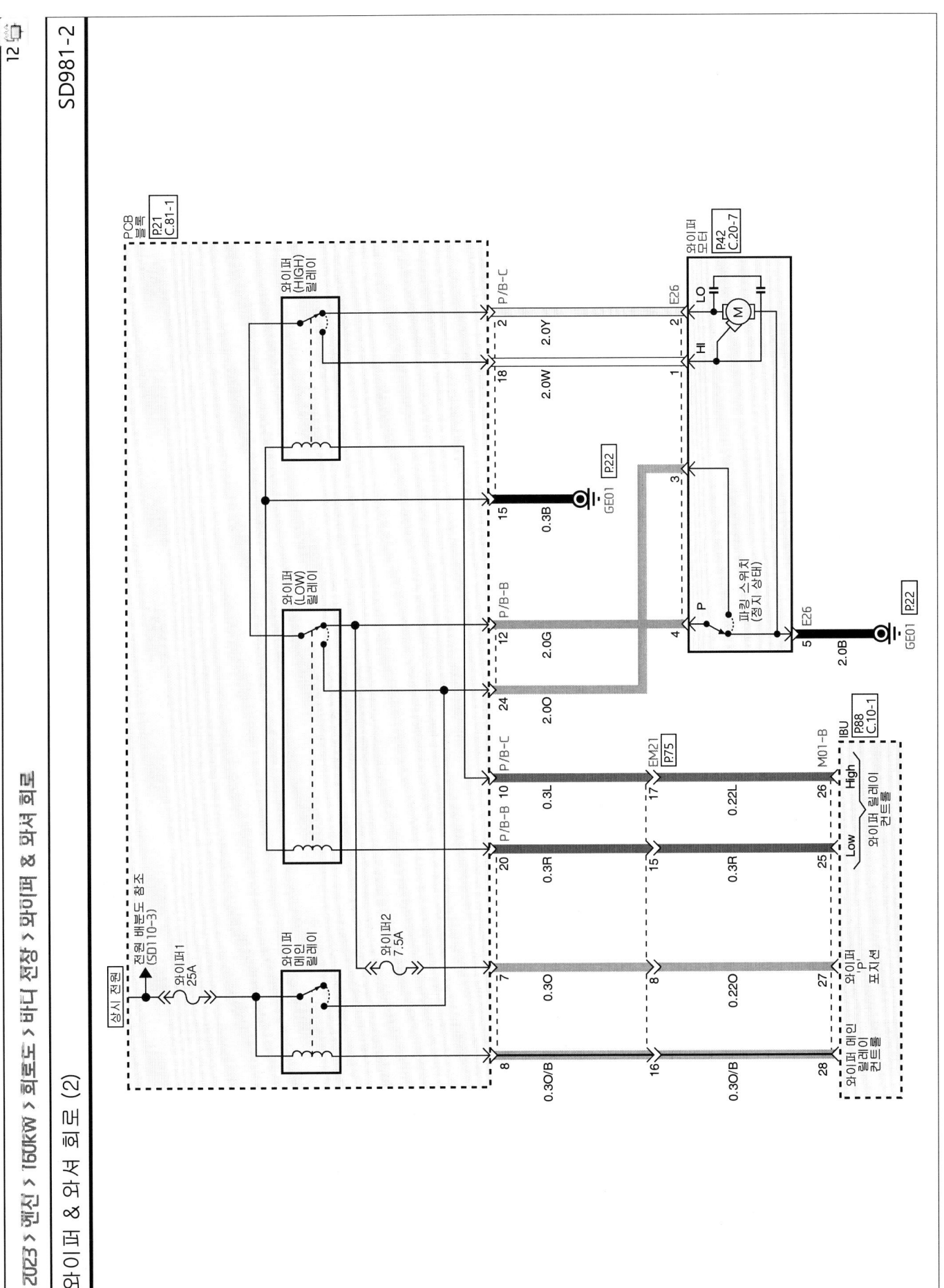

와이퍼 & 와셔 회로 (2)

와이퍼 & 와셔 회로

서비스 팁 (1)

회로 설명

와이퍼 & 와셔는 IG2 전원을 받으며, 다음과 같은 기능을 수행한다.

● Low와 High 포지션

와이퍼 스위치를 Low/High 또는 와이퍼 작동 중 와이퍼 스위치 OFF시 IG2(ON) 전원은 다음과 같은 경로로 릴레이를 통해 모터를 작동시킨다.

1. 와이퍼 스위치 Low

1) 와이퍼 스위치 Low → IBU (신호 입력 후 와이퍼 메인 릴레이 접지 제어, 와이퍼 (Low) 릴레이이 12V 출력 제어) → 와이퍼 (Low) 릴레이 ON

2) 와이퍼1 25A 퓨즈 → 와이퍼 (Low) 릴레이 ON) → 와이퍼 (High) 릴레이 (스위치 OFF) → 와이퍼 모터 Low (2번, 5번) → 접지

2. 와이퍼 스위치 High

1) 와이퍼 스위치 High → IBU (신호 입력 후 와이퍼 메인 릴레이 접지 제어, 와이퍼 (Low & High) 릴레이이 12V 출력 제어) → 와이퍼 (Low, High) 릴레이 동시작동

2) 와이퍼1 25A 퓨즈 → 와이퍼 (Low) 릴레이 ON) → 와이퍼 (High) 릴레이 (스위치 ON) → 와이퍼 모터 High (1번, 5번) → 접지

3. 와이퍼 작동 중 와이퍼 스위치 OFF

와이퍼 모터 내 파킹 스위치 ON → 와이퍼 (Low) 릴레이 (스위치 OFF) → 와이퍼 (High) 릴레이 (스위치 OFF) → 와이퍼 모터 Low (2번, 5번) → 접지 → 와이퍼 정 위치 → 파킹 스위치 OFF

● INT (간헐 와이퍼) 포지션

와이퍼 스위치를 INT.에 놓으면 IBU에서 INT. ON 신호를 받는다. IBU는 와이퍼 스위치의 간헐 와이퍼 속도 설정에 따라 약 2~11초에 한번씩 와이퍼 메인 릴레이 및 와이퍼 (Low) 릴레이 코일을 출력 제어 하여 간헐 와이퍼 속도를 유지한다.

● 와셔 (연동 와이퍼)

와셔 연동 와이퍼는 와셔 작동 때 와이퍼가 연동해 작동되는 기능으로 INT. 와이퍼와 같이 IBU에서 와이퍼 (Low) 릴레이를 출력 제어하여 작동된다.

와이퍼 스위치가 ON되면 IG2(ON) 전원은 와셔 스위치를 지나 와셔 모터로 공급되어 작동되며, 와셔 모터의 작동은 IBU와 관계없이 작동된다. 그러나 와셔 스위치가 ON되면 IBU의 와셔 스위치 전위가 0V가 되는데, IBU는 이때를 와셔 스위치 ON으로 판단한다. 와셔 스위치 ON으로 판단되면 IBU는 와이퍼 (Low) 릴레이를 작동시킨다.

이때는 INT.와 달리 와셔 스위치 작동시간 동안 상시 작동된다. 작동 중 스위치 OFF 때는 파킹기능에 의해 정 위치까지 회전 후 정지하게 된다.

● MST 와이퍼 작동

와이퍼 1회 작동한다. 단, 스위치를 이 위치에 계속 당기고 있으면 와이퍼가 계속 작동되며, 손을 떼면 OFF 위치로 되돌아 간다.

스위치 OFF 때는 파킹기능에 의해 정 위치까지 회전 후 정지하게 된다.

● 레인 센서

다기능 스위치로부터 AUTO 신호가 입력되면 와이퍼 모터 구동 제어를 앞유리 상단 내면부에 설치된 레인 센서에서 강우량을 감지하여 운전자가 스위치를 조작하지 않고도 와이퍼 작동 시간 및 LO/HI 스피드로 와이퍼를 자동 제어한다.

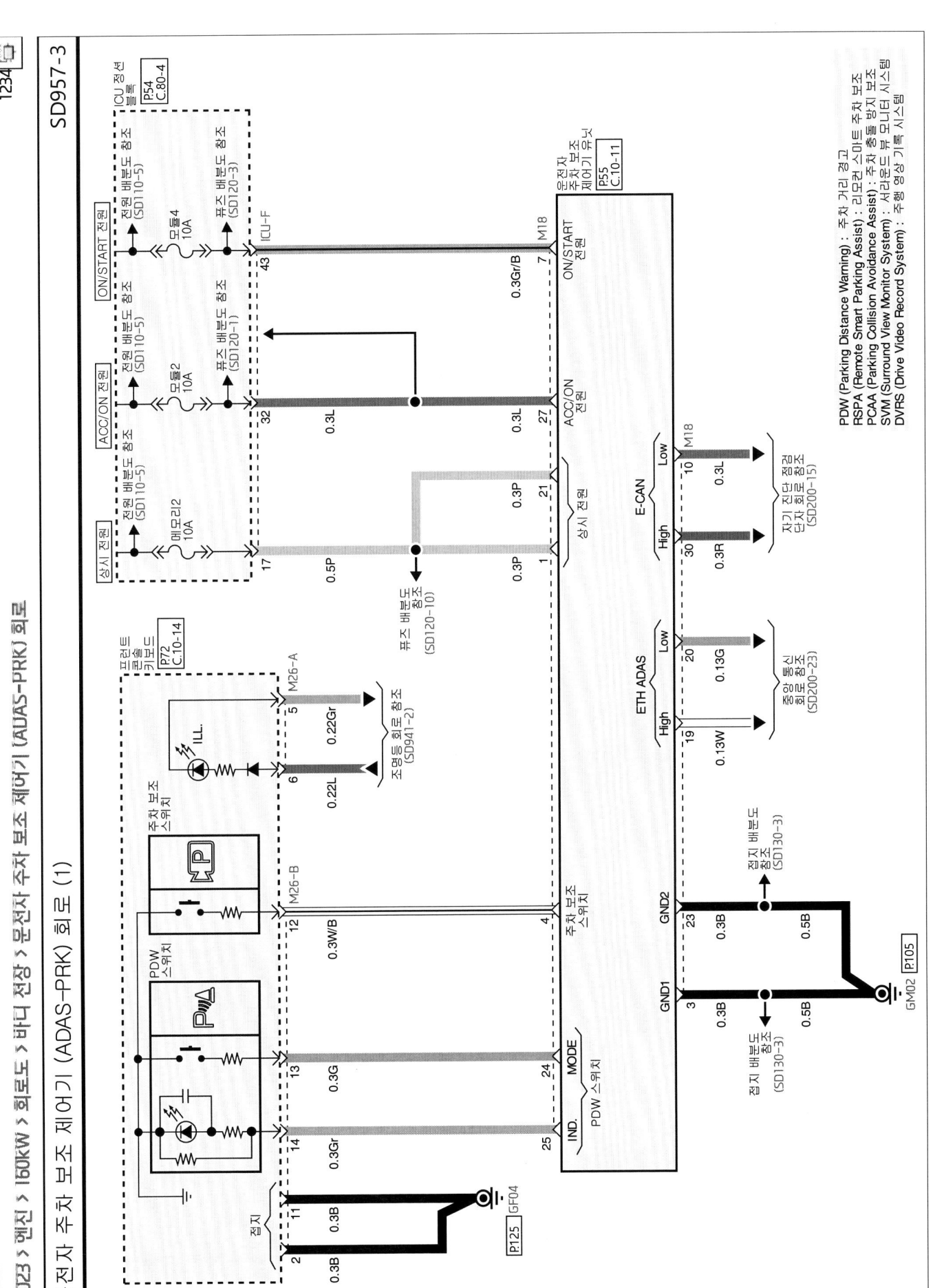

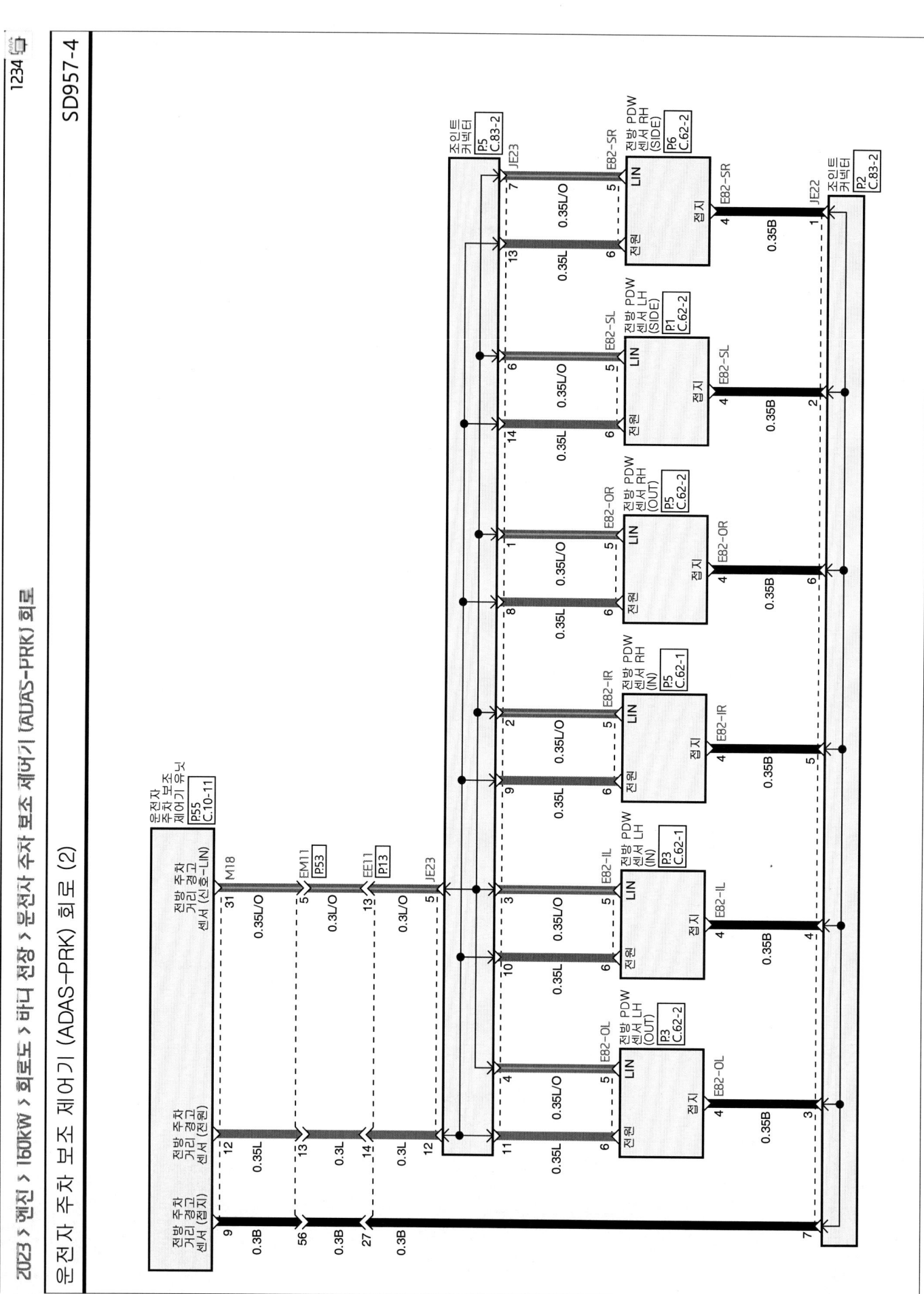

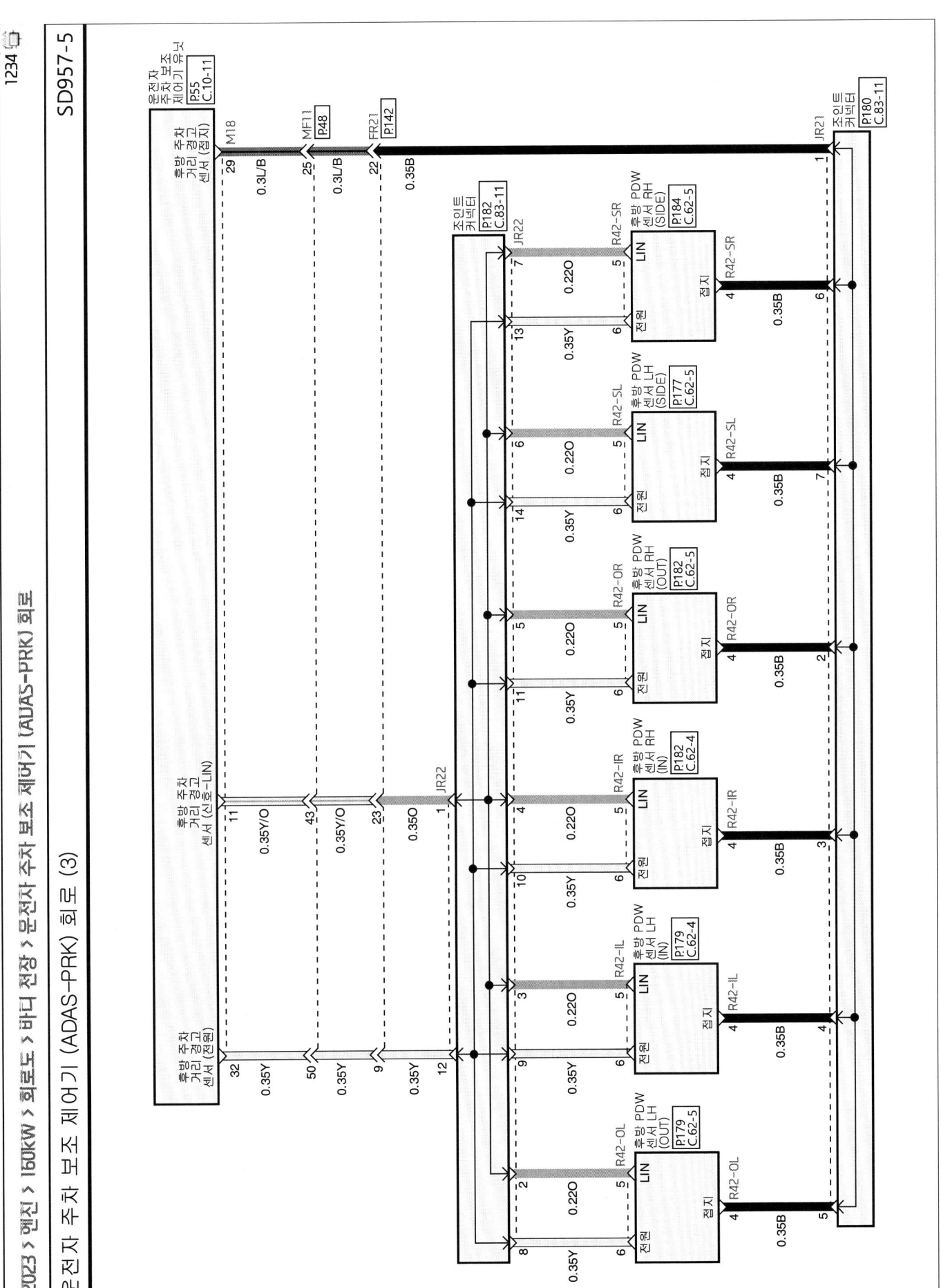

운전자 주차 보조 제어기 (ADAS-PRK) 회로 (4)

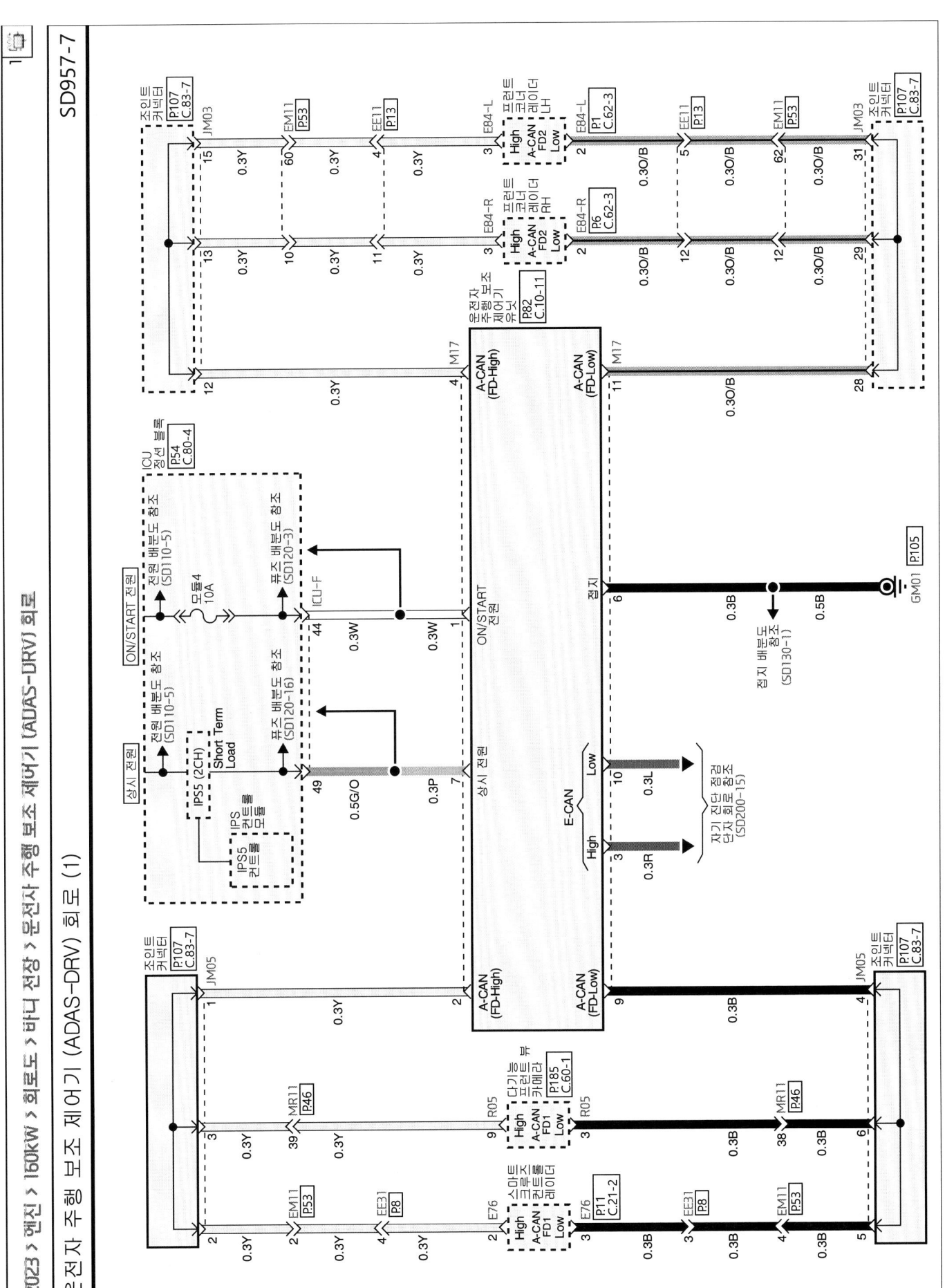
운전자 주행 보조 제어기 (ADAS-DRV) 회로 (1)

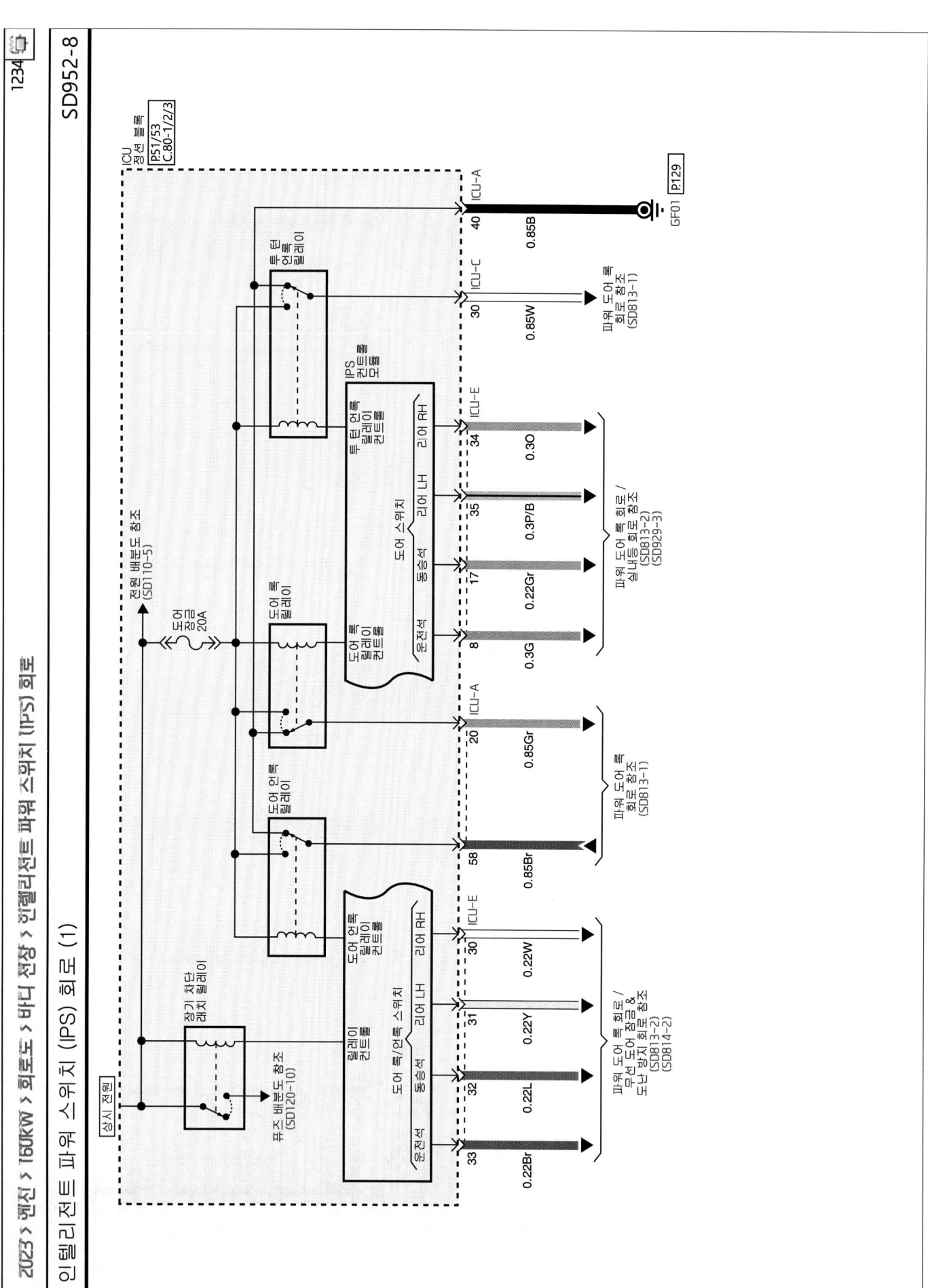

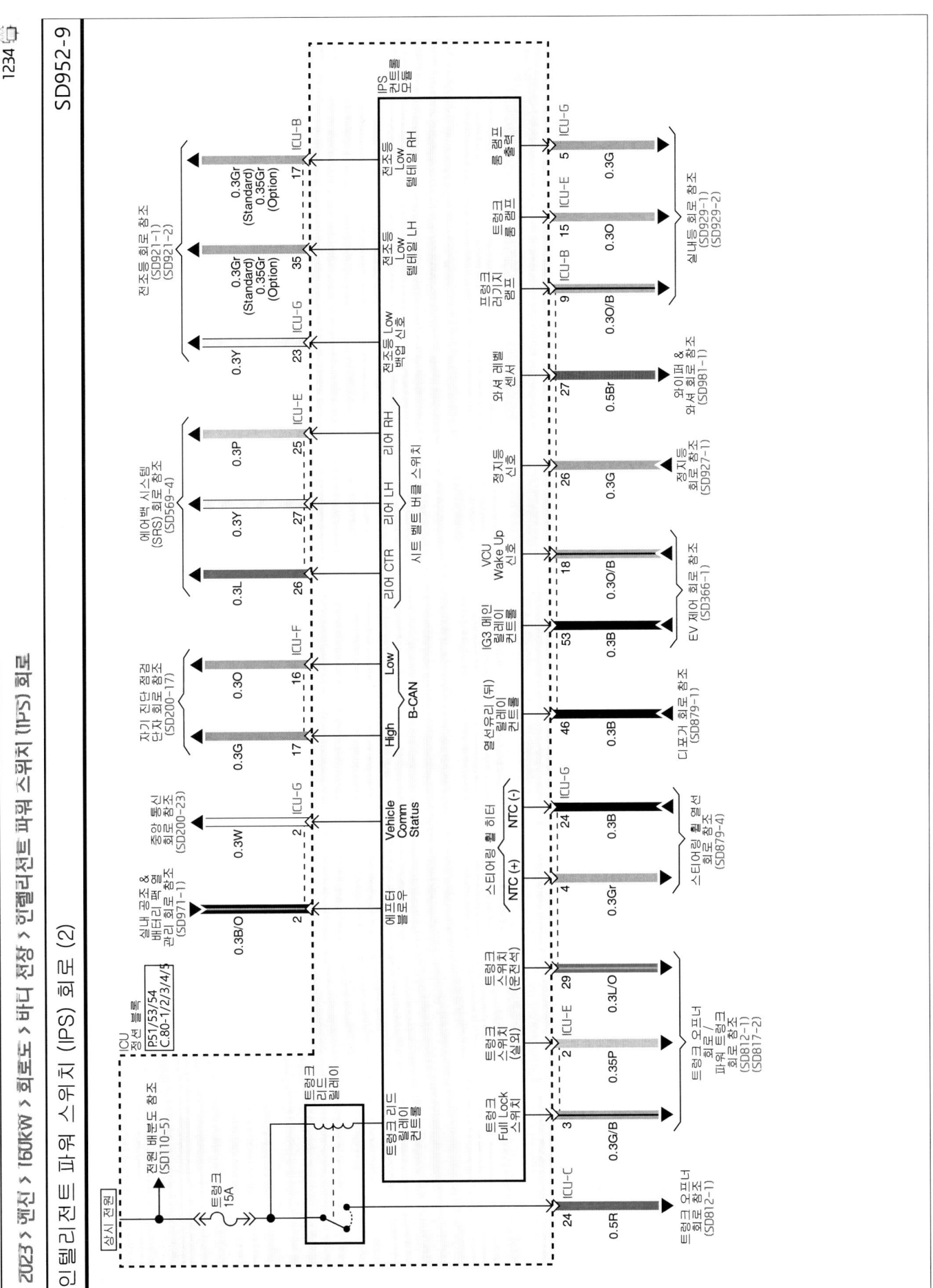

인텔리전트 파워 스위치 (IPS) 회로 (3)

SD952-10

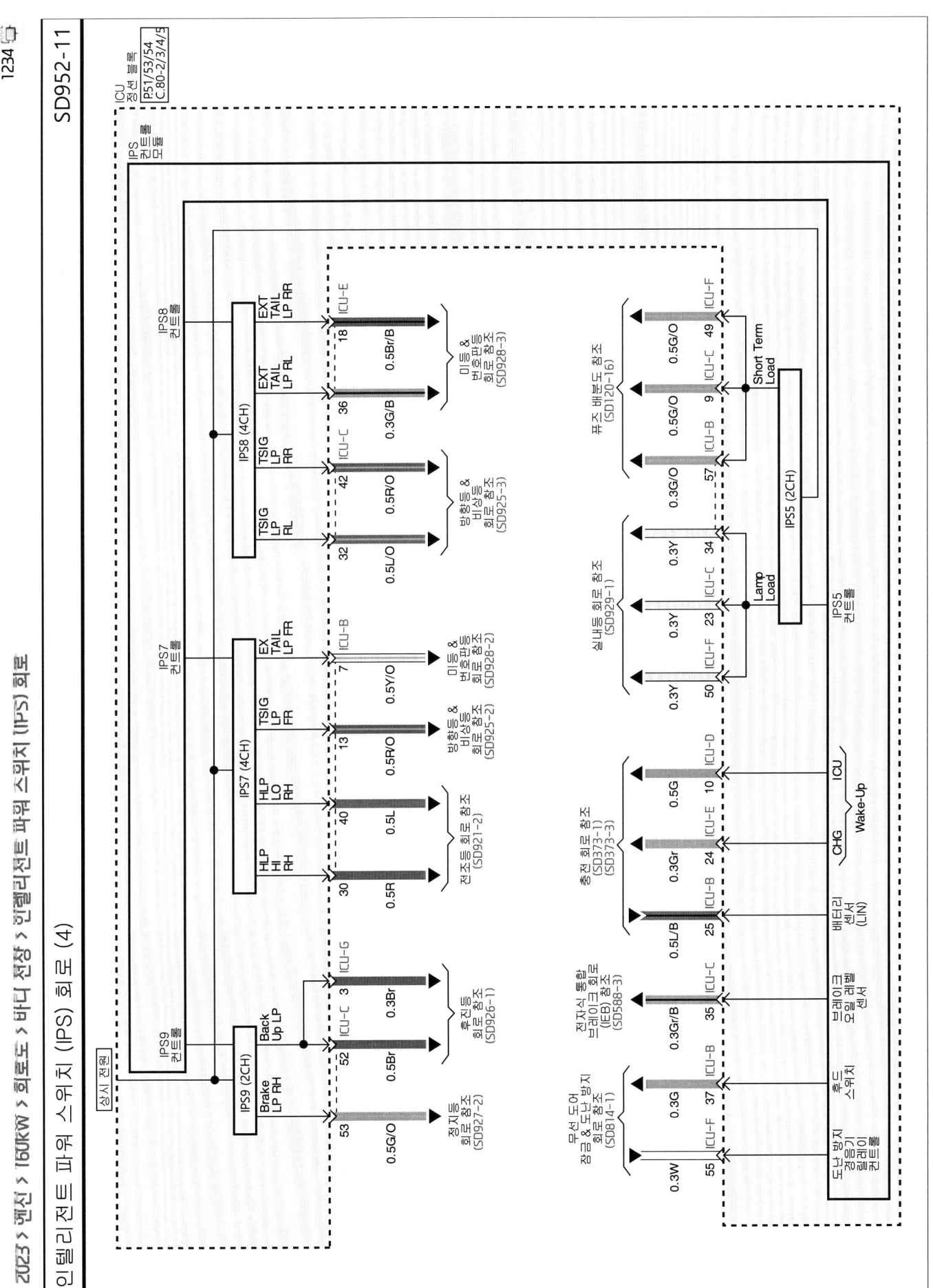

인텔리전트 파워 스위치 (IPS) 회로 (4)

SD952-11

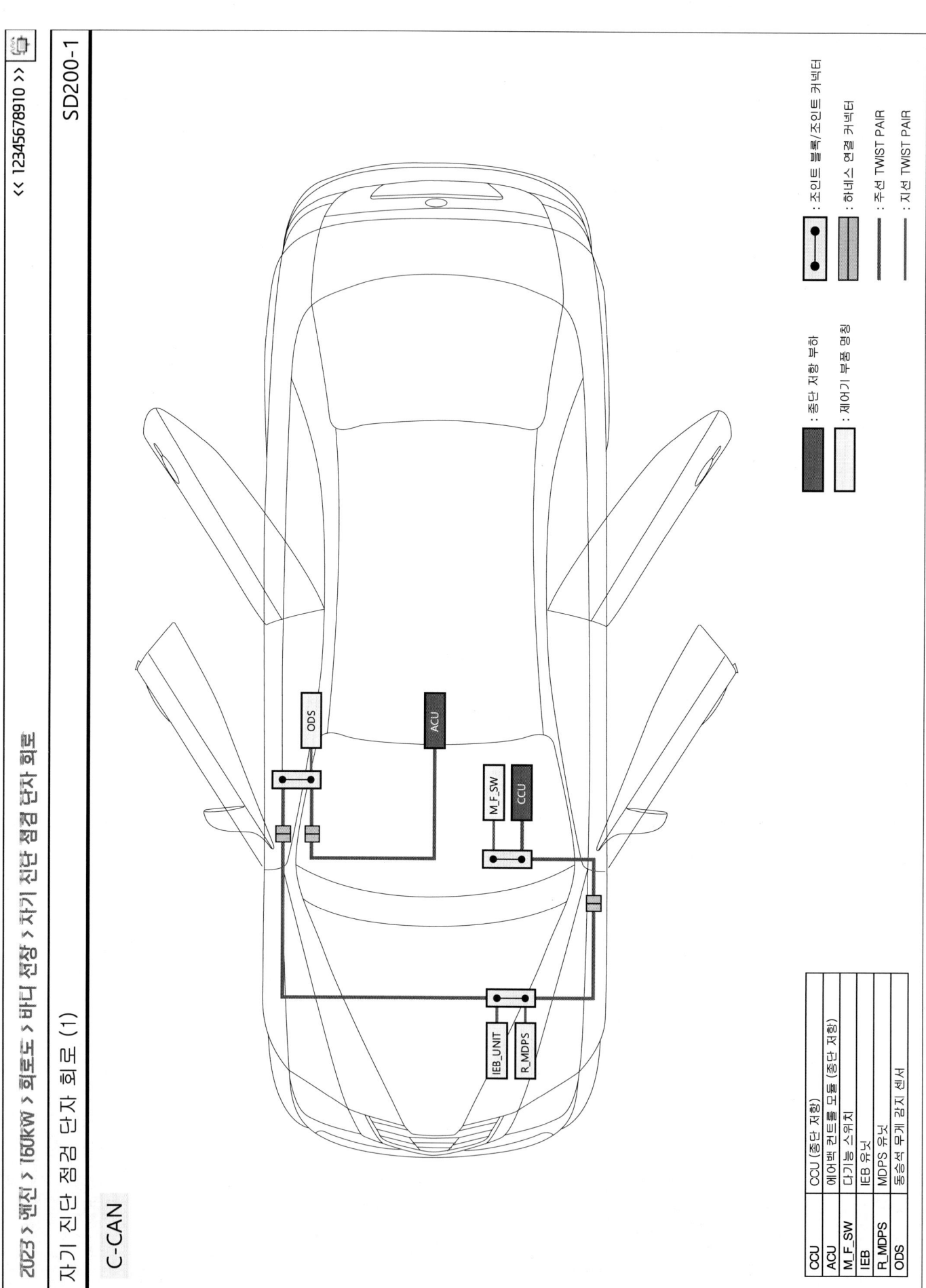

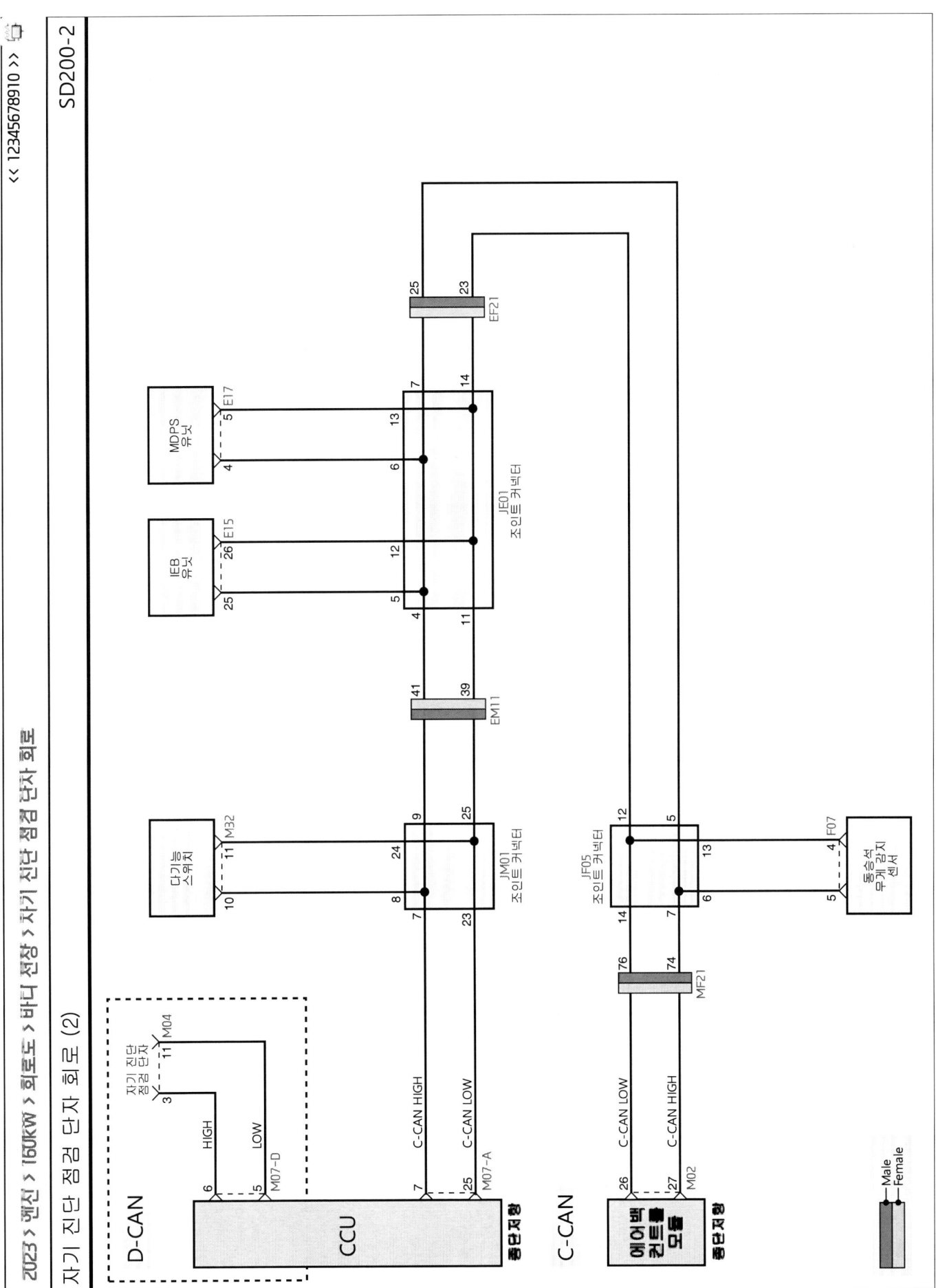

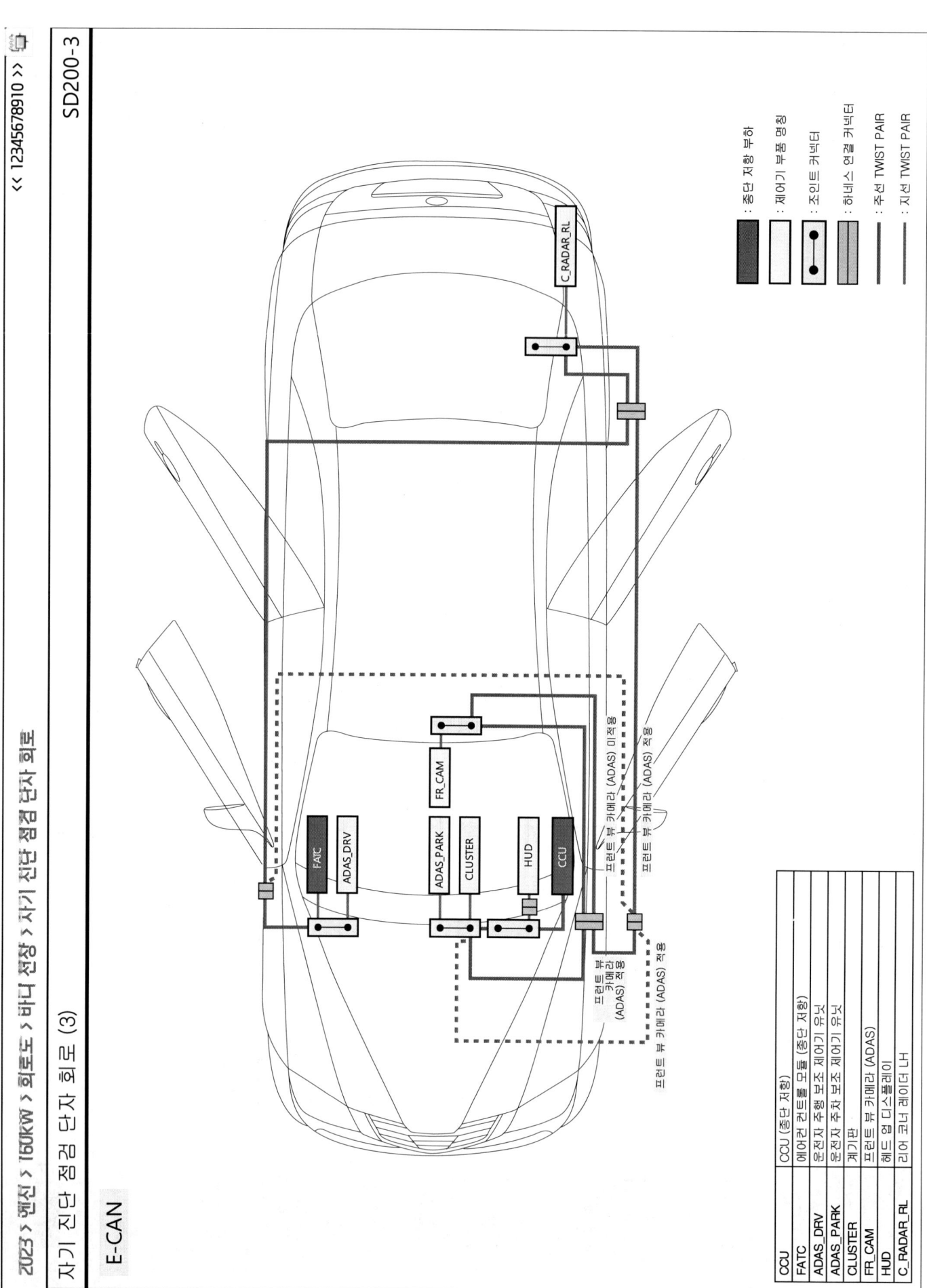

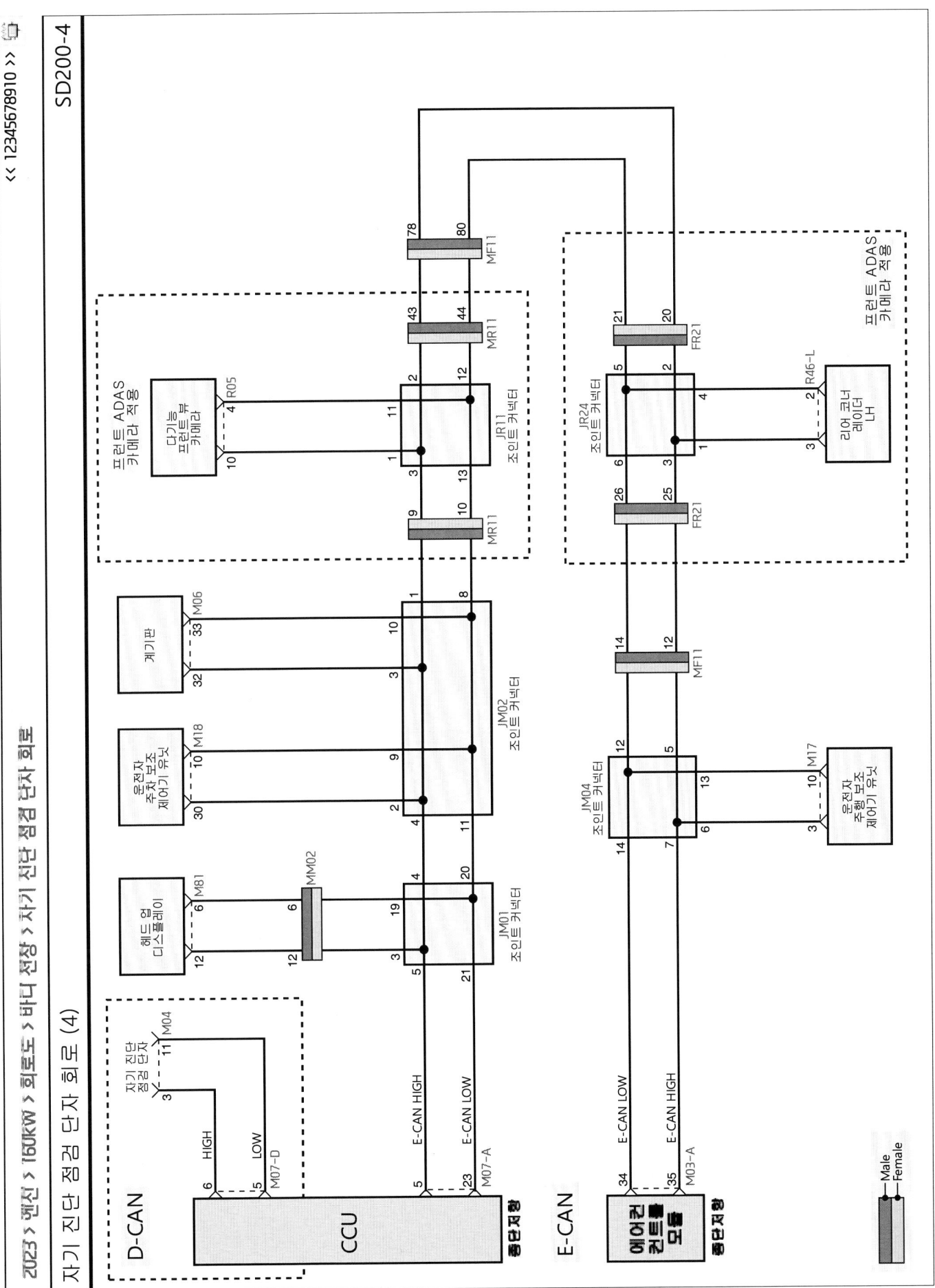

자기 진단 점검 단자 회로 (5)

B-CAN

CCU	CCU (종단 저항)
IBU	IBU (종단 저항)
IPS	IPS 컨트롤 모듈
IAU	IAU
SRC	클락 스프링
M_F_SW	다기능 스위치
BLTN	빌트인 캠 유닛
IFS	IFS 유닛
MOD_LP	무드 램프 유닛
ROA	후석 승객 감지 센서
W_CHARGER	스마트폰 무선 충전기
P_WIN_SW	파워 윈도우 스위치
O_MIR_SW	아웃사이드 미러 스위치
SBCM_DRV	운전석 사이드 바디 컨트롤 모듈
SBCM_PASS	동승석 사이드 바디 컨트롤 모듈

PTU	파워 트렁크 유닛
FR ST VENT	프런트 통풍 시트 컨트롤 모듈
FR ST WARMER	프런트 시트 히터 컨트롤 모듈
RR ST WARMER	리어 시트 히터 컨트롤 모듈
DR IMS	운전석 IMS 모듈
PSU	동승석 시트 유닛
DSM MO DR	DSM 모니터 (운전석)
DSM MO PS	DSM 모니터 (동승석)
RR CAM	리어 뷰 카메라

: 종단 저항 부하
: 제어기 부품 명칭
: 조인트 커넥터
: 하네스 연결 커넥터
— 주선 TWIST PAIR
— 지선 TWIST PAIR

- 92 -

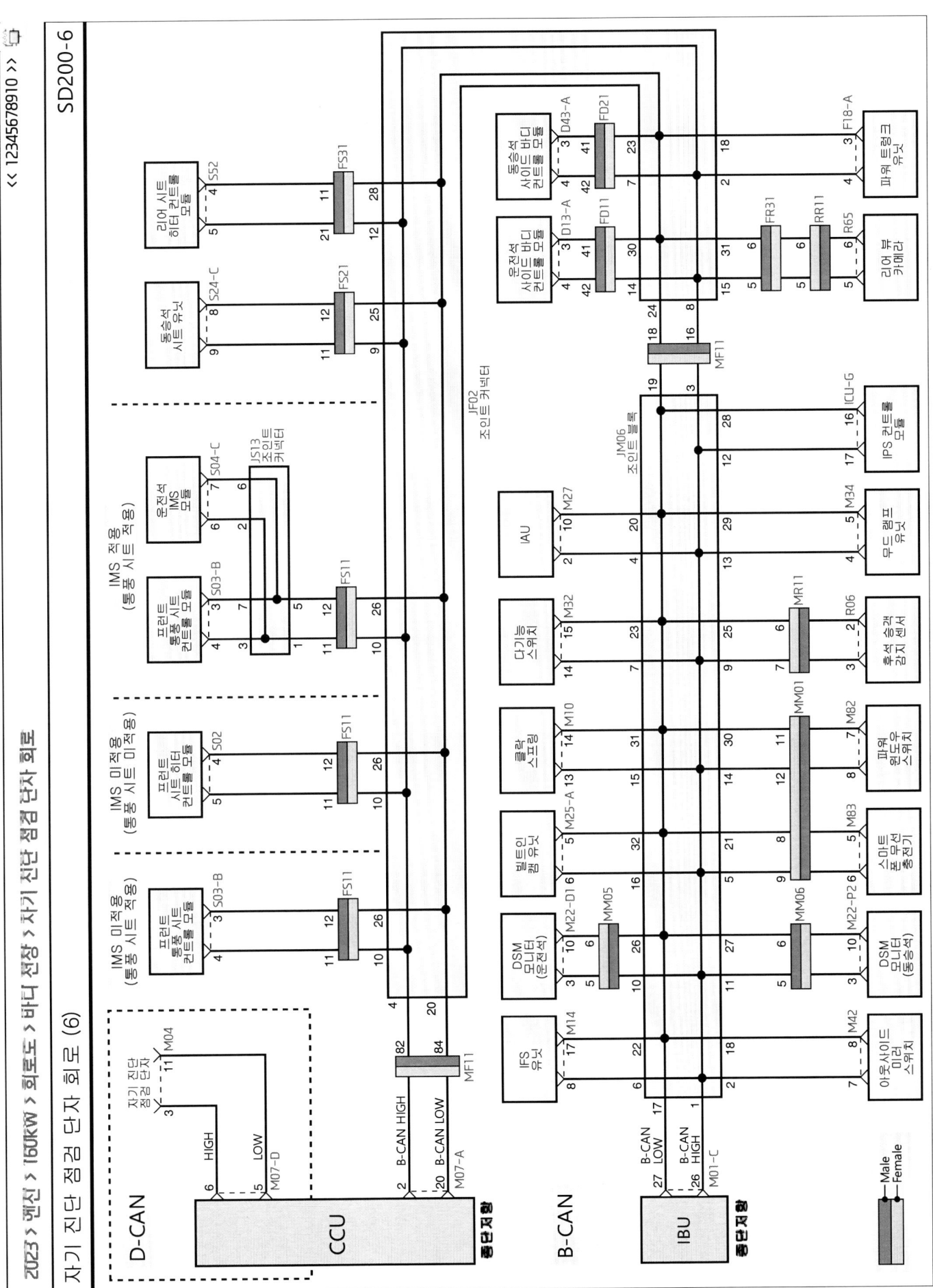

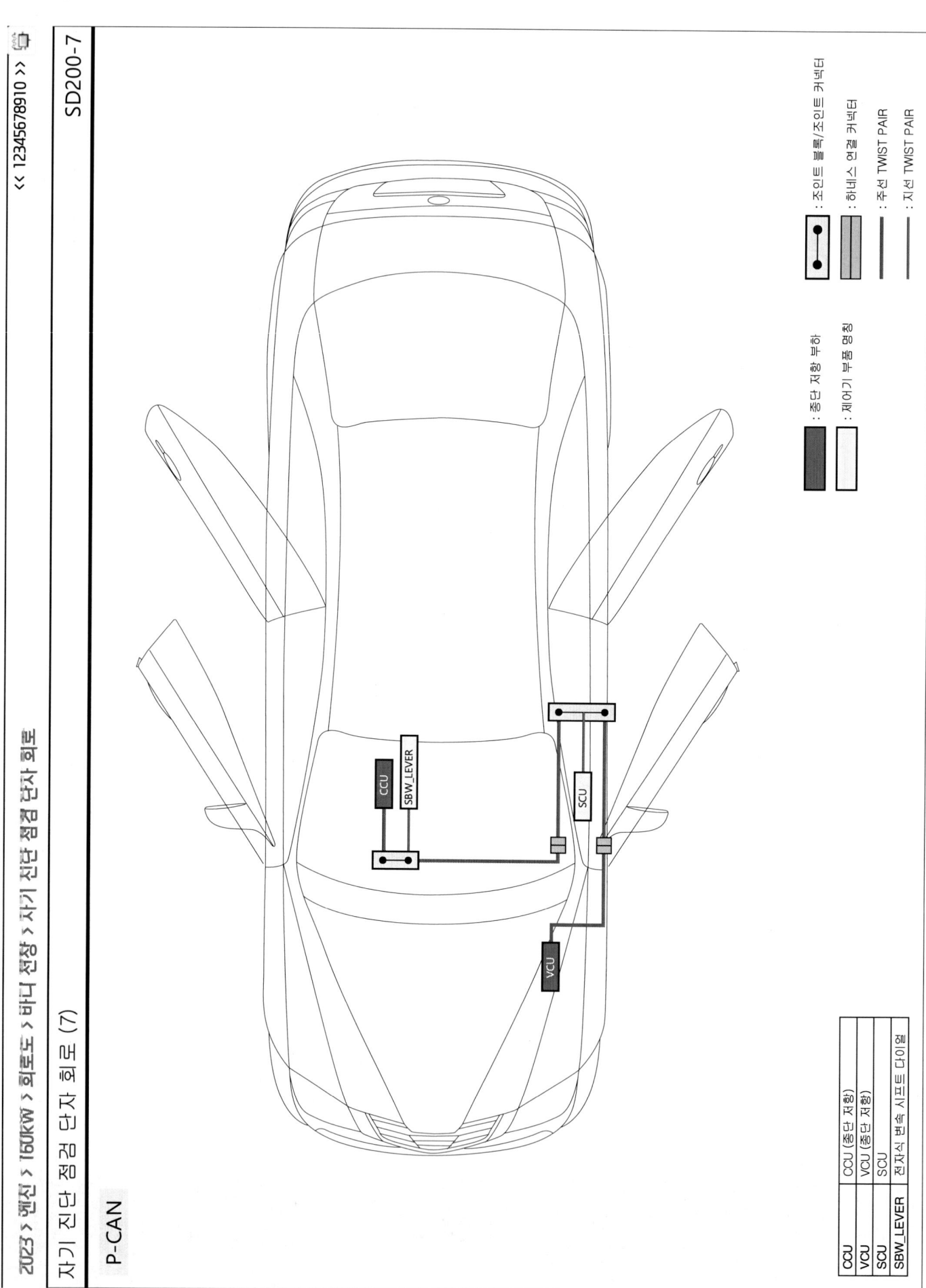

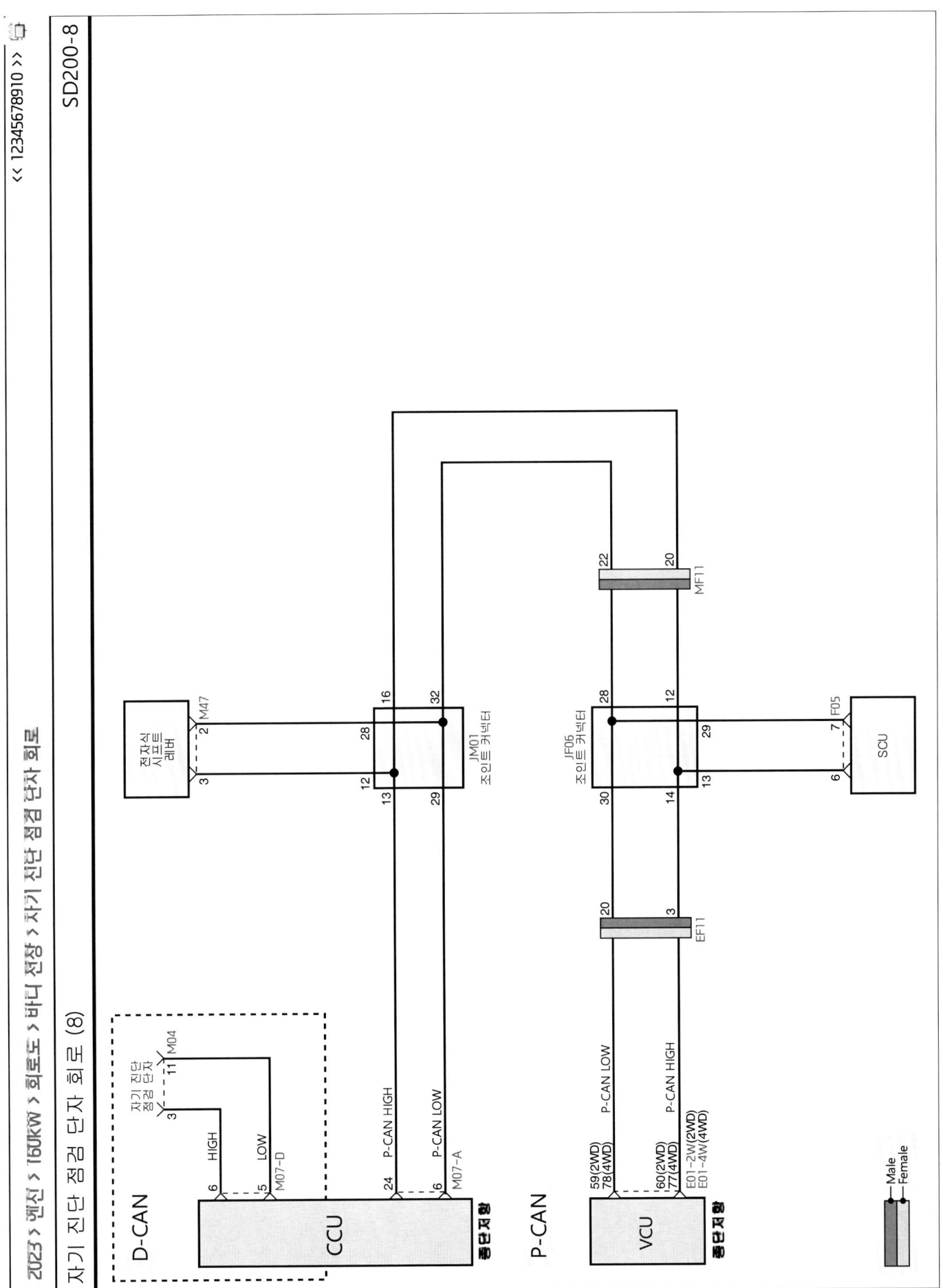

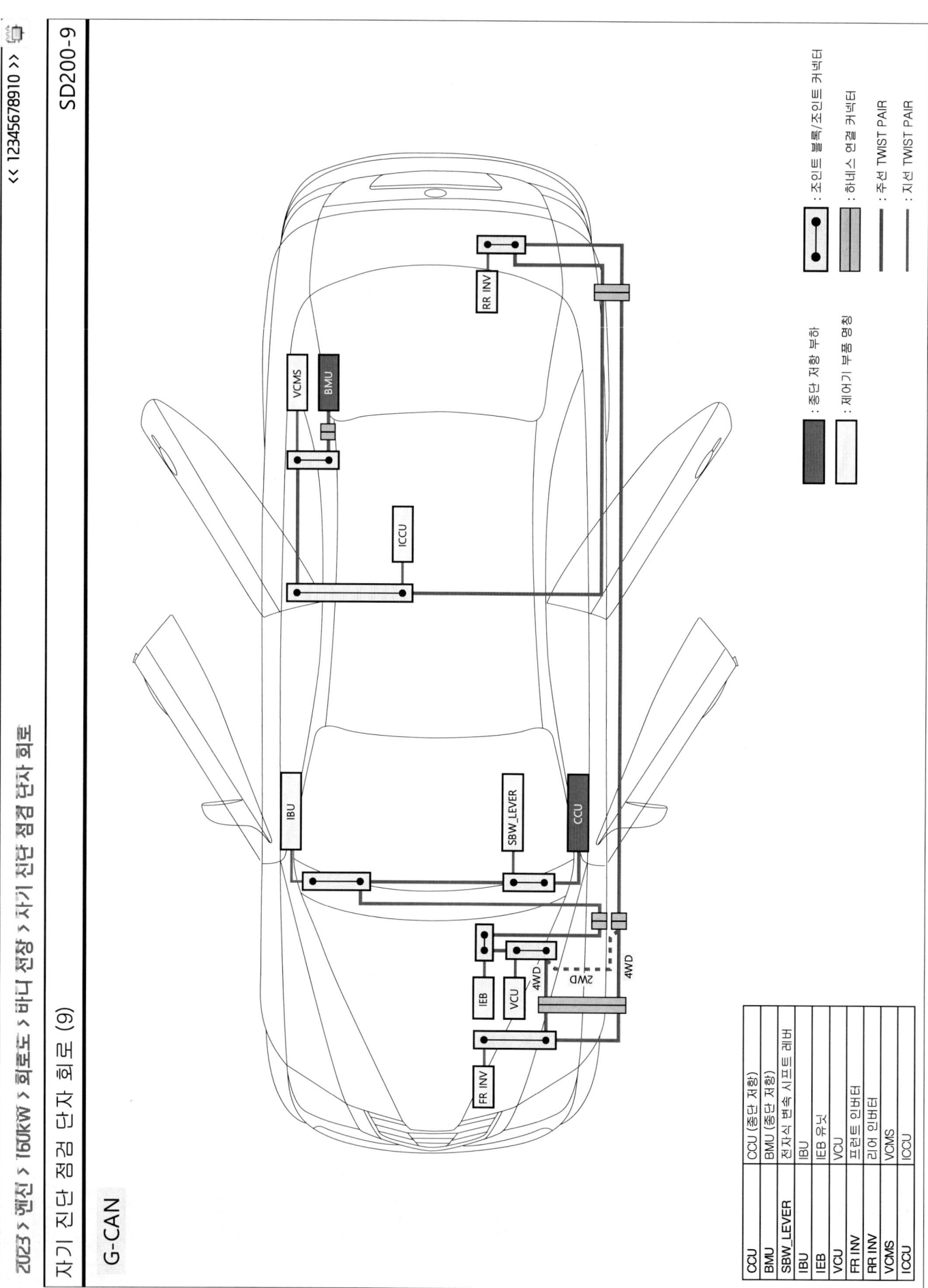

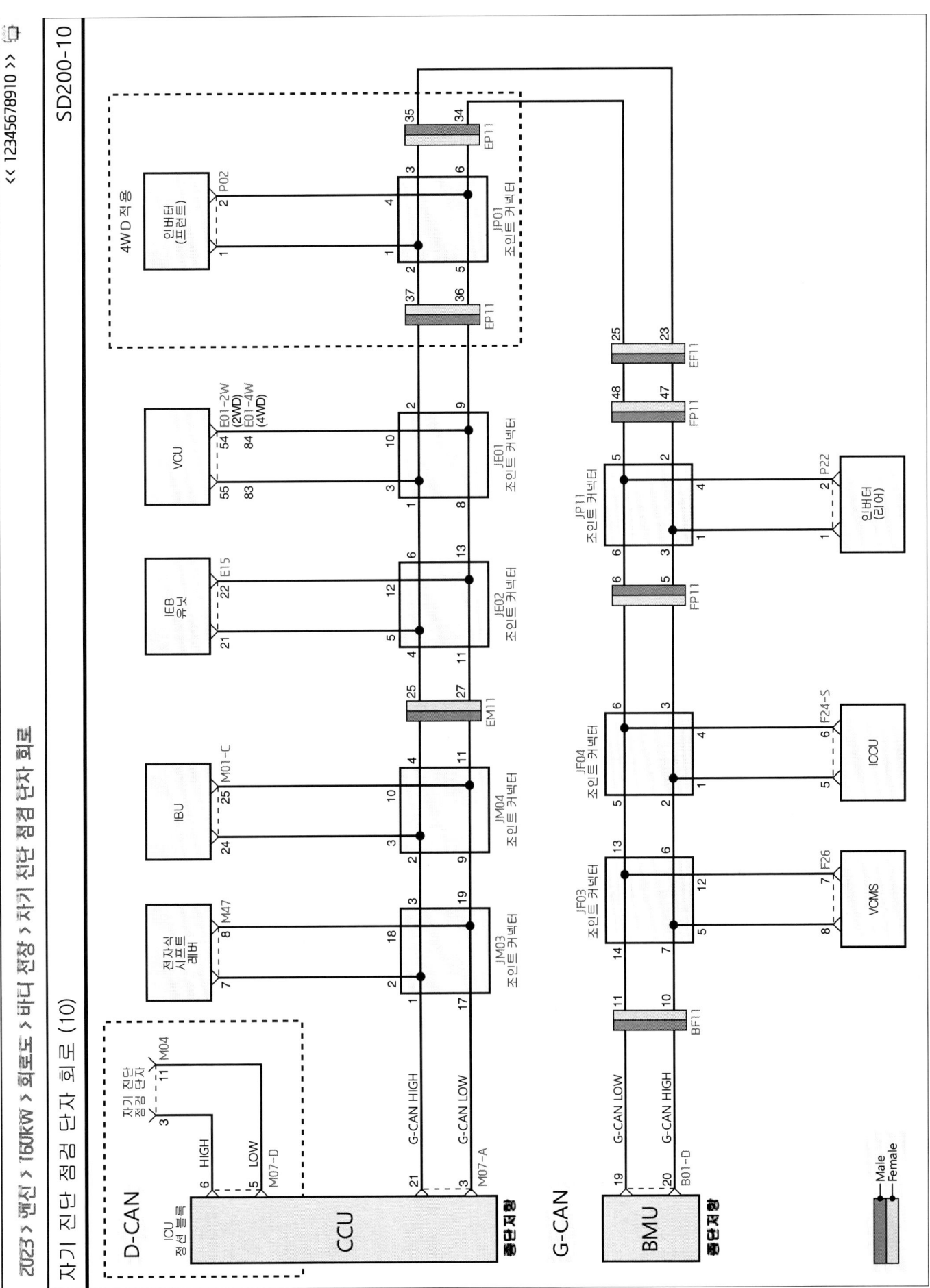

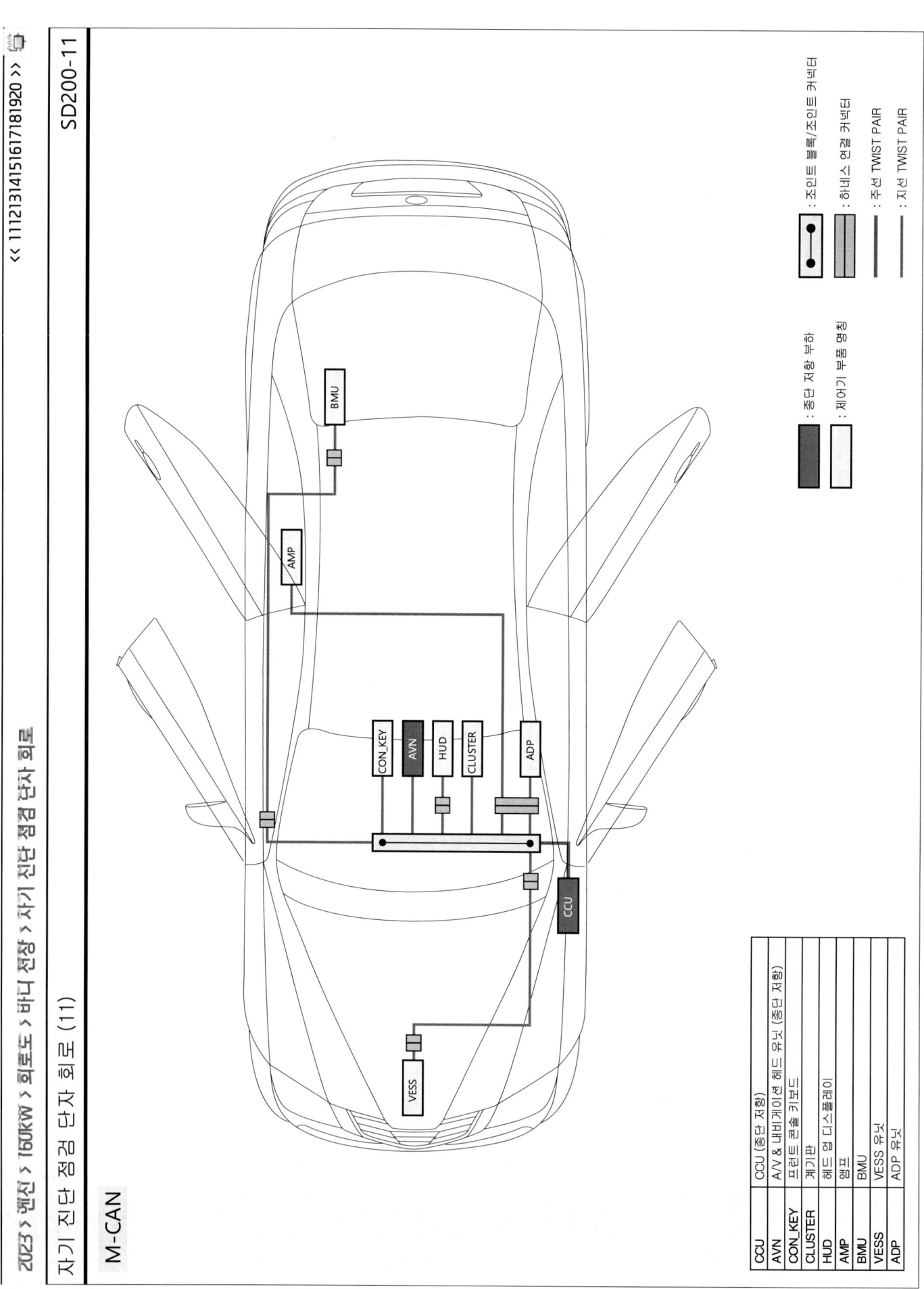

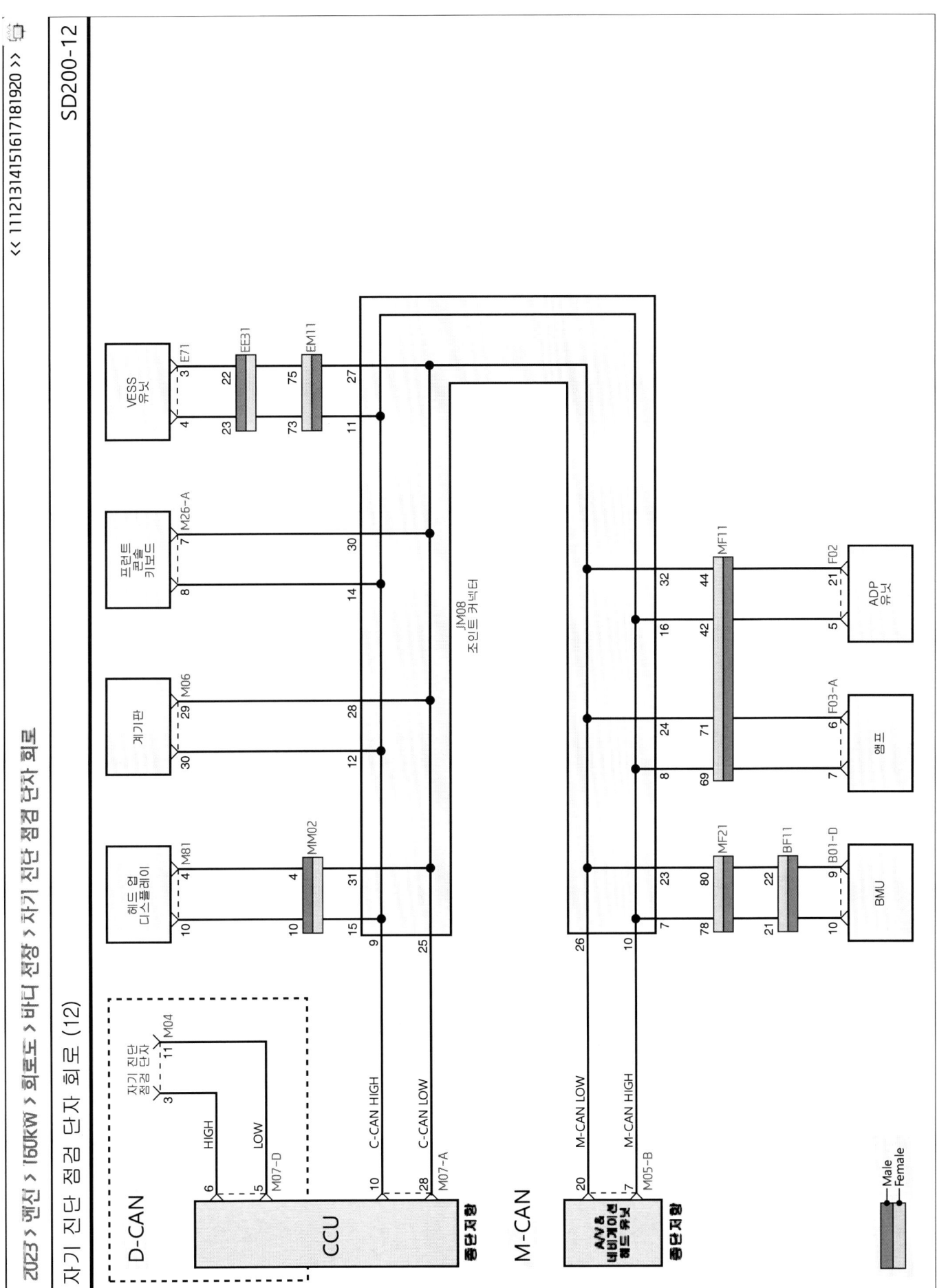

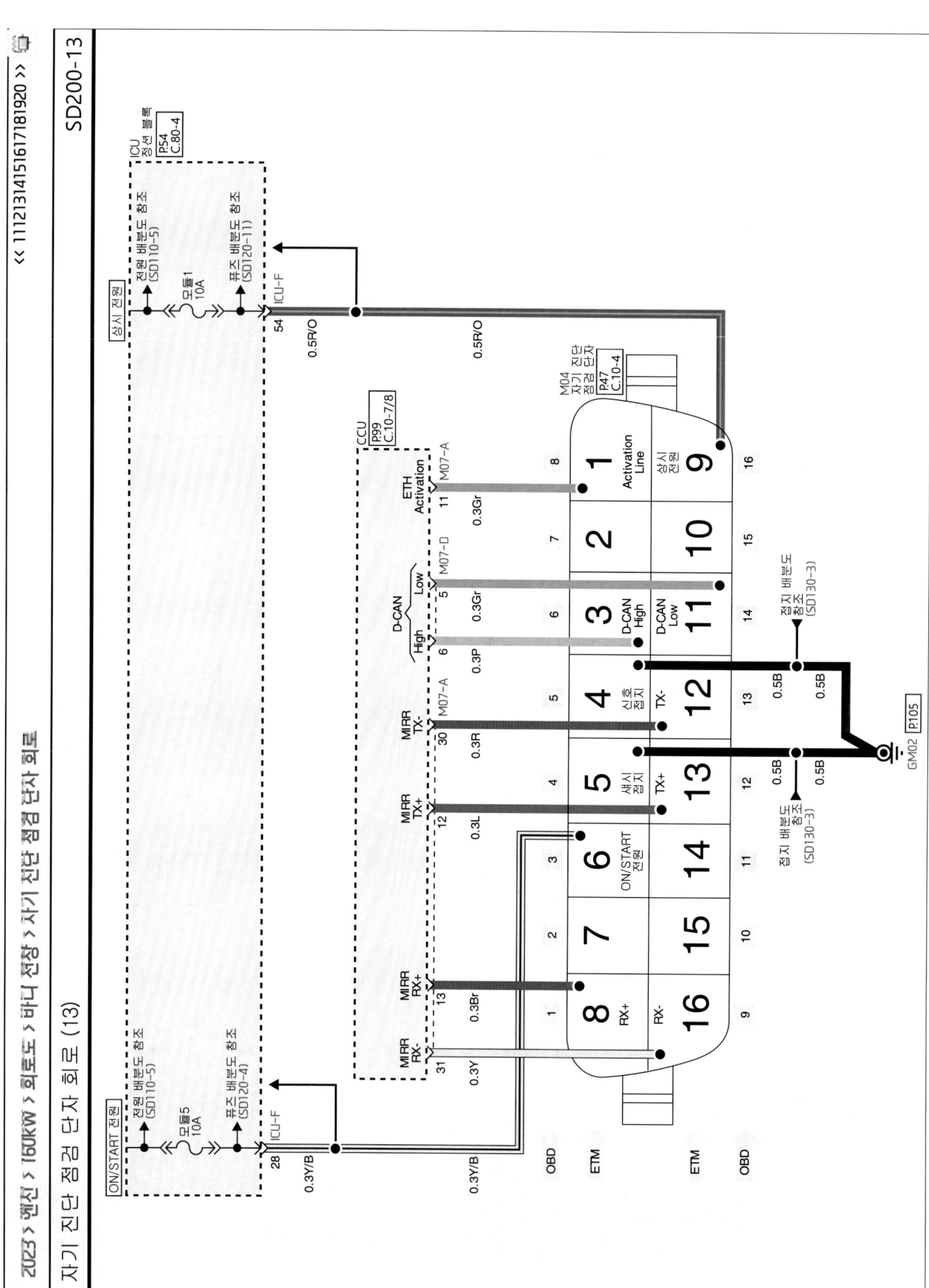

2023 > 엔진 > 160KW > 회로도 > 바디 전장 > 자기 진단 점검 단자 회로

SD200-14

자기 진단 점검 단자 회로 (14)

자기 진단 점검 단자 회로 (15)

자기 진단 점검 단자 회로 (16)

SD200-16

자기 진단 점검 단자 회로 (17)

자기 진단 점검 단자 회로 (18)

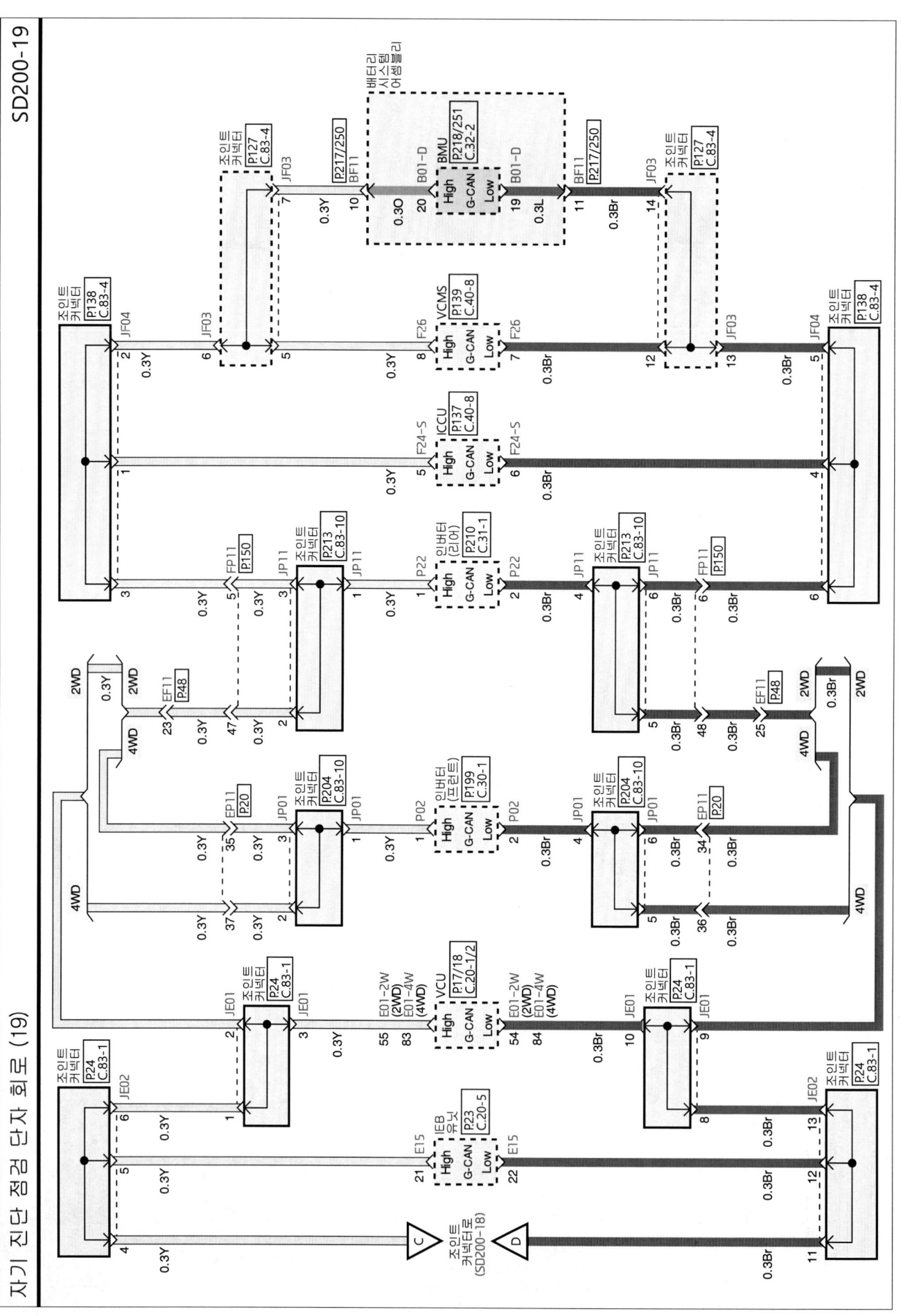

자기 진단 점검 단자 회로 (20)

SD200-20

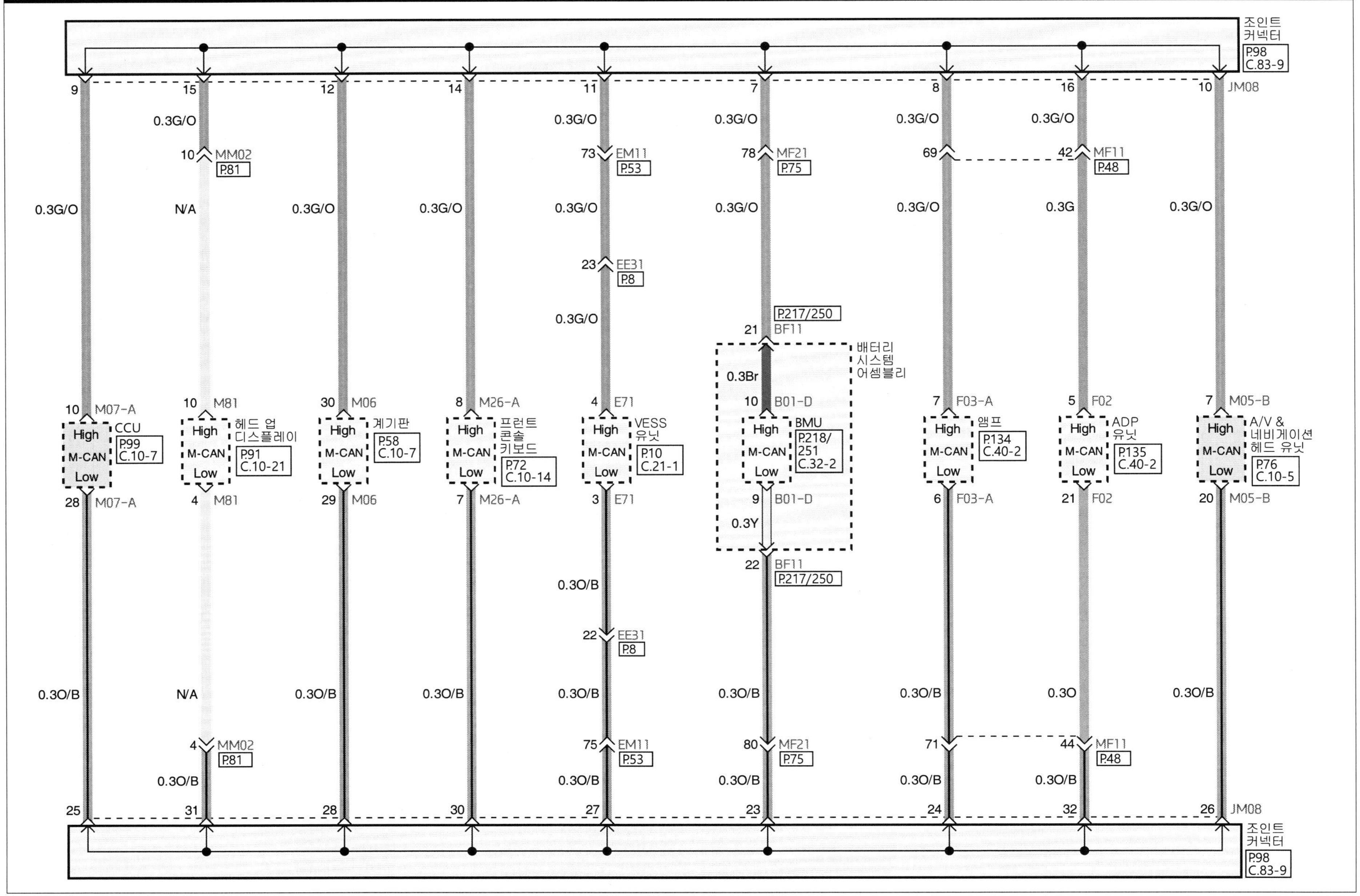

SD200-21

자기 진단 점검 단자 회로 (21)

프론트 코너 레이더 미적용

프론트 코너 레이더 적용

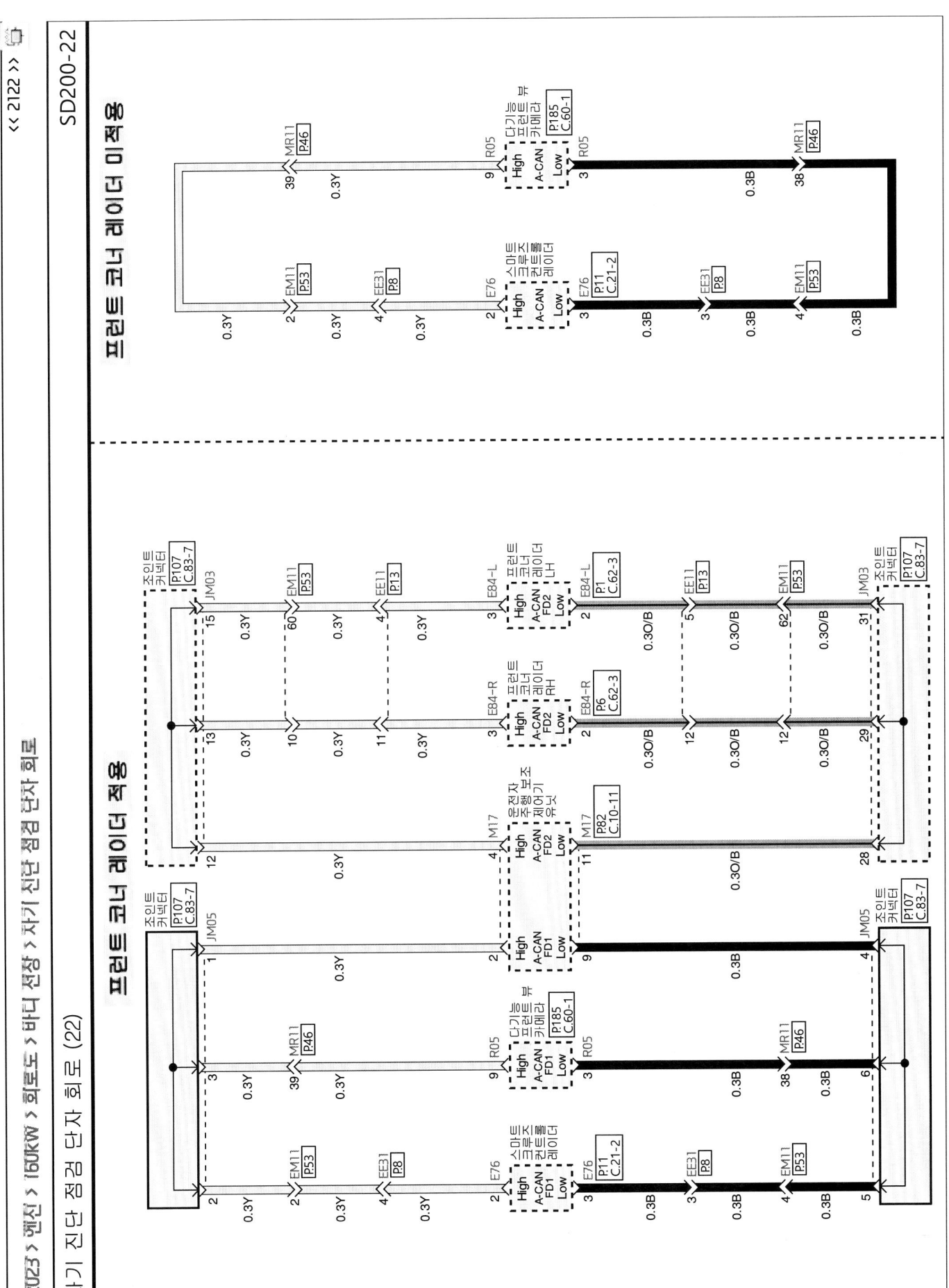

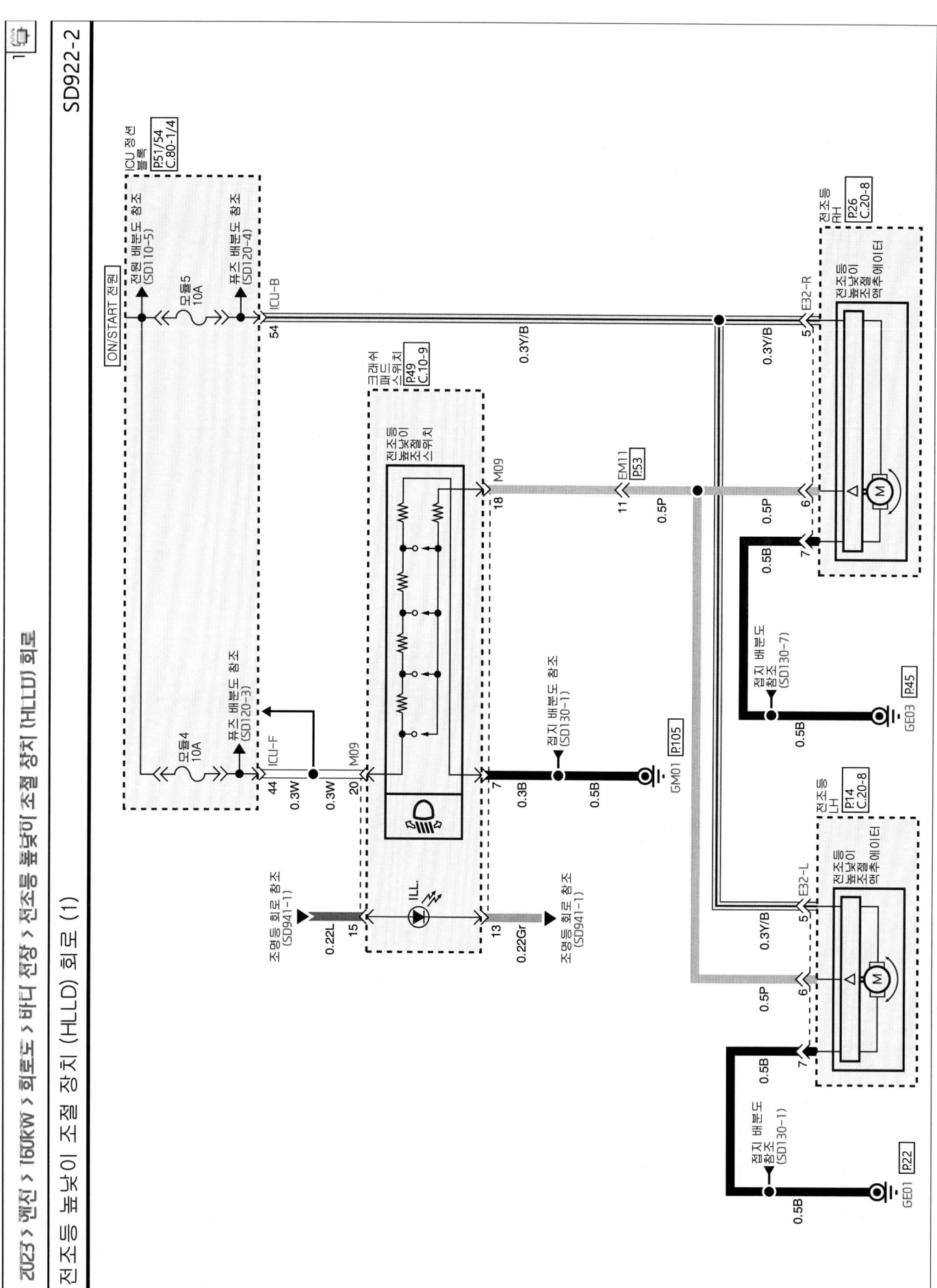

2023 > 엔진 > 160kW > 회로도 > 바디 전장 > 전조등 높낮이 조절 장치 (HLLD) 회로 > 서비스 팁

전조등 높낮이 조절 장치 (HLLD) 회로

회로 설명

전조등 높낮이 조절 장치 액추에이터는 IG2 이상의 상태에서 전조등 높낮이 조절 장치 스위치로 작동시킨다.

차량의 주행 환경과 적재상태에 따라 전조등의 조사방향(위/아래)을 조절하여 운전자의 가시거리를 확보하고 상대방 운전자의 눈부심을 방지하여 운행성의 안전성 향상을 목적으로 한다.

여러 명의 승객이 승차 한다던지 화물을 적재하여 차량의자세가 셋팅위치에서 벗어났을때 전조등의 조사각도를 조정하여 정상 상태로 한다.

• 전조등 높낮이 조절 장치 (HLLD) 스위치

전조등 높낮이 조절 장치 스위치는 이그니션 스위치 ON 전원을 받으면 0~3단 까지 조절할 수 있으며, 각 단의 각도에 따라 다른 가변 전압을 출력한다.

[HLLD 스위치 내부 상세도]

• 전조등 높낮이 조절 장치 (HLLD) 액추에이터

전조등 높낮이 조절 장치 액추에이터는 전조등에 포함되어 있으며 HLLD 스위치 각 단의 가변 전압을 출력받아 모터를 컨트롤하여 전조등 조사방향(위/아래)을 조절한다.

위치 No.	각도	전압 (V) (±0.5V)
0	0°	-
1	22.5°	-
2	45°	-
3	67.5°	-

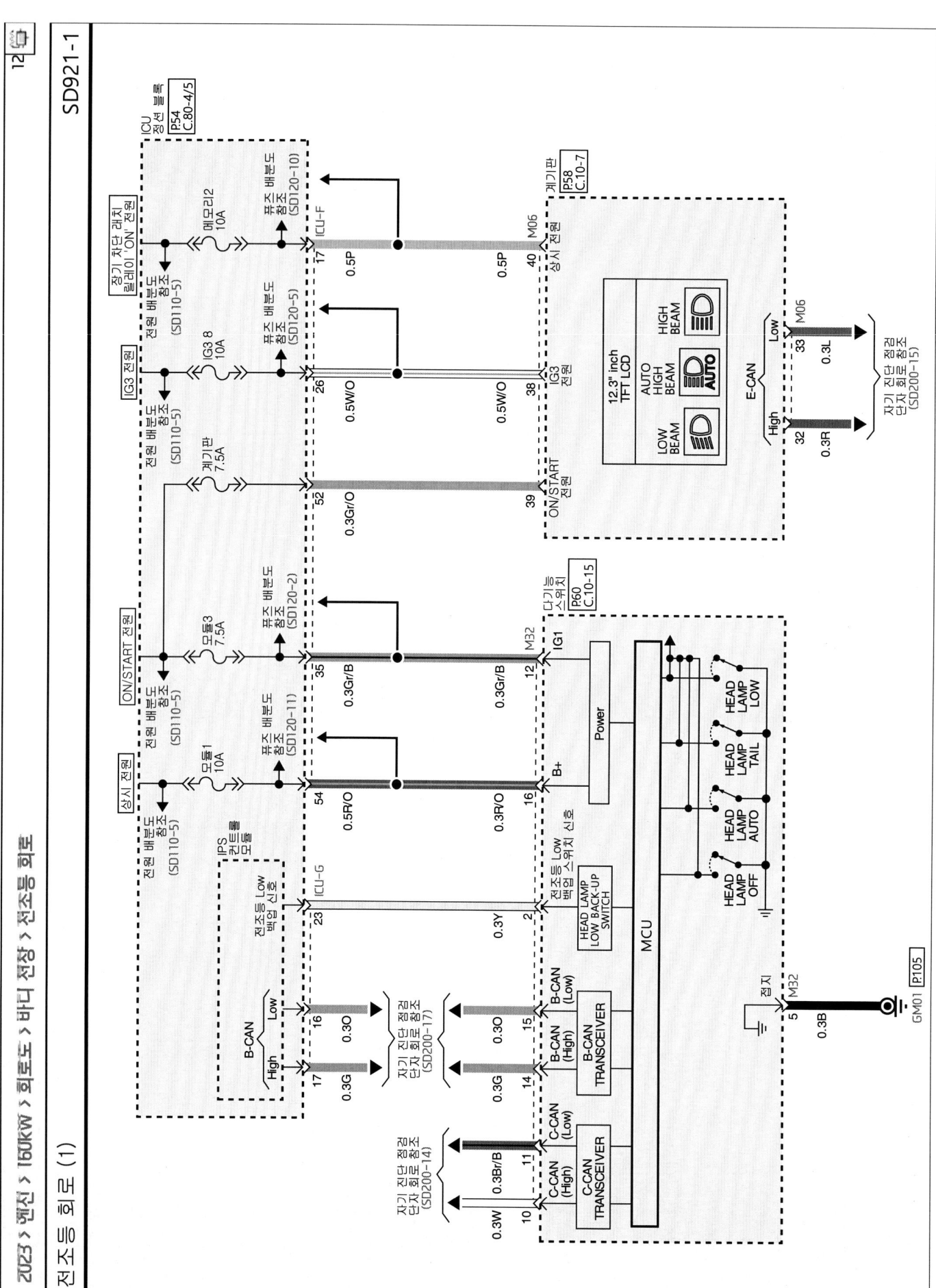

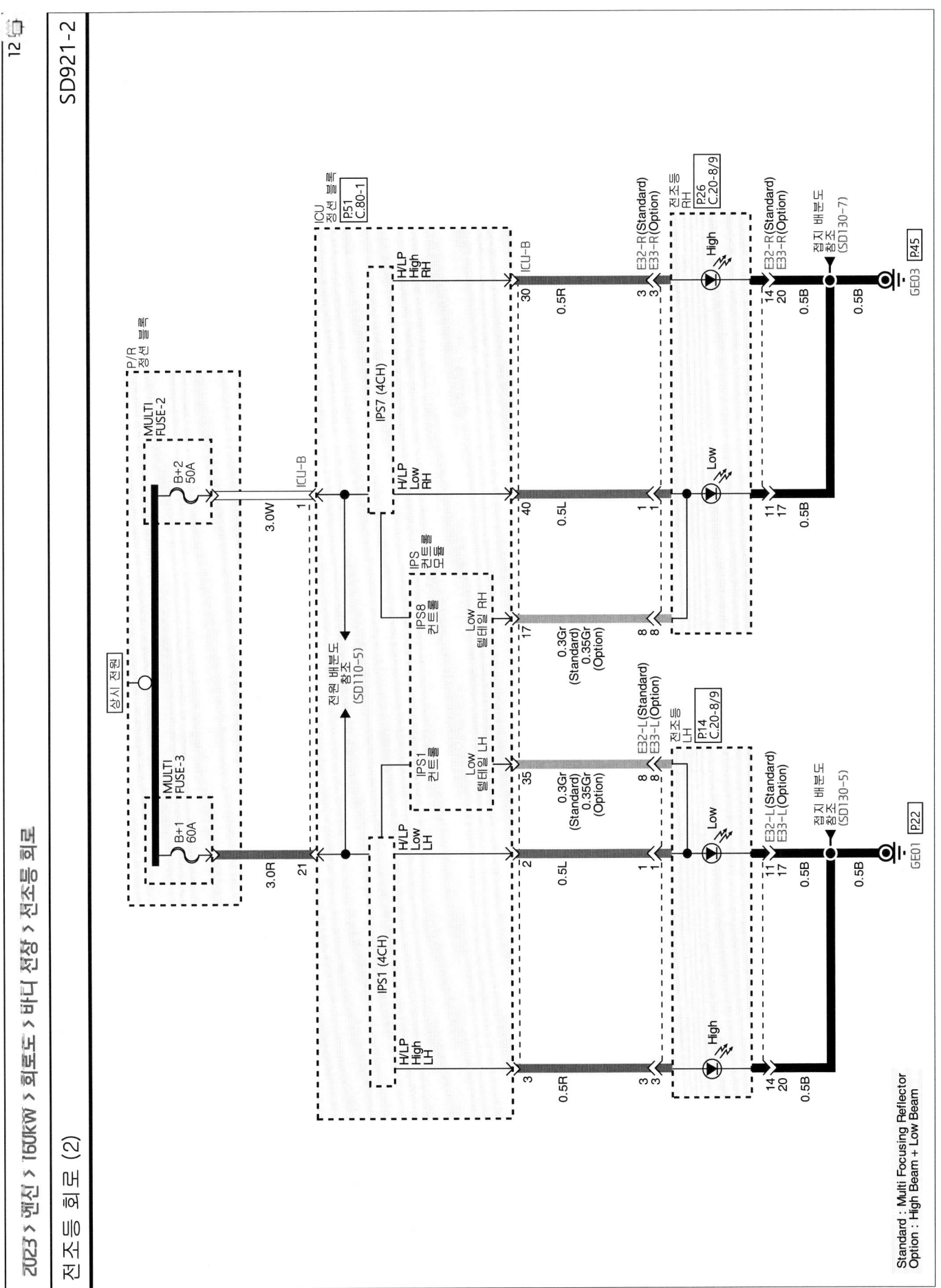

2023 > 엔진 > 150KW > 회로도 > 바디 전장 > 전조등 회로 > 서비스 팁

전조등 회로

서비스 팁 (1)

회로 설명

전조등을 작동하기 위해서는 이그니션 스위치 ON 이상의 상태이어야 하며, 딤머/패씽 스위치의 좌측 라이트 스위치를 돌려 HEAD 위치에 놓고 딤머/패씽 스위치의 LOW/HIGH를 결정한다. (딤머/패씽 스위치는 보통 LOW 위치에 놓는다.)

• 딤머/패씽 스위치 LOW

라이트 스위치 HEAD 위치에서 딤머/패씽 스위치를 LOW 위치에 놓으면 다기능 스위치의 MCU는 CAN 통신을 통해 계기판 및 IPS 컨트롤 모듈로 작동 신호를 보낸다. 계기판은 하향 표시등을 점등시키고, IPS 컨트롤 모듈은 IPS1, 7 (4CH)을 제어하여 전조등(LOW)을 점등시킨다.

• 딤머/패씽 스위치 HIGH

라이트 스위치 HEAD 위치에서 딤머/패씽 스위치를 HIGH 위치에 놓으면 다기능 스위치의 MCU는 CAN 통신을 통해 계기판 및 IPS 컨트롤 모듈로 작동 신호를 보낸다. 계기판은 상향 표시등을 점등시키고, IPS 컨트롤 모듈은 IPS1, 7 (4CH)을 제어하여 전조등(HIGH)을 점등시킨다.

• 딤머/패씽 스위치 PASS

딤머/패씽 스위치는 타차량의 주의를 환기시키실 때 사용하며 (운전자 방향으로 2~3회 정도 당겨 올린다.) 라이트 스위치의 HEAD 위치와 관계없이 항상 전조등(HIGH)을 작동시킬 수 있다.

• 전조등 에스코트 기능

밤길에 운전자의 시야를 확보하기 위한 기능이다.

1. 전조등(LOW) 스위치 ON 상태에서 이그니션 스위치를 OFF 한 경우 약 5분 동안 점등유지 후 소등된다.
2. 그리고 운전석 도어를 열고 닫으면 전조등은 약 15초동안 점등 후 소등된다.
3. 그러나 에스코트 기능 작동 중 리모컨 키 또는 스마트 키의 2회 점등 요청을 받은 경우 또는 에스코트 작동 요청을 취소한 경우 즉시 해제된다.

• 제어 기능 - CAN 페일

ICU 정션 블록은 CAN 페일시 이그니션 스위치가 ON 이고, 라이트 스위치(로우 ON 이면 전조등(LOW)을 강제로 점등하여 운전자의 안전을 확보한다.

- 114 -

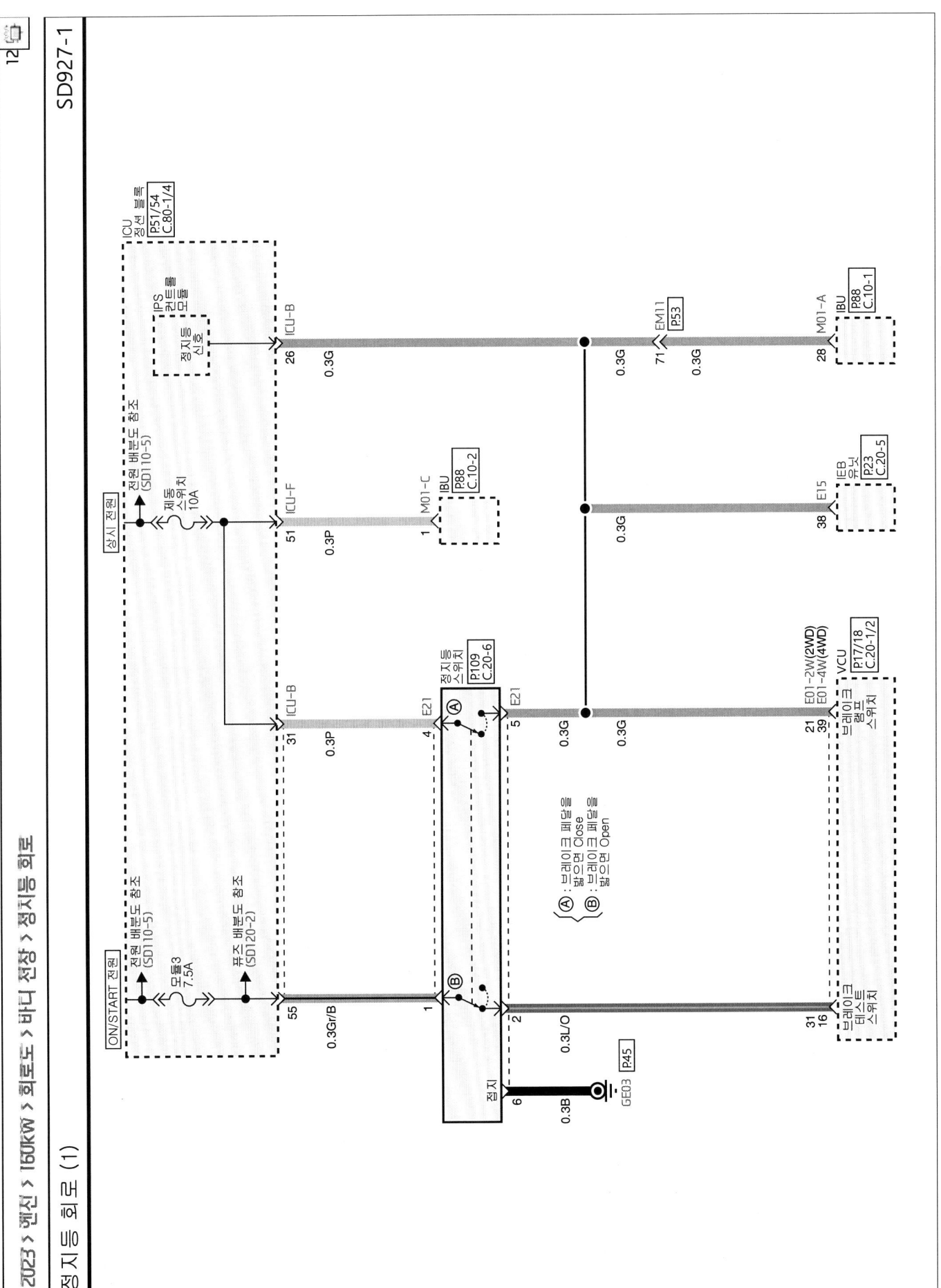

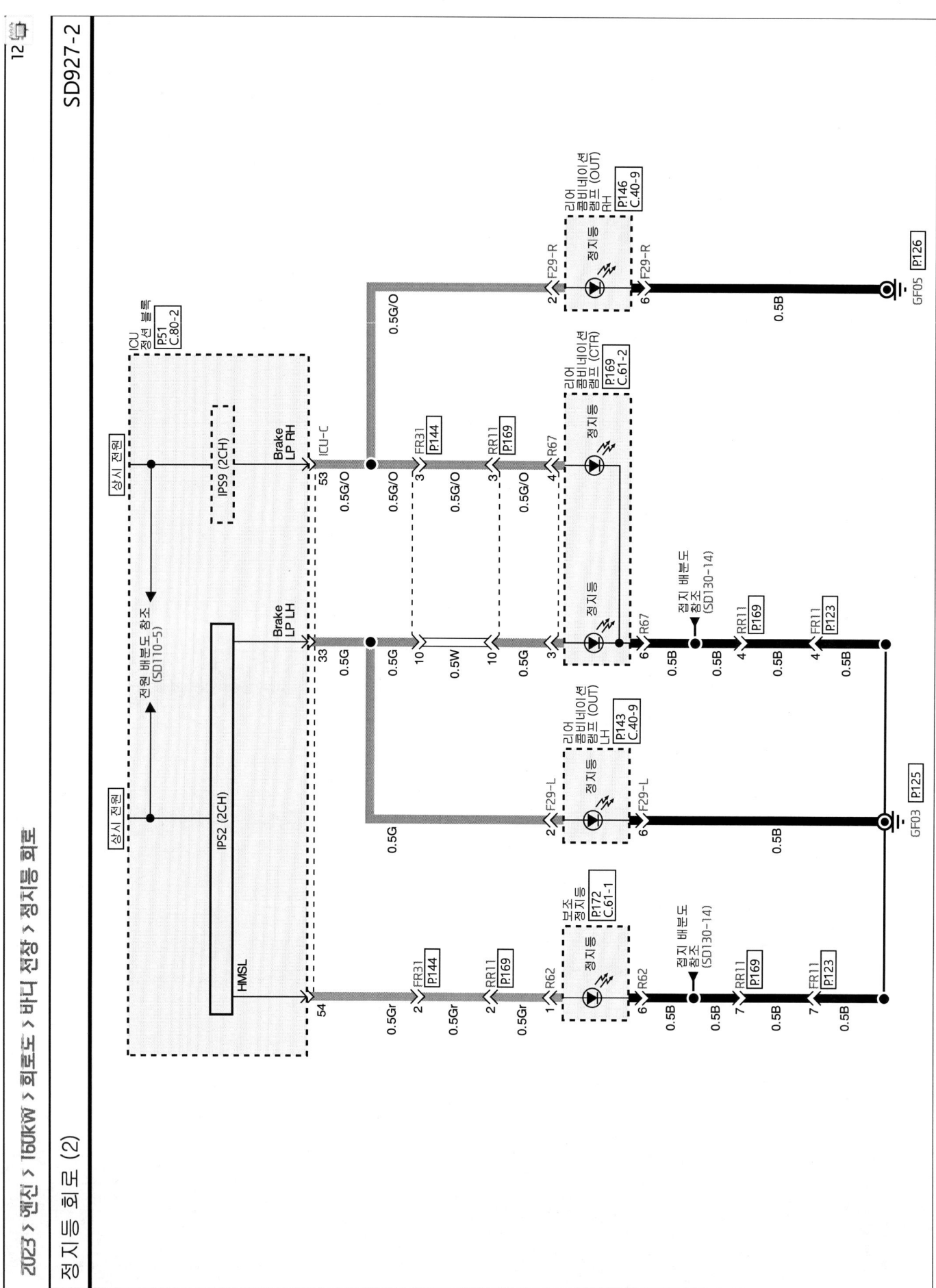

정지등 회로

회로 설명

감속 또는 정지 상태를 리어 콤비네이션 램프의 정지등과 보조 정지등을 점등시켜 후방 차량에 보여줌으로 안전성을 확보하기 위한 장치이다.

정지등 시스템은 운전자의 제동의지를 브레이크 페달의 밟음으로 표현하는 시스템으로서 브레이크 램프 점등 및 운전자의 편의 장치(통합형 전동 브레이크 컨트롤(IEB) 유닛, 통합 바디 제어 유닛(IBU), VCU, IPS 컨트롤 모듈)에 신호를 공급하는 역할을 한다. 정지등 작동 경로는 아래와 같은 경로를 통해 작동된다.

• **정지등 작동 경로**

상시 전원(제동 스위치 10A) → 정지등 스위치(4번, 5번) → IPS 컨트롤 모듈
(IPS2, 9 (2CH) 컨트롤) → 정지등 "ON"

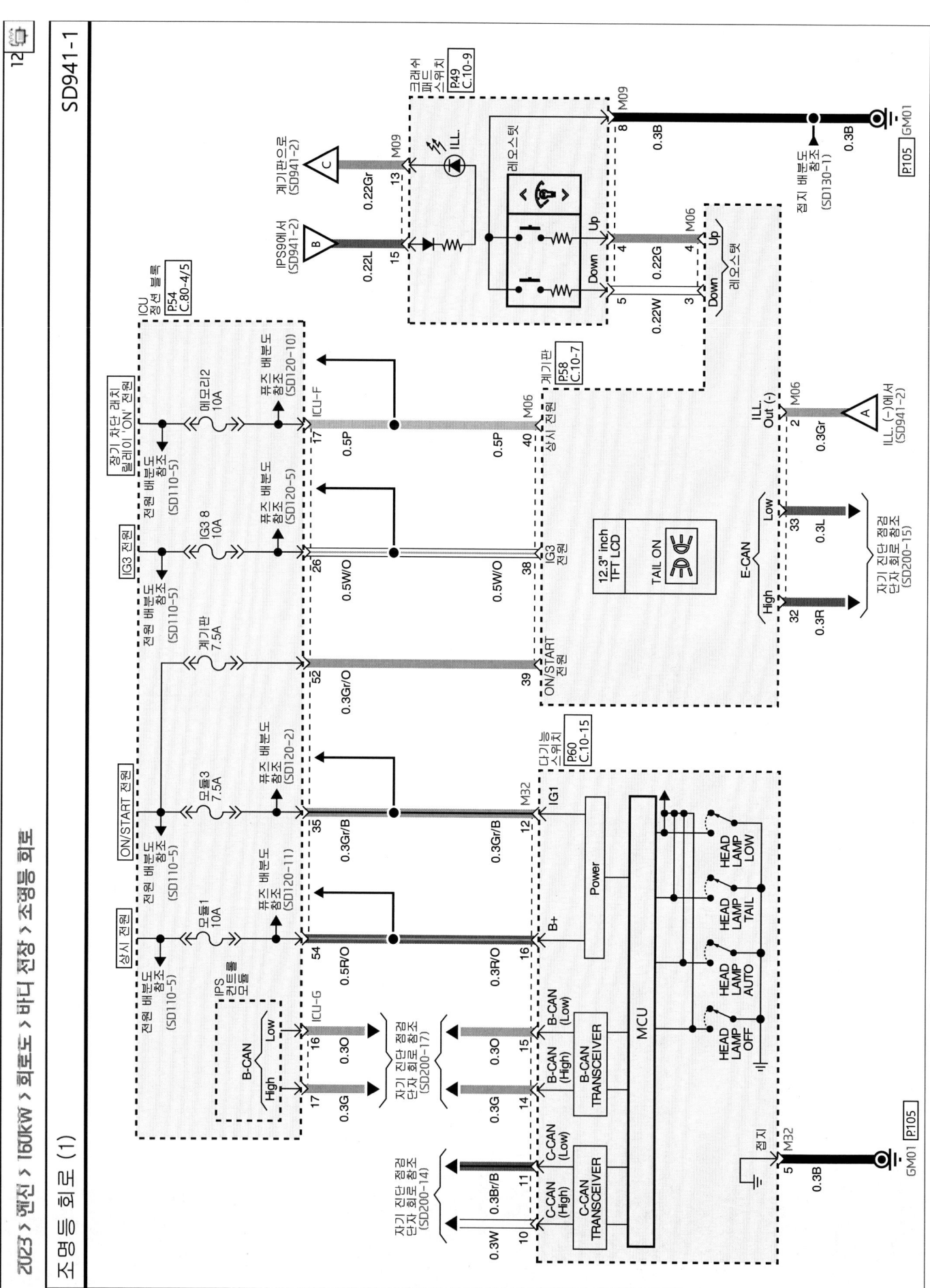

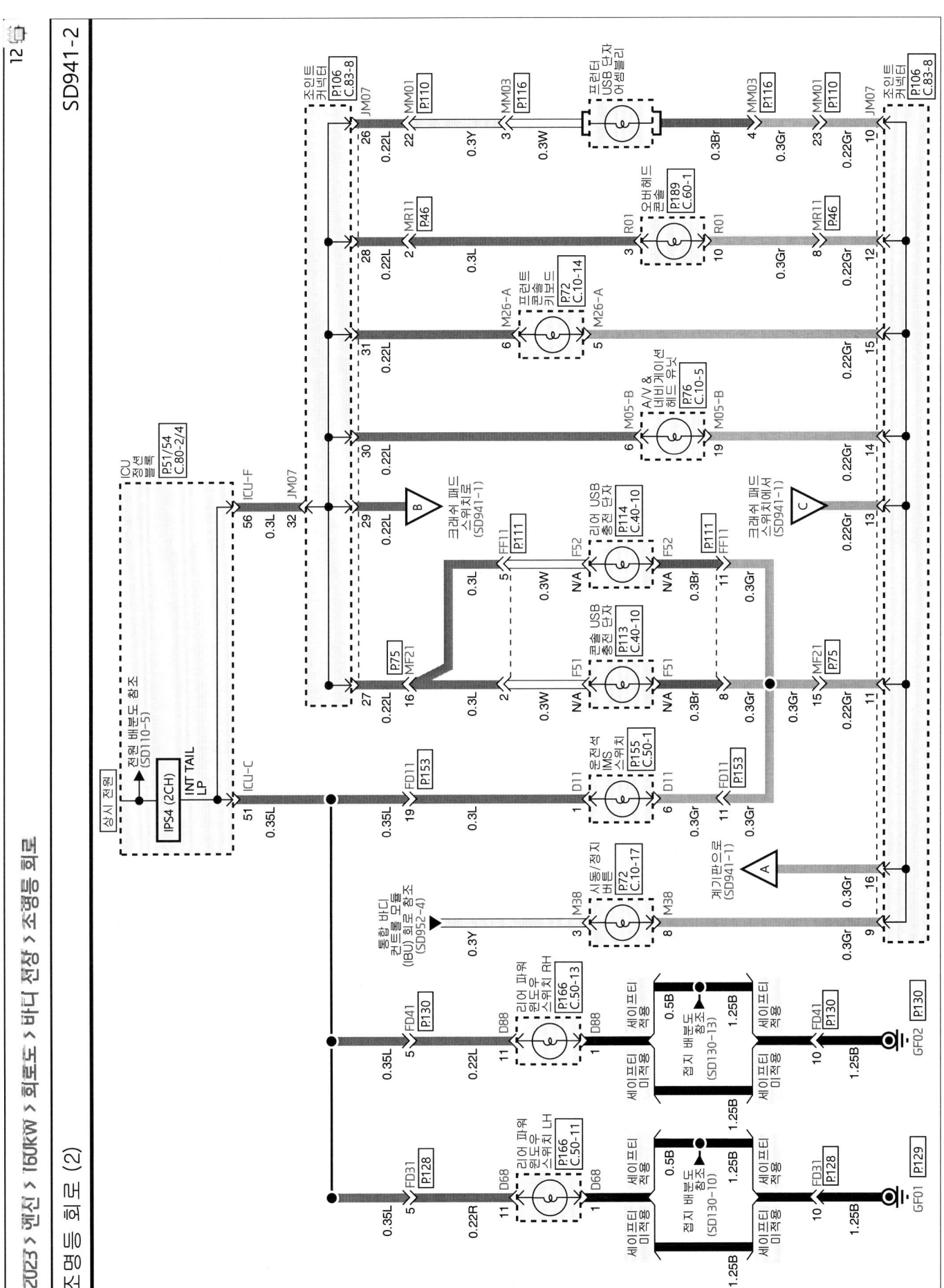

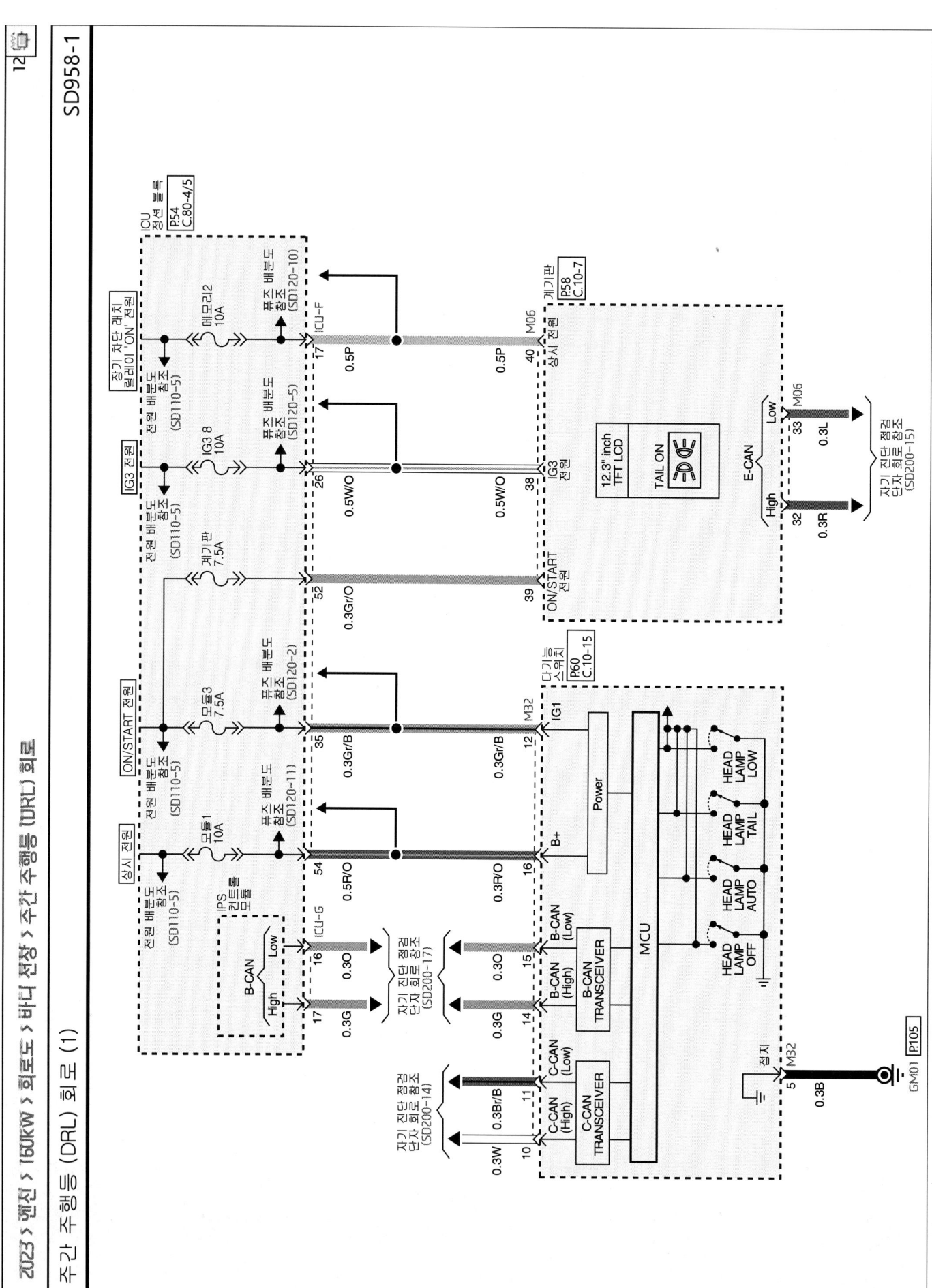

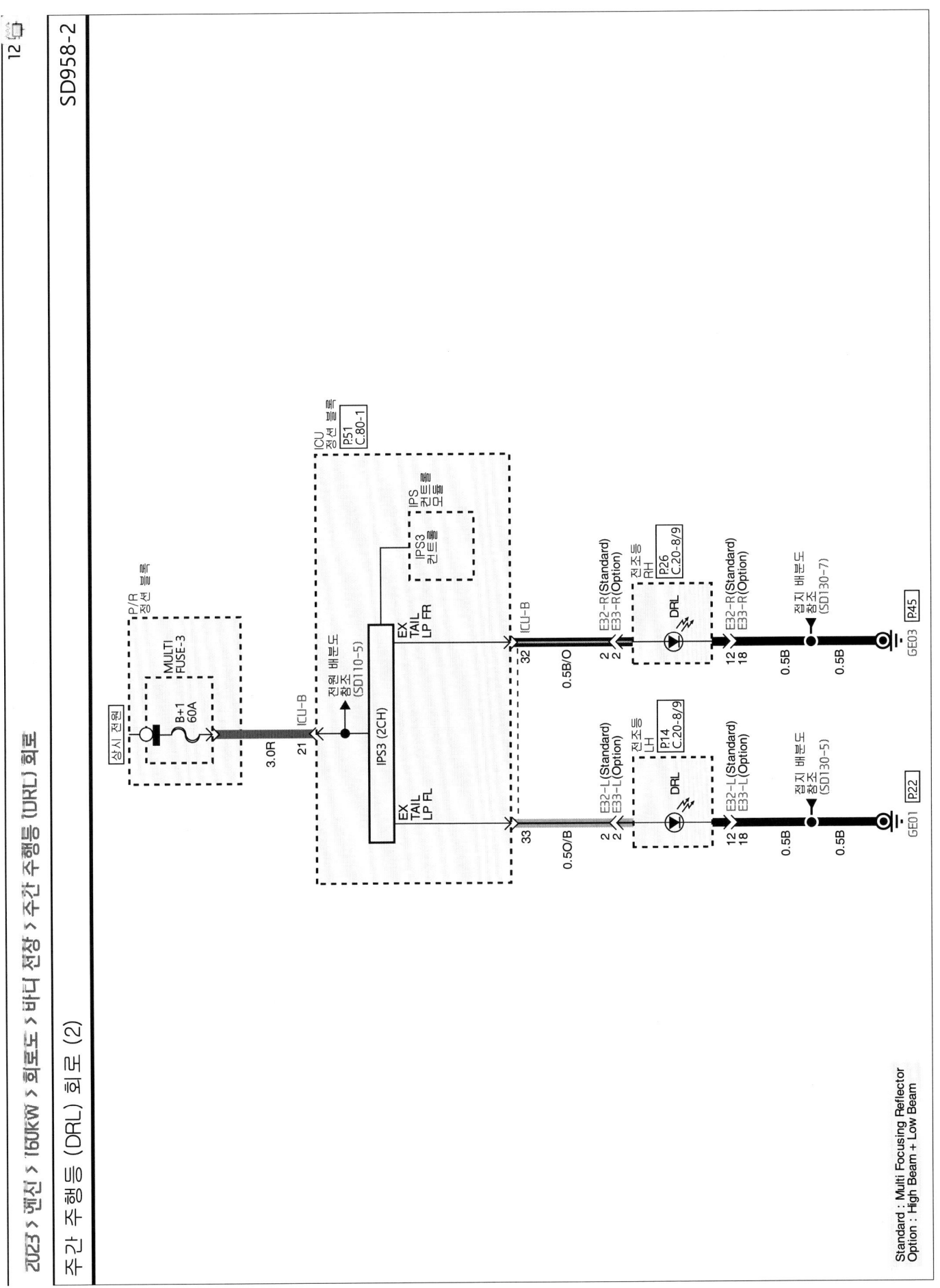

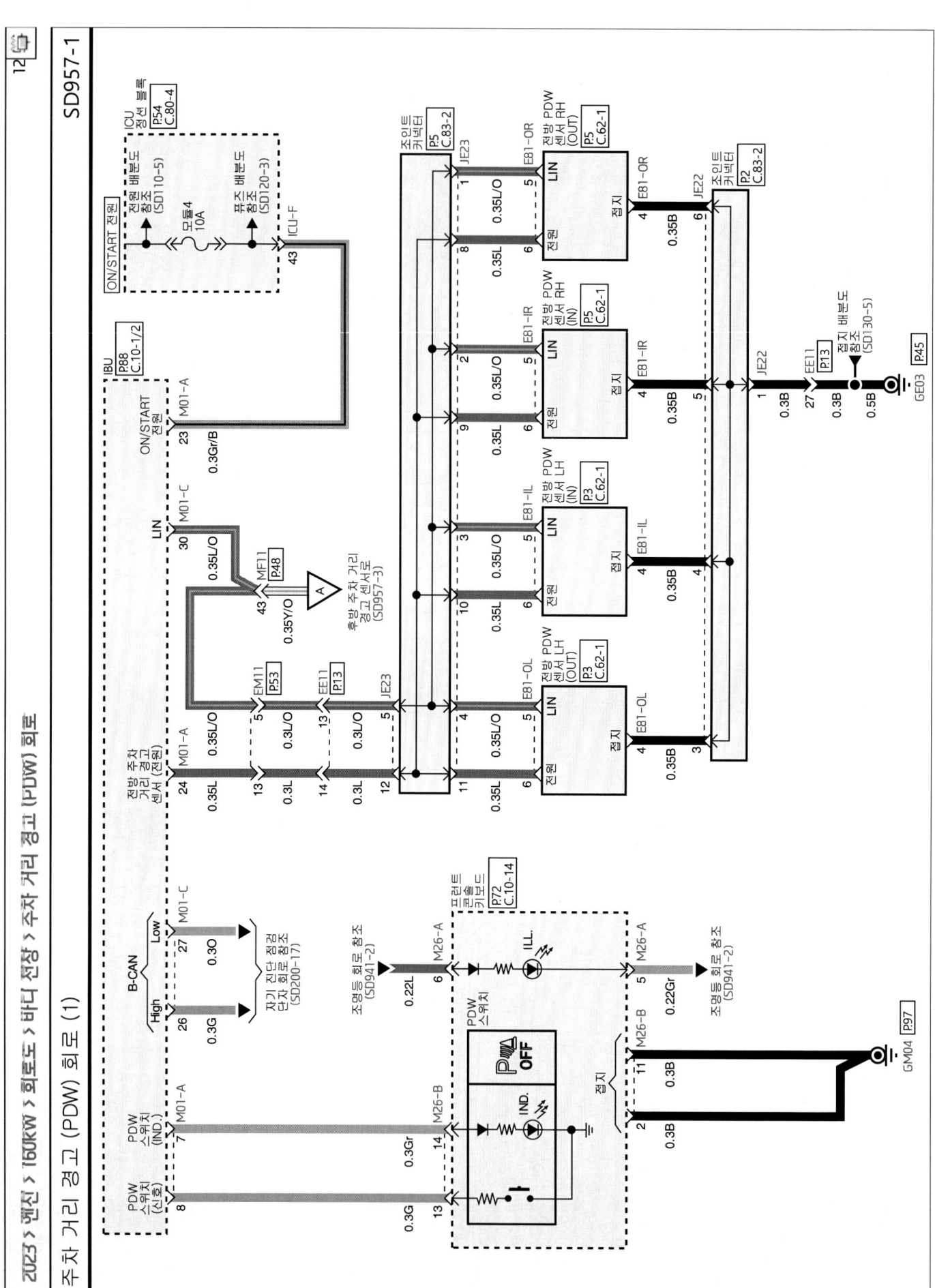

주차 거리 경고 (PDW) 회로 (2)

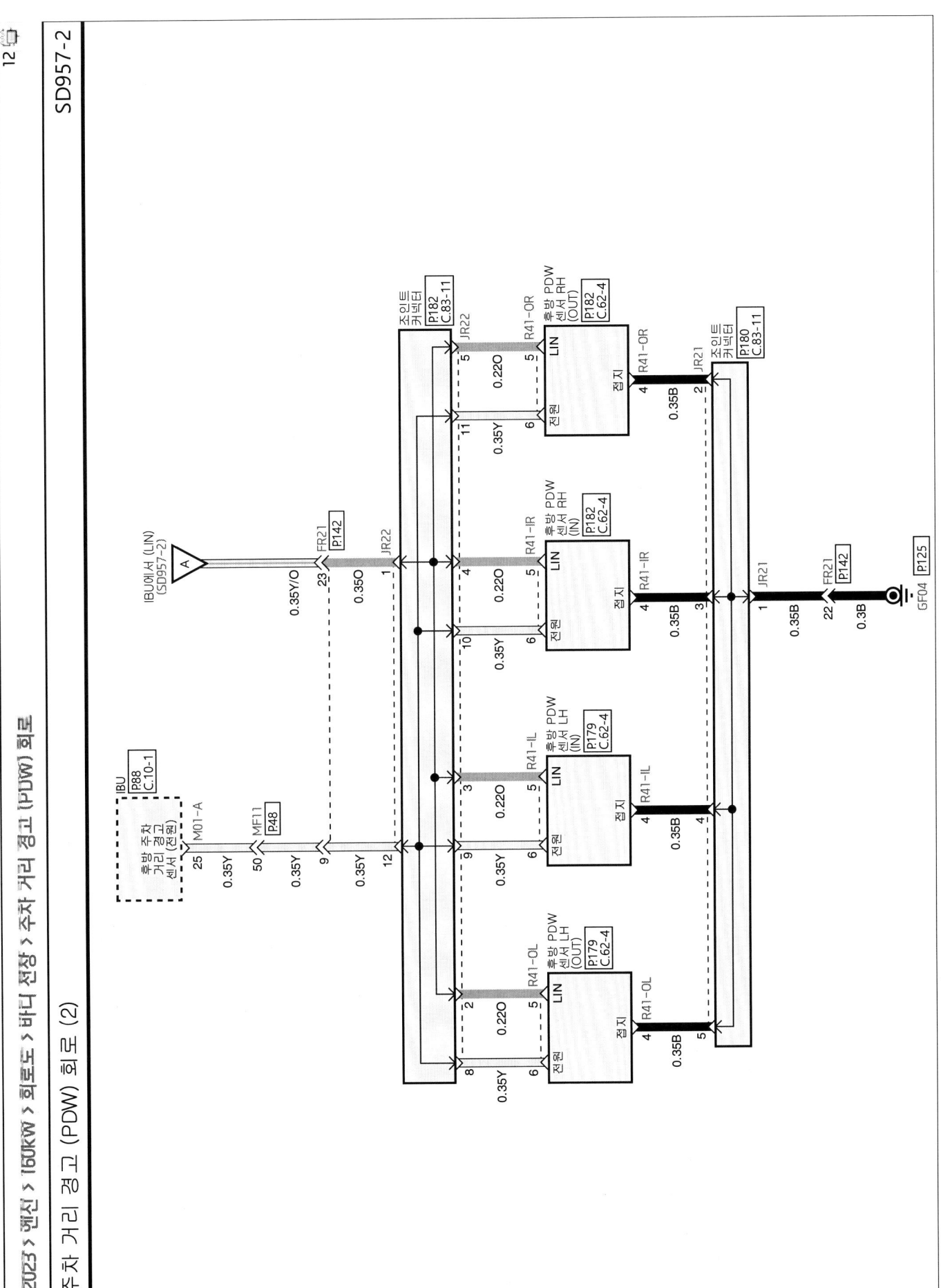

주차 거리 경고 (PDW) 회로

회로 설명

차량 후진 시 초음파 센서를 사용하여 사각지대의 장애물을 감지하고 경보 및 화면 표시를 통해 운전자에게 경고하여 주는 운전보조 장치이다.

PDW는 8개의 센서(전방 4개, 후방 4개)로 구성되며, 센서를 통해 물체를 감지하고, 그 결과를 거리 별로 1, 2, 3차 경보로 나누어 LIN 통신을 통해 IBU로 전달한다.

IBU는 센서에서 받은 통신 메시지를 판단하여 경보 단계를 판단하고, 각 차종 별 사양에 따라 버저를 구동하거나 디스플레이를 위한 데이터를 전송한다.

• 주차 거리 경고 (PDW : Parking Distance Warning) 회로 동작 순서

1. IG1 전원이 인가되면 PDW 센서는 자기 위치 (ID)를 확인하고 대기한다.
2. IBU에 신호가 입력되면 주차 거리 경고 센서로 동작명령을 내린다.
3. 각 센서는 물체를 감지하고 LIN 통신 라인을 통해 1, 2, 3차 경보로 나누어 전송한다.
4. IBU에서 센서 정보를 취합하여 가장 높은 차수의 경보를 출력한다.

• 센서 감지 영역

1. 측정조건 – PVC봉(지름 75mm, 길이 1m), 상온조건
2. 거리오차 범위(센서 정면에서 측정)

   전방 61Cm ~ 100Cm : ±15Cm (1차 경보)

   후방 61Cm ~ 120Cm : ±15Cm (1차 경보)

   31Cm ~ 60Cm : ±10Cm (2차 경보)

   30Cm 이하 : ±10Cm (3차 경보)
3. 30Cm 이하는 감지 안될 수도 있음

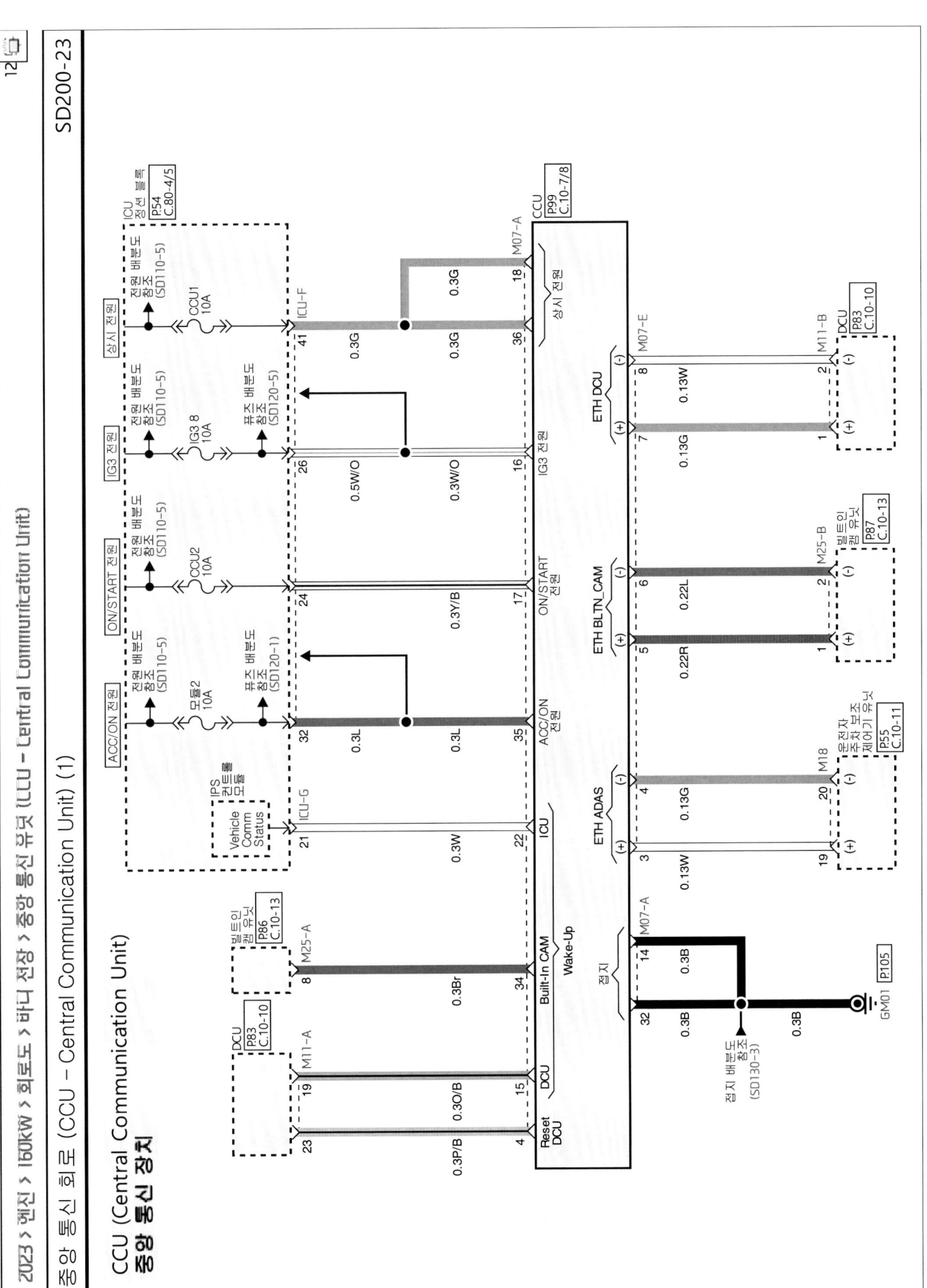

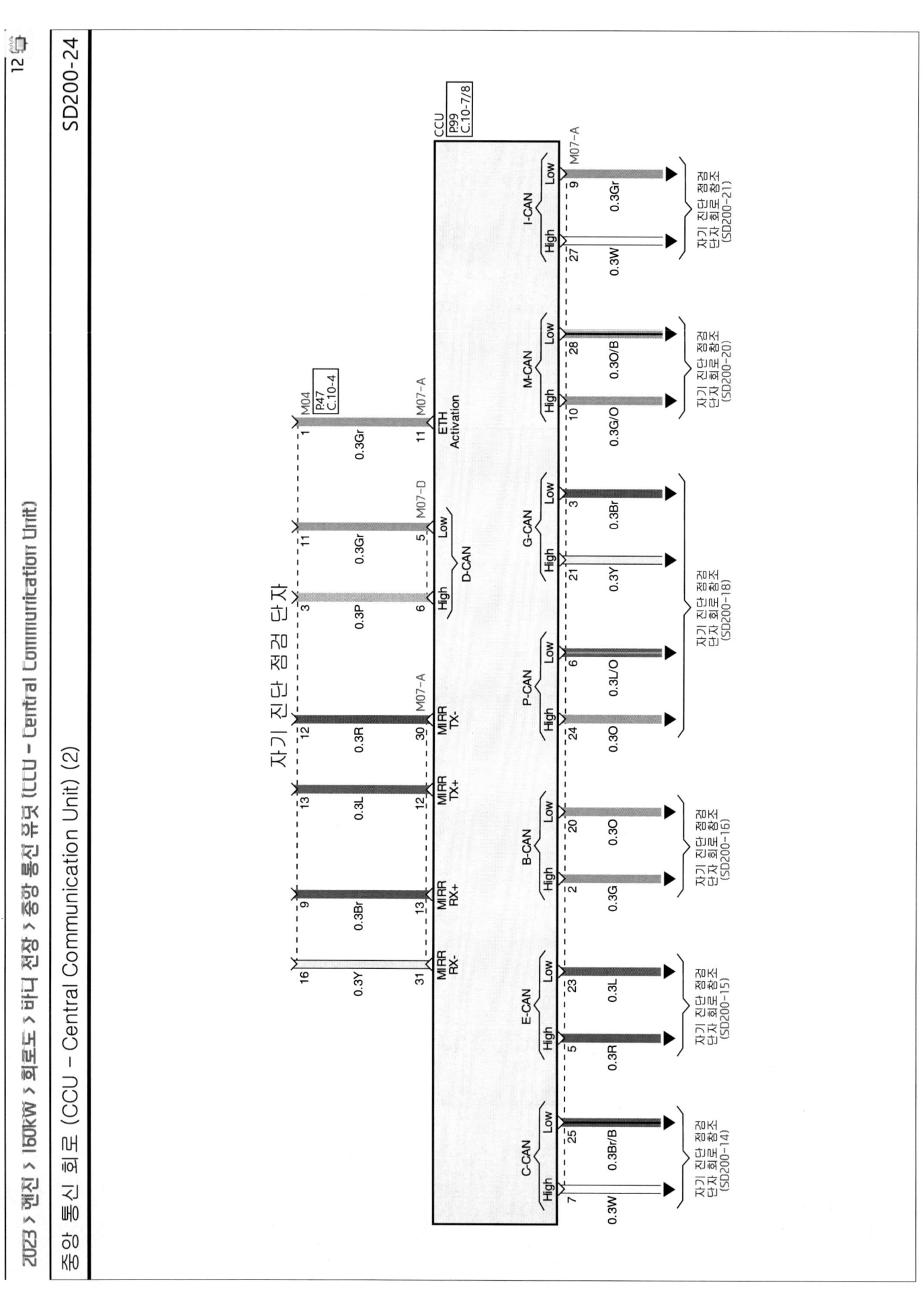

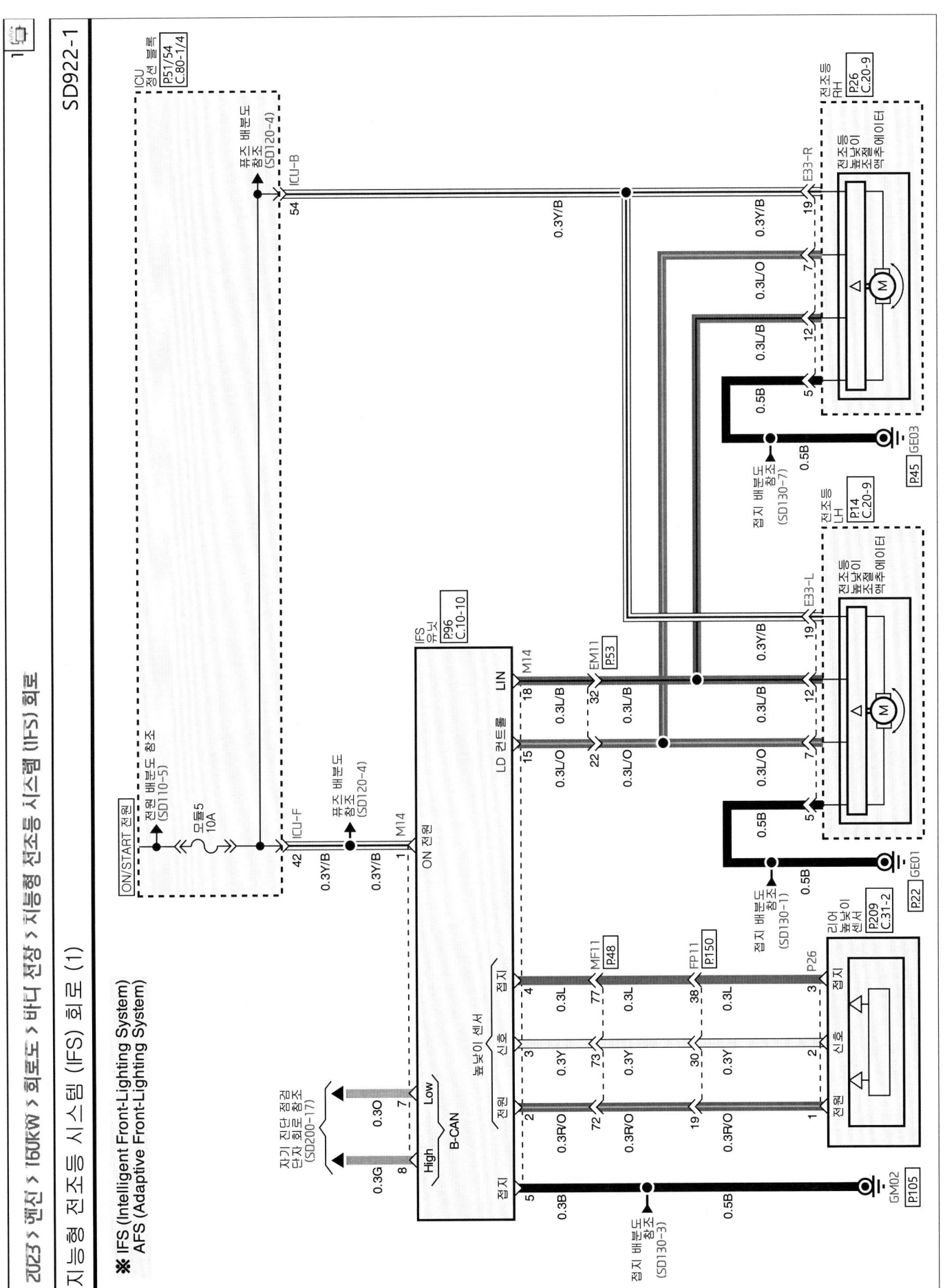

지능형 전조등 시스템 (IFS) 회로

회로 설명

지능형 전조등 시스템 (IFS : Intelligent Front-Light System)은 야간 주행시 발생되는 여러가지 운전 상황(도로상태, 주행상태, 승차인원 및 화물 적재량) 변화에 대해 최적의 헤드램프 조명 상태를 제공하기 위한 지능형 전조등 시스템이다.

기존 차량의 오토 헤드램프 레벨링 기능보다 다이나믹하게 제어하고, 야간 곡선도로 주행시 조향각 및 차량 속도에 따라 헤드램프 로우 빔의 좌/우 조사각도를 조향 방향으로 제어함으로서 운전자에게 야간 주행 중 최적의 시계를 확보해주는 최첨단 라이팅 시스템이다.

● 동작 기준

IFS 시스템이 동작하기 위해서는 다음과 같은 조건을 만족해야만 한다.

1. 차량속도 5Km/h 이상
2. 헤드램프 로우빔 On 상태
3. IFS SW On 상태
4. "R" 단을 제외한 기어위치
5. 9.5V 이상의 전원전압
6. 액추에이터 초기화 동작 (Reference Run) - 엔진 PRM "500 이상"

※ 초기화 동작은 차량이 start-stop을 반복했을 경우 여러 번의 초기화 동작이 발생하는 것을 막기 위해 최초 전원 인가 시 한번 이루어 진다.

● 하이트 센서 (Height Sensor)

하이트 센서는 다이나믹 오토 레벨링 제어를 위해 후방에 센서가 장착되며 차량 하중의 변화를 차량의 높이 변화로 측정하여 전조등 RH로 전송한다. 로터/스테이터와 PCB 코일, 센서 레버로 구성되어 있으며, 로터의 회전에 의해서 형성되는 스테이터 내부의 자기장을 측정하여 레버의 움직임 각도를 인식하는 비접점 방식이다.

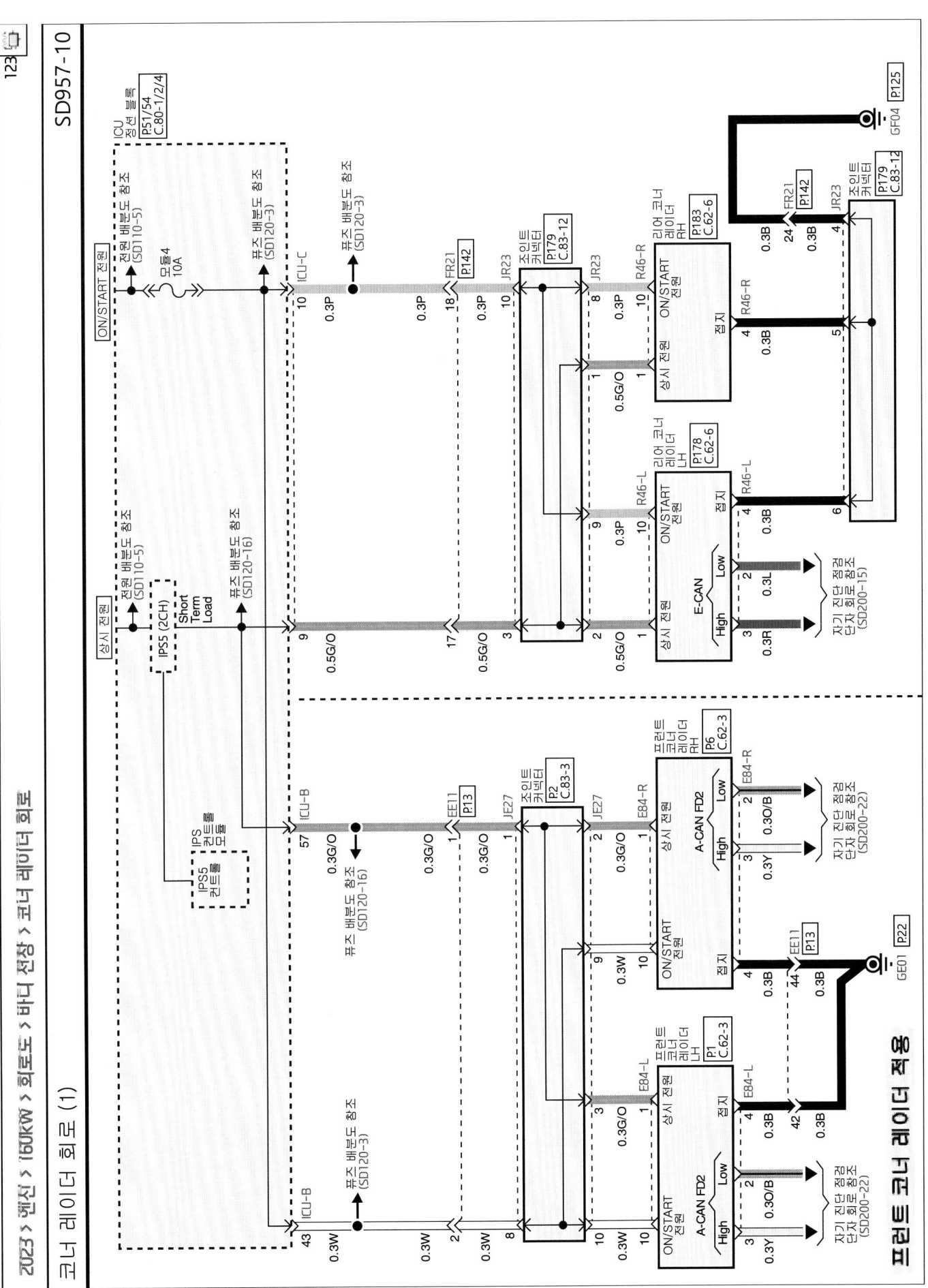

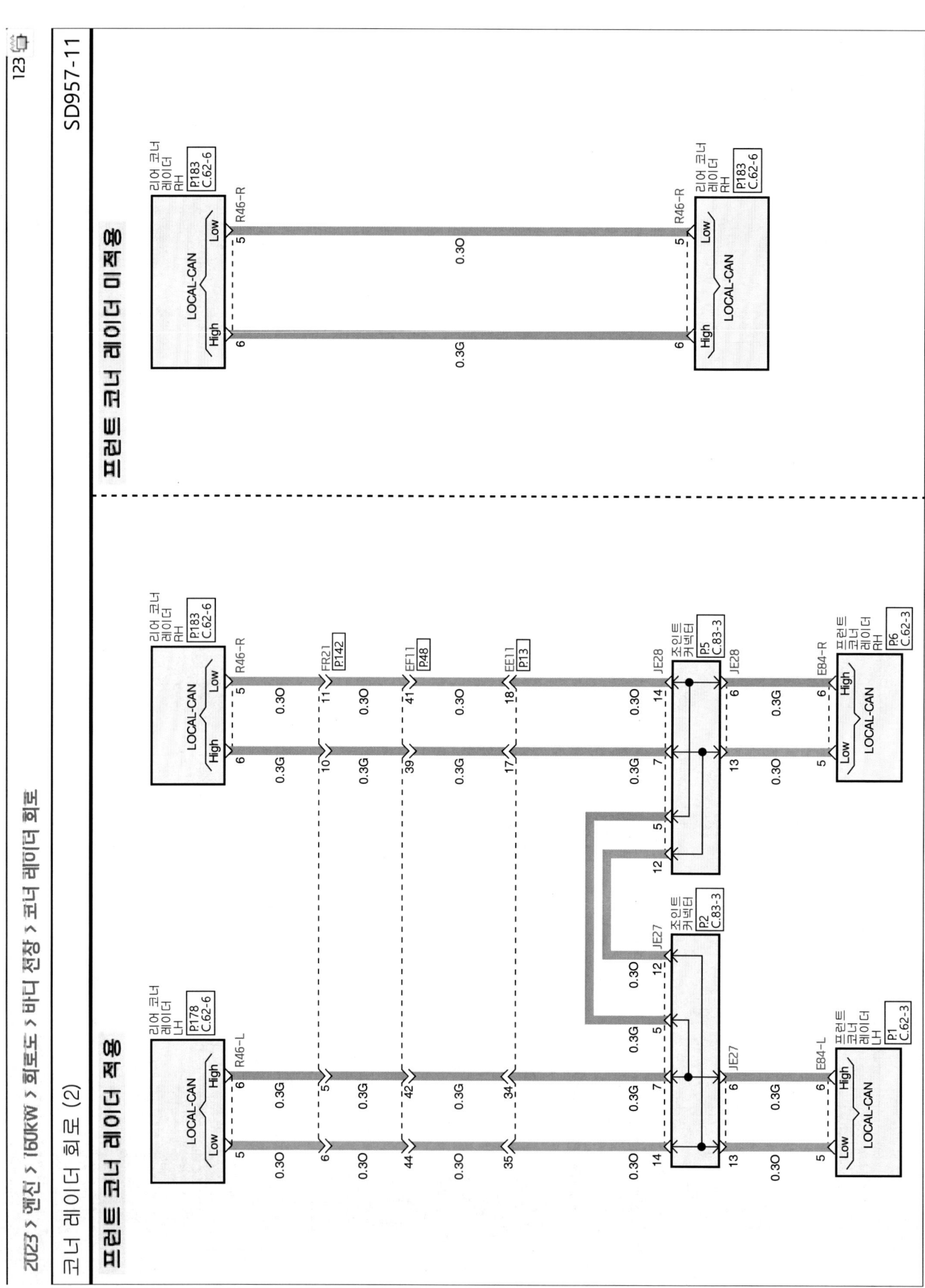

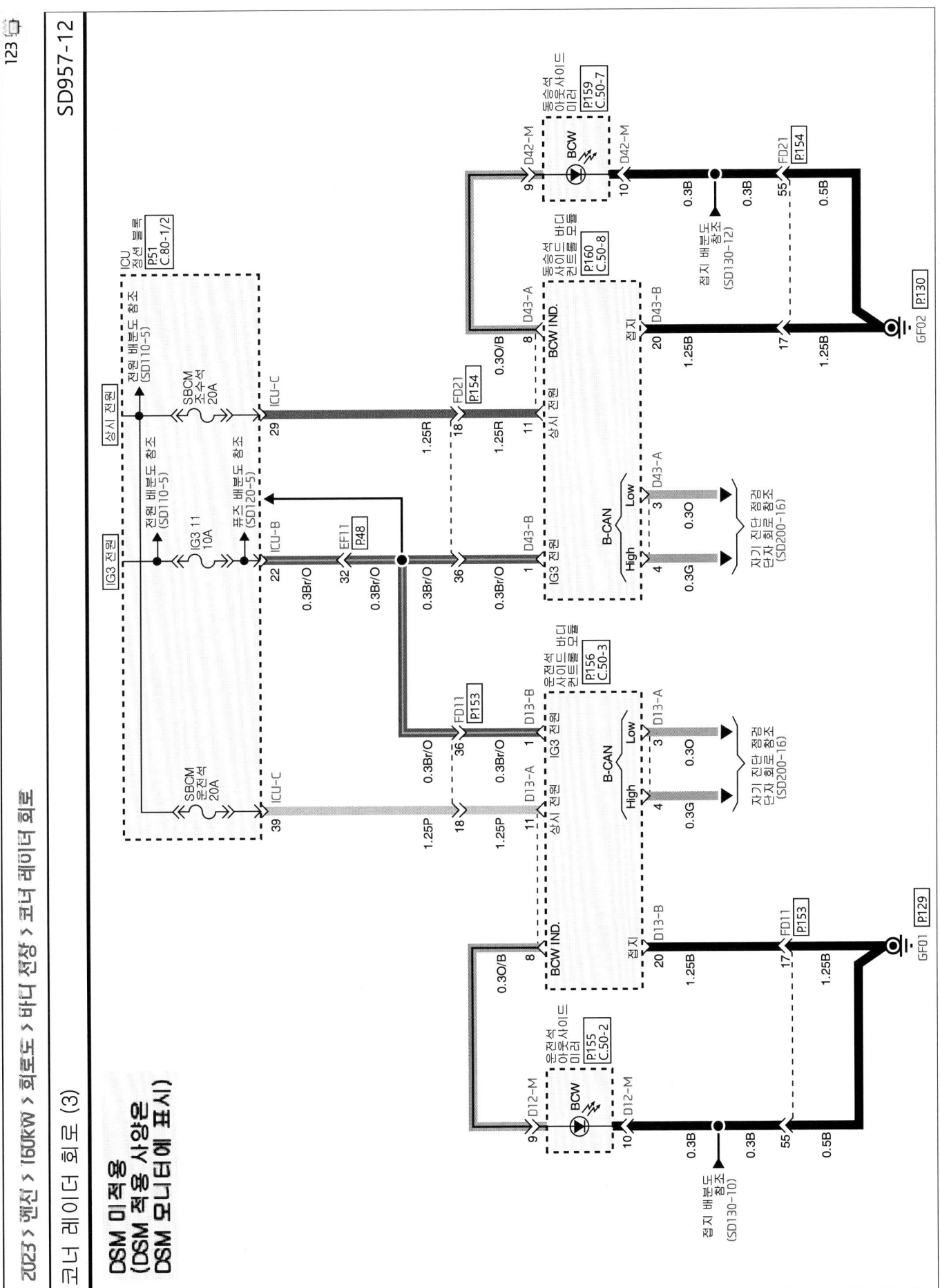

통풍 시트 회로 (1)

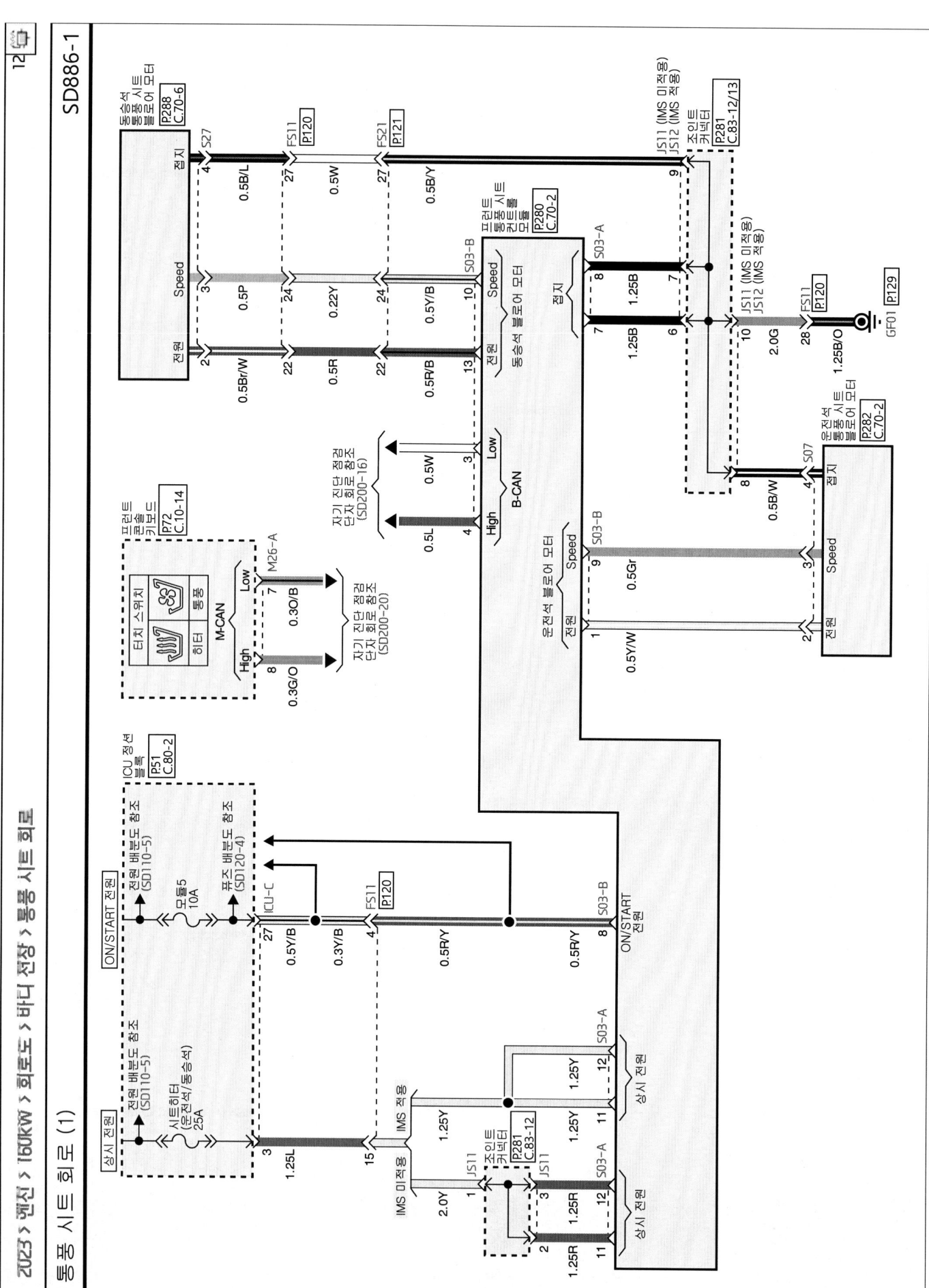

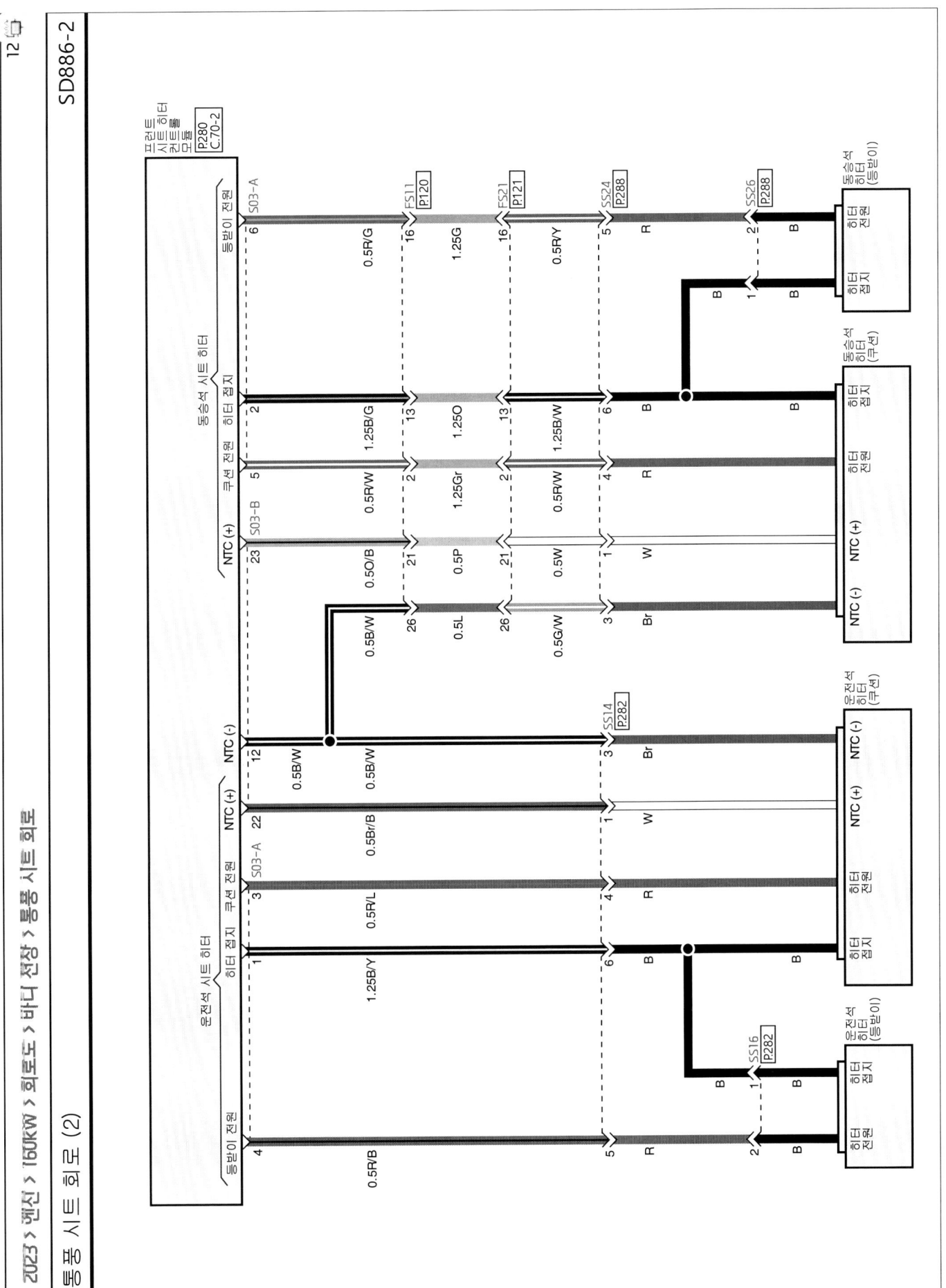

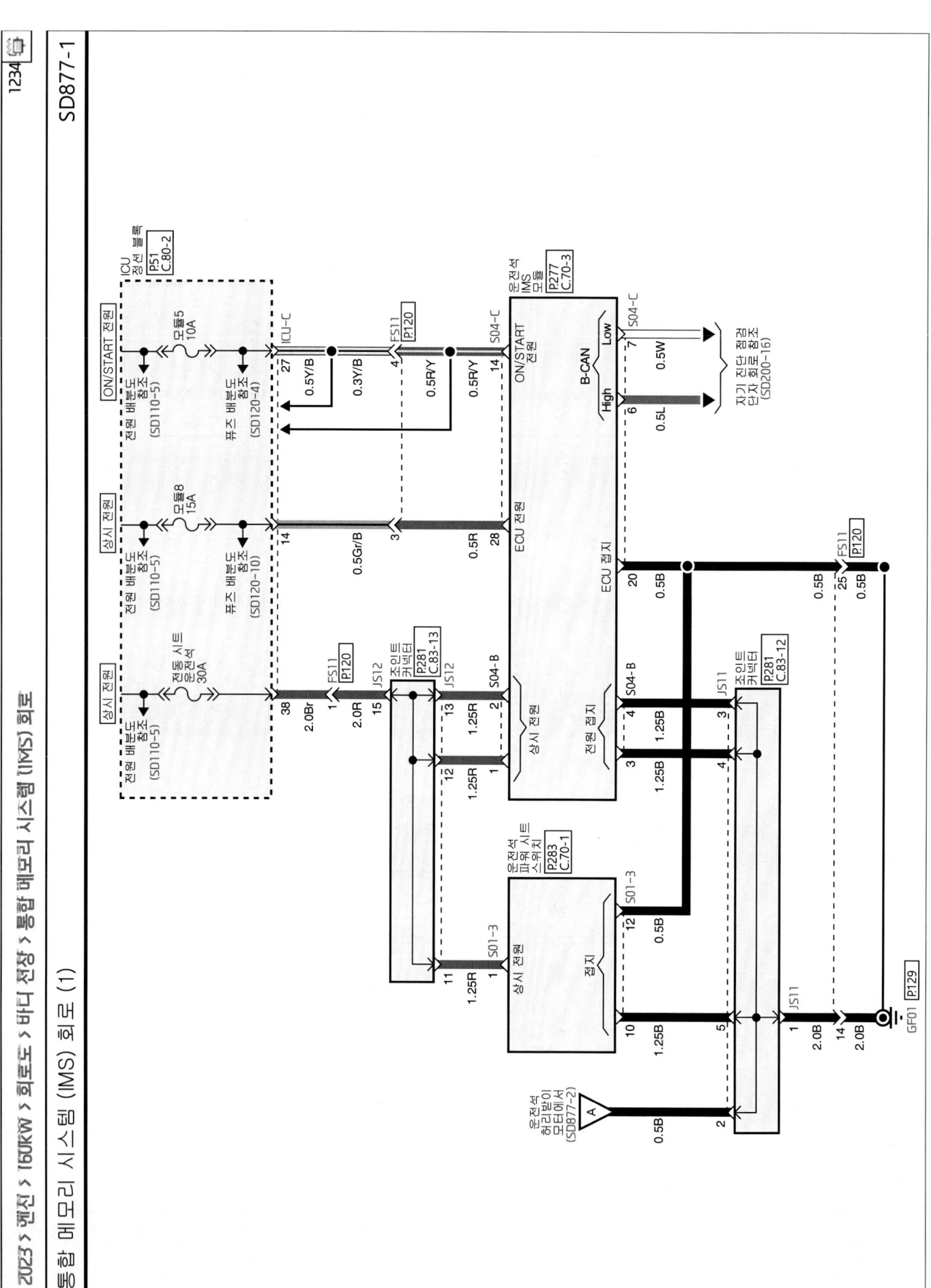

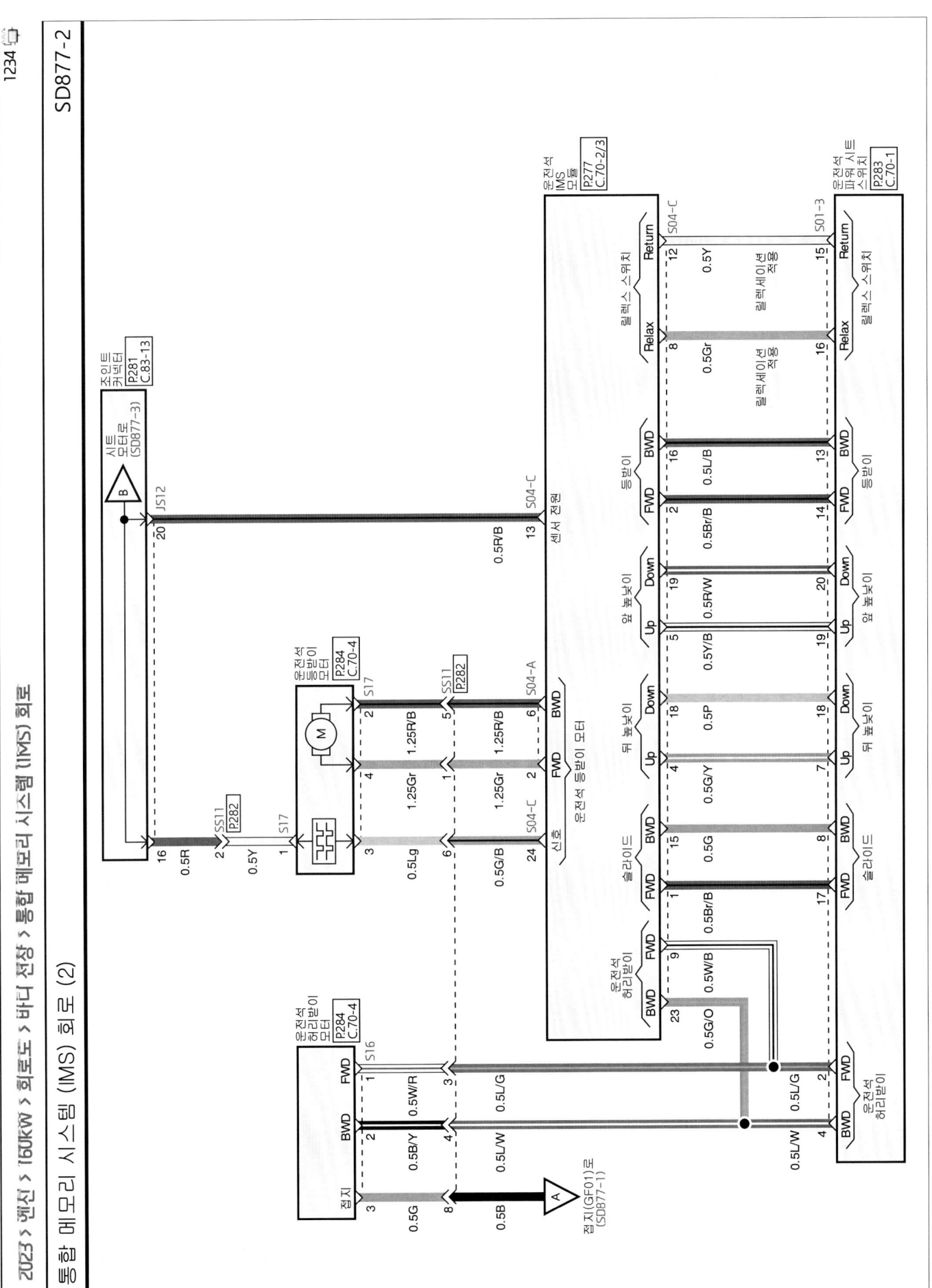

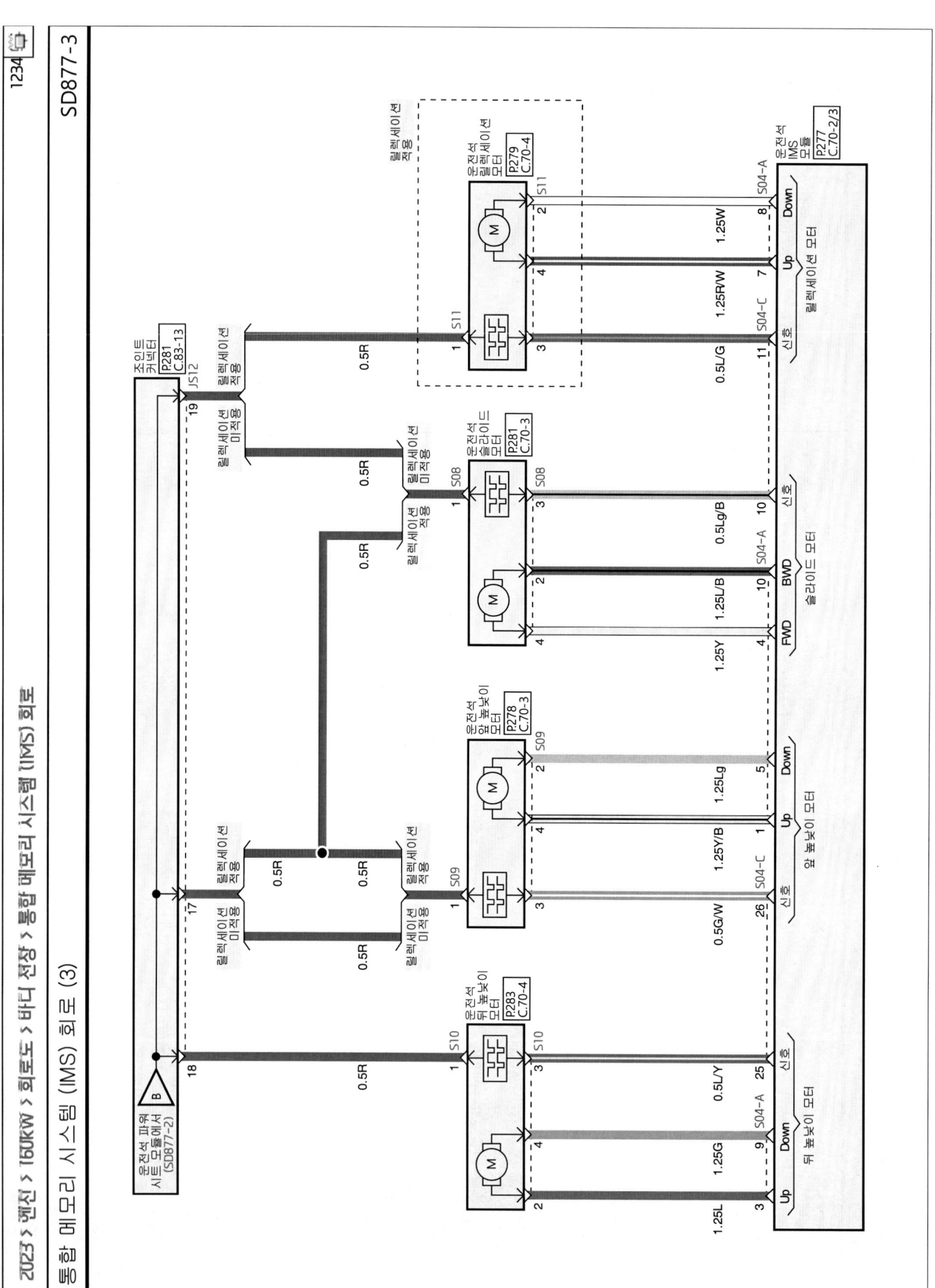

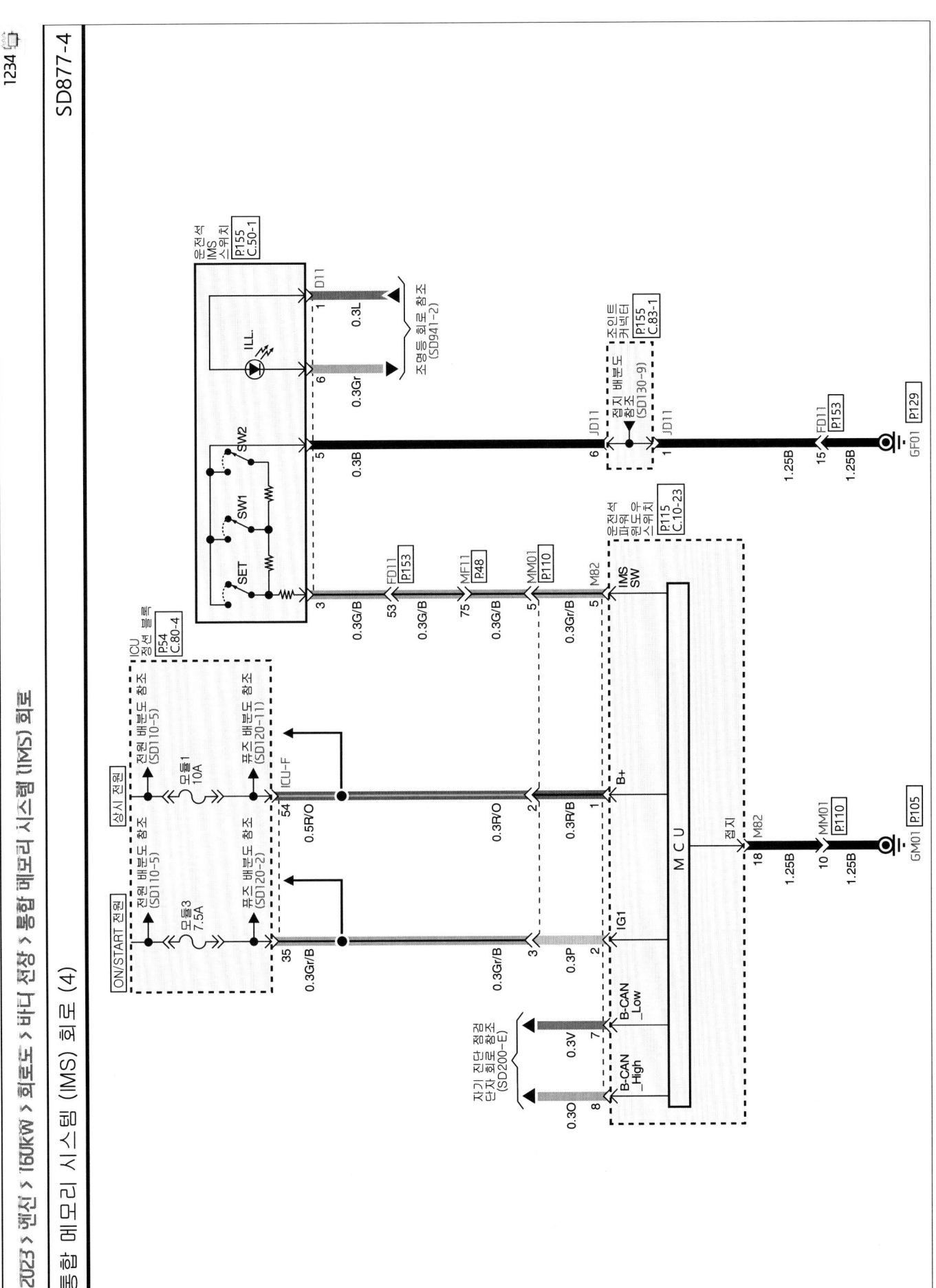

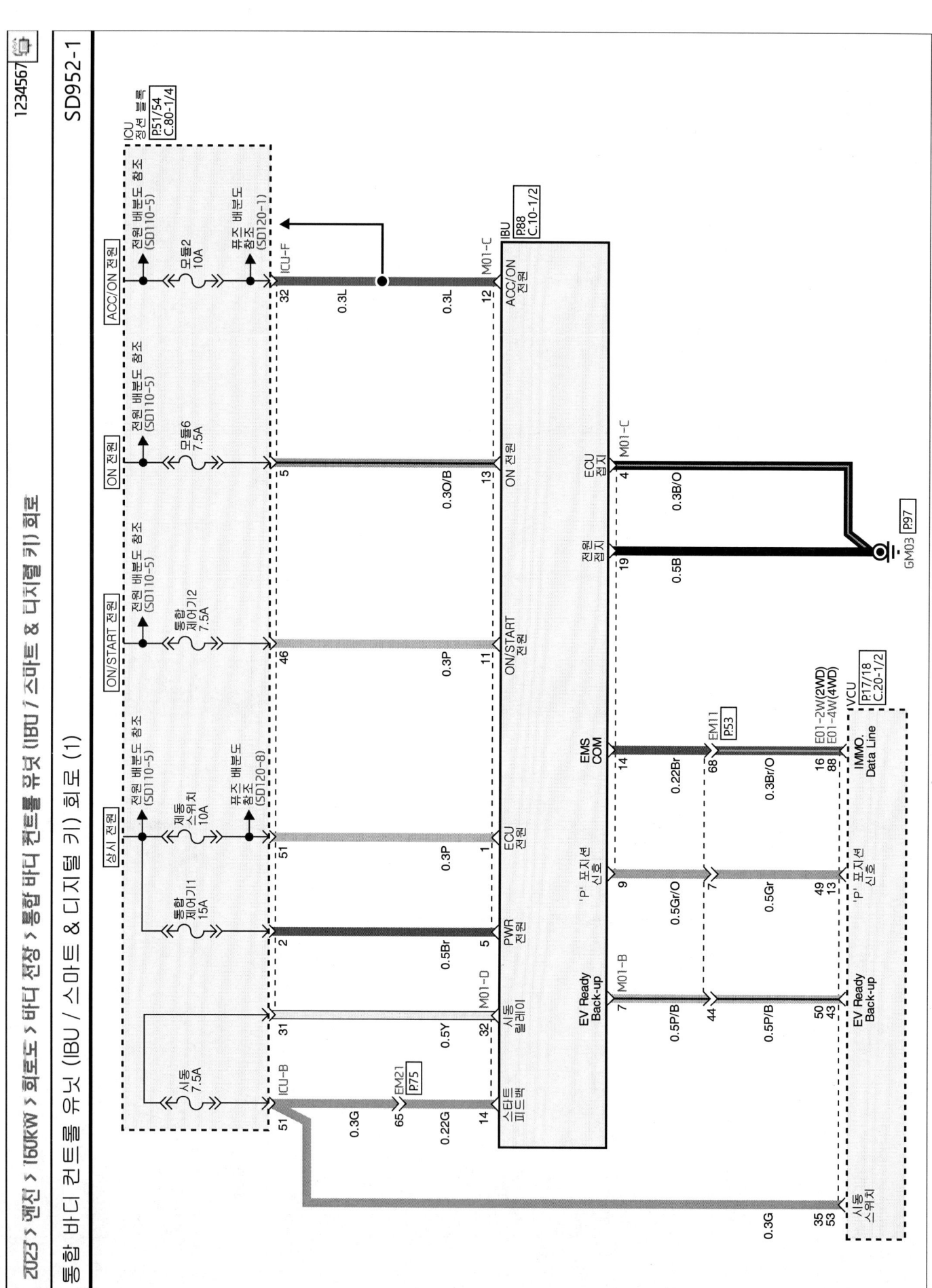

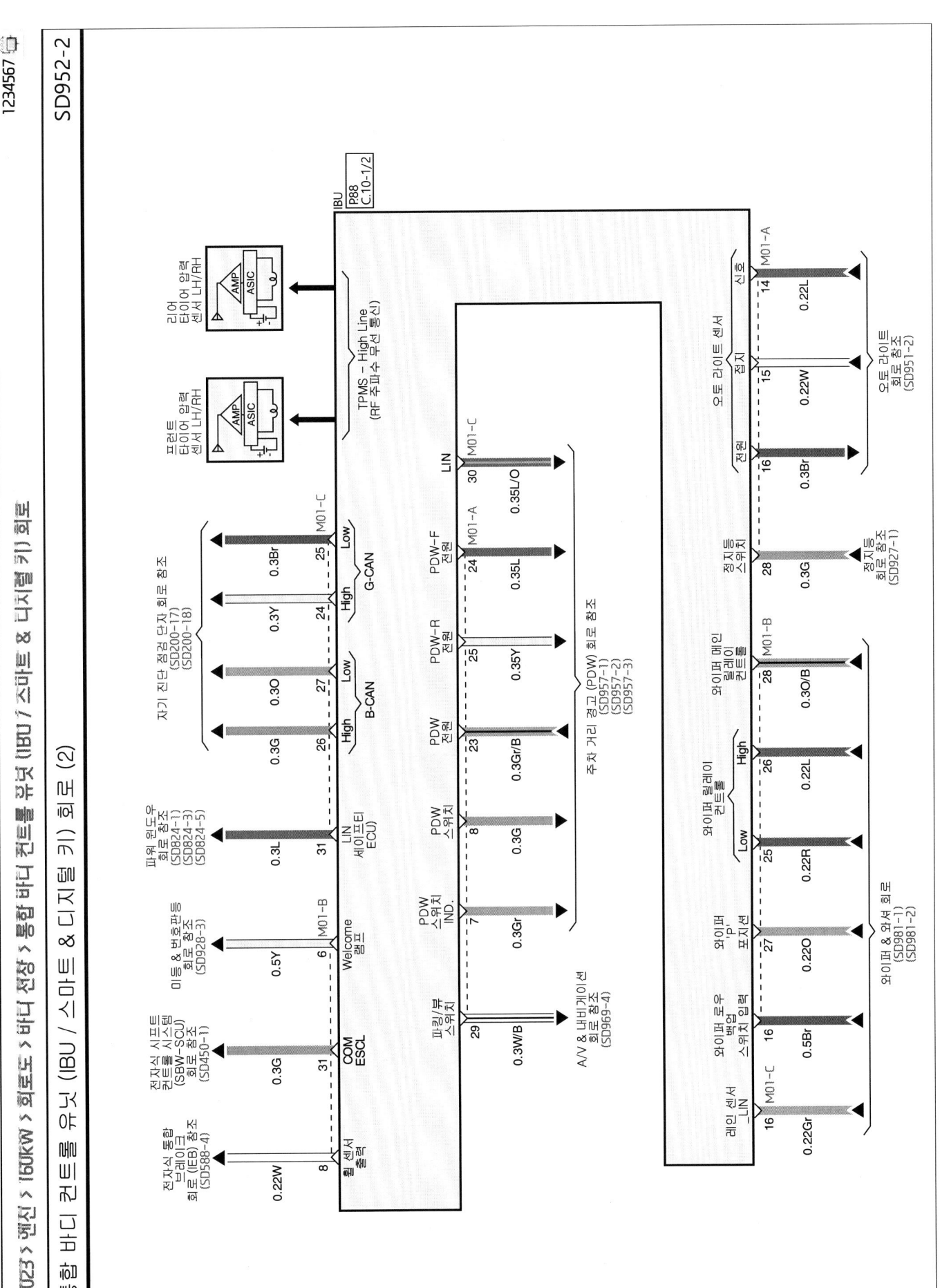

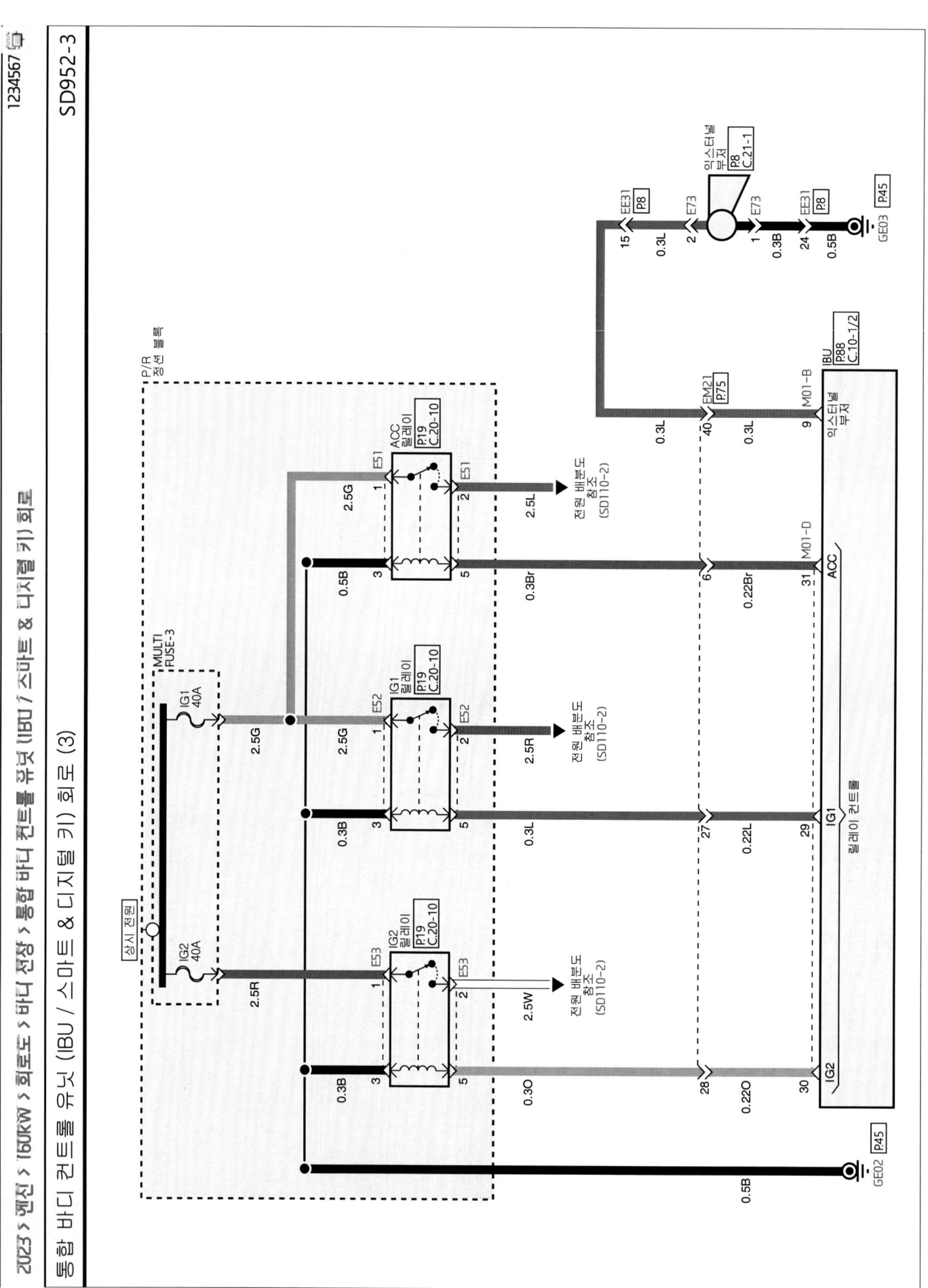

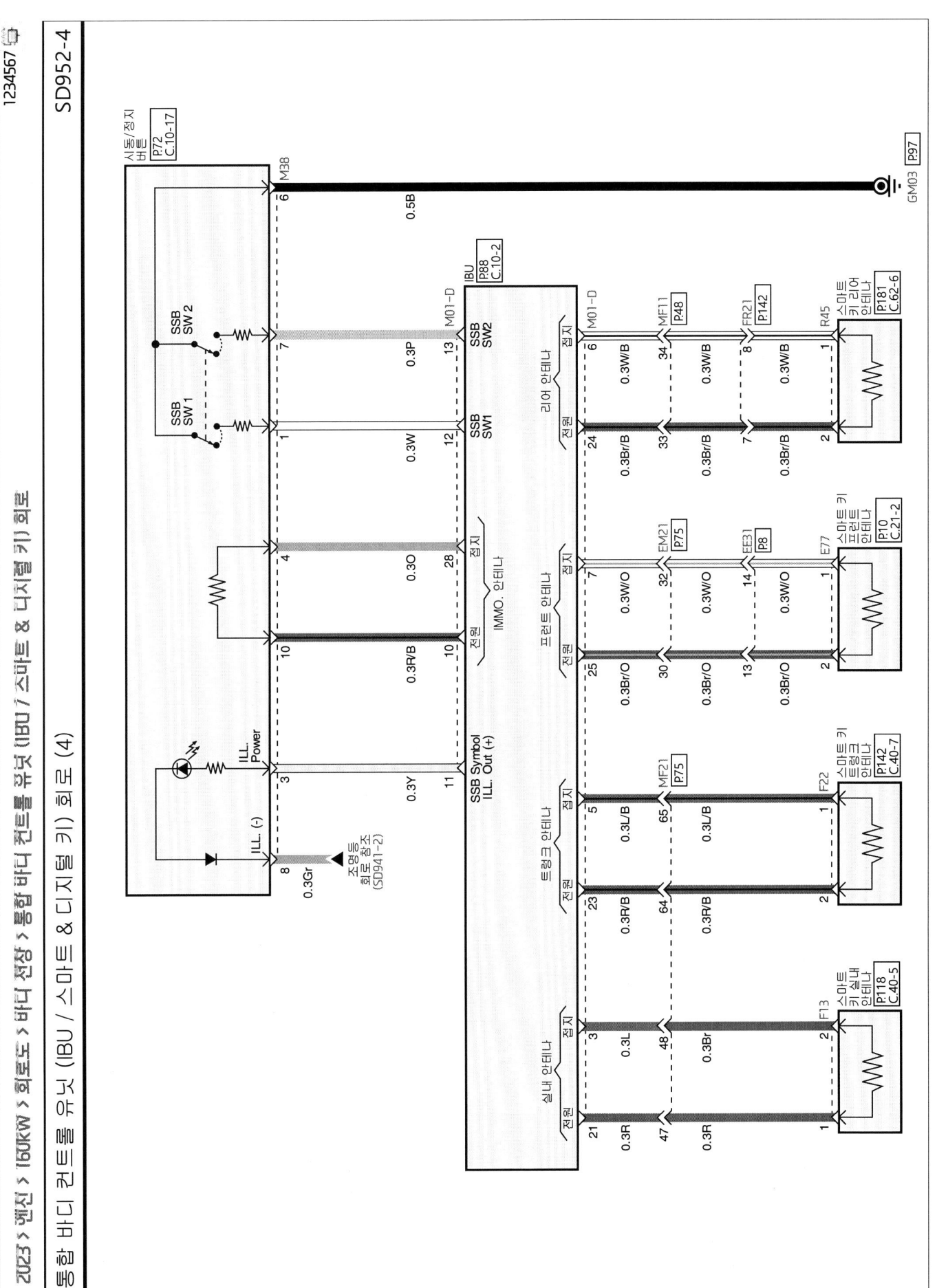

통합 바디 컨트롤 유닛 (IBU / 스마트 & 디지털 키) 회로 (5)

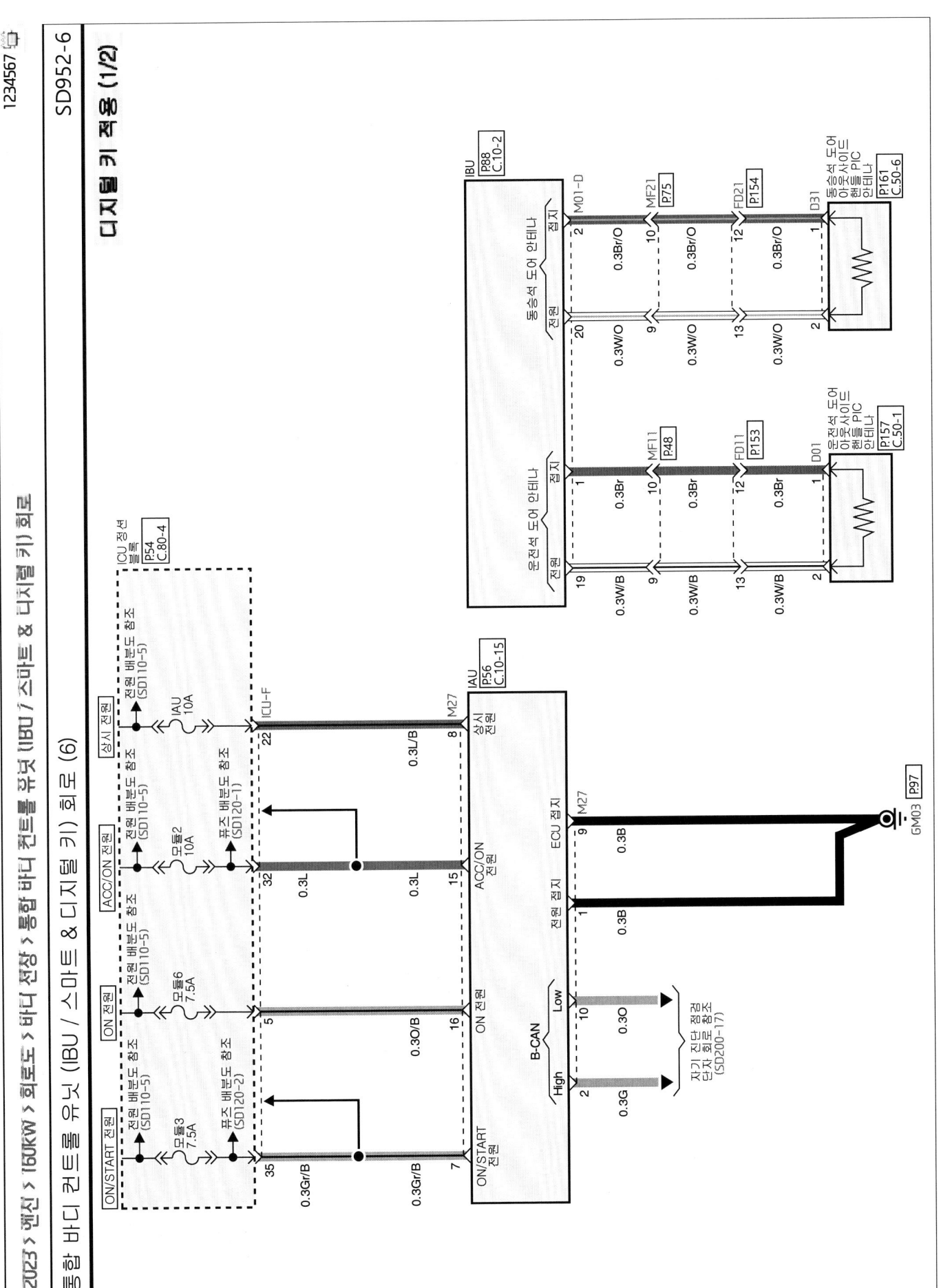

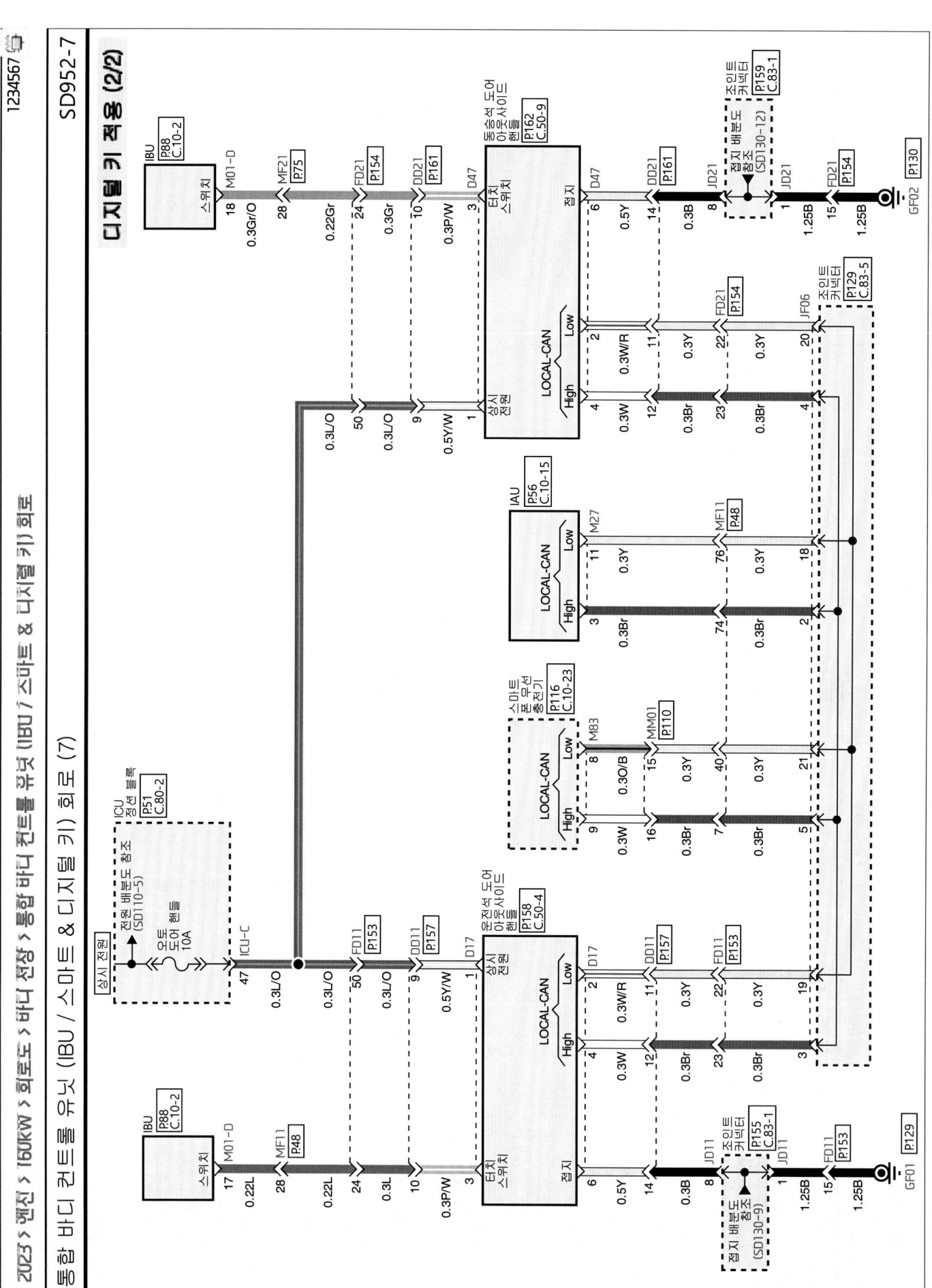

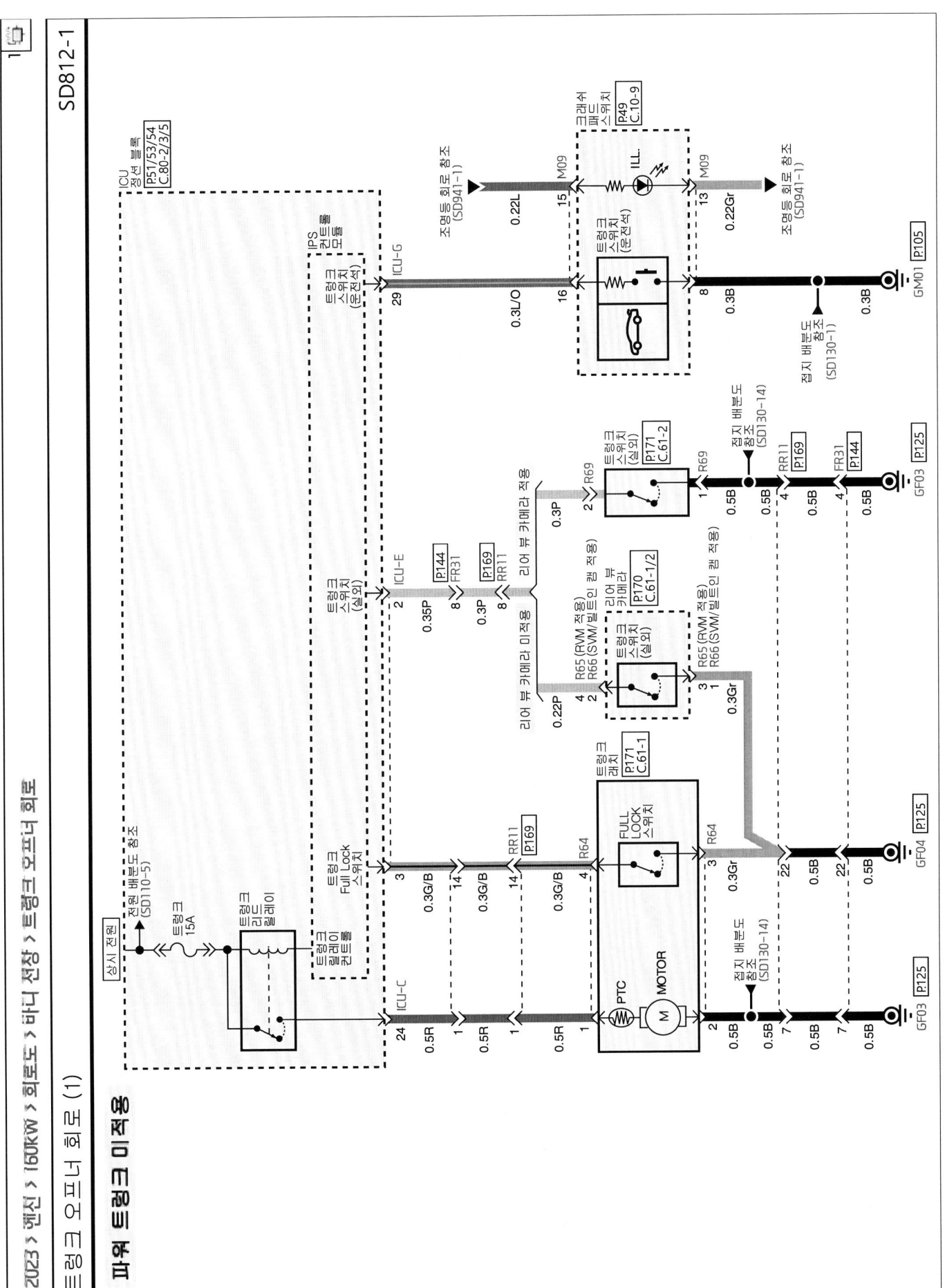

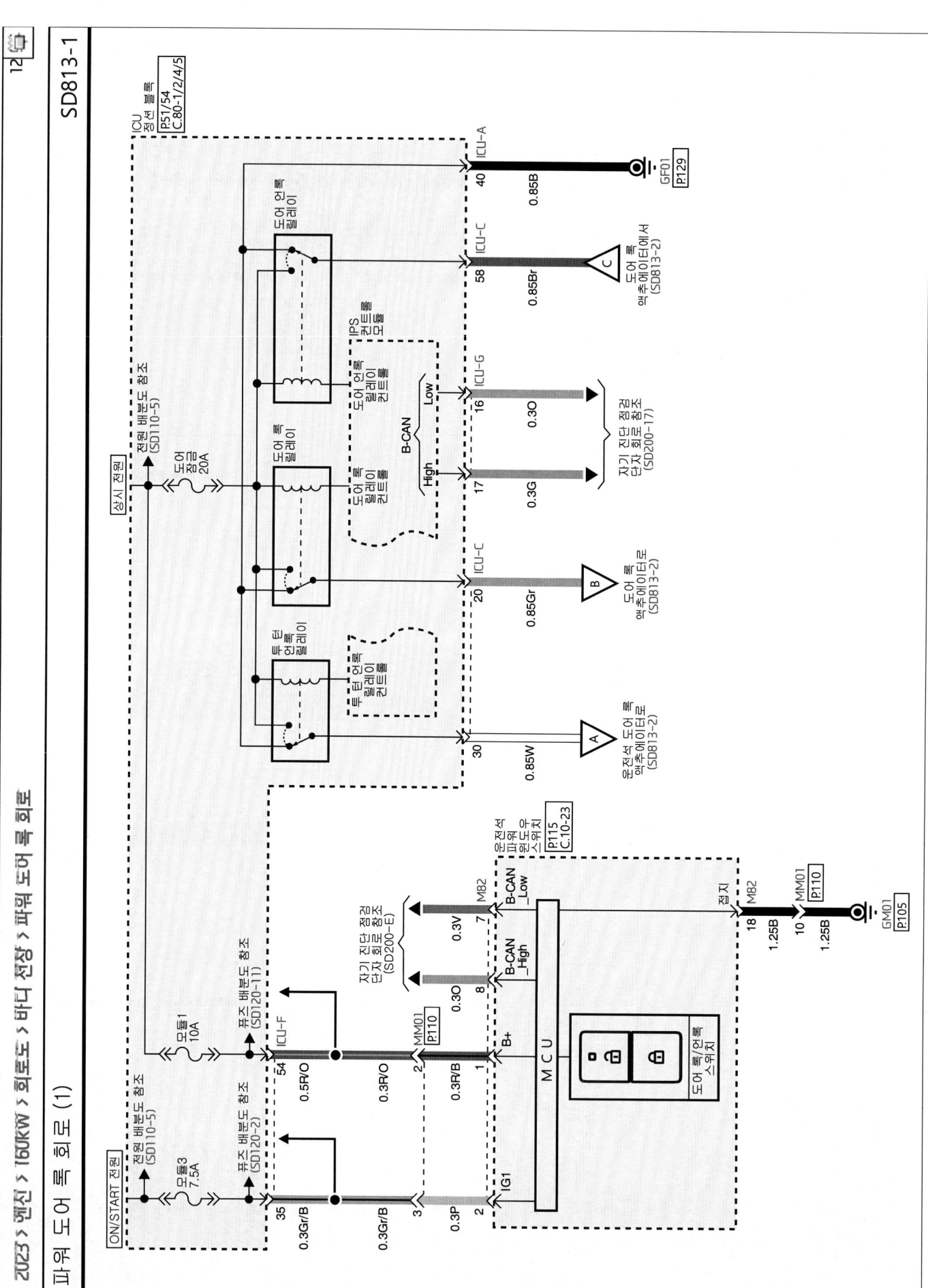

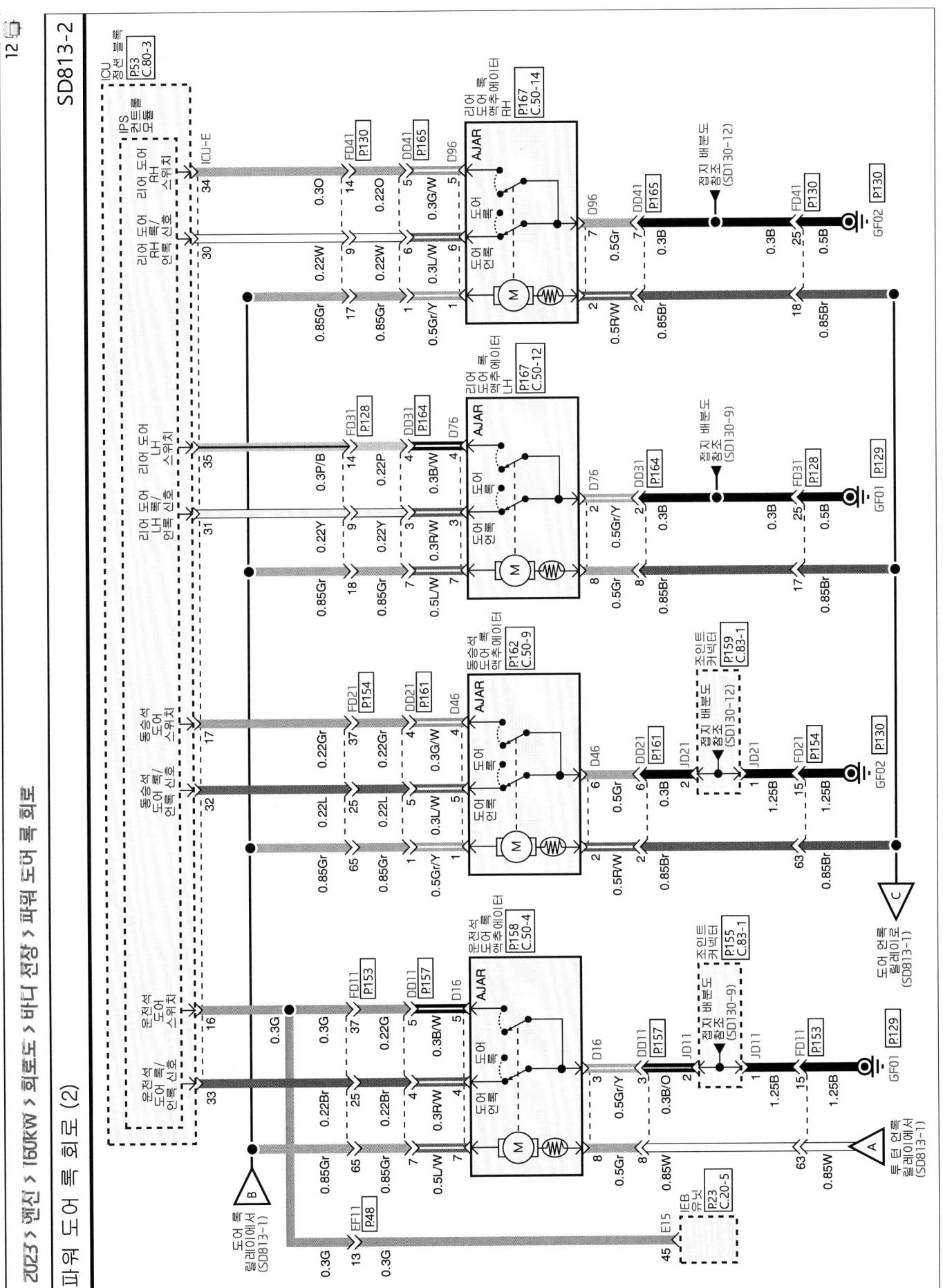

2023 > 젠신 > 150KW > 회로도 > 바디 전장 > 파워 도어 록 회로 > 서비스 팁

파워 도어 록 회로

회로 설명

상시 전원은 도어 잠금 20A 퓨즈를 지나 도어 록/언록 릴레이로 공급되며, IPS 컨트롤 모듈에 의해 제어된다. 운전석 도어 록 모듈의 도어 록 스위치를 누르면 IPS 컨트롤 모듈이 신호를 입력받아 도어 록 릴레이 코일을 여자화 시켜 도어 록 릴레이 스위치로 전원을 인가하여 모든 도어 록 액추에이터를 잠근다.

반대로 운전석 도어 록 모듈의 도어 록 언록 스위치를 누르면 IPS 컨트롤 모듈이 신호를 입력받아 도어 록 언록 릴레이 코일을 여자화 시켜 도어 록 언록 릴레이 스위치로 전원을 인가하여 모든 도어 록 액추에이터 잠금 해제 시킨다.

• 운전석 & 동승석 도어 록 스위치 점검

키를 도어 록에 꽂은 상태에서 아래 표와 같이 키를 회전시켰을 을 경우 스위치 각각의 위치에서 단자 사이의 통전을 점검한다.

위치 \ 단자	3	4	5
운전석 열림	○	○	
		○	○

위치 \ 단자	2	6	7
동승석 열림	○	○	
		○	○

• 리어 도어 록 스위치 점검

아래 표와 같이 스위치 각각의 위치에서 단자 사이의 통전을 점검한다.

위치 \ 단자	3	6
리어 LH 열림	○	○

위치 \ 단자	2	7
리어 RH 열림	○	○

서비스 팁 (1)

• 도어 록 액추에이터 점검

아래 표와 같이 도어 록 액추에이터 각 단자에 배터리 전압을 가한 후 바르게 작동 되는지 확인한다.

[프런트]

위치 \ 단자	7	8
운전석 잠김	⊕	⊖
운전석 열림	⊖	⊕

위치 \ 단자	1	2
동승석 잠김	⊕	⊖
동승석 열림	⊖	⊕

[리어]

위치 \ 단자	7	8
리어 LH 잠김	⊕	⊖
리어 LH 열림	⊖	⊕

위치 \ 단자	1	2
리어 RH 잠김	⊕	⊖
리어 RH 열림	⊖	⊕

• 투 턴 언록 릴레이

운전석 도어에서 키를 오른쪽으로 돌려 도어를 잠금 해제하면 운전석 도어만 열리고, 4초 이내 다시한번 오른쪽으로 돌리면 모든 도어가 잠금 해제된다.

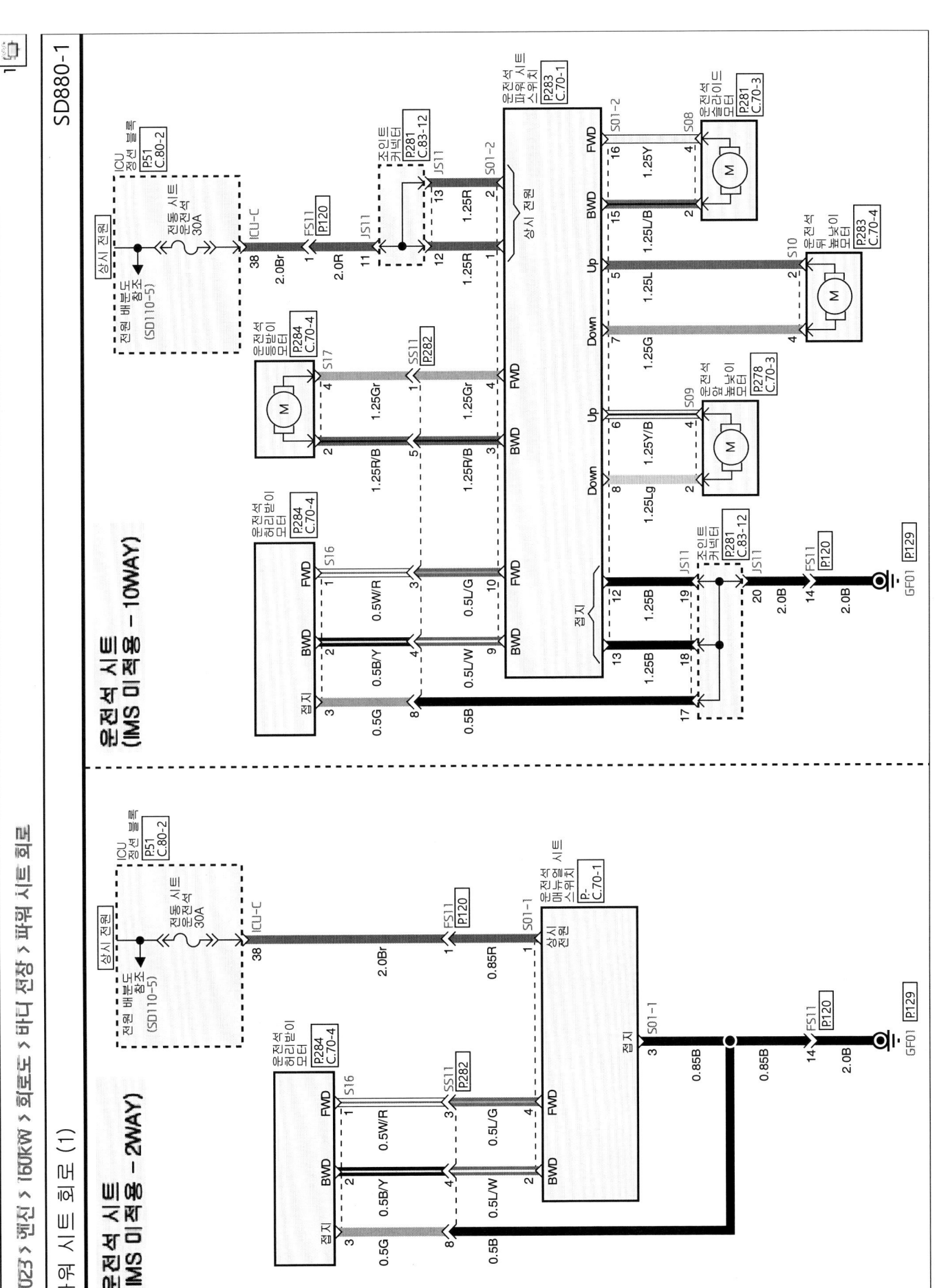

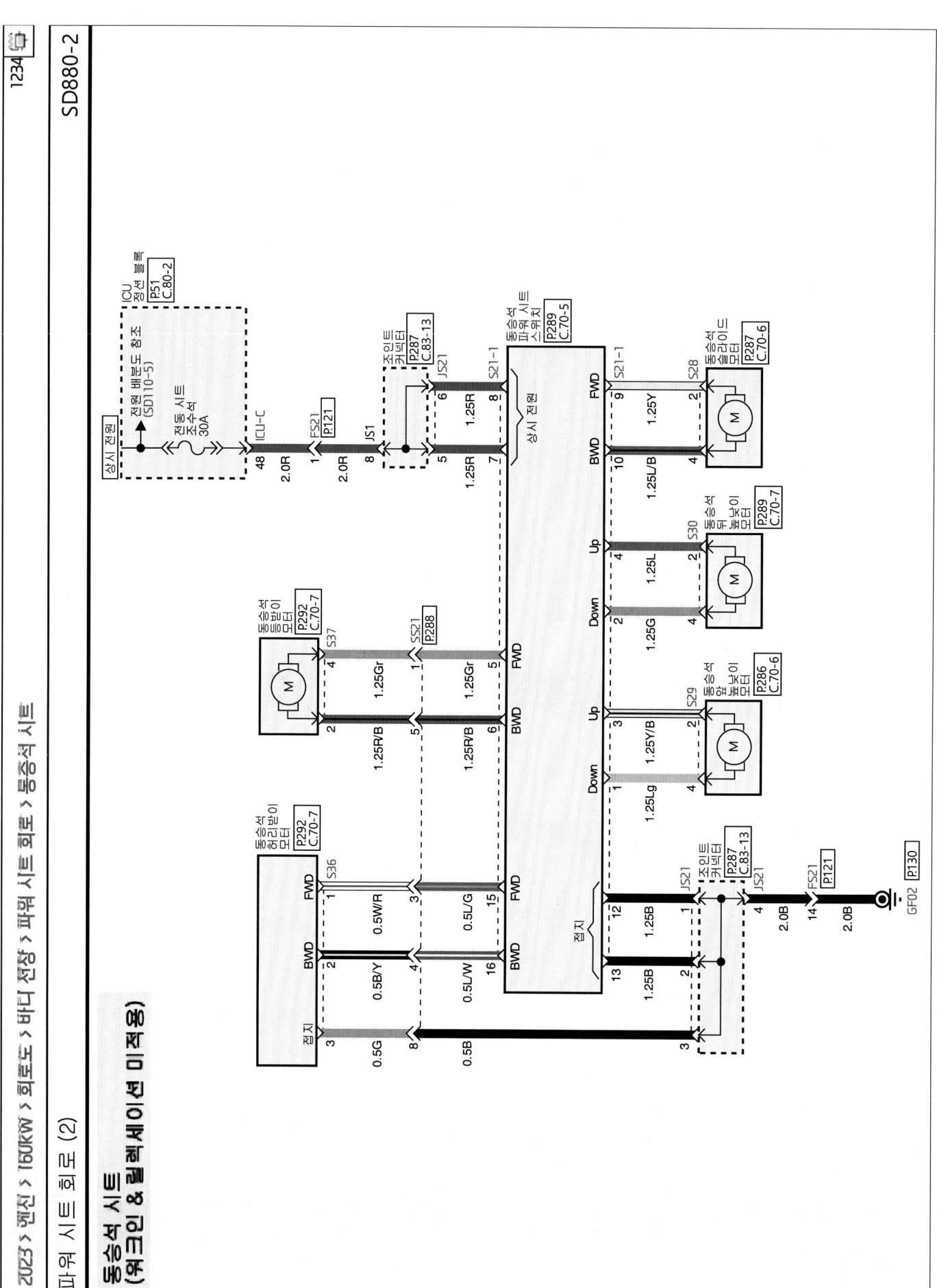

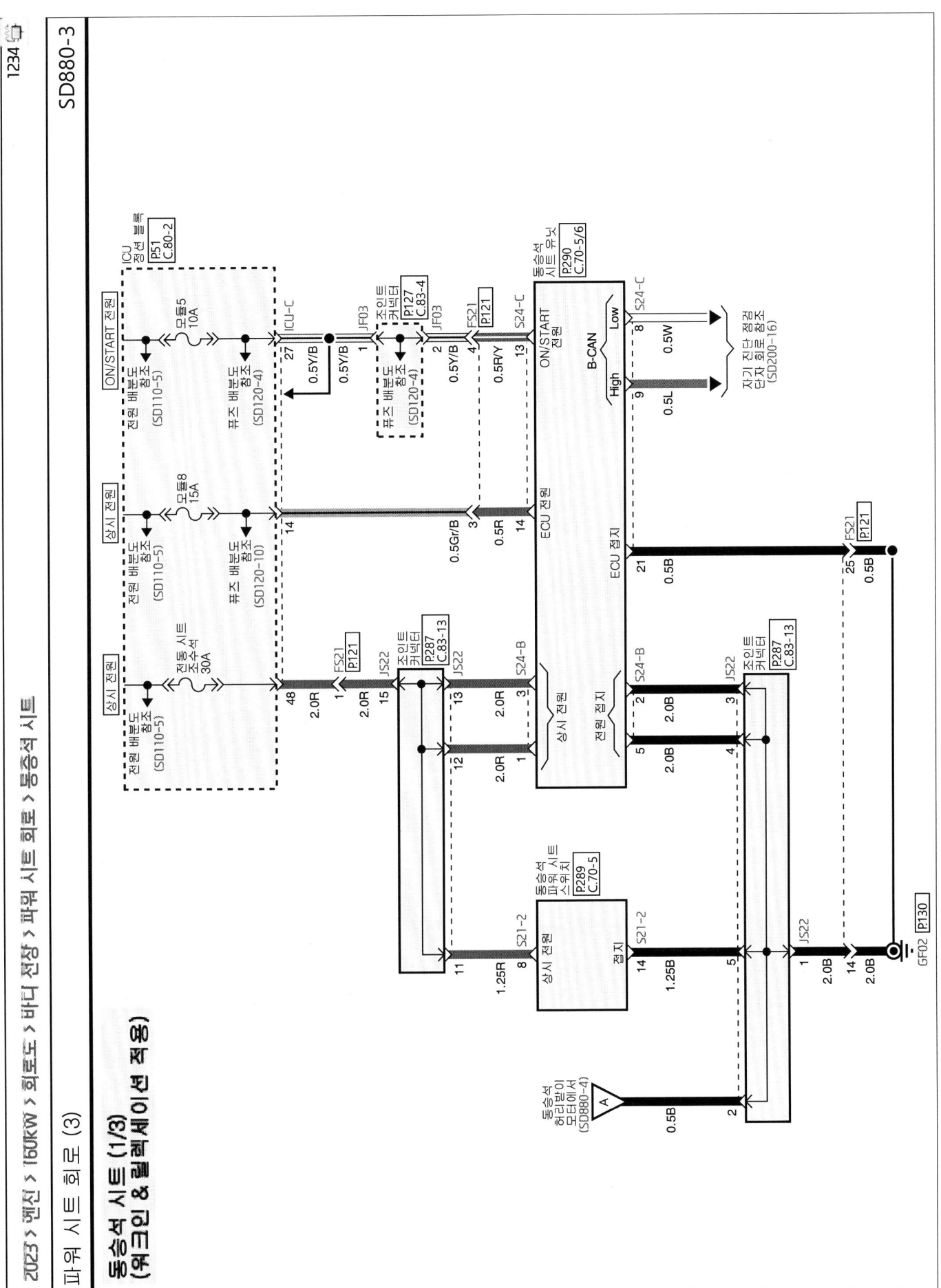

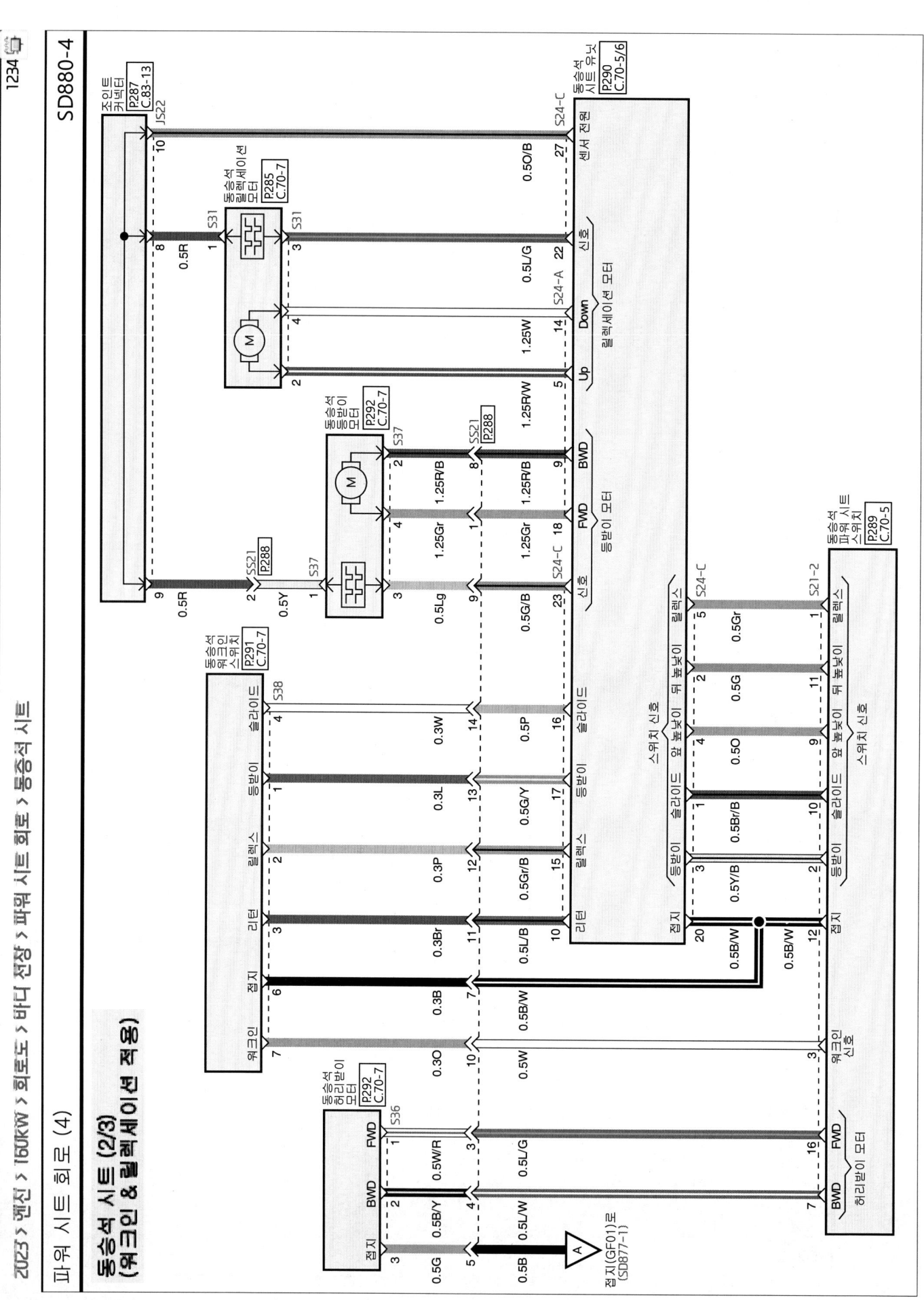

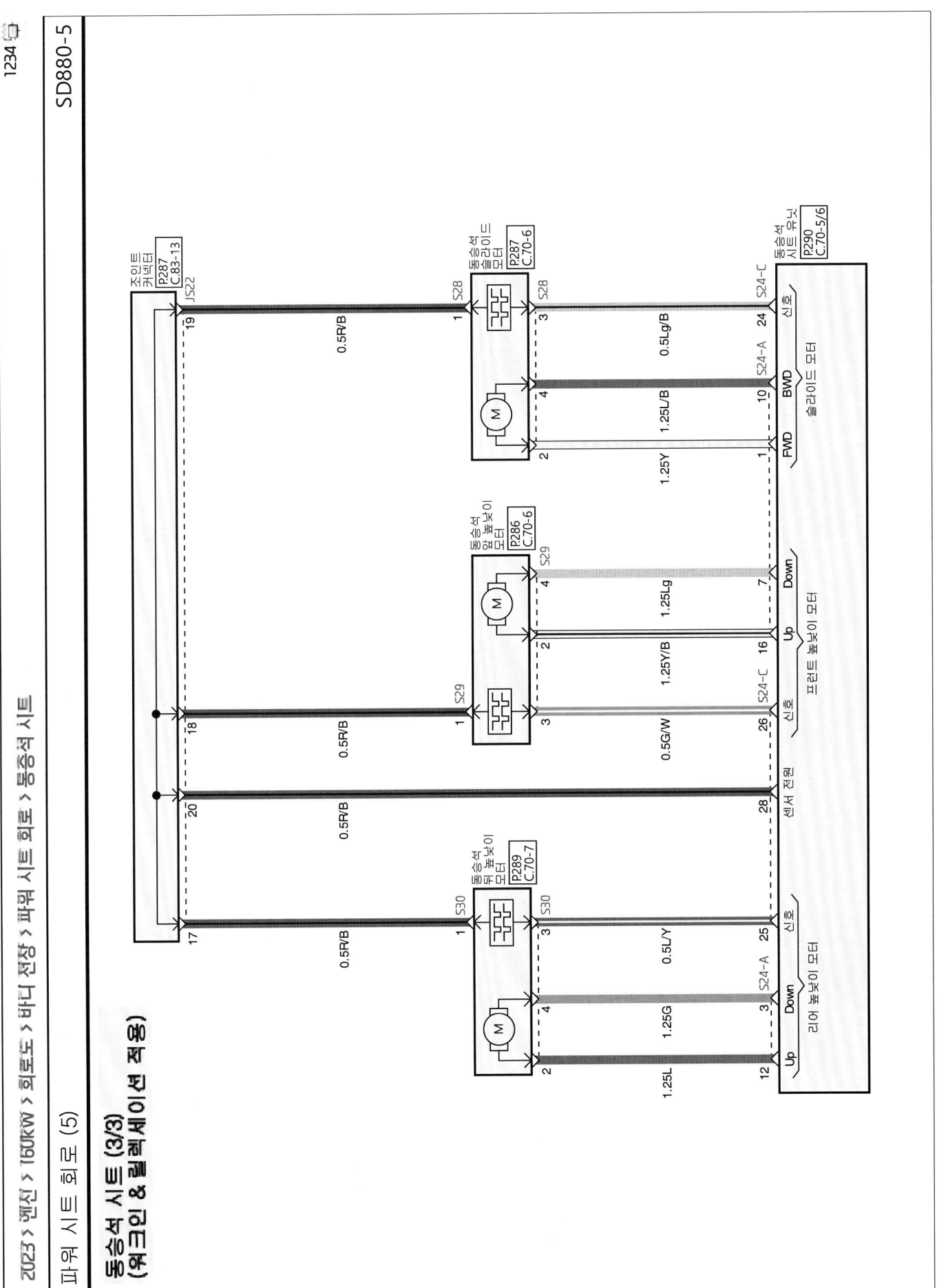

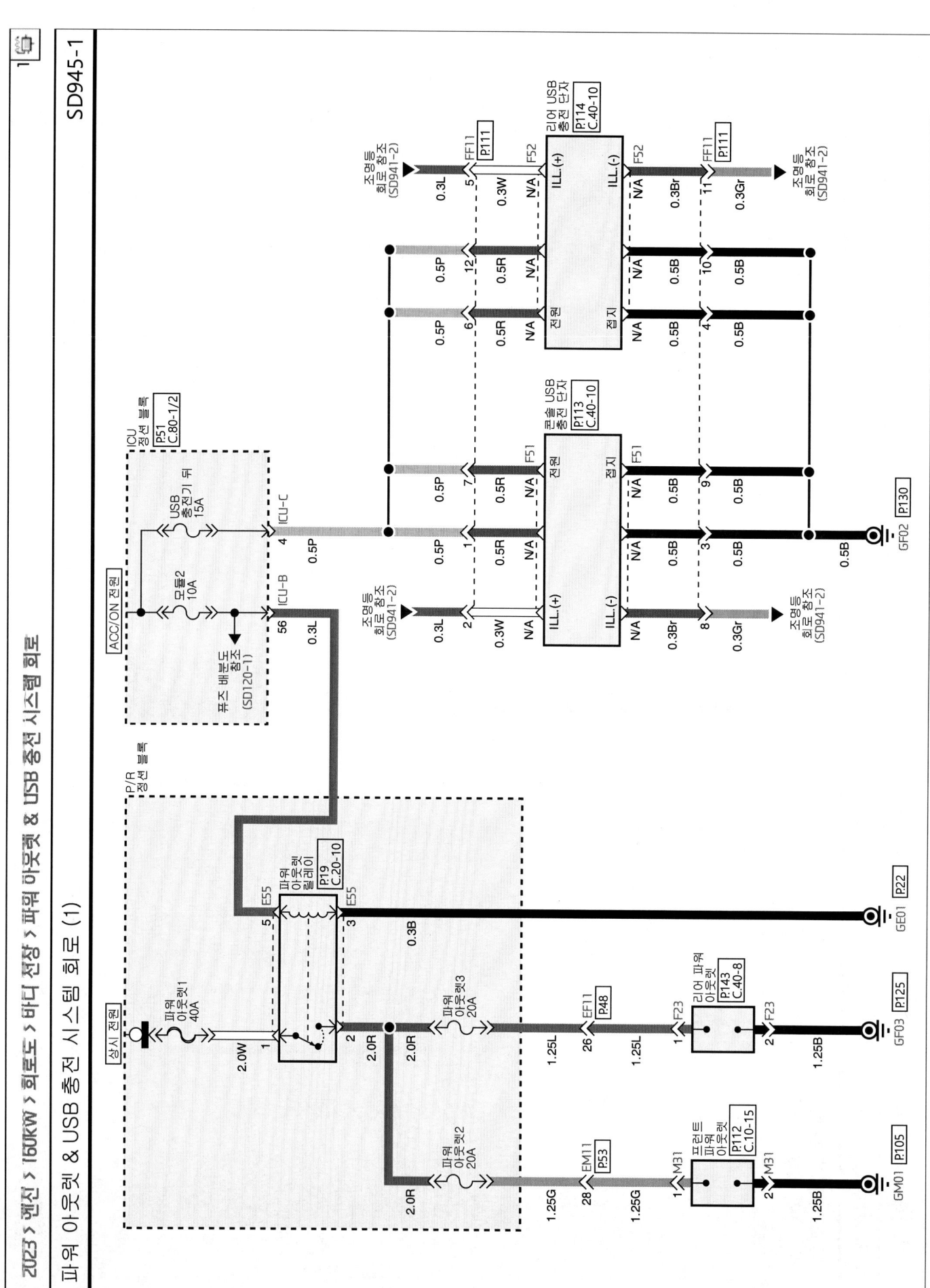

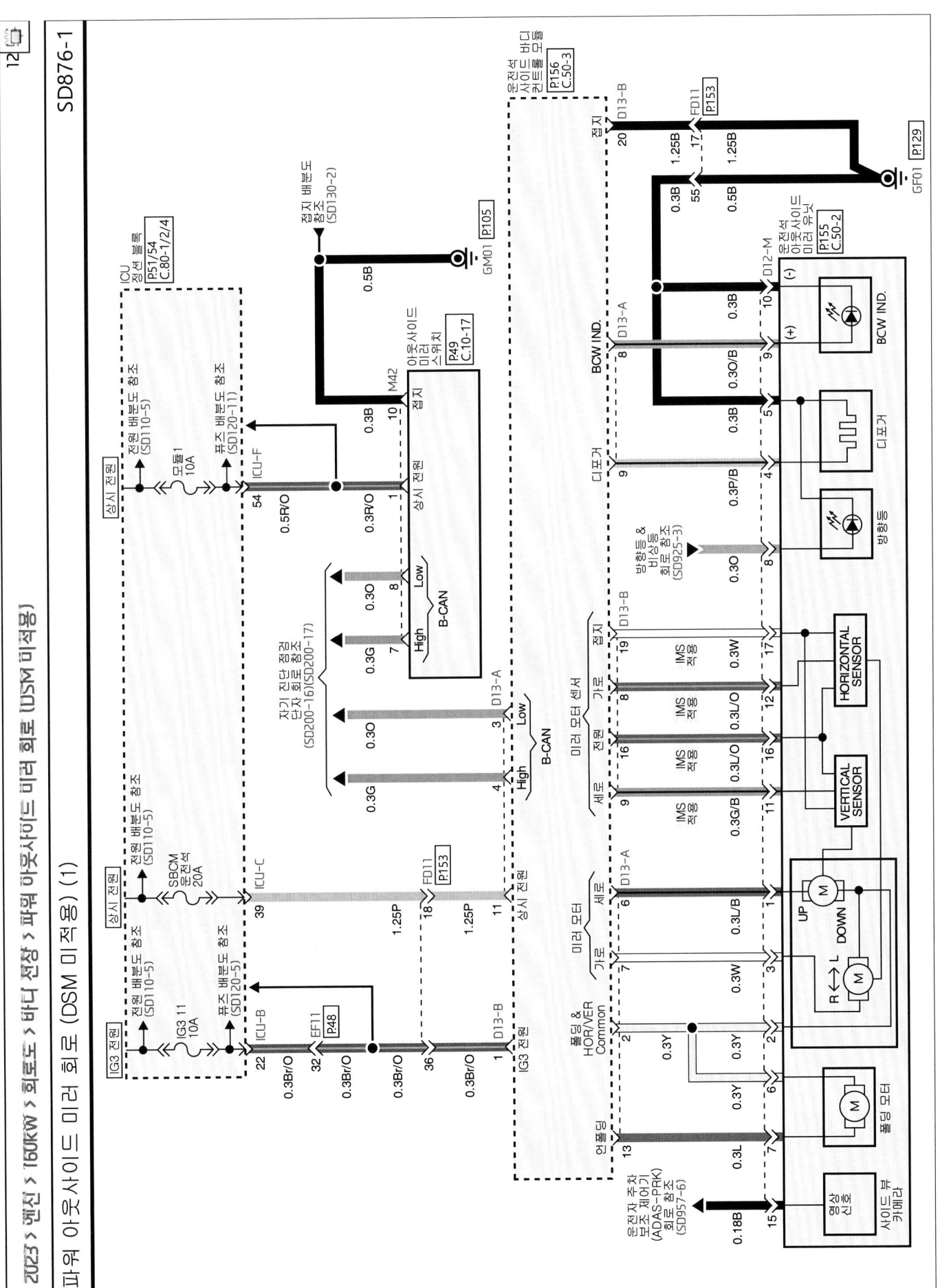

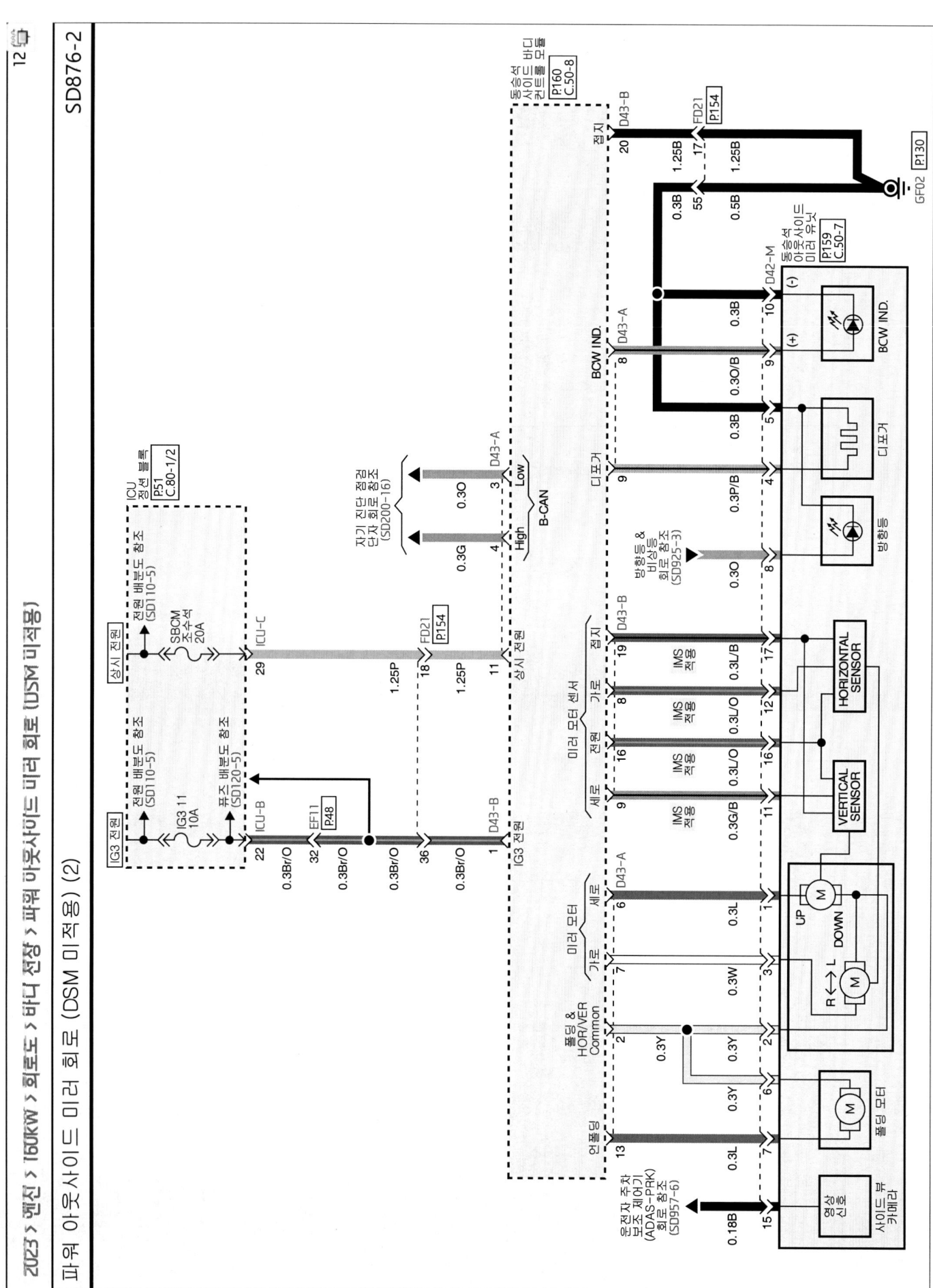

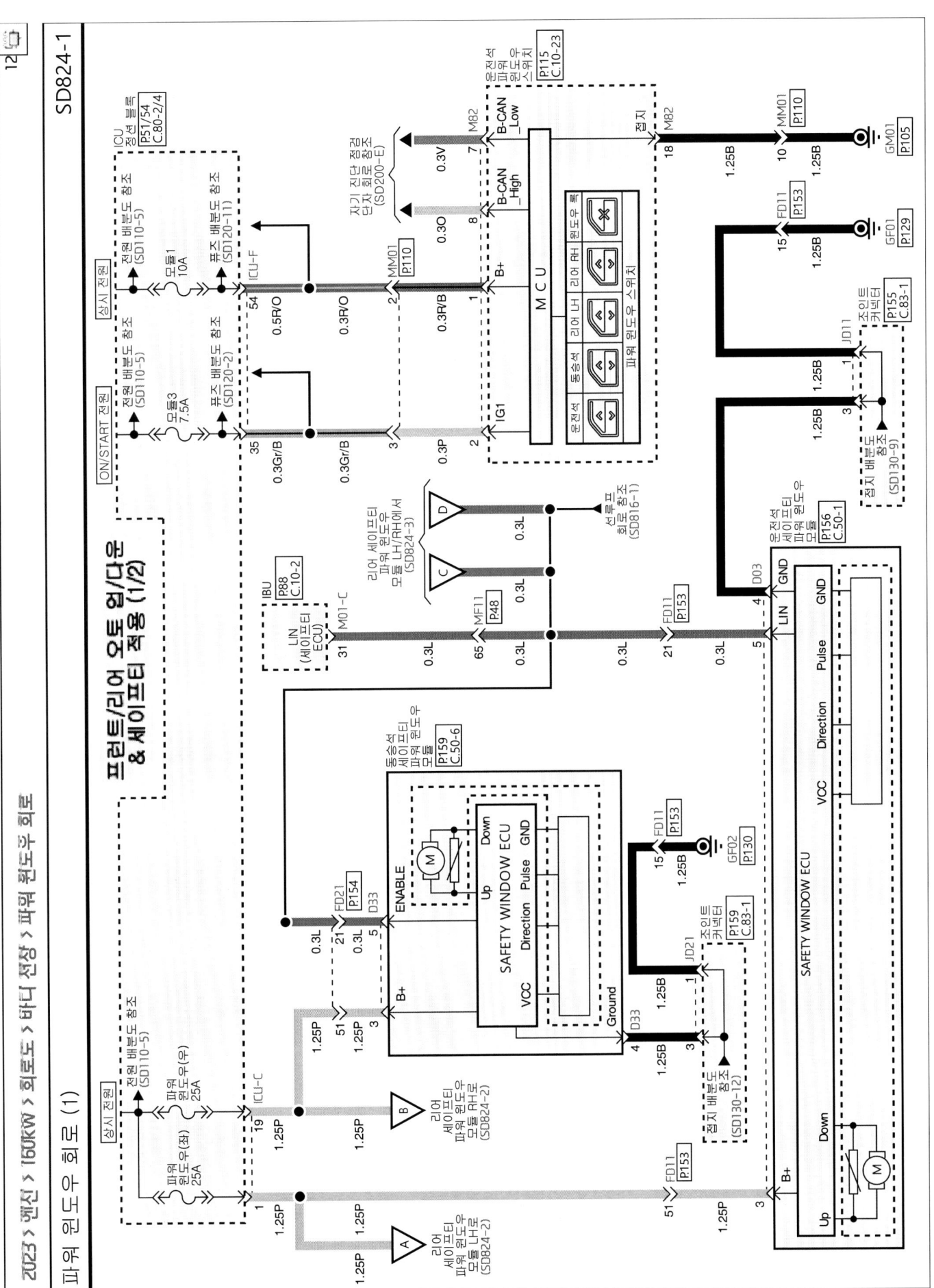

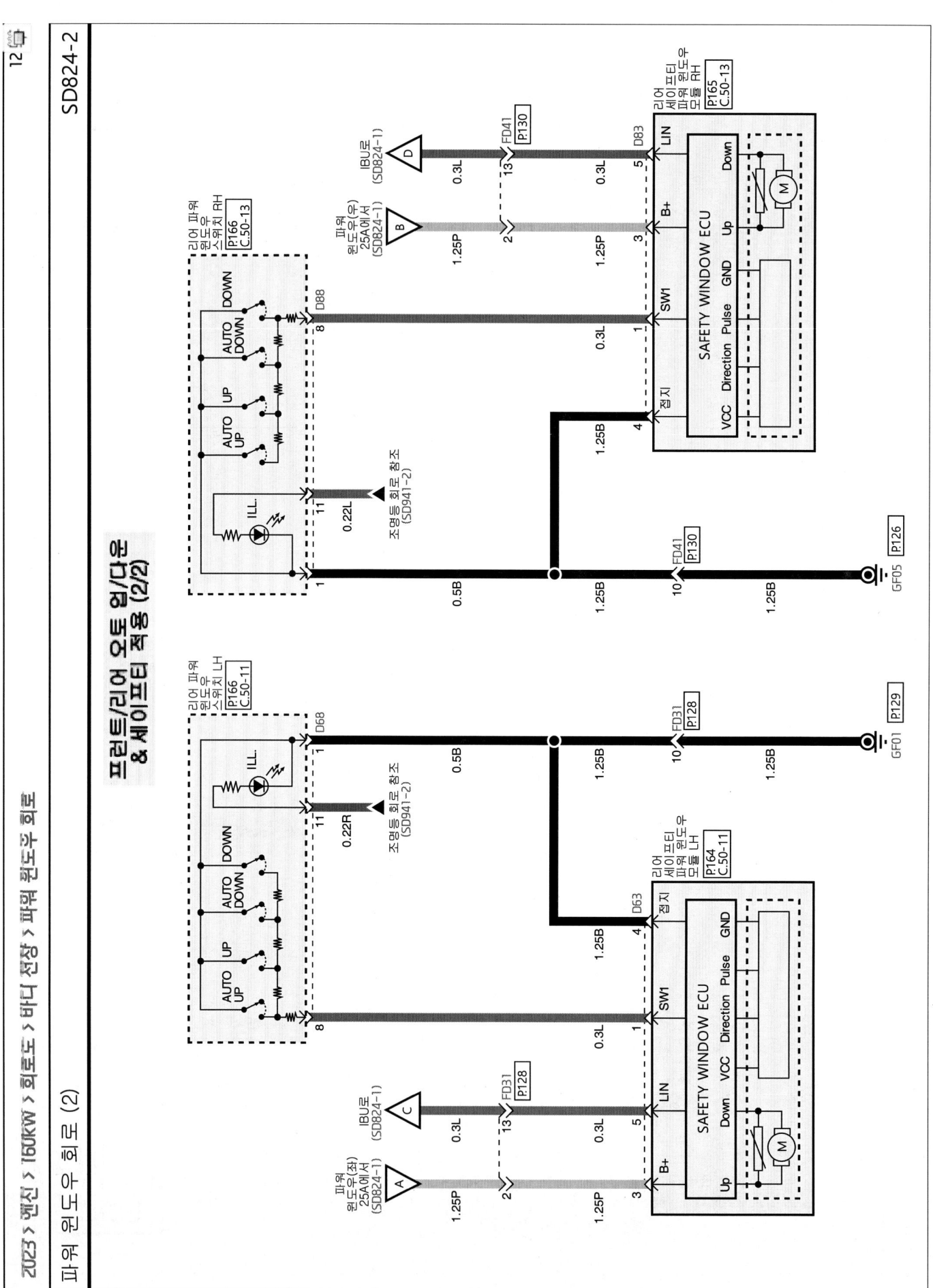

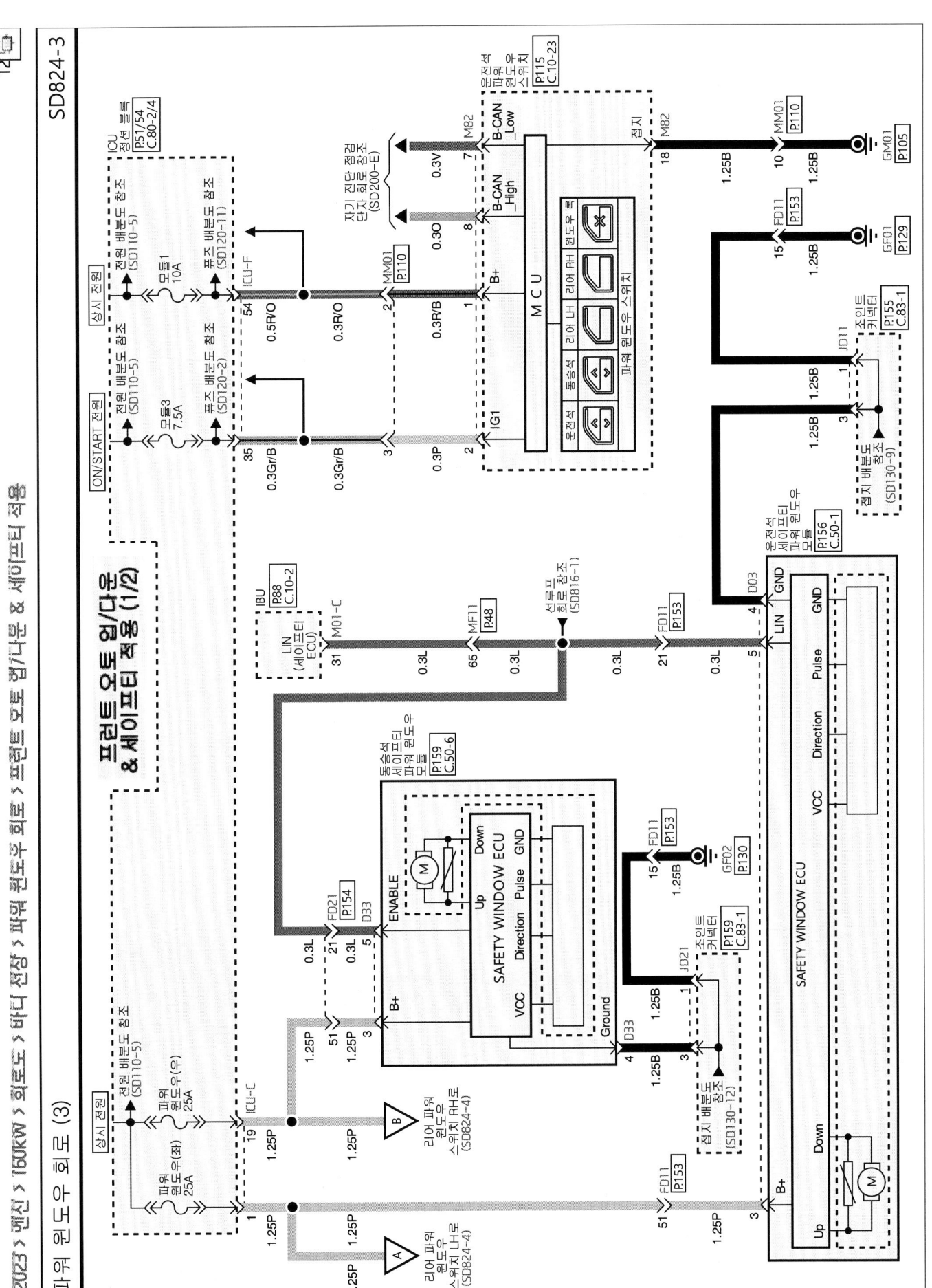

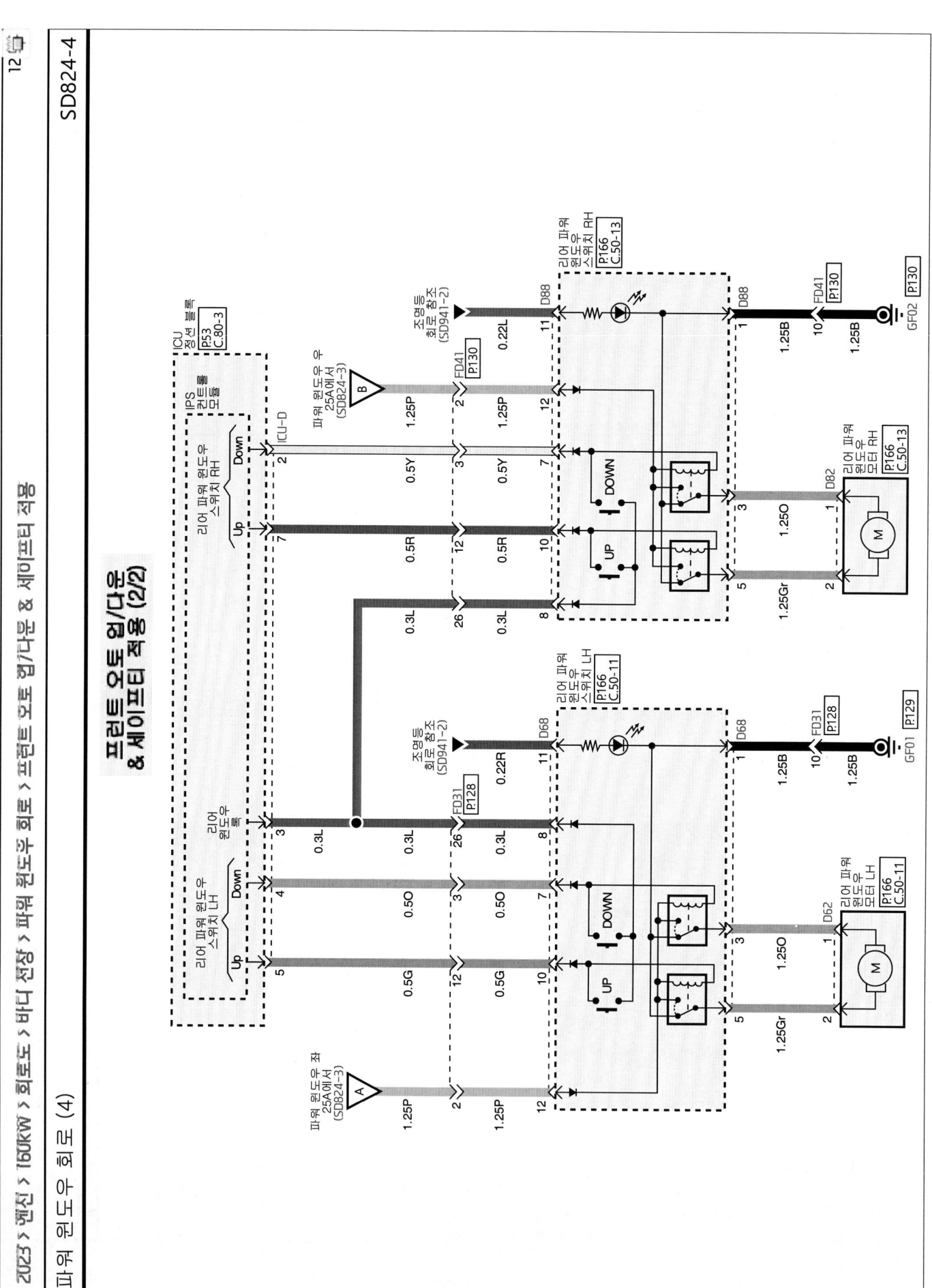

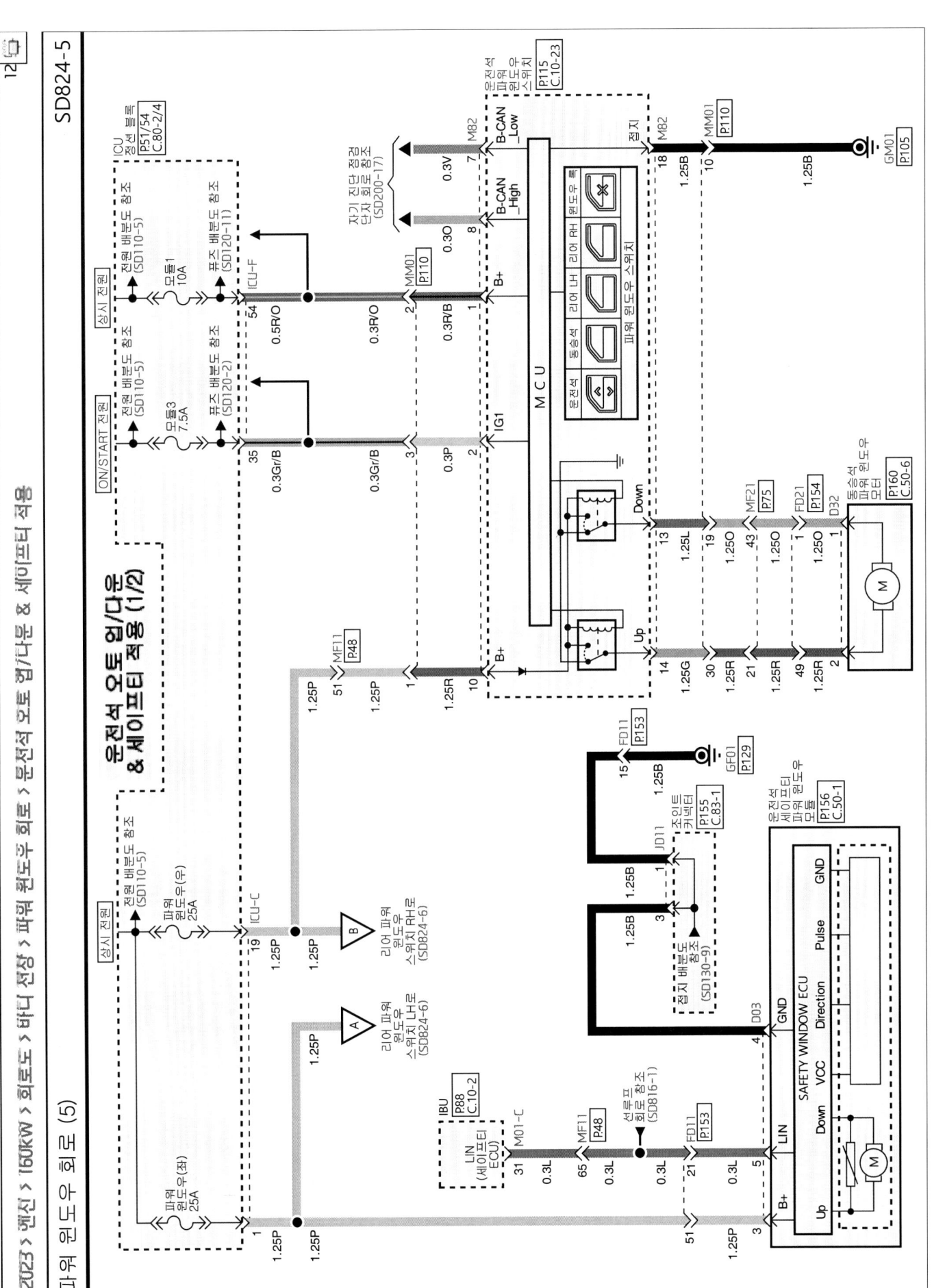

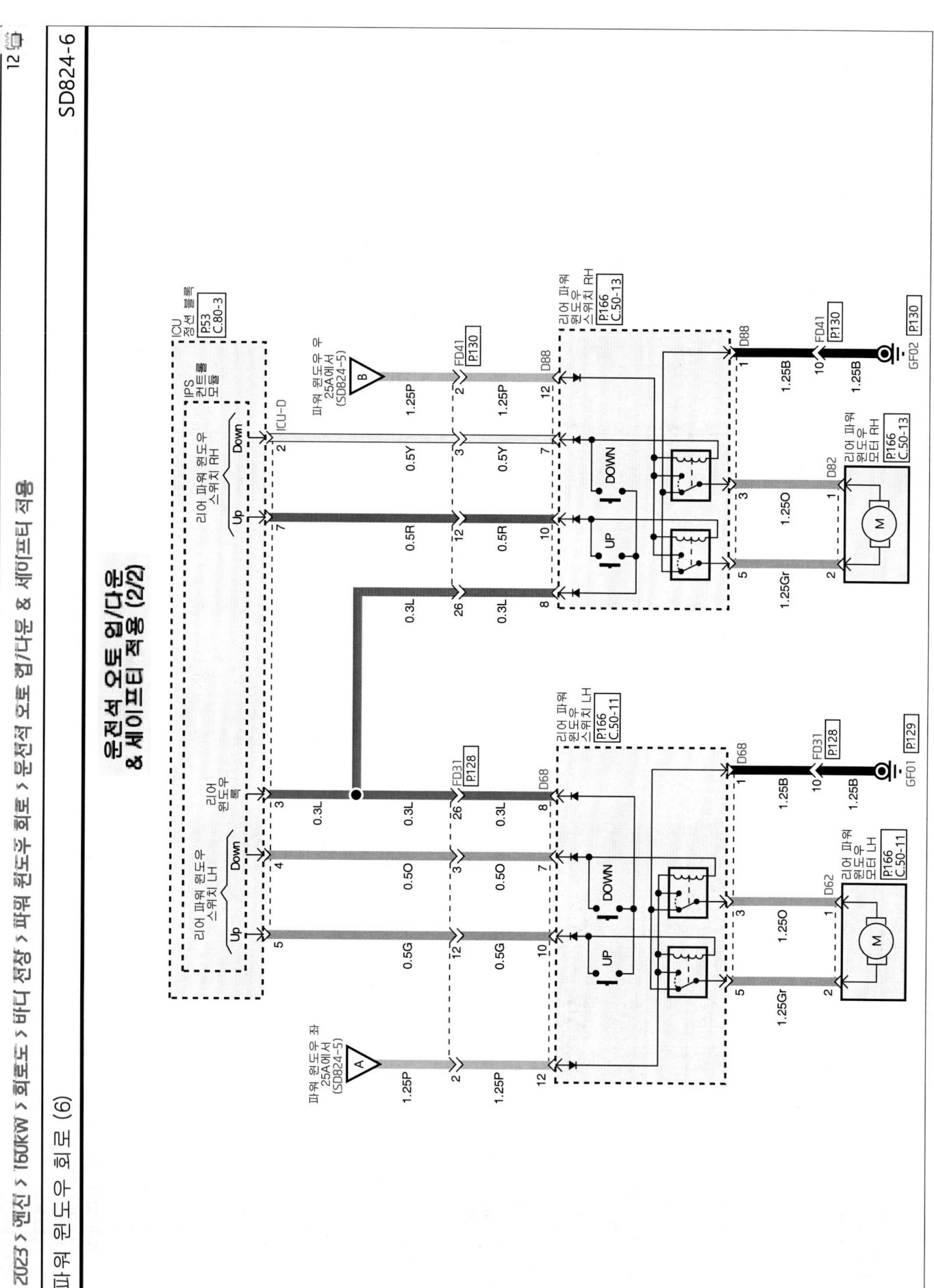

파워 윈도우 회로

회로 설명

파워 윈도우를 작동하기 위해서는 IG2 이상의 상태이어야 한다.

시동 후 이그니션 스위치가 LOCK 또는 ACC 상태라도 약 30초 동안은 유리창 개폐를 할 수 있다. 단, 운전석이나 동승석 도어를 열면 30초 이내라도 유리창 개폐를 할 수 없다. 운전석 파워 윈도우 스위치에 포함된 윈도우 록 스위치를 LOCK 하게 되면 동승석 및 리어 파워 윈도우 스위치는 작동하지 않는다.

세이프티 파워 윈도우 경우 오토-업 기능 구동 중 물체의 끼임 발생시 세이프티 기능을 수행한다. 윈도우 동작 시 발생하는 펄스로 윈도우의 위치, 속도를 파악, 이 조건으로부터 물체감지 및 힘을 계산하여 반전 여부를 판단한다.

각각의 파워 윈도우 스위치는 해당 도어의 세이프티 파워 윈도우 모듈이 신호를 제어하여 파워 윈도우 Up/Down 기능을 독립적으로 수행한다.

운전석에서 다른 도어를 원격 제어로 동작시킬 때, LIN 통신 라인을 이용해 IBU 컨트롤 모듈이 스위치 작동 신호를 전송하여 원격 제어가 이루어진다.

• 리어 파워 윈도우 스위치 점검

스위치 단자 사이의 통전을 점검한다. 통전이 일치하지 않으면 스위치를 교환한다.

스위치\단자	1	8
UP	○―557Ω―○	
AUTO UP	○―200Ω―○	
OFF		
DOWN	○―3422Ω―○	
AUTO DOWN	○―1272Ω―○	

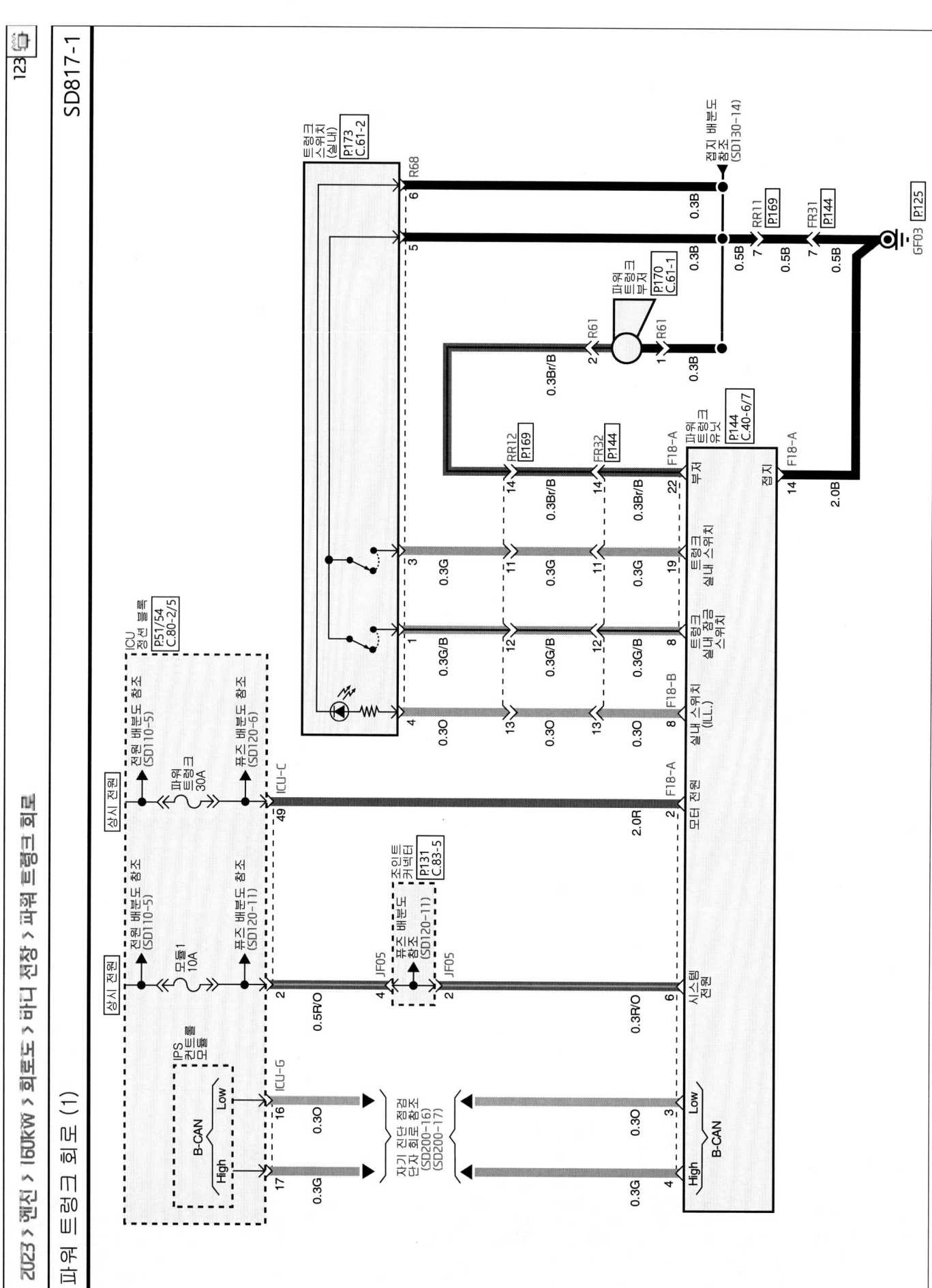

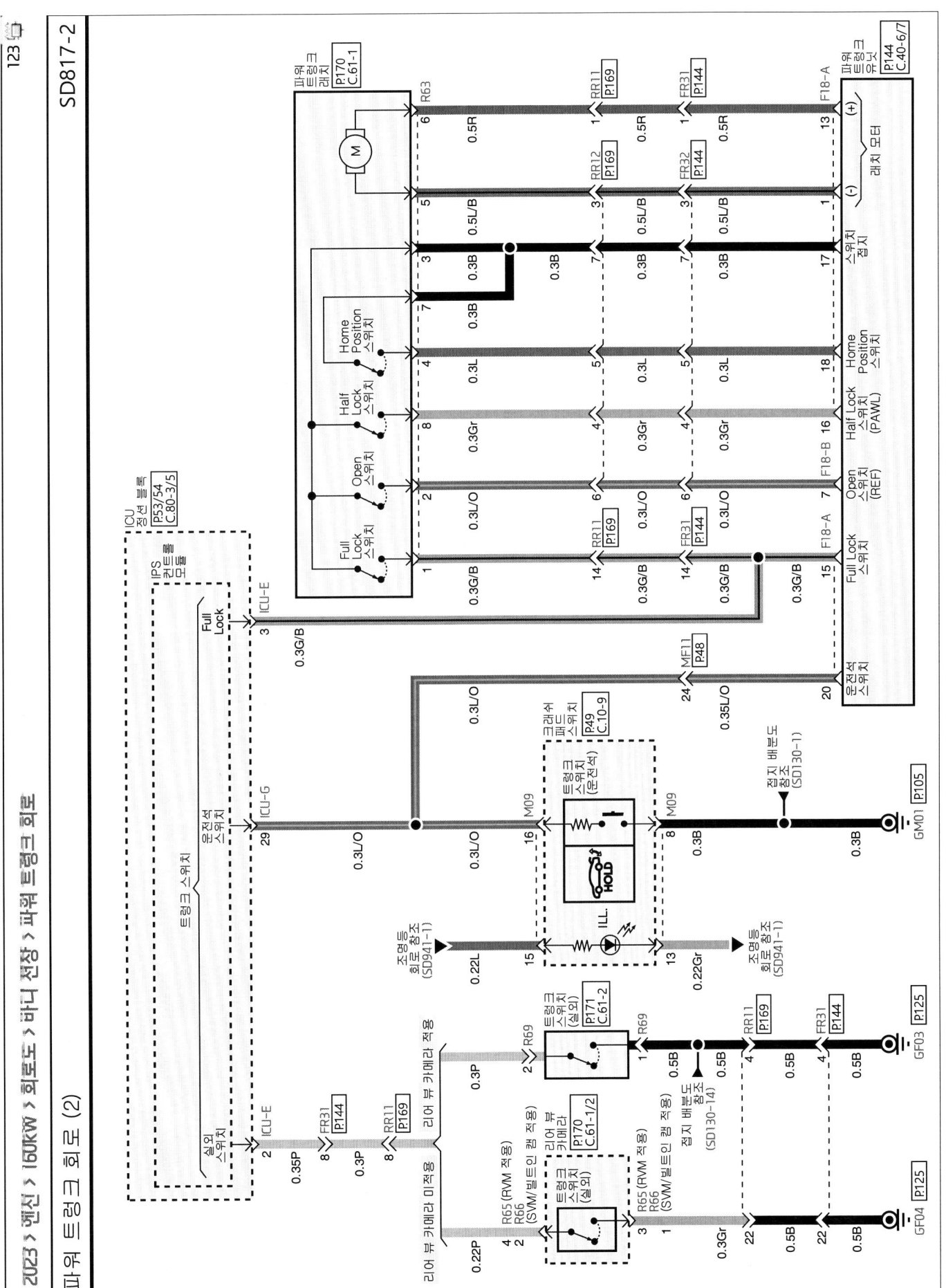

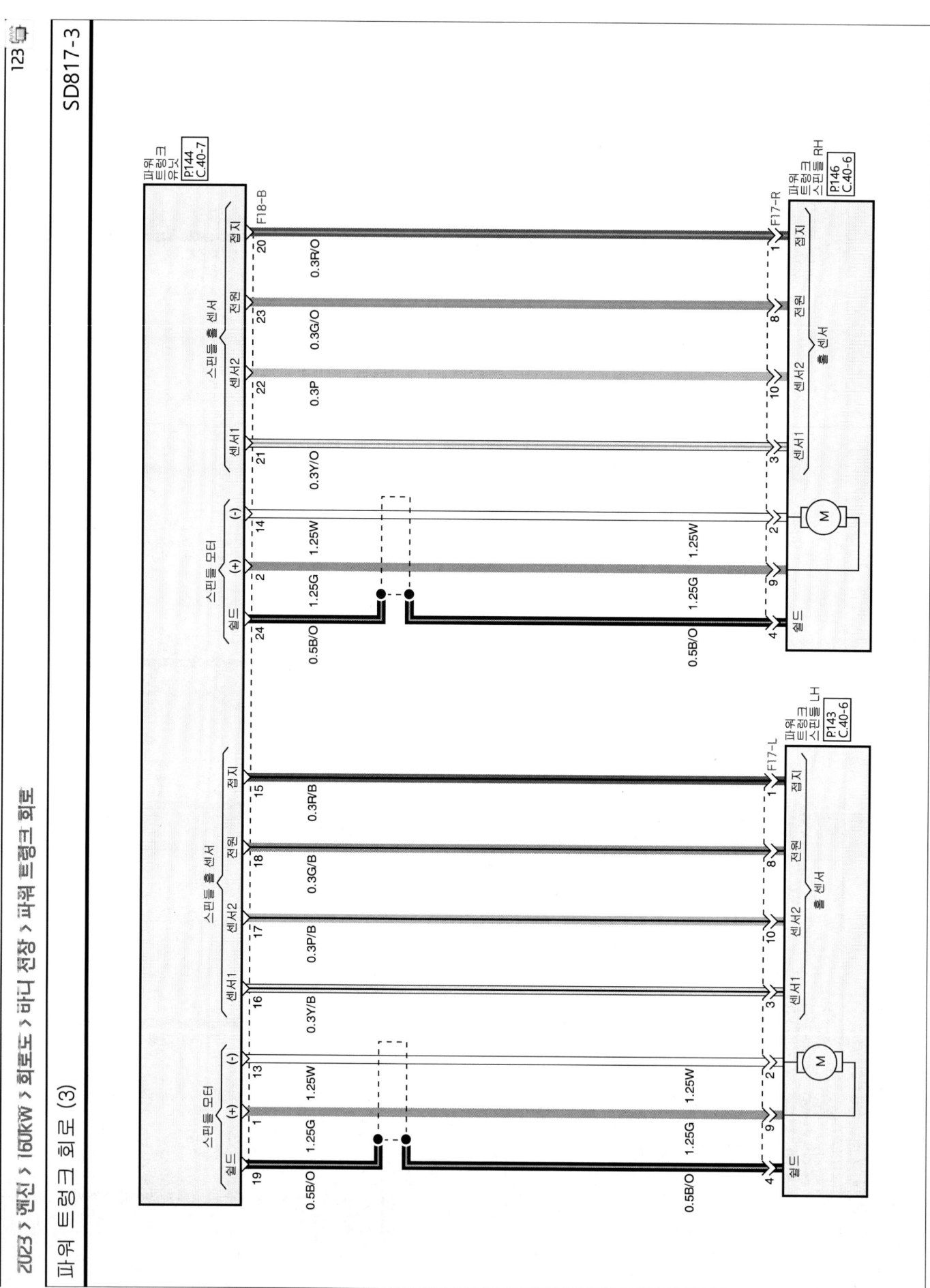

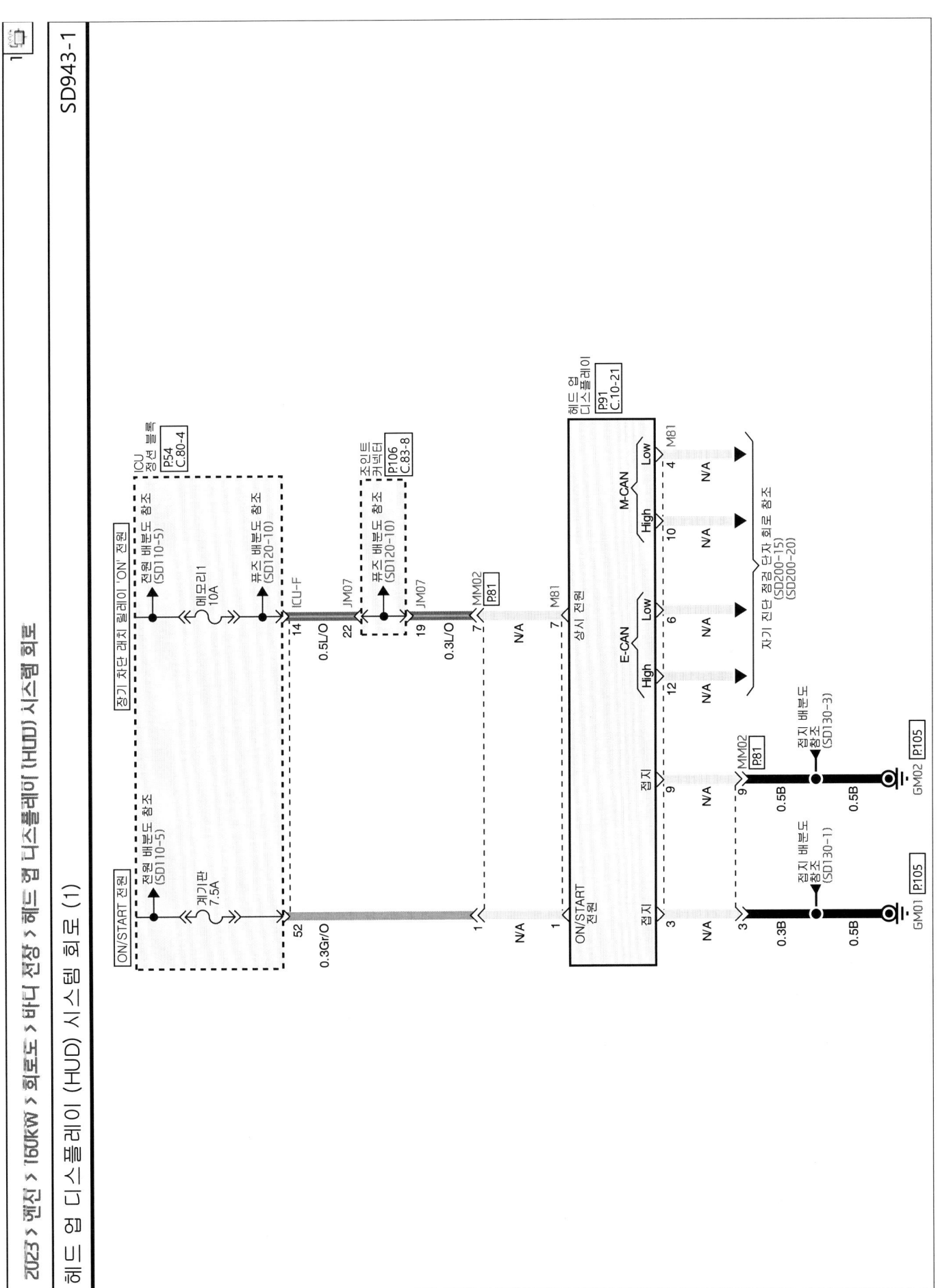

헤드 업 디스플레이 (HUD) 회로

회로 설명

헤드 업 디스플레이 (HUD : Head Up Display) 회로는 주행 중 운전자의 시선 이동을 최소화 (0.5 → 0.2 sec) 하여 차량 정보를 확인할 수 있도록 윈드 쉴드 글라스 전방에 각종 정보를 디스플레이 함으로써 주행 안전성 및 편의성을 제공하는 시스템이다.

• 헤드 업 디스플레이 표시정보

1. 턴바이턴 내비게이션 표시
2. 도로 정보 표시
3. 차량 속도계 표시
4. 차량 주행 속도 설정 표시
5. 스마트 크루즈 컨트롤 (SCC) 표시
6. 후측방 경고 표시

• 초기화 방법

1. 기본 초기화 : B+ 전원 탈 부착 시
2. 영점의 초기화 : 스캐너에 의한 HUD 영점 설정 초기화에서 가능 (제품 출하 초기보정상태 영상 출력)

※ **주의**

영상 보정된 상태에서 초기화 할 경우 표시 영상에 왜곡이 발생할 수 있으므로 재 장착으로 보정이 필요한 경우에만 사용할 것.

서비스 팁 (1)

• 고장 점검 방법

분류	고장 현상	점검 항목	세부 점검 항목	관련 부품
조명	- HUD 표시 안됨	- 조명 제어	- 계기판 USM에서 조명제어 가능여부	계기판
	- 조명 밝기 자동조정 안됨 (주/야간 변동 없음)	- 가능여부	확인 → 가능할 경우 HUD 내부 문제 없음	조도 센서
		- 조도 센서	- 조도 센서 작동여부	IBU
		- 동작여부	→ 작동할 경우 통신여부 확인	계기판
		- 통신 내용	(IBU-HUD)	
		확인	- 통신 가능할 경우	
기능 (조정)	- 표시 위치 (높낮이) 조정 안됨	- IG ON/OFF시 미러의 움직임 (Parking position)	- IG ON/OFF시 HUD 내부 스텝 모터 움직임 전혀 없을 경우 HUD 내부 스텝 모터 고장	계기판
			- IG ON/OFF시 HUD 내부 스텝 모터 움직임 있을 경우 통신 상태 확인 (계기판-HUD)	

후석 승객 알림 (ROA) 회로 (1)

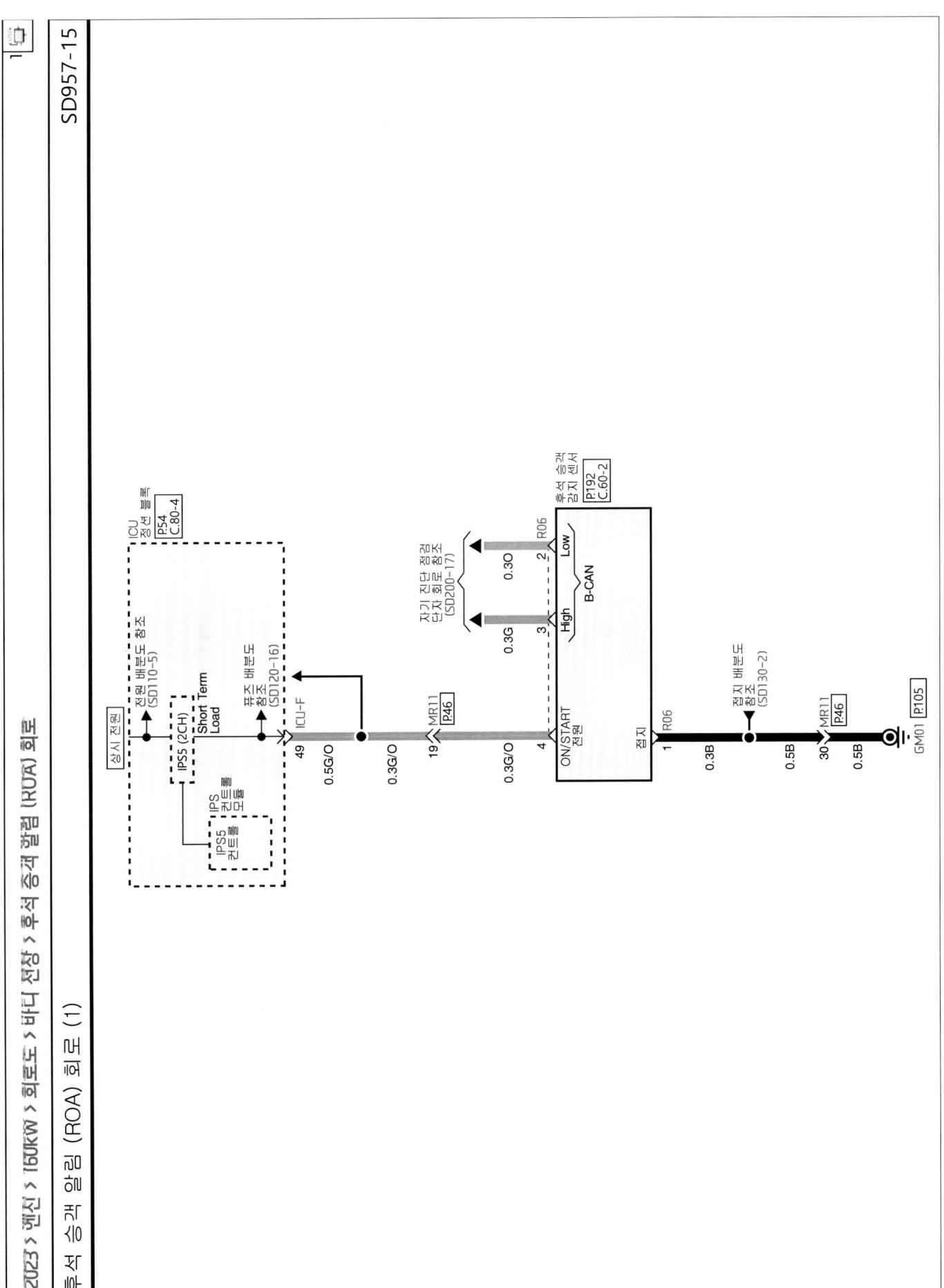

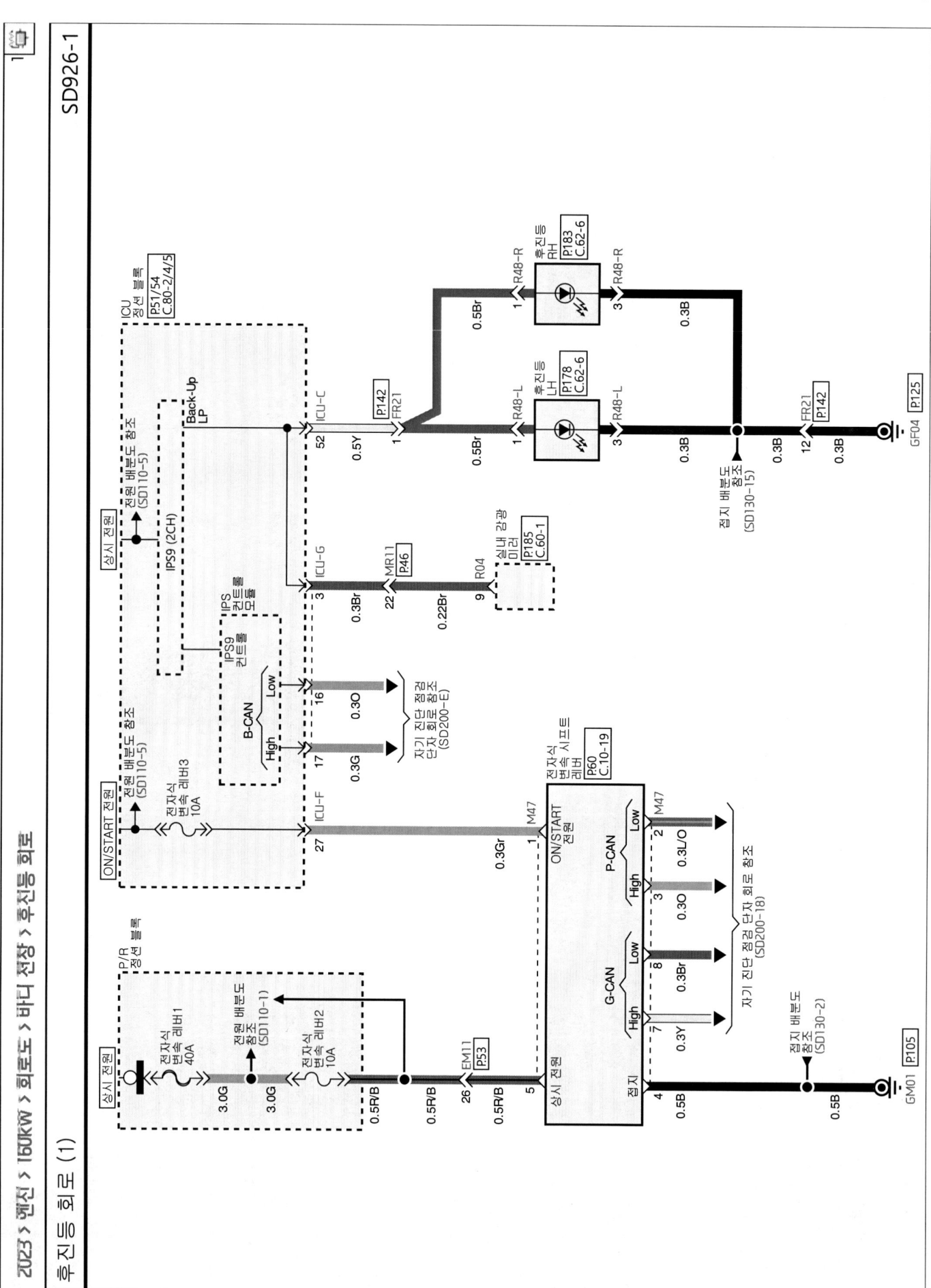

2023 > 엔진 > 160KW > 회로도 > 바디 전장 > 후진등 회로 > 서비스 팁

후진등 회로

회로 설명

변속레버를 R (후진)의 위치에 넣음과 동시에 점등되며, 자동차가 후퇴하는 것을 표시하며 후방을 조명하는 램프이다.

자동 변속기는 이그니션 스위치 IG1 상태에서 브레이크 페달을 밟고 변속 레버를 작동시켜야 한다.

후진 시에는 반드시 차량이 완전히 정지한 후 변속레버를 R (후진)의 위치로 변속해야 하며, 차량이 움직이는 상태에서 R (후진)의 위치로 변속하는 경우, 예기치 못한 위험이 초래될 수 있으니 반드시 정차 후 사용해야 한다.

서비스 팁 (1)

● 부품별 후진등 신호 역할

1. 실내 감광 미러 : 후진시 주위 환경에 관계없이 밝아진다.
2. SCU : 전자식 변속 시프트 레버의 상태를 파악하여 최적의 제어 명령을 판단하여 출력한다.

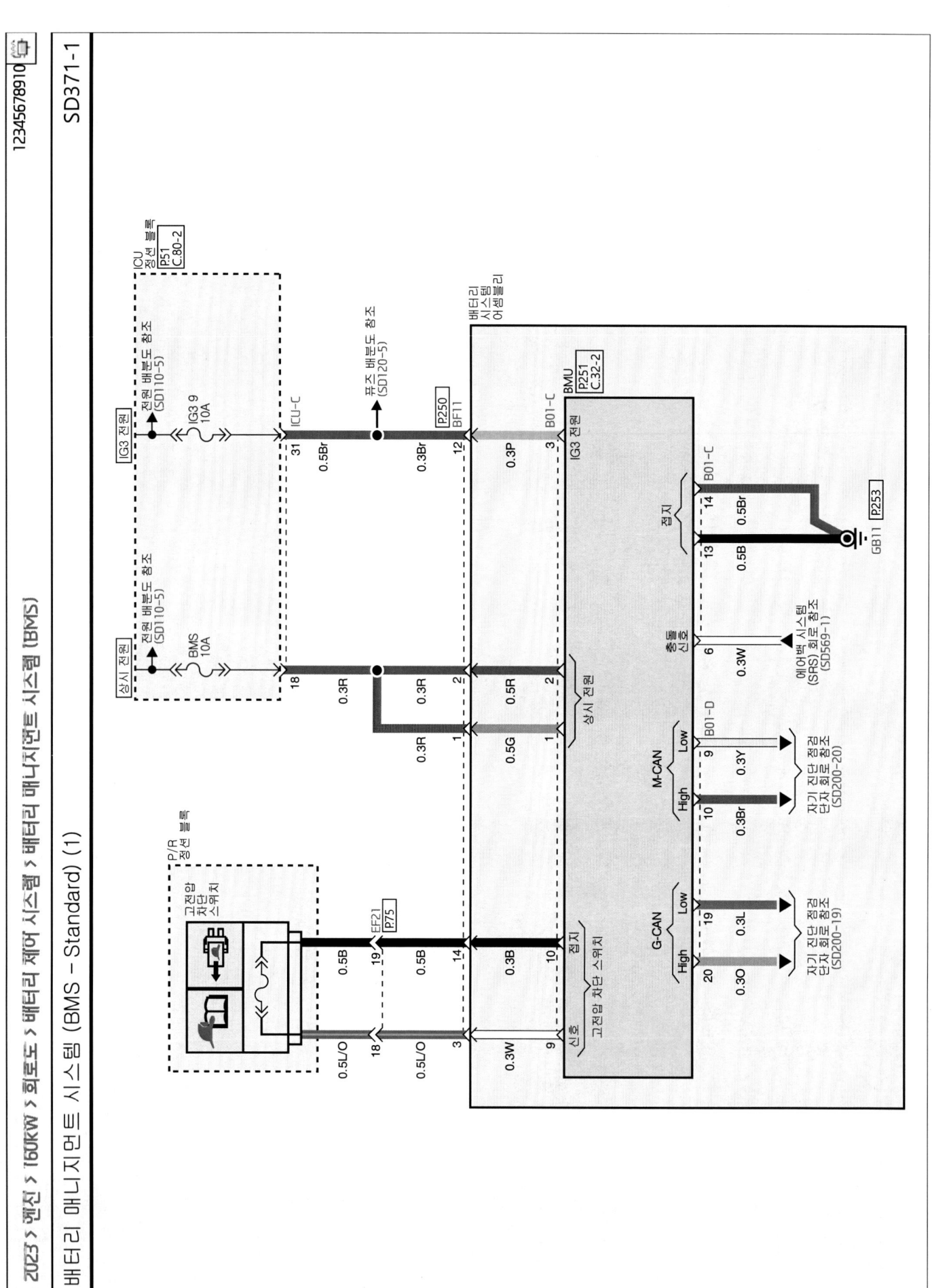

배터리 매니지먼트 시스템 (BMS – Standard) (2)

배터리 매니지먼트 시스템 (BMS - Standard) (3)

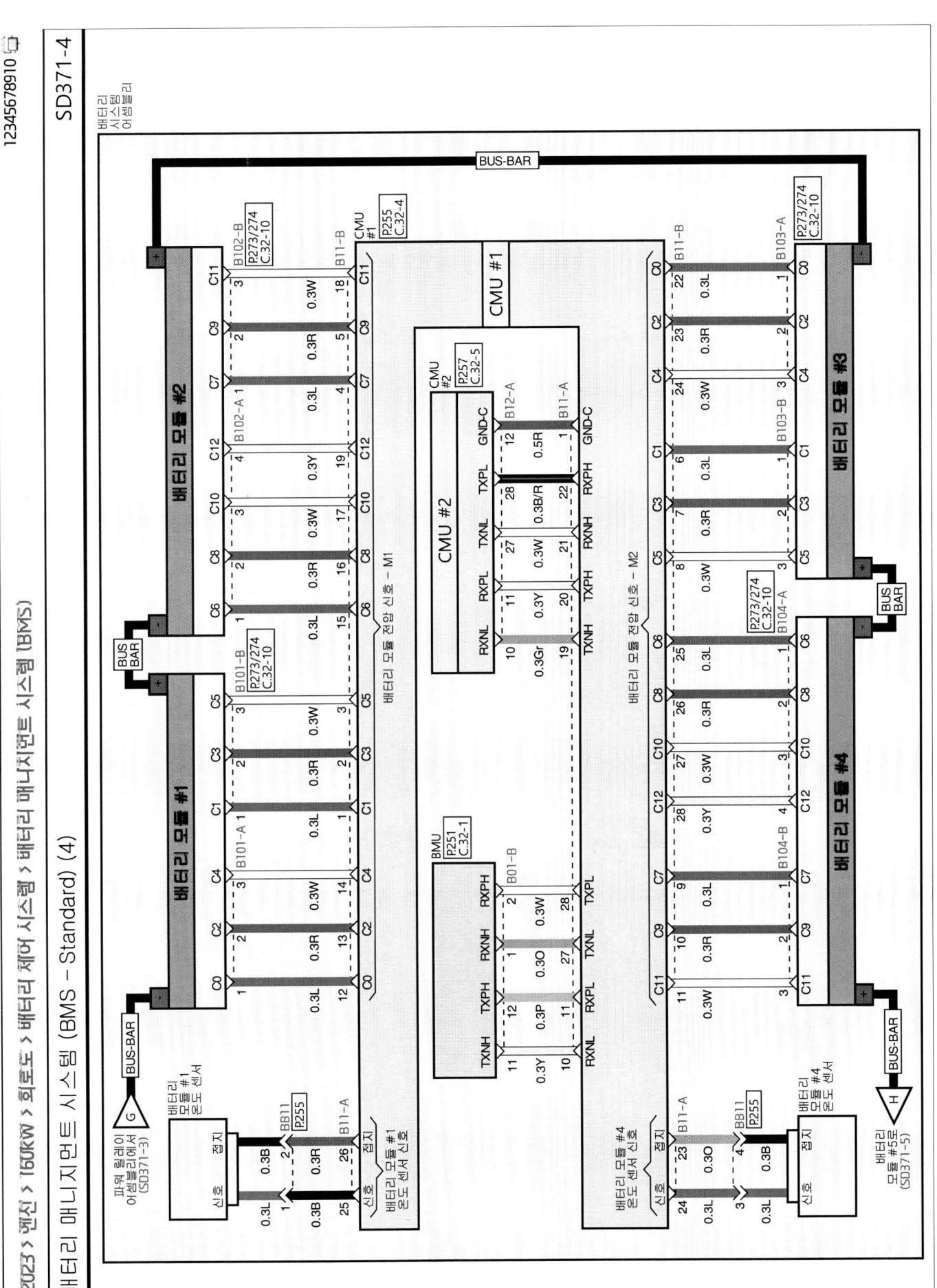

배터리 매니지먼트 시스템 (BMS - Standard) (5)

SD371-5

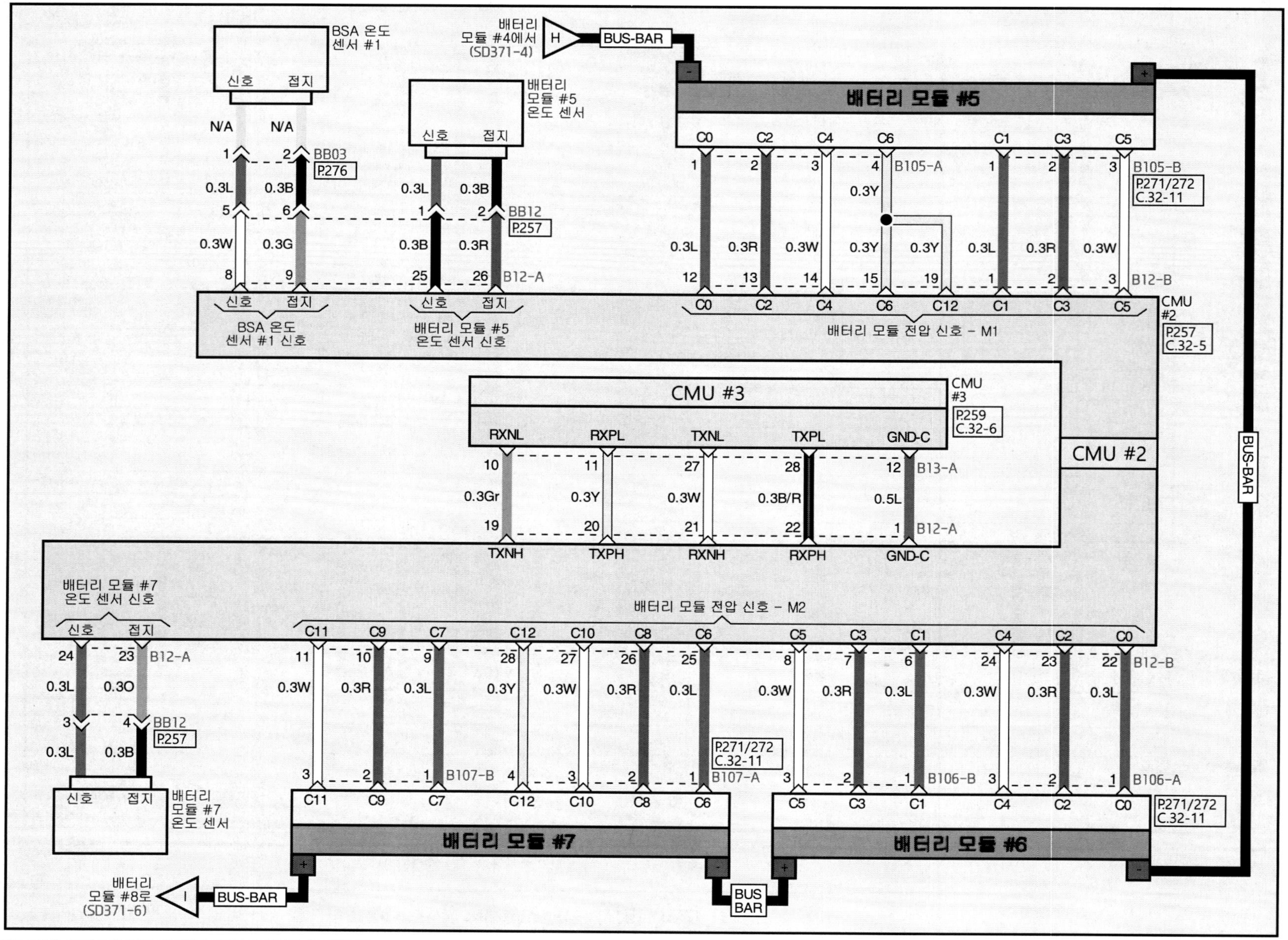

배터리 매니지먼트 시스템 (BMS – Standard) (6)

배터리 매니지먼트 시스템 (BMS – Standard) (7)

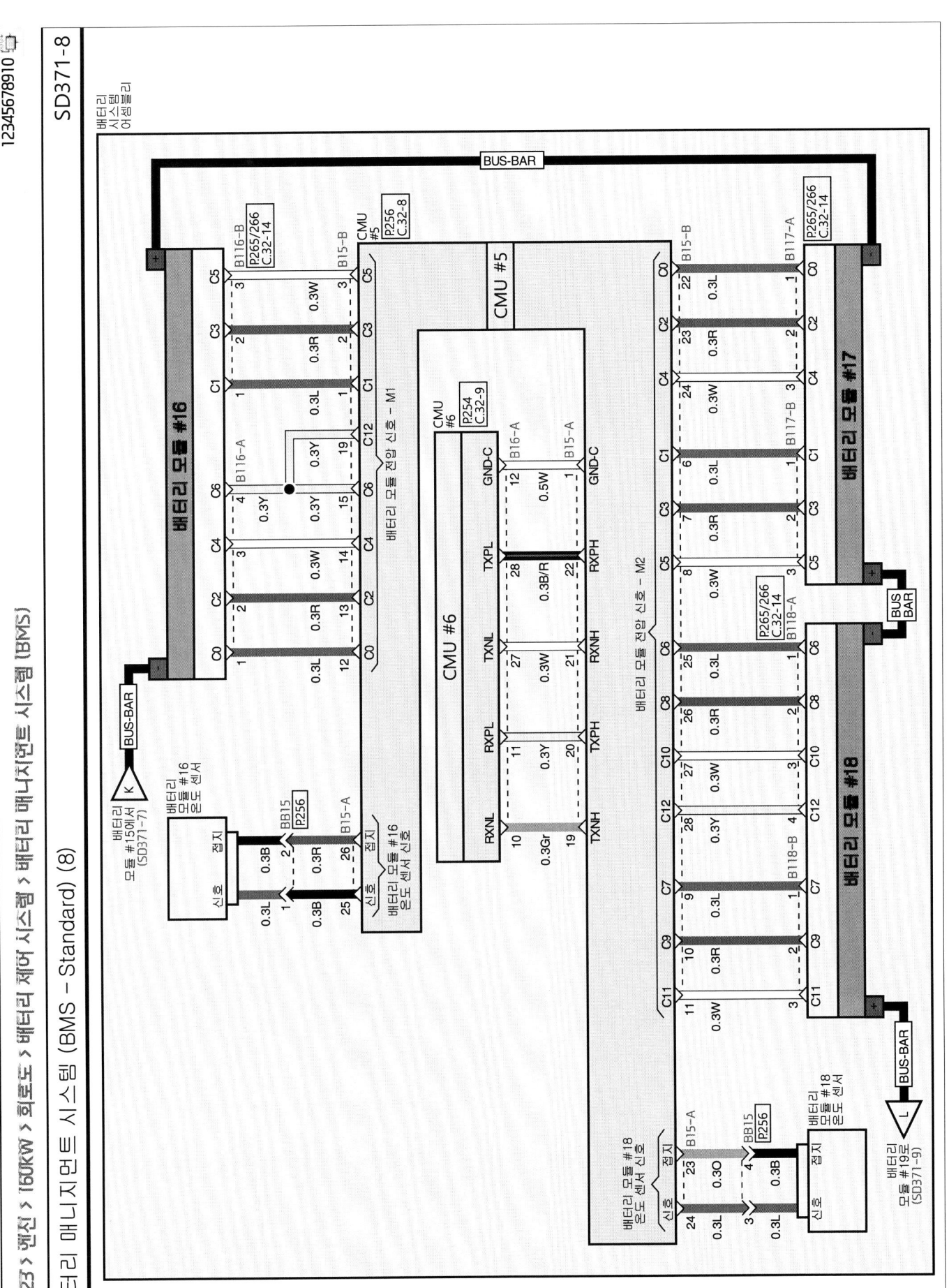

배터리 매니지먼트 시스템 (BMS - Standard) (9)

SD371-9

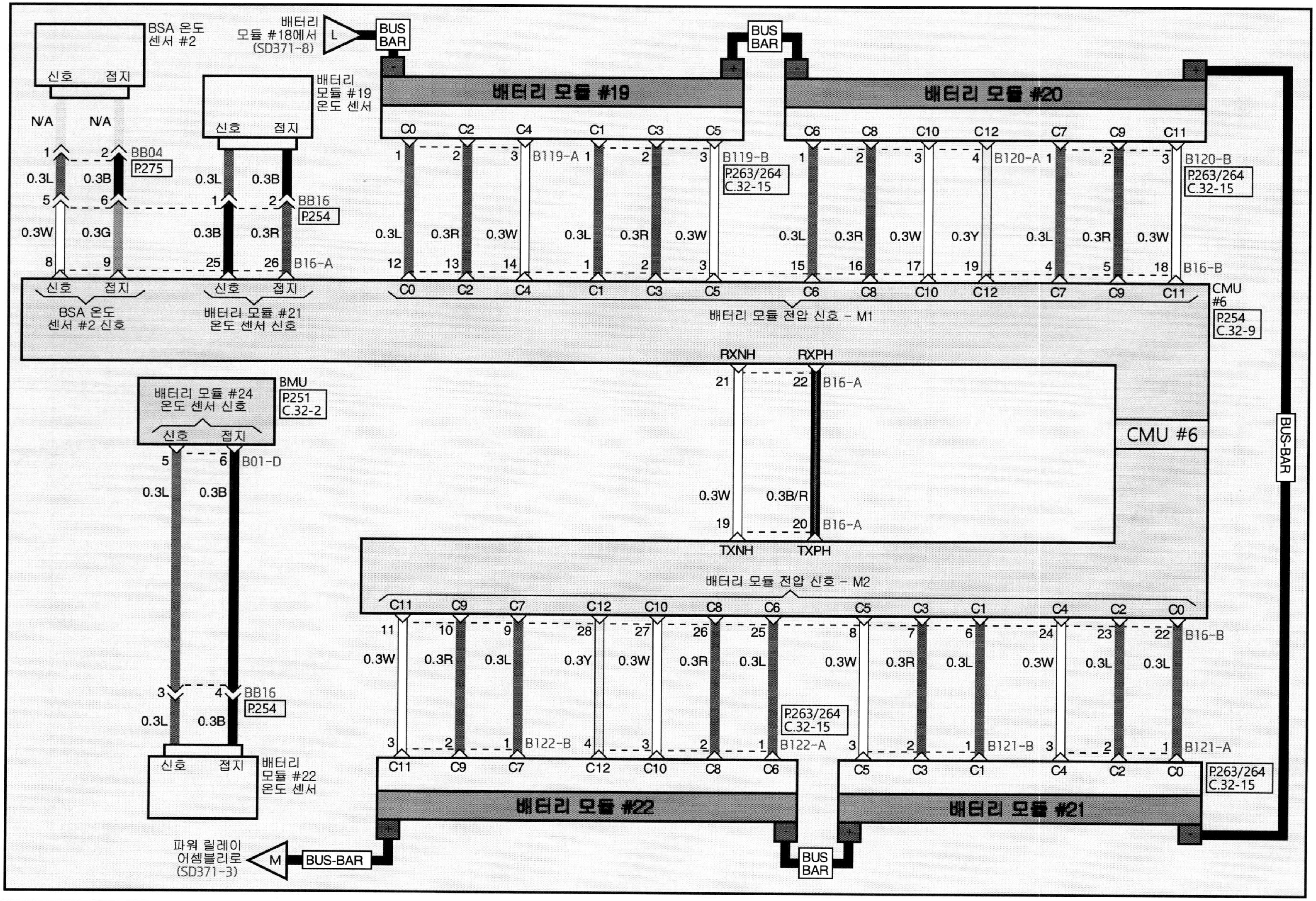

배터리 매니지먼트 시스템 (BMS - Standard) (10)

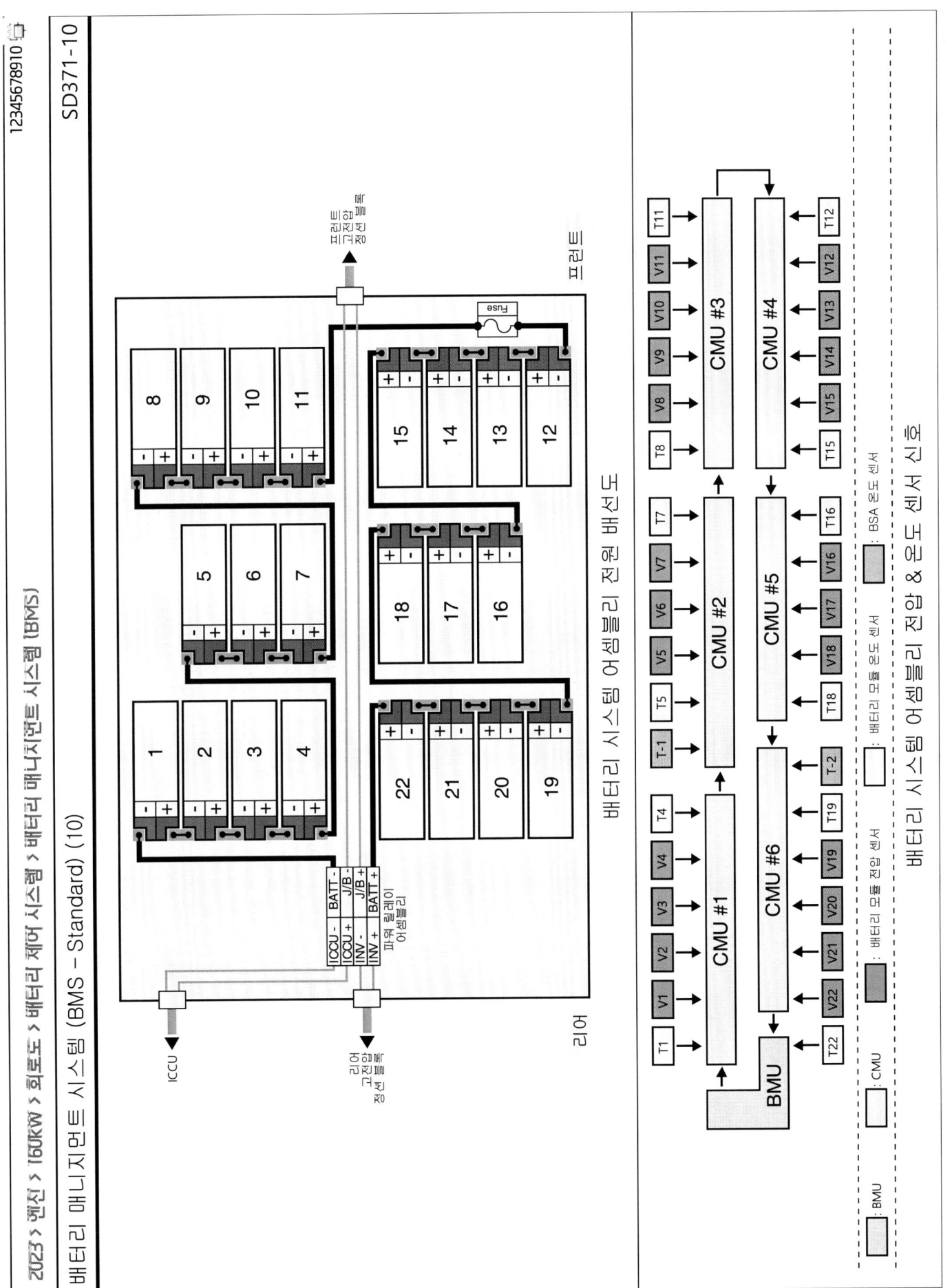

배터리 시스템 어셈블리 전원 배선도

배터리 시스템 어셈블리 전압 & 온도 센서 신호

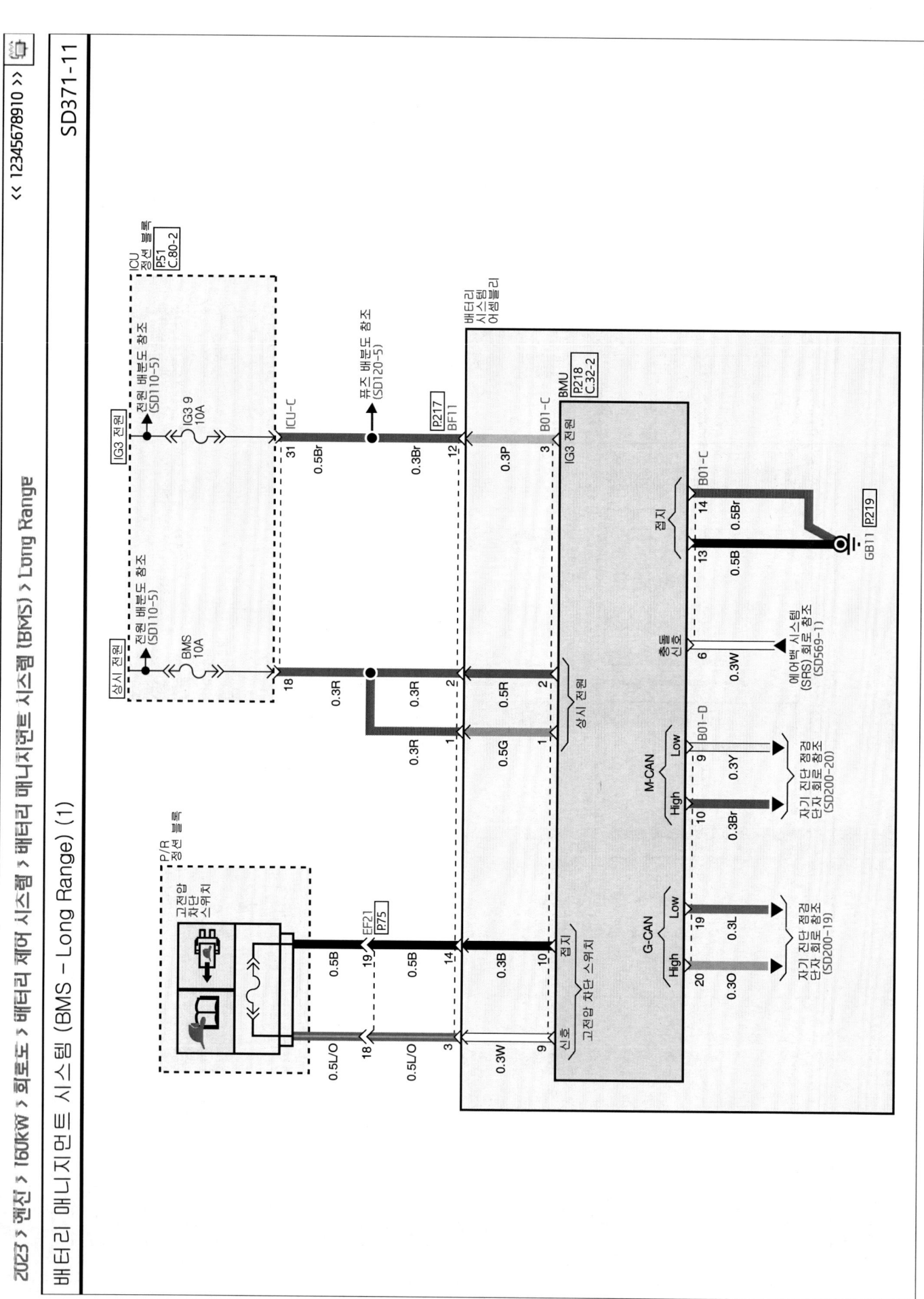

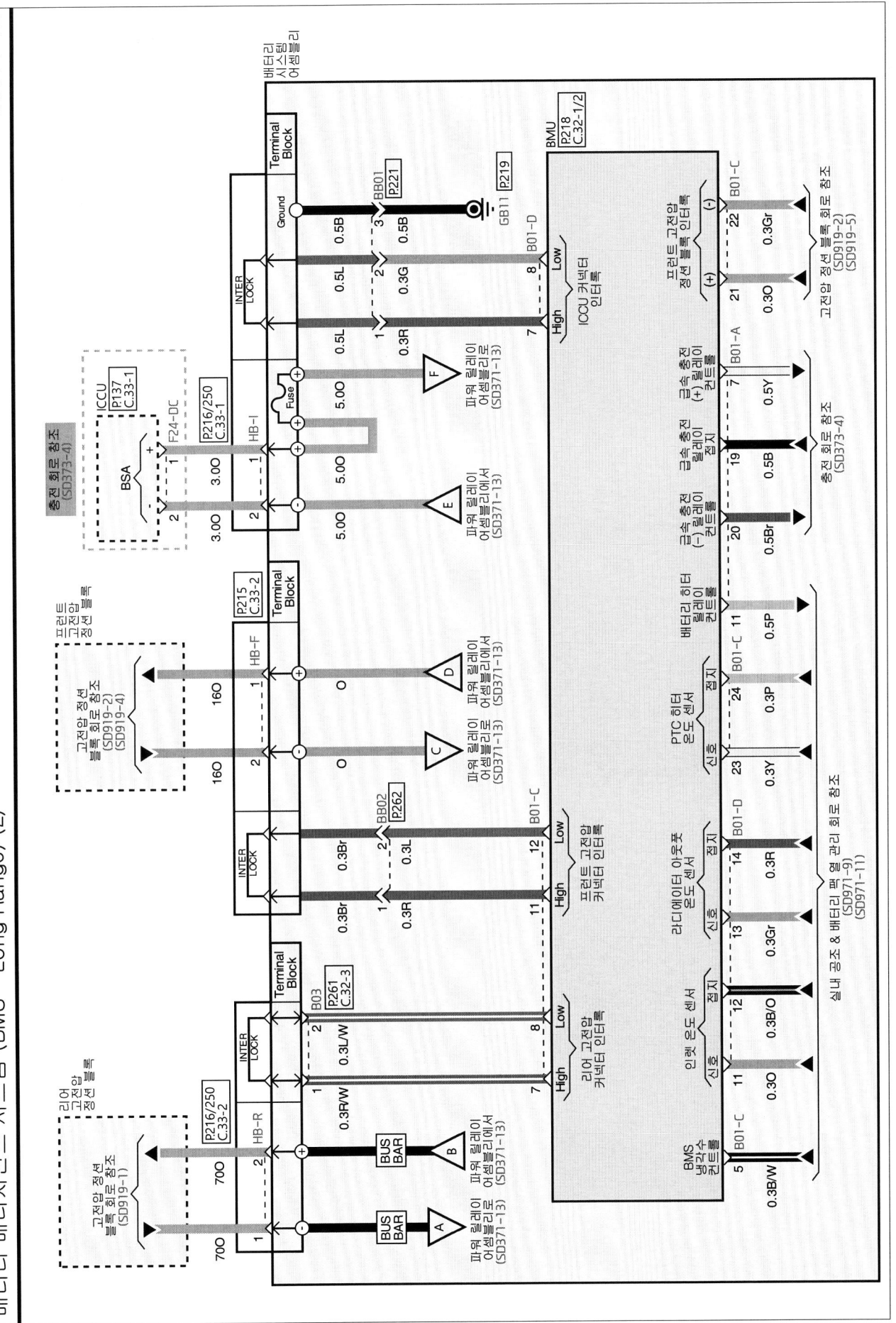

배터리 매니지먼트 시스템 (BMS – Long Range) (3)

배터리 매니지먼트 시스템 (BMS – Long Range) (4)

2023 > 엔진 > 160KW > 회로도 > 배터리 제어 시스템 > 배터리 매니지먼트 시스템 (BMS) > Long Range

배터리 매니지먼트 시스템 (BMS – Long Range) (5)

배터리 매니지먼트 시스템 (BMS – Long Range) (6)

SD371-16

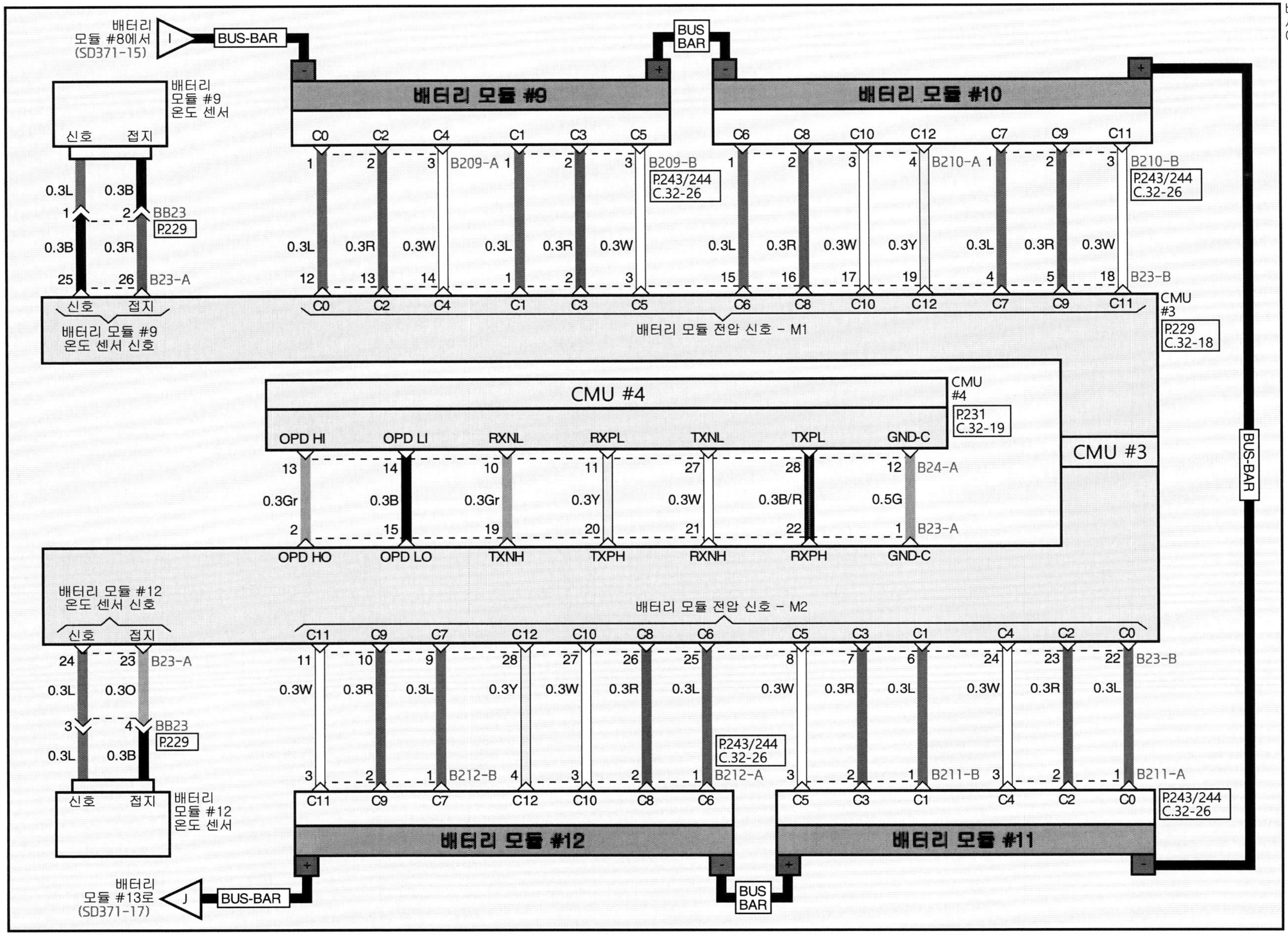

배터리 매니지먼트 시스템 (BMS - Long Range) (7)

SD371-17

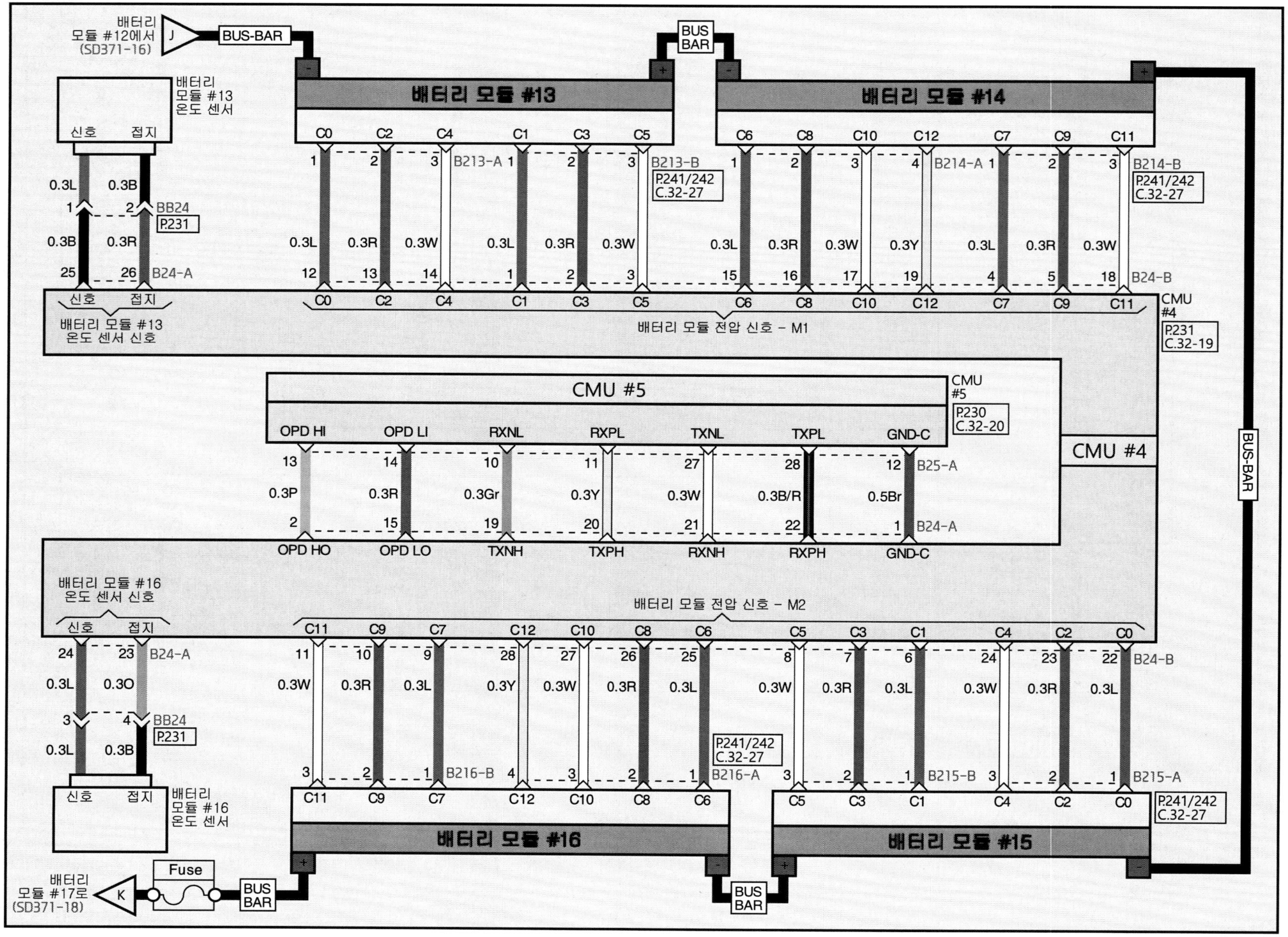

배터리 매니지먼트 시스템 (BMS – Long Range) (8)

배터리 매니지먼트 시스템 (BMS – Long Range) (9)

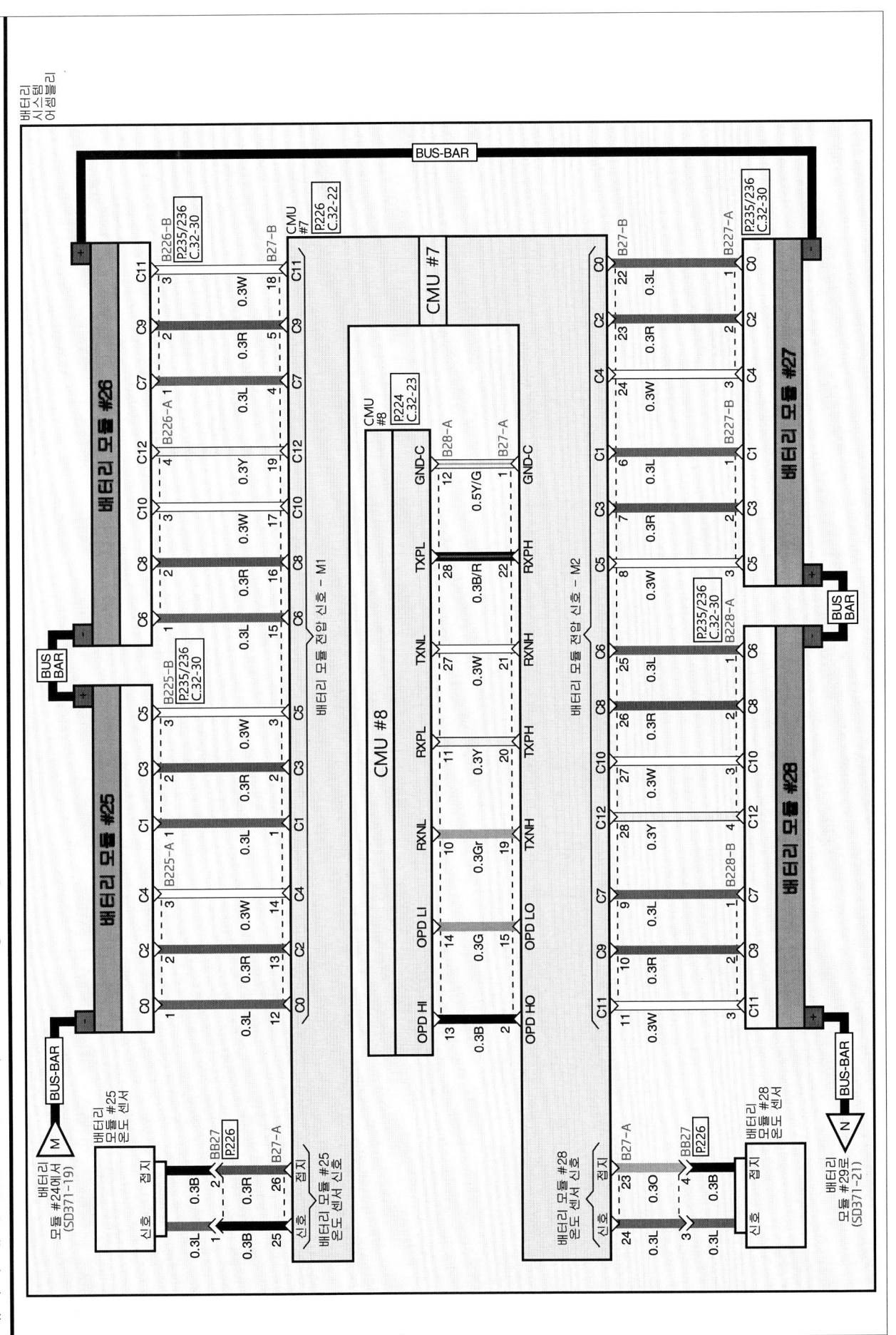

배터리 매니지먼트 시스템 (BMS – Long Range) (11)

2023 > 엔진 > 160kW > 회로도 > 배터리 제어 시스템 > 배터리 매니지먼트 시스템 (BMS) > Long Range

배터리 매니지먼트 시스템 (BMS - Long Range) (12)

배터리 시스템 어셈블리 전원 배선도

배터리 시스템 어셈블리 전압 & 온도 센서 신호

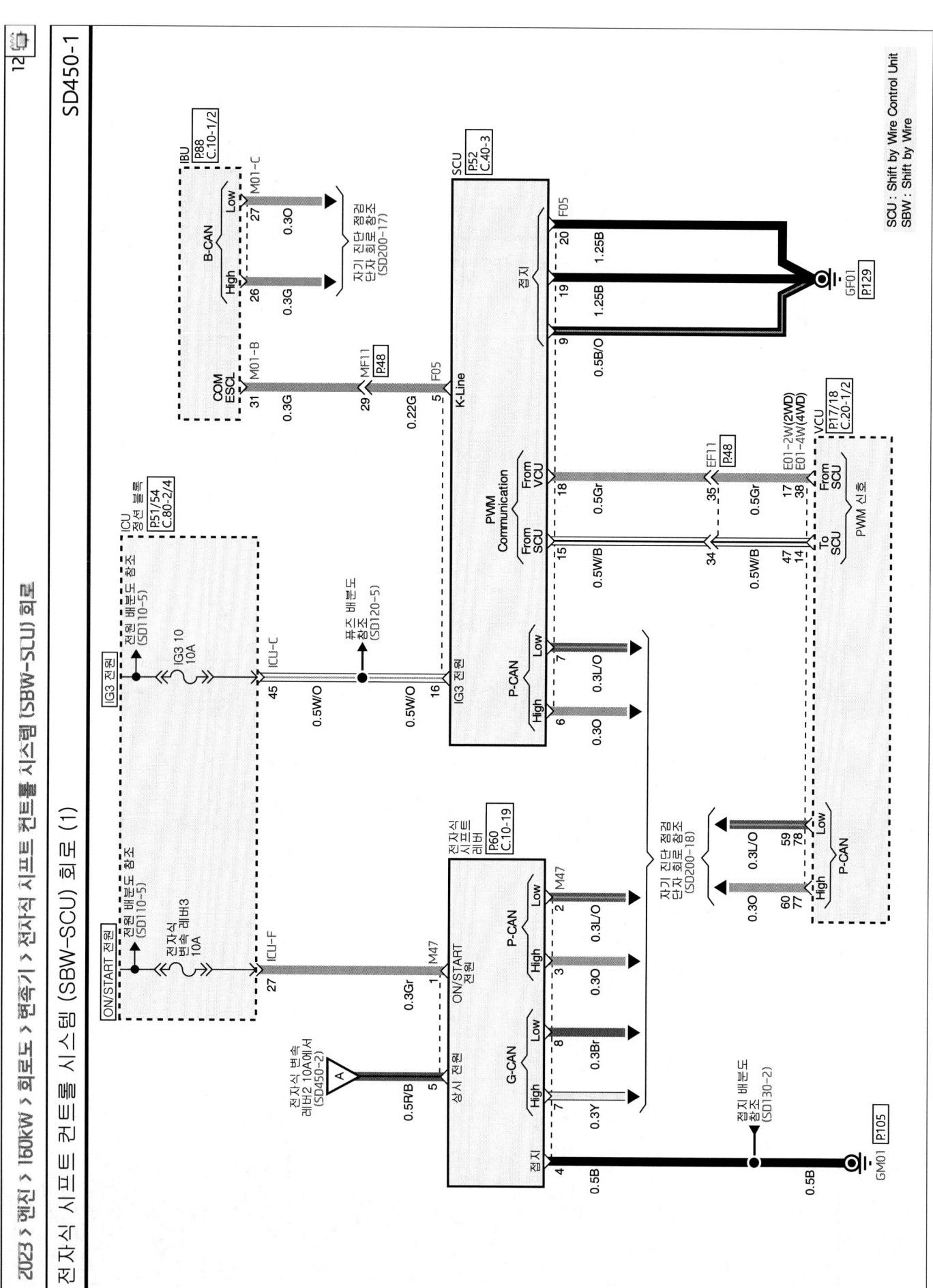

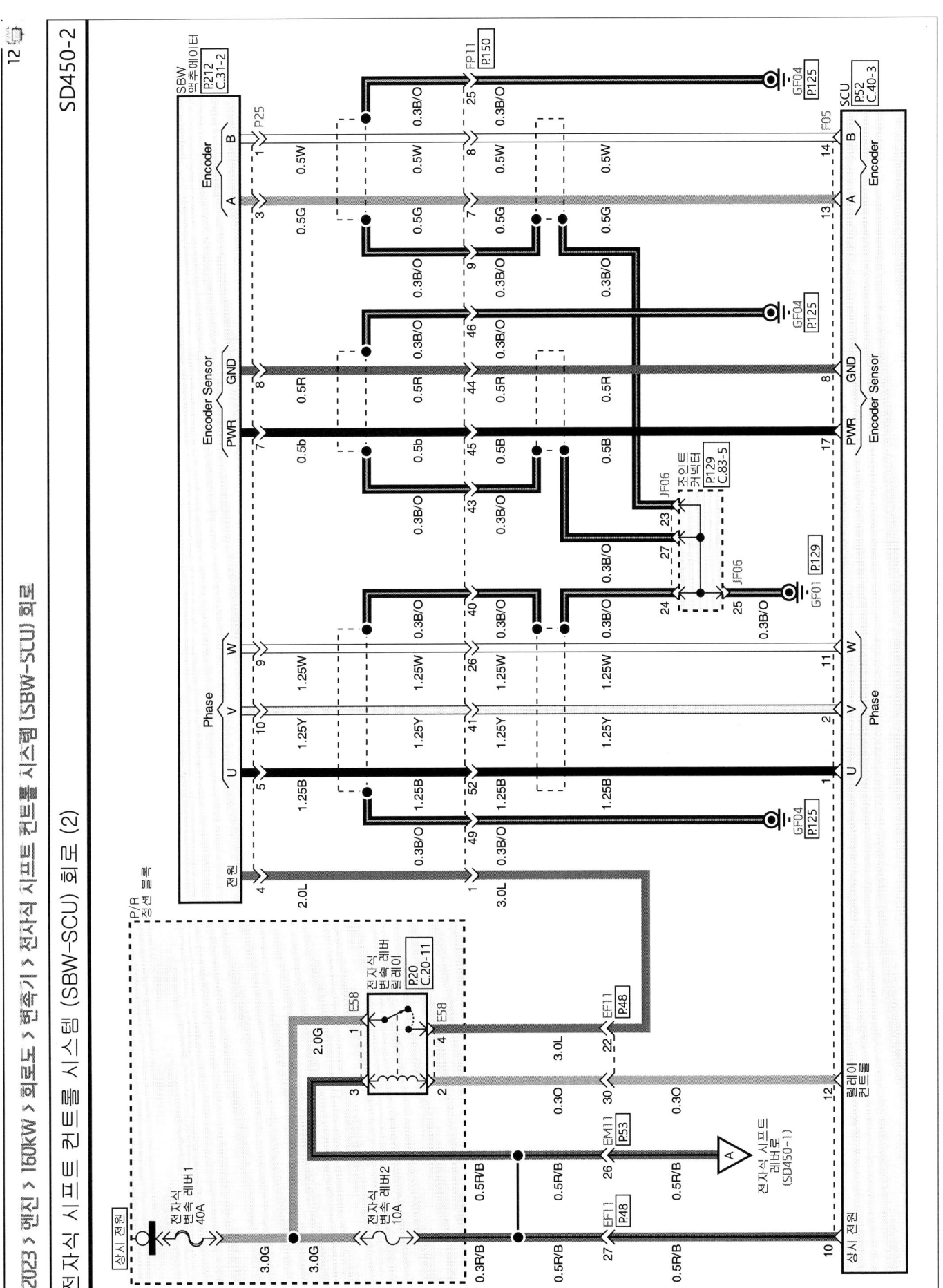

2023 > 엔진 > 150KW > 변속기 > 회로도 > 전자식 시프트 컨트롤 시스템 (SBW-SCU) 회로 > 서비스팁

전자식 시프트 컨트롤 시스템 (SBW-SCU) 회로

서비스 팁 (1)

회로 설명

자동 변속기 컨트롤 시스템은 원하는 출력을 자동으로 얻기 위하여 필요한 정보를 측정하고 측정된 정보로부터 제어 대상의 상태를 파악하여 수정이 필요할 경우 적절한 보정값을 계산한다. 계산된 보정값에 따라 액추에이터를 작동하여 원하는 출력을 얻는다. 만일 변속기 주행성 관련 고장이 발견되면, 일단 자기 진단과 변속기 기본 점검 (오일 점검)을 시행한 후에 진단기기를 이용하여 변속기 컨트롤 시스템의 구성 부품을 점검한다.

● SBW (Shift By Wire) 시스템 개요

SBW는 기어 변속이 전자적으로 제어되는 시스템을 말한다. 이 시스템은 자동 변속기의 변속 레버 기구에서 강철 케이블이나 로드를 없애고 전선으로 대체하여 중량 절감과 변속 효과, 연비 절감, 안전성 향상 등의 장점이 있다. TCM을 통해 매뉴얼 밸브 및 파킹 기구를 전기적으로 통제하여 변속 성능 향상, 연비 절감, 안전성 향상 등의 장점이 있다.

1. 작동 방식 (IG. ON)

   레버의 위치 변화를 센싱하여 전자식 변속 쉬프트 레버에서 전기적 신호를 TCM으로 전달 [CAN + Hard Wire].

   ① TCM은 차량의 여러가지 조건을 동시에 판단하여 T/M의 기어 변속을 변속 시킴.

   ② TCM은 전자식 변속 쉬프트 레버로 최종 단 정보를 전달(CAN)하여 레버의 노브와 계기판에 변속 정보를 Display 함.

2. 이중주차 (IG. OFF)

   브레이크 페달을 밟고 'P' 릴리즈 스위치를 누름.

   ① 파킹 릴리즈 액추에이터가 작동하여 T/M과 연결된 케이블을 당김.

   ② T/M 의 컨트롤 레버의 기구적 작동으로 Park에서 Neutral로 바뀜.

3. 자동 복귀기능

   M단에서 시동 Off시 Nd위치로 자동 복귀 (P단 변경)

   M단에서 P버튼 작동 시 Nd 위치로 자동 복귀 (P단 변경)

● 고장진단 기능

자동 변속기에 고장발생시 위험한 상황이 발생하지 않도록 방지하는 (Fail safe function)기능이 작동하며 최소한의 기능을 유지하여 정비소로 갈 수 있도록 하는 림프 홈 (Limp home function) 모드로 주행하게 된다.

● 자기 진단 점검 절차

1. 점화 스위치를 OFF한다.
2. 진단 장비를 자기 진단 커넥터 (DLC : Data Link Connector)에 연결한다.
3. 점화 스위치를 ON한다.
4. 진단 장비를 사용하여 자기 진단 코드를 점검한다.
5. 고장 코드 (DTC)에 대한 고장 진단 절차에 준하여 고장 부위를 수리한다.
6. 고장 코드 (DTC)를 삭제한다.
7. 진단 장비를 분리한다.

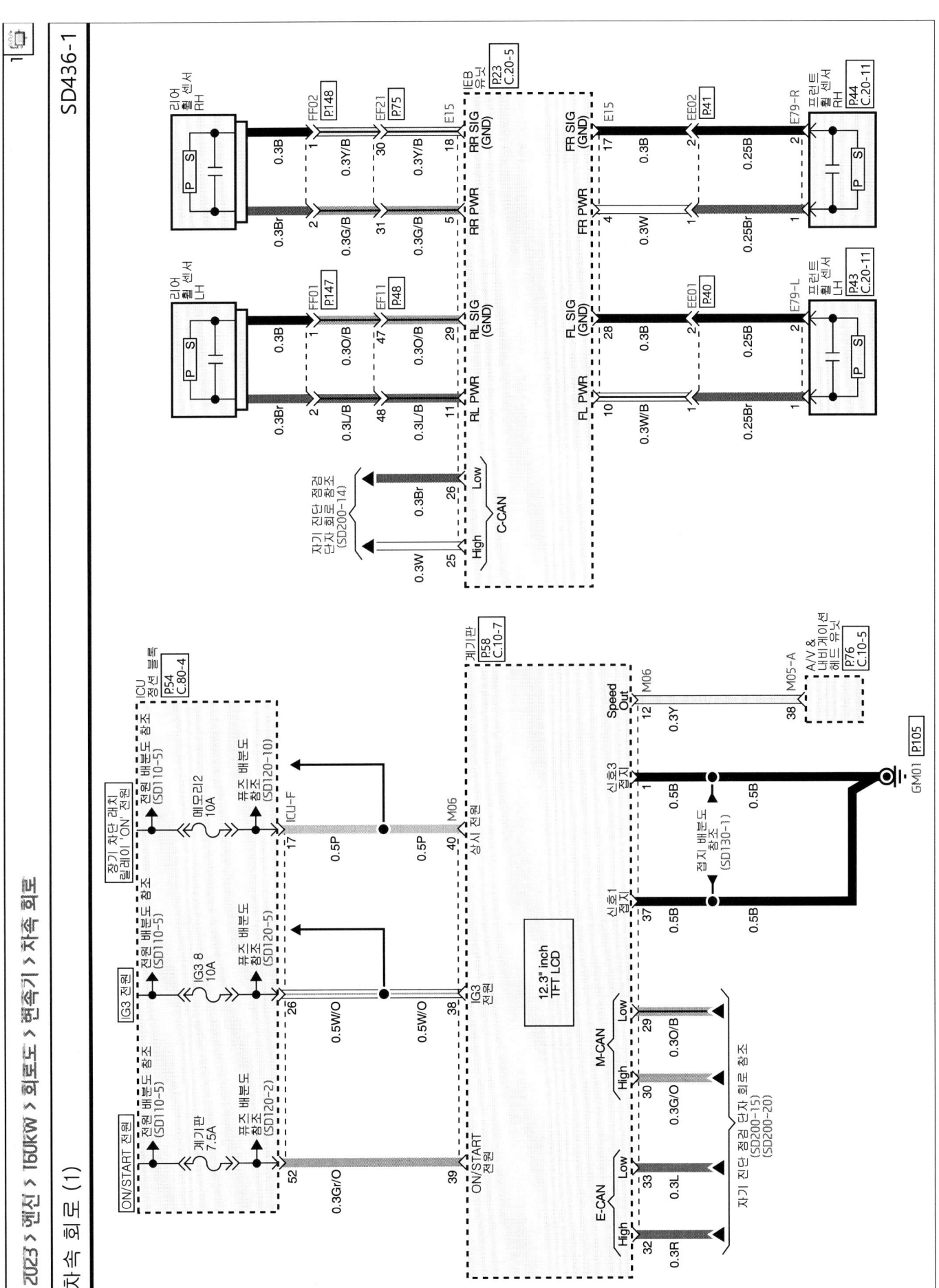

2023 > 펠리세이드 > 150KW > 회로도 > 연속기 > 차속 회로 > 서비스 팁

차속 회로   서비스 팁 (1)

회로 설명

1. IEB (Integrated Electric Brake) 유닛은 4개의 프론트 & 리어 휠 센서로부터 차속 신호를 받아 CAN 통신을 통하여 계기판으로 송신한다.
2. 계기판은 송신받은 차속 정보를 이용해 속도계를 제어하여 속도를 표시한다.
   또한 속도정보를 펄스파로 변환하여 오디오, A/V & 내비게이션 헤드 유닛으로 전송한다.

● 부품별 차속신호 역할

1. VCU : IEB 유닛으로부터 전송받은 차량 속도를 비교하여 최적의 주행 변속단을 SCU와 통신하여 결정한다.
2. 계기판 :
   1) IEB 유닛으로부터 전송받은 차속정보를 계기판 (M06 : 12번) 와이어링을 통하여 ⓐ 부품 (A/V & 내비게이션 헤드 유닛) 으로 전송한다.
   2) 또한 M-CAN (M06 : 29/30번)을 통하여 ⓑ 부품 (멀티미디어 장치간의 각종 데이터를 전달하기 위한 네트워크)등과 통신하여 운전자의 편의성을 향상하였다.
   ⓐ 부품 (와이어링 연결)
      A/V & 내비게이션 헤드 유닛
   ⓑ 부품 (M-CAN)
      ① A/V & 내비게이션 헤드 유닛
      ② 프런트 룸솝 키보드
      ③ 헤드 업 디스플레이
      ④ BMU
      ⑤ 앰프
      ⑥ VESS 유닛
      ⑦ ADP 유닛
      ⑧ ICU 정션 블록 (IPS 컨트롤 모듈)

● 점검

1. 차속 신호는 CAN 통신 프로토콜에 의해 차속 정보를 송수신하므로 통신 라인의 작동 여부를 확인한다.
2. 계기판의 MICOM에서 변환한 펄스 신호를 계기판 (M06 : 12번)에서 확인할 수 있다.

— 198 —

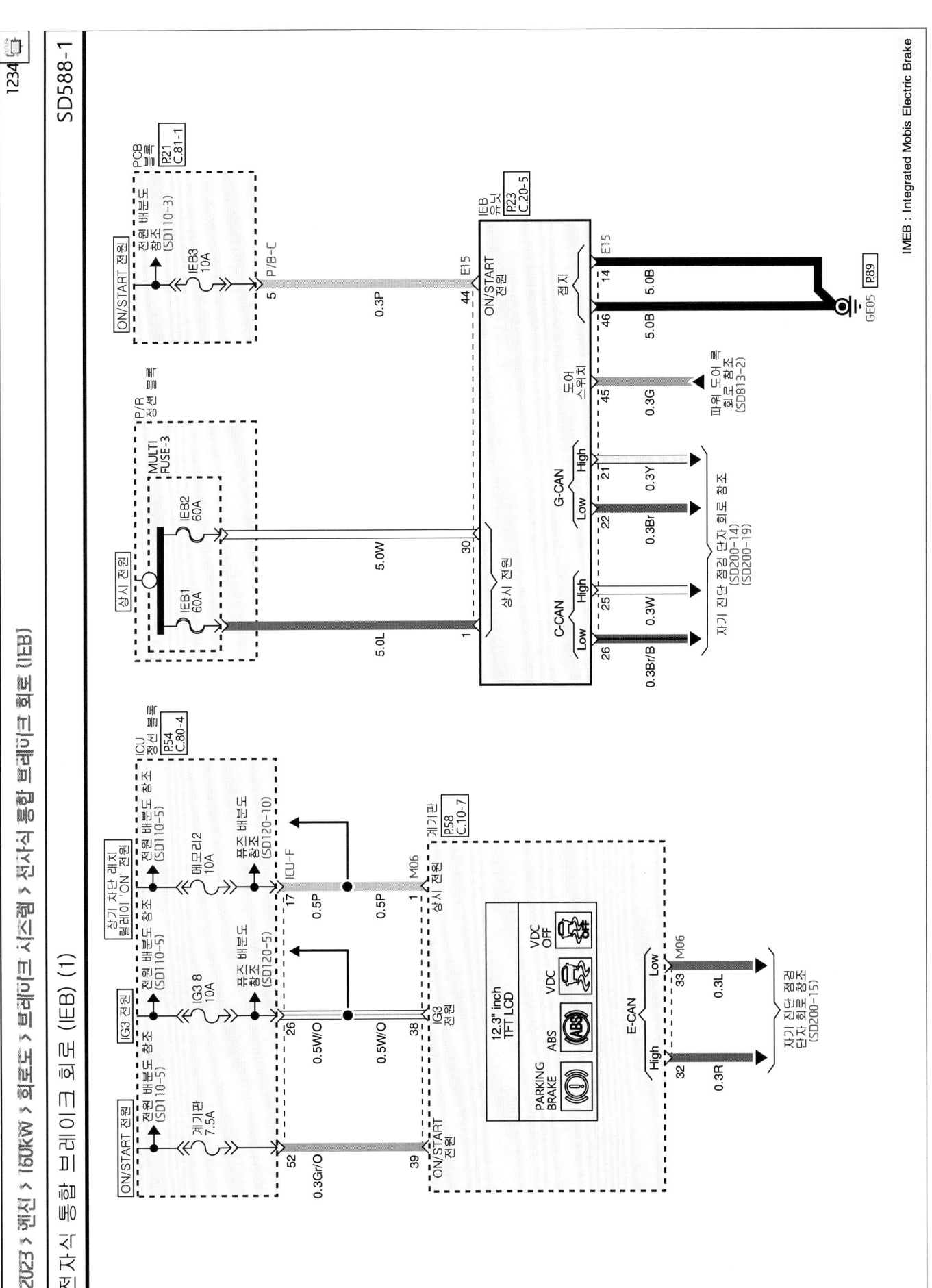

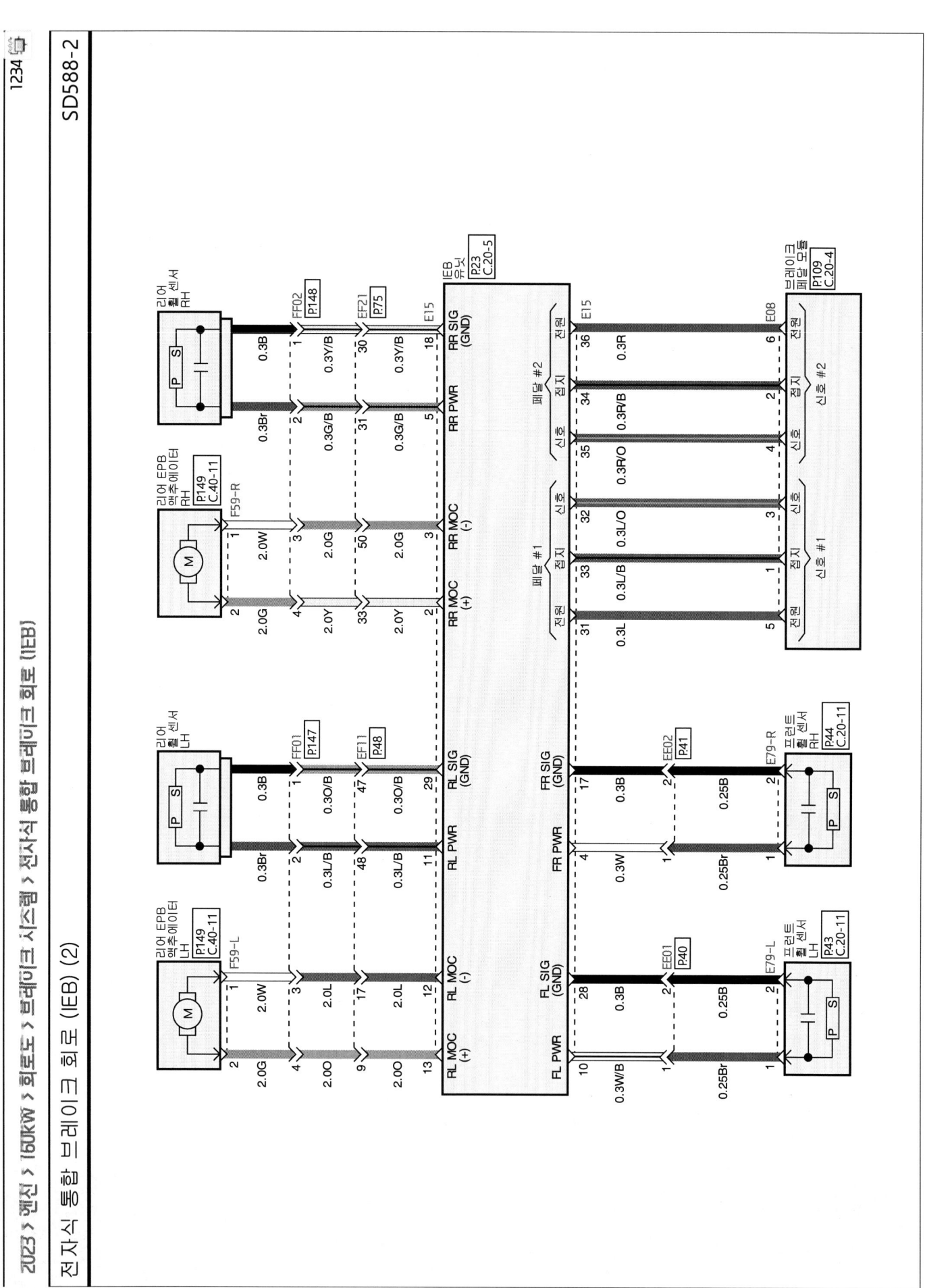

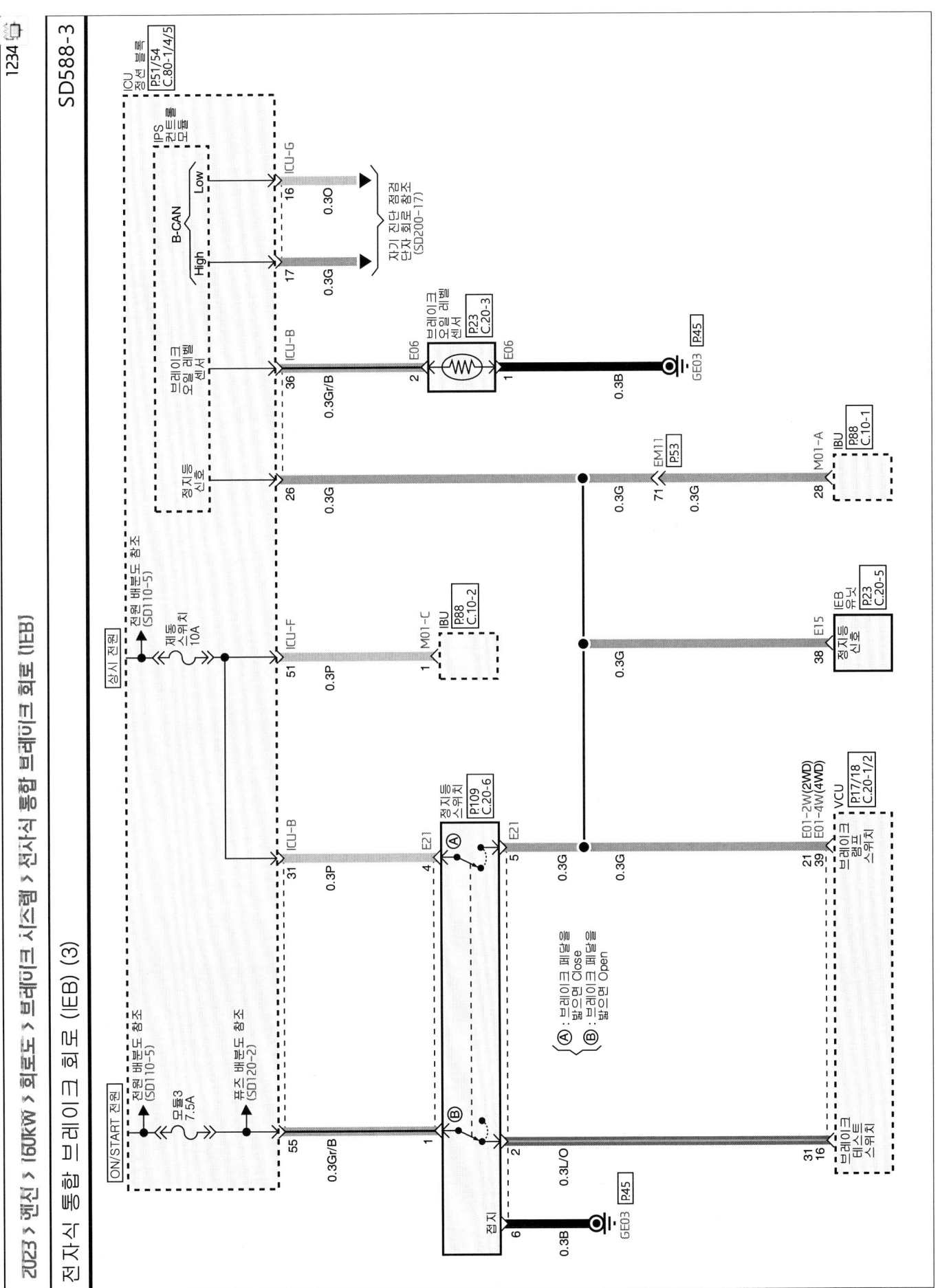

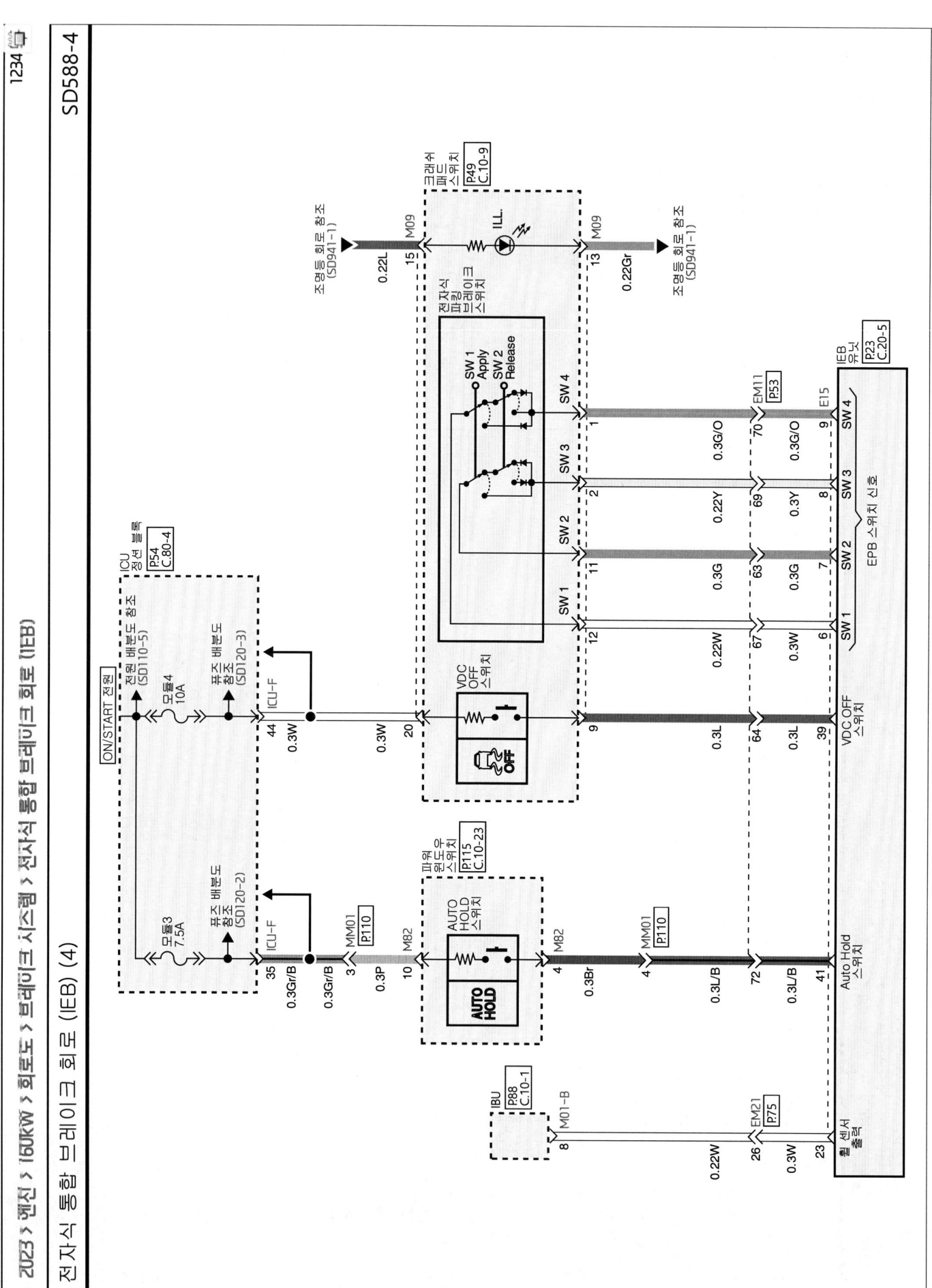

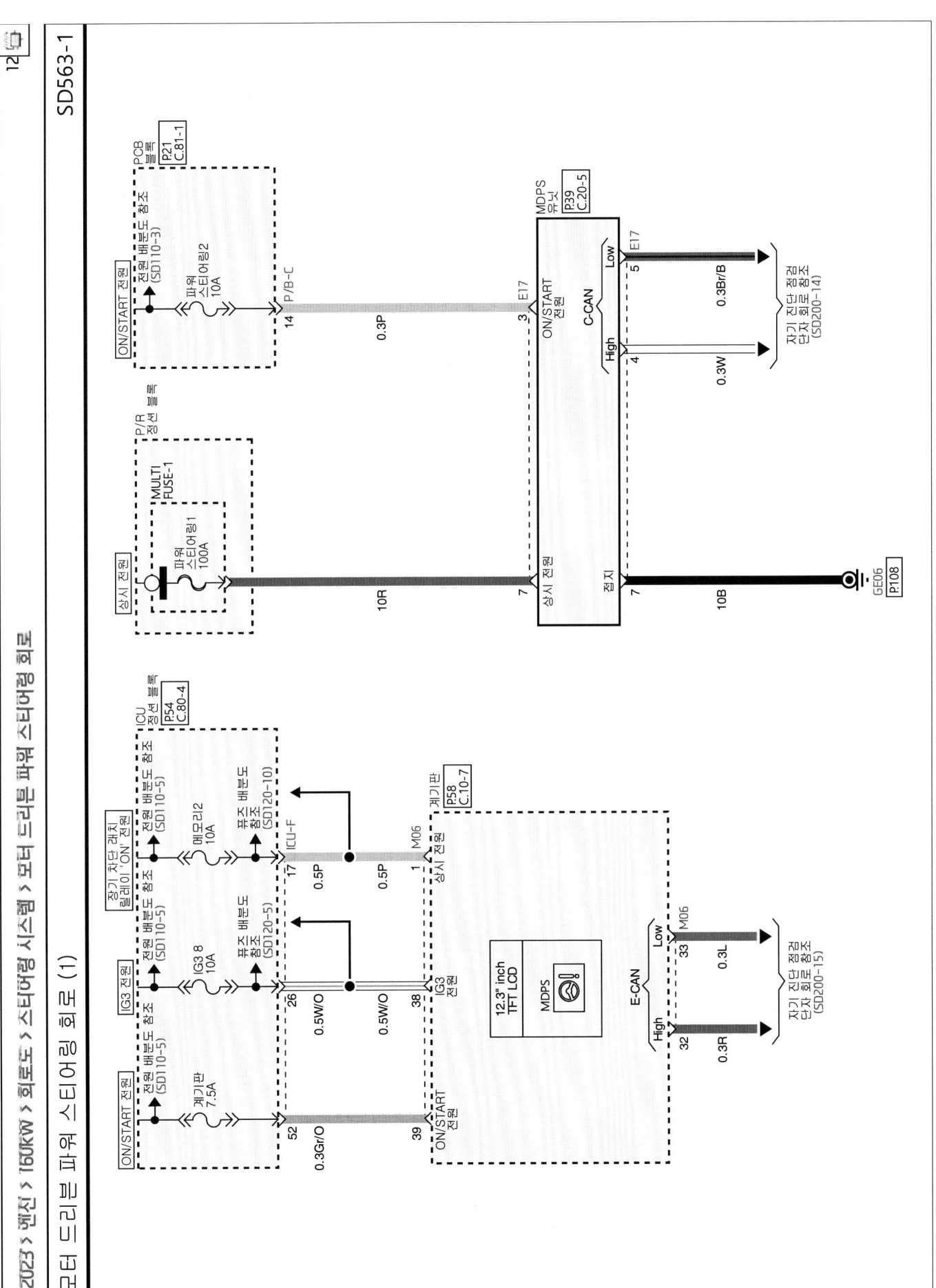

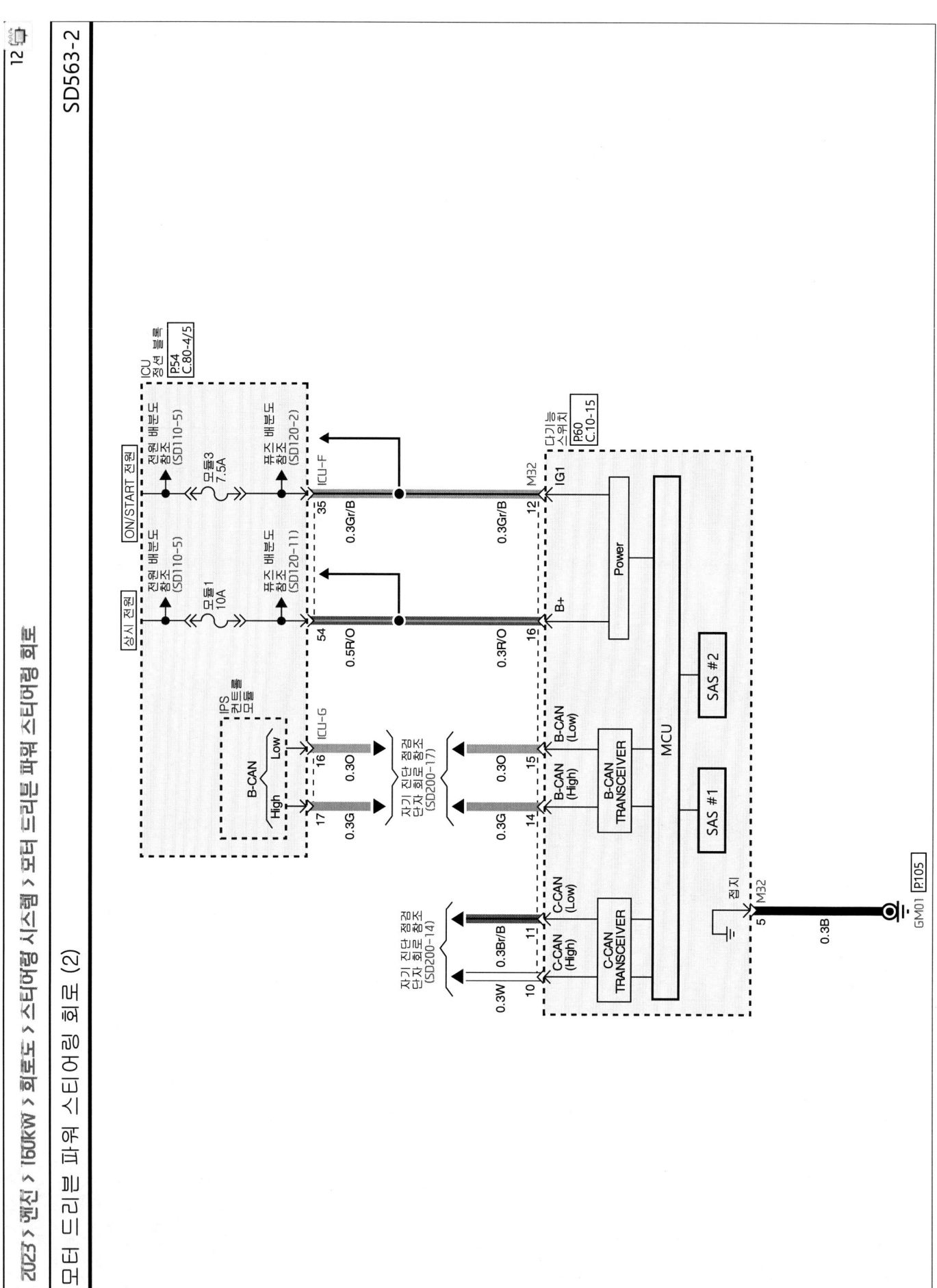

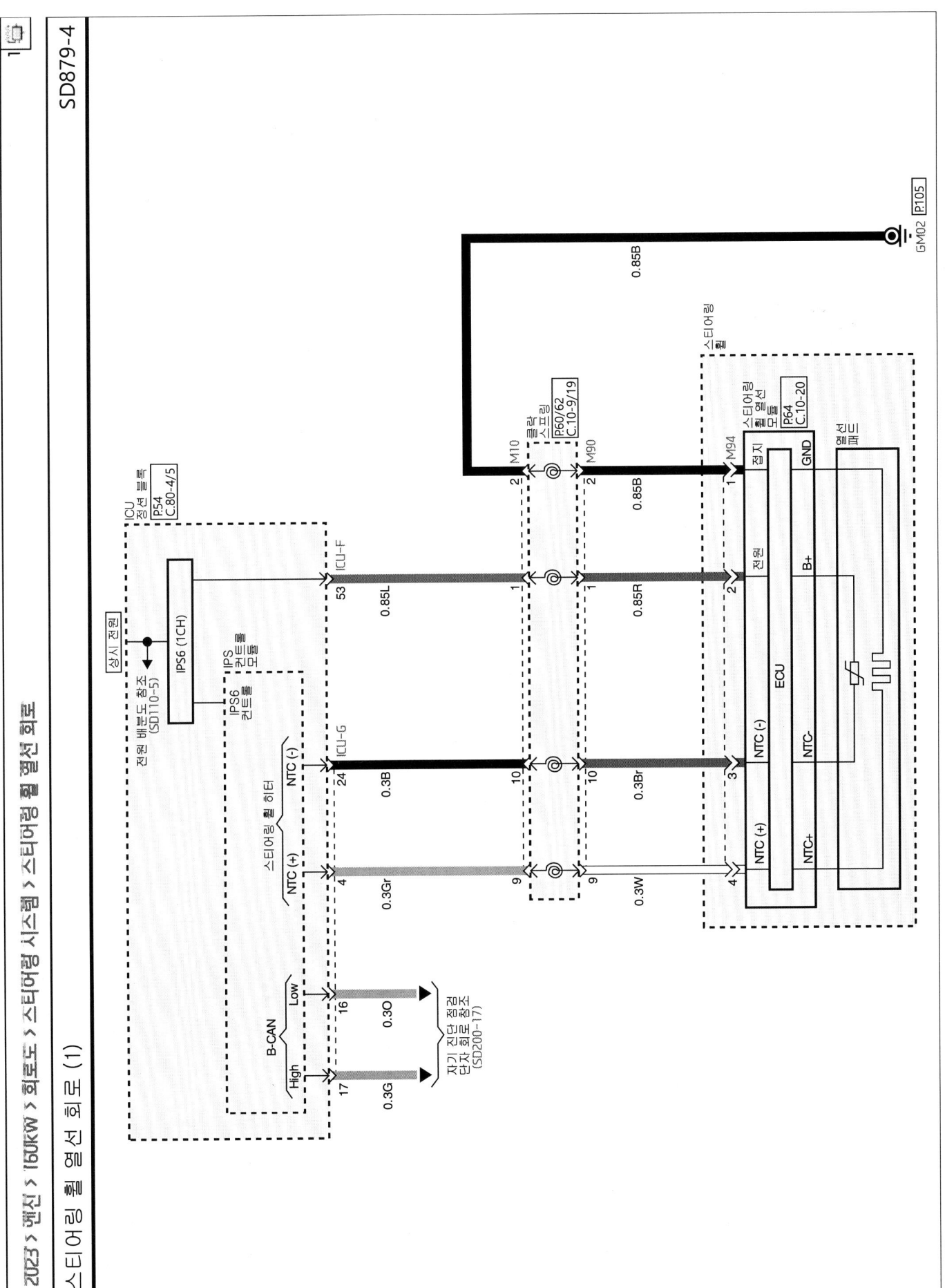

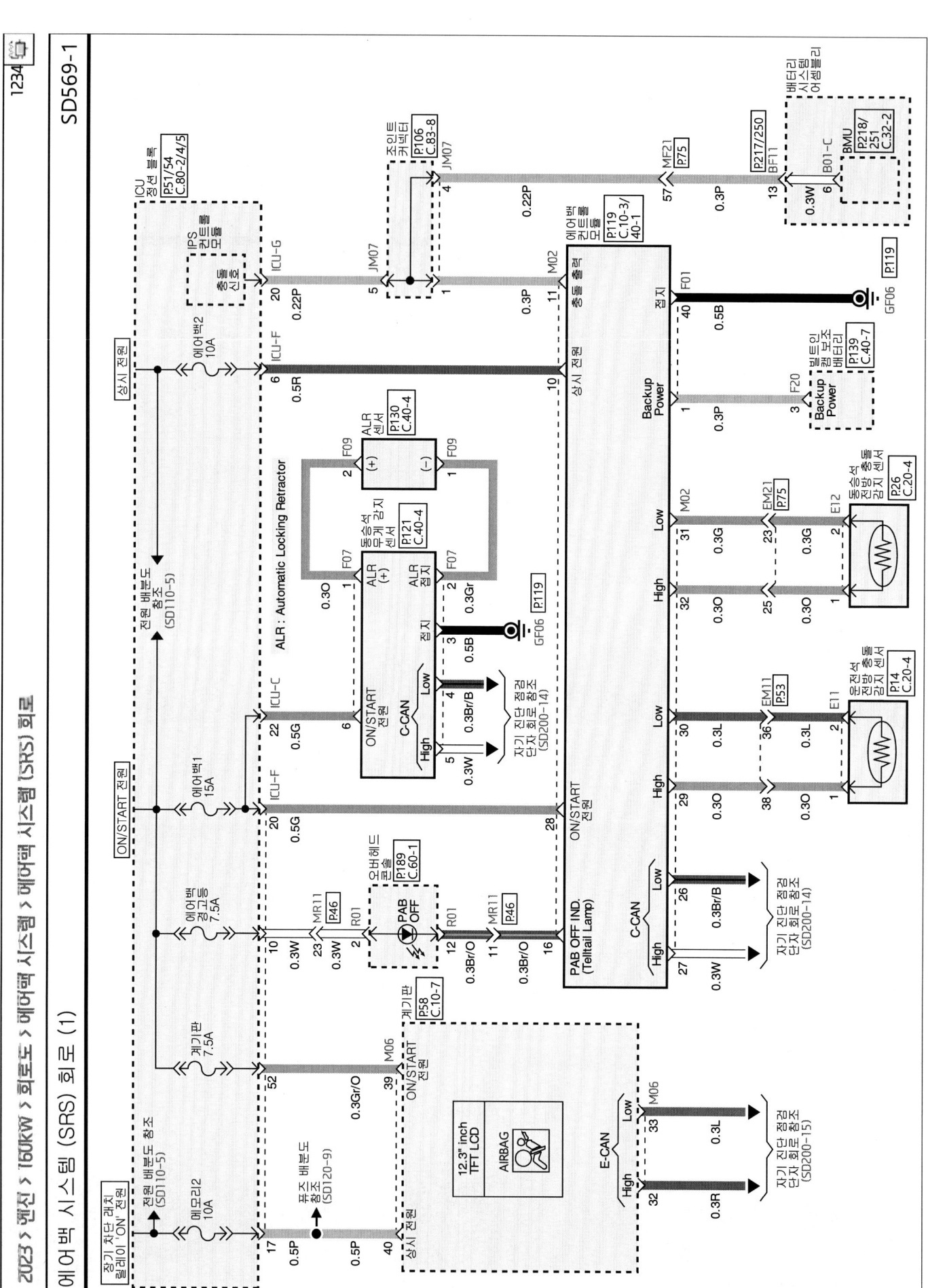

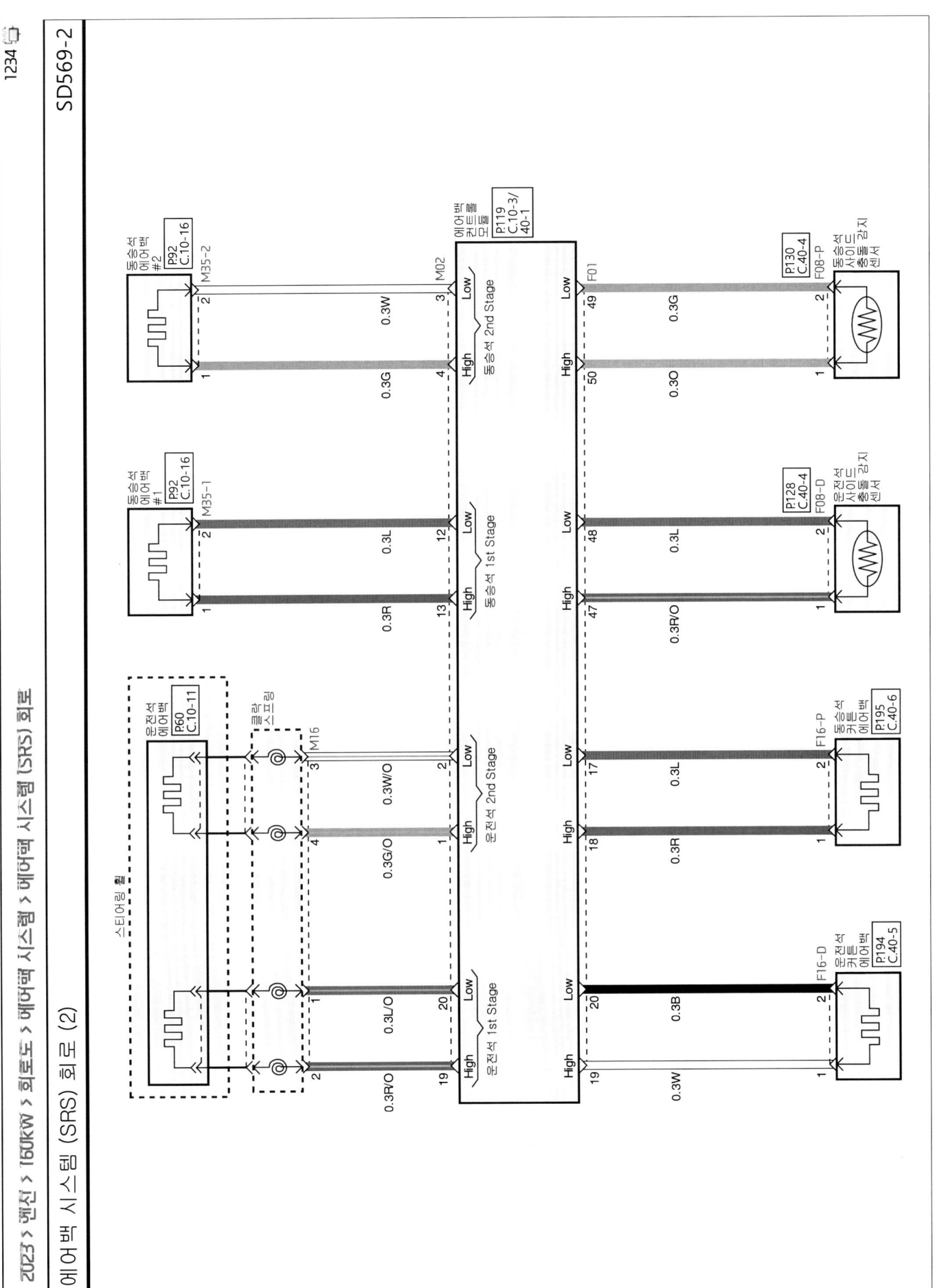

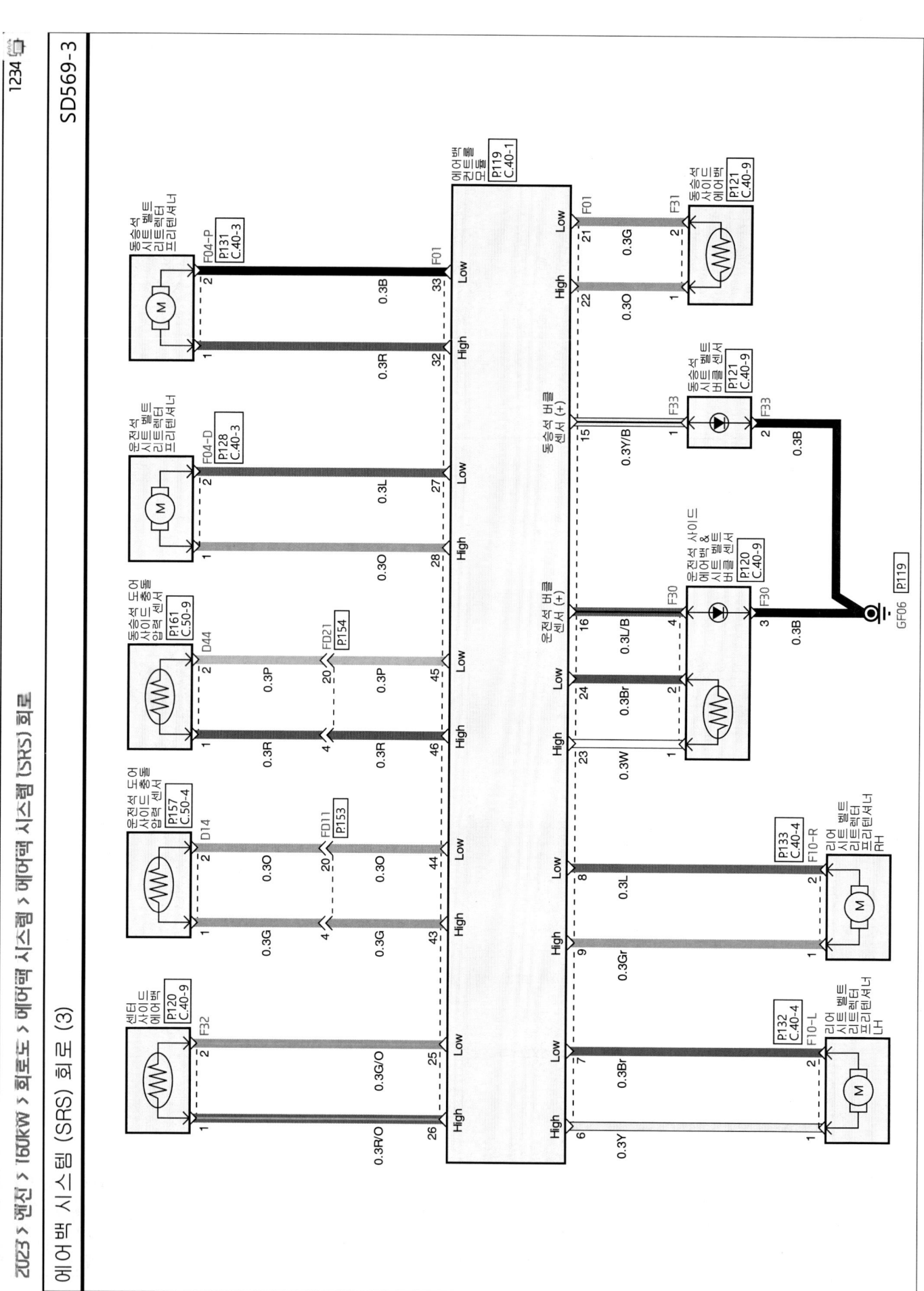

에어백 시스템 (SRS) 회로 (4)

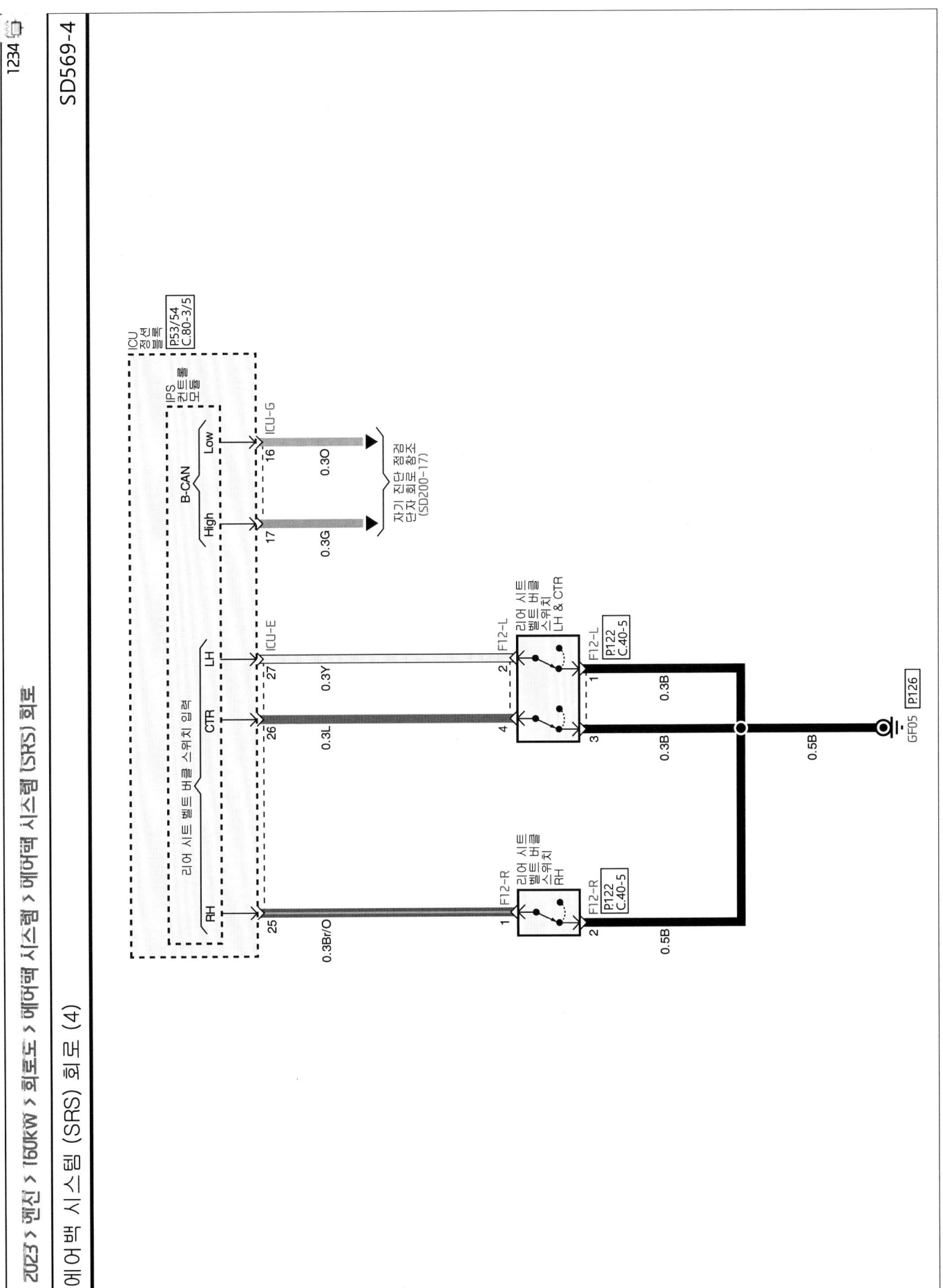

퓨즈 & 릴레이 (1)

ICU 정션 블록

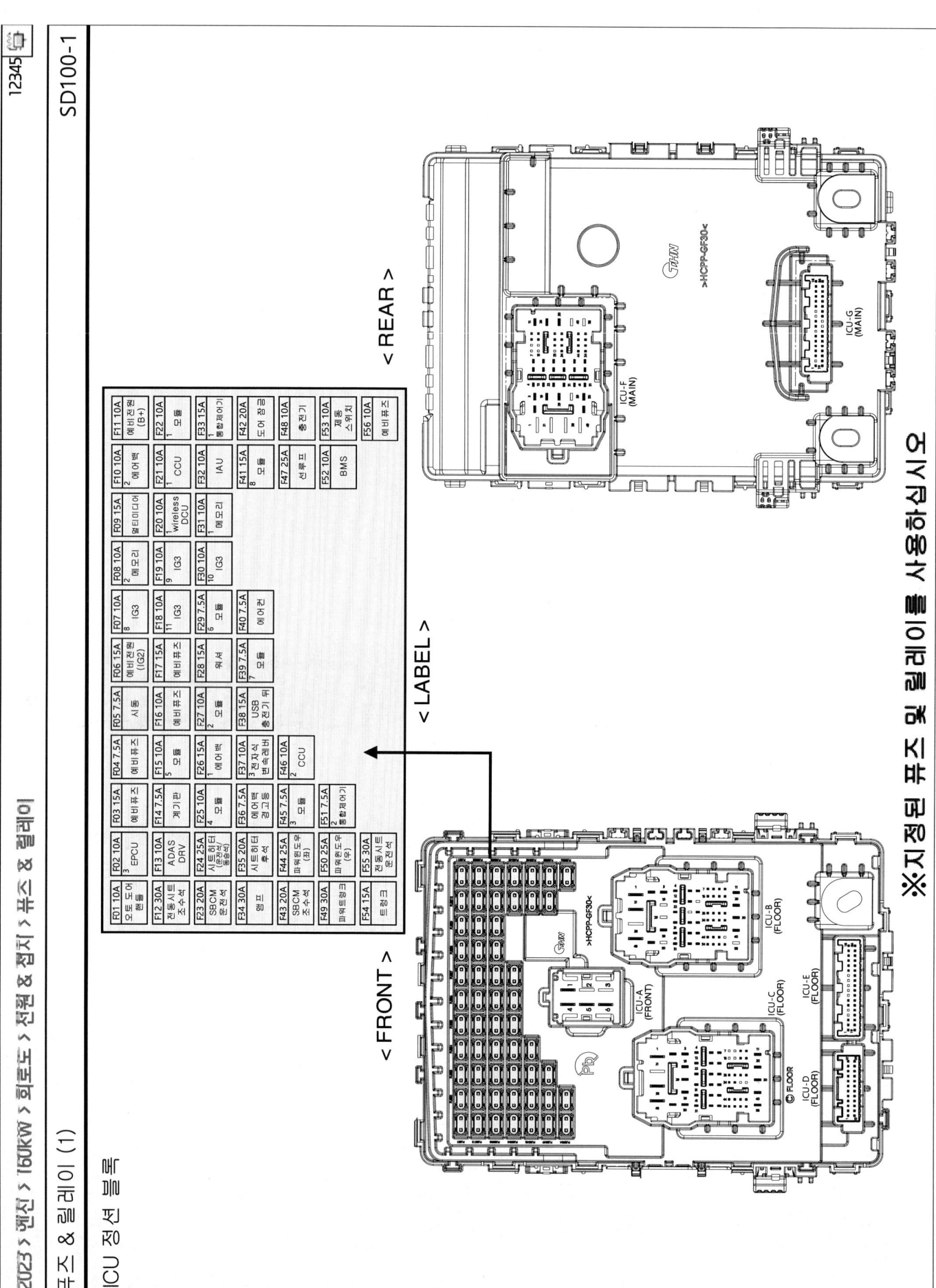

2023 > 엔진 > 150kW > 회로도 > 전원 & 접지 > 퓨즈 & 릴레이

퓨즈 & 릴레이 (2)

퓨즈 연결회로 (ICU 정션 블록)

NO.	퓨즈 명칭	(A)	연결 회로
1	오토 도어 핸들	10A	운전석/동승석 아웃사이드 핸들
2	EPCU3	10A	리어 인버터 (리어)
5	시동	7.5A	IBU, VCU
6	예비 전원(IG2)	15A	예비 전원 (IG2)
7	IG3 8	10A	실내 온도 센서, 실내 미세 먼지 센서, 에어컨 PTC 히터, 계기판, CCU, A/V & 내비게이션 헤드 유닛
8	메모리2	10A	계기판, 운전자 주차 보조 제어기 유닛
9	멀티미디어	15A	A/V & 내비게이션 헤드 유닛
10	에어백2	10A	에어백 컨트롤 모듈
11	예비 전원(B+)	10A	예비 전원 (B+)
12	전동 시트 조수석	30A	동승석 파워 시트 스위치, 동승석 시트 유닛
13	ADAS DRV	10A	사용 안함
14	계기판	7.5A	계기판, 헤드 업 디스플레이
15	모듈5	10A	자기 진단 점검 단자, 오버헤드 콘솔, 실내 감광 미러, 빌트인 캠 유닛, A/V & 내비게이션 헤드 유닛, IFS 유닛, 스마트 폰 무선 충전기, 전조등 LH/RH, 운전석 IMS 유닛, 프론트 통풍로 모듈, 동승석 시트 컨트롤 모듈, 프론트/리어 사이드 하단 컨트롤 모듈, 운전석/동승석 사이드 바디 컨트롤 모듈, ADP 유닛
18	IG3 11	10A	전자식 에어컨 컴프레서, 운전석/동승석 사이드 바디 컨트롤 모듈
19	IG3 9	10A	인버터 (리어), BMU
20	wireless DCU1	10A	사용 안함
21	CCU1	10A	CCU
22	모듈1	10A	자기 진단 점검 단자, 다기능 스위치, 레인 센서, 크래쉬 패드 무드 등, 운전석/동승석 도어 무드 램프, 에어백 컨트롤 모듈, 파워 윈도우 스위치, 아웃사이드 미러 스위치, 파워 트렁크 유닛, 리어 도어 무드 램프 LH/RH, P/R 정션 블록 (열선 유리(뒤) 릴레이, 블로워 릴레이) + 운전석 사이드 바디 컨트롤 모듈
23	SBCM 운전석	20A	프론트 통풍로 컨트롤 모듈, 운전석/동승석 사이드 시트 하단 컨트롤 모듈
24	시트 히터 (운전석/동승석)	25A	
25	모듈4	10A	프론트/리어 코너 레이더 LH/RH, 인버터 (리어), 다기능 프론트 뷰 카메라, IBU, 운전자 주차 보조 제어기 (리어), VESS 유닛, 크래쉬 패드 스위치, DSM 모니터 (운전석/동승석), 운전자 주행 보조 제어기 유닛, 스마트 크루즈 컨트롤 유닛
26	에어백1	15A	에어백 컨트롤 모듈, 동승석 무게 감지 센서

NO.	퓨즈 명칭	(A)	연결 회로
27	모듈2	10A	ADP 유닛, 앰프, IBU, CCU, DCU, A/V & 내비게이션 헤드 유닛, 프론트 콘솔 키보드, 운전자 주차 보조 제어기 유닛, 빌트인 캠 유닛, IAU, P/R 정션 블록 (파워 아웃렛 릴레이)
28	워셔	15A	다기능 스위치
29	모듈6	7.5A	IBU, IAU
30	IG3 10	10A	전자식 구동 모터 오일 펌프 (리어), SCU, VCMS, ICCU, V2L 유닛
31	메모리1	10A	에어컨 컨트롤 모듈, DCU, 빌트인 캠 유닛, 헤드 업 디스플레이, ADP 유닛
32	IAU	10A	IAU
33	통합체어기1	15A	IBU
34	앰프	30A	앰프
35	시트 히터 후석	20A	리어 시트 히터 컨트롤 모듈
36	에어백 경고등	7.5A	오버헤드 콘솔
37	전자식 변속레버3	10A	전자식 시프트 레버
38	USB 충전기 뒤	15A	콘솔 USB 충전 단자, 리어 USB 충전 단자
39	모듈7	7.5A	빌트인 캠 보조 배터리
40	에어컨	7.5A	에어컨 컨트롤 모듈
41	모듈8	15A	운전석 IMS 모듈, 동승석 시트 유닛
42	도어 잠금	20A	도어 록/언록 릴레이, 투 턴 언록 릴레이
43	SBCM 조수석	20A	동승석 사이드 파워 윈도우 모듈, 리어 파워 윈도우 모듈
44	파워 윈도우 (좌)	25A	운전석 사이드 파워 윈도우 모듈, 리어 세이프티 파워 윈도우 모듈 LH
45	모듈3	7.5A	정지등 스위치, IAU, 파워 윈도우 스위치
46	CCU2	10A	CCU
47	선루프	25A	선루프 글래스 모터, 선루프 블라인드 모터
48	충전기	10A	충전 단자 록/언록 릴레이
49	파워 트렁크	30A	파워 트렁크 유닛
50	파워 윈도우 (우)	25A	파워 윈도우 스위치, 동승석 세이프티 파워 윈도우, 리어 파워 윈도우 스위치 RH, 리어 파워 세이프티 파워 윈도우 모듈 RH
51	통합체어기2	7.5A	IBU
52	BMS	10A	BMS
53	제동 스위치	10A	정지등 스위치, IBU
54	트렁크	15A	트렁크 리드 릴레이
55	전동 시트 운전석	30A	운전석 파워 시트 스위치, 운전석 IMS 모듈

※지정된 퓨즈 및 릴레이를 사용하십시오

퓨즈 & 릴레이 (3)

P/R 정션 블록

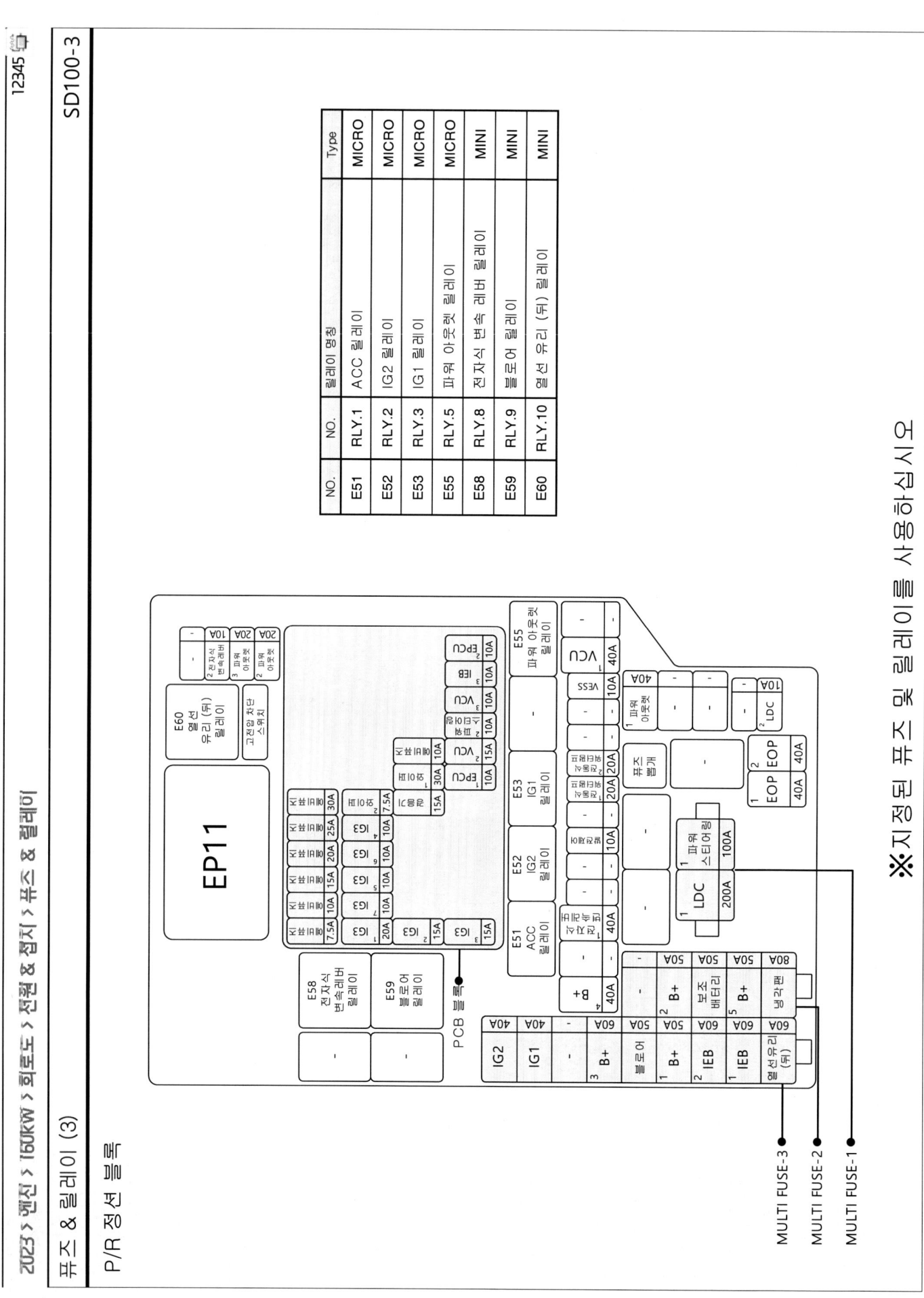

※지정된 퓨즈 및 릴레이를 사용하십시오

퓨즈 & 릴레이 (4)

퓨즈 연결 회로 (P/R 정션 블록)

퓨즈	NO.	퓨즈 명칭	(A)	연결 회로
MULTI FUSE-1	1	LDC1	200A	ICCU (LDC), P/R 정션 블록 (퓨즈 : 파워 테일게이트, EOP1, EOP2, 파워 아웃렛1)
	2	파워 스티어링1	100A	MDPS 유닛
MULTI FUSE-2	1	냉각팬	80A	냉각팬 모터
	2	B+5	50A	PCB 블록 (IG3 메인 릴레이, 퓨즈 : VCU2, EPCU1, 경음기, 와이퍼)
	3	보조 배터리	50A	발전인 컴 보조 배터리
	4	B+2	50A	ICU 정션 블록 (퓨즈 : IPS5, IPS7, IPS8, IPS9)
MULTI FUSE-3	1	열선 유리 (뒤)	60A	P/R 정션 블록 (열선 유리 (뒤) 릴레이)
	2	IEB1	60A	IEB 유닛
	3	IEB2	50A	IEB 유닛
	4	B+1	50A	ICU 정션 블록 (퓨즈 : IPS1, IPS2, IPS3, IPS4, IPS6)
	5	블로어	50A	P/R 정션 블록 (블로어 릴레이)
	6	B+3	60A	ICU 정션 블록 (퓨즈 : 시트 히터 (운전석/동승석), 전동 시트 운전석, 전동시트 조수석, 파워 윈도우 (좌), 파워 윈도우 (우), 시트 히터 후석, EPCU3, 오토 도어 핸들, 앰프, ADAS DRV, SBCM 운전석, SBCM 조수석, 트렁크, 파워 트렁크)
	8	IG1	40A	P/R 정션 블록 (ACC 릴레이, IG1 릴레이)
	9	IG2	40A	P/R 정션 블록 (IG2 릴레이)

퓨즈	NO.	퓨즈 명칭	(A)	연결 회로
FUSE	1	B+4	40A	ICU 정션 블록 (장기 차단 래치 릴레이, 퓨즈 : 충전기, 제동 스위치, 통합 제어기, IAU, 도어 잠금, CCU, 모듈8, BMS, 에어백2, IAU, 도어 잠금, 모듈1, 에비 전원 (B+))
	3	전자식 변속 레버1	40A	P/R 정션 블록 (전자식 변속 레버 릴레이, 퓨즈 : 전자식 변속 레버1)
	6	발전 제어	10A	12V 배터리 센서
	8	전동식 워터 펌프1	20A	전동식 워터 펌프 #1 (고전압 배터리)
	9	전동식 워터 펌프2	20A	전동식 워터 펌프 #2 (고전압 배터리)
	12	VESS	10A	VESS 유닛
	13	VCU1	40A	VCU
	15	파워 아웃렛1	40A	P/R 정션 블록 (파워 아웃렛 릴레이)
	19	LDC2	10A	사용 안함
	20	EOP1	40A	전자식 오일 펌프 (리어)
	21	EOP2	40A	전자식 오일 펌프 (프론트)
	23	전자식 변속 레버2	10A	SCU, 전자식 시프트 레버, P/R 정션 블록 (전자식 변속 레버 릴레이)
	24	파워 아웃렛3	20A	리어 파워 아웃렛
	25	파워 아웃렛2	20A	프론트 파워 아웃렛

※지정된 퓨즈 및 릴레이를 사용하십시오

퓨즈 & 릴레이 (5)

PCB 블록

퓨즈 연결 회로 (PCB 블록)

NO.	퓨즈 명칭	(A)	연결 회로
1	IG3 3	15A	전자식 워터 펌프 (리어 PE)
2	IG3 2	15A	인버터 (프런트)
3	IG3 1	20A	ICU 정션 블록 (퓨즈 : IG3 8, IG3 9, IG3 10, IG3 11)
4	IG3 7	10A	전자식 구동 모터 오일 펌프 (프런트), 냉각 팬 모터
5	IG3 5	10A	냉각수 밸브, 전자식 워터 펌프 #1~#2 (고전압 배터리)
6	IG3 6	10A	BMS 냉각수 3웨이 밸브
7	IG3 4	10A	VCU
8	경음기	15A	PCB 블록 (경음기 릴레이)
9	와이퍼2	7.5A	IBU
10	EPCU1	10A	인버터 (프런트)
11	와이퍼1	30A	PCB 블록 (와이퍼 메인 릴레이)
12	VCU2	15A	VCU
14	파워 스티어링2	10A	MDPS 유닛
15	VCU3	10A	VCU
16	IEB3	10A	IEB 유닛
17	EPCU2	10A	인버터 (프런트)

※ 지정된 퓨즈 및 릴레이를 사용하십시오

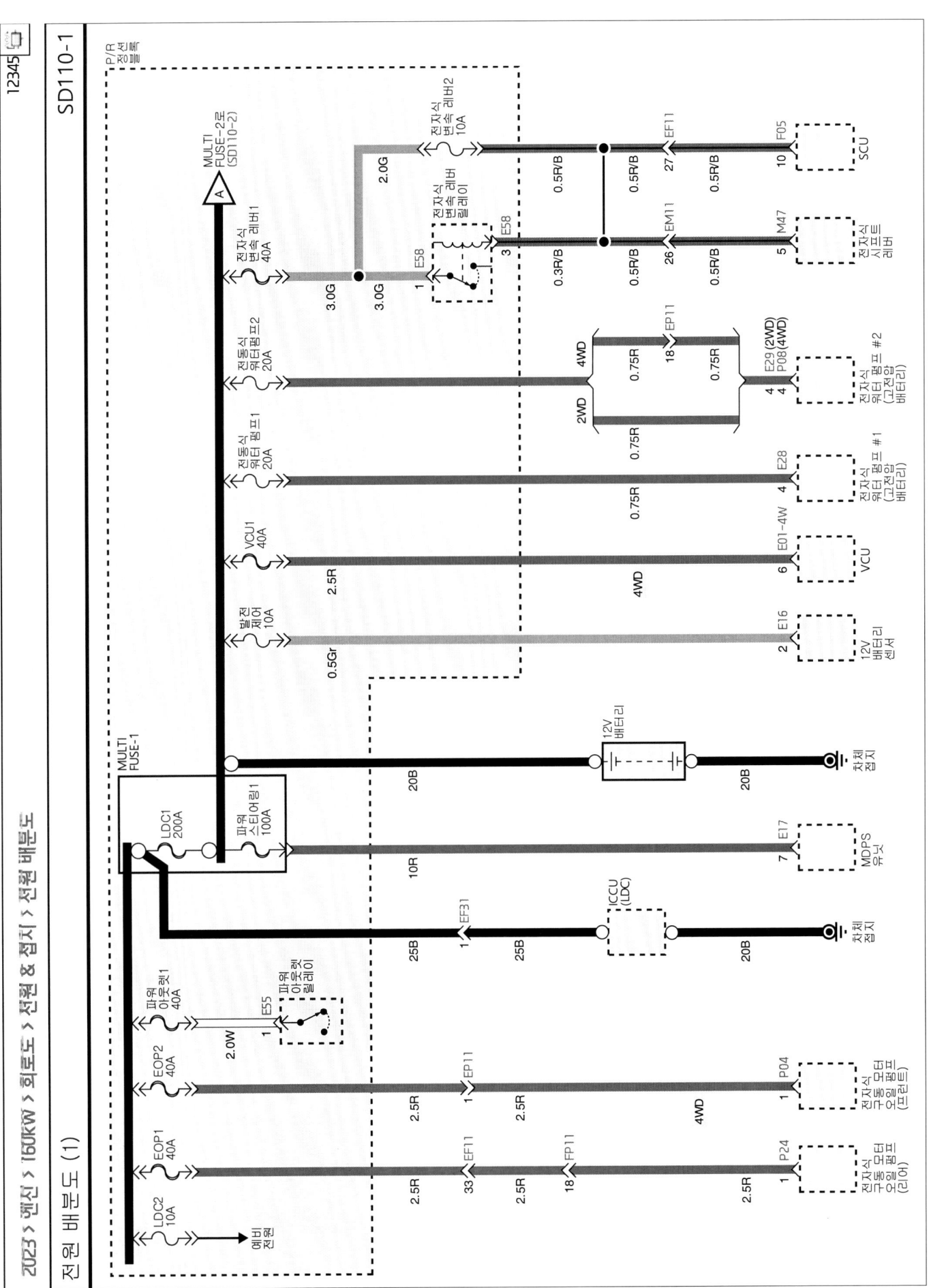

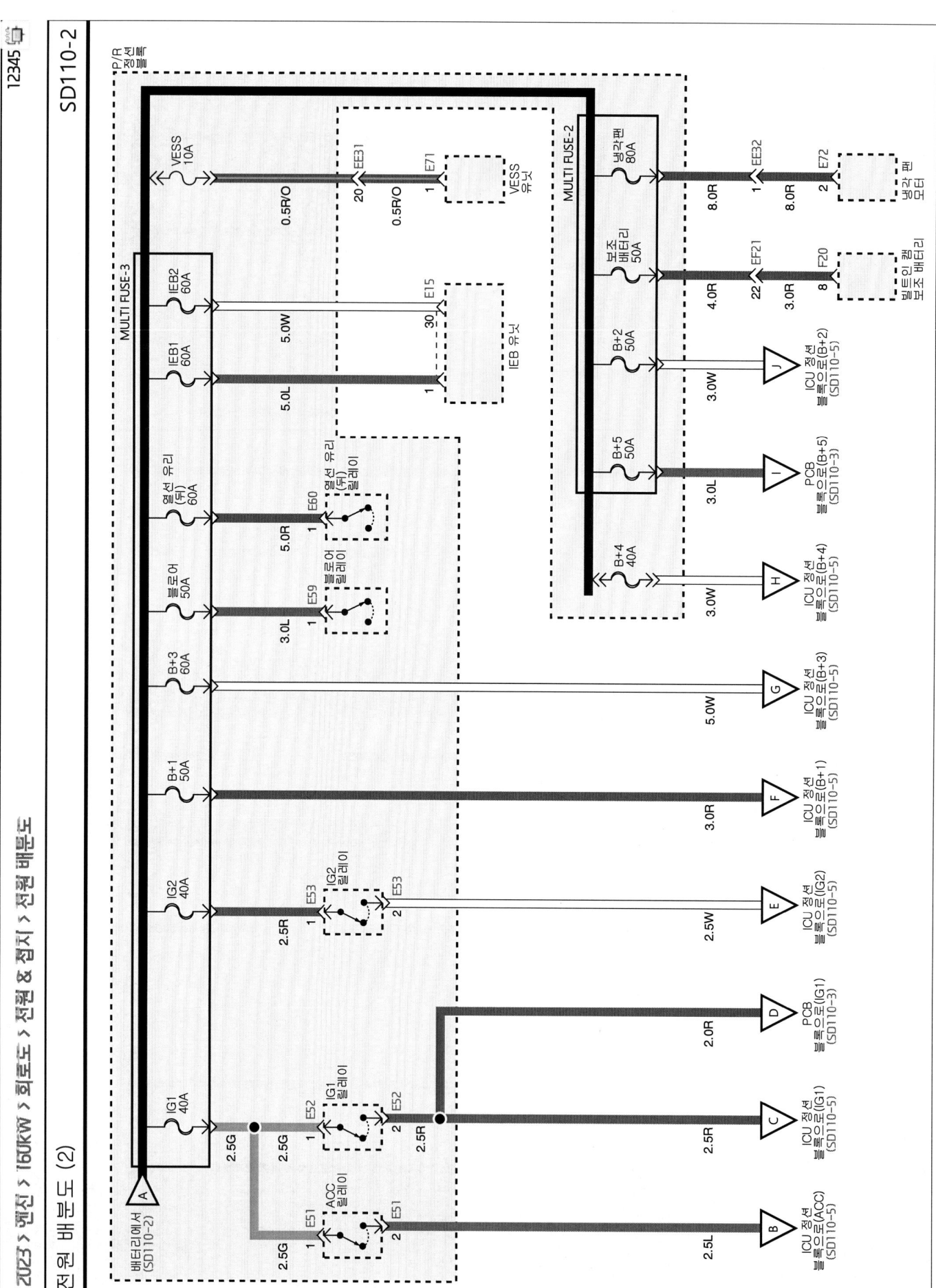

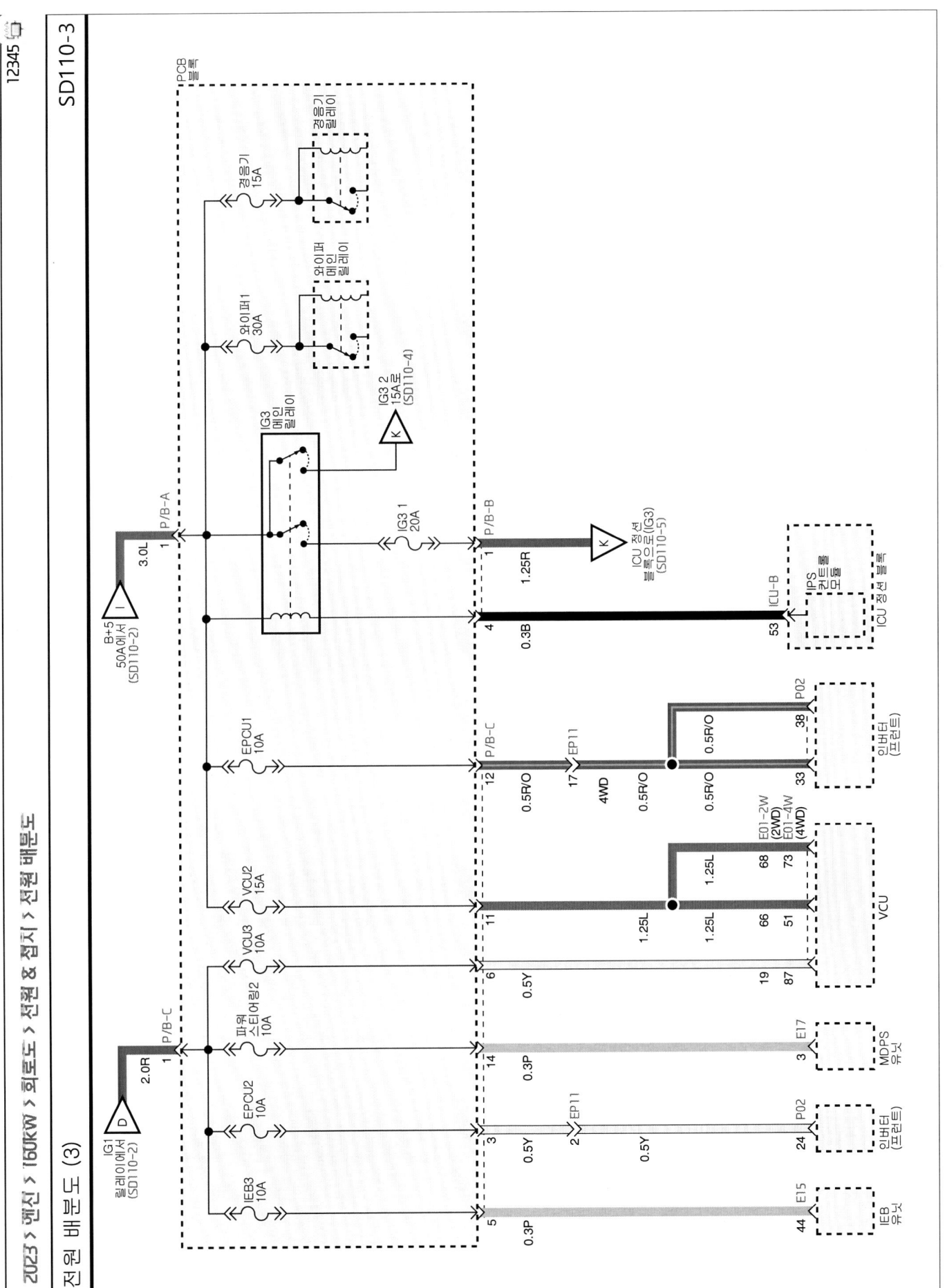

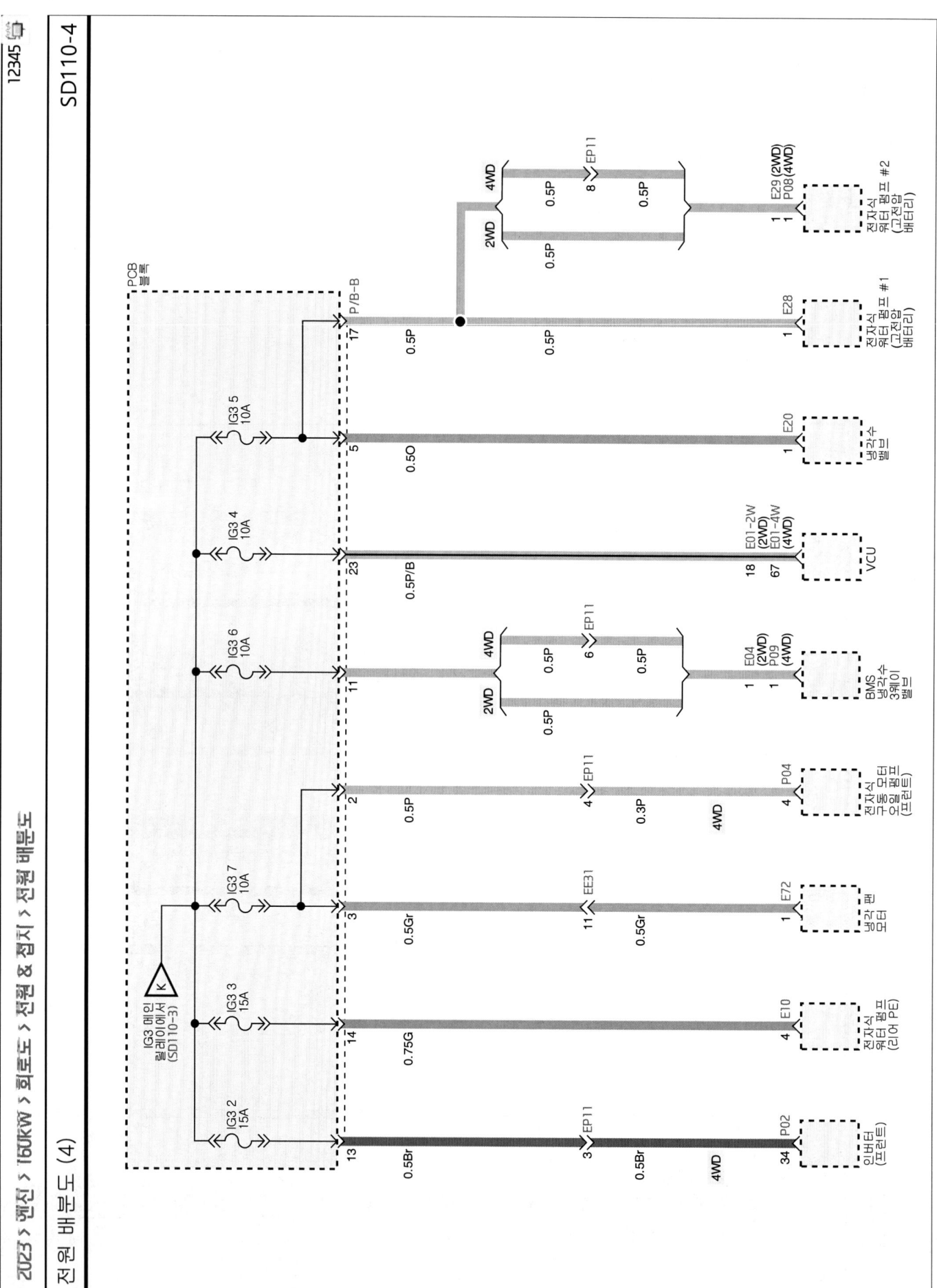

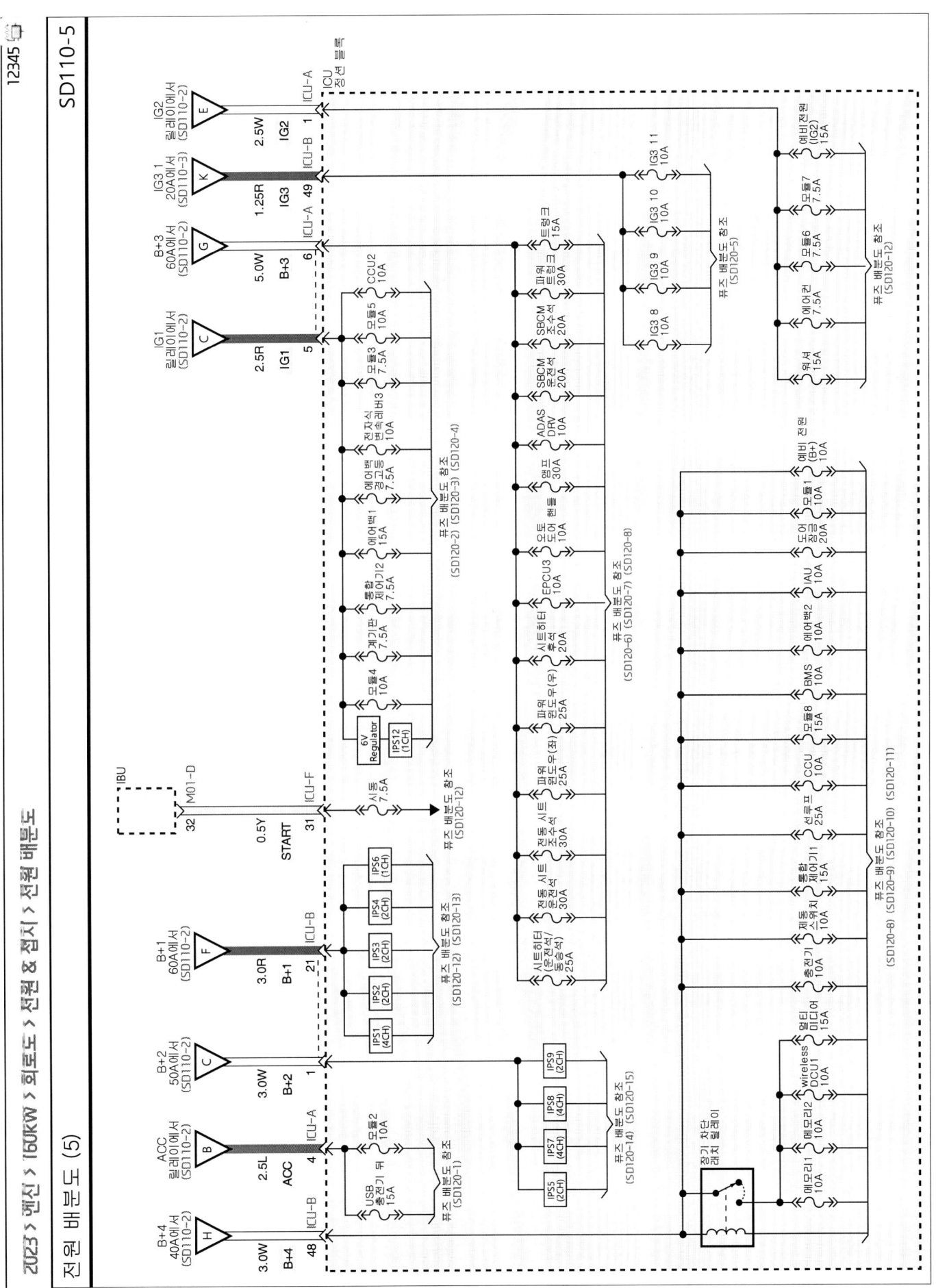

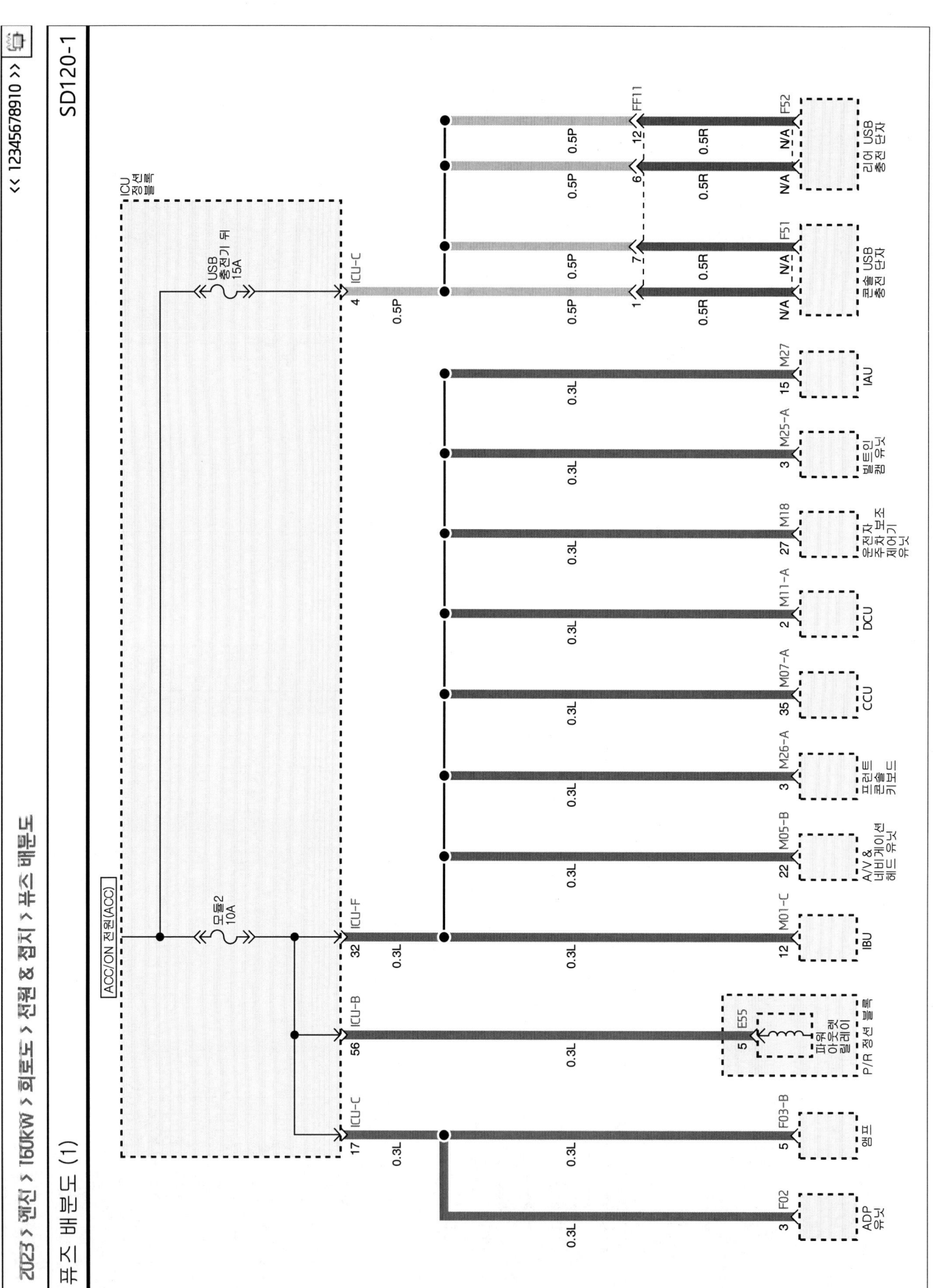

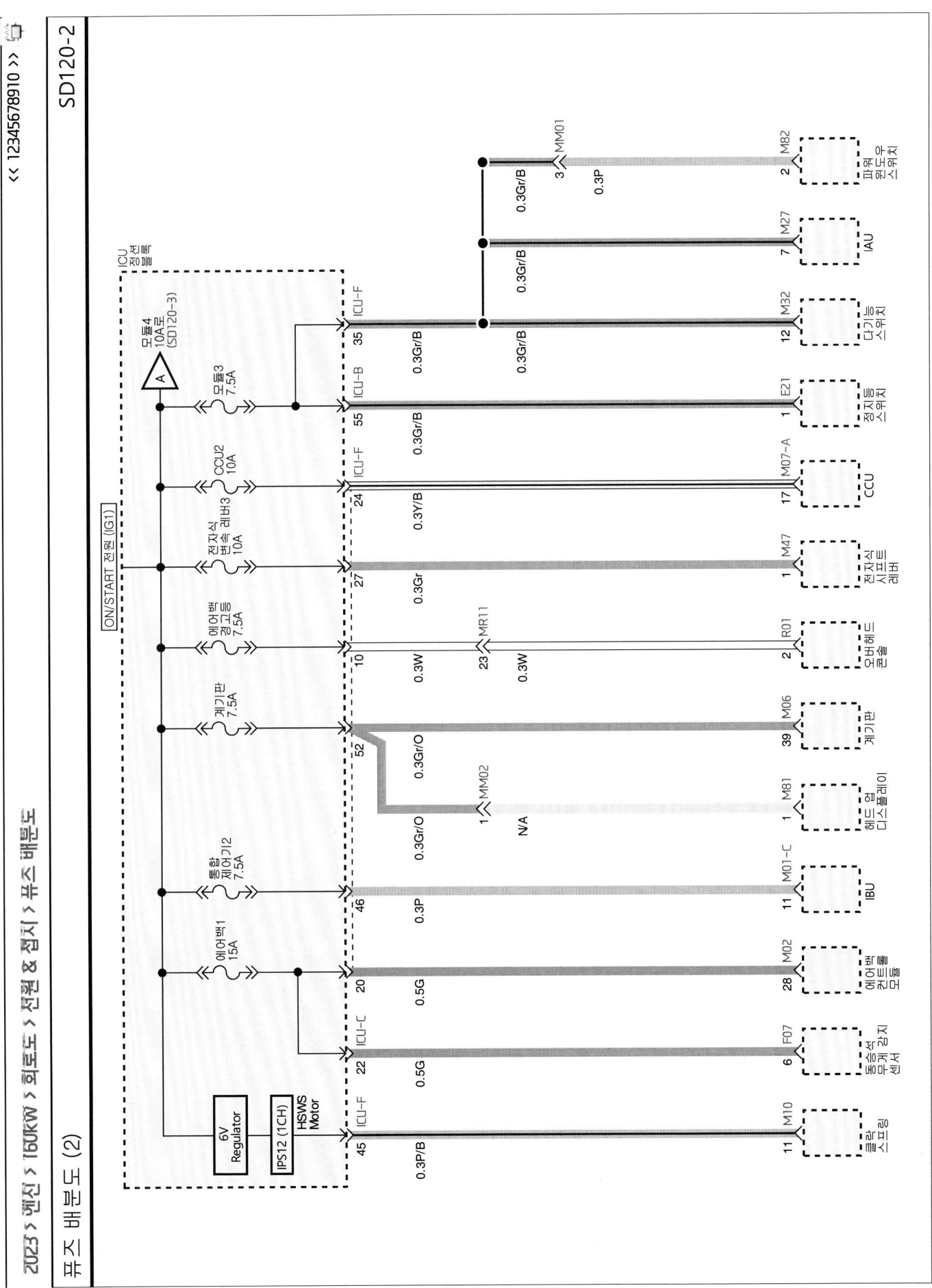

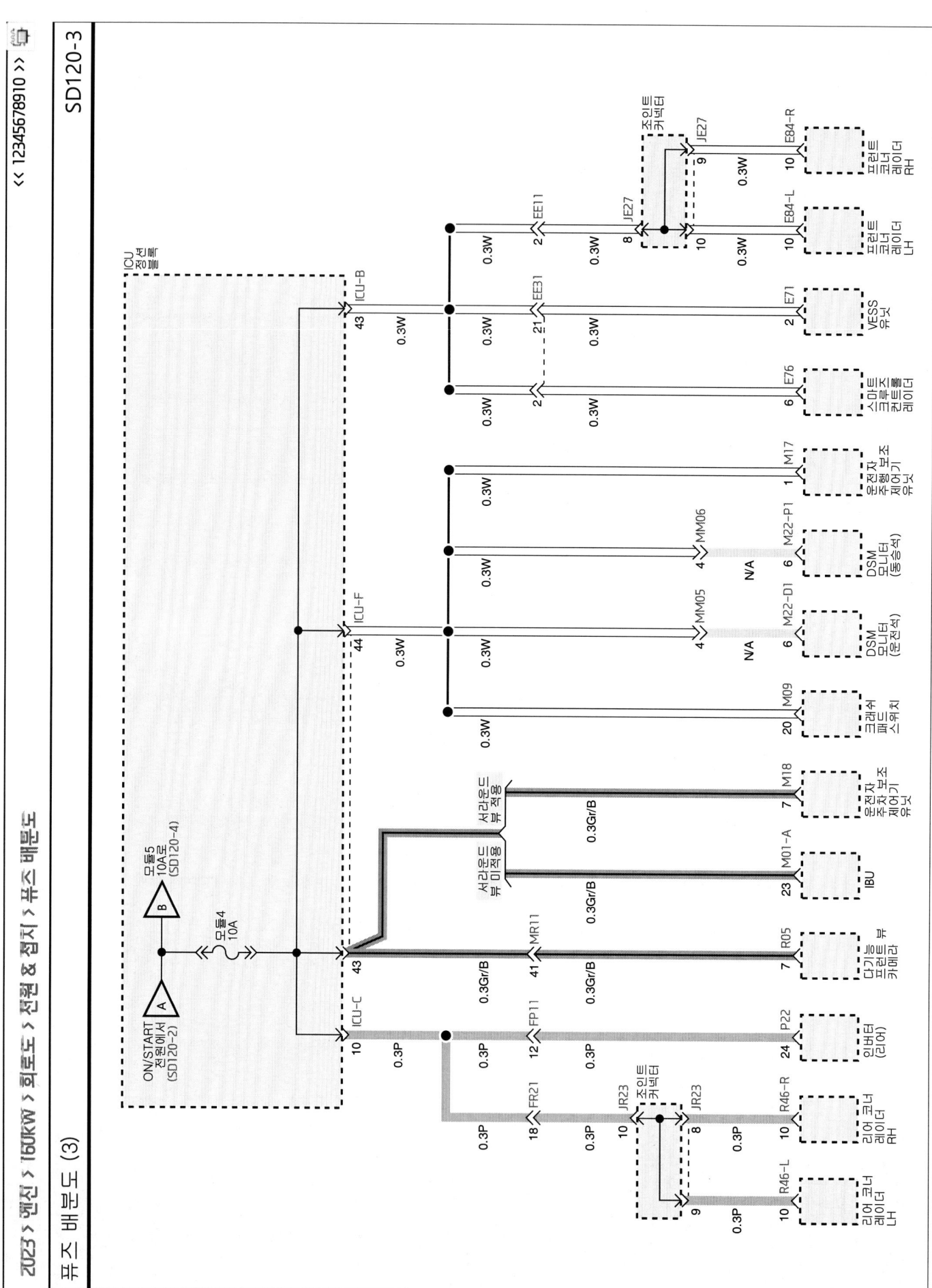

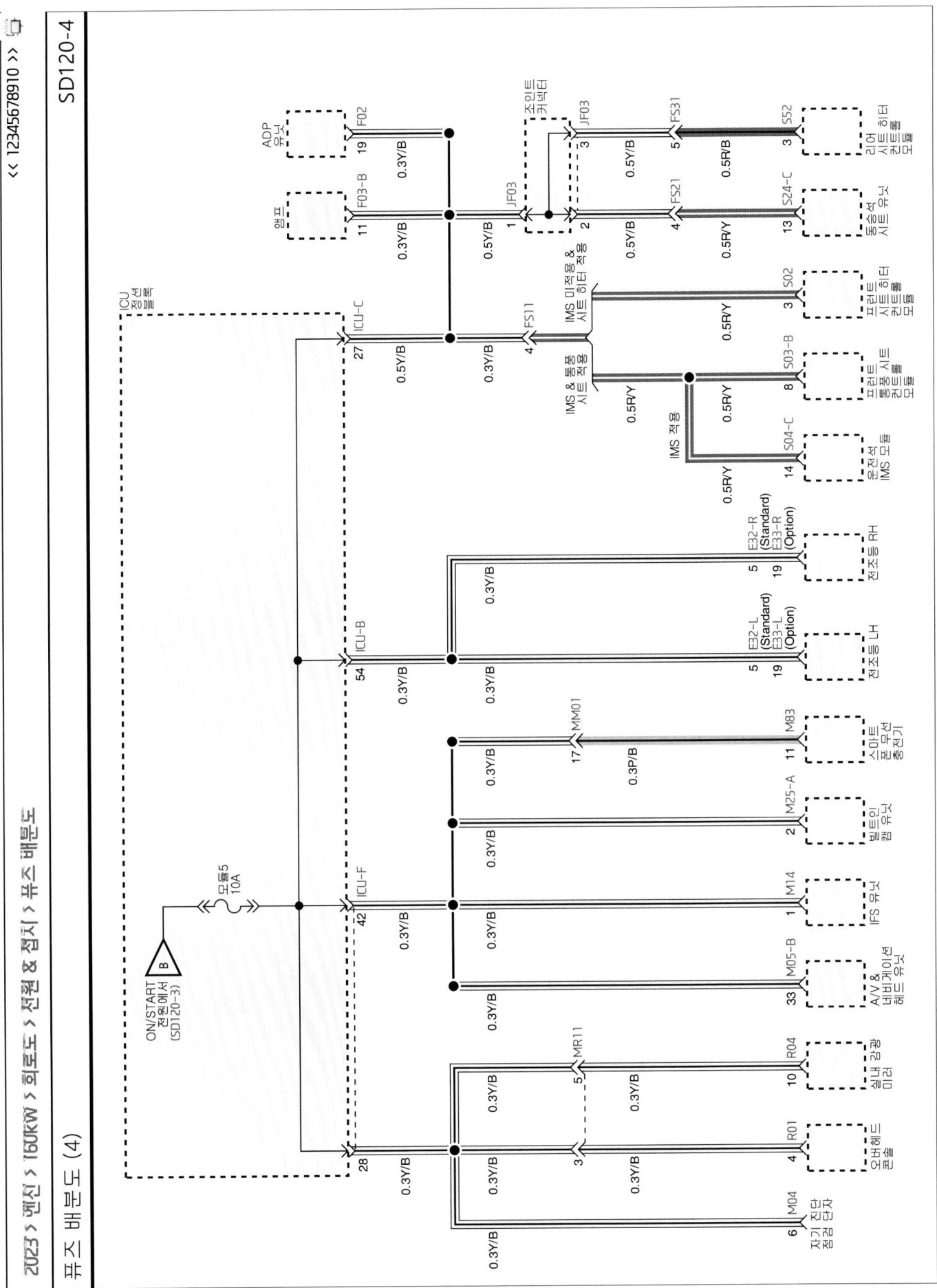

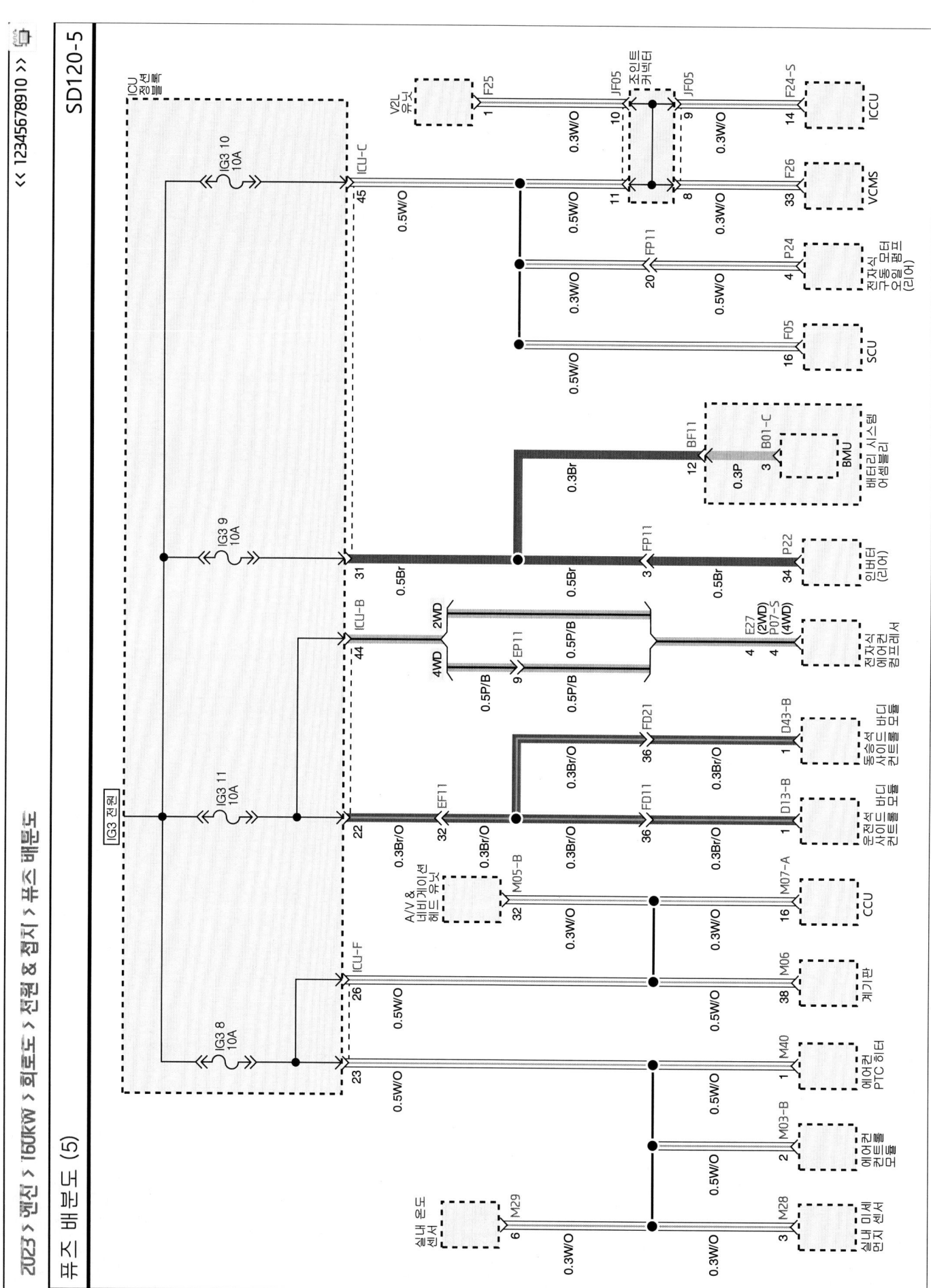

퓨즈 배분도 (6)

퓨즈 배분도 (7)

SD120-7

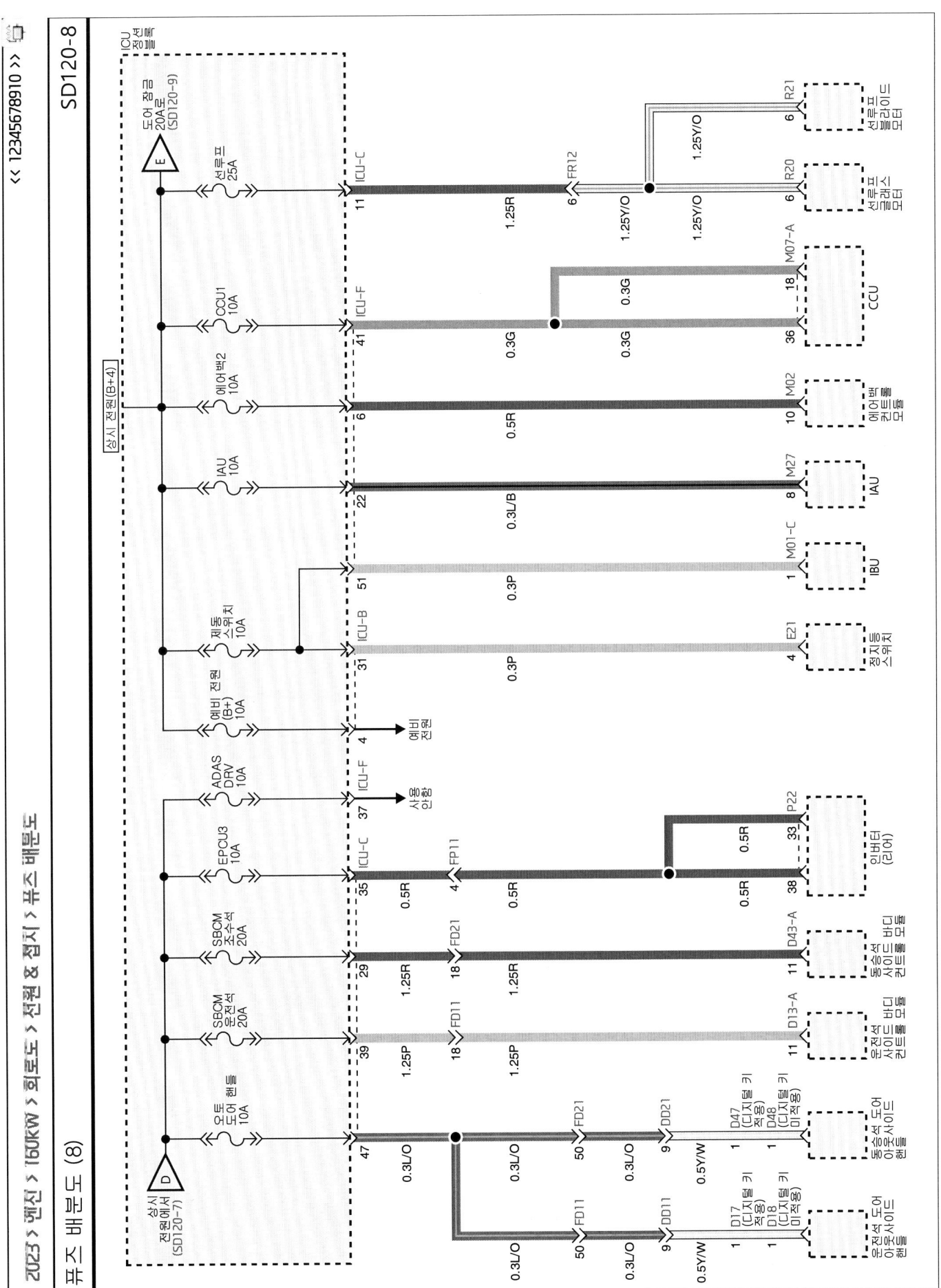

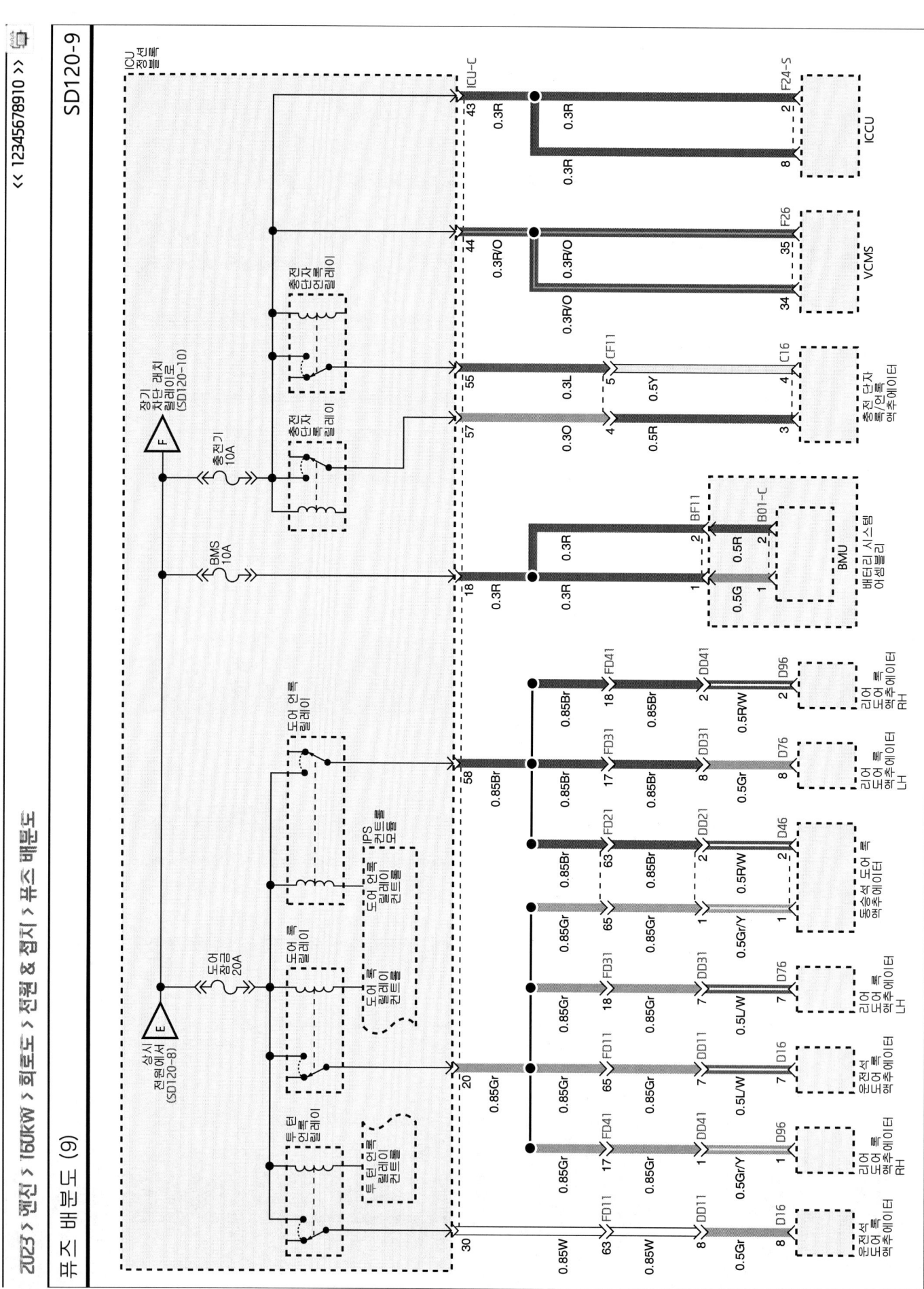

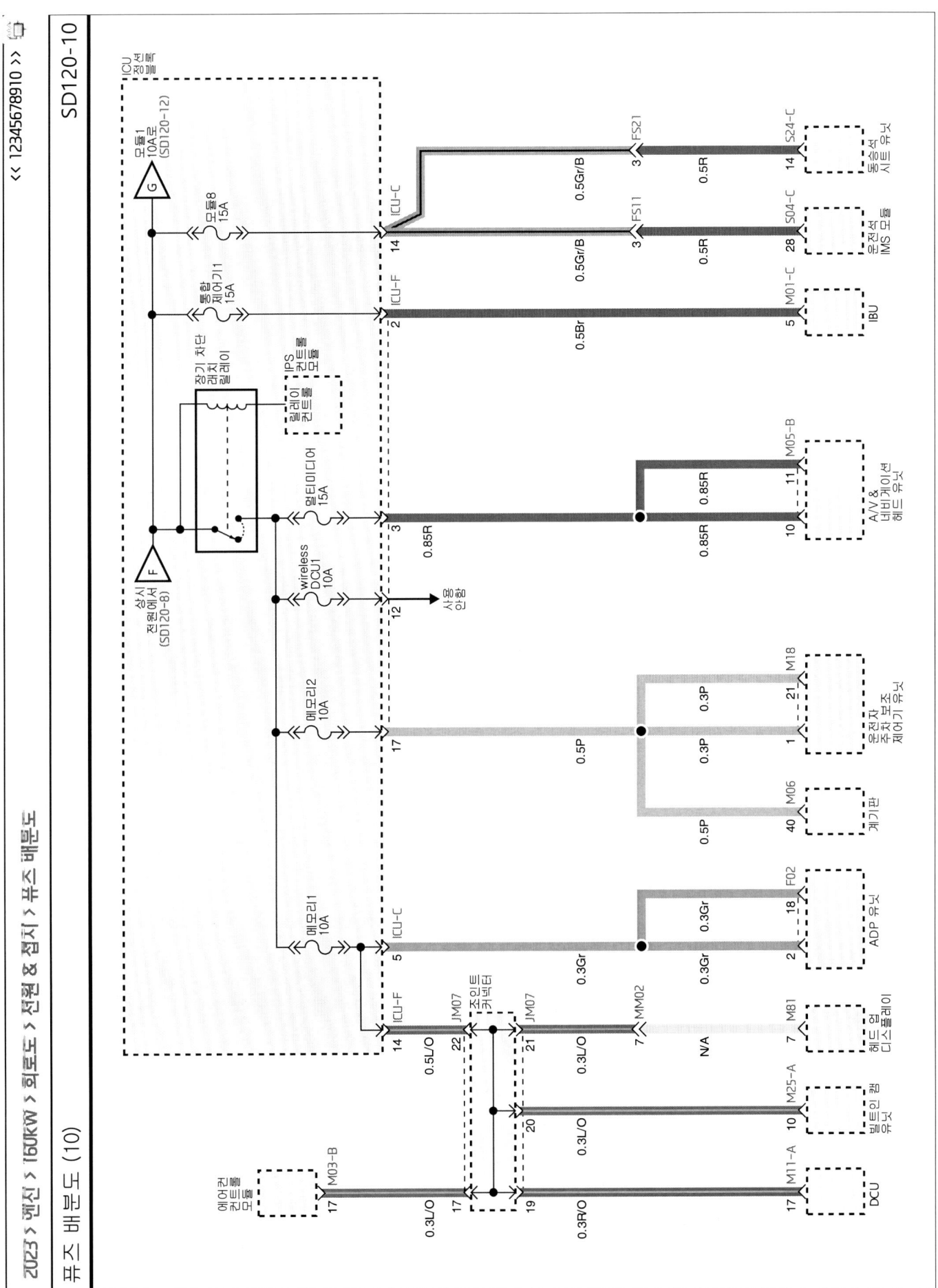

퓨즈 배분도 (11)

SD120-11

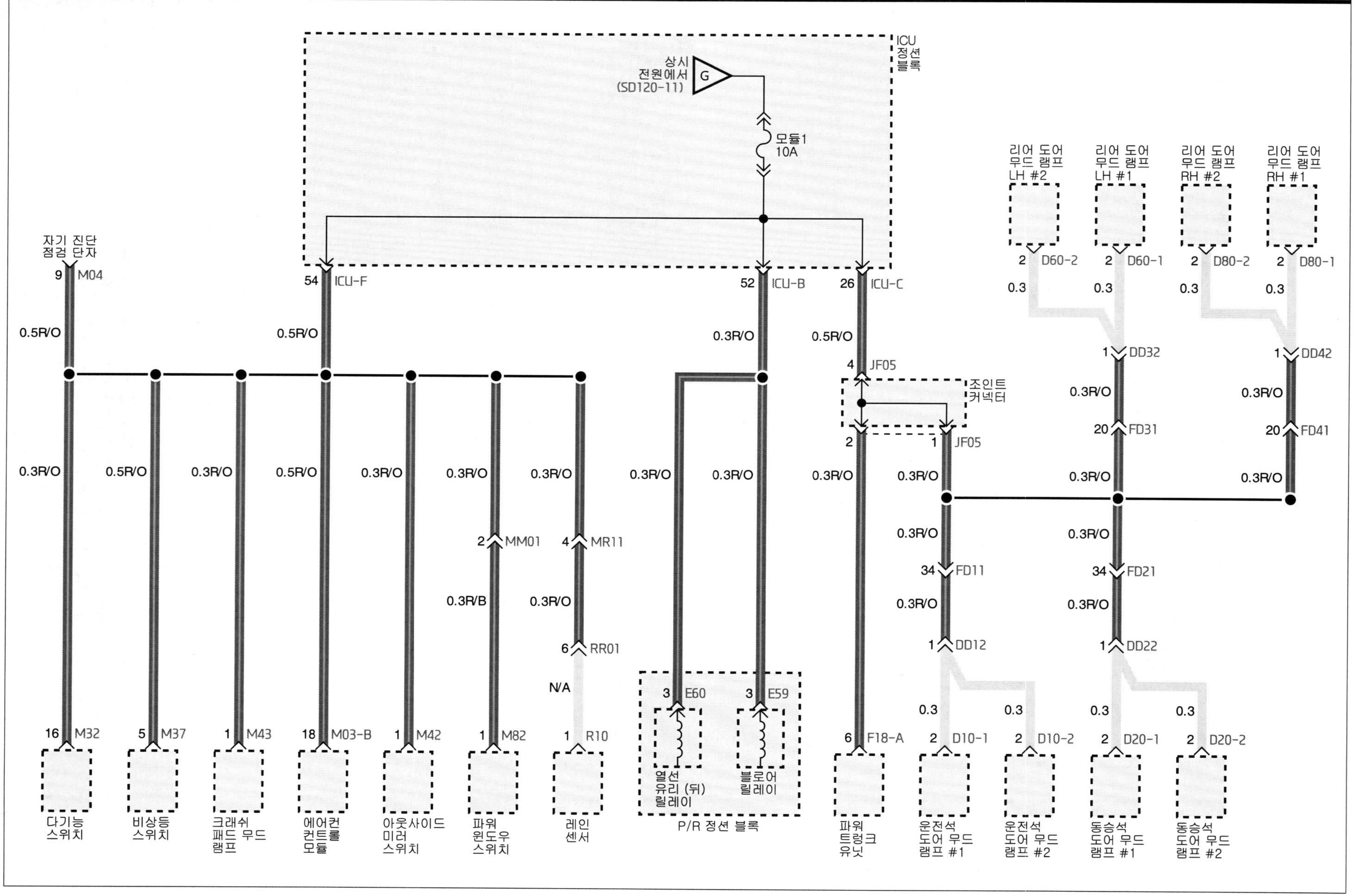

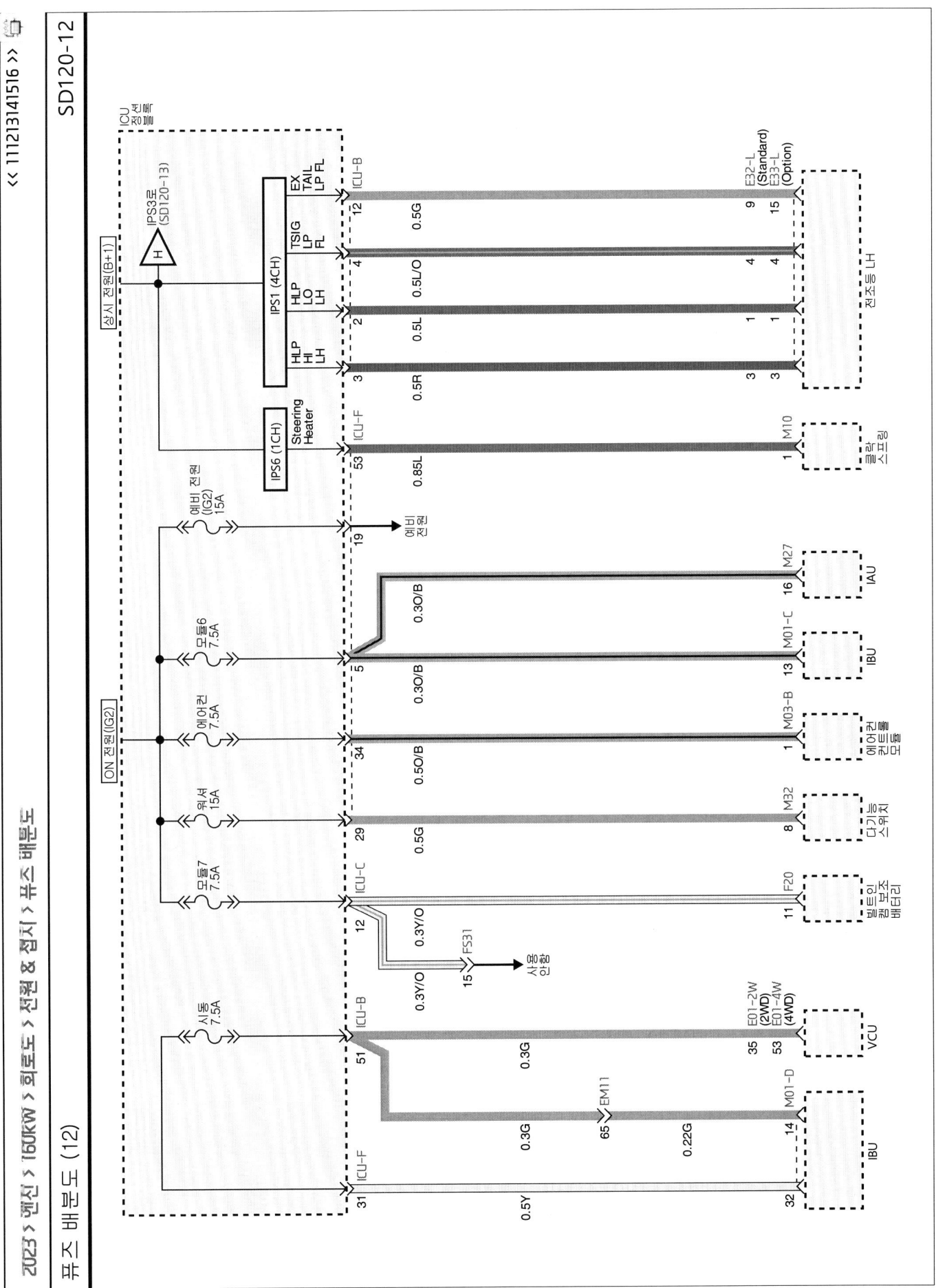

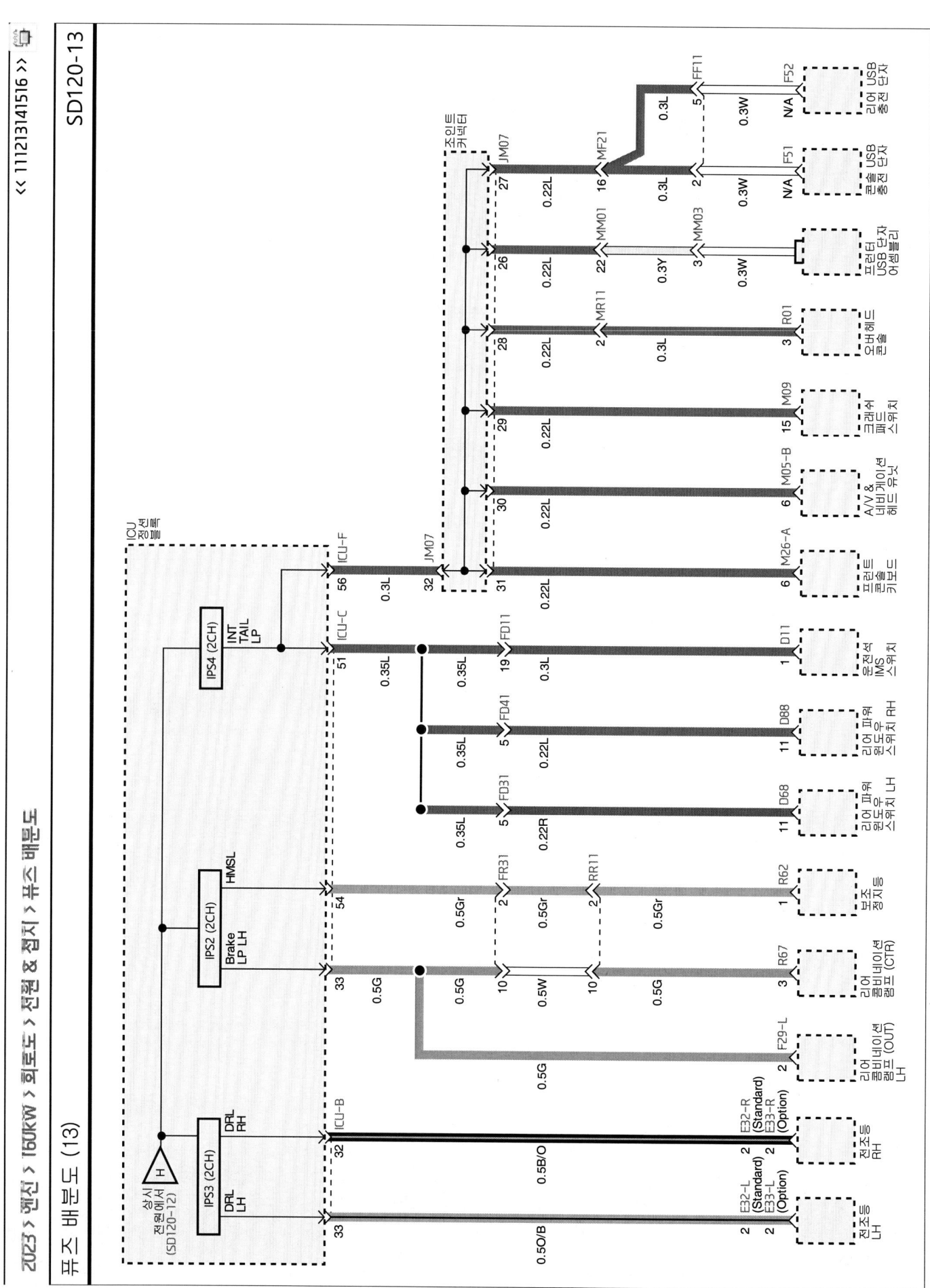

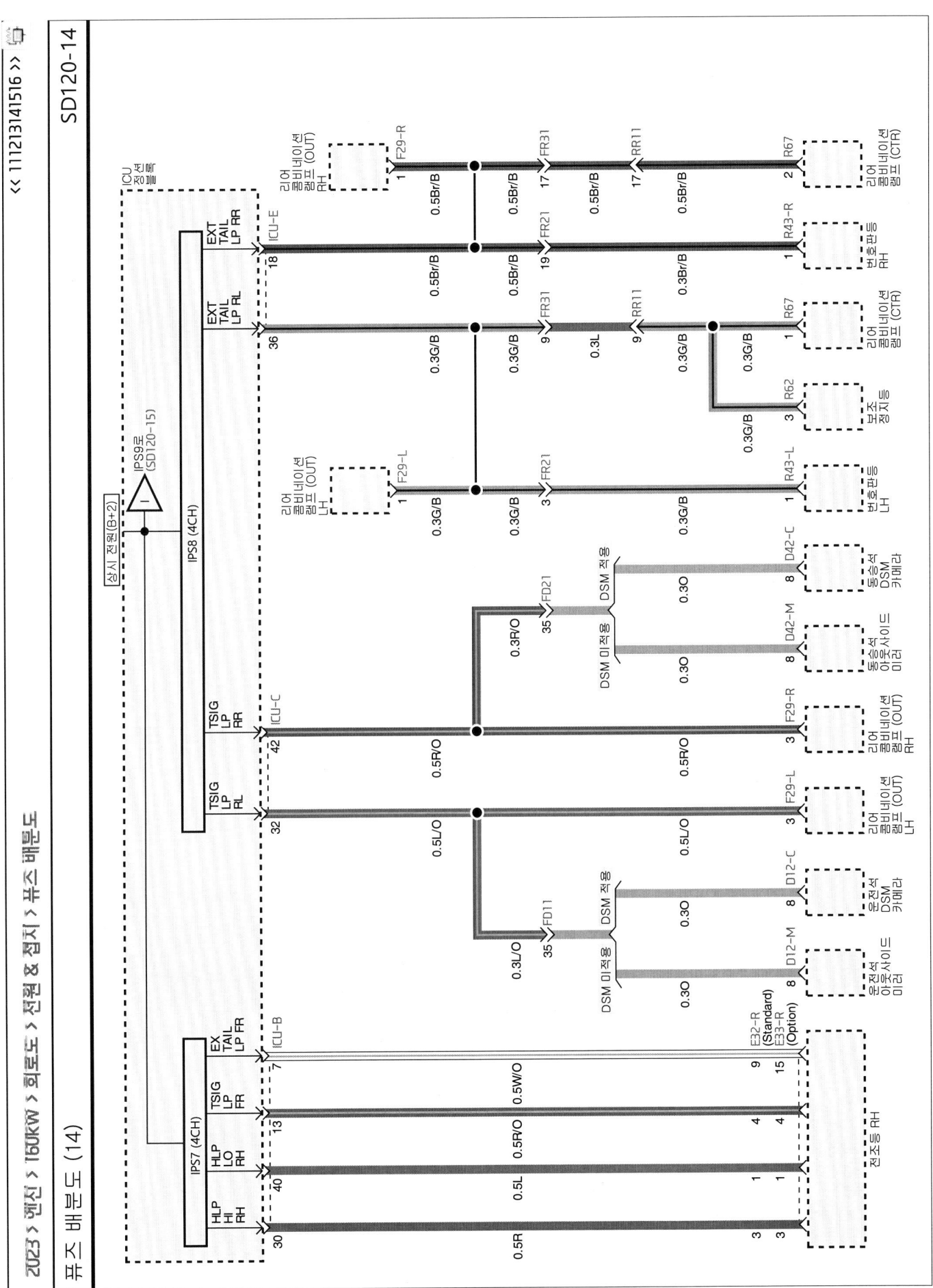

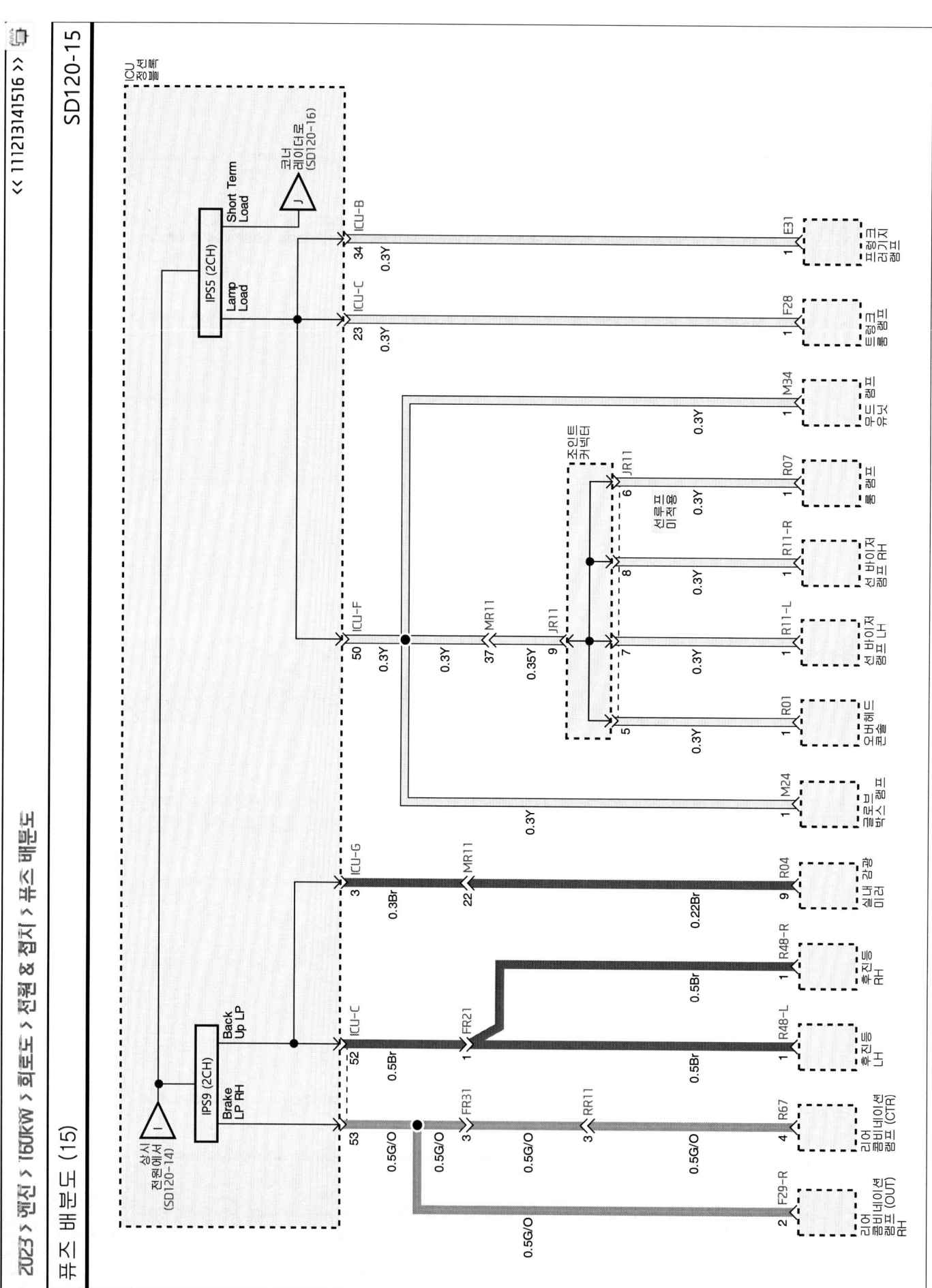

퓨즈 배선도 (16)

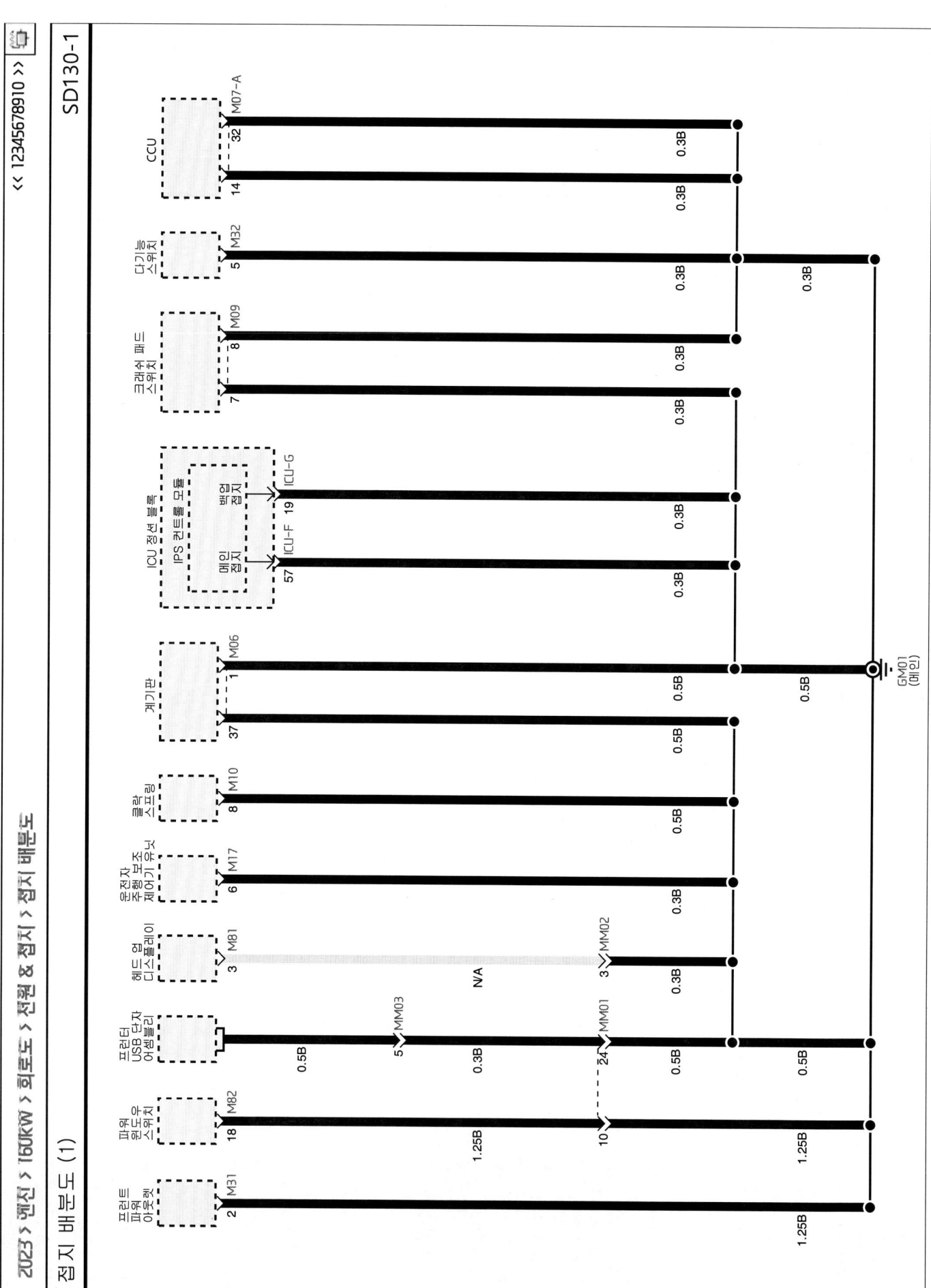

2023 > 엔진 > 160KW > 회로도 > 전원 & 접지 > 접지 배선도

접지 배선도 (2)

SD130-2

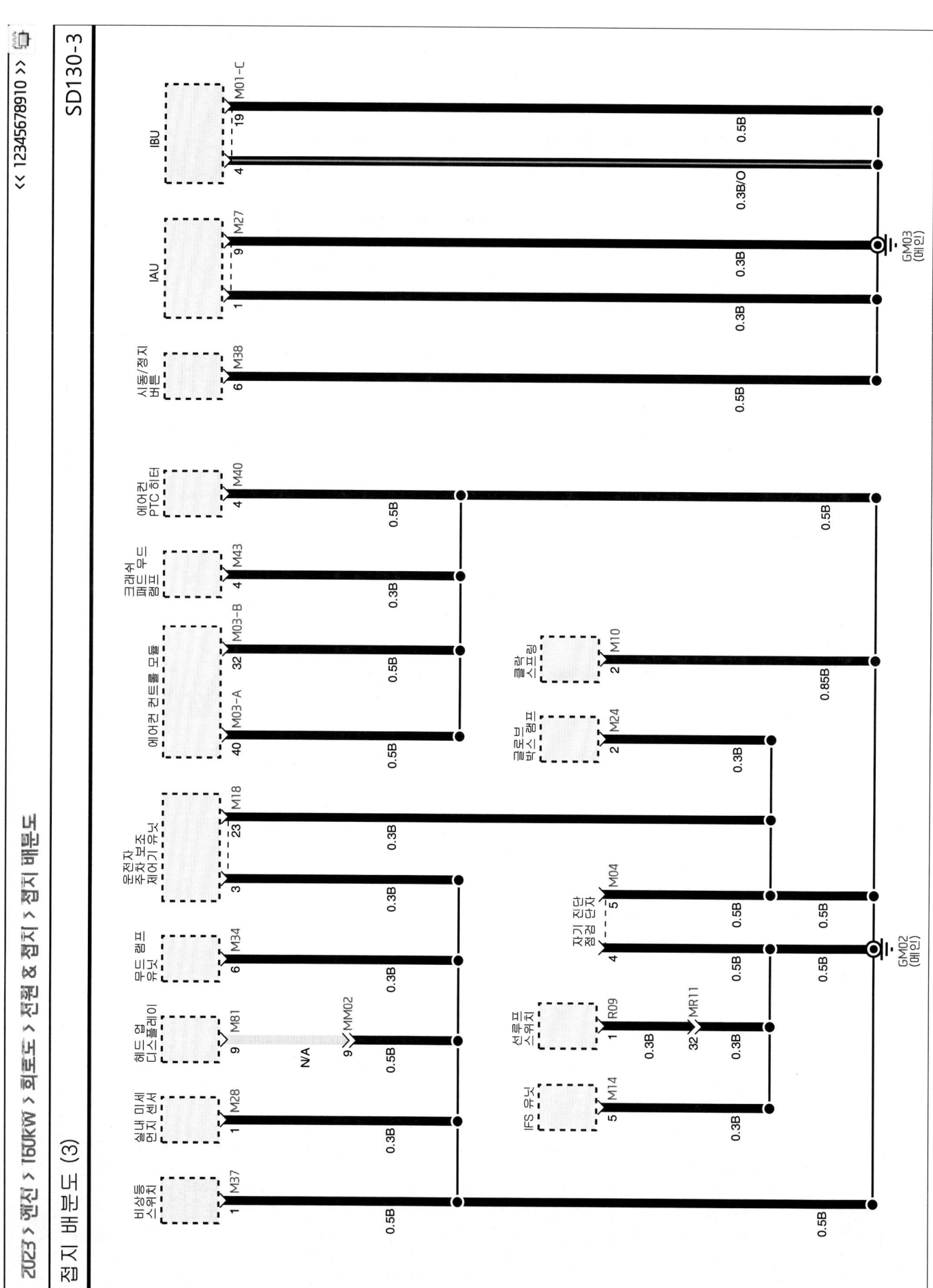

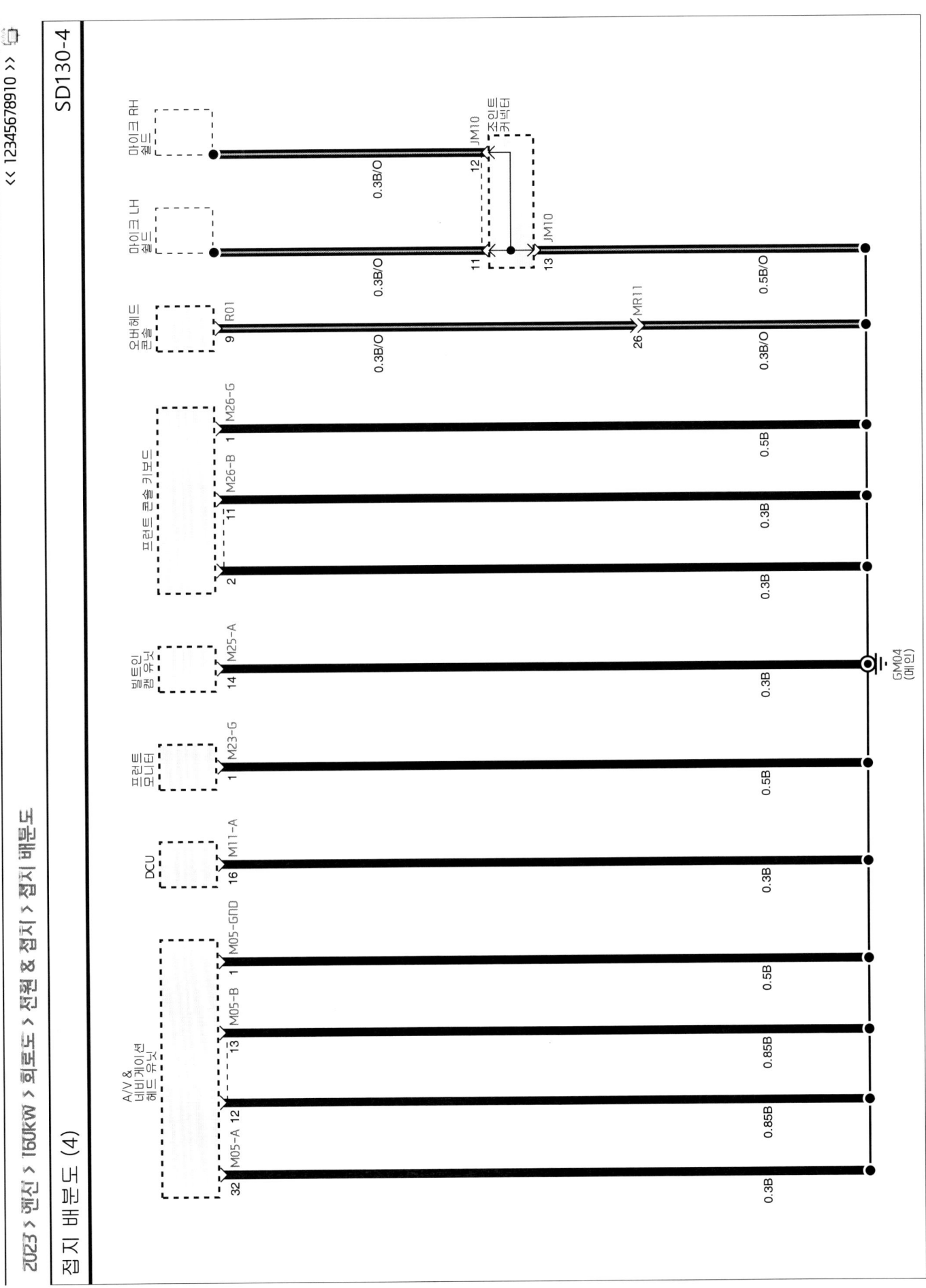

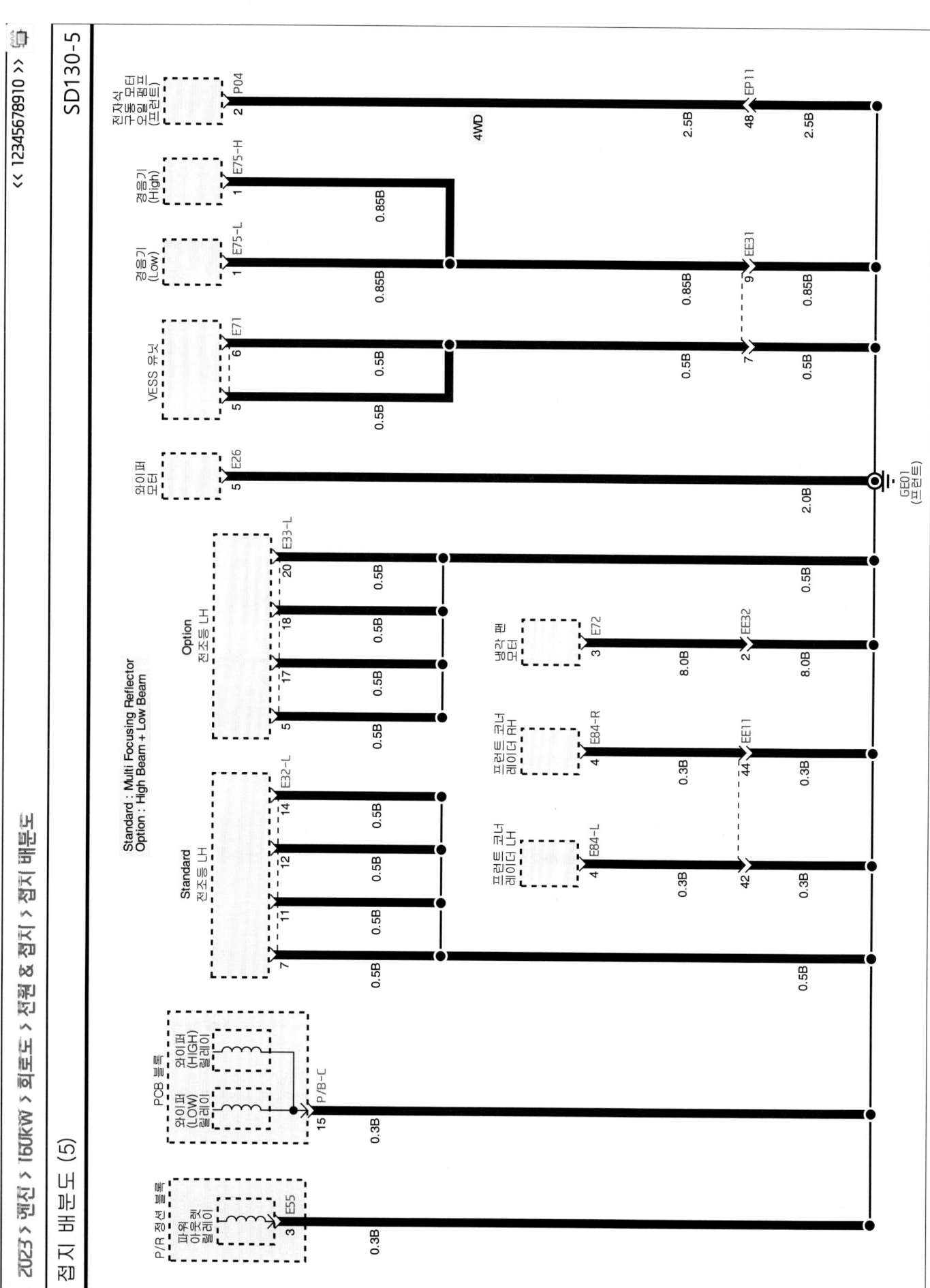

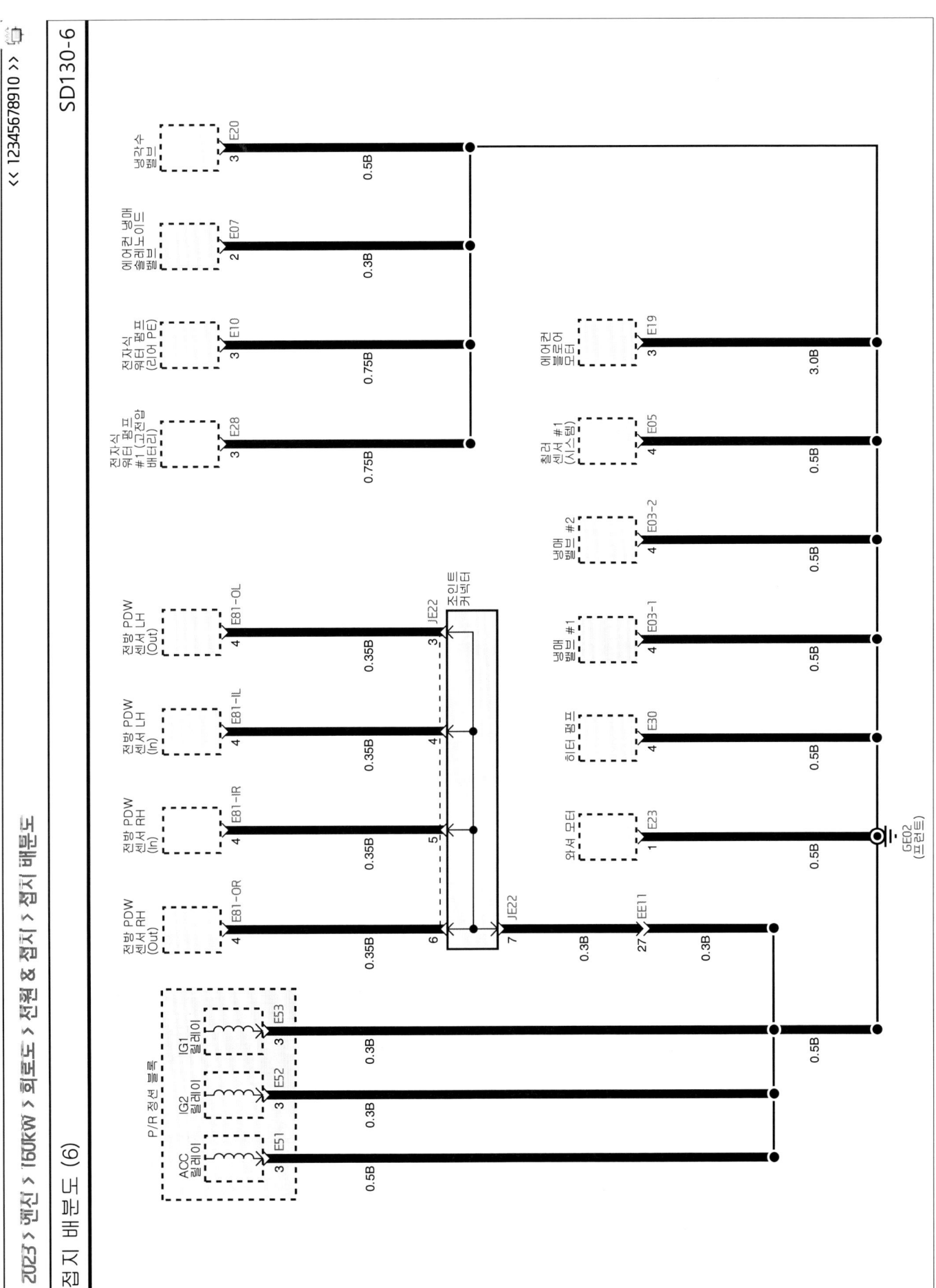

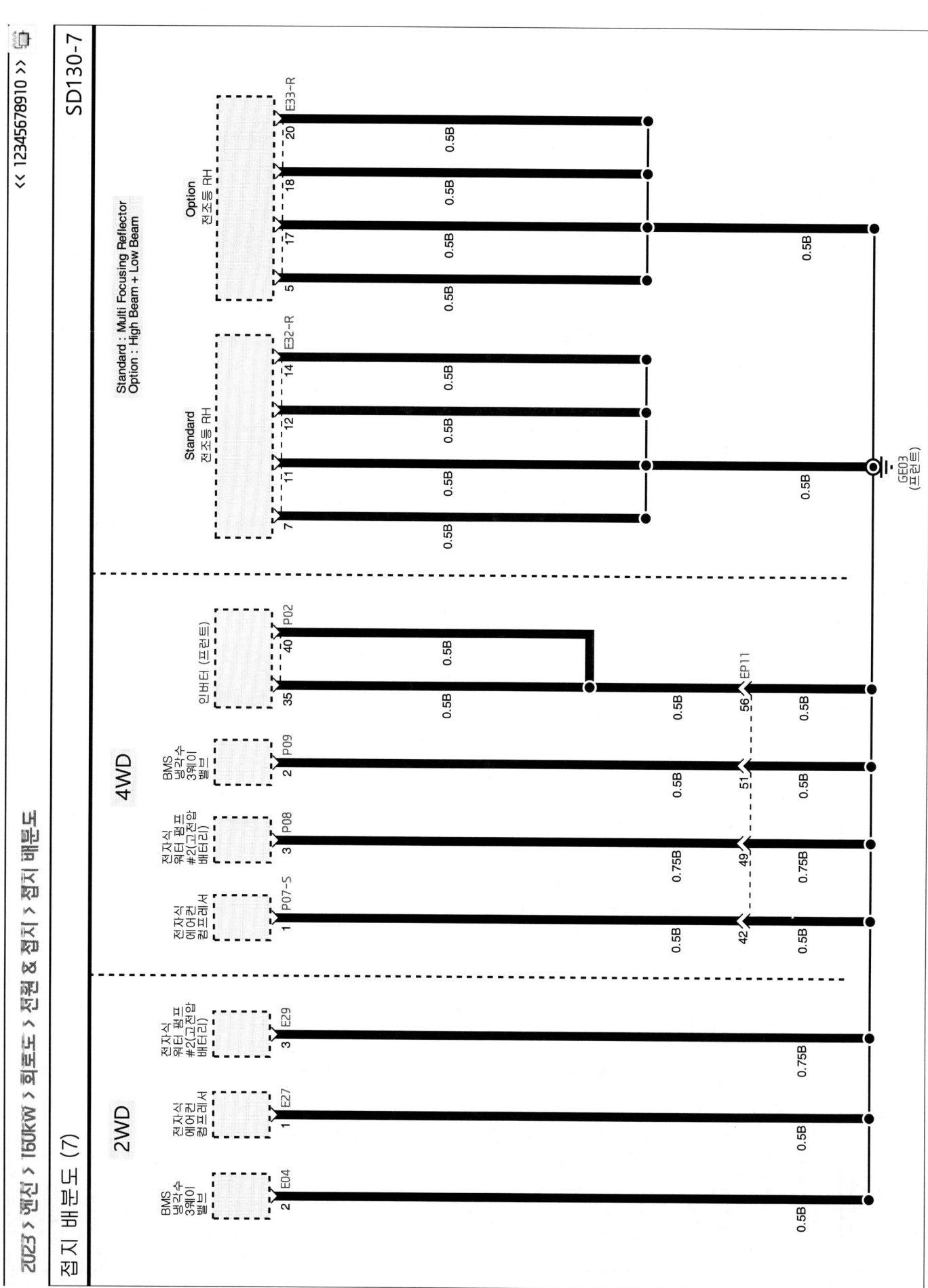

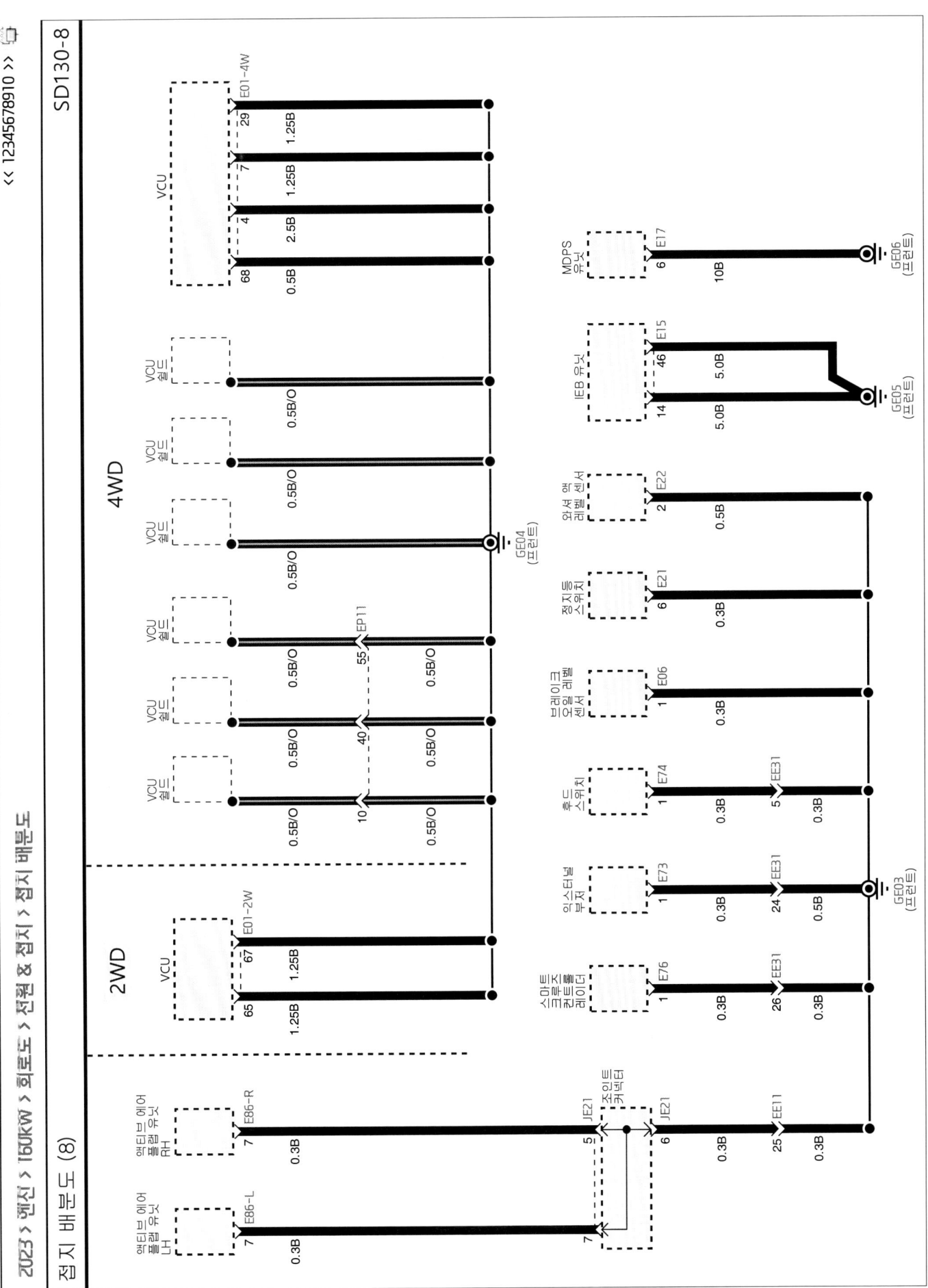

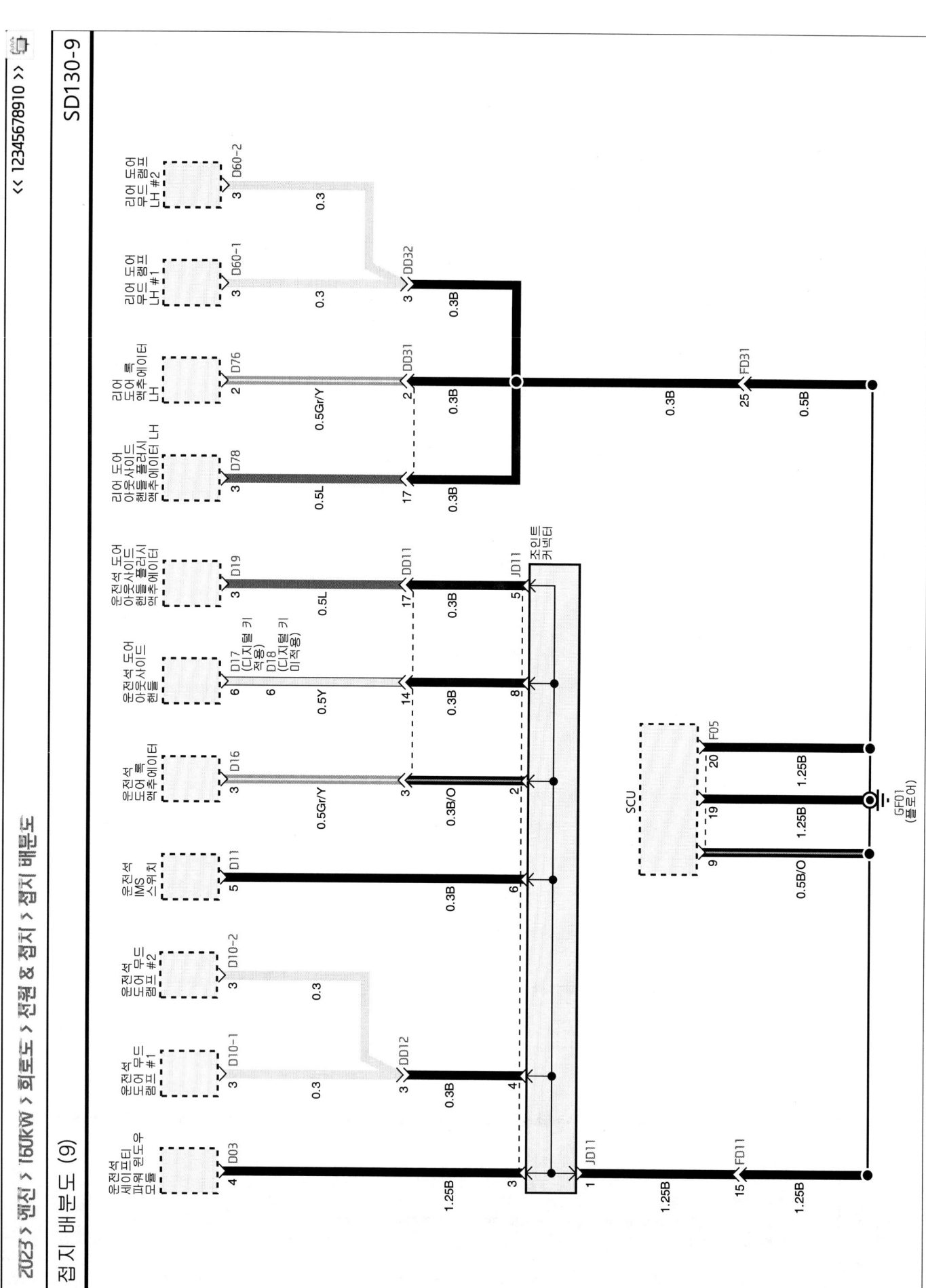

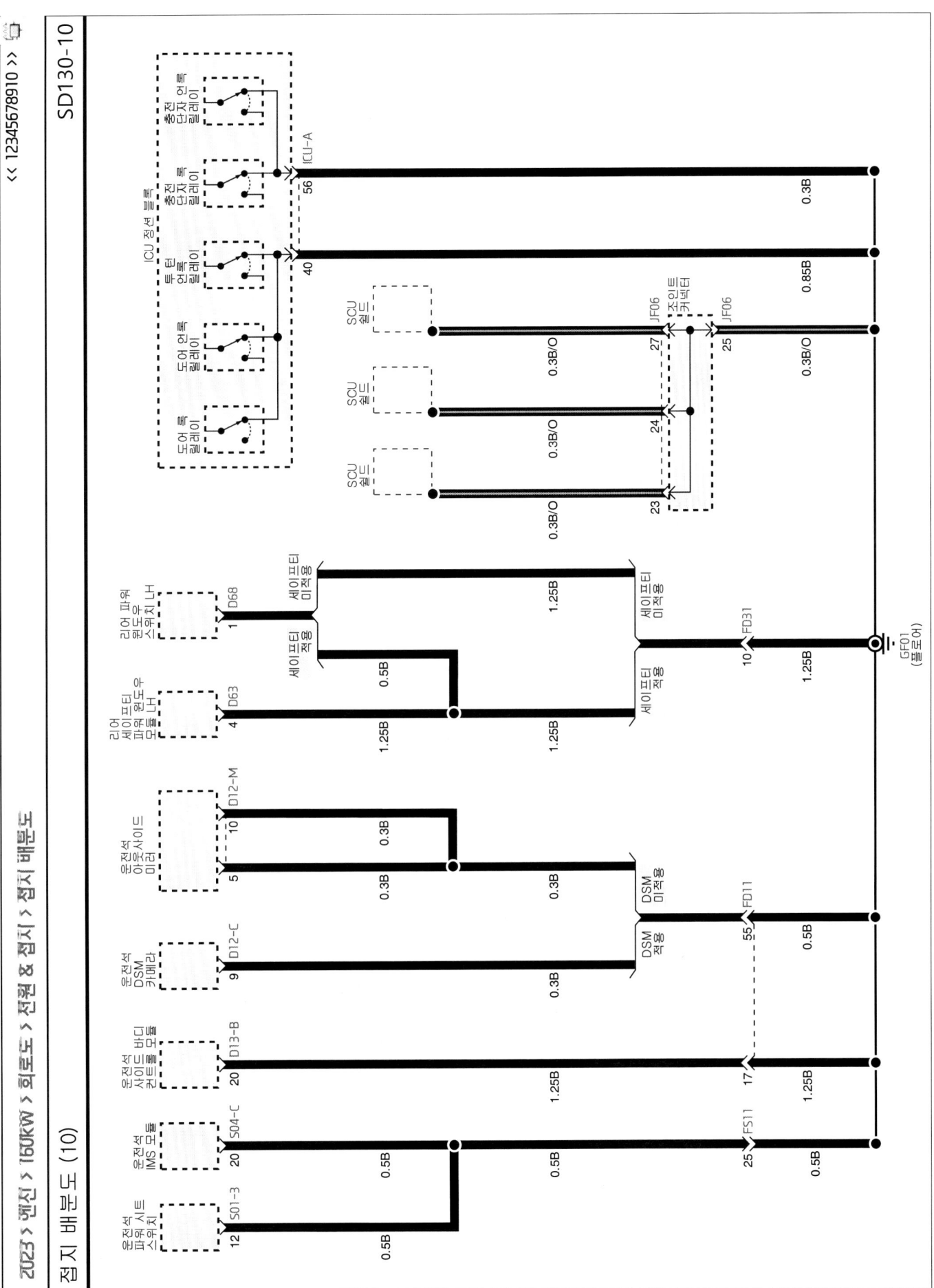

접지 배분도 (11)

SD130-11

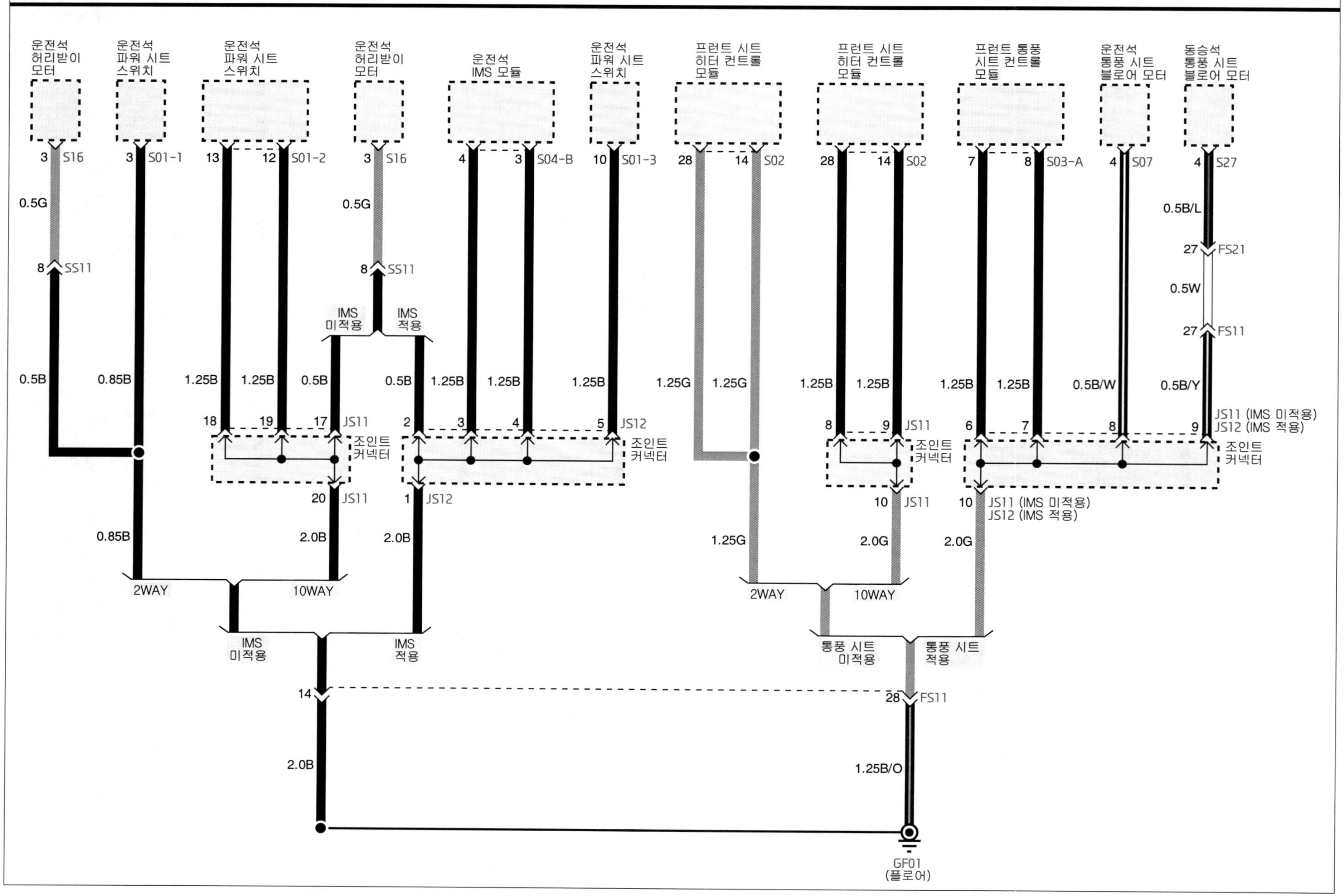

접지 배선도 (12)

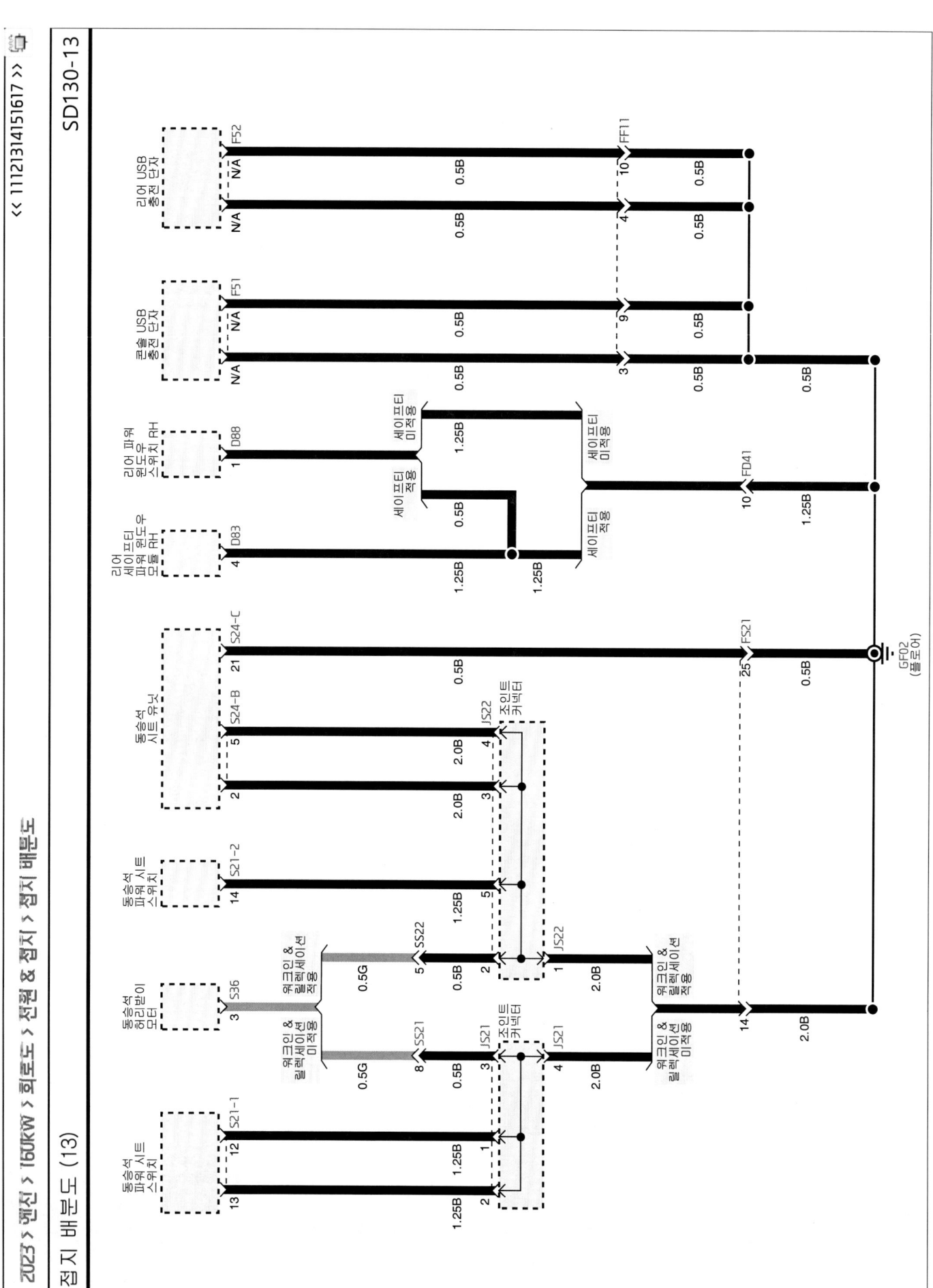

접지 배선도 (14)

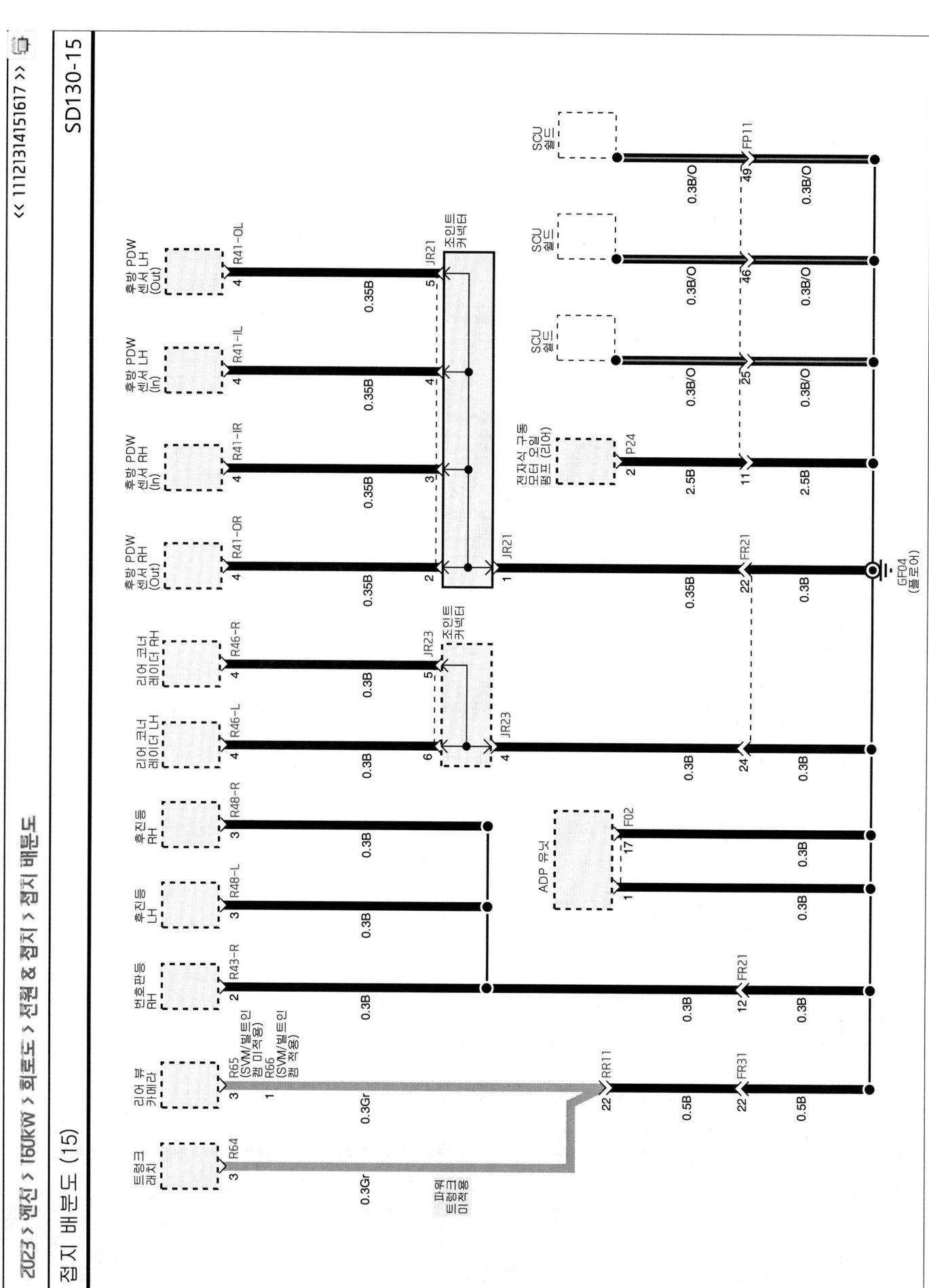

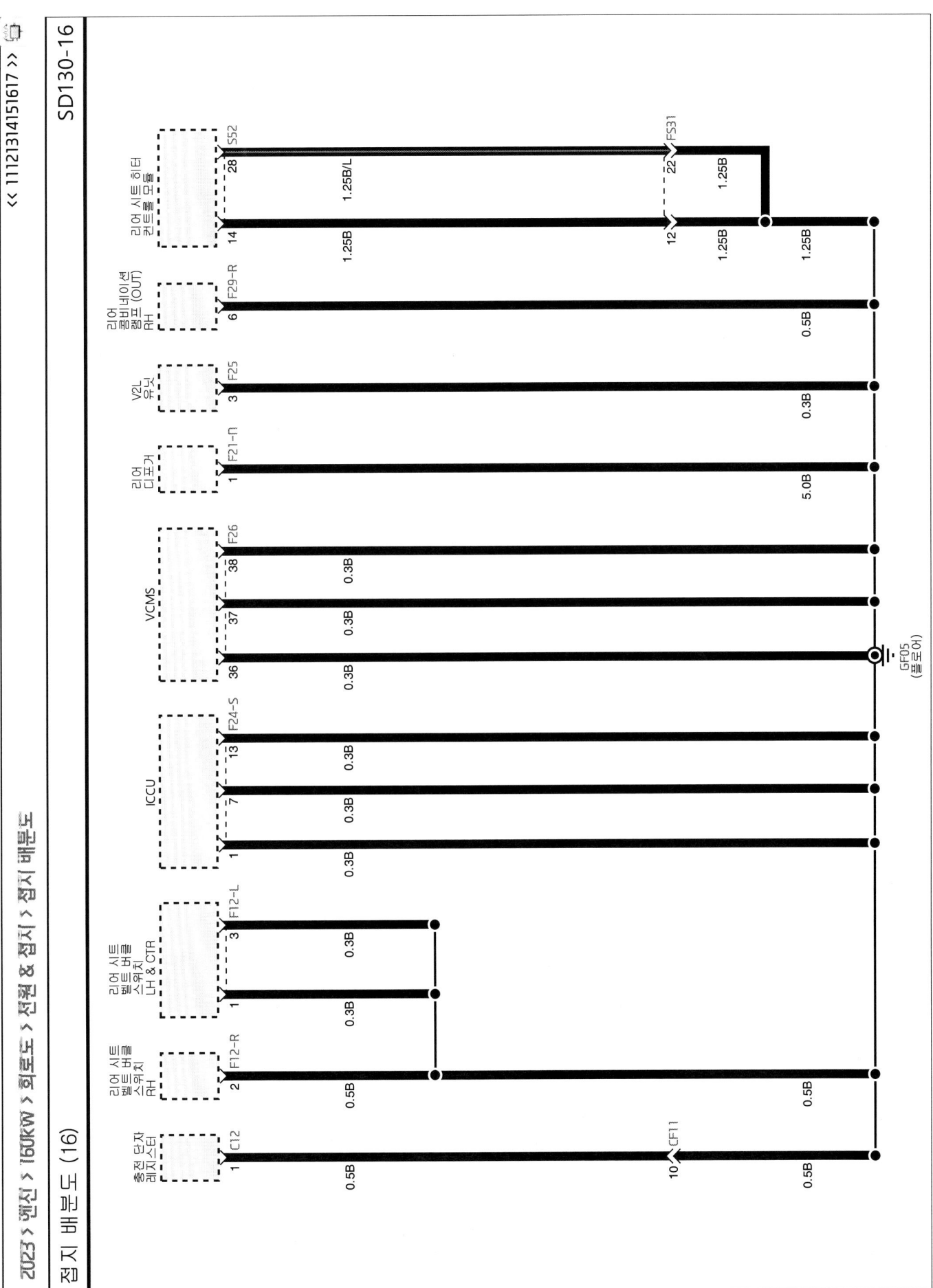

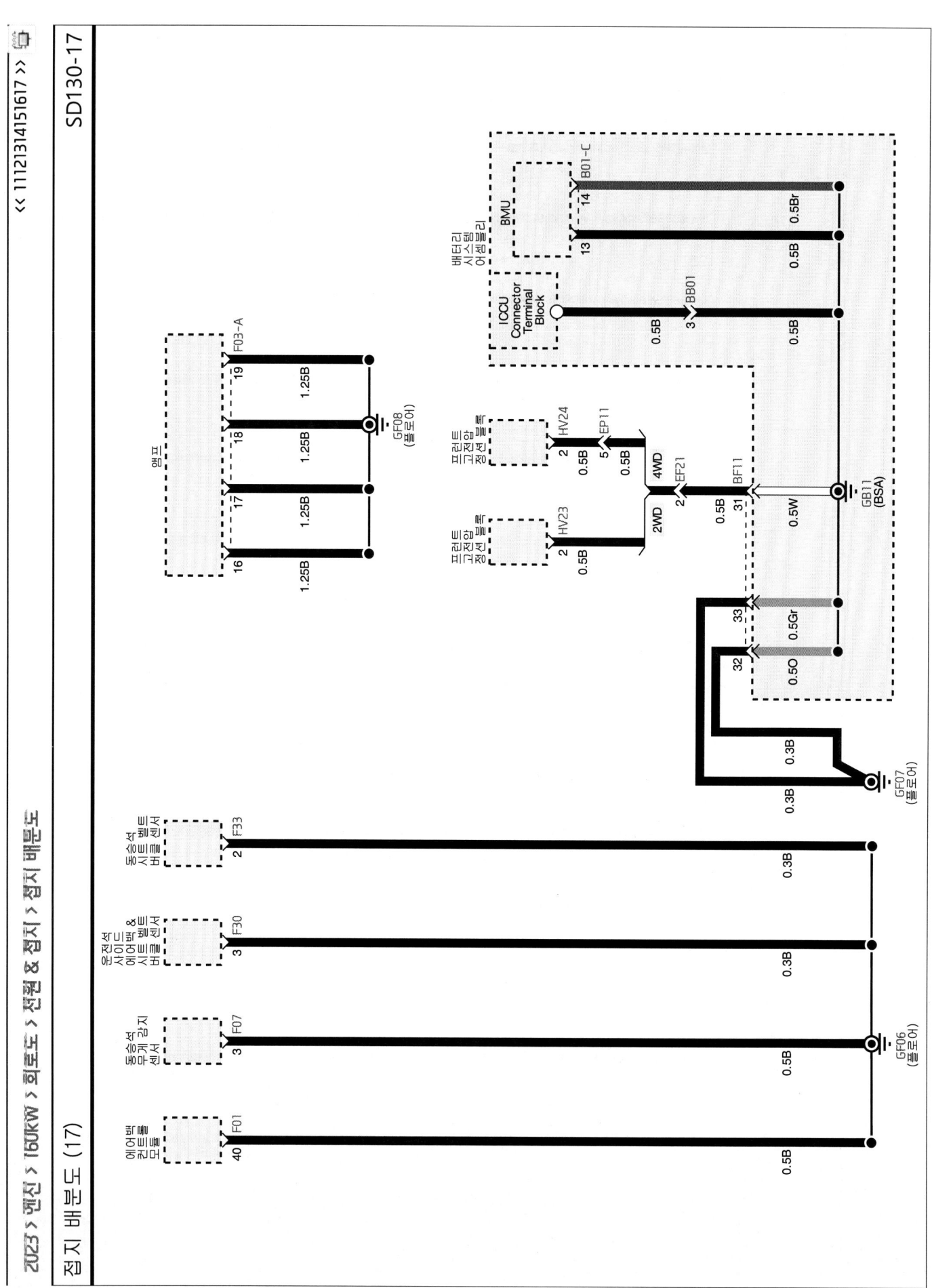

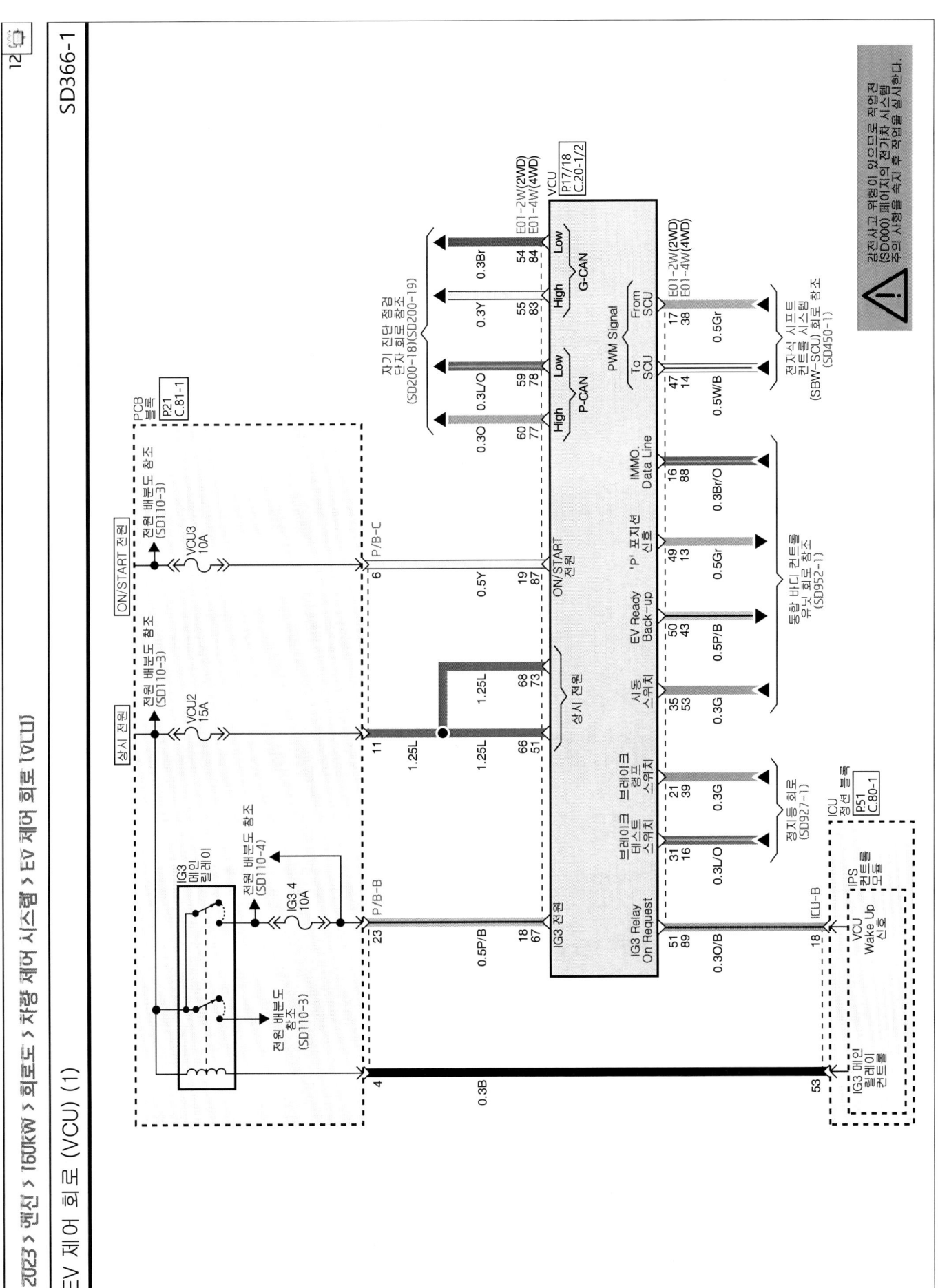

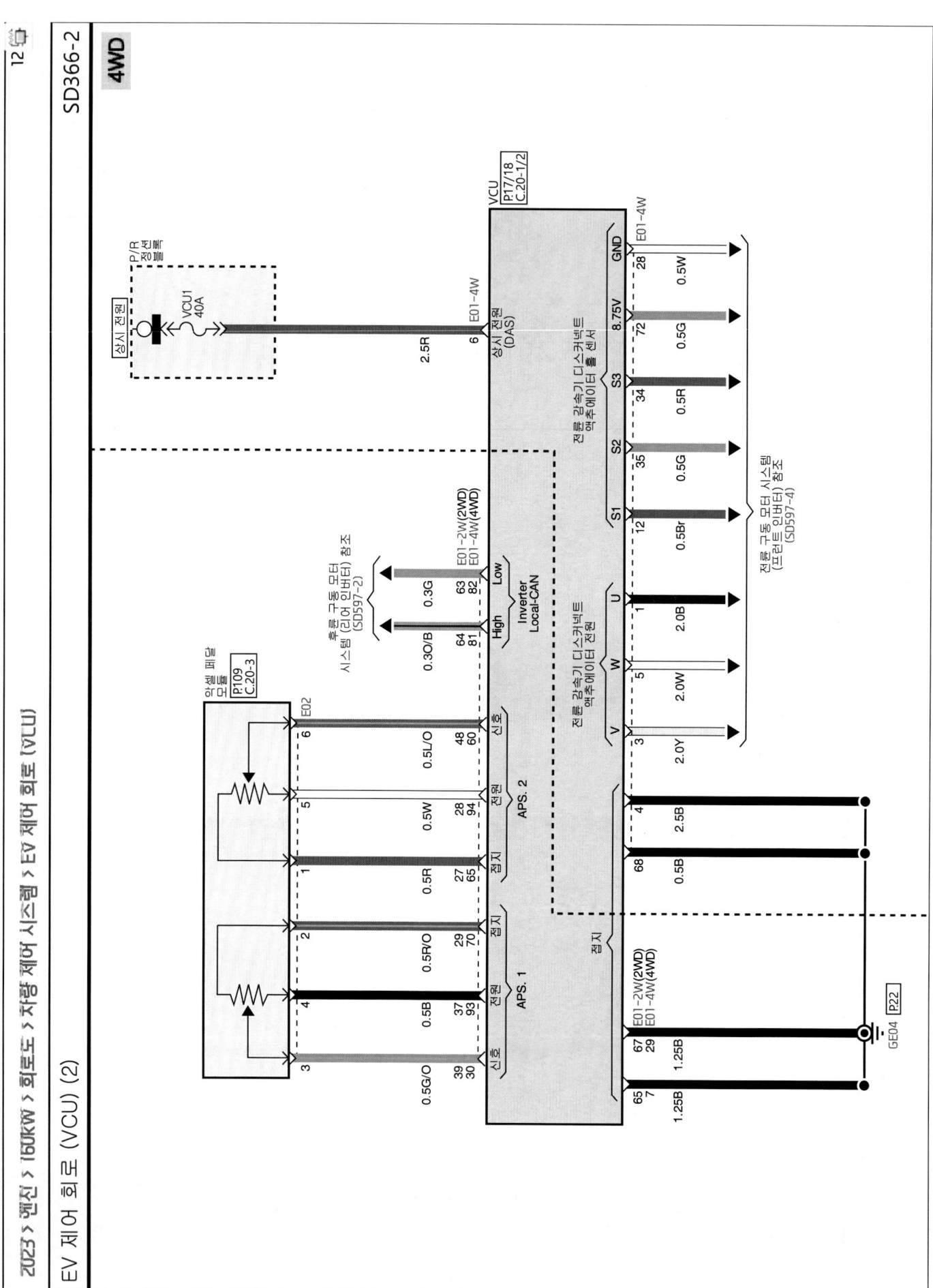

2023 > 엔진 > 160kW > 회로도 > 차량 제어 시스템 > EV 제어 회로 (VCU) > 서비스 팁

EV 제어 회로 (VCU) 서비스 팁 (1)

회로 설명

전기자동차용 구동 모터는 엔진이 없는 전기자동차에서 동력을 발생하는 장치로 높은 구동력과 출력으로 가속과 등판 및 고속 운전에 필요한 동력을 제공하며 동력을 제어한다. 또한 감속 시에는 발전기로 전환되어 전기를 생산하여 고전압 배터리를 충전함으로써 연비를 향상시키고 주행거리를 증대시킨다. 모터에서 발생된 동력은 회전자 축과 연결된 감속기와 드라이브 샤프트를 통해 바퀴에 전달된다.

1. 고전압 케이블의 역할

구동 모터와 연결된 오렌지 색상의 고전압 케이블은 주행조건에 따라 충전과 방전이 이루어지는 경로이며 각각의 케이블은 온도 서킷을 감지하는 고장 코드가 지원된다. 또한 신호 커넥터에는 레졸버 (위치 센서) 및 온도 센서 관련 단자가 인터페이스 연결된다.

2. 온도 센서의 역할

모터 온도는 모터의 성능에 가장 큰 영향을 미친다. 모터가 과열되면 회전자와 고정자 코일이 손상되거나 성능이 저하될 수 있다. 이를 방지하기 위하여, 모터 온도에 따라 모터 토크를 제어할 수 있도록 온도 센서가 내부에 장착되어 있다.

3. 레졸버 (위치 센서) 역할

모터 제어를 위해서는 정확한 모터 회전자 절대 위치 검출이 필요하다. 레졸버를 이용한 회전자의 위치 및 속도 정보를 통하여 MCU는 최적으로 모터를 제어할 수 있게 된다. 레졸버는 리어 플레이트에 장착되며 모터의 회전자와 연결된 레졸버 회전자와 하우징과 연결된 레졸버 고정자로 구성되어 엔진의 캠샤프트 포지션 센서 (CMP) 처럼 모터 내부의 회전자 위치를 파악한다.

● 주요 특성

1. 구동 모터 제어 :
배터리 가용 파워, 모터 가용 토크, 운전자 요구(APS, 브레이크 스위치, 변속 레버)를 고려한 모터 토크 지령 계산

2. 공조 부하 제어 :
배터리 정보 및 FATC 요청 파워를 이용하여 최종 FATC 허용 파워 송신

3. 회생 제동 제어 :
1) 회생 제동을 위한 모터 충전 토크 지령 연산
2) 회생 제동 실행 량 연산

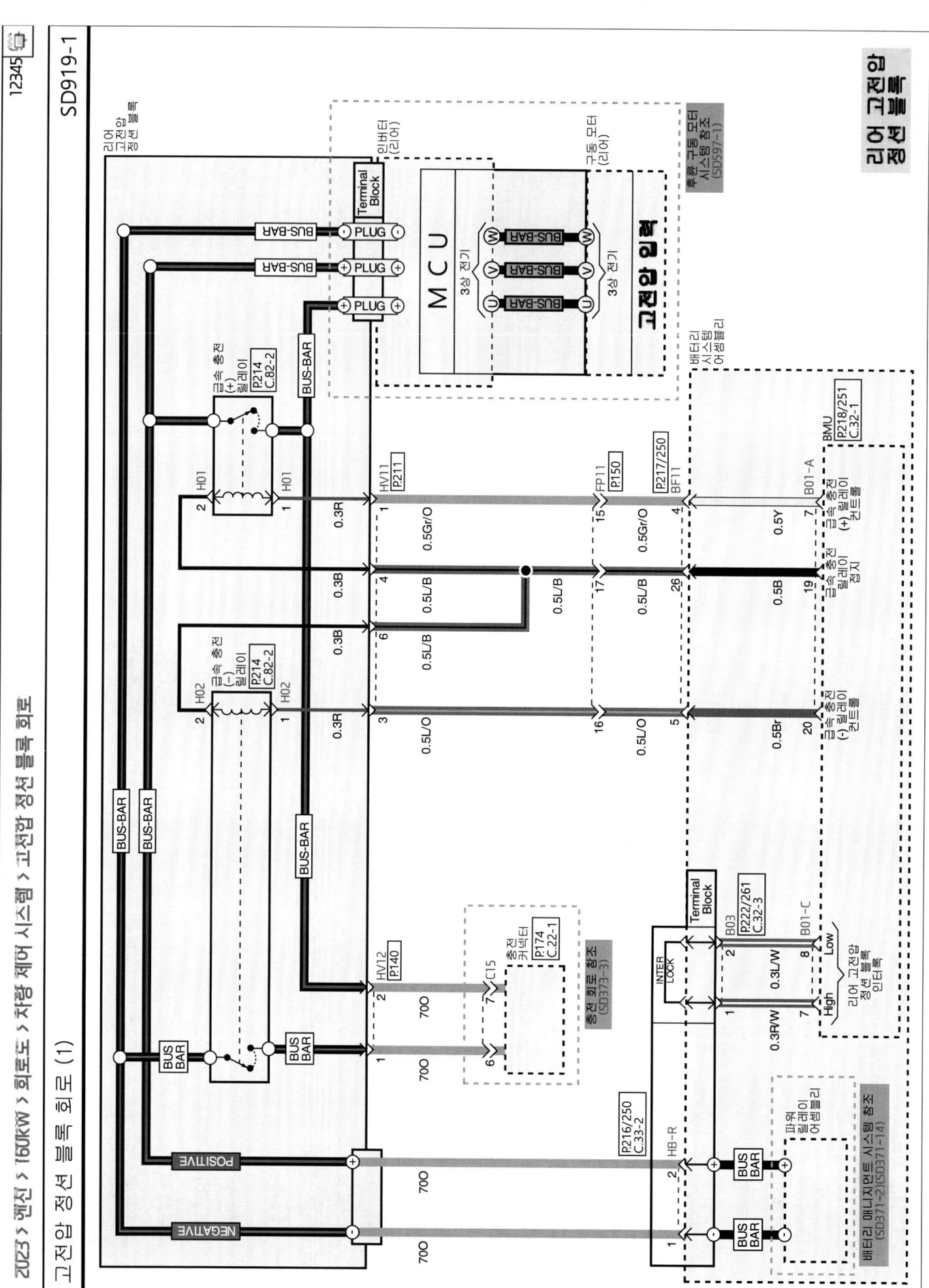

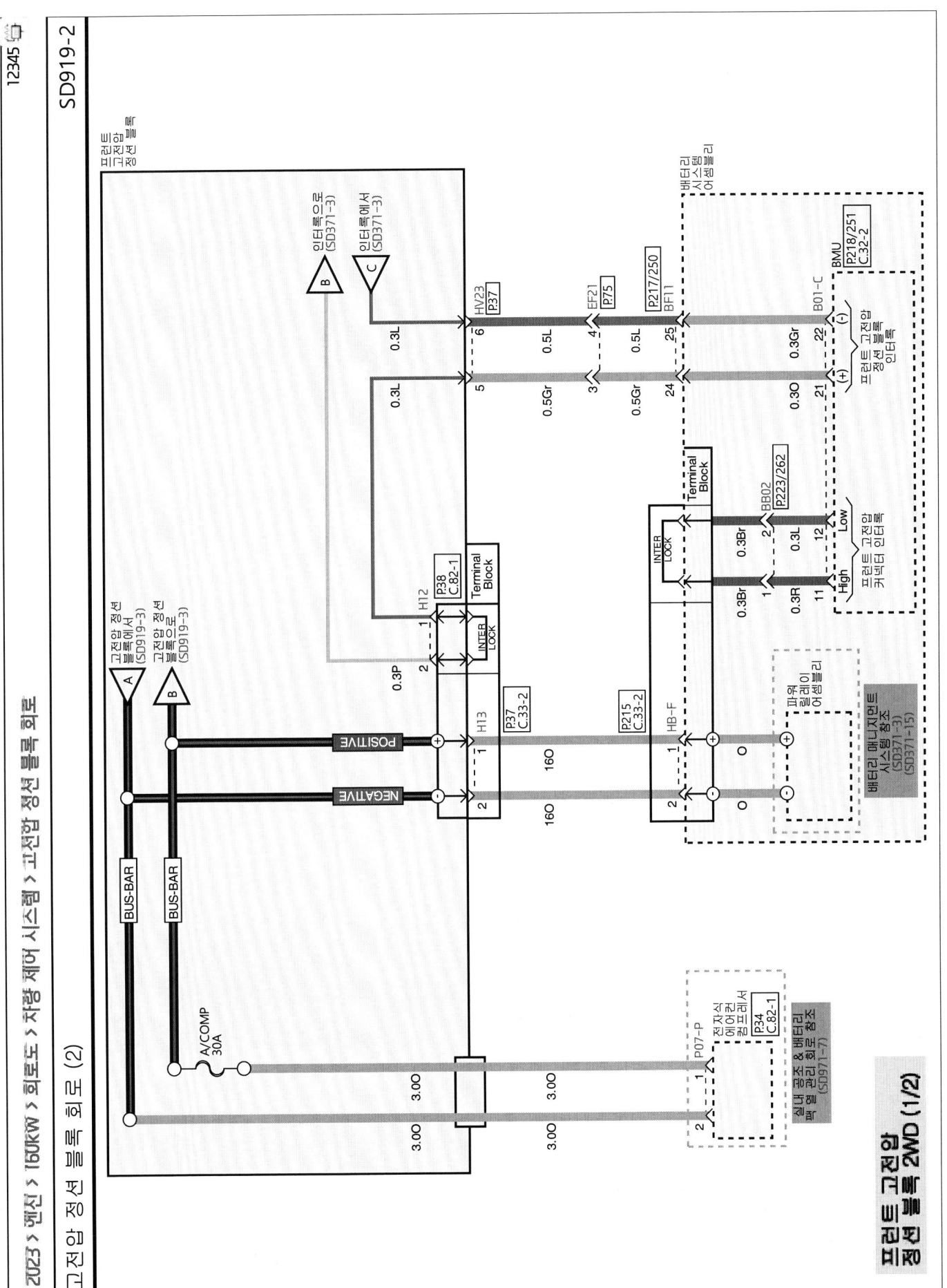

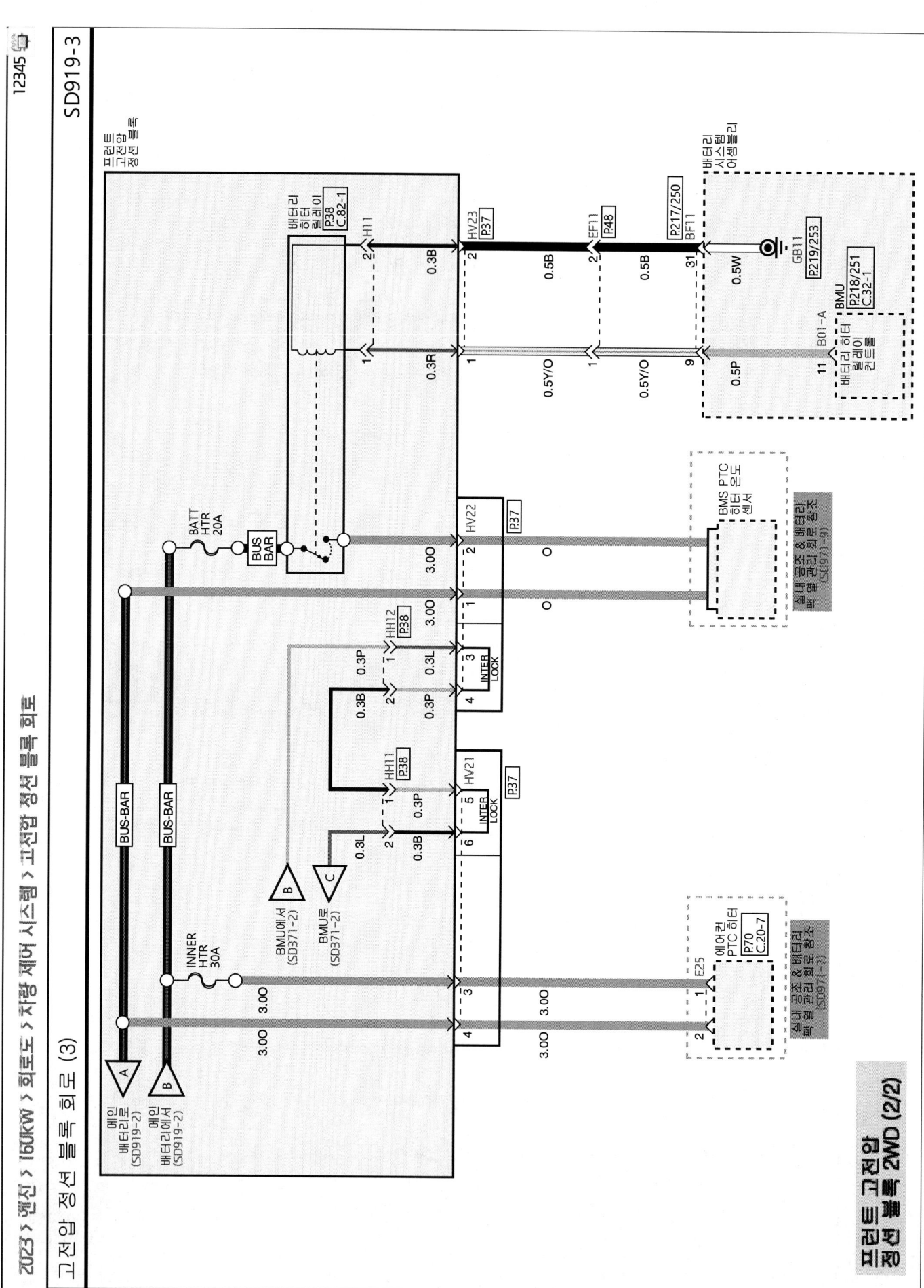

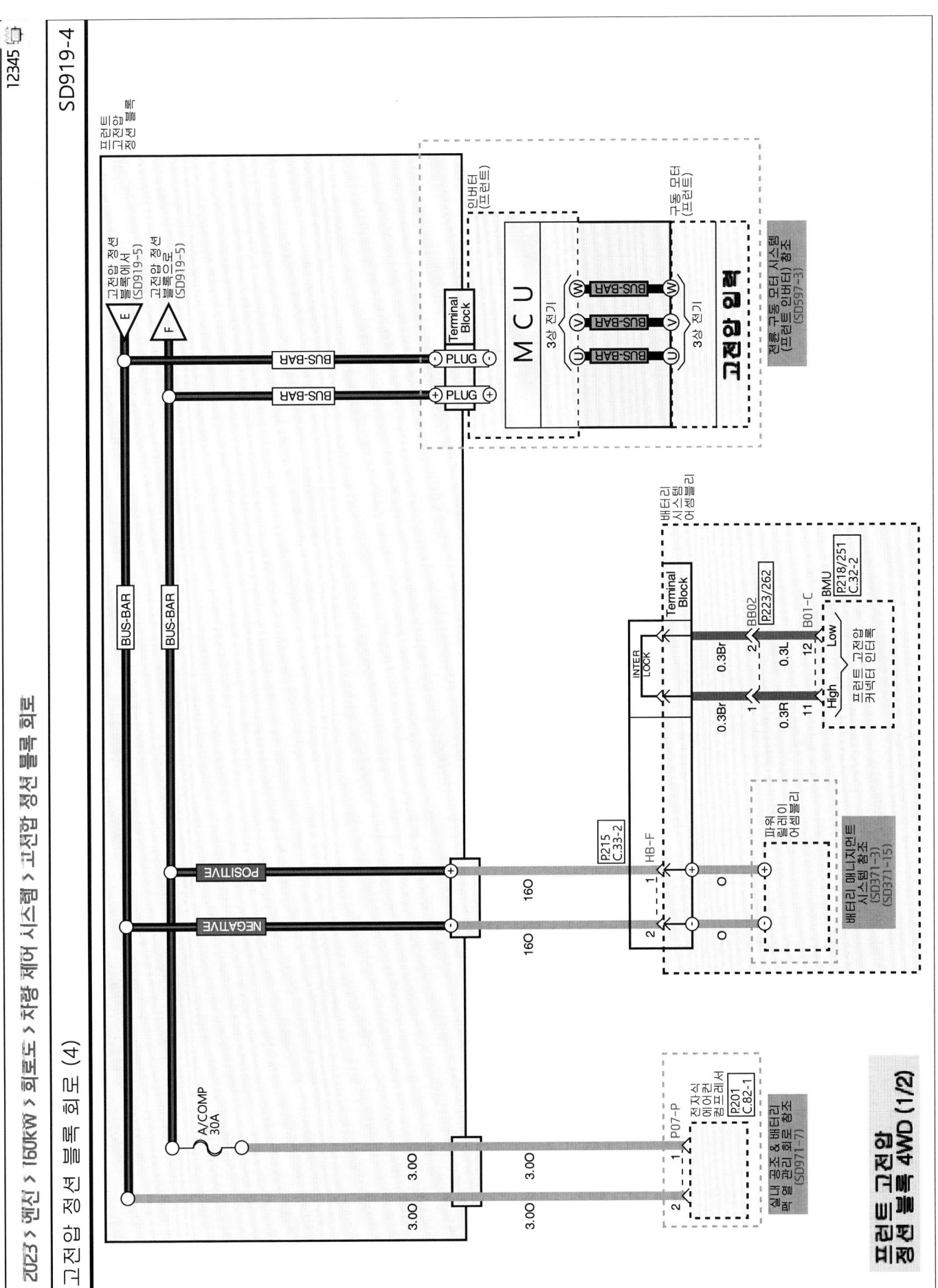

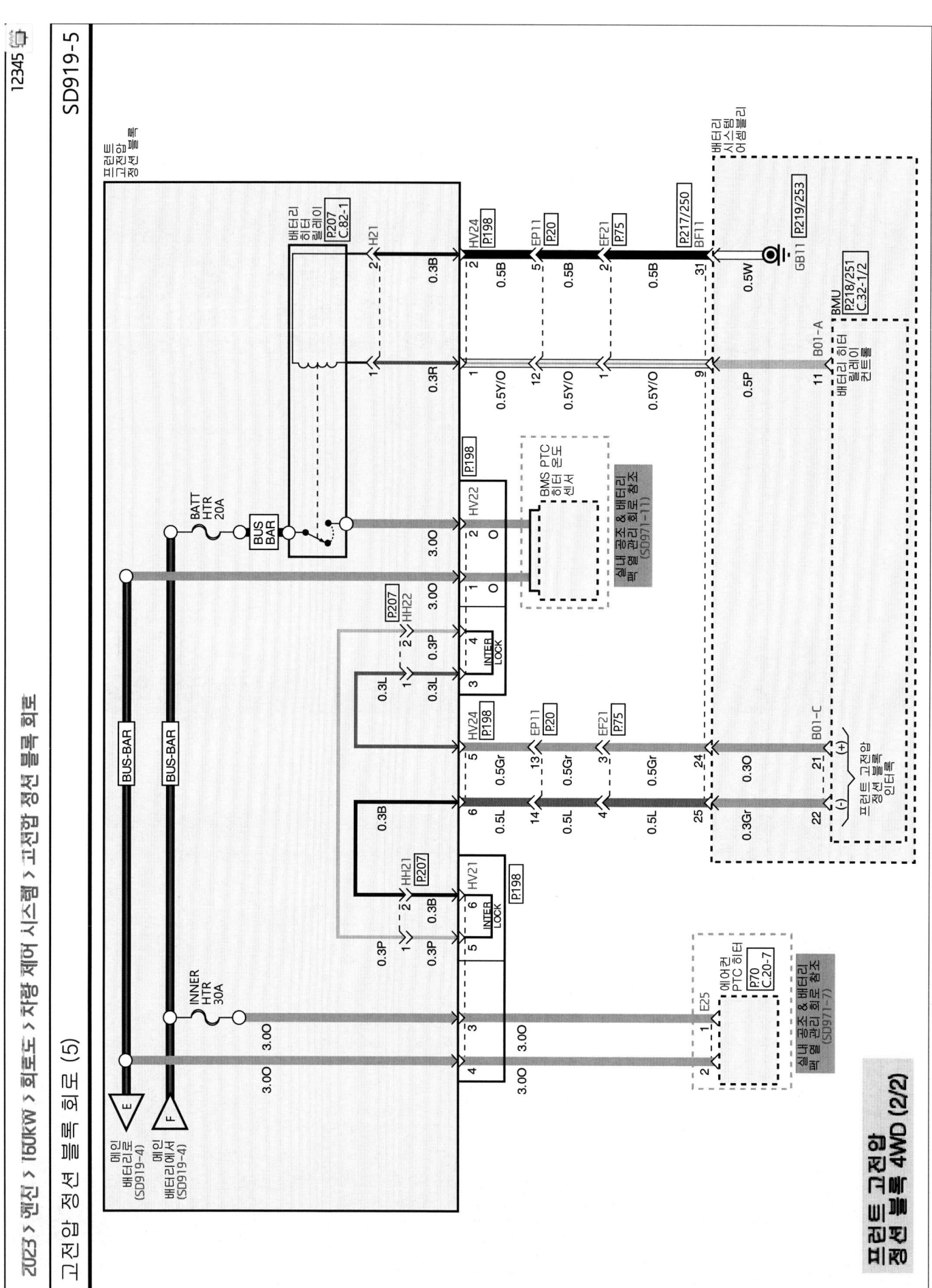

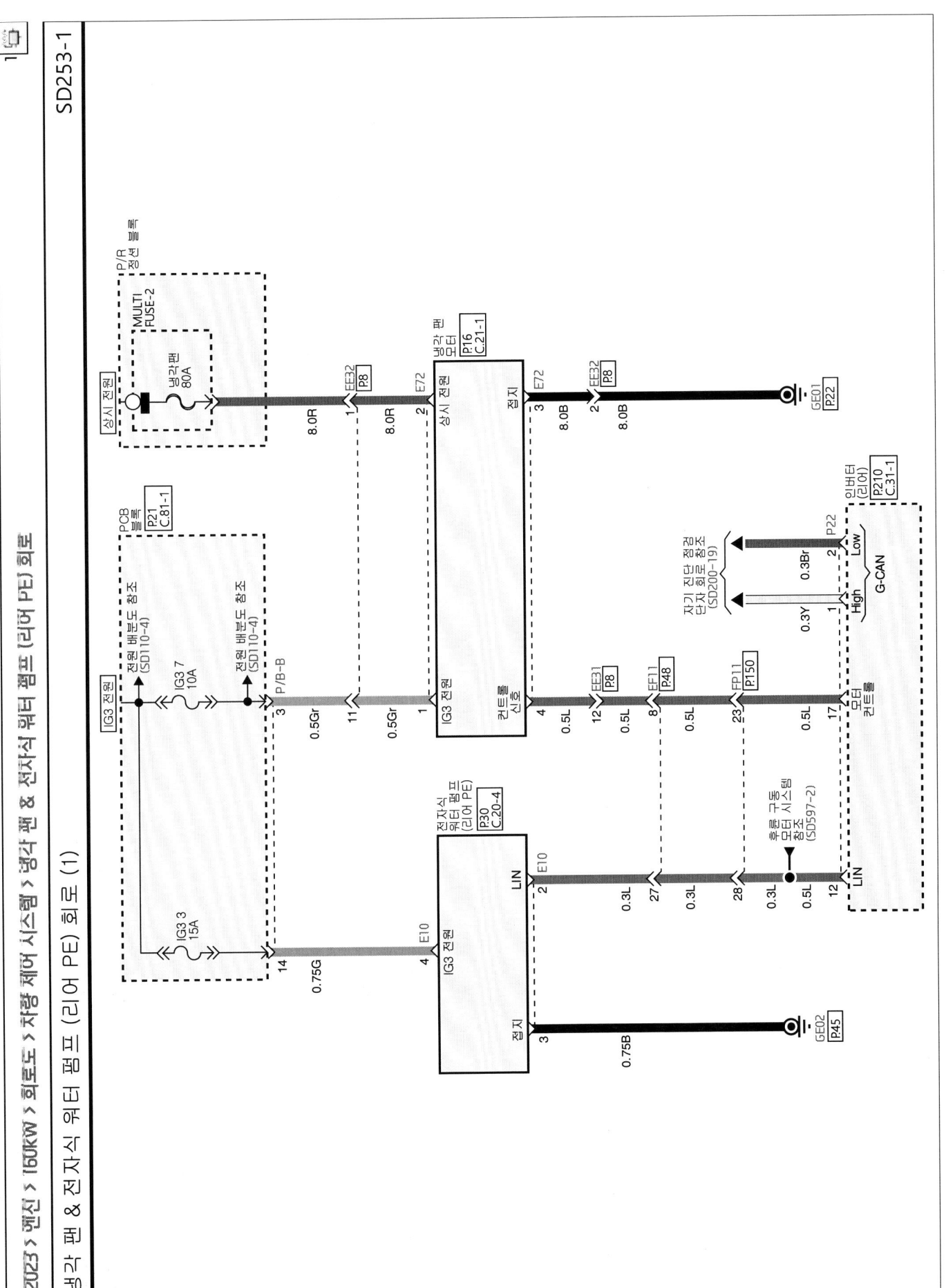

2023 > 엔진 > 150kW > 회로도 > 차량 제어 시스템 > 냉각 팬 & 전자식 워터 펌프 (리어 PE) 회로 > 서비스 팁

냉각 팬 & 전자식 워터 펌프 (리어 PE) 회로

서비스 팁 (1)

회로 설명

냉각 팬 & 전자식 워터 펌프 (리어 PE) 회로

상시 전원은 IG3 메인 릴레이로 공급되며, IG3 메인 릴레이는 IPS 컨트롤 모듈 (ICU-B : 53번)에 의해 제어된다. 이그니션 스위치가 ON 되면 IPS 컨트롤 모듈에 의해 IG3 메인 릴레이가 ON 되고, IG3 메인 릴레이의 상시 전원은 냉각 팬 모터로 공급된다. 냉각 팬 속도제어는 PWM (Pulse Width Modulation) 방식을 사용하며, 리어 인버터는 차속과 에어컨 작동 및 엔진 냉각수의 온도를 감지하여 냉각 팬 모터에 듀티(duty) 구동 신호를 보내 차량의 주행 조건 및 에어컨 부하에 맞는 회전 속도를 제어함으로써 냉각 성능이 향상된다.

- **전자식 워터 펌프 (EWP: Electric Water Pump)**

전기차 시스템 내부로 냉각수를 순환시켜 전기 장치들을 냉각시키는 역할을 한다. 개별 부품의 온도가 한계점을 넘으면 인버터(리어)는 전자식 워터 펌프 (EWP)를 작동하기 위해 LIN 통신 신호를 통해 전자식 워터 펌프 (EWP)로 명령 신호를 보내고, 전자식 워터 펌프 (EWP)는 작동 유무를 LIN 통신을 통해 인버터(리어)로 보낸다.

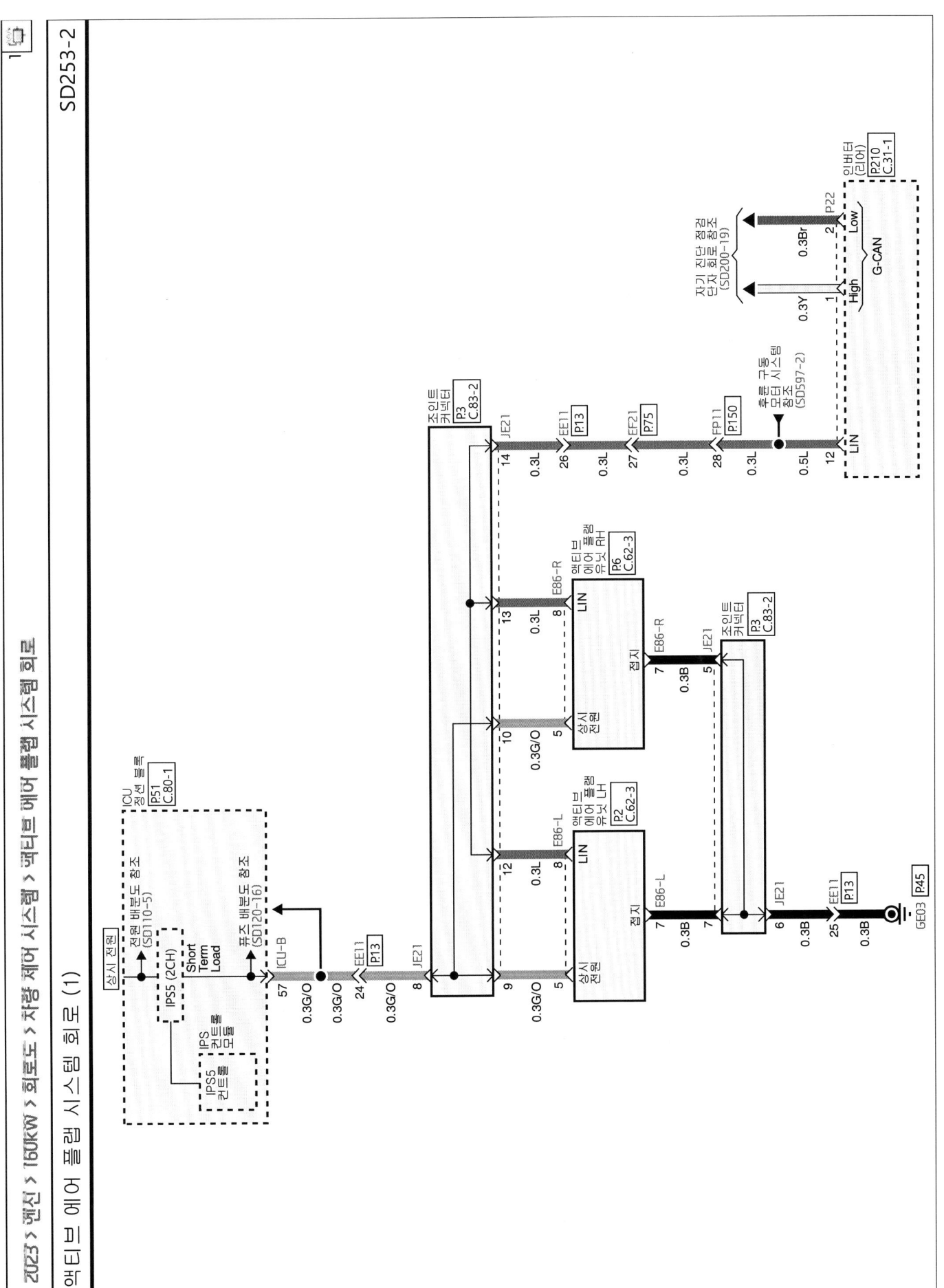

액티브 에어 플랩 시스템 회로

회로 설명

액티브 에어 플랩(Active Air Flap)은 라디에이터 그릴 후면에 개폐가 가능한 에어 플랩을 설치하여 모터 냉각을 위한 공기의 유입량을 제어 한다.

이 시스템은, 고속 주행시 플랩을 닫아 공기 저항을 감소시켜 연비 향상 및 주행 안정성을 향상시킨다. 또한, 모터 고온시에는 플랩을 열어 모터를 냉각 시킨다.

에어컨 컴프레서가 작동하는 동안에는 플랩을 열어 냉매압력을 보호하고, 냉간 시동시에는 플랩을 닫아 모터 웜업 시간을 단축시키는 역할을 하는 등, 액티브 에어 플랩 제어기가 외부 LIN을 통해 인버터(리어)로부터 각종 차량 조건을 입력받아 제어 조건을 판단하고, 모터를 통하여 AAF를 제어 한다.

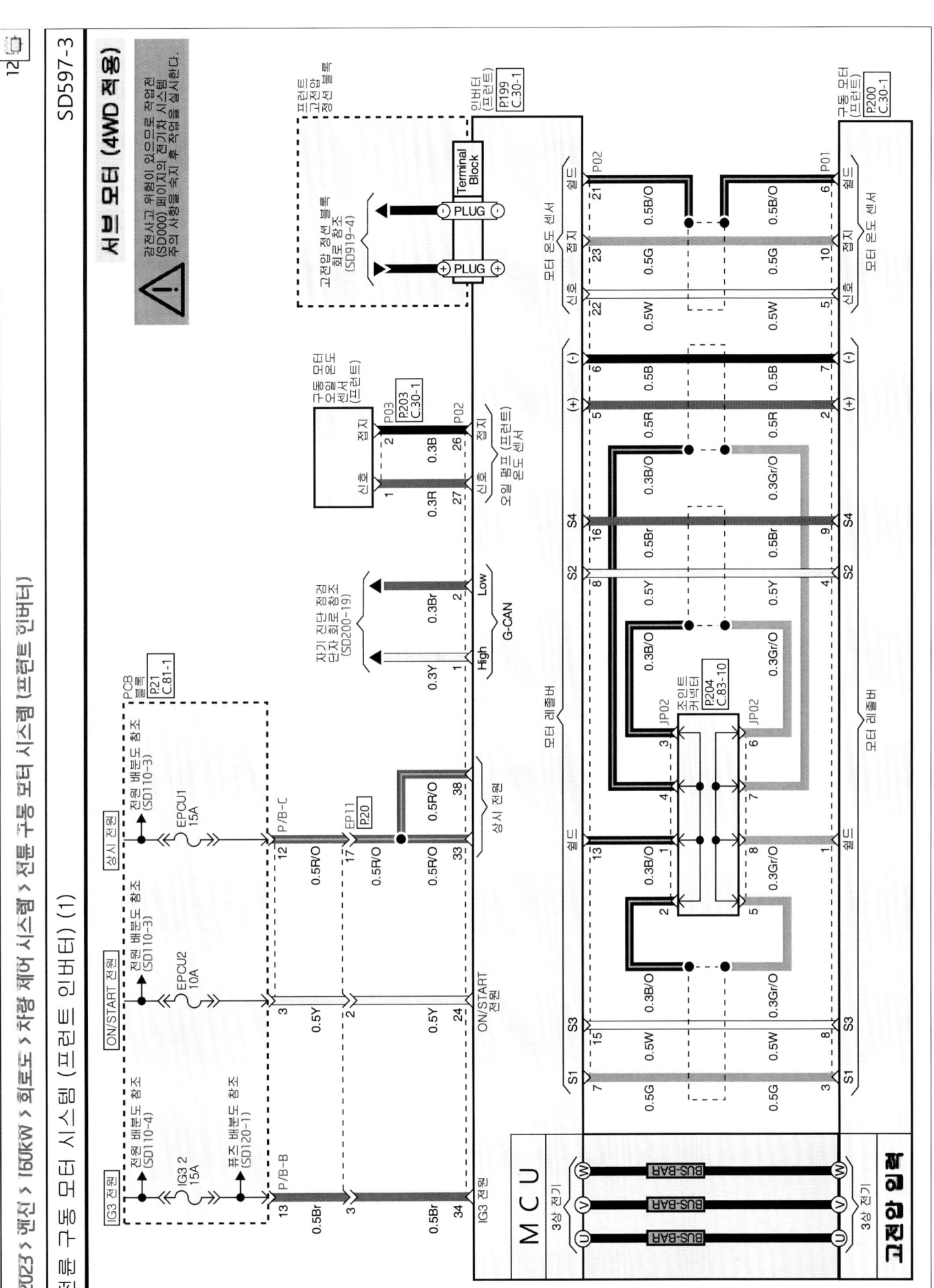

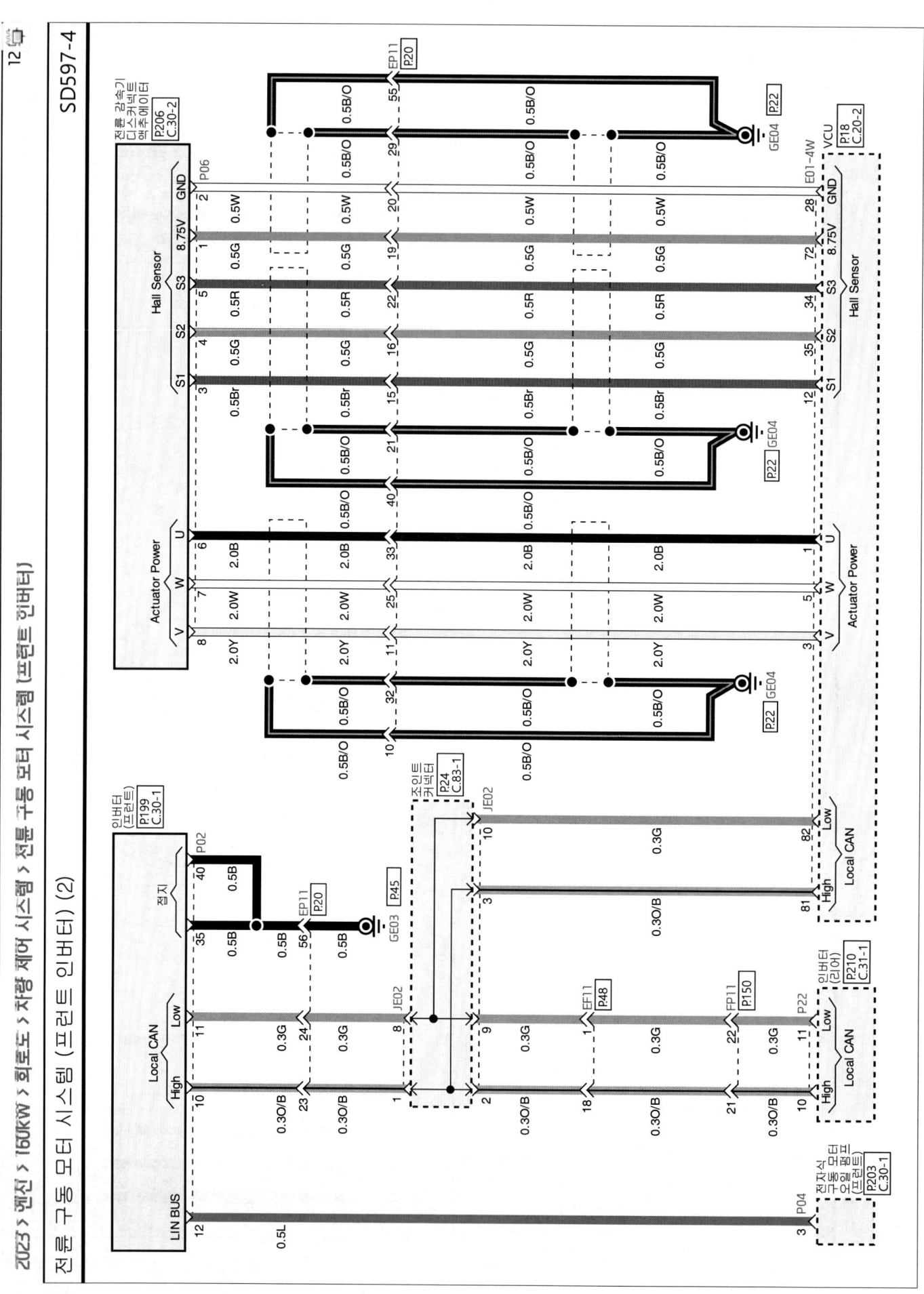

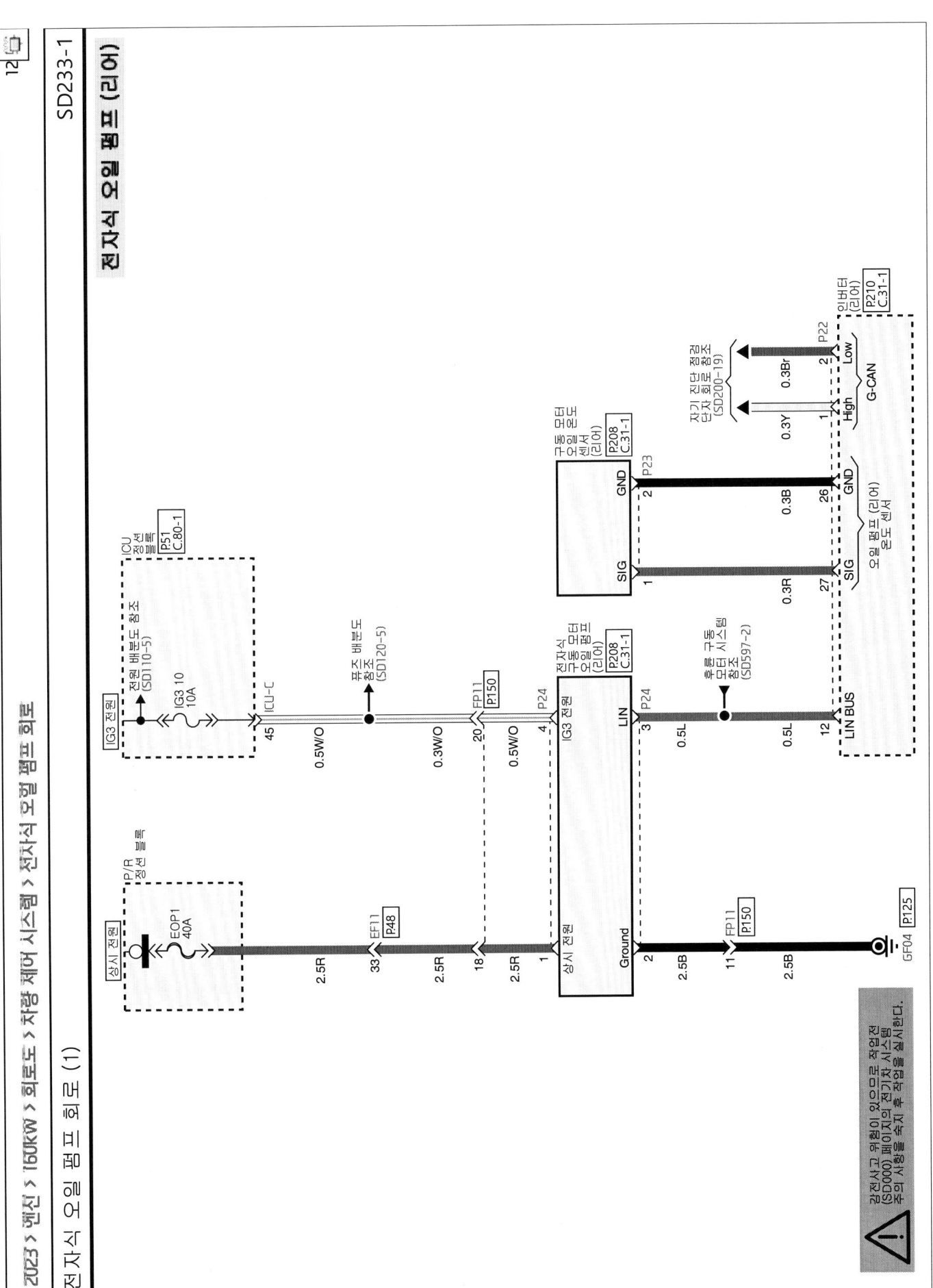

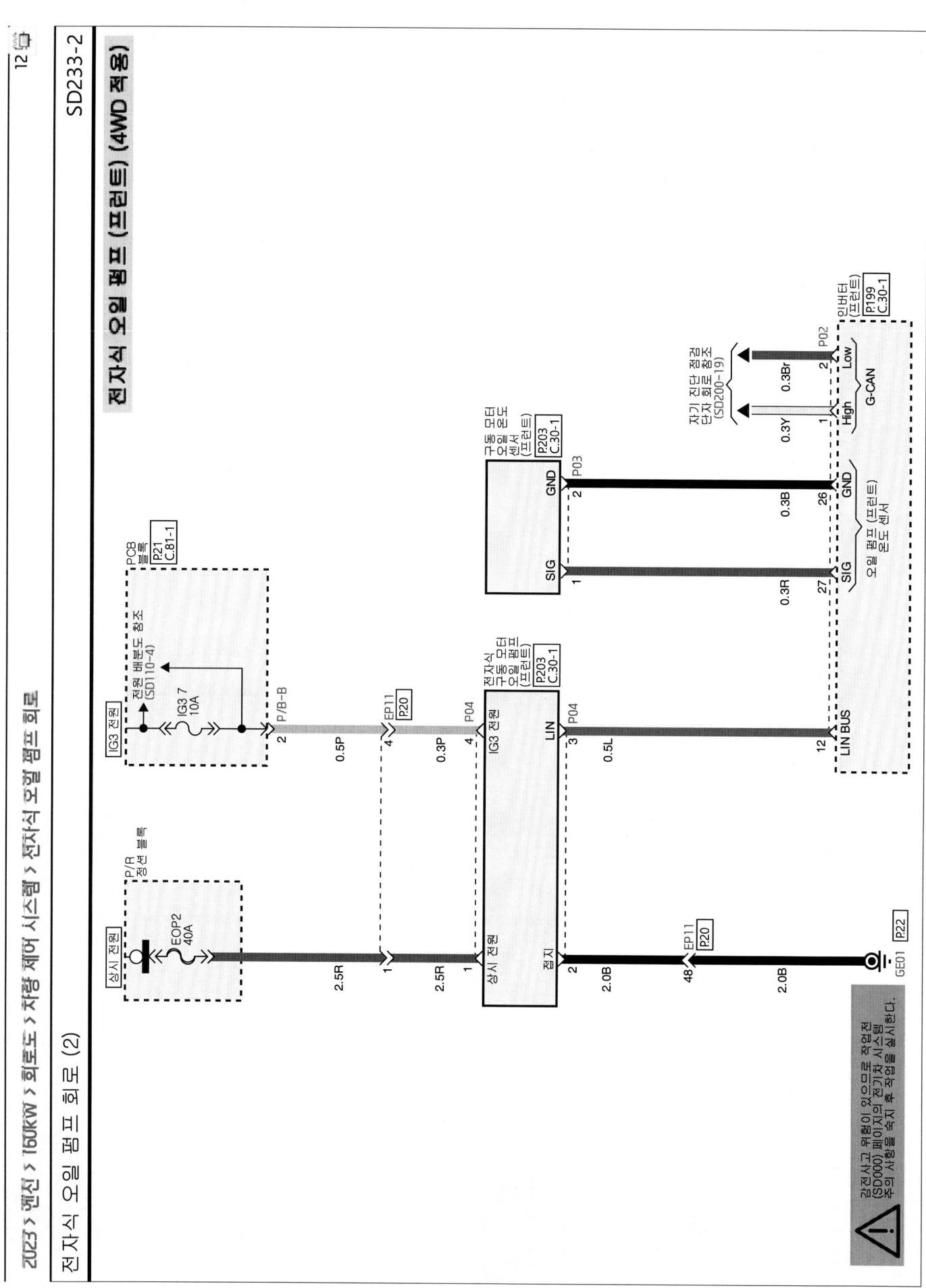

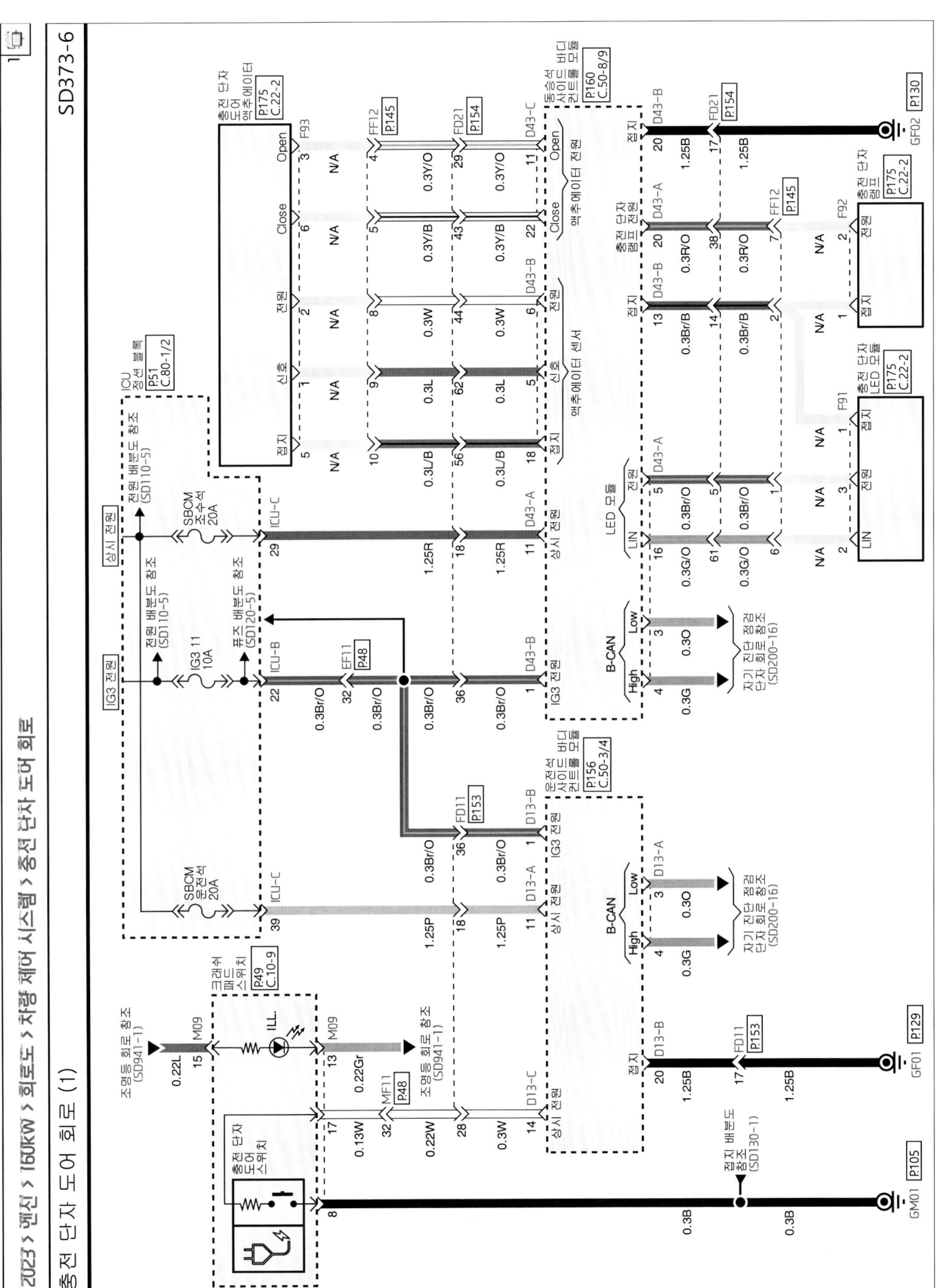

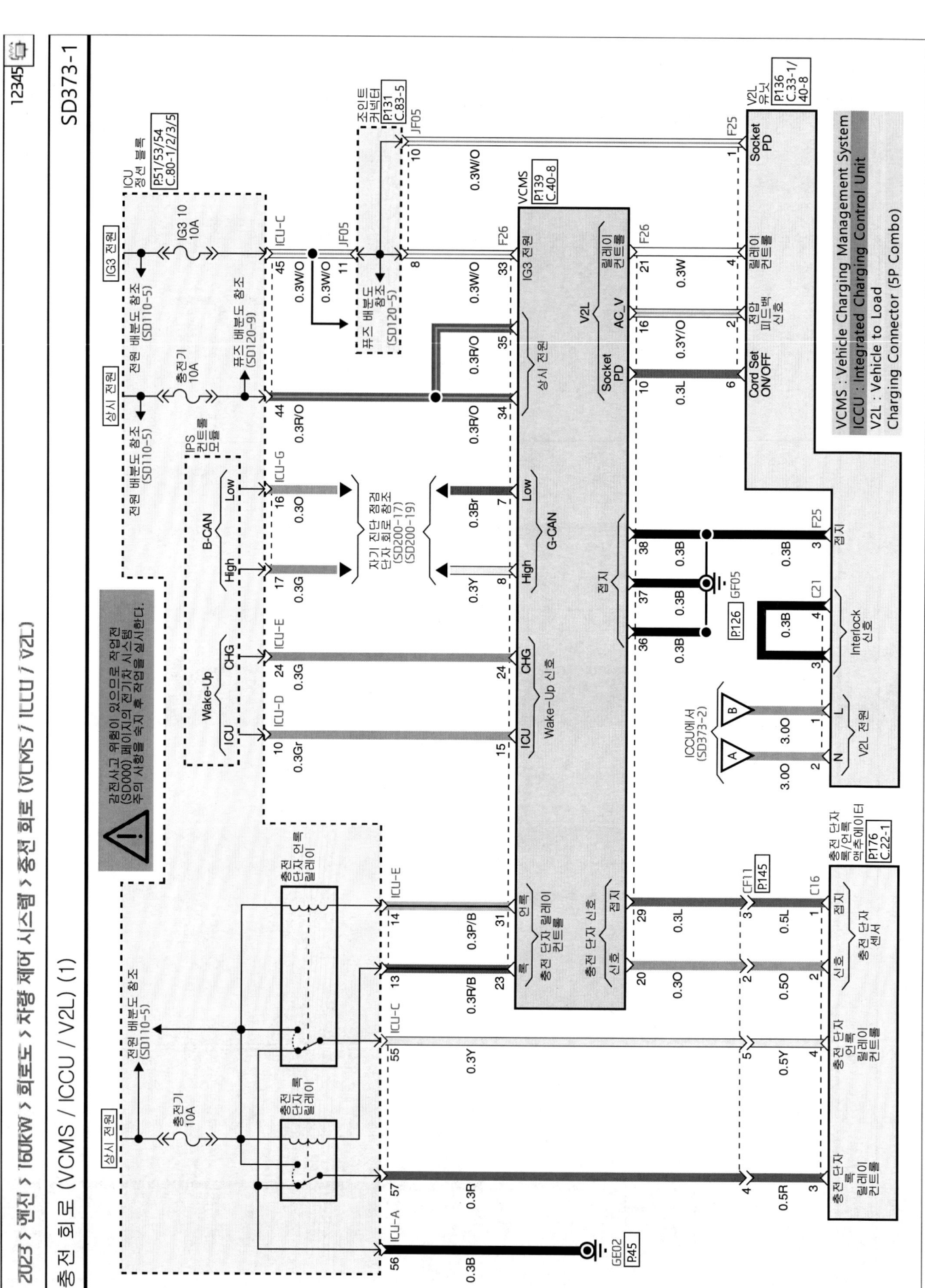

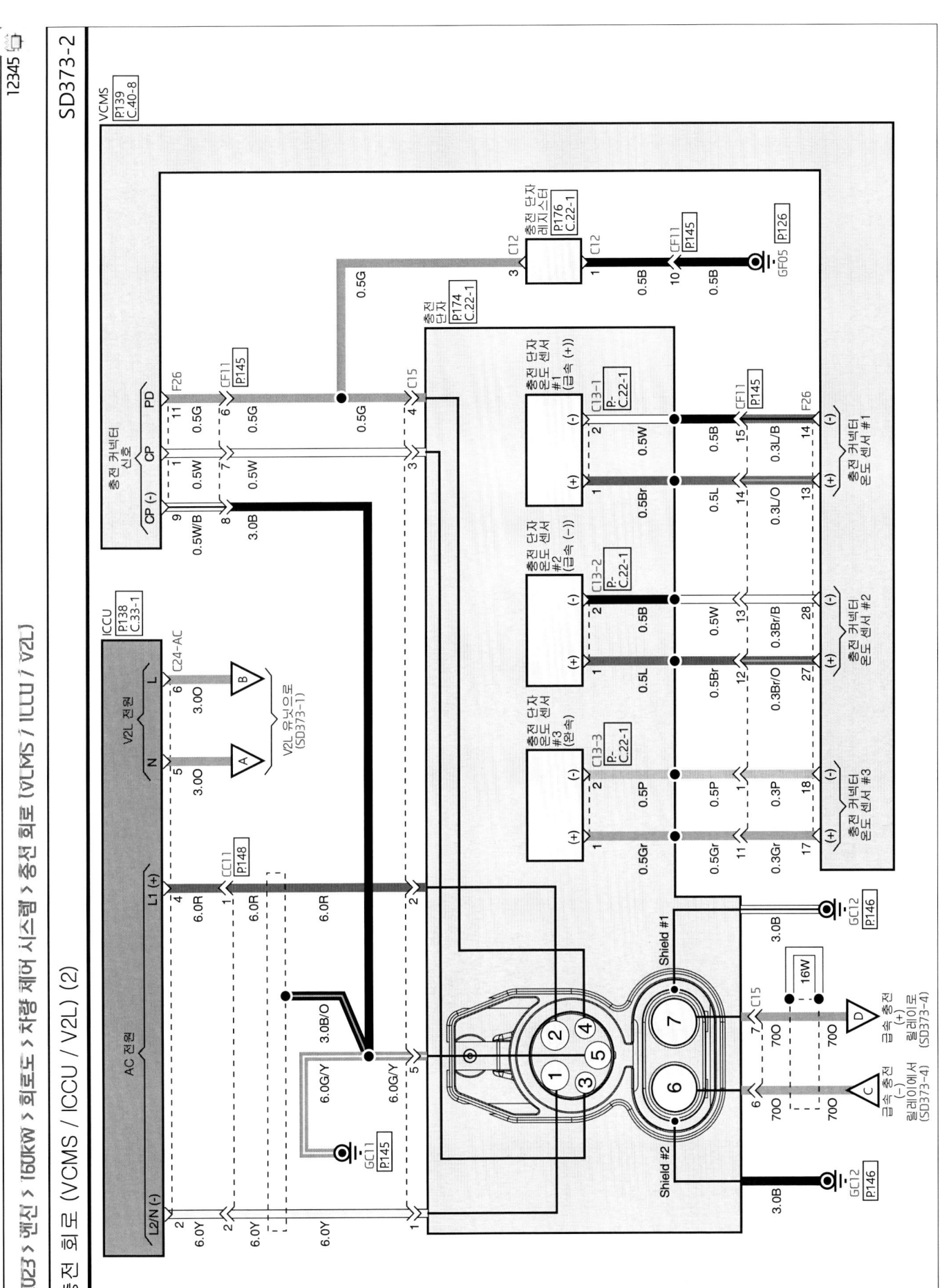

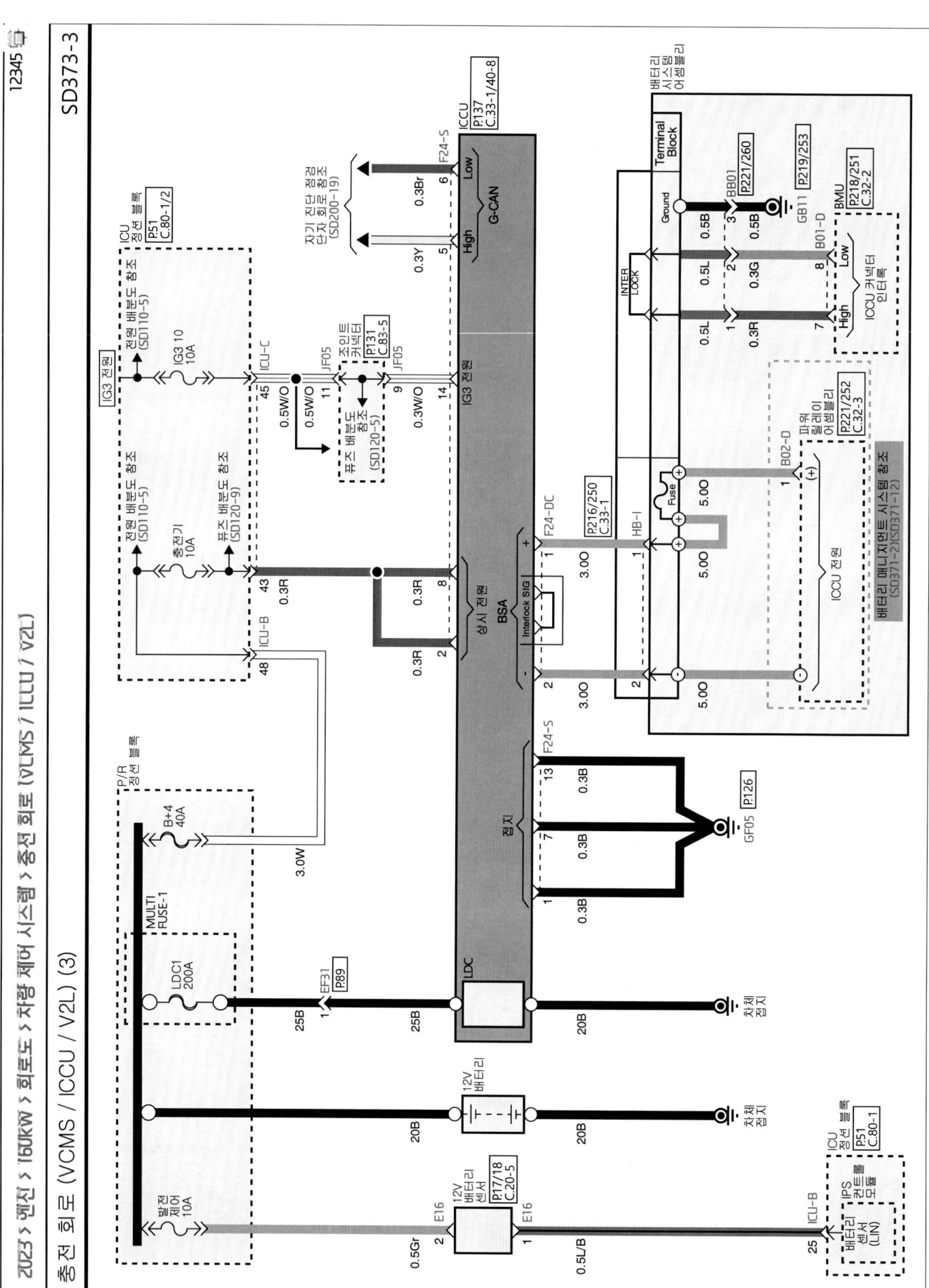

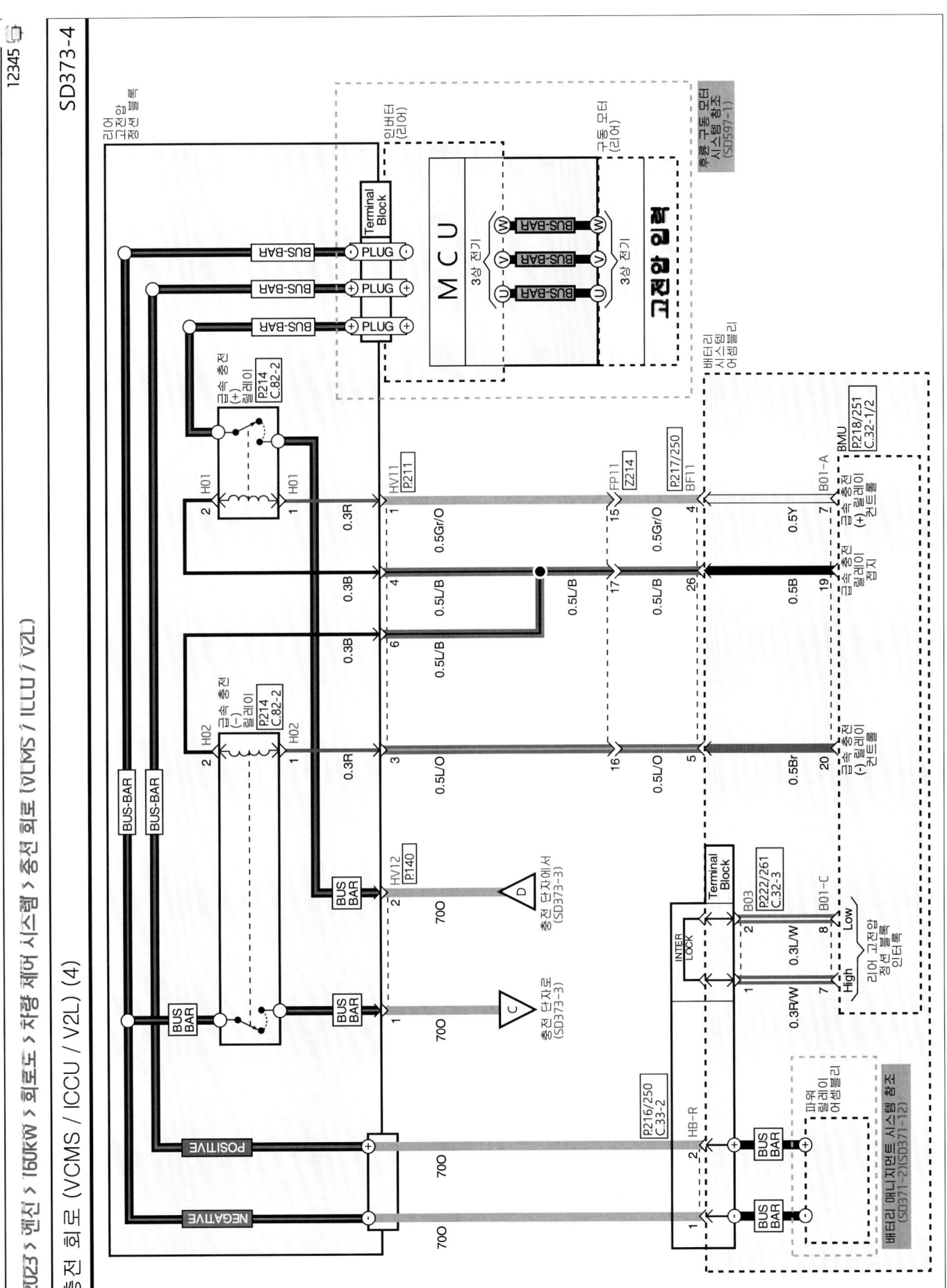

충전 회로 (VCMS / ICCU / V2L) (5)

차측 View

온도 센서 #2
실드 #2
온도 센서 #3
온도 센서 #1
실드 #1

DC +
DC -

L1 L2/N
CS PE CP

커넥터 View

충전 단자

충전 회로 (VCMS / ICCU / V2L)

회로 설명

충전 시스템에는 급속 충전과 완속 충전 이렇게 두가지 방식으로 충전이 가능하다.

완속 충전과 급속 충전을 하게 되면 운전자와 차량의 안전을 위해 차량을 운행을 할 수 없게하고 또, 급속 충전과 완속 충전을 동시에 이뤄질 수 없다.

- **완속 충전**

ICCU(OBC+LDC)를 통해서 220V 교류 전압을 직류 전압으로 변환 후 DC 800V로 승압하여 고전압 배터리를 충전한다.

- **급속 충전**

EVSE에서 나온 직류 전압을 멀티 인버터를 통해 승압 또는 패싱하여 고전압 배터리를 충전한다. (승압 : 400V → 800V, 패싱 : 800V → 800V)

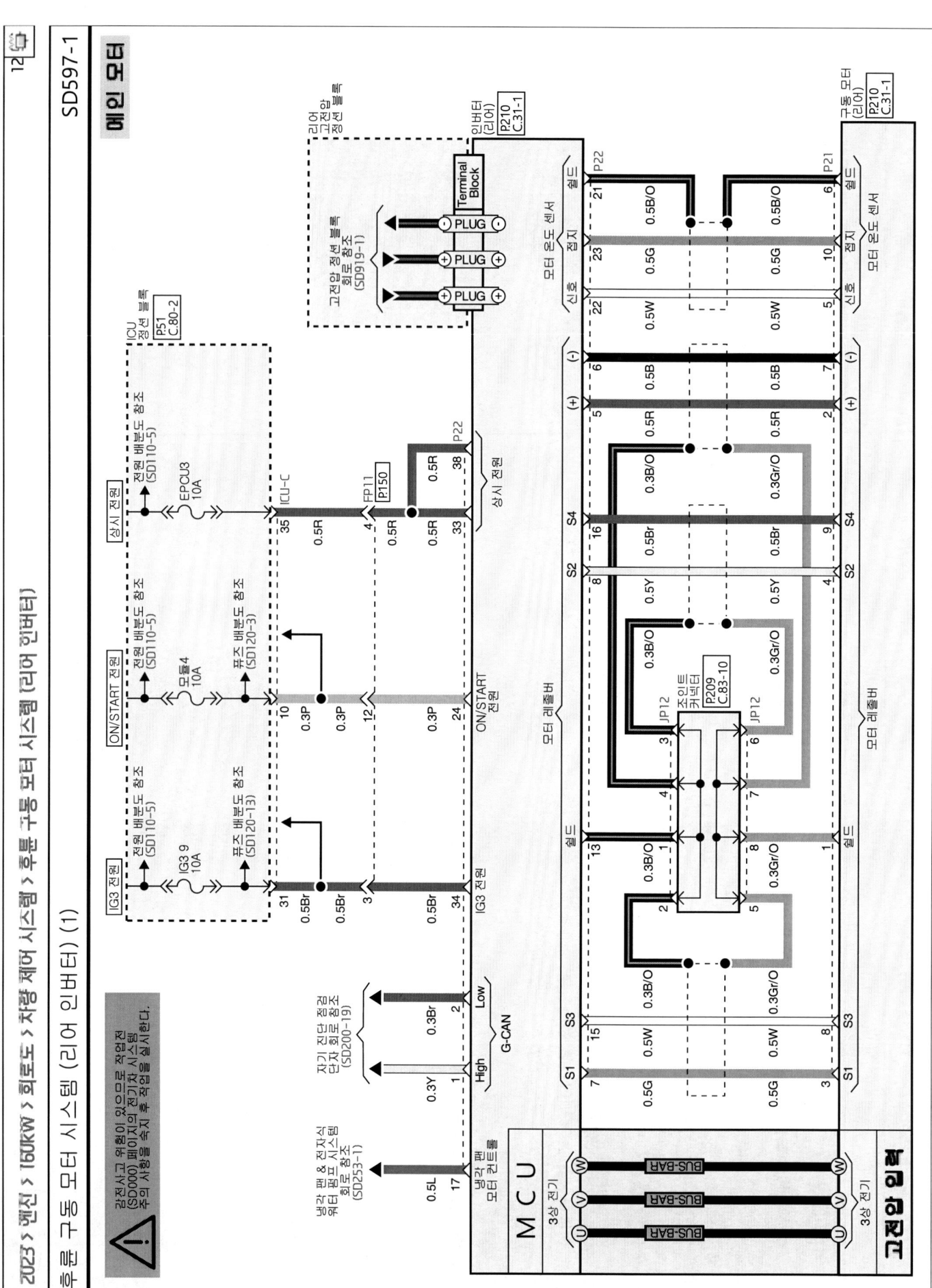

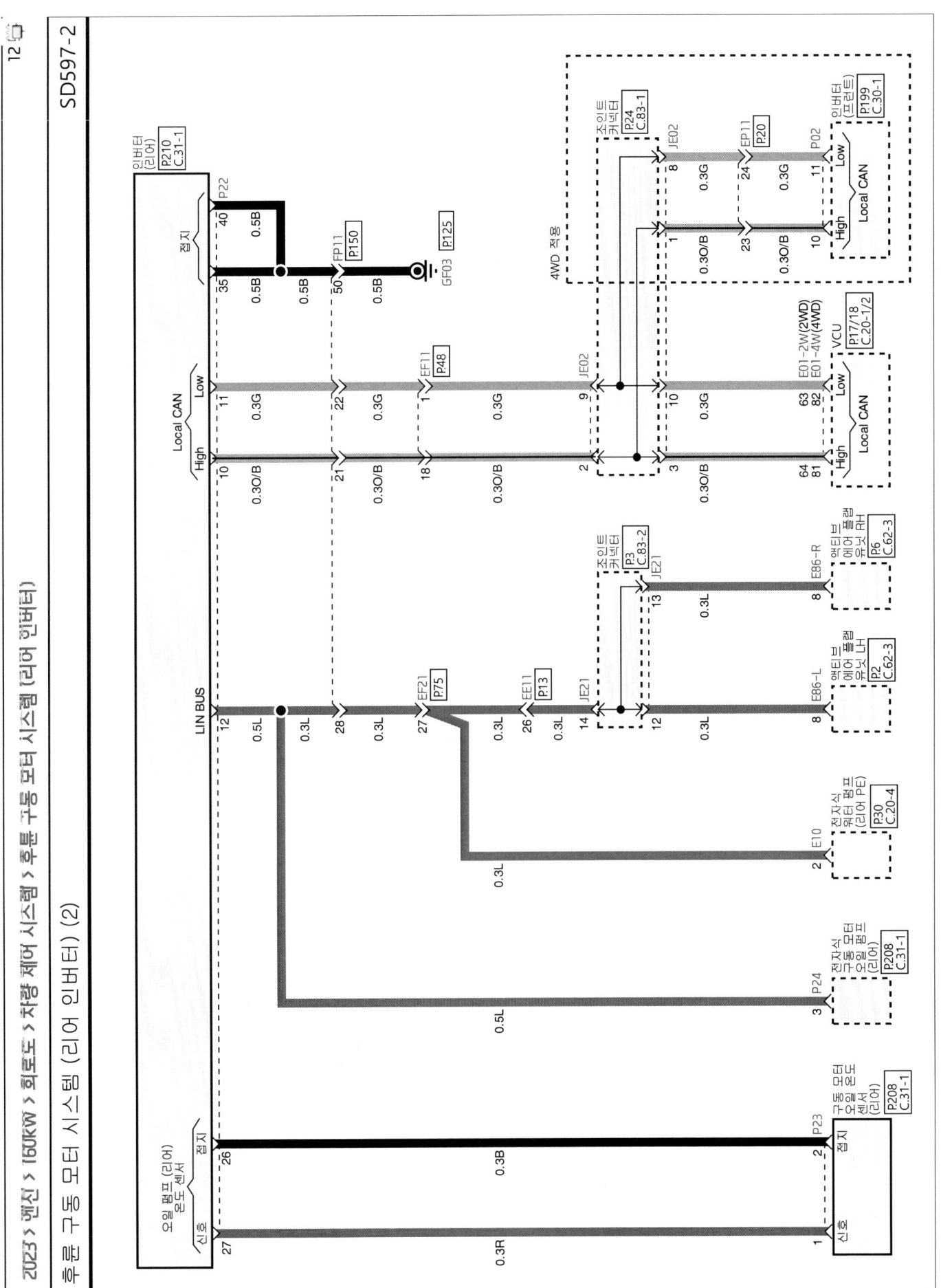

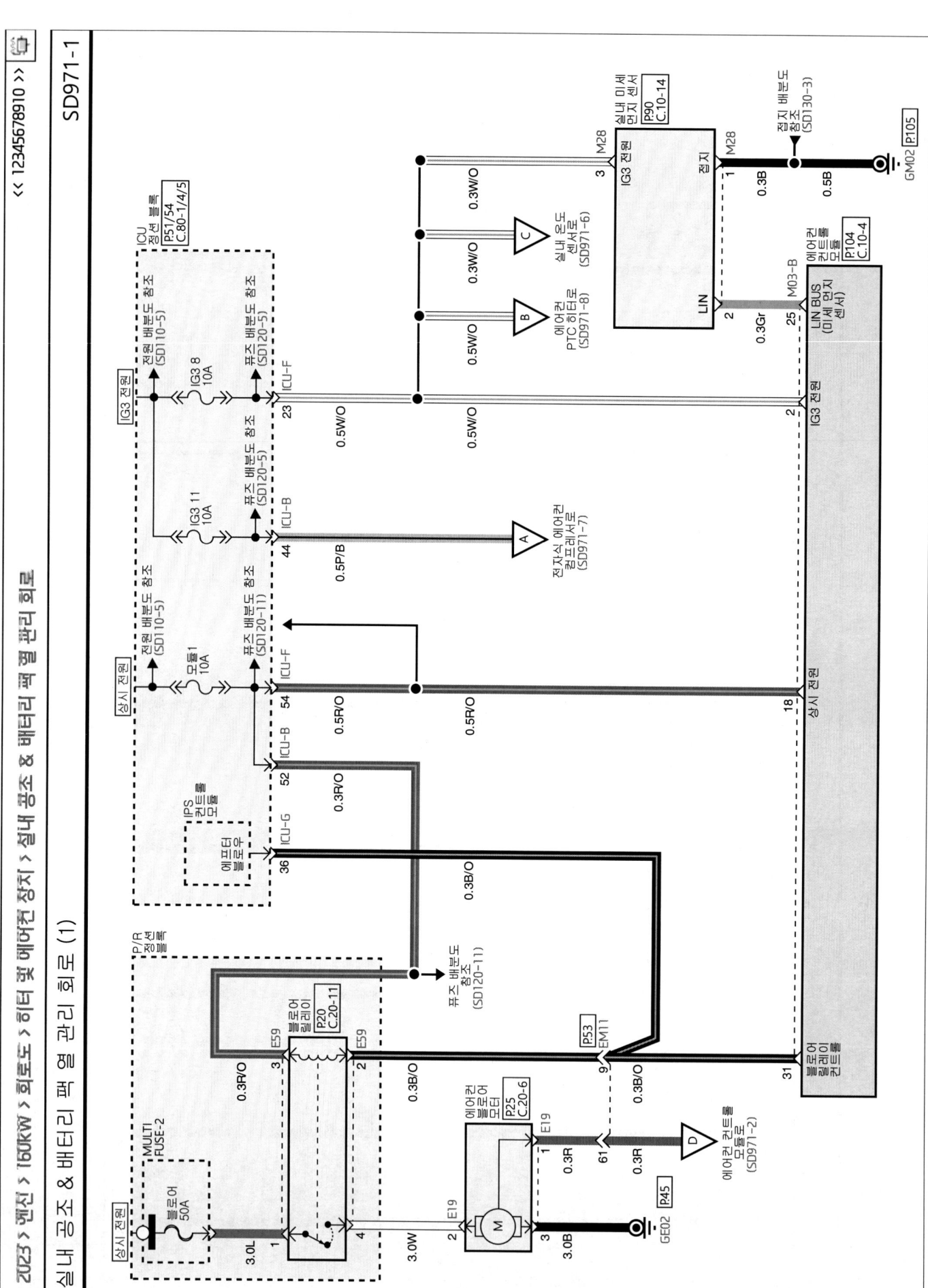

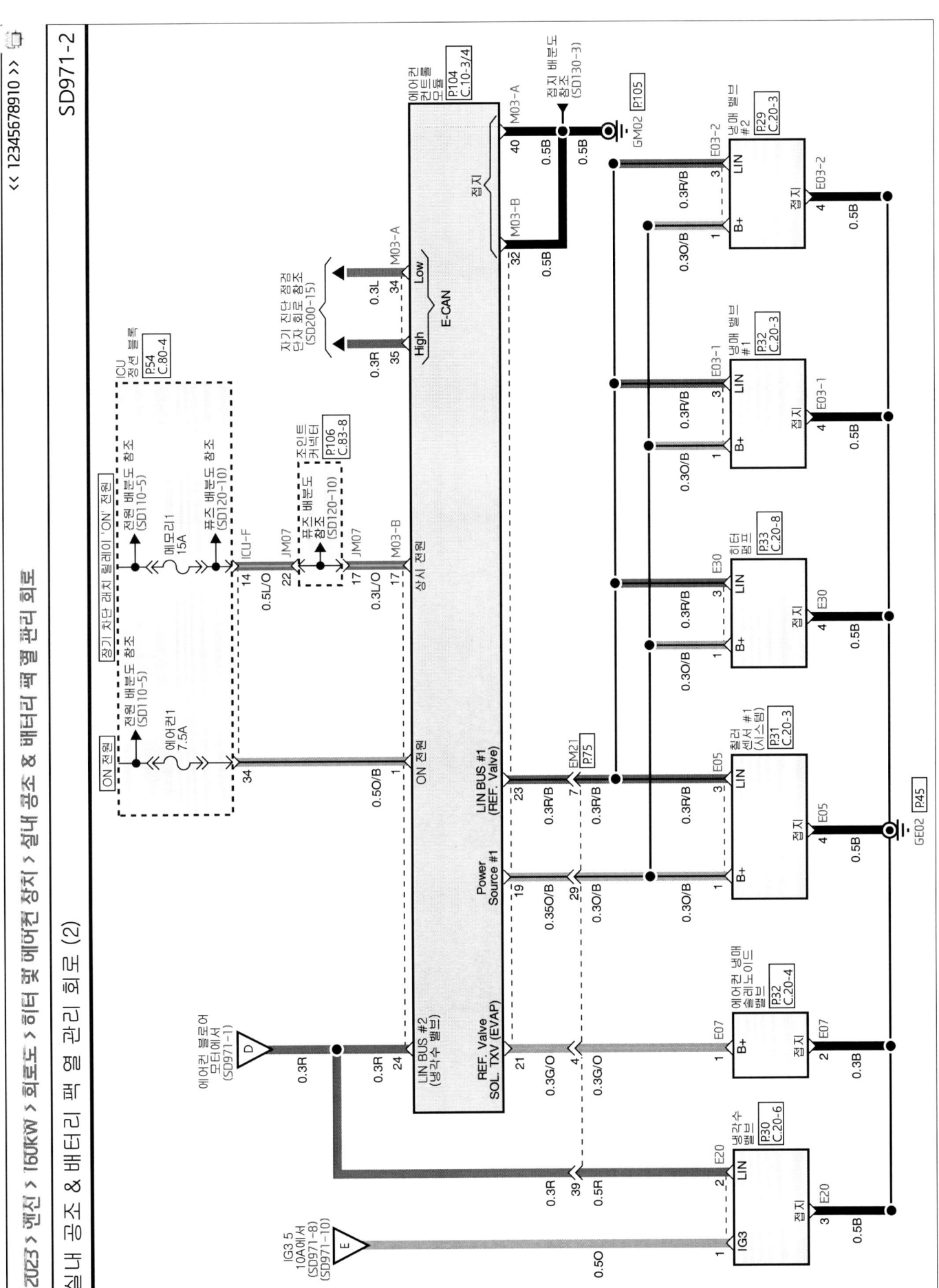

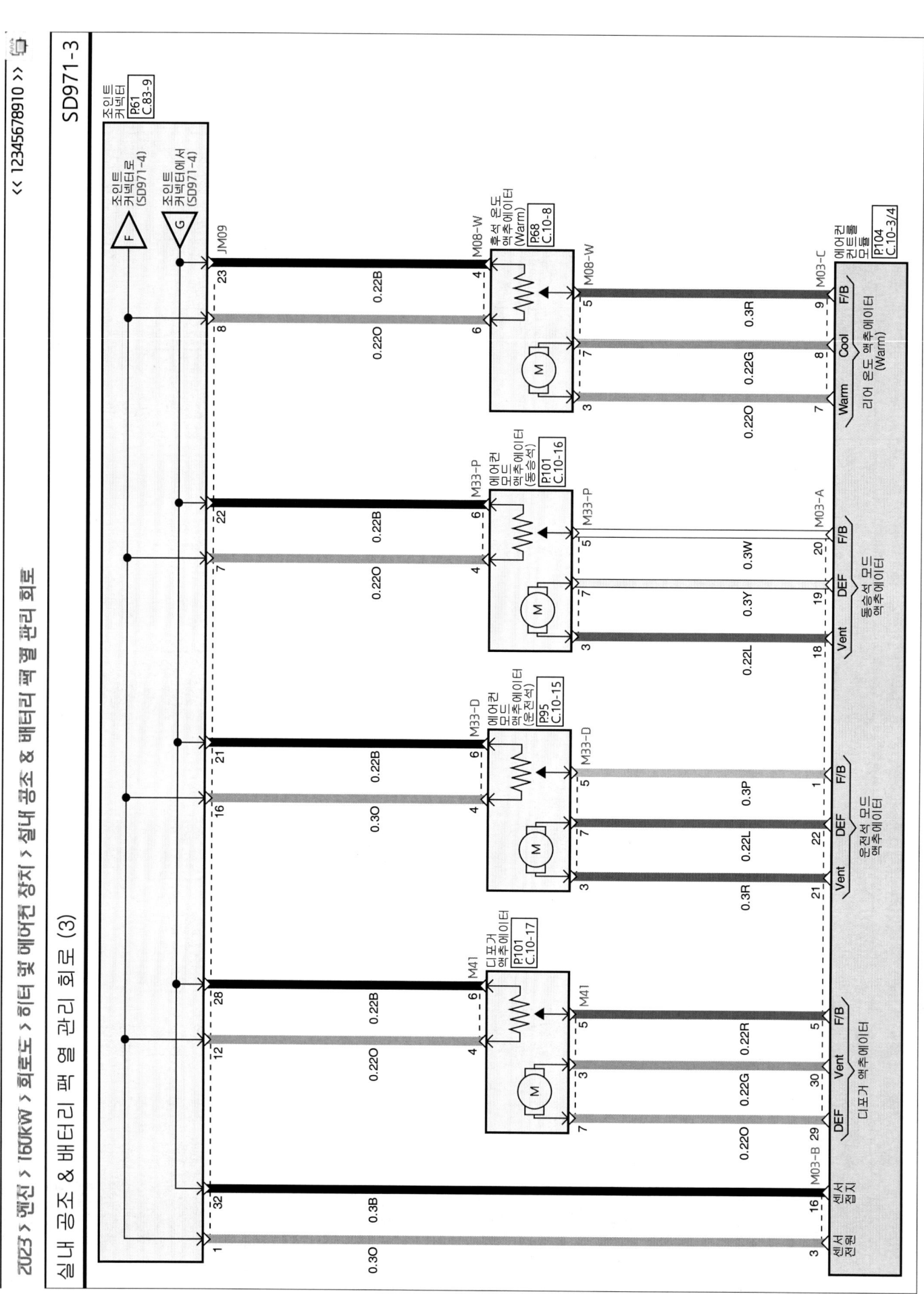

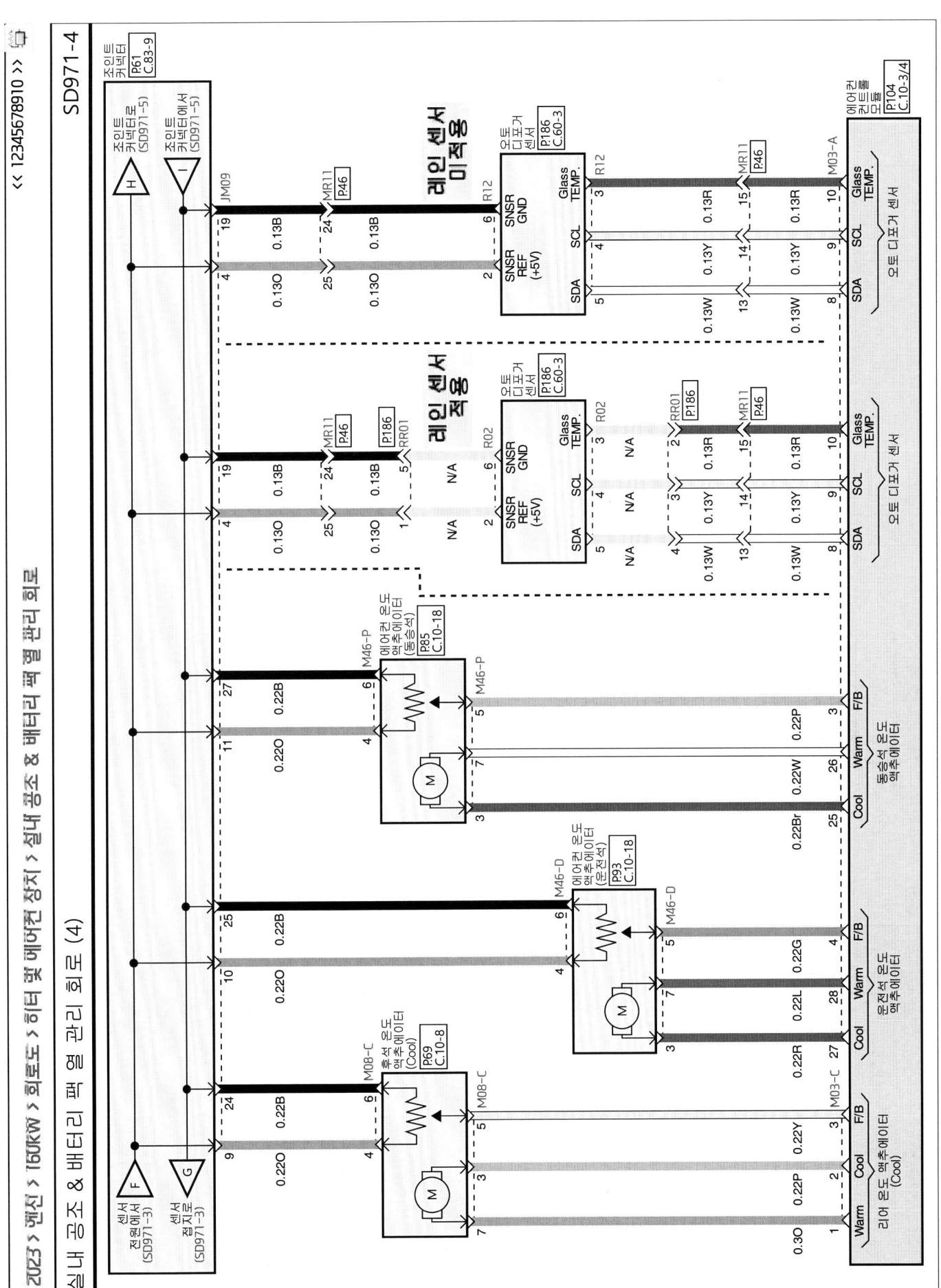

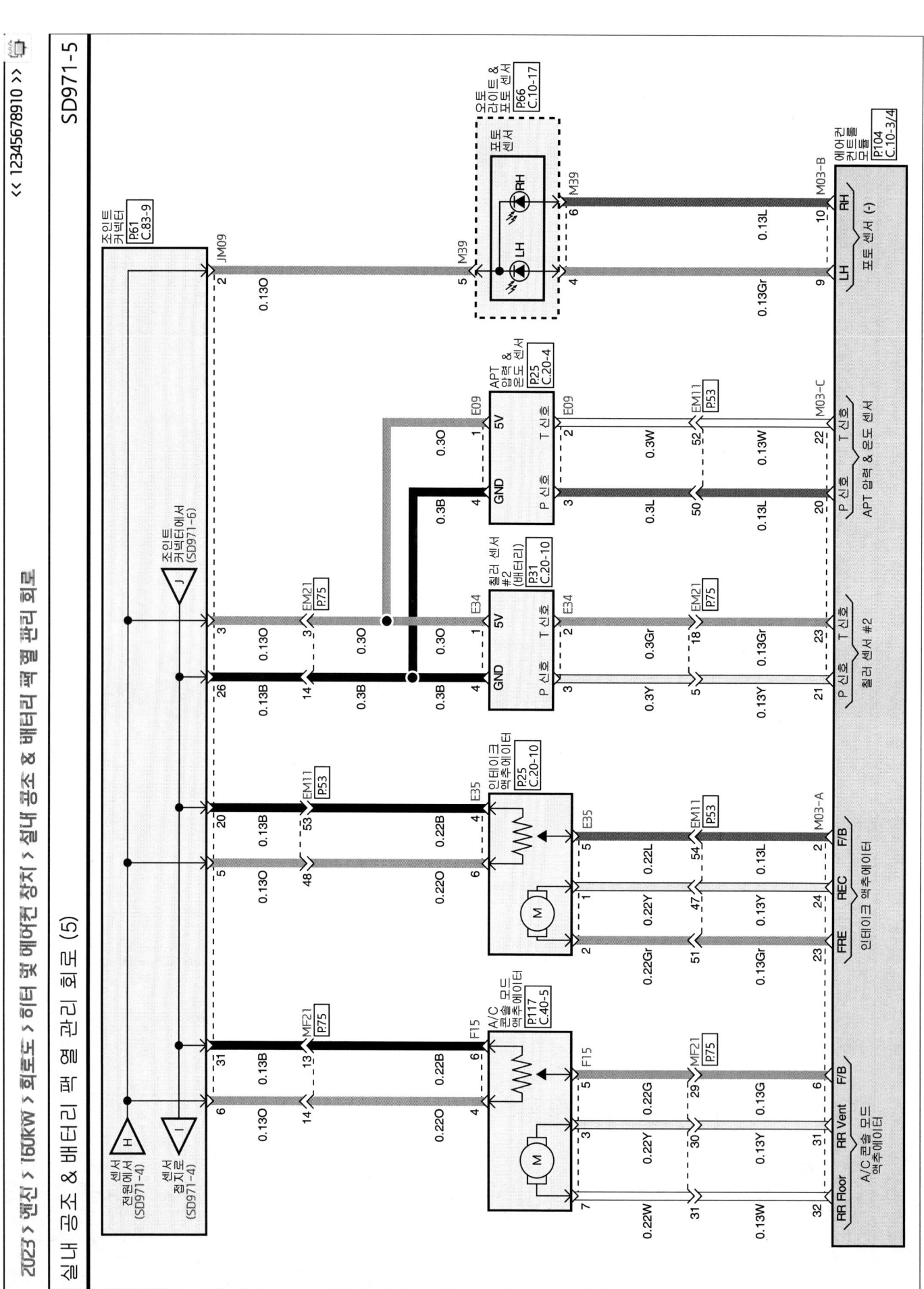

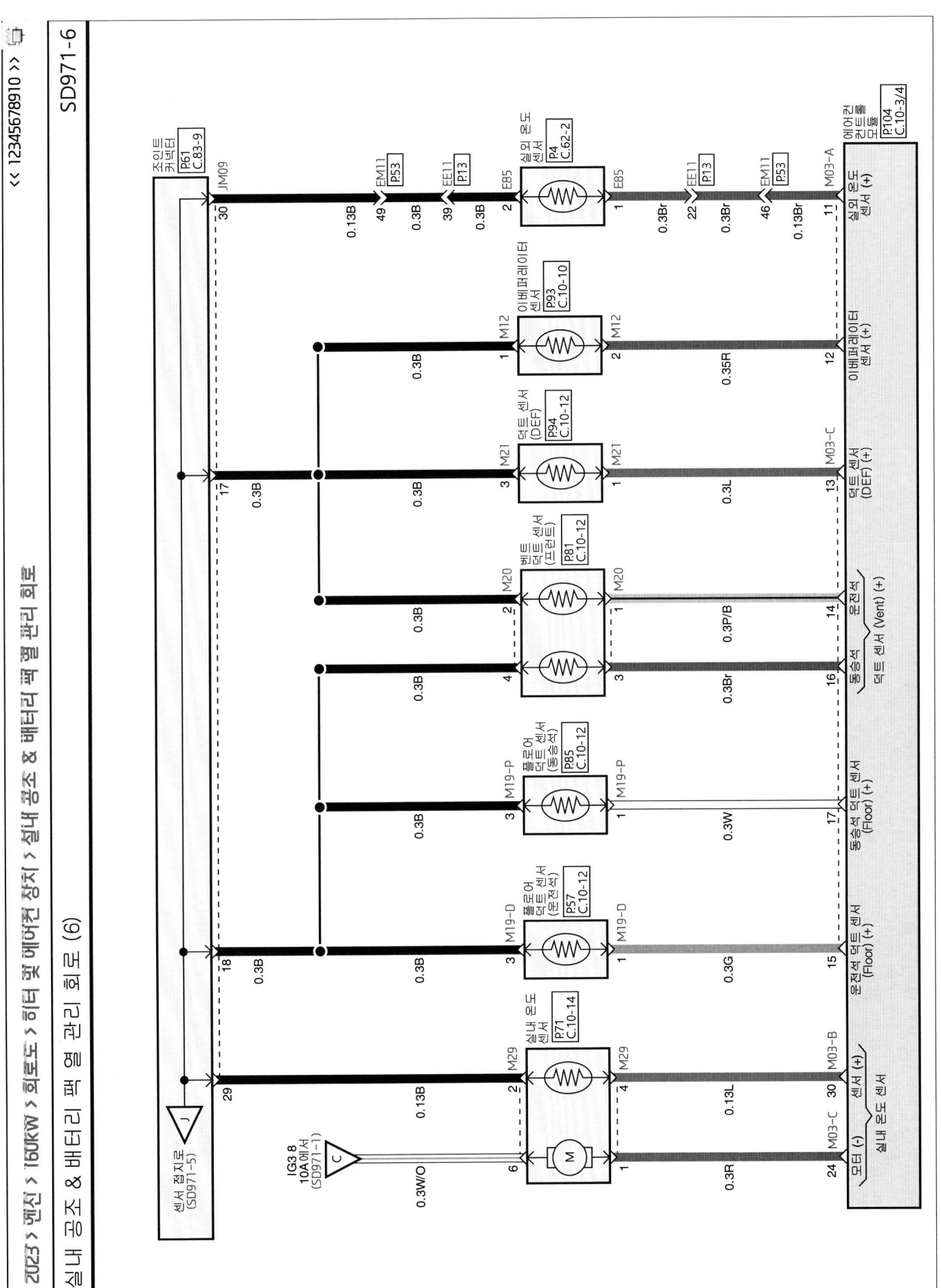

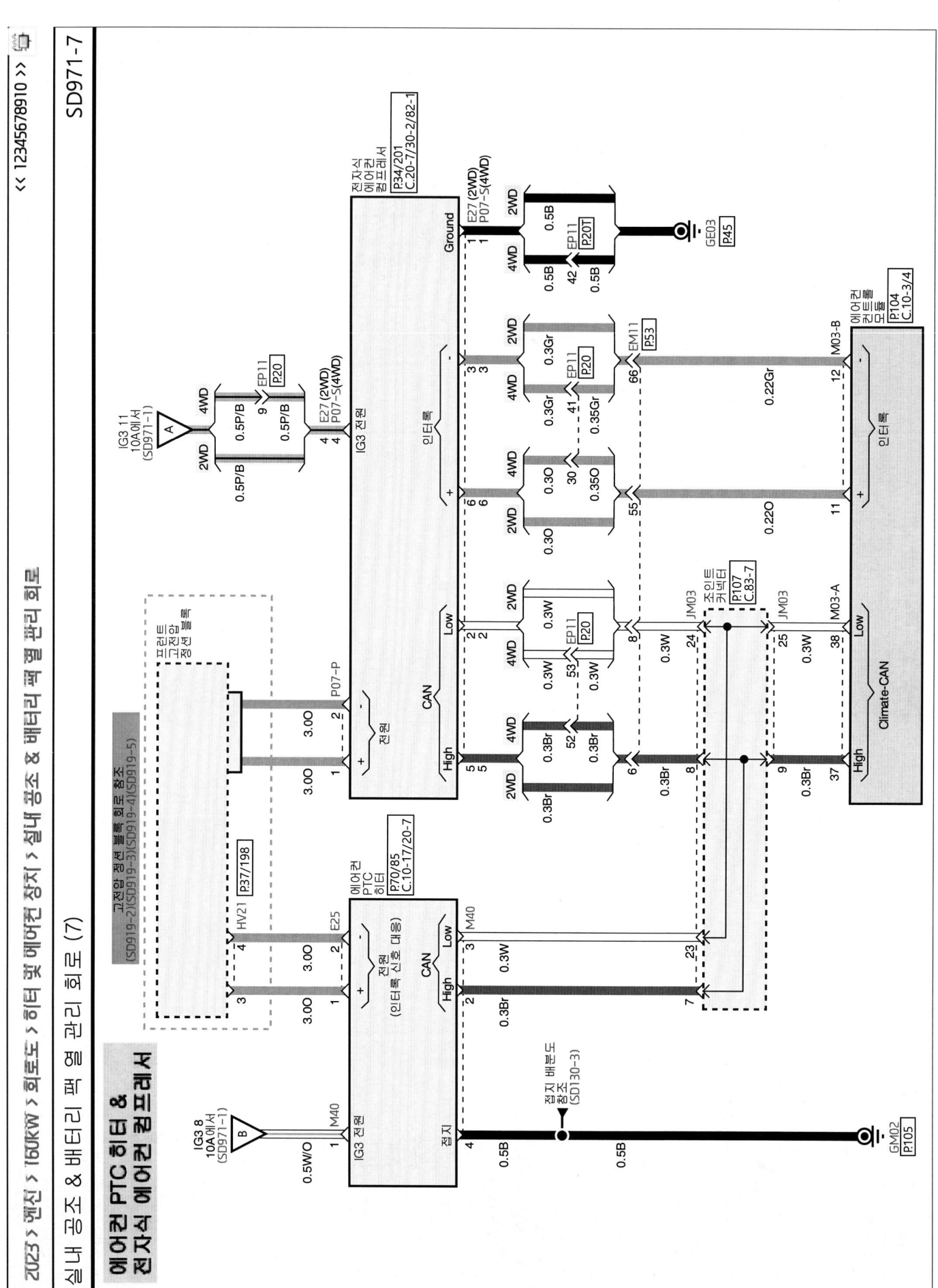

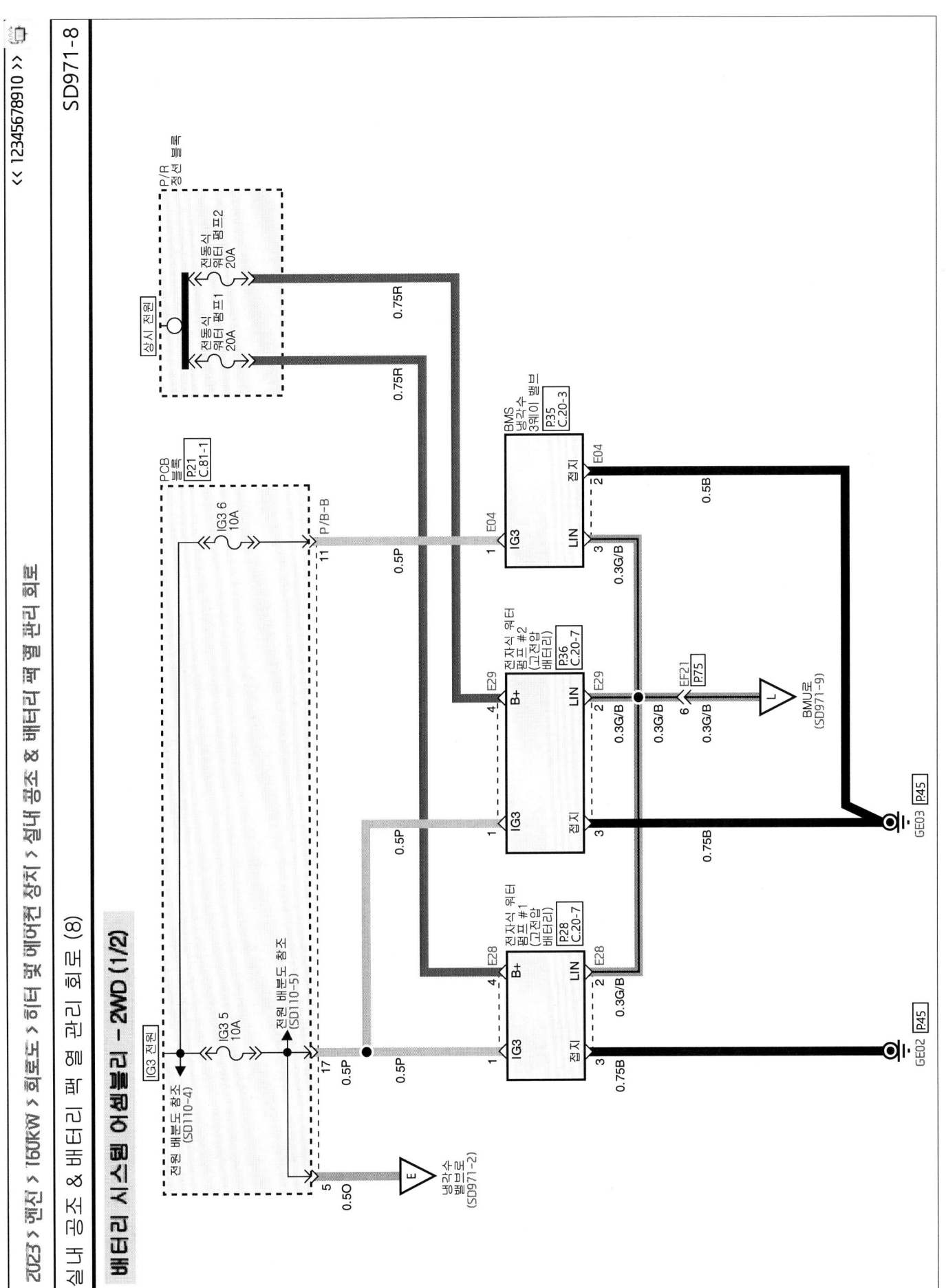

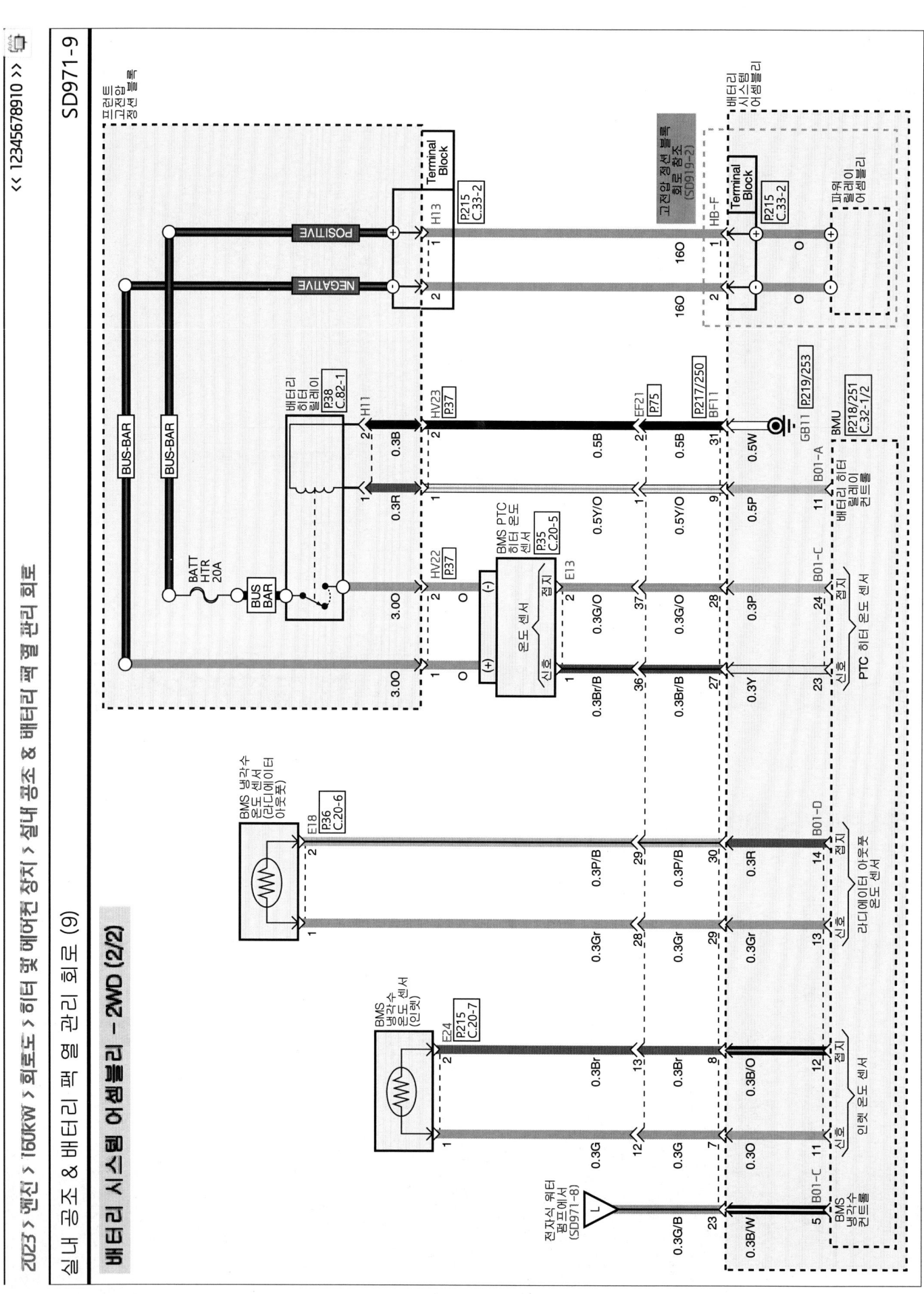

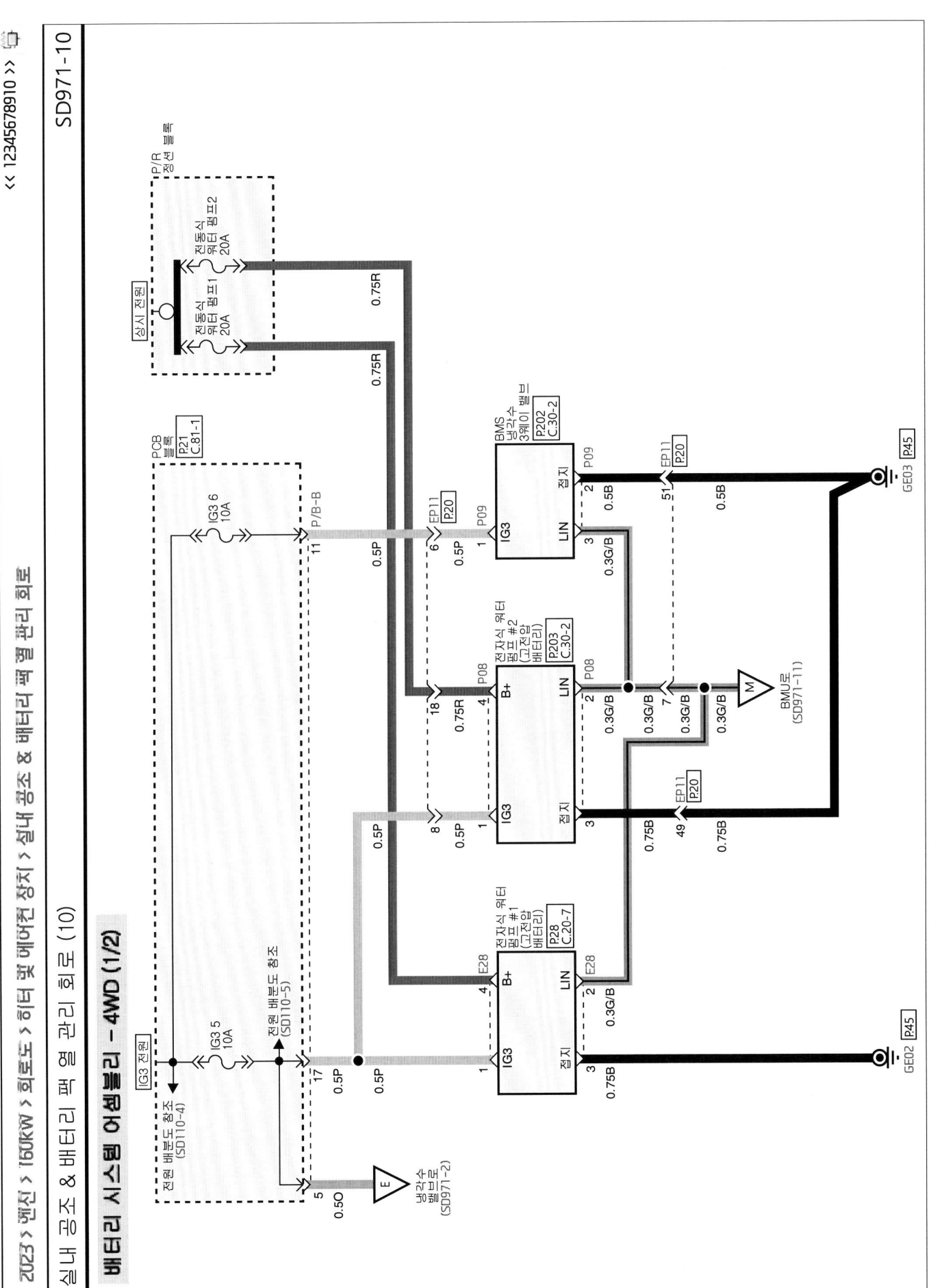

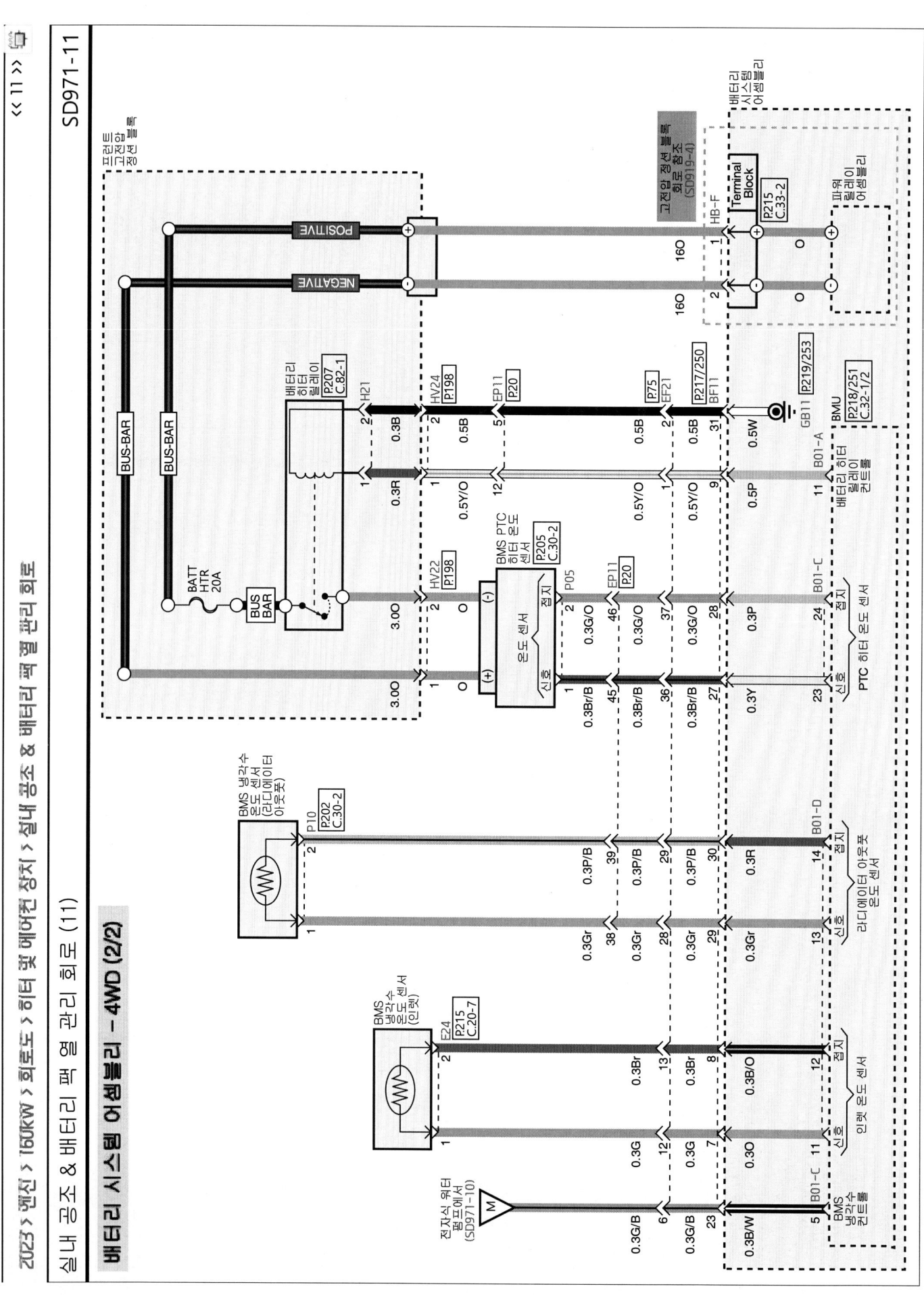

커넥터 정보

- 메인 하네스 ………………………… CV10-1
- 프런트 하네스 ……………………… CV20-1
- 프런트 엔드 모듈 하네스 ………… CV21-1
- 충전 단자 하네스…………………… CV22-1
- 프런트 파워 일렉트릭 모듈 하네스 … CV30-1
- 리어 파워 일렉트릭 모듈 하네스 …… CV31-1
- BSA(공통) 하네스 …………………… CV32-1
- BSA(Standard) 하네스 …………… CV32-4
- BSA(Long Range) 하네스 ……… CV32-16
- 고전압 케이블 ……………………… CV33-1
- 플로어 하네스 ……………………… CV40-1
- 도어 하네스 ………………………… CV50-1
- 루프 하네스 ………………………… CV60-1
- 트렁크 하네스 ……………………… CV61-1
- 범퍼 하네스 ………………………… CV62-1
- 시트 하네스 ………………………… CV70-1
- ICU 정션 블록 ……………………… CV80-1
- PCB 블록 …………………………… CV81-1
- 고전압 정션 블록…………………… CV82-1
- 조인트 커넥터 ……………………… CV83-1
- 하네스 연결 커넥터………………… CV90-1

메인 하네스 (1)

M01-A IBU

WRK P/No.	-
Vender P/No.	HKC34-66406
Vender P/Name	KYU_025060_34F

1. -
2. -
3. -
4. -
5. -
6. -
7. Gr 프론트 콤솔키보드 (PDW 스위치 - IND.)
8. G 프론트 콤솔키보드 (PDW 스위치 - 신호)
9. -
10. -
11. -
12. -
13. -
14. L 오토 라이트 & 포토 센서 (오토 라이트 센서 - 신호)
15. W 오토 라이트 & 포토 센서 (오토 라이트 센서 - 접지)
16. Br 오토 라이트 & 포토 센서 (오토 라이트 센서 - 전원)
17. -
18. -
19. -
20. -
21. -
22. -
23. Gr/B ICU 정션 블록 (퓨즈 - 모듈4)
24. L 센서 전원 : 전방 PDW 센서 LH/RH (In), 전방 PDW 센서 LH/RH (Out)
25. Y 센서 전원 : 후방 PDW 센서 LH/RH (In), 후방 PDW 센서 LH/RH (Out)
26. -
27. -
28. G 정지등 스위치 (신호)
29. W/B 프론트 콤솔키보드 (파킹/뉴 스위치 - 신호)
30. -
31. -
32. -
33. -
34. -

M01-B IBU

WRK P/No.	-
Vender P/No.	HKC34-66404
Vender P/Name	KYU_025060_34F

1. -
2. -
3. -
4. -
5. -
6. Y 휠램 램프 :
7. P/B 전조등 LH/RH, 보조 정지등, 리어 콤비네이션 램프 (CTR)
8. W VCU (EV Ready 램프 신호)
9. L IEB 유닛 (휠센서 신호)
10. - 익스터널 부저
11. -
12. -
13. -
14. -
15. - 다기능 스위치
16. Br (와이퍼 도우 백업 스위치 신호)
17. -
18. -
19. -
20. -
21. -
22. -
23. -
24. -
25. R PCB 블록 (와이퍼 (Low) 릴레이 - 컨트롤)
26. L PCB 블록 (와이퍼 (High) 릴레이 - 컨트롤)
27. O PCB 블록 (퓨즈 - 와이퍼2)
28. O/B PCB 블록 (와이퍼 메인 릴레이 - 컨트롤)
29. -
30. -
31. G SCU (K-Line)
32. -
33. -
34. -

2023 > 엔진 > 160KW > 커넥터 정보 > 메인 하네스

메인 하네스 (2) CV10-2

M01-C IBU

WRK P/No.	-
Vender P/No.	HKC34-66407
Vender P/Name	KYU_025060_34F

1. P   ICU 정션 블록 (퓨즈 - 제동스위치)
2. -
3. -   접지 (GM03)
4. B/O ICU 정션 블록 (퓨즈 - 통합 제어기1)
5. Br   ICU 정션 블록 (퓨즈 - 통합 제어기2)
6. -
7. -
8. -
9. Gr/O VCU ('P' 포지션)
10. -
11. P   ICU 정션 블록 (퓨즈 - 통합 제어기2)
12. L   ICU 정션 블록 (퓨즈 - 모듈2)
13. O/B ICU 정션 블록 (퓨즈 - 모듈6)
14. Br VCU (EMS COM)
15. -   레인 센서 (LIN)
16. Gr
17. -
18. -
19. B   접지 (GM03)
20. -
21. -
22. -
23. -
24. Y   G-CAN (High)
25. Br G-CAN (Low)
26. G   B-CAN (High)
27. O   B-CAN (Low)
28. P   페들/포켓 램프 (운전석/동승석 도어 아웃사이드 핸들)
29. -
30. L/O LIN : 전방/후방 PDW 센서 (In), 전방/후방 PDW 센서 (Out)
31. L   LIN (세이프티) : 운전석/동승석 세이프티 파워 윈도우 모듈, 리어 세이프티 파워 윈도우 모듈 LH/RH, 선루프 글래스 모듈, 선루프 블라인드 모터
32. -
33. -
34. -

M01-D IBU

WRK P/No.	2365978-2
Vender P/No.	-
Vender P/Name	AMP_025_36F

1. Br   운전석 도어 아웃사이드 핸들 PIC 안테나 (접지)
2. Br/O 동승석 도어 아웃사이드 핸들 PIC 안테나 (접지)
3. L   핸들 PIC 실내 안테나 (접지)
4. -
5. L/B   스마트 키 트렁크 안테나 (접지)
6. W/B   스마트 키 리어 안테나 (접지)
7. W/O   스마트 키 프론트 안테나 (접지)
8. -
9. -
10. R/B 시동/정지 버튼 (IMMO. 안테나 (전원))
11. Y   시동/정지 버튼 (Symbol ILL. (+))
12. W   시동/정지 버튼 (SSB SW1)
13. P   시동/정지 버튼 (SSB SW2)
14. G   ICU 정션 블록 (퓨즈 - 시동)
15. -
16. -
17. L   [디지털 키 미적용] 운전석 도어 아웃사이드 핸들 (스위치)
18. Gr/O [디지털 키 미적용] 동승석 도어 아웃사이드 핸들 (스위치)
19. W/B 운전석 도어 아웃사이드 핸들 PIC 안테나 (전원)
20. W/O 동승석 도어 아웃사이드 핸들 PIC 안테나 (전원)
21. R   핸들 PIC 실내 안테나 (전원)
22. -
23. R/B 스마트 키 트렁크 안테나 (전원)
24. Br/B 스마트 키 리어 안테나 (전원)
25. Br/O 스마트 키 프론트 안테나 (전원)
26. -
27. -
28. O   시동/정지 버튼 (IMMO. 안테나 (접지))
29. L   P/R 정션 블록 (IG1 릴레이 - 컨트롤)
30. O   P/R 정션 블록 (IG2 릴레이 - 컨트롤)
31. Br   P/R 정션 블록 (ACC 릴레이 - 컨트롤)
32. Y   ICU 정션 블록 (퓨즈 - 시동)
33. -
34. -
35. -
36. -

메인 하네스 (3)

M02 에어백 컨트롤 모듈

WRK P/No.	-
Vender P/No.	-
Vender P/Name	SUM_ACU_36F

1. G/O 운전석 에어백 (2nd Stage - High)
2. W/O 운전석 에어백 (2nd Stage - Low)
3. W 동승석 에어백 #2 (Low)
4. G 동승석 에어백 #2 (High)
5. -
6. -
7. -
8. -
9. -
10. R ICU 정션블록
11. P 충돌신호 (퓨즈 - 에어백2) (IPS 컨트롤 모듈), BMU
12. L 동승석 에어백 #1 (Low)
13. R 동승석 에어백 #1 (High)
14. -
15. -
16. Br/O 오버헤드 콘솔 (PAB Off IND.)
17. -
18. -
19. R/O 운전석 에어백 (1st Stage - High)
20. L/O 운전석 에어백 (1st Stage - Low)
21. -
22. -
23. -
24. -
25. -
26. Br/B C-CAN (Low)
27. W C-CAN (High)
28. G ICU 정션블록 (퓨즈 - 에어백1)
29. O 운전석 전방 충돌 감지 센서 (High)
30. L 운전석 전방 충돌 감지 센서 (Low)
31. G 동승석 전방 충돌 감지 센서 (Low)
32. O 동승석 전방 충돌 감지 센서 (High)
33. -
34. -
35. -
36. -

M03-A 에어백 컨트롤 모듈

WRK P/No.	-
Vender P/No.	MG655708
Vender P/Name	KET_025II_40F

1. P 에어컨 모드 액추에이터 (운전석-F/B)
2. L 인테이크 액추에이터 (동승석-F/B)
3. P 에어컨 온도 액추에이터 (운전석-F/B)
4. G 디포거 액추에이터 (F/B)
5. R A/C 콘솔 모드 액추에이터 (RR F/B)
6. G
7. -
8. W 오토 디포거 센서 (SDA)
9. Y 오토 디포거 센서 (SCL)
10. R 오토 디포거 센서 (Glass TEMP.)
11. Br 실외 온도 센서 (신호)
12. R 이베퍼레이터 센서 (신호)
13. -
14. -
15. -
16. -
17. -
18. L 에어컨 모드 액추에이터-VENT (동승석)
19. Y 에어컨 모드 액추에이터 (동승석-DEF)
20. W 에어컨 온도 액추에이터 (동승석-F/B)
21. R 에어컨 모드 액추에이터-VENT (운전석)
22. L 에어컨 모드 액추에이터 (운전석-DEF)
23. Gr 인테이크 액추에이터 (FRE)
24. Y 인테이크 액추에이터 (REC)
25. Br 에어컨 모드 액추에이터 (동승석-Cool)
26. W 에어컨 온도 액추에이터 (동승석-Warm)
27. R 에어컨 온도 액추에이터 (운전석-Cool)
28. L 에어컨 온도 액추에이터 (운전석-Warm)
29. O 디포거 액추에이터 (DEF)
30. G 디포거 액추에이터 (VENT)
31. Y A/C 콘솔 모드 액추에이터 (RR VENT)
32. W A/C 콘솔 모드 액추에이터 (RR Floor)
33. -
34. L E-CAN (Low)
35. R E-CAN (High)
36. -
37. Br Climate-CAN (High) : 에어컨 PTC 히터, 전자식 에어컨 컴프레서
38. W Climate-CAN (Low) : 에어컨 PTC 히터, 전자식 에어컨 컴프레서
39. -
40. B 접지 (GM02)

메인 하네스 (4)

M03-B 에어컨 컨트롤 모듈

WRK P/No.	-
Vender P/No.	MG655709
Vender P/Name	KET_025II_32F

1. O/B ICU 정션 블록 (퓨즈 - 에어컨)
2. W/O ICU 정션 블록 (퓨즈 - IG3 8)
3. O 센서 전원 : 디포거 액추에이터, 에어컨 액추에이터(운전석/동승석), 후석 온도 액추에이터(Warm/Cool), 에어컨 모드 액추에이터(운전석/동승석), 후석 액추에이터 액추에이터 모두 에어컨 액추에이터
4. -
5. -
6. -
7. -
8. -
9. Gr 오토 라이트 & 포토 센서 (포토 센서 - LH 신호)
10. L 오토 라이트 & 포토 센서 (포토 센서 - RH 신호)
11. O 전자식 에어컨 컴프레서 (인터록 (+))
12. Gr 전자식 에어컨 컴프레서 (인터록 (-))
13. -
14. -
15. -
16. B 센서 접원 : 디포거 액추에이터, 에어컨 액추에이터 모드 (운전석/동승석), 후석 온도 액추에이터 (Warm/Cool), 에어컨 모드 액추에이터(운전석/동승석), 후석 액추에이터, A/C 콘솔 모두 액추에이터 (운전석/동승석), 오토 디포거 센서, 액추에이터 #2, APT 압력 & 액추에이터 온도 센서, 실내온도 센서, 인테이크 액추에이터, 칠러 센서, 덕트 센서 (운전석/동승석, 벤트 덕트 센서 (DEF), 이베퍼레이터 센서, 실외 온도 센서
17. L/O ICU 정션 블록 (퓨즈 - 메모리)
18. R/O ICU 정션 블록 (퓨즈 - 모듈1)
19. O/B 전원 : 칠러 센서 #1, 히터 펌프, 냉매 밸브 #1~#2
20. -
21. G/O 에어컨 냉매 솔레노이드 밸브 (컨트롤)
22. -
23. R/B LIN BUS #1 : 칠러 센서 #1, 히터 펌프, 냉매 밸브 #1~#2
24. R LIN BUS #2 : 에어컨 블로어 모터, 냉각수 밸브 (LIN)
25. Gr 실내온도 센서 (센서 신호)
26. -
27. -
28. -
29. -
30. L 실내온도 센서 정션 블록
31. B/O P/R 정션 블록 (블로어 릴레이 - 컨트롤)
32. B 접지 (GM02)

M03-C 에어컨 컨트롤 모듈

WRK P/No.	-
Vender P/No.	MG65761
Vender P/Name	KET_025II_24F

1. O 후석 온도 액추에이터 (Cool-Warm)
2. P 후석 온도 액추에이터 (Cool-Cool)
3. Y 후석 온도 액추에이터 (Cool-F/B)
4. -
5. -
6. -
7. O 후석 온도 액추에이터 (Warm-Warm)
8. G 후석 온도 액추에이터 (Warm-Cool)
9. R 후석 온도 액추에이터 (Warm-F/B)
10. -
11. -
12. -
13. L 덕트 센서 (DEF-신호)
14. P/B 벤트 덕트 센서 (프런트-운전석 신호)
15. G 플로어 덕트 센서 (운전석-동승석 신호)
16. Br 벤트 덕트 센서 (프런트-동승석 신호)
17. W 플로어 덕트 센서 (동승석-신호)
18. -
19. -
20. L PTC 압력 & 온도 센서 (압력 신호)
21. Y 칠러 압력 센서 #2(압력 신호)
22. W PTC 압력 & 온도 센서 (온도 신호)
23. Gr 칠러 센서 #2 (온도 신호)
24. R 실내온도 센서 (모터 접지)

M04 자기 진단 점검 단자

WRK P/No.	-
Vender P/No.	51115-1611
Vender P/Name	MLX_OBDII_16F

1. Gr CCU (ETH Activation)
2. -
3. P D-CAN (High) : CCU
4. B 접지 (GM02)
5. B 접지 (GM02)
6. Y/B ICU 정션 블록 (퓨즈 - 모듈5)
7. -
8. Br CCU (MIRR RX (+))
9. R/O ICU 정션 블록 (퓨즈 - 모듈1)
10. -
11. Gr D-CAN (Low) : CCU
12. R CCU (MIRR TX (-))
13. L CCU (MIRR TX (+))
14. -
15. -
16. Y CCU (MIRR RX (-))

메인 하네스 (5)

M05-A A/V & 내비게이션 헤드 유닛

WRK P/No.	-
Vender P/No.	2188698-1
Vender P/Name	AMP_020060_38F

1. La/Y [앰프 미적용] 리어 도어 스피커 LH (+)
2. La/B [앰프 미적용] 리어 도어 스피커 LH (-)
3. P [앰프 적용] 앰프 (NAVI Voice (+))
4. B 프런트 룸솔 키보드 (SPDIF-High)
5. R [SVM 미적용] 리어 뷰 카메라 (리셋)
6. Y [SVM 미적용] 리어 뷰 카메라 (전원)
7. R [SVM 미적용] 리어 뷰 카메라 (비디오 신호)
8. -
9. -
10. -
11. G/O 프런트 USB 단자 어셈블리 (DCT)
12. -
13. Br [앰프 미적용] FL (+) : 운전석 도어 스피커,
    프런트 트위터 스피커 LH
14. W [앰프 미적용] FL (-) : 운전석 도어 스피커,
    프런트 트위터 스피커 LH
15. L [앰프 미적용] FR (-) : 동승석 도어 스피커,
    프런트 트위터 스피커 RH
16. R [앰프 미적용] FR (+) : 동승석 도어 스피커,
    프런트 트위터 스피커 RH
17. Gr [앰프 적용] 리어 도어 스피커 LH (+)
18. B [앰프 적용] 리어 도어 스피커 LH (-)
19. B/O [앰프 적용] 앰프 (NAVI Voice (-))
20. Gr [앰프 적용] 앰프 (SPDIF-Low)
21. B [SVM 미적용] 프런트 룸솔 키보드 (SPDIF-접지)
22. -
23. -
24. -
25. -
26. -
27. La/O [앰프 미적용] 리어 도어 스피커 RH (-)
28. La/G [앰프 미적용] 리어 도어 스피커 RH (+)
29. -
30. -
31. -
32. B 접지 (GM04)
33. Gr [SVM 미적용] 리어 뷰 카메라 (쉴드 접지)
34. -
35. -
36. -
37. -
38. Y 계기판 (차속 신호)

M05-B A/V & 내비게이션 헤드 유닛

WRK P/No.	-
Vender P/No.	2188701-1
Vender P/Name	AMP_020060_35F

1. R 마이크 RH (+)
2. Y 마이크 LH (+)
3. -
4. -
5. L ILL. (+)
6. G/O M-CAN (High)
7. -
8. -
9. -
10. R ICU 정션블록 (퓨즈 - 멀티미디어)
11. R ICU 정션블록 (퓨즈 - 멀티미디어)
12. B 접지 (GM04)
13. B 접지 (GM04)
14. B 마이크 RH (-)
15. Br 마이크 LH (-)
16. -
17. -
18. -
19. Gr ILL. (-)
20. O/B M-CAN (Low)
21. -
22. L ICU 정션블록 (퓨즈 - 모듈2)
23. Br 프런트 룸솔 모니터 (전원)
24. G ICU 정션블록 (퓨즈 - 전원)
25. -
26. -
27. -
28. -
29. -
30. -
31. -
32. W/O ICU 정션블록 (퓨즈 - IG3 8)
33. Y/B ICU 정션블록 (퓨즈 - 모듈5)
34. B 프런트 룸솔 모니터 (접지)
35. W

CV10-5

메인 하네스 (6)

M05-C A/V & 내비게이션 헤드 유닛

WRK P/No.	-
Vender P/No.	2188704-1
Vender P/Name	AMP_020_21F

1. -
2. W — I-CAN (High) : CCU
3. -
4. -
5. -
6. -
7. -
8. -
9. Gr — I-CAN (Low) : CCU
10. -
11. -
12. -
13. -
14. -
15. -
16. O — 오버헤드콘솔 (MTS기 신호)
17. -
18. -
19. -
20. -
21. -

M05-CL A/V & 내비게이션 헤드 유닛 (계기판)

WRK P/No.	-
Vender P/No.	KR21101-0E
Vender P/Name	KET_018FAKRA_01F

1. B — 프런트 모니터 (영상 신호)

M05-GND A/V & 내비게이션 헤드 유닛

WRK P/No.	-
Vender P/No.	172863-2
Vender P/Name	AMP_250DL_01F

1. B — 접지 (GM04)

M05-SV A/V & 내비게이션 헤드 유닛

WRK P/No.	-
Vender P/No.	KR21101-0I
Vender P/Name	KET_018FAKRA_01F

1. B — [SVM 적용]
운전자 주차 보조 제어기 유닛 (영상 신호)
[SVM 미적용 & 빌트인 캠 적용]
빌트인 캠 유닛 (영상 신호)

메인 하네스 (7)

M06 계기판

WRK P/No.	-
Vender P/No.	CL6424-0069-0
Vender P/Name	HRS_025_40F

1. B 접지 (GM01)
2. Gr ILL. (-)
3. W 크래쉬 패드 스위치 (레오스탯-Down)
4. G 크래쉬 패드 스위치 (레오스탯-Up)
5. -
6. -
7. -
8. -
9. -
10. -
11. -
12. Y A/V & 내비게이션 헤드 유닛 (차속 신호)
13. -
14. -
15. -
16. -
17. -
18. -
19. -
20. -
21. -
22. -
23. -
24. -
25. -
26. -
27. -
28. -
29. O/B M-CAN (Low)
30. G/O M-CAN (High)
31. -
32. R E-CAN (High)
33. L E-CAN (Low)
34. -
35. -
36. -
37. B 접지 (GM01)
38. W/O ICU 정션 블록 (퓨즈 - IG3 8)
39. Gr/O ICU 정션 블록 (퓨즈 - 계기판)
40. P ICU 정션 블록 (퓨즈 - 메모리2)

M06-SV 계기판 (SVM)

WRK P/No.	-
Vender P/No.	KR21101-0C
Vender P/Name	KET_018FAKRA_01F

1. B 운전자 주차 보조 제어기 유닛 (BVM 영상 신호)

M07-A CCU

WRK P/No.	-
Vender P/No.	2365978-2
Vender P/Name	AMP_025_36F

1. -
2. G B-CAN (High)
3. Br G-CAN (Low)
4. P/B DCU (Reset)
5. R E-CAN (High)
6. L/O P-CAN (Low)
7. W C-CAN (High)
8. -
9. Gr I-CAN (Low) : A/V & 내비게이션 헤드 유닛
10. G/O M-CAN (High)
11. Gr 자기 진단 점검 단자 (ETH Activation)
12. L 자기 진단 점검 단자 (MIRR TX (+))
13. Br 자기 진단 점검 단자 (MIRR RX (+))
14. B 접지 (GM01)
15. O/B DCU (Wake-Up)
16. W/O ICU 정션 블록 (퓨즈 - IG3 8)
17. Y/B ICU 정션 블록 (퓨즈 - CCU2)
18. G ICU 정션 블록 (퓨즈 - CCU1)
19. -
20. O B-CAN (Low)
21. Y G-CAN (High)
22. W ICU 정션 블록 (IPS 컨트롤 모듈 (Wake-Up))
23. L E-CAN (Low)
24. O P-CAN (High)
25. Br/B C-CAN (Low)
26. -
27. W I-CAN (High) : A/V & 내비게이션 헤드 유닛
28. O/B M-CAN (Low)
29. -
30. R 자기 진단 점검 단자 (MIRR TX (-))
31. Y 자기 진단 점검 단자 (MIRR RX (-))
32. B 접지 (GM01)
33. -
34. Br 볼트인 램프 유닛 (Wake-Up)
35. L ICU 정션 블록 (퓨즈 - 모듈2)
36. G ICU 정션 블록 (퓨즈 - CCU1)

2023 > 엔진 > 160KW > 커넥터 정보 > 메인 하네스

메인 하네스 (8)

M07-D CCU (D-CAN)

WRK P/No.	-
Vender P/No.	CL6424_0076_5
Vender P/Name	HRS_025_06F

1. -
2. -
3. -
4. -
5. Gr D-CAN (Low) : 자기 진단 점검 단자
6. P D-CAN (High) : 자기 진단 점검 단자

M07-E CCU (ETH)

WRK P/No.	-
Vender P/No.	35239600
Vender P/Name	DEL_020_12F

1. -
2. -
3. W 운전자 주차 보조 제어기 유닛 (ETH (+))
4. G 운전자 주차 보조 제어기 유닛 (ETH (-))
5. R 벨트인 캠 유닛 (ETH (+))
6. L 벨트인 캠 유닛 (ETH (-))
7. G DCU (ETH (+))
8. W DCU (ETH (-))
9. -
10. -
11. -
12. -

M08-C 후석 온도 액추에이터 (Cool)

WRK P/No.	-
Vender P/No.	PH845-07020
Vender P/Name	KUM_CDR_07F

1. -
2. -
3. P 에어컨 컨트롤 모듈 (Cool)
4. O 에어컨 컨트롤 모듈 (센서 전원)
5. Y 에어컨 컨트롤 모듈 (F/B)
6. B 에어컨 컨트롤 모듈 (센서 접지)
7. O 에어컨 컨트롤 모듈 (Warm)

M08-W 후석 온도 액추에이터 (Warm)

WRK P/No.	-
Vender P/No.	PH845-07020
Vender P/Name	KUM_CDR_07F

1. -
2. -
3. O 에어컨 컨트롤 모듈 (Warm)
4. B 에어컨 컨트롤 모듈 (센서 접지)
5. R 에어컨 컨트롤 모듈 (F/B)
6. O 에어컨 컨트롤 모듈 (센서 전원)
7. G 에어컨 컨트롤 모듈 (Cool)

메인 하네스 (9)

M09 크래쉬 패드 스위치

WRK P/No.	-
Vender P/No.	MG655830-5
Vender P/Name	KET_025II_20F

1. G/O 전자식 파킹 브레이크 스위치 (SW4) : IEB 유닛
2. Y 전자식 파킹 브레이크 스위치 (SW3) : IEB 유닛
3. -
4. G 계기판 (레오스탯-Up)
5. W 계기판 (레오스탯-Down)
6. -
7. B 접지 (GM01)
8. B 접지 (GM01)
9. L VDC Off 스위치 : IEB 유닛
10. -
11. G 전자식 파킹 브레이크 스위치 (SW2) : IEB 유닛
12. W 전자식 파킹 브레이크 스위치 (SW1) : IEB 유닛
13. Gr ILL. (-)
14. -
15. L ILL. (+)
16. L/O 트렁크 스위치 (운전석) : ICU 정션블록 (IPS 컨트롤 모듈) 파워 트렁크 유닛 충전단자 도어 컨트롤 모듈
17. W 운전석 사이드 바디 조절 스위치
18. P 전조등 LH/RH 전조등 & 조명등
19. -
20. W ICU 정션블록 (퓨즈 - 모듈4)

M10 클락 스프링 (스티어링 휠 리모트 컨트롤 스위치)

WRK P/No.	-
Vender P/No.	MG65118
Vender P/Name	KET_025060_14F

1. L 스티어링 휠 열열선 모듈 (전원) : ICU 정션블록 (IPS6)
2. B 스티어링 휠 열열선 모듈 (접지) : 접지 (GM02)
3. -
4. -
5. -
6. -
7. G/O 스티어링 휠 리모컨 스위치 LH, 경음기 스위치 & 조명등 : ICU 정션블록 (IPS5)
8. B 스티어링 휠 리모컨 스위치 LH/RH, 경음기 스위치 & 조명등, 햅틱 모터 : 접지 (GM01)
9. Gr 스티어링 휠 열열선 모듈 (NTC (+)) : ICU 정션블록 (IPS 컨트롤 모듈)
10. B 스티어링 휠 열열선 모듈 (NTC (-)) : ICU 정션블록 (IPS 컨트롤 모듈)
11. P/B 햅틱 모터 : ICU 정션블록 (IPS12)
12. Gr/B 경음기 블록 (경음기 릴레이-컨트롤) PCB 블록
13. G 스티어링 휠 리모컨 스위치 LH : B-CAN (High)
14. O 스티어링 휠 리모컨 스위치 LH : B-CAN (Low)

<< 1234567890 >>

CV10-10

2023 > 엔진 > 160KW > 커넥터 정보 > 메인 하네스

메인 하네스 (10)

M11-A DCU

WRK P/No.	-
Vender P/No.	MG657039-5
Vender P/Name	KET_020_32F

1. -
2. L   ICU 정션 블록 (퓨즈 - 모듈2)
3. -
4. -
5. -
6. -
7. -
8. -
9. -
10. -
11. -
12. -
13. -
14. -
15. -
16. B   접지 (GM04)
17. R/O ICU 정션 블록 (퓨즈 - 메모리1)
18. -
19. O/B CCU (Wake-Up)
20. -
21. -
22. -
23. P/B CCU (Reset)
24. -
25. -
26. -
27. -
28. -
29. -
30. -
31. -
32. -

M11-B DCU

WRK P/No.	-
Vender P/No.	35239593
Vender P/Name	DEL_020_02F

1. G   CCU (ETH +)
2. W   CCU (ETH -)

M12 이베퍼레이터 센서

WRK P/No.	-
Vender P/No.	MG651026
Vender P/Name	KET_090II_02F

1. B   에어컨 컨트롤 모듈 (접지)
2. R   에어컨 컨트롤 모듈 (신호)

M13 센터 스피커 (앰프 적용)

WRK P/No.	-
Vender P/No.	MG651026
Vender P/Name	KET_090II_02F

1. La/Gr 앰프 (+)
2. La/P   앰프 (-)

M14 IFS 유닛 (지능형 전조등)

WRK P/No.	-
Vender P/No.	MG655628
Vender P/Name	KET_060_18F

1. Y/B   ICU 정션 블록 (퓨즈 - 모듈5)
2. R/O   리어 높낮이 센서 (전원)
3. Y   리어 높낮이 센서 (신호)
4. L   리어 높낮이 센서 (접지)
5. B   접지 (GM02)
6. -
7. O   B-CAN (Low)
8. G   B-CAN (High)
9. -
10. -
11. -
12. -
13. -
14. -
15. L/O   LD 컨트롤 : 전조등 LH/RH
16. -
17. -
18. L/B   LIN : 전조등 LH/RH

- 299 -

메인 하네스 (11)

M16 운전석 에어백

WRK P/No.	-
Vender P/No.	MG655420-3
Vender P/Name	KET_040III_04F

1. L/O 에어백 컨트롤 모듈 (1st Stage-Low)
2. R/O 에어백 컨트롤 모듈 (1st Stage-High)
3. W/O 에어백 컨트롤 모듈 (2nd Stage-Low)
4. G/O 에어백 컨트롤 모듈 (2nd Stage-High)

M17 운전자 주행 보조 제어기 유닛

WRK P/No.	-
Vender P/No.	MG656971-5
Vender P/Name	KET_020_12F

1. W   ICU 정션블록 (퓨즈 - 모듈4)
2. Y   A-CAN FD1 (High) : 스마트 크루즈 컨트롤 레이더, 다기능 프론트 뷰 카메라
3. R   E-CAN (High)
4. Y   A-CAN FD2 (High) : 프론트 코너 레이더 LH/RH
5. -
6. B   접지 (GM01)
7. P   ICU 정션블록 (퓨즈 - ADAS DRV)
8. -
9. B   A-CAN FD1 (Low) : 스마트 크루즈 컨트롤 레이더, 다기능 프론트 뷰 카메라
10. L   E-CAN (Low)
11. O/B A-CAN FD2 (Low) : 프론트 코너 레이더 LH/RH
12. -

M18 운전자 주행 보조 제어기 유닛

WRK P/No.	-
Vender P/No.	6441-0019-1-000
Vender P/Name	HRS_KM(025FAKRA_ETH)_36F

1. P   ICU 정션블록 (퓨즈 - 모듈2)
2. -
3. B   접지 (주차 보조 스위치-신호)
4. W/B 프론트 콘솔 키보드
5. -
6. Y/O [빌트인 캠 적용] 빌트인 캠 유닛 (IPS5)
7. Gr/B ICU 정션블록
8. -
9. B   센서 접지 :
        전방 PDW 센서 LH/RH (In),
        전방 PDW 센서 LH/RH (Out),
        전방 PDW 센서 LH/RH (Side)
10. L   E-CAN (Low)
11. Y/O LIN : 후방 PDW 센서 LH/RH (In),
        후방 PDW 센서 LH/RH (Out),
        센서 전원 :
12. L   전방 PDW 센서 LH/RH (In),
        전방 PDW 센서 LH/RH (Out),
        전방 PDW 센서 LH/RH (Side)
13. B   [DSM 미적용]
        리어 뷰 카메라 (후방 영상 신호)
        [DSM 적용]
14. B   [DSM 미적용]
        빌트인 캠 유닛
        [DSM 적용]
        운전석 아웃사이드 미러 (사이드 LH 카메라)
15. B   [DSM 미적용]
        A/V & 내비게이션 헤드 유닛 (영상신호)
        [DSM 적용]
        운전석 DSM (사이드 LH 카메라)
16. B   제기판 (사이드 뷰 영상)
17. -
18. -
19. W   CCU (ETH (+))
20. G   CCU (ETH (-))
21. P   ICU 정션블록 (퓨즈 - 메모리2)
22. -
23. B   접지
24. G   프론트 콘솔 키보드 (PDW 스위치-신호)
25. Gr 프론트 콘솔 키보드 (PDW 스위치-IND.)
26. L/B [빌트인 캠 적용] ICU 정션블록 (퓨즈 - 모듈2)
27. L
28. -
29. L/B 센서 접지 :
        후방 PDW 센서 LH/RH (In),
        후방 PDW 센서 LH/RH (Out),
        후방 PDW 센서 LH/RH (Side)
30. R   E-CAN (High)
31. L/O LIN : 전방 PDW 센서 LH/RH (In),
        전방 PDW 센서 LH/RH (Out),
        전방 PDW 센서 LH/RH (Side)
32. Y   센서 전원 :
        후방 PDW 센서 LH/RH (In),
        후방 PDW 센서 LH/RH (Out),
        후방 PDW 센서 LH/RH (Side)
33. B   [DSM 미적용]
        동승석 아웃사이드 미러 (사이드 RH 카메라)
        [DSM 적용]
        프론트 뷰 카메라 (전방 영상 신호)
34. B
35. -
36. -

2023 > 엔진 > 160kW > 커넥터 정보 > 메인 하네스

메인 하네스 (12)

M19-D 플로어 덕트 센서 (운전석)

WRK P/No.	-
Vender P/No.	31067-1010
Vender P/Name	MLX_025_03F

1. G 에어컨 컨트롤 모듈 (신호)
2. -
3. B 에어컨 컨트롤 모듈 (접지)

M19-P 플로어 덕트 센서 (동승석)

WRK P/No.	-
Vender P/No.	31067-1010
Vender P/Name	MLX_025_03F

1. W 에어컨 컨트롤 모듈 (신호)
2. -
3. B 에어컨 컨트롤 모듈 (접지)

M20 벤트 덕트 센서 (프론트)

WRK P/No.	-
Vender P/No.	MG610396
Vender P/Name	KET_070_04F

1. P/B 에어컨 컨트롤 모듈 (운전석 센서 신호)
2. B   에어컨 컨트롤 모듈 (운전석 센서 접지)
3. Br 에어컨 컨트롤 모듈 (동승석 센서 신호)
4. B   에어컨 컨트롤 모듈 (동승석 센서 접지)

M21 덕트 센서 (DEF)

WRK P/No.	-
Vender P/No.	31067-1010
Vender P/Name	MLX_025_03F

1. L 에어컨 컨트롤 모듈 (신호)
2. -
3. B 에어컨 컨트롤 모듈 (접지)

M23 프론트 모니터

WRK P/No.	-
Vender P/No.	MG656964-5
Vender P/Name	KET_025FAKRA_05F

1. G A/V & 내비게이션 헤드 유닛 (전원)
2. -
3. -
4. W A/V & 내비게이션 헤드 유닛
5. B A/V & 내비게이션 헤드 유닛 (영상 신호)

M23-G 프론트 모니터

WRK P/No.	-
Vender P/No.	172863-2
Vender P/Name	AMP_250DL_01F

1. B 접지 (GM04)

CV10-12

매인 하네스 (13)

M24 글로브 박스 램프

WRK P/No.	-
Vender P/No.	MG612228
Vender P/Name	KET_090III_06F

1. Y   ICU 정선블록 (IPS5)
2. B   접지 (GM02)
3. -

M25-A 빌트인 캠 유닛 (Built-In CAM)

WRK P/No.	220203-NA
Vender P/No.	-
Vender P/Name	YRC_025_18F

1. Y   프런트 뷰 카메라 (전원)
2. Y/B   ICU 정선블록 (퓨즈 - 모듈5)
3. L   ICU 정선블록 (퓨즈 - 모듈2)
4. O/B   빌트인 캠 보조배터리 (전원)
5. O   B-CAN (Low)
6. G   B-CAN (High)
7. L   빌트인 캠 보조배터리 (LIN)
8. Br   CCU (Wake-Up)
9. Br/O   오버헤드 콘솔 (빌트인 캠 스위치-IND.)
10. L/O   ICU 정선블록 (퓨즈 - 메모리1)
11. -
12. -
13. Br   프런트 뷰 카메라 (접지)
14. B   접지 (GM04)
15. L/B   운전자주차보조 제어기 유닛 (리셋신호)
16. Y/O   운전자주차보조 제어기 유닛 (마스터신호)
17. R   오버헤드 콘솔 (빌트인 캠 스위치신호)
18. Gr/O   프런트 뷰 카메라 (IND.)

M25-B 빌트인 캠 유닛 (Built-In CAM)

WRK P/No.	35239594
Vender P/No.	-
Vender P/Name	DEL_020_02F

1. R   CCU (ETH +)
2. L   CCU (ETH -)

M25-C 빌트인 캠 유닛 (Built-In CAM)

WRK P/No.	59Z115-000-K
Vender P/No.	-
Vender P/Name	RSB_018FAKRA_02F

1. B   프런트 뷰 카메라 (영상 신호 입력)
2. B   A/V & 내비게이션 헤드 유닛 (영상 신호 출력)

M25-D 빌트인 캠 유닛 (Built-In CAM)

WRK P/No.	59Z115-000-D
Vender P/No.	-
Vender P/Name	RSB_018FAKRA_02F

1. B   운전자주차보조 제어기 유닛 (SVM 영상 신호 입력)
2. B   운전자주차보조 제어기 유닛 (리어 뷰 영상 신호 출력)

M25-E 빌트인 캠 유닛

WRK P/No.	59Z063-000-E
Vender P/No.	-
Vender P/Name	RSB_018FAKRA_01F

1. B   리어 뷰 카메라 (영상 신호 입력)

2023 > 엔진 > 150kW > 커넥터 정보 > 메인 하네스

메인 하네스 (14)

M26-A 프런트 콘솔 기보드

WRK P/No.	-
Vender P/No.	1318774-1
Vender P/Name	AMP_025_12F

1. -
2. Br A/V & 내비게이션헤드 유닛 (전원)
3. L   ICU 정션 블록 (퓨즈 - 모듈2)
4. -
5. Gr ILL. (-)
6. L   ILL. (+)
7. O/B M-CAN (Low)
8. G/O M-CAN (High)
9. -
10. B   A/V & 내비게이션헤드 유닛 (접지)
11. -
12. R   A/V & 내비게이션헤드 유닛 (리셋)

M26-B 프런트 콘솔 기보드

WRK P/No.	-
Vender P/No.	MG656934-5
Vender P/Name	KET_025II_16F

1. -
2. B   접지 (GM04)
3. -
4. -
5. -
6. -
7. -
8. -
9. -
10. -
11. B   접지 (GM04)
12. W/B [SVM 미적용]
       IBU (파킹/뷰 스위치 신호)
       [SVM 적용]
       운전자 주차 보조 제어기 유닛
       (파킹/뷰 스위치 신호)
13. G   [SVM 미적용]
       IBU (PDW 스위치 신호)
       [SVM 적용]
       운전자 주차 보조 제어기 유닛
       (PDW 스위치 신호)
14. Gr [SVM 미적용]
       IBU (PDW 스위치 IND.)
       [SVM 적용]
       운전자 주차 보조 제어기 유닛
       (PDW 스위치 IND.)
15. -
16. -

M26-G 프런트 콘솔 기보드

WRK P/No.	-
Vender P/No.	172863-2
Vender P/Name	AMP_250DL_01F

1. B   접지 (GM04)

M28 실내 미세 먼지 센서

WRK P/No.	-
Vender P/No.	1-936119-2
Vender P/Name	AMP_MQS_04F

1. B   접지 (GM02)
2. Gr 에어컨 컨트롤 모듈 (LIN)
3. W/O ICU 정션 블록 (퓨즈 - IG3 8)

M29 실내 온도 센서

WRK P/No.	-
Vender P/No.	MG651439
Vender P/Name	KET_91A_06F

1. R   모터 : 에어컨 컨트롤 모듈 (전원)
2. B   센서 : 에어컨 컨트롤 모듈 (전원)
3. -
4. L   센서 : 에어컨 컨트롤 모듈 (신호)
5. -
6. W/O 모터 : ICU 정션 블록 (퓨즈 - IG3 8)

메인 하네스

CV10-15

M27 IAU (Identity Authentication Unit)

WRK P/No.	-
Vender P/No.	MG656969-5
Vender P/Name	KET_020_16F

1. B   접지 (GM03)
2. G   B-CAN (High)
3. Br Local-CAN (High) : 스마트폰 무선충전기, 운전석/동승석 도어 아웃사이드 핸들
4. -
5. -
6. -
7. Gr/B ICU 정션블록 (퓨즈 - 모듈3)
8. L/B ICU 정션블록 (퓨즈 - IAU)
9. B   접지 (GM03)
10. O   B-CAN (Low)
11. Y   Local-CAN (Low) : 스마트폰 무선충전기, 운전석/동승석 도어 아웃사이드 핸들
12. -
13. -
14. -
15. L   ICU 정션블록 (퓨즈 - 모듈2)
16. O/B ICU 정션블록 (퓨즈 - 모듈6)

M31 프론트 파워 아웃렛

WRK P/No.	-
Vender P/No.	172434-2
Vender P/Name	AMP_PLM2_02F

1. G P/R 정션블록 (퓨즈 - 파워 아웃렛)
2. B 접지 (GM01)

M32 다기능 스위치

WRK P/No.	-
Vender P/No.	MG656962
Vender P/Name	KET_025060_16F

1. -
2. Y   전조등 Low 백엄 신호 :
3. -   ICU 정션블록 (IPS 컨트롤 모듈)
4. -
5. B   접지 (GM01)
6. -
7. Br IBU (와이퍼로우 백엄 스위치 신호)
8. G   ICU 정션블록 (퓨즈 - 위쪽)
9. Br 와셔 모터 (컨트롤)
10. W   C-CAN (High)
11. Br/B C-CAN (Low)
12. Gr/B ICU 정션블록 (퓨즈 - 모듈3)
13. -
14. G   B-CAN (High)
15. O   B-CAN (Low)
16. R/O ICU 정션블록 (퓨즈 - 모듈1)

M33-D 에어컨 모드 액추에이터 (운전석)

WRK P/No.	-
Vender P/No.	PH845-07670
Vender P/Name	KUM_CDR_07F

1. -
2. -
3. R 에어컨 컨트롤 모듈 (전원)
4. O 에어컨 컨트롤 모듈 (전원)
5. P 에어컨 컨트롤 모듈 (F/B)
6. B 에어컨 컨트롤 모듈 (접지)
7. L 에어컨 컨트롤 모듈 (DEF)

메인 하네스 (16)

M33-P 에어컨 모드 액추에이터 (동승석)

WRK P/No.	-
Vender P/No.	PH845-07670
Vender P/Name	KUM_CDR_07F

1. -
2. -
3. L 에어컨 컨트롤 모듈 (VENT)
4. O 에어컨 컨트롤 모듈 (전원)
5. W 에어컨 컨트롤 모듈 (F/B)
6. B 에어컨 컨트롤 모듈 (접지)
7. Y 에어컨 컨트롤 모듈 (DEF)

M34 무드 램프 유닛

WRK P/No.	-
Vender P/No.	MG656807
Vender P/Name	KET_020_12F

1. Y   ICU 정션 블록 (IPS5)
2. Y/O LIN #2 : 운전석/동승석 도어 무드 램프, 리어 도어 무드 램프 LH/RH
3. Y/B LIN #1 : 크래쉬 패드 무드 램프
4. G   B-CAN (High)
5. O   B-CAN (Low)
6. B   접지 (GM02)
7. -
8. -
9. -
10. -
11. -
12. -

M35-1 동승석 에어백 #2

WRK P/No.	3340-1531
Vender P/No.	-
Vender P/Name	DEL_025_02F

1. R 에어백 컨트롤 모듈 (High)
2. L 에어백 컨트롤 모듈 (Low)

M35-2 동승석 에어백 #2

WRK P/No.	3340-1530
Vender P/No.	-
Vender P/Name	DEL_SRS_02F

1. G 에어백 컨트롤 모듈 (High)
2. W 에어백 컨트롤 모듈 (Low)

M37 비상등 스위치

WRK P/No.	CL6424_0076_5
Vender P/No.	-
Vender P/Name	HRS_025_06F

1. B   접지 (GM02)
2. G   비상등 스위치 신호 :
3. R   비상등 스위치 IND. :
4. -
5. R/O ICU 정션 블록 (IPS 컨트롤 모듈)
6. -   ICU 정션 블록 (퓨즈 - 모듈1)

메인 하네스 (17)

M38 시동/정지 버튼

WRK P/No.	MG610372
Vender P/No.	-
Vender P/Name	KET_SP_10F

- 1. W   IBU (SSB SW1)
- 2. -
- 3. Y   IBU (ILL. (+))
- 4. O   IBU (안테나 접지)
- 5. -
- 6. B   접지 (GM03)
- 7. P   IBU (SSB SW2)
- 8. Gr ILL. (-)
- 9. -
- 10. R/B IBU (안테나 전원)

M39 오토 라이트 & 포토 센서

WRK P/No.	MG651439
Vender P/No.	-
Vender P/Name	KET_91A_06F

- 1. W   IBU (오토 라이트 센서 접지)
- 2. Br IBU (오토 라이트 센서 전원)
- 3. L   IBU (오토 라이트 센서 신호)
- 4. Gr 에어컨 컨트롤 모듈 (포토 센서 신호)
- 5. O   에어컨 컨트롤 모듈 (포토 센서 전원)
- 6. L   에어컨 컨트롤 모듈 (포토 센서 신호)

M40 에어컨 PTC 히터 (센서)

WRK P/No.	1890104123AS
Vender P/No.	MG641101-5
Vender P/Name	KET_090IIWP_04F

- 1. W/O ICU 정션 블록 (퓨즈 - IG3 8)
- 2. Br   Climate-CAN (High) : 에어컨 컨트롤 모듈, 전자식 에어컨 컴프레서
- 3. W   Climate-CAN (Low) : 에어컨 컨트롤 모듈, 전자식 에어컨 컴프레서
- 4. B   접지 (GM02)

M41 디포거 액추에이터

WRK P/No.	PH845-07670
Vender P/No.	-
Vender P/Name	KUM_CDR_07F

- 1. -
- 2. -
- 3. G   에어컨 컨트롤 모듈 (VENT)
- 4. O   에어컨 컨트롤 모듈 (전원)
- 5. R   에어컨 컨트롤 모듈 (F/B)
- 6. B   에어컨 컨트롤 모듈 (접지)
- 7. O   에어컨 컨트롤 모듈 (DEF)

M42 아웃사이드 미러 스위치

WRK P/No.	CL624-0075-2
Vender P/No.	-
Vender P/Name	HRS_KM025BS_10F

- 1. R/O ICU 정션 블록 (퓨즈 - 모듈1)
- 2. -
- 3. -
- 4. -
- 5. -
- 6. -
- 7. G   B-CAN (High)
- 8. O   B-CAN (Low)
- 9. -
- 10. B   접지 (GM01)

M43 크래쉬 패드 무드 램프

WRK P/No.	KH190005-10
Vender P/No.	-
Vender P/Name	UU_025_04F

- 1. R/O ICU 정션 블록 (퓨즈 - 모듈1)
- 2. -
- 3. Y/B 무드 램프 유닛 (LIN)
- 4. B   접지 (GM02)

2023 > 엔진 > 150kW > 커넥터 정보 > 메인 하네스

메인 하네스 (18)

M44-L 프론트 트위터 스피커 LH (엠프 미적용)

WRK P/No.	-
Vender P/No.	HK265-02010
Vender P/Name	KUM_060_02F

1. Br A/V & 내비게이션헤드유닛 (+)
2. W A/V & 내비게이션헤드유닛 (-)

M44-R 프론트 트위터 스피커 RH (엠프 미적용)

WRK P/No.	-
Vender P/No.	HK265-02010
Vender P/Name	KUM_060_02F

1. R A/V & 내비게이션헤드유닛 (+)
2. L A/V & 내비게이션헤드유닛 (-)

M45-L 프론트 트위터 스피커 LH (엠프 적용)

WRK P/No.	-
Vender P/No.	HK267-02120
Vender P/Name	KUM_060_02F

1. La/Br 엠프 (+)
2. La/W 엠프 (-)

M45-R 프론트 트위터 스피커 RH (엠프 적용)

WRK P/No.	-
Vender P/No.	HK267-02120
Vender P/Name	KUM_060_02F

1. La/R 엠프 (+)
2. La/L 엠프 (-)

M46-D 에어컨 온도 액추에이터 (운전석)

WRK P/No.	-
Vender P/No.	PH845-07010
Vender P/Name	KUM_CDR_07F

1. -
2. -
3. R 에어컨 컨트롤 모듈 (Cool)
4. O 에어컨 컨트롤 모듈 (전원)
5. G 에어컨 컨트롤 모듈 (F/B)
6. B 에어컨 컨트롤 모듈 (접지)
7. L 에어컨 컨트롤 모듈 (Warm)

M46-P 에어컨 온도 액추에이터 (동승석)

WRK P/No.	-
Vender P/No.	PH845-07010
Vender P/Name	KUM_CDR_07F

1. -
2. -
3. Br 에어컨 컨트롤 모듈 (Cool)
4. O 에어컨 컨트롤 모듈 (전원)
5. P 에어컨 컨트롤 모듈 (F/B)
6. B 에어컨 컨트롤 모듈 (접지)
7. W 에어컨 컨트롤 모듈 (Warm)

2023 > 엔진 > 150kW > 커넥터 정보 > 메인 하네스

메인 하네스 (19)

M47 전자식 시프트 레버

WRK P/No.	-
Vender P/No.	MG655827
Vender P/Name	KET_060_08F

1. Gr ICU 정션 블록
       (퓨즈 - 전자식 변속 레버3)
2. L/O P-CAN (High)
3. O   P-CAN (Low)
4. B   접지 (GM01)
5. R/B P/R 정션 블록
       (퓨즈 - 전자식 변속 레버2)
6. -   -
7. Y   G-CAN (High)
8. Br G-CAN (Low)

M90 스티어링 휠 하네스 클락 스프링

WRK P/No.	-
Vender P/No.	MG655118
Vender P/Name	KET_025060_14F

1. R   ICU 정션 블록 (IPS6) :
        스티어링 휠 열선 모듈 (전원)
2. B   접지 (GM02) :
        스티어링 휠 열선 모듈 (접지)
3. -   -
4. -   -
5. -   -
6. -   -
7. Y   ICU 정션 블록 (IPS5) :
        스티어링 휠 리모컨 스위치 LH,
        경음기 스위치 & 조명등
8. B   접지 (GM01):
        스티어링 휠 리모컨 스위치 LH/RH,
        경음기 스위치 & 조명등, 햅틱 모터
9. W   ICU 정션 블록 (IPS 컨트롤 모듈) :
        스티어링 휠 열선 모듈 (NTC (+))
10. Br ICU 정션 블록 (IPS 컨트롤 모듈) :
        스티어링 휠 열선 모듈 (NTC (-))
11. B/R ICU 정션 블록 (IPS12) : 햅틱 모터
12. B   PCB 블록 (경음기 릴레이),
        ICU 정션 블록 (IPS 컨트롤 모듈) :
        경음기 스위치
13. L   B-CAN (High) :
        스티어링 휠 리모컨 스위치 RH
14. Gr B-CAN (Low) :
        스티어링 휠 리모컨 스위치 RH

M91 스티어링 휠 리모컨 스위치 LH

WRK P/No.	-
Vender P/No.	CL6424-0053-0
Vender P/Name	HIROSE_12F

1. Y   ICU 정션 블록 (IPS5)
2. L/W ILL. (+) Out :
        스티어링 휠 리모컨 스위치 RH,
        드라이브 모드 스위치
3. P   패들 시프트 스위치 LH (신호)
4. O   패들 시프트 스위치 LH (신호)
5. B/W 스티어링 휠 리모컨 스위치 RH (SW)
6. Lg   경음기 스위치 & 조명등 (조명등)
7. L   B-CAN (High)
8. Gr   B-CAN (Low)
9. R   스티어링 휠 리모컨 스위치 RH (CH1)
10. B   스티어링 휠 리모컨 스위치 RH (CH2)
11. G/B 접지(GM01)
12. G   접지: 드라이브 모드 스위치,
        패들 시프트 스위치 LH/RH

2023 > 겐신 > 160kW > 커넥터 정보 > 메인 하네스

메인 하네스 (20)

CV10-20

M92 스티어링 휠 리모컨 스위치 RH

WRK P/No.	-
Vender P/No.	CL6424-0073-7
Vender P/Name	HIROSE_06F

1. L 스티어링 휠 리모컨 스위치 LH (ILL. (+))
2. O 스티어링 휠 리모컨 스위치 LH (SW)
3. -
4. -
5. -
6. G/B 스티어링 휠 리모컨 스위치 LH (CH1) 스티어링 휠 리모컨 스위치 LH (CH2) 접지 (GM01)

M93 경음기 스위치 & 조명등

WRK P/No.	-
Vender P/No.	936119-1
Vender P/Name	TYCO_04F_NATURAL

1. Y   조명등 : ICU 정션 블록 (IPS5)
2. Lg 조명등 : -
        스티어링 휠 리모컨 스위치 LH
3. G/B 경음기 : 접지 (GM01)
4. B   경음기 : PCB 블록 (경음기 릴레이),
        ICU 정션 블록 (IPS 컨트롤 모듈)

M94 스티어링 열선 모듈

WRK P/No.	189080422 1AS
Vender P/No.	MG620160
Vender P/Name	KET_04M

1. B 접지 (GM01)
2. R 전원 : ICU 정션 블록
3. Br NTC (-) : ICU정션 블록 (IPS 컨트롤 모듈)
4. W NTC (+) : ICU 정션 블록 (IPS 컨트롤 모듈)

M95 패들 시프트 스위치 LH

WRK P/No.	-
Vender P/No.	2381533-1
Vender P/Name	TYCO_03F_NATURAL

1. G   스티어링 휠 리모컨 스위치 LH (신호)
2. Y/B 드라이브 모드 스위치
3. O   스티어링 휠 리모컨 스위치 LH (접지)

M96 패들 시프트 스위치 RH

WRK P/No.	-
Vender P/No.	2381533-1
Vender P/Name	TYCO_03F_NATURAL

1. G 스티어링 휠 리모컨 스위치 LH (신호)
2. -
3. P 스티어링 휠 리모컨 스위치 LH (접지)

M97 햅틱 모터

WRK P/No.	-
Vender P/No.	1-968699-1
Vender P/Name	AMP_MQS_02M

1. R/B 스티어링 휠 리모컨 스위치 RH (접지)
2. B/R ICU 정션 블록 (IPS12)

메인 하네스 (21)

M98 드라이브 모드 스위치

WRK P/No.	-
Vender P/No.	CL6424-0073-7
Vender P/Name	HIROSE_06F

1. Y/B 패들시프트 스위치 LH (신호)
2. L/B 스티어링휠 리모컨 스위치 LH (ILL. (+))
3. - -
4. - -
5. G 스티어링휠 리모컨 스위치 LH (접지)
6. - -

HUD 익스텐션 하네스

M81 헤드 업 디스플레이

WRK P/No.	-
Vender P/No.	MG656807
Vender P/Name	KET_020_12F

1. N/A ICU 정션 블록 (퓨즈 - 계기판)
2. - -
3. N/A 접지 (GM01)
4. N/A M-CAN (Low)
5. - -
6. N/A E-CAN (Low)
7. N/A ICU 정션 블록 (퓨즈 - 메모리1)
8. - -
9. N/A 접지 (GM02)
10. N/A M-CAN (High)
11. - -
12. N/A E-CAN (High)

안테나 피더 케이블

ANT-A 콤비네이션 안테나 (AM/FM1+GPS+DMB+LTE1)

WRK P/No.	-
Vender P/No.	-
Vender P/Name	03M

1. N/A A/V & 내비게이션 헤드 유닛 (LET1)
2. N/A A/V & 내비게이션 헤드 유닛 (GPS/DMB)
3. N/A -
4. - -

ANT-LA LTE 안테나 (AVNT)

WRK P/No.	-
Vender P/No.	-
Vender P/Name	01F

1. N/A A/V & 내비게이션 헤드 유닛 (Radion)

ANT-LB1 LTE 안테나 (DCU-LTE1)

WRK P/No.	-
Vender P/No.	-
Vender P/Name	01F

1. N/A DCU

2023 > 엔진 > 150kW > 커넥터 정보 > 메인 하네스

메인 하네스 (22)

CV10-22

ANT-LB2 LTE 안테나 (DCU-LTE2)

WRK P/No.	-
Vender P/No.	-
Vender P/Name	01F

1. N/A DCU

M05-GD A/V & 내비게이션 헤드 유닛 (GPS/DMB)

WRK P/No.	-
Vender P/No.	-
Vender P/Name	01F

1. N/A 콤비네이션 안테나

M05-L1 A/V & 내비게이션 헤드 유닛 (LTE1)

WRK P/No.	-
Vender P/No.	-
Vender P/Name	01F

1. N/A 콤비네이션 안테나

M05-L2 A/V & 내비게이션 헤드 유닛 (LTE2)

WRK P/No.	-
Vender P/No.	-
Vender P/Name	01F

1. N/A LTE 안테나

M05-R A/V & 내비게이션 헤드 유닛 (Radio)

WRK P/No.	-
Vender P/No.	-
Vender P/Name	01F

1. N/A 콤비네이션 안테나

M05-U A/V & 내비게이션 헤드 유닛 (USB)

WRK P/No.	-
Vender P/No.	-
Vender P/Name	04F

1. B A/V & 내비게이션 헤드 유닛 (GND)
2. W A/V & 내비게이션 헤드 유닛 (D +)
3. G A/V & 내비게이션 헤드 유닛 (D -)
4. R A/V & 내비게이션 헤드 유닛 (VCC)

M11-L1 DCU (LTE1)

WRK P/No.	-
Vender P/No.	-
Vender P/Name	01F

1. N/A LTE 안테나

M11-L2 DCU (LTE2)

WRK P/No.	-
Vender P/No.	-
Vender P/Name	01F

1. N/A LTE 안테나

2023 > 엔진 > 160KW > 커넥터 정보 > 메인 하네스

메인 하네스 (23)

M82 프런트 콘솔 익스텐션 하네스

WRK P/No.	-
Vender P/No.	MG655829
Vender P/Name	KET_060_18F

파워 윈도우 스위치

1. R/B — ICU 정션블록 (퓨즈 - 모듈1)
2. P — ICU 정션블록 (퓨즈 - 모듈3)
3. - —
4. Br — Auto Hold 스위치 : IEB 유닛
5. Gr/B — 운전석 IMS 스위치 (신호)
6. - —
7. V — B-CAN (Low)
8. O — B-CAN (High)
9. - —
10. R — [동승석 세이프티 파워 윈도우 미적용]
    윈도우 미적용
    ICU 정션블록
    (퓨즈 - 파워 윈도우 (우))
11. - —
12. - —
13. L — [동승석 세이프티 파워 윈도우 미적용]
    동승석 파워 윈도우 모터 (Down)
14. G — [동승석 세이프티 파워 윈도우 미적용]
    동승석 파워 윈도우 모터 (Up)
15. - —
16. - —
17. - —
18. B — 접지 (GM01)

M83 스마트폰 무선충전기

WRK P/No.	-
Vender P/No.	0-2391056-2
Vender P/Name	AMP_025_SMD_12F

1. B/R — 접지 (GM01)
2. B/Y — 접지 (GM01)
3. O — 스마트폰 무선충전기 인디게이터 (LED-Amber)
4. G — 스마트폰 무선충전기 인디게이터 (LED-Blue)
5. Lg/B — B-CAN (Low)
6. Br/B — B-CAN (High)
7. - —
8. O/B — Local-CAN (Low) : IAU, 운전석/동승석 도어 아웃사이드 핸들
9. W — Local-CAN (High) : IAU, 운전석/동승석 도어 아웃사이드 핸들
10. - —
11. P/B — ICU 정션블록 (퓨즈 - 모듈5)
12. R/W — ICU 정션블록 (IPS5)

M84 스마트폰 무선충전기 인디게이터

WRK P/No.	-
Vender P/No.	MG656919
Vender P/Name	KET_025II_06F

1. B/W — 접지 (GM01)
2. G — 스마트폰 무선충전기 (LED-Blue)
3. O — 스마트폰 무선충전기 (LED-Amber)
4. - —
5. - —
6. - —

2023 > 엔진 > 150kW > 커넥터 정보 > 메인 하네스

메인 하네스 (24)

USB 케이블 (빌트인 캠)

M25-U 빌트인 캠 유닛 (USB)

WRK P/No.	-
Vender P/No.	GT17HSK-4S-HU
Vender P/Name	HIROSE_GT8_04F

1. R USB 잭 (IND.)
2. W USB 잭 (D (+))
3. G USB 잭 (D (-))
4. B USB 잭 (VBUS)

M89 USB 잭 (빌트인 캠)

WRK P/No.	-
Vender P/No.	GT17HSK-4S-HU
Vender P/Name	HIROSE_GT8_04F

1. R 빌트인 캠 유닛 (IND.)
2. W 빌트인 캠 유닛 (D (+))
3. G 빌트인 캠 유닛 (D (-))
4. B 빌트인 캠 유닛 (VBUS)

DSM 모니터 (운전석) 익스텐션 하네스

M22-D1 DSM 모니터 (운전석)

WRK P/No.	-
Vender P/No.	MG656971-5
Vender P/Name	KET_020_12F

1. N/A
2. N/A ICU 정션 블록 (IPS5)
3. N/A 접지 (GM01)
4. -   B-CAN (High)
5. -
6. N/A ICU 정션 블록 (퓨즈 - 모듈4)
7. N/A
8. N/A ICU 정션 블록 (IPS5)
9. -   접지 (GM01)
10. N/A B-CAN (Low)
11. -
12. -

M22-D2 DSM 모니터 (운전석)

WRK P/No.	-
Vender P/No.	MG656971-5
Vender P/Name	KET_020_12F

1. -
2. N/A 운전석 DSM 카메라 (풀업)
3. -   운전석 DSM 카메라 (연풀업)
4. N/A 운전석 DSM 카메라 (디포거 전원)
5. -
6. N/A 운전석 DSM 카메라 (디포거 전원)
7. N/A
8. -
9. -
10. -
11. -
12. -   운전석 DSM 카메라 (디포거 접지)

M22-D3 DSM 모니터 (운전석)

WRK P/No.	-
Vender P/No.	KR21101-0C
Vender P/Name	KET_10F

1. N/A 운전석 DSM 카메라 (DSM 영상 신호)

메인 하네스 (25)

DSM 모니터 (동승석) 익스텐션 하네스

M22-P1   DSM 모니터 (동승석)

WRK P/No.	-
Vender P/No.	MG656971-5
Vender P/Name	KET_020_12F

1. N/A   ICU 정션 블록 (IPS5)   7. N/A   ICU 정션 블록 (IPS5)
2. N/A   접지 (GM01)   8. N/A   접지 (GM01)
3. N/A   B-CAN (High)   9. -   B-CAN (Low)
4. -   10. N/A   -
5. -   11. -   -
6. N/A   ICU 정션 블록 (퓨즈 - 모듈4)   12. -   -

M22-P2   DSM 모니터 (동승석)

WRK P/No.	-
Vender P/No.	MG656971-5
Vender P/Name	KET_020_12F

1. -   7. N/A   동승석 DSM 카메라 (디포거 접지)
2. N/A   동승석 DSM 카메라 (폴딩)   8. -   -
3. -   9. -   -
4. N/A   동승석 DSM 카메라 (언폴딩)   10. -   -
5. -   11. N/A   접지 (GM01)
6. N/A   동승석 DSM 카메라 (디포거 전원)   12. -   -

M22-P3   DSM 모니터 (동승석)

WRK P/No.	-
Vender P/No.	KR21101-0C
Vender P/Name	KET_10F

1. N/A   동승석 DSM 카메라 (DSM 영상 신호)

프론트 하네스 (1)

E01-2W VCU (2WD)

	WRK P/No.	-
	Vender P/No.	74JIA-RB-2H-K
	Vender P/Name	JST_025060_74F

1. -
2. -
3. -
4. -
5. -
6. -
7. -
8. -
9. -
10. -
11. -
12. -
13. -
14. -
15. -
16. Br/O - IBU (IMMO. Data Line)
17. Gr - SCU (신호 입력)
18. P/B - PCB 블록 (퓨즈 - IG3 4)
19. Y - PCB 블록 (퓨즈 - VCU3)
20. -
21. G - 정지등 스위치 (브레이크램프 스위치)
22. -
23. -
24. -
25. -
26. -
27. R - 악셀페달 모듈 (APS.2 접지)
28. W - 악셀페달 모듈 (APS.2 전원)
29. R/O - 악셀페달 모듈 (APS.1 접지)
30. -
31. L/O - 정지등 스위치
 (브레이크 테스트 스위치)
32. -
33. -
34. -
35. G - ICU 정션 블록
36. -
37. B - 악셀페달 모듈 (APS.1 전원)
38. -
39. G/O - 악셀페달 모듈 (APS.1 신호)
40. -
41. -
42. -
43. -
44. -
45. -
46. -
47. W/B - SCU (신호 출력)
48. L/O - 악셀페달 모듈 (APS.2 신호)
49. Gr - IBU ('P' 포지션 신호)
50. P/B - IBU (EV Ready Back-Up)
51. O/B - Wake Up :
52. - ICU 정션 블록 (IPS 컨트롤 모듈)
53. -
54. Br - G-CAN (Low)
55. Y - G-CAN (High)
59. L/O - P-CAN (Low)
60. O - P-CAN (High)
61. -
62. -
63. G - Local-CAN (Low) : 프론트 인버터
64. O/B - Local-CAN (High) : 프론트 인버터
65. B - 접지 (GE04)
66. L - PCB 블록 (퓨즈 - VCU2)
67. B - 접지 (GE04)
68. L - PCB 블록 (퓨즈 - VCU2)
69. -
70. -
71. -
72. -
73. -
74. -

CV20-1

2023 > 엔진 > 160KW > 커넥터 정보 > 프론트 하네스

프론트 하네스 (2)

E01-4W	VCU (4WD)		WRK P/No.	-
			Vendor P/No.	1897301-2
			Vendor P/Name	AMP_ECU_94F

1. B   전륜 감속기 디스커넥트 액추에이터 (전원-U)
2. -
3. Y   전륜 감속기 디스커넥트 액추에이터 (전원-V)
4. B   접지 (GE04)
5. W   전륜 감속기 디스커넥트 액추에이터 (전원-W)
6. R   P/R 정션블록 (퓨즈 - VCU1)
7. B   접지 (GE04)
8. -
9. -
10. -
11. -
12. Br 전륜 감속기 액추에이터 (홀 센서 신호)
13. Gr IBU ('P' 포지션 신호)
14. W/B SCU (신호 출력)
15. -   정지등스위치
16. L/O (브레이크 테스트 스위치)
17. -
18. -
19. -
20. -
21. -
22. -
23. -
24. -
25. -
26. -
27. -
28. W   전륜 감속기 디스커넥트 액추에이터
29. B   접지 (GE04)
30. G/O 악셀 페달 모듈 (APS.1 신호)
31. -
32. -
33. -
34. R   전륜 감속기 액추에이터 (홀 센서-S3)
35. G   전륜 감속기 액추에이터 (홀 센서-S2)
36. -
37. -
38. Gr SCU (신호 입력)
39. G   정지등스위치 (브레이크 램프 스위치)
40. -
41. -
42. -
43. P/B IBU (EV Ready Back-Up)
44. -
45. -
46. -
47. -
48. -
49. -
50. -
51. L   PCB 블록 (퓨즈 - VCU2)
52. -
53. G   ICU 정션블록 (퓨즈 - 시동)
54. -
55. -
56. -
57. -
58. -
59. -
60. L/O 악셀 페달 모듈 (APS.2 신호)
61. -
62. -
63. -
64. -
65. R   악셀 페달 모듈 (APS.2 접지)
66. -
67. P/B PCB 블록 (GE04)
68. B   접지
69. -
70. R/O 악셀 페달 모듈 (APS.1 접지)
71. -
72. G   전륜 감속기 디스커넥트 액추에이터 (홀 센서-8.75V)
73. L   PCB 블록 (퓨즈 - VCU2)
74. -
75. -
76. -
77. O   P-CAN (High)
78. L/O P-CAN (Low)
79. -
80. -
81. O/B Local-CAN (High) : 프런트 인버터, 리어 인버터
82. G   Local-CAN (Low) : 프런트 인버터, 리어 인버터
83. Y   G-CAN (High)
84. Br G-CAN (Low)
85. -
86. -
87. Y   PCB 블록 (퓨즈 - VCU3)
88. Br/O IBU (IMMO. Data Line)
89. O/B Wake Up :
90. -   ICU 정션블록 (IPS 컨트롤 모듈)
91. -
92. -
93. B   악셀 페달 모듈 (APS.1 전원)
94. W   악셀 페달 모듈 (APS.2 전원)

2023 > 엔진 > 160kW > 커넥터 정보 > 프런트 하네스

프런트 하네스 (3)

E02 악셀 페달 모듈

WRK P/No.	-
Vender P/No.	2366217-2
Vender P/Name	AMP_064WP_06F

1. R   VCU (APS.2 접지)
2. R/O   VCU (APS.1 접지)
3. G/O   VCU (APS.1 신호)
4. B   VCU (APS.2 전원)
5. W   VCU (APS.2 전원)
6. L/O   VCU (APS.2 신호)

E03-1 냉매 밸브 #1

WRK P/No.	-
Vender P/No.	1-1670918-1
Vender P/Name	AMP_050WP_04F

1. O/B   에어컨 컨트롤 모듈 (전원)
2. -
3. R/B   에어컨 컨트롤 모듈 (LIN)
4. B   접지 (GE02)

E03-2 냉매 밸브 #2

WRK P/No.	-
Vender P/No.	1-1670918-1
Vender P/Name	AMP_050WP_04F

1. O/B   에어컨 컨트롤 모듈 (전원)
2. -
3. R/B   에어컨 컨트롤 모듈 (LIN)
4. B   접지 (GE02)

E04 BMS 냉각수 3웨이 밸브 (2WD)

WRK P/No.	-
Vender P/No.	MG643302-4
Vender P/Name	KET_090IIWP_03F

1. P   PCB 블록 (퓨즈 - IG3 6)
2. B   접지 (GE03)
3. G/B   BMU (LIN)

E05 칠러 센서 #1 (시스템)

WRK P/No.	-
Vender P/No.	1-1670918-1
Vender P/Name	AMP_050WP_04F

1. O/B   에어컨 컨트롤 모듈 (전원)
2. -
3. R/B   에어컨 컨트롤 모듈 (LIN)
4. B   접지 (GE02)

E06 브레이크 오일 레벨 센서

WRK P/No.	-
Vender P/No.	MG656894-5
Vender P/Name	KET_025_02F

1. B   접지 (GE03)
2. Gr/B   ICU 정선블록 (IPS 컨트롤 모듈)

CV20-3

2023 > 엔진 > 160kW > 커넥터 정보 > 프론트 하네스

프론트 하네스 (4)

E07 에어컨 냉매 솔레노이드 밸브

WRK P/No.	-
Vender P/No.	MG644111-5
Vender P/Name	KET_025WP_02F

1. G/O 에어컨 컨트롤 모듈 (컨트롤)
2. B 접지 (GE02)

E08 브레이크 페달 모듈

WRK P/No.	-
Vender P/No.	2366217-2
Vender P/Name	AMP_064WP_06F

1. L/B IEB 유닛 (신호 #1 접지)
2. R/B IEB 유닛 (신호 #2 접지)
3. L/O IEB 유닛 (신호 #1 신호)
4. R/O IEB 유닛 (신호 #2 신호)
5. L IEB 유닛 (신호 #1 전원)
6. R IEB 유닛 (신호 #2 전원)

E09 APT 센서 (히팅 펌프 적용)

WRK P/No.	-
Vender P/No.	189771-2
Vender P/Name	AMP_MQSWP_04F

1. O 에어컨 컨트롤 모듈 (전원)
2. W 에어컨 컨트롤 모듈 (온도 신호)
3. L 에어컨 컨트롤 모듈 (압력 신호)
4. B 에어컨 컨트롤 모듈 (접지)

E10 전자식 워터 펌프 (리어 PE)

WRK P/No.	-
Vender P/No.	33218553
Vender P/Name	DEL_050WP_04F

1. - 인버터 (리어-LIN)
2. L
3. B 접지 (GE02)
4. G PCB 블록 (퓨즈 - IG3 3)

E11 운전석 전방 충돌 감지 센서

WRK P/No.	-
Vender P/No.	MSAIRB-02-1SA
Vender P/Name	JST_050WP_02F

1. O 에어백 컨트롤 모듈 (High)
2. L 에어백 컨트롤 모듈 (Low)

E12 동승석 전방 충돌 감지 센서

WRK P/No.	-
Vender P/No.	MSAIRB-02-1SA
Vender P/Name	JST_050WP_02F

1. O 에어백 컨트롤 모듈 (High)
2. G 에어백 컨트롤 모듈 (Low)

2023 > 엔진 > 160kW > 커넥터 정보 > 프런트 하네스

프런트 하네스 (5)

E13 BMS PTC 히터 온도 센서 (2WD)

WRK P/No.	33401217
Vender P/No.	-
Vender P/Name	PKD_050WP_02F

1. Br/B — BMU (신호)
2. G/O — BMU (접지)

E16 12V 배터리 유닛

WRK P/No.	-
Vender P/No.	MG644146-5
Vender P/Name	KET_040WP_02F

1. L/B — 신호 : ICU 정션 블록 (IPS 컨트롤 모듈)
2. Gr — 전원 : P/R 정션 블록 (퓨즈 - 발전 제어)

E17 MDPS 유닛

WRK P/No.	-
Vender P/No.	MG645785-5
Vender P/Name	KET_060375WP_07F

1. -
2. -
3. P — PCB 블록 (퓨즈 - 파워 스티어링2)
4. W — C-CAN (High)
5. Br/B — C-CAN (Low)
6. B — 접지 (GE06)
7. R — P/R 정션 블록 (멀티 퓨즈1 - 파워 스티어링1)

E15 IEB 유닛 (Integrated Electric Brake)

WRK P/No.	2317063-2
Vender P/No.	-
Vender P/Name	AMP_050110250WP_46F

1. L — P/R 정션 블록 (멀티 퓨즈3 - IEB1)
2. Y — 리어 EPB 액추에이터 RH (+)
3. G — 리어 EPB 액추에이터 RH (-)
4. W — 프런트 휠 센서 RH (전원)
5. G/B — 크래쉬 패드 스위치 (전자식 파킹 브레이크 스위치 SW1)
6. W — 크래쉬 패드 스위치 (전자식 파킹 브레이크 스위치 SW2)
7. G — 크래쉬 패드 스위치 (전자식 파킹 브레이크 스위치 SW3)
8. Y — 크래쉬 패드 스위치 (전자식 파킹 브레이크 스위치 SW4)
9. G/O — 크래쉬 패드 스위치 (전자식 파킹 브레이크 스위치 SW4)
10. W/B — 프런트 휠 센서 LH (전원)
11. L/B — 리어 EPB 액추에이터 LH (전원)
12. L — 리어 EPB 액추에이터 LH (-)
13. O — 리어 EPB 액추에이터 LH (+)
14. B — 접지 (GE05)
15. -
16. -
17. B — 프런트 휠 센서 RH (접지)
18. Y/B — 리어 휠 센서 RH (접지)
19. -
20. -
21. Y — G-CAN (High)
22. Br — G-CAN (Low)
23. W — IBU (휠 센서 신호)
24. -
25. W — C-CAN (High)
26. Br/B — C-CAN (Low)
27. -
28. B — 프런트 휠 센서 LH (접지)
29. O/B — 리어 휠 센서 LH (접지)
30. W — P/R 정션 블록 (멀티 퓨즈3 - IEB2)
31. L — 브레이크 페달 모듈 (신호#1 전원)
32. L/O — 브레이크 페달 모듈 (신호#1 신호)
33. L/B — 브레이크 페달 모듈 (신호#1 접지)
34. R/B — 브레이크 페달 모듈 (신호#2 전원)
35. R/O — 브레이크 페달 모듈 (신호#2 신호)
36. R — 브레이크 페달 모듈 (신호#2 전원)
37. -
38. G — 정지등 스위치 (신호)
39. L — 크래쉬 패드 스위치 (VDC Off 스위치 신호)
40. -
41. L/B — 파워윈도우 스위치 (Auto Hold 스위치 신호)
42. -
43. -
44. P — PCB 블록 (퓨즈 - IEB3)
45. G — 운전석 도어 액추에이터 (도어 열림 신호)
46. B — 접지 (GE05)

프런트 하네스 (6)

E18 BMS 냉각수 온도 센서 (라디에이터 아웃풋 - 2WD)

WRK P/No.	-
Vender P/No.	33401217
Vender P/Name	PKD_050WP_02F

1. Gr BMU (신호)
2. P/B BMU (접지)

E19 에어컨 블로어 모터

WRK P/No.	-
Vender P/No.	1897210-1
Vender P/Name	AMP_110250WP_04F

1. R 에어컨 컨트롤 모듈 (LIN)
2. W P/R 정션 블록 (블로어 릴레이)
3. B 접지 (GE02)
4. - -

E20 냉각수 밸브

WRK P/No.	-
Vender P/No.	1488991-1
Vender P/Name	AMP_1.2MCPWP_03F

1. O PCB 블록 (퓨즈 - IG3 5)
2. R 에어컨 컨트롤 모듈 (LIN)
3. B 접지 (GE02)

E21 정지등 스위치

WRK P/No.	-
Vender P/No.	HP285-06021
Vender P/Name	KUM_TWP_06F

1. Gr/B ICU 정션 블록 (퓨즈 - 모듈3)
2. L/O VCU (브레이크 테스트 스위치)
3. - -
4. P ICU 정션 블록 (퓨즈 - 제동 스위치)
5. G 브레이크 램프 스위치 : IEB 유닛, VCU, IBU, ICU 정션 블록 (IPS 컨트롤 모듈)
6. B 접지 (GE03)

E22 와셔 액 레벨 센서

WRK P/No.	-
Vender P/No.	368261-2
Vender P/Name	AMP_EJWP_02F

1. Br ICU 정션 블록 (IPS 컨트롤 모듈)
2. B 접지 (GE03)

E23 와셔 모터

WRK P/No.	-
Vender P/No.	MG641362-5
Vender P/Name	KET_090IIWP_03F

1. B 접지
2. Br 다기능 스위치
3. - -

2023 > 겐신 > 160kW > 커넥터 정보 > 프런트 하네스

프런트 하네스 (7)

E24 BMS 냉각수 온도 센서 (인렛)

WRK P/No.	-
Vender P/No.	33401217
Vender P/Name	PKD_050WP_02F

1. G   BMU (신호)
2. Br BMU (접지)

E25 에어컨 PTC 히터 (전원)

WRK P/No.	-
Vender P/No.	35415834
Vender P/Name	DEL_HV110WP_02F

1. O 전원 : 프런트 고전압 정션 블록 (퓨즈 - INNER HTR)
2. O 접지 : 프런트 고전압 정션 블록 (메인 배터리)

E26 와이퍼 모터

WRK P/No.	-
Vender P/No.	2316653-2
Vender P/Name	AMP_110WP_05F

1. W PCB 블록 (와이퍼 (High) 릴레이(N.C))
2. Y PCB 블록 (와이퍼 (High) 릴레이(N.O))
3. O PCB 블록 (와이퍼 메인 릴레이(N.C)), 4. G PCB 블록 (와이퍼 (Low) 릴레이(N.O))
                                            5. B 접지 (GE01)
와이퍼 (Low) 릴레이(N.C)

E27 전자식 에어컨 컴프레서 (신호 - 2WD)

WRK P/No.	MG645579-5
Vender P/No.	-
Vender P/Name	KET_060WP_06F

1. B   접지 (GE03)
2. W   에어컨 컨트롤 모듈 (Climate-CAN (Low))
3. Gr 에어컨 컨트롤 모듈 (인터록 (-))
4. P/B ICU 정션 블록 (퓨즈 - IG3 11)
5. Br 에어컨 컨트롤 모듈 (Climate-CAN (High))
6. O   에어컨 컨트롤 모듈 (인터록 (+))

E28 전자식 워터 펌프 #1 (고전압 배터리)

WRK P/No.	-
Vender P/No.	33218553
Vender P/Name	DEL_050WP_04F

1. P   PCB 블록 (퓨즈 - IG3 5)
2. G/B BMU (LIN)
3. B   접지 (GE02)
4. R   P/R 정션 블록 (퓨즈 - 전동식 워터 펌프1)

E29 전자식 워터 펌프 #2 (고전압 배터리 - 2WD)

WRK P/No.	-
Vender P/No.	33218553
Vender P/Name	DEL_050WP_04F

1. P   PCB 블록 (퓨즈 - IG3 5)
2. G/B BMU (LIN)
3. B   접지 (GE03)
4. R   P/R 정션 블록 (퓨즈 - 전동식 워터 펌프2)

2023 > 엔진 > 160kW > 커넥터 정보 > 프런트 하네스

프런트 하네스 (8)

CV20-8

E30 히터 펌프

	WRK P/No.	1879004714AS
	Vender P/No.	1-1670918-1
	Vender P/Name	AMP_050WP_04F

1. O/B 에어컨 컨트롤 모듈(전원)
2. -
3. R/B 에어컨 컨트롤 모듈(LIN)
4. B 접지 (GE02)

E32-L 전조등 LH (Standard)

	WRK P/No.	-
	Vender P/No.	MG656862-5
	Vender P/Name	KET_025060WP_14F

1. L   전조등 (Low) : ICU 정션 블록 (IPS1)
2. B/O DRL : ICU 정션 블록 (IPS3)
3. R   전조등 (High) : ICU 정션 블록 (IPS1)
4. R/O 방향등 : ICU 정션 블록 (IPS1)
5. Y/B 전조등 높낮이 조절 액추에이터 :
       ICU 정션 블록 (퓨즈 - 모듈5)
6. P   전조등 높낮이 조절 액추에이터 :
       크래쉬 패드 스위치
       (전조등 높낮이 조절 스위치)
7. B   전조등 높낮이 조절 액추에이터 :
       접지 (GE01)
8. Gr 전조등 (Low) 테일테일 :
       ICU 정션 블록
       (IPS 컨트롤 모듈)
9. G   포지션 램프 : ICU 정션 블록 (IPS 컨트롤 모듈)
10. P 방향등 테일테일 :
       ICU 정션 블록 (IPS 컨트롤 모듈)
11. B 전조등 (Low) : 접지 (GE01)
12. B 방향등, 포지션 램프, DRL :
       접지 (GE01)
13. Y 방향등 액추에이터 :
       ICU 정션 블록 (IPS 컨트롤 모듈)
14. B 전조등 (High) : 접지 (GE01)

E31 프런트 러기지 램프

	WRK P/No.	1879004714AS
	Vender P/No.	HP285-02021
	Vender P/Name	KUM_025WP_02F

1. Y   전원 : ICU 정션 블록 (IPS5)
2. W/B 컨트롤 :
       ICU 정션 블록 (IPS 컨트롤 모듈)

E32-R 전조등 LH (Standard)

	WRK P/No.	-
	Vender P/No.	MG656862-5
	Vender P/Name	KET_025060WP_14F

1. L   전조등 (Low) 테일테일 :
2. B/O DRL : ICU 정션 블록 (IPS3)
3. R   전조등 (High) : ICU 정션 블록 (IPS7)
4. R/O 방향등 램프 테일테일 :
5. Y/B ICU 정션 블록 (IPS7)
6. P   전조등 높낮이 조절 액추에이터 :
       ICU 정션 블록 (퓨즈 - 모듈5)
7. B   전조등 높낮이 조절 액추에이터 :
       크래쉬 패드 스위치
       (전조등 높낮이 조절 스위치)
       전조등 높낮이 조절 액추에이터 :
       접지 (GE03)
8. Gr 전조등 (Low) 테일테일 :
       ICU 정션 블록 (IPS 컨트롤 모듈)
9. W/O 포지션 램프 : ICU 정션 블록 (IPS7)
10. L 방향등 테일테일 :
       ICU 정션 블록 (IPS 컨트롤 모듈)
11. B 전조등 (Low) : 접지 (GE03)
12. B 방향등, 포지션 램프, DRL :
       접지 (GE03)
13. Y/O 방향등 액추에이터 :
       ICU 정션 블록 (IPS 컨트롤 모듈)
14. B 전조등 (High) : 접지 (GE03)

2023 > 엔진 > 150kW > 커넥터 정보 > 프런트 하네스

프런트 하네스 (9)

E33-L 전조등 LH (Option)

WRK P/No.	-
Vender P/No.	MG656862-5
Vender P/Name	KET_025060WP_14F

1. L : 전조등 (Low) : ICU 정션 블록 (IPS1)
2. O/B : DRL : ICU 정션 블록 (IPS3)
3. R : 전조등 (High) : ICU 정션 블록 (IPS1)
4. L/O : 방향등 : ICU 정션 블록 (IPS1)
5. B : 전조등 높낮이 조절 액추에이터 : 접지 (GE01)
6. -
7. L/O : 전조등 높낮이 조절 액추에이터 :
   IFS 유닛 (LD 컨트롤)
8. Gr : 전조등 (Low) 릴레이 :
   ICU 정션 블록 (IPS 컨트롤 모듈)
9. -
10. Y : 웰컴 램프 : IBU
11. -
12. L/B : 전조등 높낮이 조절 액추에이터 :
    IFS 유닛 (LIN)
13. P : 방향등 릴레이 :
14. Y : ICU 정션 블록 (IPS 컨트롤 모듈)
15. G : 전조등 액추에이터 :
    ICU 정션 블록 (IPS 컨트롤 모듈)
16. - : 포지션 램프 : ICU 정션 블록 (IPS1)
17. B : 전조등 (Low) : 접지 (GE01)
18. B : 방향등, 포지션 램프, DRL :
    접지 (GE01)
19. Y/B : 전조등 높낮이 조절 액추에이터 (퓨즈 - 모듈5) :
    ICU 정션 블록 (IPS1)
20. B : 전조등 (High) : 접지 (GE01)

E33-R 전조등 RH (Option)

WRK P/No.	-
Vender P/No.	MG656862-5
Vender P/Name	KET_025060WP_14F

1. L : 전조등 (Low) : ICU 정션 블록 (IPS7)
2. B/O : DRL : ICU 정션 블록 (IPS3)
3. R : 전조등 (High) : ICU 정션 블록 (IPS7)
4. R/O : 방향등 : ICU 정션 블록 (IPS7)
5. B : 전조등 높낮이 조절 액추에이터 : 접지 (GE03)
6. -
7. L/O : 전조등 높낮이 조절 액추에이터 :
   IFS 유닛 (LD 컨트롤)
8. Gr : 전조등 (Low) 릴레이 :
   ICU 정션 블록 (IPS 컨트롤 모듈)
9. -
10. Y : 웰컴 램프 : IBU
11. -
12. L/B : 전조등 높낮이 조절 액추에이터 :
    IFS 유닛 (LIN)
13. L : 방향등 릴레이 :
    ICU 정션 블록 (IPS 컨트롤 모듈)
14. Y/O : 방향등 액추에이터 :
    ICU 정션 블록 (IPS 컨트롤 모듈)
15. W/O : 포지션 램프 : ICU 정션 블록 (IPS7)
16. -
17. B : 전조등 (Low) : 접지 (GE03)
18. B : 방향등, 포지션 램프, DRL :
    접지 (GE03)
19. Y/B : 전조등 높낮이 조절 액추에이터 (퓨즈 - 모듈5) :
    ICU 정션 블록 (IPS7)
20. B : 전조등 (High) : 접지 (GE03)

2023 > 엔진 > 150KW > 커넥터 정보 > 프론트 하네스

프론트 하네스 (10)

CV20-10

E34 칠러 센서 #2 (배터리)

WRK P/No.	-
Vender P/No.	1897711-2
Vender P/Name	AMP_MQSWP_04F

1. O   에어컨 컨트롤 모듈 (전원)
2. Gr 에어컨 컨트롤 모듈 (온도 신호)
3. Y   에어컨 컨트롤 모듈 (압력 신호)
4. B   에어컨 컨트롤 모듈 (접지)

E35 인테이크 액추에이터

WRK P/No.	-
Vender P/No.	HP286-06021
Vender P/Name	KUM_TWP_06F

1. Y   에어컨 컨트롤 모듈 (REC)
2. Gr 에어컨 컨트롤 모듈 (FRE)
3. -
4. B   에어컨 컨트롤 모듈 (접지)
5. L   에어컨 컨트롤 모듈 (F/B)
6. O   에어컨 컨트롤 모듈 (전원)

E51 ACC 릴레이 (RLY.1)

WRK P/No.	-
Vender P/No.	-
Vender P/Name	05F

1. G   SW In : P/R 정션 블록
         (멀티 퓨즈3 - IG1)
2. L   SW N.C : ICU 정션 블록 (ACC 전원)
3. B   Coil Out : 접지 (GE02)
4. -
5. O   Coil Control : IBU

E52 IG2 릴레이 (RLY.2)

WRK P/No.	-
Vender P/No.	-
Vender P/Name	05F

1. G   SW In : P/R 정션 블록
         (멀티 퓨즈3 - IG1)
2. R   SW N.C : ICU 정션 블록 (IG1 전원)
3. B   Coil Out : 접지 (GE02)
4. -
5. L   Coil Control : IBU

E53 IG1 릴레이 (RLY.3)

WRK P/No.	-
Vender P/No.	-
Vender P/Name	05F

1. R   SW In : P/R 정션 블록
         (멀티 퓨즈3 - IG2)
2. W   SW N.C : ICU 정션 블록 (IG2 전원)
3. B   Coil Out : 접지 (GE02)
4. -
5. Br Coil Control : IBU

E55 파워 아웃렛 릴레이 (RLY.5)

WRK P/No.	-
Vender P/No.	-
Vender P/Name	05F

1. W   SW In : P/R 정션 블록
         (퓨즈 - 파워 아웃렛1)
2. O   SW N.C : P/R 정션 블록
         (퓨즈 - 파워 아웃렛2, 파워 아웃렛3)
3. B   Coil Out : 접지 (GE01)
4. -   Coil In :
5. L   ICU 정션 블록 (퓨즈 - 모듈2)

2023 > 엔진 > 160KW > 커넥터 정보 > 프론트 하네스

프론트 하네스 (11)

E58 전자식 변속 레버 릴레이 (RLY.8)

WRK P/No.	-
Vender P/No.	-
Vender P/Name	04F

- 1. G 3. R/B Coil In : P/R 정션 블록
- 2. O 4. L   (퓨즈 - 전자식 변속 레버2)

SW In : P/R 정션 블록
(퓨즈 - 전자식 변속 레버1)
Coil Control : SCU
SW N.C : ICU 정션 블록 (IG2 전원)

E59 블로어 릴레이 (RLY.9)

WRK P/No.	-
Vender P/No.	-
Vender P/Name	04F

- 1. L   3. R/O Coil In :
- 2. B/O 4. W   ICU 정션 블록 (퓨즈 - 모듈1)

SW In : SW In :
P/R 정션 블록 (멀티 퓨즈3 - 블로어)
Coil Control : 에어컨 컨트롤 모듈,
ICU 정션 블록 (IPS 컨트롤 모듈)
SW N.C : 에어컨 블로어 모터

E60 열선 유리 (뒤) 릴레이 (RLY.10)

WRK P/No.	-
Vender P/No.	-
Vender P/Name	04F

- 1. R 3. R/O Coil In :
- 2. B 4. W   ICU 정션 블록 (퓨즈 - 모듈1)

SW In : P/R 정션 블록
(멀티 퓨즈3 - 열선 유리 (뒤))
Coil Control :
CU 정션 블록 (IPS 컨트롤 모듈)
SW N.C : 리어 디포거

프론트 휠 센서 익스텐션 하네스

E79-L 프론트 휠 센서 LH

WRK P/No.	936059-2
Vender P/No.	-
Vender P/Name	TE_2.8WP_02F

- 1. Br IEB 유닛 (PWR)
- 2. B   IEB 유닛 (SIG-GND)

E79-R 프론트 휠 센서 RH

WRK P/No.	936059-2
Vender P/No.	-
Vender P/Name	TE_2.8WP_02F

- 1. Br IEB 유닛 (PWR)
- 2. B   IEB 유닛 (SIG-GND)

CV20-11

2023 > 엔진 > 160kW > 커넥터 정보 > 프론트 엔드 모듈 하네스

프론트 엔드 모듈 하네스 (1)

CV21-1

E71 VESS 유닛

WRK P/No.	-
Vender P/No.	HP285-08021
Vender P/Name	KUM_TWP_08F

1. R/O P/R 정션 블록 (퓨즈 - VESS) 5. B 접지 (GE01)
2. W   ICU 정션 블록 (퓨즈 - 모듈4) 6. B 접지 (GE01)
3. O/B M-CAN (Low)   7. -   -
4. G/O M-CAN (High)   8. -   -

E72 냉각 팬 모터

WRK P/No.	-
Vender P/No.	3509-2764
Vender P/Name	DCS_4.8/9.5WP_04F

1. Gr PCB 블록 (퓨즈 - IG37)   3. B 접지 (GE01)
2. R   P/R 정션 블록 (멀티 퓨즈2 - 냉각팬) 4. L 리어 인버터 (컨트롤)

E73 익스터널 부저

WRK P/No.	-
Vender P/No.	HP285-02021
Vender P/Name	KUM_025WP_02F

1. B 접지 (GE03)   2. L IBU (컨트롤)

E74 후드 스위치

WRK P/No.	189590Z114AS
Vender P/No.	PB625-02027
Vender P/Name	KUM_NMWP_02F

1. B 접지 (GE03)   2. G ICU 정션 블록 (IPS 컨트롤 모듈)

E75-H 경음기 (High)

WRK P/No.	-
Vender P/No.	PU465-02627
Vender P/Name	KUM_NDWP_02F

1. B 접지 (GE01)   2. G PCB 블록 (경음기 릴레이)

E75-L 경음기 (Low)

WRK P/No.	-
Vender P/No.	PU465-02627
Vender P/Name	KUM_NDWP_02F

1. B 접지 (GE01)   2. G PCB 블록 (경음기 릴레이)

- 326 -

프런트 엔드 모듈 하네스 (2)

E76 스마트 크루즈 컨트롤 레이더

WRK P/No.	-
Vender P/No.	MG643284-5
Vender P/Name	KET_025WP_06F

1. B 접지 (GE03)
2. Y A-CAN (FD-High) :
   운전자주행보조 제어기 유닛,
   다기능 프런트 뷰 카메라
3. B A-CAN (FD-Low) :
   운전자주행보조 제어기 유닛,
   다기능 프런트 뷰 카메라
4. -
5. -
6. P ICU 정션블록 (퓨즈 - 모듈4)

E77 스마트 키 프런트 안테나

WRK P/No.	-
Vender P/No.	MG653494-5
Vender P/Name	KET_090IIWP_02F

1. W/O IBU (접지)
2. Br/O IBU (전원)

충전 단자 하네스 (1)

C12 충전 단자 레지스터

WRK P/No.	-
Vender P/No.	MG645870-5
Vender P/Name	KET_060WP_03F

1. B 접지 (GF05)
2. - -
3. G 충전 커넥터, VCMS

C13-1 충전 단자 온도 센서 #1 (급속 (+))

WRK P/No.	-
Vender P/No.	BAF113B002-00A0
Vender P/Name	AMPHENOL_TEMP_SNSR_02F

1. Br VCMS (+)
2. W VCMS (-)

C13-2 충전 단자 온도 센서 #2 (급속 (-))

WRK P/No.	-
Vender P/No.	BAF113B002-00A0
Vender P/Name	AMPHENOL_TEMP_SNSR_02F

1. L VCMS (+)
2. B VCMS (-)

C13-3 충전 단자 온도 센서 #3 (완속)

WRK P/No.	-
Vender P/No.	BAF113B002-00A0
Vender P/Name	AMPHENOL_TEMP_SNSR_02F

1. Gr VCMS (+)
2. P VCMS (-)

C15 충전 단자 (5Pin Combo)

WRK P/No.	-
Vender P/No.	91667-GI000
Vender P/Name	INLET_COMBO_05M

1. Y ICCU (L2/N (-))
2. R ICCU (N (+))
3. W VCMS (CP)
4. G VCMS (PD), 충전 단자 레지스터
5. G/Y 접지 (GC11)
6. O 리어 고전압 정션 블록 (급속충전 (-) 릴레이)
7. O 리어 고전압 정션 블록 (급속충전 (+) 릴레이)

C16 충전 단자 록/언록 액추에이터

WRK P/No.	-
Vender P/No.	MX19004S51
Vender P/Name	JAE_040WP_04F

1. L VCMS (센서-접지)
2. O VCMS (센서-신호)
3. R ICU 정션 블록 충전 단자 록 릴레이 (충전 단자 록 릴레이)
4. Y ICU 정션 블록 (충전 단자 언록 릴레이)

CV22-1

2023 > 엔진 > 160kW > 커넥터 정보 > 충전 단자 하네스

충전 단자 하네스 (2)

충전 단자 도어 하네스

F91 충전 단자 LED 모듈

WRK P/No.	-
Vender P/No.	HP405-03021
Vender P/Name	KUM_060WP_03F

1. N/A 동승석 사이드 바디 컨트롤 모듈 (접지)
2. N/A 동승석 사이드 바디 컨트롤 모듈 (LIN)
3. N/A 동승석 사이드 바디 컨트롤 모듈 (전원)

F92 충전 단자 램프

WRK P/No.	1879004714AS
Vender P/No.	HP285-02021
Vender P/Name	KUM_025WP_02F

1. N/A 동승석 사이드 바디 컨트롤 모듈 (접지)
2. N/A 동승석 사이드 바디 컨트롤 모듈 (전원)

F93 충전 단자 도어 액추에이터

WRK P/No.	1879004332AS
Vender P/No.	HP285-06021
Vender P/Name	KUM_TWP_06F

1. N/A 동승석 사이드 바디 컨트롤 모듈 (신호)
2. N/A 동승석 사이드 바디 컨트롤 모듈 (전원)
3. N/A 동승석 사이드 바디 컨트롤 모듈 (Open)
4. -   동승석 사이드 바디 컨트롤 모듈 (접지)
5. N/A 동승석 사이드 바디 컨트롤 모듈 (접지)
6. N/A 동승석 사이드 바디 컨트롤 모듈 (Close)

2023 > 엔진 > 160kW > 커넥터 정보 > 프런트 파워 일렉트릭 모듈 하네스

프런트 파워 일렉트릭 모듈 하네스 (1)

P01 구동 모터 (프런트)

WRK P/No.	-
Vender P/No.	2-1897726-3
Vender P/Name	AMP_060WP_10F

1. Gr/O 프런트 인버터 (레졸버 센서 쉴드)
2. R 프런트 인버터 (레졸버 센서 전원)
3. G 프런트 인버터 (레졸버 센서 S1)
4. Y 프런트 인버터 (레졸버 센서 S2)
5. W 프런트 인버터 (온도 센서 신호)
6. B/O 프런트 인버터 (온도 센서 쉴드)
7. B 프런트 인버터 (레졸버 센서 접지)
8. W 프런트 인버터 (레졸버 센서 S3)
9. Br 프런트 인버터 (레졸버 센서 S4)
10. G 프런트 인버터 (온도 센서 접지)

P03 구동 모터 오일 온도 센서 (프런트) (4WD)

WRK P/No.	-
Vender P/No.	3331-8607
Vender P/Name	DEL_050WP_02F

1. R 프런트 인버터 (신호)
2. B 프런트 인버터 (접지)

P04 전자식 구동 모터 오일 펌프 (프런트) (4WD)

WRK P/No.	-
Vender P/No.	2337611-2
Vender P/Name	AMP_110WP_04F

1. R P/R 정션 블록 (퓨즈 - EOP2)
2. B 접지 (GE01)
3. L 프런트 인버터 (LIN)
4. P PCB 블록 (퓨즈 - IG3 7)

P02 인버터 (프런트) (시스템-4WD)

WRK P/No.	1473252-1
Vender P/No.	-
Vender P/Name	AMP_MQSJPT_40F

1. Y -
2. Br -
3. - -
4. - -
5. R 프런트 구동 모터 (레졸버 센서 전원)
6. B 프런트 구동 모터 (레졸버 센서 접지)
7. G 프런트 구동 모터 (레졸버 센서 S1)
8. Y 프런트 구동 모터 (레졸버 센서 S2)
9. - -
10. O/B Local-CAN (High) : VCU
11. G Local-CAN (Low) : VCU
12. L 프런트 전자식 구동 모터 오일 펌프 (LIN)
13. B/O 프런트 구동 모터 (레졸버 센서 쉴드)
14. - -
15. W 프런트 구동 모터 (레졸버 센서 S3)
16. Br 프런트 구동 모터 (레졸버 센서 S4)
17. - -
18. - -
19. - -
20. - -
21. B/O 프런트 구동 모터 (온도 센서 쉴드)
22. W 프런트 구동 모터 (온도 센서 신호)
23. G 프런트 구동 모터 (온도 센서 접지)
24. Y PCB 블록 (퓨즈 - EPCU2)
25. - -
26. B 프런트 구동 모터 오일
27. R 프런트 구동 모터 (접지)
28. - -
29. - 프런트 구동 모터 (신호)
30. - -
31. - -
32. - -
33. R/O PCB 블록 (퓨즈 - EPCU1)
34. Br PCB 블록 (퓨즈 - IG3 2)
35. B 접지 (GE03)
36. - -
37. - -
38. R/O PCB 블록 (퓨즈 - EPCU1)
39. - -
40. B 접지 (GE03)

CV30-1

2023 > 겐신 > 160KW > 커넥터 정보 > 프론트 파워 일렉트릭 모듈 하네스

프론트 파워 일렉트릭 모듈 하네스 (2) CV30-2

P05 BMS PTC 히터 온도 센서 (4WD)

WRK P/No.	-
Vender P/No.	33401217
Vender P/Name	PKD_050WP_02F

1. Br/B   BMU (신호)
2. G/O   BMU (접지)

P06 전륜 감속기 디스커넥트 액추에이터 (4WD)

WRK P/No.	-
Vender P/No.	35133202
Vender P/Name	DEL_060110WP_08F

1. G   VCU (Hall Sensor-8.75V)
2. W   VCU (Hall Sensor-GND)
3. Br VCU (Hall Sensor-S1)
4. G   VCU (Hall Sensor-S2)
5. R   VCU (Hall Sensor-S3)
6. B   VCU (Actuator Power-U)
7. W   VCU (Actuator Power-W)
8. Y   VCU (Actuator Power-V)

P07-S 전자식 에어컨 컴프레서 (신호 – 4WD)

WRK P/No.	-
Vender P/No.	MG645579-5
Vender P/Name	KET_060WP_06F

1. B   접지 (GE03)
2. W   에어컨 컨트롤 모듈 (Climate-CAN (Low))
3. Gr 에어컨 컨트롤 모듈 (인터록(-))
4. P/B ICU 정션블록 (퓨즈 - IG3 11)
5. Br 에어컨 컨트롤 모듈 (Climate-CAN (High))
6. O   에어컨 컨트롤 모듈 (인터록(+))

P08 전자식 워터 펌프 #2 (고전압 배터리 – 4WD)

WRK P/No.	-
Vender P/No.	3321-8537
Vender P/Name	DEL_050WP_04F

1. P   PCB 블록 (퓨즈 - IG3 5)
2. G/B BMU (LIN)
3. B   접지 (GE03)
4. R   P/R 정션블록 (퓨즈 - 전동식 워터 펌프2)

P09 BMS 냉각수 3웨이 밸브 (4WD)

WRK P/No.	-
Vender P/No.	MG643302-5
Vender P/Name	KET_0901IWP_03F

1. P   PCB 블록 (퓨즈 - IG3 6)
2. B   접지 (GE03)
3. G/B BMU (LIN)

P10 BMS 냉각수 온도 센서 (라디에이터 아웃풋 – 4WD)

WRK P/No.	-
Vender P/No.	33401217
Vender P/Name	PKD_050WP_02F

1. Gr BMU (신호)
2. P/B BMU (접지)

2023 > 엔진 > 160kW > 커넥터 정보 > 리어 파워 일렉트릭 모듈 하네스

리어 파워 일렉트릭 모듈 하네스 (1) CV31-1

P21 후륜 구동 모터

WRK P/No.	-
Vender P/No.	2-1897726-3
Vender P/Name	AMP_060WP_10F

1. Gr/O 리어 인버터 (레졸버 센서 쉴드)
2. R 리어 인버터 (레졸버 센서 전원)
3. G 리어 인버터 (레졸버 센서 S1)
4. Y 리어 인버터 (레졸버 센서 S2)
5. W 리어 인버터 (온도 센서 신호)
6. B/O 리어 인버터 (온도 센서 쉴드)
7. B 리어 인버터 (레졸버 센서 접지)
8. W 리어 인버터 (레졸버 센서 S3)
9. Br 리어 인버터 (레졸버 센서 S4)
10. G 리어 인버터 (온도 센서 접지)

P23 구동 모터 오일 온도 센서 (리어)

WRK P/No.	-
Vender P/No.	3331-8607
Vender P/Name	DEL_050WP_02F

1. R 리어 인버터 (신호)
2. B 리어 인버터 (접지)

P24 전자식 구동 모터 오일 펌프 (리어)

WRK P/No.	-
Vender P/No.	2337611-2
Vender P/Name	AMP_110WP_04F

1. R P/R 정션 블록 (퓨즈 - EOP1)
2. B 접지 (GF04)
3. L 리어 인버터 (LIN)
4. W/O ICU 정션 블록 (퓨즈 - IG3 10)

P22 인버터 (리어) (시스템)

WRK P/No.	1473252-1
Vender P/No.	-
Vender P/Name	AMP_MQSJPT_40F

1. Y G-CAN (High)
2. Br G-CAN (Low)
3. -
4. -
5. R 리어 구동 모터 (레졸버 센서 전원)
6. B 리어 구동 모터 (레졸버 센서 S1)
7. G 리어 구동 모터 (레졸버 센서 S2)
8. Y 리어 구동 모터 (온도 센서 신호)
9. -
10. O/B Local-CAN (High) : VCU
11. G Local-CAN (Low) : VCU
12. L LIN :
13. B/O 리어 전자식 구동 모터 오일 펌프, 전자식 워터 펌프 LH/RH
14. - 액티브 에어 플랩 유닛 (레졸버 센서 쉴드)
15. W 리어 구동 모터 (레졸버 센서 S3)
16. Br 리어 구동 모터 (레졸버 센서 S4)
17. L 냉각팬 모터 (컨트롤)
18. -
19. -
20. -
21. B/O 리어 구동 모터 (온도 센서 쉴드)
22. W 리어 구동 모터 (온도 센서 신호)
23. G ICU 정션 블록 (퓨즈 - 모듈4)
24. P 리어 구동 모터 오일
25. - 온도 센서 (접지)
26. B 리어 구동 모터 오일
27. R 온도 센서 (신호)
28. -
29. -
30. -
31. -
32. -
33. R ICU 정션 블록 (퓨즈 - EPCU3)
34. Br ICU 정션 블록 (퓨즈 - IG3 9)
35. B 접지 (GF03)
36. -
37. -
38. R ICU 정션 블록 (퓨즈 - EPCU3)
39. -
40. B 접지 (GF03)

2023 > 젠신 > 150KW > 커넥터 정보 > 리어 파워 일렉트릭 모듈 하네스

리어 파워 일렉트릭 모듈 하네스 (2)　　　　　　　　　　　　　　　　　　　　　　　CV31-2

P25　SBW 액추에이터

WRK P/No.	-
Vender P/No.	6189-7691
Vender P/Name	SUM_025090WP_10F

1. W　SCU (Encoder-B)
2. -　　-
3. G　SCU (Encoder-A)
4. L　P/R 정션블록
　　(전자식 변속 레버 릴레이)
5. B　SCU (Phase-U)

6. -　　-
7. B　SCU (Encoder Sensor-PWR)
8. R　SCU (Encoder Sensor-GND)
9. W　SCU (Phase-W)
10. Y　SCU (Phase-V)

P26　리어 높낮이 센서

WRK P/No.	-
Vender P/No.	HN032-03020
Vender P/Name	KUM_NMWP_03M

1. R/O　IFS 유닛 (전원)
2. Y　　IFS 유닛 (신호)
3. L　　IFS 유닛 (접지)

BSA (공통) 하네스 (1)

B01-A BMU

WRK P/No.	-	MG655758
Vender P/No.	-	MG655758
Vender P/Name		KET_025_24F

1. B/R [Long Range] CMU #1 (OPD HO)
2. -
3. -
4. W [Long Range] CMU #8 (OPD HI)
5. B (Current Sensor-High Range) 파워 릴레이 어셈블리
6. W (Current Sensor-Low Range) 파워 릴레이 어셈블리
7. Y 리어 고전압 정션 블록 (급속충전 (+) 릴레이-컨트롤)
8. L 파워 릴레이 어셈블리
9. G 파워 릴레이 어셈블리 (PRA 프리차지 릴레이-컨트롤)
10. -
11. P 프런트 고전압 정션 블록 (배터리 히터 릴레이)
12. -
13. Br [Long Range] CMU #1 (OPD LO)
14. -
15. -
16. L [Long Range] CMU #8 (OPD LI)
17. R 파워 릴레이 어셈블리 (Current Sensor-VCC)
18. O 파워 릴레이 어셈블리 (Current Sensor-GND)
19. B 리어 고전압 정션 블록 (릴레이-접지)
20. Br 리어 고전압 정션 블록 (급속충전 (-) 릴레이-컨트롤)
21. Y 파워 릴레이 어셈블리 (릴레이-컨트롤)
22. Gr 파워 릴레이 어셈블리 (PRA 메인 (+) 릴레이-컨트롤)
23. -
24. -

B01-B BMU

WRK P/No.	-	MG655757
Vender P/No.	-	MG655757
Vender P/Name		KET_025_20F

1. O CMU #1 (RXNH)
2. W CMU #1 (RXPH)
3. -
4. B 파워 릴레이 어셈블리 (Isolation 신호 (High))
5. -
6. -
7. -
8. -
9. -
10. R 파워 릴레이 어셈블리 (Isolation 신호 (Low))
11. Y CMU #1 (TXNH)
12. P CMU #1 (TXPH)
13. -
14. -
15. -
16. -
17. -
18. -
19. -
20. -

CV32-1

2023 > 엔진 > 160KW > 커넥터 정보 > BSA (공통) 하네스

BSA (공통) 하네스 (2)

B01-C BMU

WRK P/No.	-
Vender P/No.	MG656931-4
Vender P/Name	KET_025II_24F

1. G ICU 정션 블록 (퓨즈 - BMS)
2. R ICU 정션 블록 (퓨즈 - BMS)
3. P ICU 정션 블록 (퓨즈 - IG3 9)
4. -
5. B/W LIN : 전자식 워터 펌프 #1~#2, BMS 냉각수 3웨이 밸브
6. W 에어백 컨트롤 모듈 (충돌 신호)
7. R/W 리어 고전압 커넥터 터미널 블록 (인터록-High)
8. L/W 리어 고전압 커넥터 터미널 블록 (인터록-Low)
9. W P/R 정션 블록 (고전압 차단 스위치 - 신호)
10. B P/R 정션 블록 (고전압 차단 스위치 - 접지)
11. R 프론트 고전압 커넥터 터미널 블록 (인터록-High)
12. L 프론트 고전압 커넥터 터미널 블록 (인터록-Low)
13. B 접지 (GB11)
14. Br 접지 (GB11)
15. -
16. -
17. -
18. -
19. -
20. -
21. O 프론트 고전압 커넥터 터미널 블록 (인터록-High)
22. Gr 프론트 고전압 커넥터 터미널 블록 (인터록-Low)
23. Y BMS PTC 히터 온도 센서 (신호)
24. P BMS PTC 히터 온도 센서 (접지)

B02-A 파워 릴레이 어셈블리 (Isolation +)

WRK P/No.	1879010297AS
Vender P/No.	MG655593
Vender P/Name	KET_N060_02F

1. - -
2. R BMU (Isolation 신호-High)

B01-D BMU

WRK P/No.	-
Vender P/No.	MG656995-4
Vender P/Name	KET_025II_20F

1. L 파워 릴레이 어셈블리 (온도 센서-신호)
2. B 파워 릴레이 어셈블리 (온도 센서-접지)
3. -
4. -
5. L [Standard] 배터리 모듈 #22 온도 센서 (신호)
   [Long Range] 배터리 모듈 #32 온도 센서 (신호)
6. B [Standard] 배터리 모듈 #22 온도 센서 (접지)
   [Long Range] 배터리 모듈 #32 온도 센서 (접지)
7. R ICU 커넥터 (인터록-High)
8. G ICU 커넥터 (인터록-Low)
9. Y M-CAN (Low)
10. Br M-CAN (High)
11. O BMS 냉각수 온도 센서 (인렛-신호)
12. B/O BMS 냉각수 온도 센서 (인렛-접지)
13. Gr BMS 냉각수 온도 센서 (라디에이터 아웃풋-신호)
14. R BMS 냉각수 온도 센서 (라디에이터 아웃풋-접지)
15. -
16. -
17. -
18. -
19. L G-CAN (Low)
20. O G-CAN (High)

B02-B 파워 릴레이 어셈블리 (Main)

WRK P/No.	-
Vender P/No.	MG655608
Vender P/Name	KET_N060_10F

1. Gr PRA 메인(+) 릴레이-컨트롤 : BMU
2. L PRA 메인(-) 릴레이-컨트롤 : BMU
3. Y 릴레이-접지 : BMU
4. G PRA 프리차지 릴레이-컨트롤 : BMU
5. -
6. -
7. -
8. -
9. L 온도 센서-신호 : BMU
10. B 온도 센서-접지 : BMU

CV32-3

BSA (공통) 하네스 (3)

B02-C 파워 릴레이 어셈블리 (Isolation −)

WRK P/No.	-
Vender P/No.	MG612950
Vender P/Name	KET_N060_02F

1. B   BMU (Isolation 신호-Low)
2. -   -

B02-D 파워 릴레이 어셈블리 (+)

WRK P/No.	-
Vender P/No.	MG610658
Vender P/Name	KET_375_01F

1. O   ICCU (+)

B02-E 파워 릴레이 어셈블리 (Current Sensor)

WRK P/No.	-
Vender P/No.	1-1456426-5
Vender P/Name	TE_025WP_04F

1. R   PRA 전류 센서-VCC : BMU   3. O   PRA 전류 센서-Low GND : BMU
2. B   PRA 전류 센서-Low High : BMU   4. W   PRA 전류 센서-Low Range : BMU

B02-F 파워 릴레이 어셈블리 (−)

WRK P/No.	-
Vender P/No.	MG613689-5
Vender P/Name	KET_375_01F

1. O   ICCU (−)

B03 리어 고전압 커넥터 터미널 블록 (인터록)

WRK P/No.	-
Vender P/No.	MG657063
Vender P/Name	KET_C025_02F

1. R/W   2. L/W

2. L
   L/W   BMU (Low)

BSA (Standard) 하네스 (1)

B11-A CMU #1

WRK P/No.	-
Vender P/No.	220261
Vender P/Name	YURA_28F

1. R — CMU #2 (GND-C)
2. -
3. -
4. -
5. -
6. -
7. -
8. -
9. -
10. Y — BMU (RXNL)
11. P — BMU (RXPL)
12. -
13. -
14. -
15. -
16. -
17. -
18. -
19. Gr — CMU #2 (TXNH)
20. Y — CMU #2 (TXPH)
21. W — CMU #2 (RXNH)
22. B/R — CMU #2 (RXPH)
23. O — 배터리 모듈 #4 온도 센서 (접지)
24. L — 배터리 모듈 #4 온도 센서 (신호)
25. B — 배터리 모듈 #1 온도 센서 (신호)
26. R — 배터리 모듈 #1 온도 센서 (접지)
27. O — BMU (TXNL)
28. W — BMU (TXPL)

B11-B CMU #1

WRK P/No.	-
Vender P/No.	220262
Vender P/Name	YURA_28F

1. L — 배터리 모듈 #1 (C1)
2. R — 배터리 모듈 #1 (C3)
3. W — 배터리 모듈 #1 (C5)
4. L — 배터리 모듈 #2 (C7)
5. R — 배터리 모듈 #2 (C9)
6. L — 배터리 모듈 #3 (C1)
7. R — 배터리 모듈 #3 (C3)
8. W — 배터리 모듈 #3 (C5)
9. L — 배터리 모듈 #4 (C7)
10. R — 배터리 모듈 #4 (C9)
11. W — 배터리 모듈 #4 (C11)
12. L — 배터리 모듈 #1 (C0)
13. R — 배터리 모듈 #1 (C2)
14. W — 배터리 모듈 #1 (C4)
15. L — 배터리 모듈 #2 (C6)
16. R — 배터리 모듈 #2 (C8)
17. W — 배터리 모듈 #2 (C10)
18. W — 배터리 모듈 #2 (C11)
19. Y — 배터리 모듈 #2 (C12)
20. -
21. -
22. L — 배터리 모듈 #3 (C0)
23. R — 배터리 모듈 #3 (C2)
24. W — 배터리 모듈 #3 (C4)
25. L — 배터리 모듈 #4 (C6)
26. R — 배터리 모듈 #4 (C8)
27. W — 배터리 모듈 #4 (C10)
28. Y — 배터리 모듈 #4 (C12)

2023 > 엔진 > 160KW > 커넥터 정보 > BSA (Standard) 하네스

BSA (Standard) 하네스 (2)

B12-A CMU #2

WRK P/No.	-
Vender P/No.	220261
Vender P/Name	YURA_28F

1. L   CMU #3 (GND-C)
2. -   -
3. -   -
4. -   -
5. -   -
6. -   -
7. -   -
8. W   BSA 온도 센서 #1 (신호)
9. G   BSA 온도 센서 #1 (접지)
10. Gr CMU #1 (RXNL)
11. Y   CMU #1 (RXPL)
12. R   CMU #1 (GND-C)
13. -   -
14. -   -
15. -   -
16. -   -
17. -   -
18. -   -
19. Gr CMU #3 (TXNH)
20. Y   CMU #3 (TXPH)
21. W   CMU #3 (RXNH)
22. B/R CMU #3 (RXPH)
23. O   배터리 모듈 #7 온도 센서 (접지)
24. L   배터리 모듈 #7 온도 센서 (신호)
25. B   배터리 모듈 #5 온도 센서 (신호)
26. R   배터리 모듈 #5 온도 센서 (접지)
27. W   CMU #1 (TXNL)
28. B/R CMU #1 (TXPL)

B12-B CMU #2

WRK P/No.	-
Vender P/No.	220262
Vender P/Name	YURA_28F

1. L   배터리 모듈 #5 (C1)
2. R   배터리 모듈 #5 (C3)
3. W   배터리 모듈 #5 (C5)
4. -   -
5. -   -
6. L   배터리 모듈 #6 (C1)
7. R   배터리 모듈 #6 (C3)
8. W   배터리 모듈 #6 (C5)
9. L   배터리 모듈 #7 (C7)
10. R 배터리 모듈 #7 (C9)
11. W 배터리 모듈 #7 (C11)
12. L 배터리 모듈 #5 (C0)
13. R 배터리 모듈 #5 (C2)
14. W 배터리 모듈 #5 (C4)
15. Y 배터리 모듈 #5 (C6)
16. - -
17. - -
18. - -
19. Y 배터리 모듈 #5 (C12)
20. - -
21. - -
22. L 배터리 모듈 #6 (C0)
23. R 배터리 모듈 #6 (C2)
24. W 배터리 모듈 #6 (C4)
25. L 배터리 모듈 #7 (C6)
26. R 배터리 모듈 #7 (C8)
27. W 배터리 모듈 #7 (C10)
28. Y 배터리 모듈 #7 (C12)

2023 > 엔진 > 160kW > 커넥터 정보 > BSA (Standard) 하네스

BSA (Standard) 하네스 (3)

B13-A CMU #3

WRK P/No.	-
Vender P/No.	220261
Vender P/Name	YURA_28F

1. G CMU #4 (GND-C)
2. -
3. -
4. -
5. -
6. -
7. -
8. -
9. -
10. Gr CMU #2 (RXNL)
11. Y CMU #2 (RXPL)
12. L CMU #2 (GND-C)
13. -
14. -
15. -
16. -
17. -
18. -
19. Gr CMU #4 (TXNH)
20. Y CMU #4 (TXPH)
21. W CMU #4 (RXNH)
22. B/R CMU #4 (RXPH)
23. O 배터리 모듈 #11 온도 센서 (접지)
24. L 배터리 모듈 #11 온도 센서 (신호)
25. B 배터리 모듈 #9 온도 센서 (신호)
26. R 배터리 모듈 #9 온도 센서 (접지)
27. W CMU #2 (TXNL)
28. B/R CMU #2 (TXPL)

B13-B CMU #3

WRK P/No.	-
Vender P/No.	220262
Vender P/Name	YURA_28F

1. L 배터리 모듈 #8 (C1)
2. R 배터리 모듈 #8 (C3)
3. W 배터리 모듈 #8 (C5)
4. L 배터리 모듈 #9 (C7)
5. R 배터리 모듈 #9 (C9)
6. L 배터리 모듈 #10 (C1)
7. R 배터리 모듈 #10 (C3)
8. W 배터리 모듈 #10 (C5)
9. L 배터리 모듈 #11 (C7)
10. R 배터리 모듈 #11 (C9)
11. W 배터리 모듈 #11 (C11)
12. L 배터리 모듈 #8 (C0)
13. R 배터리 모듈 #8 (C2)
14. W 배터리 모듈 #8 (C4)
15. L 배터리 모듈 #9 (C6)
16. R 배터리 모듈 #9 (C8)
17. W 배터리 모듈 #9 (C10)
18. W 배터리 모듈 #9 (C11)
19. Y 배터리 모듈 #9 (C12)
20. -
21. -
22. L 배터리 모듈 #10 (C2)
23. R 배터리 모듈 #10 (C4)
24. W 배터리 모듈 #10 (C6)
25. L 배터리 모듈 #11 (C6)
26. R 배터리 모듈 #11 (C8)
27. W 배터리 모듈 #11 (C10)
28. Y 배터리 모듈 #11 (C12)

2023 > 엔진 > 160KW > 커넥터 정보 > BSA (Standard) 하네스

BSA (Standard) 하네스 (4)

B14-A   CMU #4

WRK P/No.	-
Vender P/No.	220261
Vender P/Name	YURA_28F

1. Br   CMU #5 (GND-C)
2. -   -
3. -   -
4. -   -
5. -   -
6. -   -
7. -   -
8. -   -
9. -   -
10. Gr CMU #3 (RXNL)
11. Y   CMU #3 (RXPL)
12. G   CMU #3 (GND-C)
13. -   -
14. -   -
15. -   -
16. -   -
17. -   -
18. -   -
19. Gr CMU #5 (TXNH)
20. Y   CMU #5 (TXPH)
21. W   CMU #5 (RXNH)
22. B/R CMU #5 (RXPH)
23. O   배터리 모듈 #15 온도 센서 (펌치)
24. L   배터리 모듈 #15 온도 센서 (신호)
25. B   배터리 모듈 #12 온도 센서 (신호)
26. R   배터리 모듈 #12 온도 센서 (펌치)
27. W   CMU #3 (TXNL)
28. B/R CMU #3 (TXPL)

B14-B   CMU #4

WRK P/No.	-
Vender P/No.	220262
Vender P/Name	YURA_28F

1. L   배터리 모듈 #12 (C1)
2. R   배터리 모듈 #12 (C3)
3. W   배터리 모듈 #12 (C5)
4. L   배터리 모듈 #13 (C7)
5. R   배터리 모듈 #13 (C9)
6. L   배터리 모듈 #14 (C1)
7. R   배터리 모듈 #14 (C3)
8. W   배터리 모듈 #14 (C5)
9. L   배터리 모듈 #15 (C7)
10. R   배터리 모듈 #15 (C9)
11. W   배터리 모듈 #15 (C11)
12. L   배터리 모듈 #12 (C0)
13. R   배터리 모듈 #12 (C2)
14. W   배터리 모듈 #12 (C4)
15. L   배터리 모듈 #13 (C6)
16. R   배터리 모듈 #13 (C8)
17. W   배터리 모듈 #13 (C10)
18. W   배터리 모듈 #13 (C11)
19. Y   배터리 모듈 #13 (C12)
20. -   -
21. -   -
22. L   배터리 모듈 #14 (C0)
23. R   배터리 모듈 #14 (C2)
24. W   배터리 모듈 #14 (C4)
25. L   배터리 모듈 #15 (C6)
26. R   배터리 모듈 #15 (C8)
27. W   배터리 모듈 #15 (C10)
28. Y   배터리 모듈 #15 (C12)

2023 > 엔진 > 160KW > 커넥터 정보 > BSA (Standard) 하네스

BSA (Standard) 하네스 (5)

B15-A CMU #5

WRK P/No.	-
Vender P/No.	220261
Vender P/Name	YURA_28F

1. W   CMU #6 (GND-C)
2. -
3. -
4. -
5. -
6. -
7. -
8. -
9. -
10. Gr   CMU #4 (RXNL)
11. Y   CMU #4 (RXPL)
12. W   CMU #4 (GND-C)
13. -
14. -
15. -
16. -
17. -
18. -
19. Gr   CMU #6 (TXNH)
20. Y   CMU #6 (TXPH)
21. W   CMU #6 (RXNH)
22. B/R   CMU #6 (RXPH)
23. O   배터리 모듈 #18 온도 센서 (접지)
24. L   배터리 모듈 #18 온도 센서 (신호)
25. B   배터리 모듈 #16 온도 센서 (신호)
26. R   배터리 모듈 #16 온도 센서 (접지)
27. W   CMU #4 (TXNL)
28. B/R   CMU #4 (TXPL)

B15-B CMU #5

WRK P/No.	-
Vender P/No.	220262
Vender P/Name	YURA_28F

1. L   배터리 모듈 #16 (C1)
2. R   배터리 모듈 #16 (C3)
3. W   배터리 모듈 #16 (C5)
4. -
5. -
6. L   배터리 모듈 #17 (C1)
7. R   배터리 모듈 #17 (C3)
8. W   배터리 모듈 #17 (C5)
9. L   배터리 모듈 #18 (C7)
10. R   배터리 모듈 #18 (C9)
11. W   배터리 모듈 #18 (C11)
12. L   배터리 모듈 #16 (C0)
13. R   배터리 모듈 #16 (C2)
14. W   배터리 모듈 #16 (C4)
15. Y   배터리 모듈 #16 (C6)
16. -
17. -
18. -
19. Y   배터리 모듈 #16 (C12)
20. -
21. -
22. L   배터리 모듈 #17 (C0)
23. R   배터리 모듈 #17 (C2)
24. W   배터리 모듈 #17 (C4)
25. L   배터리 모듈 #18 (C6)
26. R   배터리 모듈 #18 (C8)
27. W   배터리 모듈 #18 (C10)
28. Y   배터리 모듈 #18 (C12)

2023 > 엔진 > 150KW > 커넥터 정보 > BSA (Standard) 하네스

BSA (Standard) 하네스 (6)

B16-A CMU #6

WRK P/No.	-
Vender P/No.	220261
Vender P/Name	YURA_28F

1. -
2. -
3. -
4. -
5. -
6. -
7. -
8. W   BSA 온도 센서 #2 (신호)
9. G   BSA 온도 센서 #2 (접지)
10. Gr CMU #5 (RXNL)
11. Y   CMU #5 (RXPL)
12. W   CMU #5 (GND-C)
13. -
14. -
15. -
16. -
17. -
18. -
19. W   CMU #6 (TXNH)
20. B/R CMU #6 (TXPH)
21. W   CMU #6 (RXNH)
22. B/R CMU #6 (RXPH)
23. -
24. -
25. B   배터리 모듈 #19 온도 센서 (신호)
26. R   배터리 모듈 #19 온도 센서 (접지)
27. W   CMU #5 (TXNL)
28. B/R CMU #5 (TXPL)

B16-B CMU #6

WRK P/No.	-
Vender P/No.	220262
Vender P/Name	YURA_28F

1. L   배터리 모듈 #19 (C1)
2. R   배터리 모듈 #19 (C3)
3. W   배터리 모듈 #19 (C5)
4. L   배터리 모듈 #20 (C7)
5. R   배터리 모듈 #20 (C9)
6. L   배터리 모듈 #21 (C1)
7. R   배터리 모듈 #21 (C3)
8. W   배터리 모듈 #21 (C5)
9. L   배터리 모듈 #22 (C7)
10. R   배터리 모듈 #22 (C9)
11. W   배터리 모듈 #22 (C11)
12. L   배터리 모듈 #19 (C0)
13. R   배터리 모듈 #19 (C2)
14. W   배터리 모듈 #19 (C4)
15. L   배터리 모듈 #20 (C6)
16. R   배터리 모듈 #20 (C8)
17. W   배터리 모듈 #20 (C10)
18. W   배터리 모듈 #20 (C11)
19. Y   배터리 모듈 #20 (C12)
20. -
21. -
22. L   배터리 모듈 #21 (C0)
23. R   배터리 모듈 #21 (C2)
24. W   배터리 모듈 #21 (C4)
25. L   배터리 모듈 #22 (C6)
26. R   배터리 모듈 #22 (C8)
27. W   배터리 모듈 #22 (C10)
28. Y   배터리 모듈 #22 (C12)

BSA (Standard) 하네스 (7)

B101-A 배터리 모듈 #1

WRK P/No.	-
Vender P/No.	K100234-00
Vender P/Name	KET_2.0mm W to Plug Housing_04F

1. L — CMU #1 (C0)
2. R — CMU #1 (C2)
3. W — CMU #1 (C4)
4. -

B101-B 배터리 모듈 #1

WRK P/No.	-
Vender P/No.	K100233-30
Vender P/Name	KET_2.0mm W to Plug Housing_03F

1. L — CMU #1 (C1)
2. R — CMU #1 (C3)
3. W — CMU #1 (C5)

B102-A 배터리 모듈 #2

WRK P/No.	-
Vender P/No.	K100234-00
Vender P/Name	KET_2.0mm W to Plug Housing_04F

1. L — CMU #1 (C6)
2. R — CMU #1 (C8)
3. W — CMU #1 (C10)
4. Y — CMU #1 (C12)

B102-B 배터리 모듈 #2

WRK P/No.	-
Vender P/No.	K100233-30
Vender P/Name	KET_2.0mm W to Plug Housing_03F

1. L — CMU #1 (C7)
2. R — CMU #1 (C9)
3. W — CMU #1 (C11)

B103-A 배터리 모듈 #3

WRK P/No.	-
Vender P/No.	K100234-00
Vender P/Name	KET_2.0mm W to Plug Housing_04F

1. L — CMU #1 (C0)
2. R — CMU #1 (C2)
3. W — CMU #1 (C4)
4. -

B103-B 배터리 모듈 #3

WRK P/No.	-
Vender P/No.	K100233-30
Vender P/Name	KET_2.0mm W to Plug Housing_03F

1. L — CMU #1 (C1)
2. R — CMU #1 (C3)
3. W — CMU #1 (C5)

B104-A 배터리 모듈 #4

WRK P/No.	-
Vender P/No.	K100234-00
Vender P/Name	KET_2.0mm W to Plug Housing_04F

1. L — CMU #1 (C6)
2. R — CMU #1 (C8)
3. W — CMU #1 (C10)
4. Y — CMU #1 (C12)

B104-B 배터리 모듈 #4

WRK P/No.	-
Vender P/No.	K100233-30
Vender P/Name	KET_2.0mm W to Plug Housing_03F

1. L — CMU #1 (C7)
2. R — CMU #1 (C9)
3. W — CMU #1 (C11)

2023 > 엔진 > 160KW > 커넥터 정보 > BSA (Standard) 하네스

BSA (Standard) 하네스 (8)

B105-A 배터리 모듈 #5

WRK P/No.	-
Vender P/No.	K100234-00
Vender P/Name	KET_2.0mm W to Plug Housing_04F

1. L   CMU #2 (C0)   3. W   CMU #2 (C4)
2. R   CMU #2 (C2)   4. Y   CMU #2 (C6)

B105-B 배터리 모듈 #5

WRK P/No.	-
Vender P/No.	K100233-30
Vender P/Name	KET_2.0mm W to Plug Housing_03F

1. L   CMU #2 (C1)   3. W   CMU #2 (C5)
2. R   CMU #2 (C3)

B106-A 배터리 모듈 #6

WRK P/No.	-
Vender P/No.	K100234-00
Vender P/Name	KET_2.0mm W to Plug Housing_04F

1. L   CMU #2 (C0)   3. W   CMU #2 (C4)
2. R   CMU #2 (C2)   4. -

B106-B 배터리 모듈 #6

WRK P/No.	-
Vender P/No.	K100233-30
Vender P/Name	KET_2.0mm W to Plug Housing_03F

1. L   CMU #2 (C1)   3. W   CMU #2 (C5)
2. R   CMU #2 (C3)

B107-A 배터리 모듈 #7

WRK P/No.	-
Vender P/No.	K100234-00
Vender P/Name	KET_2.0mm W to Plug Housing_04F

1. L   CMU #2 (C6)   3. W   CMU #2 (C10)
2. R   CMU #2 (C8)   4. Y   CMU #2 (C12)

B107-B 배터리 모듈 #7

WRK P/No.	-
Vender P/No.	K100233-30
Vender P/Name	KET_2.0mm W to Plug Housing_03F

1. L   CMU #2 (C7)   3. W   CMU #2 (C11)
2. R   CMU #2 (C9)

CV32-11

BSA (Standard) 하네스 (9)

B108-A 배터리 모듈 #8

WRK P/No.	-
Vender P/No.	K100234-00
Vender P/Name	KET_2.0mm W to Plug Housing_04F

1. L CMU #3 (C0)
2. R CMU #3 (C2)
3. W
4. -

B108-B 배터리 모듈 #8

WRK P/No.	-
Vender P/No.	K100233-30
Vender P/Name	KET_2.0mm W to Plug Housing_03F

1. L CMU #3 (C1)
2. R CMU #3 (C3)
3. W

B109-A 배터리 모듈 #9

WRK P/No.	-
Vender P/No.	K100234-00
Vender P/Name	KET_2.0mm W to Plug Housing_04F

1. L CMU #3 (C6)
2. R CMU #3 (C8)
3. W
4. Y

B109-B 배터리 모듈 #9

WRK P/No.	-
Vender P/No.	K100233-30
Vender P/Name	KET_2.0mm W to Plug Housing_03F

1. L CMU #3 (C7)
2. R CMU #3 (C9)
3. W

B110-A 배터리 모듈 #10

WRK P/No.	-
Vender P/No.	K100234-00
Vender P/Name	KET_2.0mm W to Plug Housing_04F

1. L CMU #3 (C0)
2. R CMU #3 (C2)
3. W
4. -

B110-B 배터리 모듈 #10

WRK P/No.	-
Vender P/No.	K100233-30
Vender P/Name	KET_2.0mm W to Plug Housing_03F

1. L CMU #3 (C1)
2. R CMU #3 (C3)
3. W

B111-A 배터리 모듈 #11

WRK P/No.	-
Vender P/No.	K100234-00
Vender P/Name	KET_2.0mm W to Plug Housing_04F

1. L CMU #3 (C6)
2. R CMU #3 (C8)
3. W
4. Y

B111-B 배터리 모듈 #11

WRK P/No.	-
Vender P/No.	K100233-30
Vender P/Name	KET_2.0mm W to Plug Housing_03F

1. L CMU #3 (C7)
2. R CMU #3 (C9)
3. W

BSA (Standard) 하네스 (10)

B112-A 배터리 모듈 #12

WRK P/No.	-
Vender P/No.	K100234-00
Vender P/Name	KET_2.0mm W to Plug Housing_04F

1. L CMU #4 (C0)
2. R CMU #4 (C2)
3. W CMU #4 (C4)
4. - -

B112-B 배터리 모듈 #12

WRK P/No.	-
Vender P/No.	K100233-30
Vender P/Name	KET_2.0mm W to Plug Housing_03F

1. L CMU #4 (C1)
2. R CMU #4 (C3)
3. W CMU #4 (C5)

B113-A 배터리 모듈 #13

WRK P/No.	-
Vender P/No.	K100234-00
Vender P/Name	KET_2.0mm W to Plug Housing_04F

1. L CMU #4 (C6)
2. R CMU #4 (C8)
3. W CMU #4 (C10)
4. Y CMU #4 (C12)

B113-B 배터리 모듈 #13

WRK P/No.	-
Vender P/No.	K100233-30
Vender P/Name	KET_2.0mm W to Plug Housing_03F

1. L CMU #4 (C7)
2. R CMU #4 (C9)
3. W CMU #4 (C11)

B114-A 배터리 모듈 #14

WRK P/No.	-
Vender P/No.	K100234-00
Vender P/Name	KET_2.0mm W to Plug Housing_04F

1. L CMU #4 (C0)
2. R CMU #4 (C2)
3. W CMU #4 (C4)
4. - -

B114-B 배터리 모듈 #14

WRK P/No.	-
Vender P/No.	K100233-30
Vender P/Name	KET_2.0mm W to Plug Housing_03F

1. L CMU #4 (C1)
2. R CMU #4 (C3)
3. W CMU #4 (C5)

B115-A 배터리 모듈 #15

WRK P/No.	-
Vender P/No.	K100234-00
Vender P/Name	KET_2.0mm W to Plug Housing_04F

1. L CMU #4 (C6)
2. R CMU #4 (C8)
3. W CMU #4 (C10)
4. Y CMU #4 (C12)

B115-B 배터리 모듈 #15

WRK P/No.	-
Vender P/No.	K100233-30
Vender P/Name	KET_2.0mm W to Plug Housing_03F

1. L CMU #4 (C7)
2. R CMU #4 (C9)
3. W CMU #4 (C11)

2023 > 연신 > 150kW > 커넥터 정보 > BSA (Standard) 하네스

BSA (Standard) 하네스 (11)

B116-A 배터리 모듈 #16

WRK P/No.	-
Vender P/No.	K100234-00
Vender P/Name	KET_2.0mm W to Plug Housing_04F

3. W CMU #5 (C0)
4. Y CMU #5 (C2)

1. L
2. R

B116-B 배터리 모듈 #16

WRK P/No.	-
Vender P/No.	K100233-30
Vender P/Name	KET_2.0mm W to Plug Housing_03F

3. W CMU #5 (C1)

1. L CMU #5 (C1)
2. R CMU #5 (C3)

B117-A 배터리 모듈 #17

WRK P/No.	-
Vender P/No.	K100234-00
Vender P/Name	KET_2.0mm W to Plug Housing_04F

3. W CMU #5 (C4)
4. -

1. L CMU #5 (C0)
2. R CMU #5 (C2)

B117-B 배터리 모듈 #17

WRK P/No.	-
Vender P/No.	K100233-30
Vender P/Name	KET_2.0mm W to Plug Housing_03F

3. W CMU #5 (C5)

1. L CMU #5 (C1)
2. R CMU #5 (C3)

B118-A 배터리 모듈 #18

WRK P/No.	-
Vender P/No.	K100234-00
Vender P/Name	KET_2.0mm W to Plug Housing_04F

3. W CMU #5 (C10)
4. Y CMU #5 (C12)

1. L CMU #5 (C6)
2. R CMU #5 (C8)

B118-B 배터리 모듈 #18

WRK P/No.	-
Vender P/No.	K100233-30
Vender P/Name	KET_2.0mm W to Plug Housing_03F

3. W CMU #5 (C11)

1. L CMU #5 (C7)
2. R CMU #5 (C9)

CV32-14

BSA (Standard) 하네스 (12)

B119-A 배터리 모듈 #19

WRK P/No.	-
Vender P/No.	K100234-00
Vender P/Name	KET_2.0mm W to Plug Housing_04F

1. L CMU #6 (C0)
2. R CMU #6 (C2)
3. W CMU #6 (C4)
4. - -

B119-B 배터리 모듈 #19

WRK P/No.	-
Vender P/No.	K100233-30
Vender P/Name	KET_2.0mm W to Plug Housing_03F

1. L CMU #6 (C1)
2. R CMU #6 (C3)
3. W CMU #6 (C5)

B120-A 배터리 모듈 #20

WRK P/No.	-
Vender P/No.	K100234-00
Vender P/Name	KET_2.0mm W to Plug Housing_04F

1. L CMU #6 (C6)
2. R CMU #6 (C8)
3. W CMU #6 (C10)
4. Y CMU #6 (C12)

B120-B 배터리 모듈 #20

WRK P/No.	-
Vender P/No.	K100233-30
Vender P/Name	KET_2.0mm W to Plug Housing_03F

1. L CMU #6 (C7)
2. R CMU #6 (C9)
3. W CMU #6 (C11)

B121-A 배터리 모듈 #21

WRK P/No.	-
Vender P/No.	K100234-00
Vender P/Name	KET_2.0mm W to Plug Housing_04F

1. L CMU #6 (C0)
2. R CMU #6 (C2)
3. W CMU #6 (C4)
4. - -

B121-B 배터리 모듈 #1

WRK P/No.	-
Vender P/No.	K100233-30
Vender P/Name	KET_2.0mm W to Plug Housing_03F

1. L CMU #6 (C1)
2. R CMU #6 (C3)
3. W CMU #6 (C5)

B122-A 배터리 모듈 #22

WRK P/No.	-
Vender P/No.	K100234-00
Vender P/Name	KET_2.0mm W to Plug Housing_04F

1. L CMU #6 (C6)
2. R CMU #6 (C8)
3. W CMU #6 (C10)
4. Y CMU #6 (C12)

B122-B 배터리 모듈 #22

WRK P/No.	-
Vender P/No.	K100233-30
Vender P/Name	KET_2.0mm W to Plug Housing_03F

1. L CMU #6 (C7)
2. R CMU #6 (C9)
3. W CMU #6 (C11)

CV32-15

2023 > 엔진 > 160kW > 커넥터 정보 > BSA (Long Range) 하네스

BSA (Long Range) 하네스 (1)

B21-A CMU #1

WRK P/No.	-
Vender P/No.	220261
Vender P/Name	YURA_28F

1. R   CMU #2 (GND-C)
2. B   CMU #2 (OPD HO)
3. -
4. -
5. -
6. -
7. -
8. -
9. -
10. Y   BMU (RXNL)
11. P   BMU (RXPL)
12. -
13. B/R   BMU (OPD HI)
14. Br   BMU (OPD LI)
15. O   CMU #2 (OPD LO)
16. -
17. -
18. -
19. Gr   CMU #2 (TXNH)
20. Y   CMU #2 (TXPH)
21. W   CMU #2 (RXNH)
22. B/R   CMU #2 (RXPH)
23. O   배터리 모듈 #4 온도 센서 (접지)
24. L   배터리 모듈 #4 온도 센서 (신호)
25. B   배터리 모듈 #1 온도 센서 (신호)
26. R   배터리 모듈 #1 온도 센서 (접지)
27. O   BMU (TXNL)
28. W   BMU (TXPL)

B21-B CMU #1

WRK P/No.	-
Vender P/No.	220262
Vender P/Name	YURA_28F

1. L   배터리 모듈 #1 (C1)
2. R   배터리 모듈 #1 (C3)
3. W   배터리 모듈 #1 (C5)
4. L   배터리 모듈 #2 (C7)
5. R   배터리 모듈 #2 (C9)
6. L   배터리 모듈 #3 (C1)
7. R   배터리 모듈 #3 (C3)
8. W   배터리 모듈 #3 (C5)
9. L   배터리 모듈 #4 (C7)
10. R   배터리 모듈 #4 (C9)
11. W   배터리 모듈 #4 (C11)
12. L   배터리 모듈 #1 (C0)
13. R   배터리 모듈 #1 (C2)
14. W   배터리 모듈 #1 (C4)
15. L   배터리 모듈 #2 (C6)
16. R   배터리 모듈 #2 (C8)
17. W   배터리 모듈 #2 (C10)
18. W   배터리 모듈 #2 (C11)
19. Y   배터리 모듈 #2 (C12)
20. -
21. -
22. L   배터리 모듈 #3 (C0)
23. R   배터리 모듈 #3 (C2)
24. W   배터리 모듈 #3 (C4)
25. L   배터리 모듈 #4 (C6)
26. R   배터리 모듈 #4 (C8)
27. W   배터리 모듈 #4 (C10)
28. Y   배터리 모듈 #4 (C12)

2023 > 엔진 > 150KW > 커넥터 정보 > BSA (Long Range) 하네스

BSA (Long Range) 하네스 (2)

B22-A CMU #2

WRK P/No.	-
Vender P/No.	220261
Vender P/Name	YURA_28F

1. L   CMU #3 (GND-C)
2. W   CMU #3 (OPD HO)
3. -
4. -
5. -
6. -
7. -
8. W   BSA 온도 센서 #1 (신호)
9. G   BSA 온도 센서 #1 (접지)
10. Gr CMU #1 (RXNL)
11. Y   CMU #1 (RXPL)
12. R   CMU #1 (GND-C)
13. B   CMU #1 (OPD HI)
14. O   CMU #1 (OPD LI)
15. L   CMU #3 (OPD LO)
16. -
17. -
18. -
19. Gr CMU #3 (TXNH)
20. Y   CMU #3 (TXPH)
21. W   CMU #3 (RXNH)
22. B/R CMU #3 (RXPH)
23. O   배터리 모듈 #8 온도 센서 (접지)
24. L   배터리 모듈 #8 온도 센서 (신호)
25. B   배터리 모듈 #5 온도 센서 (신호)
26. R   배터리 모듈 #5 온도 센서 (접지)
27. W   CMU #1 (TXNL)
28. B/R CMU #1 (TXPL)

B22-B CMU #2

WRK P/No.	-
Vender P/No.	220262
Vender P/Name	YURA_28F

1. L   배터리 모듈 #5 (C1)
2. R   배터리 모듈 #5 (C3)
3. W   배터리 모듈 #5 (C5)
4. L   배터리 모듈 #6 (C7)
5. R   배터리 모듈 #6 (C9)
6. L   배터리 모듈 #7 (C1)
7. R   배터리 모듈 #7 (C3)
8. W   배터리 모듈 #7 (C5)
9. L   배터리 모듈 #8 (C7)
10. R   배터리 모듈 #8 (C9)
11. W   배터리 모듈 #8 (C11)
12. L   배터리 모듈 #5 (C0)
13. R   배터리 모듈 #5 (C2)
14. W   배터리 모듈 #5 (C4)
15. L   배터리 모듈 #6 (C6)
16. R   배터리 모듈 #6 (C8)
17. W   배터리 모듈 #6 (C10)
18. W   배터리 모듈 #6 (C11)
19. Y   배터리 모듈 #6 (C12)
20. -
21. -
22. L   배터리 모듈 #7 (C0)
23. R   배터리 모듈 #7 (C2)
24. W   배터리 모듈 #7 (C4)
25. L   배터리 모듈 #8 (C6)
26. R   배터리 모듈 #8 (C8)
27. W   배터리 모듈 #8 (C10)
28. Y   배터리 모듈 #8 (C12)

BSA (Long Range) 하네스 (3)

B23-A CMU #3

WRK P/No.	-
Vender P/No.	220261
Vender P/Name	YURA_28F

1. G   CMU #4 (GND-C)
2. Gr CMU #4 (OPD HO)
3. -   -
4. -   -
5. -   -
6. -   -
7. -   -
8. -   -
9. -   -
10. Gr CMU #2 (RXNL)
11. Y CMU #2 (RXPL)
12. L CMU #2 (GND-C)
13. W CMU #2 (OPD HI)
14. L CMU #2 (OPD LI)

15. B   CMU #4 (OPD LO)
16. -   -
17. -   -
18. -   -
19. Gr CMU #4 (TXNH)
20. Y   CMU #4 (TXPH)
21. W   CMU #4 (RXNH)
22. B/R CMU #4 (RXPH)
23. O   배터리 모듈 #12 온도 센서 (접지)
24. L   배터리 모듈 #12 온도 센서 (신호)
25. B   배터리 모듈 #9 온도 센서 (신호)
26. R   배터리 모듈 #9 온도 센서 (접지)
27. W   CMU #2 (TXNL)
28. B/R CMU #2 (TXPL)

B23-B CMU #3

WRK P/No.	-
Vender P/No.	220262
Vender P/Name	YURA_28F

1. L   배터리 모듈 #9 (C1)
2. R   배터리 모듈 #9 (C3)
3. W   배터리 모듈 #9 (C5)
4. L   배터리 모듈 #10 (C7)
5. R   배터리 모듈 #10 (C9)
6. L   배터리 모듈 #11 (C1)
7. R   배터리 모듈 #11 (C3)
8. W   배터리 모듈 #11 (C5)
9. L   배터리 모듈 #12 (C7)
10. R 배터리 모듈 #12 (C9)
11. W 배터리 모듈 #12 (C11)
12. L 배터리 모듈 #9 (C0)
13. R 배터리 모듈 #9 (C2)
14. W 배터리 모듈 #9 (C4)

15. L 배터리 모듈 #10 (C6)
16. R 배터리 모듈 #10 (C8)
17. W 배터리 모듈 #10 (C10)
18. W 배터리 모듈 #10 (C11)
19. Y 배터리 모듈 #10 (C12)
20. - -
21. - -
22. L 배터리 모듈 #11 (C0)
23. R 배터리 모듈 #11 (C2)
24. W 배터리 모듈 #11 (C4)
25. L 배터리 모듈 #12 (C6)
26. R 배터리 모듈 #12 (C8)
27. W 배터리 모듈 #12 (C10)
28. Y 배터리 모듈 #12 (C12)

BSA (Long Range) 하네스 (4)

B24-A CMU #4

WRK P/No.	-
Vender P/No.	220261
Vender P/Name	YURA_28F

1. Br CMU #5 (GND-C)
2. P   CMU #5 (OPD HO)
3. -   -
4. -   -
5. -   -
6. -   -
7. -   -
8. -   -
9. -   -
10. Gr CMU #3 (RXNL)
11. Y   CMU #3 (RXPL)
12. G   CMU #3 (GND-C)
13. Gr CMU #3 (OPD HI)
14. B   CMU #3 (OPD LI)
15. R   CMU #5 (OPD LO)
16. -   -
17. -   -
18. -   -
19. Gr CMU #5 (TXNH)
20. Y   CMU #5 (TXPH)
21. W   CMU #5 (RXNH)
22. B/R CMU #5 (RXPH)
23. O   배터리 모듈 #16 온도 센서 (접지)
24. L   배터리 모듈 #16 온도 센서 (신호)
25. B   배터리 모듈 #13 온도 센서 (신호)
26. R   배터리 모듈 #13 온도 센서 (접지)
27. W   CMU #3 (TXNL)
28. B/R CMU #3 (TXPL)

B24-B CMU #4

WRK P/No.	-
Vender P/No.	220262
Vender P/Name	YURA_28F

1. L   배터리 모듈 #13 (C1)
2. R   배터리 모듈 #13 (C3)
3. W   배터리 모듈 #13 (C5)
4. L   배터리 모듈 #14 (C7)
5. R   배터리 모듈 #14 (C9)
6. L   배터리 모듈 #15 (C1)
7. R   배터리 모듈 #15 (C3)
8. W   배터리 모듈 #15 (C5)
9. L   배터리 모듈 #16 (C7)
10. R 배터리 모듈 #16 (C9)
11. W 배터리 모듈 #16 (C11)
12. L 배터리 모듈 #13 (C0)
13. R 배터리 모듈 #13 (C2)
14. W 배터리 모듈 #13 (C4)
15. L 배터리 모듈 #14 (C6)
16. R 배터리 모듈 #14 (C8)
17. W 배터리 모듈 #14 (C10)
18. W 배터리 모듈 #14 (C11)
19. Y 배터리 모듈 #14 (C12)
20. - -
21. - -
22. L 배터리 모듈 #15 (C0)
23. R 배터리 모듈 #15 (C2)
24. W 배터리 모듈 #15 (C4)
25. L 배터리 모듈 #16 (C6)
26. R 배터리 모듈 #16 (C8)
27. W 배터리 모듈 #16 (C10)
28. Y 배터리 모듈 #16 (C12)

CV32-19

BSA (Long Range) 하네스 (5)

B25-A CMU #5

WRK P/No. -
Vender P/No. 220261
Vender P/Name YURA_28F

Pin	Color	Signal
1	W	CMU #6 (GND-C)
2	Y	CMU #6 (OPD HO)
3	-	-
4	-	-
5	-	-
6	-	-
7	-	-
8	-	-
9	-	-
10	Gr	CMU #4 (RXNL)
11	Y	CMU #4 (RXPL)
12	Br	CMU #4 (GND-C)
13	P	CMU #4 (OPD HI)
14	R	CMU #4 (OPD LI)
15	L	CMU #6 (OPD LO)
16	-	-
17	-	-
18	-	-
19	Gr	CMU #6 (TXNH)
20	Y	CMU #6 (TXPH)
21	W	CMU #6 (RXNH)
22	B/R	CMU #6 (RXPH)
23	O	배터리 모듈 #20 온도 센서 (접지)
24	L	배터리 모듈 #20 온도 센서 (신호)
25	B	배터리 모듈 #17 온도 센서 (신호)
26	R	배터리 모듈 #17 온도 센서 (접지)
27	W	CMU #4 (TXNL)
28	B/R	CMU #4 (TXPL)

B25-B CMU #5

WRK P/No. -
Vender P/No. 220262
Vender P/Name YURA_28F

Pin	Color	Signal
1	L	배터리 모듈 #17 (C1)
2	R	배터리 모듈 #17 (C3)
3	W	배터리 모듈 #17 (C5)
4	L	배터리 모듈 #18 (C7)
5	R	배터리 모듈 #18 (C9)
6	L	배터리 모듈 #19 (C1)
7	R	배터리 모듈 #19 (C3)
8	W	배터리 모듈 #19 (C5)
9	L	배터리 모듈 #20 (C7)
10	R	배터리 모듈 #20 (C9)
11	W	배터리 모듈 #20 (C11)
12	L	배터리 모듈 #17 (C0)
13	R	배터리 모듈 #17 (C2)
14	W	배터리 모듈 #17 (C4)
15	L	배터리 모듈 #18 (C6)
16	R	배터리 모듈 #18 (C8)
17	W	배터리 모듈 #18 (C10)
18	W	배터리 모듈 #18 (C11)
19	Y	배터리 모듈 #18 (C12)
20	-	-
21	-	-
22	L	배터리 모듈 #19 (C0)
23	R	배터리 모듈 #19 (C2)
24	W	배터리 모듈 #19 (C4)
25	L	배터리 모듈 #20 (C6)
26	R	배터리 모듈 #20 (C8)
27	W	배터리 모듈 #20 (C10)
28	Y	배터리 모듈 #20 (C12)

BSA (Long Range) 하네스 (6)

B26-A CMU #6

WRK P/No.	-
Vender P/No.	220261
Vender P/Name	YURA_28F

1. R/W CMU #7 (GND-C)
2. L/W CMU #7 (OPD HO)
3. -
4. -
5. -
6. -
7. -
8. -
9. -
10. Gr CMU #5 (RXNL)
11. Y   CMU #5 (RXPL)
12. W   CMU #5 (GND-C)
13. Y   CMU #5 (OPD HI)
14. L   CMU #5 (OPD LI)
15. R   CMU #7 (OPD LO)
16. -
17. -
18. -
19. Gr CMU #7 (TXNH)
20. Y   CMU #7 (TXPH)
21. W   CMU #7 (RXNH)
22. B/R CMU #7 (RXPH)
23. O   배터리 모듈 #24 온도 센서 (접지)
24. L   배터리 모듈 #24 온도 센서 (신호)
25. B   배터리 모듈 #21 온도 센서 (신호)
26. R   배터리 모듈 #21 온도 센서 (접지)
27. W   CMU #5 (TXNL)
28. B/R CMU #5 (TXPL)

B26-B CMU #6

WRK P/No.	-
Vender P/No.	220262
Vender P/Name	YURA_28F

1. L   배터리 모듈 #21 (C1)
2. R   배터리 모듈 #21 (C3)
3. W   배터리 모듈 #21 (C5)
4. L   배터리 모듈 #22 (C7)
5. R   배터리 모듈 #22 (C9)
6. L   배터리 모듈 #23 (C1)
7. R   배터리 모듈 #23 (C3)
8. W   배터리 모듈 #23 (C5)
9. L   배터리 모듈 #24 (C7)
10. R 배터리 모듈 #24 (C9)
11. W 배터리 모듈 #24 (C11)
12. L 배터리 모듈 #21 (C0)
13. R 배터리 모듈 #21 (C2)
14. W 배터리 모듈 #21 (C4)
15. L 배터리 모듈 #22 (C6)
16. R 배터리 모듈 #22 (C8)
17. W 배터리 모듈 #22 (C10)
18. W 배터리 모듈 #22 (C11)
19. Y 배터리 모듈 #22 (C12)
20. -
21. -
22. L 배터리 모듈 #23 (C0)
23. R 배터리 모듈 #23 (C2)
24. W 배터리 모듈 #23 (C4)
25. L 배터리 모듈 #24 (C6)
26. R 배터리 모듈 #24 (C8)
27. W 배터리 모듈 #24 (C10)
28. Y 배터리 모듈 #24 (C12)

2023 > 엔진 > 160KW > 커넥터 정보 > BSA (Long Range) 하네스

BSA (Long Range) 하네스 (7)

B27-A CMU #7

WRK P/No.	-
Vender P/No.	220261
Vender P/Name	YURA_28F

1. Y/G — CMU #8 (GND-C)
2. B — CMU #8 (OPD HO)
3. -
4. -
5. -
6. -
7. -
8. -
9. -
10. Gr — CMU #6 (RXNL)
11. Y — CMU #6 (RXPL)
12. R/W — CMU #6 (GND-C)
13. L/W — CMU #6 (OPD HI)
14. R — CMU #6 (OPD LI)
15. G — CMU #8 (OPD LO)
16. -
17. -
18. -
19. Gr — CMU #8 (TXNH)
20. Y — CMU #8 (TXPH)
21. W — CMU #8 (RXNH)
22. B/R — CMU #8 (RXPH)
23. O — 배터리 모듈 #28 온도 센서 (접지)
24. L — 배터리 모듈 #28 온도 센서 (신호)
25. B — 배터리 모듈 #25 온도 센서 (신호)
26. R — 배터리 모듈 #25 온도 센서 (접지)
27. W — CMU #6 (TXNL)
28. B/R — CMU #6 (TXPL)

B27-B CMU #7

WRK P/No.	-
Vender P/No.	220262
Vender P/Name	YURA_28F

1. L — 배터리 모듈 #25 (C1)
2. R — 배터리 모듈 #25 (C3)
3. W — 배터리 모듈 #25 (C5)
4. L — 배터리 모듈 #26 (C7)
5. R — 배터리 모듈 #26 (C9)
6. L — 배터리 모듈 #27 (C1)
7. R — 배터리 모듈 #27 (C3)
8. W — 배터리 모듈 #27 (C5)
9. L — 배터리 모듈 #28 (C7)
10. R — 배터리 모듈 #28 (C9)
11. W — 배터리 모듈 #28 (C11)
12. L — 배터리 모듈 #25 (C0)
13. R — 배터리 모듈 #25 (C2)
14. W — 배터리 모듈 #25 (C4)
15. L — 배터리 모듈 #26 (C6)
16. R — 배터리 모듈 #26 (C8)
17. W — 배터리 모듈 #26 (C10)
18. W — 배터리 모듈 #26 (C11)
19. Y — 배터리 모듈 #26 (C12)
20. -
21. -
22. L — 배터리 모듈 #27 (C0)
23. R — 배터리 모듈 #27 (C2)
24. W — 배터리 모듈 #27 (C4)
25. L — 배터리 모듈 #27 (C6)
26. R — 배터리 모듈 #28 (C8)
27. W — 배터리 모듈 #28 (C10)
28. Y — 배터리 모듈 #28 (C12)

BSA (Long Range) 하네스 (8)

B28-A CMU #8

WRK P/No.	-
Vender P/No.	220261
Vender P/Name	YURA_28F

1. -
2. W - BMU (OPD HO)
3. -
4. -
5. -
6. -
7. -
8. W - BSA 온도 센서 #2 (신호)
9. G - BSA 온도 센서 #2 (접지)
10. Gr - CMU #7 (RXNL)
11. Y - CMU #7 (RXPL)
12. Y/G - CMU #7 (GND-C)
13. B - CMU #7 (OPD HI)
14. G - CMU #7 (OPD LI)
15. L - BMU (OPD LO)
16. -
17. -
18. -
19. O - CMU #8 (TXNH)
20. Y - CMU #8 (TXPH)
21. O - CMU #8 (RXNH)
22. Y - CMU #8 (RXPH)
23. -
24. -
25. P - 배터리 모듈 #29 온도 센서 (신호)
26. R - 배터리 모듈 #29 온도 센서 (접지)
27. W - CMU #7 (TXNL)
28. B/R - CMU #7 (TXPL)

B28-B CMU #8

WRK P/No.	-
Vender P/No.	220262
Vender P/Name	YURA_28F

1. L - 배터리 모듈 #29 (C1)
2. R - 배터리 모듈 #29 (C3)
3. W - 배터리 모듈 #29 (C5)
4. L - 배터리 모듈 #30 (C7)
5. R - 배터리 모듈 #30 (C9)
6. L - 배터리 모듈 #31 (C1)
7. R - 배터리 모듈 #31 (C3)
8. W - 배터리 모듈 #31 (C5)
9. L - 배터리 모듈 #32 (C7)
10. R - 배터리 모듈 #32 (C9)
11. W - 배터리 모듈 #32 (C11)
12. L - 배터리 모듈 #29 (C0)
13. R - 배터리 모듈 #29 (C2)
14. W - 배터리 모듈 #29 (C4)
15. L - 배터리 모듈 #30 (C6)
16. R - 배터리 모듈 #30 (C8)
17. W - 배터리 모듈 #30 (C10)
18. W - 배터리 모듈 #30 (C11)
19. Y - 배터리 모듈 #30 (C12)
20. -
21. -
22. L - 배터리 모듈 #31 (C0)
23. R - 배터리 모듈 #31 (C2)
24. W - 배터리 모듈 #31 (C4)
25. L - 배터리 모듈 #32 (C6)
26. R - 배터리 모듈 #32 (C8)
27. W - 배터리 모듈 #32 (C10)
28. Y - 배터리 모듈 #32 (C12)

2023 > 엔진 > 160kW > 커넥터 정보 > BSA (Long Range) 하네스

BSA (Long Range) 하네스 (9)

B201-A 배터리 모듈 #1

WRK P/No.	-
Vender P/No.	K100234-00
Vender P/Name	KET_2.0mm W to Plug Housing_04F

1. L CMU #1 (C0)
2. R CMU #1 (C2)
3. W CMU #1 (C4)
4. - -

B201-B 배터리 모듈 #1

WRK P/No.	-
Vender P/No.	K100233-30
Vender P/Name	KET_2.0mm W to Plug Housing_03F

1. L CMU #1 (C1)
2. R CMU #1 (C3)
3. W CMU #1 (C5)

B202-A 배터리 모듈 #2

WRK P/No.	-
Vender P/No.	K100234-00
Vender P/Name	KET_2.0mm W to Plug Housing_04F

1. L CMU #1 (C6)
2. R CMU #1 (C8)
3. W CMU #1 (C10)
4. Y CMU #1 (C12)

B202-B 배터리 모듈 #2

WRK P/No.	-
Vender P/No.	K100233-30
Vender P/Name	KET_2.0mm W to Plug Housing_03F

1. L CMU #1 (C7)
2. R CMU #1 (C9)
3. W CMU #1 (C11)

B203-A 배터리 모듈 #3

WRK P/No.	-
Vender P/No.	K100234-00
Vender P/Name	KET_2.0mm W to Plug Housing_04F

1. L CMU #1 (C0)
2. R CMU #1 (C2)
3. W CMU #1 (C4)
4. - -

B203-B 배터리 모듈 #3

WRK P/No.	-
Vender P/No.	K100233-30
Vender P/Name	KET_2.0mm W to Plug Housing_03F

1. L CMU #1 (C1)
2. R CMU #1 (C3)
3. W CMU #1 (C5)

B204-A 배터리 모듈 #4

WRK P/No.	-
Vender P/No.	K100234-00
Vender P/Name	KET_2.0mm W to Plug Housing_04F

1. L CMU #1 (C6)
2. R CMU #1 (C8)
3. W CMU #1 (C10)
4. Y CMU #1 (C12)

B204-B 배터리 모듈 #4

WRK P/No.	-
Vender P/No.	K100233-30
Vender P/Name	KET_2.0mm W to Plug Housing_03F

1. L CMU #1 (C7)
2. R CMU #1 (C9)
3. W CMU #1 (C11)

BSA (Long Range) 하네스 (10)

B205-A 배터리 모듈 #5

WRK P/No.	-
Vender P/No.	K100234-00
Vender P/Name	KET_2.0mm W to Plug Housing_04F

1. L CMU #2 (C0)
2. R CMU #2 (C2)
3. W CMU #2 (C4)
4. - -

B205-B 배터리 모듈 #5

WRK P/No.	-
Vender P/No.	K100233-30
Vender P/Name	KET_2.0mm W to Plug Housing_03F

1. L CMU #2 (C1)
2. R CMU #2 (C3)
3. W CMU #2 (C5)

B206-A 배터리 모듈 #6

WRK P/No.	-
Vender P/No.	K100234-00
Vender P/Name	KET_2.0mm W to Plug Housing_04F

1. L CMU #2 (C6)
2. R CMU #2 (C8)
3. W CMU #2 (C10)
4. Y CMU #2 (C12)

B206-B 배터리 모듈 #6

WRK P/No.	-
Vender P/No.	K100233-30
Vender P/Name	KET_2.0mm W to Plug Housing_03F

1. L CMU #2 (C7)
2. R CMU #2 (C9)
3. W CMU #2 (C11)

B207-A 배터리 모듈 #7

WRK P/No.	-
Vender P/No.	K100234-00
Vender P/Name	KET_2.0mm W to Plug Housing_04F

1. L CMU #2 (C0)
2. R CMU #2 (C2)
3. W CMU #2 (C4)
4. - -

B207-B 배터리 모듈 #7

WRK P/No.	-
Vender P/No.	K100233-30
Vender P/Name	KET_2.0mm W to Plug Housing_03F

1. L CMU #2 (C1)
2. R CMU #2 (C3)
3. W CMU #2 (C5)

B208-A 배터리 모듈 #8

WRK P/No.	-
Vender P/No.	K100234-00
Vender P/Name	KET_2.0mm W to Plug Housing_04F

1. L CMU #2 (C6)
2. R CMU #2 (C8)
3. W CMU #2 (C10)
4. Y CMU #2 (C12)

B208-B 배터리 모듈 #8

WRK P/No.	-
Vender P/No.	K100233-30
Vender P/Name	KET_2.0mm W to Plug Housing_03F

1. L CMU #2 (C7)
2. R CMU #2 (C9)
3. W CMU #2 (C11)

BSA (Long Range) 하네스 (11)

B209-A 배터리 모듈 #9

WRK P/No.	-	K100234-00
Vender P/No.		
Vender P/Name		KET_2.0mm W to Plug Housing_04F

1. L — CMU #3 (C0)
2. R — CMU #3 (C2)
3. W — CMU #3 (C4)
4. - — -

B209-B 배터리 모듈 #9

WRK P/No.	-	K100233-30
Vender P/No.		
Vender P/Name		KET_2.0mm W to Plug Housing_03F

1. L — CMU #3 (C1)
2. R — CMU #3 (C3)
3. W — CMU #3 (C5)

B210-A 배터리 모듈 #10

WRK P/No.	-	K100234-00
Vender P/No.		
Vender P/Name		KET_2.0mm W to Plug Housing_04F

1. L — CMU #3 (C6)
2. R — CMU #3 (C8)
3. W — CMU #3 (C10)
4. Y — CMU #3 (C12)

B210-B 배터리 모듈 #10

WRK P/No.	-	K100233-30
Vender P/No.		
Vender P/Name		KET_2.0mm W to Plug Housing_03F

1. L — CMU #3 (C7)
2. R — CMU #3 (C9)
3. W — CMU #3 (C11)

B211-A 배터리 모듈 #11

WRK P/No.	-	K100234-00
Vender P/No.		
Vender P/Name		KET_2.0mm W to Plug Housing_04F

1. L — CMU #3 (C0)
2. R — CMU #3 (C2)
3. W — CMU #3 (C4)
4. - — -

B211-B 배터리 모듈 #11

WRK P/No.	-	K100233-30
Vender P/No.		
Vender P/Name		KET_2.0mm W to Plug Housing_03F

1. L — CMU #3 (C1)
2. R — CMU #3 (C3)
3. W — CMU #3 (C5)

B212-A 배터리 모듈 #12

WRK P/No.	-	K100234-00
Vender P/No.		
Vender P/Name		KET_2.0mm W to Plug Housing_04F

1. L — CMU #3 (C6)
2. R — CMU #3 (C8)
3. W — CMU #3 (C10)
4. Y — CMU #3 (C12)

B212-B 배터리 모듈 #12

WRK P/No.	-	K100233-30
Vender P/No.		
Vender P/Name		KET_2.0mm W to Plug Housing_03F

1. L — CMU #3 (C7)
2. R — CMU #3 (C9)
3. W — CMU #3 (C11)

BSA (Long Range) 하네스 (12)

B213-A 배터리 모듈 #13

WRK P/No.	-
Vender P/No.	K100234-00
Vender P/Name	KET_2.0mm W to Plug Housing_04F

1. L CMU #4 (C0)
2. R CMU #4 (C2)
3. W CMU #4 (C4)
4. -   -

B213-B 배터리 모듈 #13

WRK P/No.	-
Vender P/No.	K100233-30
Vender P/Name	KET_2.0mm W to Plug Housing_03F

1. L CMU #4 (C1)
2. R CMU #4 (C3)
3. W CMU #4 (C5)

B214-A 배터리 모듈 #14

WRK P/No.	-
Vender P/No.	K100234-00
Vender P/Name	KET_2.0mm W to Plug Housing_04F

1. L CMU #4 (C6)
2. R CMU #4 (C8)
3. W CMU #4 (C10)
4. Y CMU #4 (C12)

B214-B 배터리 모듈 #14

WRK P/No.	-
Vender P/No.	K100233-30
Vender P/Name	KET_2.0mm W to Plug Housing_03F

1. L CMU #4 (C7)
2. R CMU #4 (C9)
3. W CMU #4 (C11)

B215-A 배터리 모듈 #15

WRK P/No.	-
Vender P/No.	K100234-00
Vender P/Name	KET_2.0mm W to Plug Housing_04F

1. L CMU #4 (C0)
2. R CMU #4 (C2)
3. W CMU #4 (C4)
4. -   -

B215-B 배터리 모듈 #15

WRK P/No.	-
Vender P/No.	K100233-30
Vender P/Name	KET_2.0mm W to Plug Housing_03F

1. L CMU #4 (C1)
2. R CMU #4 (C3)
3. W CMU #4 (C5)

B216-A 배터리 모듈 #16

WRK P/No.	-
Vender P/No.	K100234-00
Vender P/Name	KET_2.0mm W to Plug Housing_04F

1. L CMU #4 (C6)
2. R CMU #4 (C8)
3. W CMU #4 (C10)
4. Y CMU #4 (C12)

B216-B 배터리 모듈 #16

WRK P/No.	-
Vender P/No.	K100233-30
Vender P/Name	KET_2.0mm W to Plug Housing_03F

1. L CMU #4 (C7)
2. R CMU #4 (C9)
3. W CMU #4 (C11)

2023 > 엔진 > 150kW > 커넥터 정보 > BSA (Long Range) 하네스

BSA (Long Range) 하네스 (13)

B217-A 배터리 모듈 #17

WRK P/No.	-	K100234-00
Vender P/No.		
Vender P/Name	KET_2.0mm W to Plug Housing_04F	

1. L CMU #5 (C0)
2. R CMU #5 (C2)
3. W CMU #5 (C4)
4. - -

B217-B 배터리 모듈 #17

WRK P/No.	-	K100233-30
Vender P/No.		
Vender P/Name	KET_2.0mm W to Plug Housing_03F	

1. L CMU #5 (C1)
2. R CMU #5 (C3)
3. W CMU #5 (C5)

B218-A 배터리 모듈 #18

WRK P/No.	-	K100234-00
Vender P/No.		
Vender P/Name	KET_2.0mm W to Plug Housing_04F	

1. L CMU #5 (C6)
2. R CMU #5 (C8)
3. W CMU #5 (C10)
4. Y CMU #5 (C12)

B218-B 배터리 모듈 #18

WRK P/No.	-	K100233-30
Vender P/No.		
Vender P/Name	KET_2.0mm W to Plug Housing_03F	

1. L CMU #5 (C7)
2. R CMU #5 (C9)
3. W CMU #5 (C11)

B219-A 배터리 모듈 #19

WRK P/No.	-	K100234-00
Vender P/No.		
Vender P/Name	KET_2.0mm W to Plug Housing_04F	

1. L CMU #5 (C0)
2. R CMU #5 (C2)
3. W CMU #5 (C4)
4. - -

B219-B 배터리 모듈 #19

WRK P/No.	-	K100233-30
Vender P/No.		
Vender P/Name	KET_2.0mm W to Plug Housing_03F	

1. L CMU #5 (C1)
2. R CMU #5 (C3)
3. W CMU #5 (C5)

B220-A 배터리 모듈 #20

WRK P/No.	-	K100234-00
Vender P/No.		
Vender P/Name	KET_2.0mm W to Plug Housing_04F	

1. L CMU #5 (C6)
2. R CMU #5 (C8)
3. W CMU #5 (C10)
4. Y CMU #5 (C12)

B220-B 배터리 모듈 #20

WRK P/No.	-	K100233-30
Vender P/No.		
Vender P/Name	KET_2.0mm W to Plug Housing_03F	

1. L CMU #5 (C7)
2. R CMU #5 (C9)
3. W CMU #5 (C11)

2023 > 겐전 > 150kW > 커넥터 정보 > BSA (Long Range) 하네스

BSA (Long Range) 하네스 (14)

B221-A 배터리 모듈 #21

WRK P/No.	-	K100234-00
Vender P/No.		
Vender P/Name	KET_2.0mm W to Plug Housing_04F	

1. L CMU #6 (C0)
2. R CMU #6 (C2)
3. W CMU #6 (C4)
4. - -

B221-B 배터리 모듈 #21

WRK P/No.	-	K100233-30
Vender P/No.		
Vender P/Name	KET_2.0mm W to Plug Housing_03F	

1. L CMU #6 (C1)
2. R CMU #6 (C3)
3. W CMU #6 (C5)

B222-A 배터리 모듈 #22

WRK P/No.	-	K100234-00
Vender P/No.		
Vender P/Name	KET_2.0mm W to Plug Housing_04F	

1. L CMU #6 (C6)
2. R CMU #6 (C8)
3. W CMU #6 (C10)
4. Y CMU #6 (C12)

B222-B 배터리 모듈 #22

WRK P/No.	-	K100233-30
Vender P/No.		
Vender P/Name	KET_2.0mm W to Plug Housing_03F	

1. L CMU #6 (C7)
2. R CMU #6 (C9)
3. W CMU #6 (C11)

B223-A 배터리 모듈 #23

WRK P/No.	-	K100234-00
Vender P/No.		
Vender P/Name	KET_2.0mm W to Plug Housing_04F	

1. L CMU #6 (C0)
2. R CMU #6 (C2)
3. W CMU #6 (C4)
4. - -

B223-B 배터리 모듈 #23

WRK P/No.	-	K100233-30
Vender P/No.		
Vender P/Name	KET_2.0mm W to Plug Housing_03F	

1. L CMU #6 (C1)
2. R CMU #6 (C3)
3. W CMU #6 (C5)

B224-A 배터리 모듈 #24

WRK P/No.	-	K100234-00
Vender P/No.		
Vender P/Name	KET_2.0mm W to Plug Housing_04F	

1. L CMU #6 (C6)
2. R CMU #6 (C8)
3. W CMU #6 (C10)
4. Y CMU #6 (C12)

B224-B 배터리 모듈 #24

WRK P/No.	-	K100233-30
Vender P/No.		
Vender P/Name	KET_2.0mm W to Plug Housing_03F	

1. L CMU #6 (C7)
2. R CMU #6 (C9)
3. W CMU #6 (C11)

2023 > 엔진 > 150kW > 커넥터 정보 > BSA (Long Range) 하네스

BSA (Long Range) 하네스 (15)

B225-A 배터리 모듈 #25

WRK P/No.	-	K100234-00
Vender P/No.		K100234-00
Vender P/Name		KET_2.0mm W to Plug Housing_04F

1. L — CMU #7 (C0)
2. R — CMU #7 (C2)
3. W — CMU #7 (C4)
4. - — -

B225-B 배터리 모듈 #25

WRK P/No.	-	K100233-30
Vender P/No.		K100233-30
Vender P/Name		KET_2.0mm W to Plug Housing_03F

1. L — CMU #7 (C1)
2. R — CMU #7 (C3)
3. W — CMU #7 (C5)

B226-A 배터리 모듈 #26

WRK P/No.	-	K100234-00
Vender P/No.		K100234-00
Vender P/Name		KET_2.0mm W to Plug Housing_04F

1. L — CMU #7 (C6)
2. R — CMU #7 (C8)
3. W — CMU #7 (C10)
4. Y — CMU #7 (C12)

B226-B 배터리 모듈 #26

WRK P/No.	-	K100233-30
Vender P/No.		K100233-30
Vender P/Name		KET_2.0mm W to Plug Housing_03F

1. L — CMU #7 (C7)
2. R — CMU #7 (C9)
3. W — CMU #7 (C11)

B227-A 배터리 모듈 #27

WRK P/No.	-	K100234-00
Vender P/No.		K100234-00
Vender P/Name		KET_2.0mm W to Plug Housing_04F

1. L — CMU #7 (C0)
2. R — CMU #7 (C2)
3. W — CMU #7 (C4)
4. - — -

B227-B 배터리 모듈 #27

WRK P/No.	-	K100233-30
Vender P/No.		K100233-30
Vender P/Name		KET_2.0mm W to Plug Housing_03F

1. L — CMU #7 (C1)
2. R — CMU #7 (C3)
3. W — CMU #7 (C5)

B228-A 배터리 모듈 #28

WRK P/No.	-	K100234-00
Vender P/No.		K100234-00
Vender P/Name		KET_2.0mm W to Plug Housing_04F

1. L — CMU #7 (C6)
2. R — CMU #7 (C8)
3. W — CMU #7 (C10)
4. Y — CMU #7 (C12)

B228-B 배터리 모듈 #28

WRK P/No.	-	K100233-30
Vender P/No.		K100233-30
Vender P/Name		KET_2.0mm W to Plug Housing_03F

1. L — CMU #7 (C7)
2. R — CMU #7 (C9)
3. W — CMU #7 (C11)

CV32-30

BSA (Long Range) 하네스 (16)

B229-A 배터리 모듈 #29		WRK P/No. - Vender P/No. K100234-00 Vender P/Name KET_2.0mm W to Plug Housing_04F
1. L CMU #8 (C0) 2. R CMU #8 (C2)		3. W CMU #8 (C4) 4. -
B229-B 배터리 모듈 #29		WRK P/No. - Vender P/No. K100233-30 Vender P/Name KET_2.0mm W to Plug Housing_03F
1. L CMU #8 (C1) 2. R CMU #8 (C3)		3. W CMU #8 (C5)
B230-A 배터리 모듈 #30		WRK P/No. - Vender P/No. K100234-00 Vender P/Name KET_2.0mm W to Plug Housing_04F
1. L CMU #8 (C6) 2. R CMU #8 (C8)		3. W CMU #8 (C10) 4. Y CMU #8 (C12)
B230-B 배터리 모듈 #30		WRK P/No. - Vender P/No. K100233-30 Vender P/Name KET_2.0mm W to Plug Housing_03F
1. L CMU #8 (C7) 2. R CMU #8 (C9)		3. W CMU #8 (C11)
B231-A 배터리 모듈 #31		WRK P/No. - Vender P/No. K100234-00 Vender P/Name KET_2.0mm W to Plug Housing_04F
1. L CMU #8 (C0) 2. R CMU #8 (C2)		3. W CMU #8 (C4) 4. -
B231-B 배터리 모듈 #31		WRK P/No. - Vender P/No. K100233-30 Vender P/Name KET_2.0mm W to Plug Housing_03F
1. L CMU #8 (C1) 2. R CMU #8 (C3)		3. W CMU #8 (C5)
B232-A 배터리 모듈 #32		WRK P/No. - Vender P/No. K100234-00 Vender P/Name KET_2.0mm W to Plug Housing_04F
1. L CMU #8 (C6) 2. R CMU #8 (C8)		3. W CMU #8 (C10) 4. Y CMU #8 (C12)
B232-B 배터리 모듈 #32		WRK P/No. - Vender P/No. K100233-30 Vender P/Name KET_2.0mm W to Plug Housing_03F
1. L CMU #8 (C7) 2. R CMU #8 (C9)		3. W CMU #8 (C11)

CV33-1

고전압 케이블 (1)

ICCU 하네스

C21 V2L 유닛 (전원)

WRK P/No.	-
Vender P/No.	MG646448-1
Vender P/Name	KET_HVSC_280_02M

1. O ICCU (L)
2. O ICCU (N)
3. B 인터록 - 점퍼
4. R 인터록 - 점퍼

C24-AC ICCU (AC Input)

WRK P/No.	-
Vender P/No.	HKC06-67720
Vender P/Name	KSC_HV110375WP_06F

1. -
2. Y 충전 단자 (L2/N (-))
3. -
4. R 충전 단자 (L1 (+))
5. O V2L 유닛 (N)
6. O V2L 유닛 (L)

고전압 케이블 #1

F24-DC ICCU (고전압 배터리)

WRK P/No.	-
Vender P/No.	MG657170-11
Vender P/Name	KET_HVSC_630_02F

1. O 고전압 배터리 (+)
2. O 고전압 배터리 (-)

HB-I 고전압 배터리 (ICCU)

WRK P/No.	-
Vender P/No.	MG657170-11
Vender P/Name	KET_HV630WP_02F

1. O ICCU (+)
2. O ICCU (-)

고전압 케이블 (2)

고전압 케이블 #2

HB-R 고전압 배터리
(리어 고전압 정션 블록)

WRK P/No.	-
Vender P/No.	MG657182-11
Vender P/Name	KET_HV1900(70SQ)WP_02F

2.0 리어 고전압 정션 블록 (+)

1.0 리어 고전압 정션 블록 (-)

고전압 케이블 #3

H13 프런트 고전압 정션 블록
(고전압 배터리-2WD)

WRK P/No.	HKC02-57680
Vender P/No.	-
Vender P/Name	KSC_HV375WP_02F

2.0 파워 릴레이 어셈블리 (-)

1.0 파워 릴레이 어셈블리 (+)

HB-F 고전압 배터리
(프런트 고전압 정션 블록)

WRK P/No.	-
Vender P/No.	MG657178-11
Vender P/Name	KET_HV1500WP_02F

2.0 프런트 고전압 정션 블록 (-)

1.0 프런트 고전압 정션 블록 (+)

CV33-2

플로어 하네스 (1)

F01 에어백 컨트롤 모듈

WRK P/No.	-	
Vender P/No.	-	
Vender P/Name	SUM_ACU_52F	

CV40-1

1. P — 발텐압 보조 배터리 (Backup Up Power)
2. -
3. -
4. -
5. Y — 리어 시트 벨트 리트랙터 프리텐셔너 LH (High)
6. Y — 리어 시트 벨트 리트랙터 프리텐셔너 LH (Low)
7. Br — 리어 시트 벨트 리트랙터 프리텐셔너 RH (Low)
8. L — 리어 시트 벨트 리트랙터 프리텐셔너 RH (High)
9. Gr
10. -
11. -
12. -
13. -
14. -
15. Y/B — 동승석 시트 벨트 버클 센서 & 운전석 사이드 에어백 (센서 신호)
16. L/B — 시트 벨트 버클 센서 (센서 신호)
17. L — 동승석 커튼 에어백 (High)
18. R — 동승석 커튼 에어백 (Low)
19. W — 운전석 커튼 에어백 (High)
20. B — 운전석 커튼 에어백 (Low)
21. G — 동승석 사이드 에어백 (High)
22. O — 동승석 사이드 에어백 (Low)
23. W — 운전석 사이드 에어백 & 시트 벨트 버클 센서 (에어백 High)
24. Br — 시트 벨트 버클 센서 (에어백 &
25. G/O — 센터 사이드 에어백 (Low)
26. R/O — 센터 사이드 에어백 (High)
27. L — 운전석 시트 벨트 리트랙터 프리텐셔너 (Low)
28. O — 운전석 시트 벨트 리트랙터 프리텐셔너 (High)
29. -
30. -
31. -
32. R — 동승석 시트 벨트 리트랙터 프리텐셔너 (High)
33. B — 동승석 시트 벨트 리트랙터 프리텐셔너 (Low)
34. -
35. -
36. -
37. -
38. -
39. -
40. B — 접지 (GF06)
41. -
42. -
43. G — 운전석 도어 사이드 충돌 압력 센서 (High)
44. O — 운전석 도어 사이드 충돌 압력 센서 (Low)
45. P — 동승석 도어 사이드 충돌 압력 센서 (Low)
46. R — 동승석 도어 사이드 충돌 압력 센서 (High)
47. R/O — 운전석 사이드 충돌 감지 센서 (High)
48. L — 운전석 사이드 충돌 감지 센서 (Low)
49. G — 동승석 사이드 충돌 감지 센서 (Low)
50. O — 동승석 사이드 충돌 감지 센서 (High)
51. -
52. -

볼로어 하네스 (2)

F02 — ADP 유닛 (Acoustic Design Processor)

WRK P/No.	-
Vender P/No.	MG657039-5
Vender P/Name	KET_020_32F

1. B   접지 (GF04)
2. Gr ICU 정션블록 (퓨즈 - 메모리1)
3. L   ICU 정션블록 (퓨즈 - 모듈2)
4. -   -
5. G   M-CAN (High)
6. -   -
7. -   -
8. -   -
9. -   -
10. - -
11. - -
12. - -
13. - -
14. - -
15. - -
16. R 앰프 (A2B High)
17. B 접지 (GF04)
18. Gr ICU 정션블록 (퓨즈 - 메모리1)
19. Y/B ICU 정션블록 (퓨즈 - 모듈5)
20. - -
21. O M-CAN (Low)
22. - -
23. - -
24. - -
25. - -
26. - -
27. - -
28. - -
29. - -
30. - -
31. - -
32. L 앰프 (A2B Low)

F03-A — 앰프

WRK P/No.	-
Vender P/No.	6-2188225-5
Vender P/Name	AMP_020060_28F

1. O   ICU 정션블록 (퓨즈 - 앰프)
2. O   ICU 정션블록 (퓨즈 - 앰프)
3. O   ICU 정션블록 (퓨즈 - 앰프)
4. O   ICU 정션블록 (퓨즈 - 앰프)
5. -   -
6. O/B M-CAN (Low)
7. G/O M-CAN (High)
8. B/O A/V & 내비게이션헤드유닛 (SPDIF 접지)
9. -   -
10. R ADP 유닛 (A2B B+)
11. L ADP 유닛 (A2B B-)
12. - -
13. - -
14. - -
15. - -
16. B 접지 (GF08)
17. B 접지 (GF08)
18. B 접지 (GF08)
19. B 접지 (GF08)
20. R A/V & 내비게이션헤드유닛 (SPDIF Low)
21. B A/V & 내비게이션헤드유닛 (SPDIF High)
22. - -
23. - -
24. - -
25. - -
26. - -
27. - -
28. - -

볼로어 하네스 (3)

F03-B 앰프

	WRK P/No.	-
	Vender P/No.	7-2188225-7
	Vender P/Name	AMP_020060_28F

1. R   FR (+) : 동승석 도어 스피커 RH
2. Br   프런트 트위터 스피커 RH
        FL (+) : 운전석 도어 스피커 LH,
        프런트 트위터 스피커 LH
3. G   서브 우퍼 (+)
4. -
5. L   ICU 정션블록 (퓨즈 - 모듈2)
6. -
7. P   A/V & 내비게이션 헤드 유닛
        (NAVI Voice +)
8. -
9. -
10. -
11. Y/B ICU 정션블록 (퓨즈 - 모듈5)
12. La/G RR (+) : 리어 도어 스피커 RH
13. La/Y RL (+) : 리어 도어 스피커 LH
14. La/P 센터 스피커 (+)
15. -
16. L   FR (-) : 동승석 도어 스피커 RH,
         프런트 트위터 스피커 RH
17. W   FL (-) : 운전석 도어 스피커 LH,
         프런트 트위터 스피커 LH
18. Gr   서브 우퍼 (-)
19. -
20. -
21. Gr   A/V & 내비게이션 헤드 유닛
         (NAVI Voice -)
22. -
23. -
24. -
25. La/O RR (-) : 리어 도어 스피커 RH
26. La/B RL (-) : 리어 도어 스피커 LH
27. La/Gr 센터 스피커 (-)
28. -

F04-D 운전석 시트 벨트 리트랙터 프리텐셔너

	WRK P/No.	-
	Vender P/No.	3507-2834
	Vender P/Name	DEL_025_02F

1. O 에어백 컨트롤 모듈 (High)
2. L 에어백 컨트롤 모듈 (Low)

F04-P 동승석 시트 벨트 리트랙터 프리텐셔너

	WRK P/No.	-
	Vender P/No.	3507-2834
	Vender P/Name	DEL_025_02F

1. R 에어백 컨트롤 모듈 (High)
2. B 에어백 컨트롤 모듈 (Low)

F05 SCU

	WRK P/No.	-
	Vender P/No.	3318-7877
	Vender P/Name	DEL_025060_20F

1. B   SBW 액추에이터 (Phase-U)
2. Y   SBW 액추에이터 (Phase-V)
3. -
4. -   IBU (K-Line)
5. G   P-CAN (High)
6. O   P-CAN (Low)
7. L/O SBW 액추에이터
        (Encoder Sensor-GND)
8. R   접지 (GF01)
9. B/O P/R 정션블록
        (퓨즈 - 전자식 변속레버2)
10. R/B
11. W   SBW 액추에이터 (Phase-W)
12. O   P/R 정션블록
        (전자식 변속레버 릴레이)
13. G   SBW 액추에이터 (Encoder-A)
14. W   SBW 액추에이터 (Encoder-B)
15. W/B VCU (From SCU)
16. W/O ICU 정션블록 (퓨즈 - IG3 10)
17. B   SBW 액추에이터
        (Encoder Sensor-PWR)
18. Gr VCU (From VCU)
19. B   접지 (GF01)
20. B   접지 (GF01)

2023 > 엔진 > 160kW > 커넥터 정보 > 플로어 하네스

플로어 하네스 (4)

F07 동승석 무게 감지 센서

WRK P/No.	-
Vender P/No.	35228063
Vender P/Name	DEL_025WP_06F

1. O ALR 센서 (+) 4. Br/B C-CAN (Low)
2. Gr ALR 센서 (-) 5. W C-CAN (High)
3. B 접지 (GF06) 6. G ICU 정션 블록 (퓨즈 - 에어백1)

F08-D 운전석 사이드 충돌 감지 센서

WRK P/No.	-
Vender P/No.	MSAIRB-02-4KA-Y
Vender P/Name	JST_050WP_02F

1. R/O 에어백 컨트롤 모듈 (High)
2. L 에어백 컨트롤 모듈 (Low)

F08-P 동승석 사이드 충돌 감지 센서

WRK P/No.	-
Vender P/No.	MSAIRB-02-4KA-Y
Vender P/Name	JST_050WP_02F

1. O 에어백 컨트롤 모듈 (High)
2. G 에어백 컨트롤 모듈 (Low)

F09 ALR 센서 (Automatic Locking Retractor)

WRK P/No.	-
Vender P/No.	BABRB-02-1A
Vender P/Name	JST_025_02F

1. Gr 동승석 무게 감지 센서 (-)
2. O   동승석 무게 감지 센서 (+)

F10-L 리어 시트 벨트 리트렉터 프리텐셔너 LH

WRK P/No.	-
Vender P/No.	BABRB-02-1A
Vender P/Name	JST_025_02F

1. Y   에어백 컨트롤 모듈 (High)
2. Br 에어백 컨트롤 모듈 (Low)

F10-R 리어 시트 벨트 리트렉터 프리텐셔너 RH

WRK P/No.	-
Vender P/No.	3507-2834
Vender P/Name	DEL_025_02F

1. Gr 에어백 컨트롤 모듈 (High)
2. L   에어백 컨트롤 모듈 (Low)

플로어 하네스 (5)

CV40-5

F11 서브 우퍼 (앰프 적용)

WRK P/No.	-
Vender P/No.	MG612950
Vender P/Name	KET_090III_02F

1. G   앰프 (+)
2. Gr 앰프 (-)

F12-L 리어 시트 벨트 버클 스위치 LH & CTR

WRK P/No.	-
Vender P/No.	368501-1
Vender P/Name	AMP_070_04F

1. B   LH : 접지 (GF05)
2. Y   LH : ICU 정션블록 (IPS 컨트롤 모듈)
3. B   CTR : 접지 (GF05)
4. L   CTR : ICU 정션블록 (IPS 컨트롤 모듈)

F12-R 리어 시트 벨트 버클 스위치 RH

WRK P/No.	-
Vender P/No.	MG652987-7
Vender P/Name	KET_040III_02F

1. Br/O ICU 정션블록 (IPS 컨트롤 모듈)
2. B   접지 (GF05)

F13 스마트 키 실내 안테나

WRK P/No.	-
Vender P/No.	MG611271
Vender P/Name	KET_060_02F

1. L   IBU (+)
2. R   IBU (-)

F15 A/C 콘솔 모드 액추에이터

WRK P/No.	-
Vender P/No.	PH845-07640
Vender P/Name	KUM_CDR_07F

1. -
2. -
3. Y   에어컨 컨트롤 모듈 (RR Vent)
4. O   에어컨 컨트롤 모듈 (전원)
5. G   에어컨 컨트롤 모듈 (F/B)
6. B   에어컨 컨트롤 모듈 (접지)
7. W   에어컨 컨트롤 모듈 (RR Floor)

F16-D 운전석 커튼 에어백

WRK P/No.	-
Vender P/No.	3340-1528
Vender P/Name	DEL_SRS_02F

1. W   에어백 컨트롤 모듈 (High)
2. B   에어백 컨트롤 모듈 (Low)

풀로어 하네스 (6)

F16-P 동승석 카든 에어백

WRK P/No.	-
Vender P/No.	3340-1528
Vender P/Name	DEL_SRS_02F

1. R 에어백 컨트롤 모듈 (High)
2. L 에어백 컨트롤 모듈 (Low)

F17-L 파워 테일게이트 스핀들 LH

WRK P/No.	-
Vender P/No.	1563125-1
Vender P/Name	AMP_050110_10M

1. R/B 파워 트렁크 유닛
(스핀들 홀 센서 접지)
2. W 파워 트렁크 유닛 (스핀들 모터 -)
3. Y/B 파워 트렁크 유닛
(스핀들 홀 센서 신호1)
4. B/O 파워 트렁크 유닛 (스핀들 모터 쉴드)
5. -
6. -
7. -
8. G/B 파워 트렁크 유닛
(스핀들 홀 센서 전원)
9. G 파워 트렁크 유닛 (스핀들 모터 +)
10. P/B 파워 트렁크 유닛
(스핀들 홀 센서 신호2)

F17-R 파워 테일게이트 스핀들 RH

WRK P/No.	-
Vender P/No.	1563125-1
Vender P/Name	AMP_050110_10M

1. R/O 파워 트렁크 유닛
(스핀들 홀 센서 접지)
2. W 파워 트렁크 유닛 (스핀들 모터 -)
3. Y/O 파워 트렁크 유닛
(스핀들 홀 센서 신호1)
4. B/O 파워 트렁크 유닛 (스핀들 모터 쉴드)
5. -
6. -
7. -
8. G/O 파워 트렁크 유닛
(스핀들 홀 센서 전원)
9. G 파워 트렁크 유닛 (스핀들 모터 +)
10. P 파워 트렁크 유닛
(스핀들 홀 센서 신호2)

F18-A 파워 트렁크 유닛

WRK P/No.	-
Vender P/No.	0-2236269-2
Vender P/Name	AMP_025110_24F

1. L/B 파워 트렁크 래치 (모터 -)
2. L ICU 정션블록 (퓨즈 - 파워 트렁크)
3. O B-CAN (Low)
4. G B-CAN (High)
5. -
6. R/O ICU 정션블록 (퓨즈 - 모듈1)
7. -
8. G/B 트렁크 스위치 (실내-잠금 스위치)
9. -
10. -
11. -
12. -
13. R 파워 트렁크 래치 (모터 +)
14. B 접지 (GF03)
15. G/B 파워 트렁크 래치 (Full Lock 스위치)
16. Gr 파워 트렁크 래치 (Half Lock 스위치)
17. B 파워 트렁크 래치 (스위치 접지)
18. L 파워 트렁크 래치
(Home Position 스위치)
19. G 트렁크 스위치 (실내-스위치)
20. L/O 크래쉬 패드 스위치 (운전석)
21. -
22. Br/B 파워 트렁크 부저
23. -
24. -

2023 > 엔진 > 150KW > 커넥터 정보 > 플로어 하네스

플로어 하네스 (7)

F18-B 파워 트렁크 유닛

WRK P/No.	-
Vender P/No.	0-2236269-1
Vender P/Name	AMP_025110_24F

1. G   파워 트렁크 스핀들 LH (스핀들 모터 (+))
2. G   파워 트렁크 스핀들 RH (스핀들 모터 (+))
3. -
4. -
5. -
6. -
7. L/O 파워 트렁크 래치 (Open 스위치)
8. O   트렁크 스위치 (실내-ILL. (+))
9. -
10. -
11. -
12. -
13. W   파워 트렁크 스핀들 LH (스핀들 모터 (-))
14. W   파워 트렁크 스핀들 RH (스핀들 모터 (-))
15. R/B 파워 트렁크 스핀들 LH (스핀들 홀 센서 접지)
16. Y/B 파워 트렁크 스핀들 LH (스핀들 홀 센서 신호1)
17. P/B 파워 트렁크 스핀들 LH (스핀들 홀 센서 신호2)
18. G/B 파워 트렁크 스핀들 LH (스핀들 홀 센서 전원)
19. B/O 파워 트렁크 스핀들 LH (스핀들 모터 전원)
20. R/O 파워 트렁크 스핀들 RH (스핀들 홀 센서 접지)
21. Y/O 파워 트렁크 스핀들 RH (스핀들 홀 센서 신호1)
22. P   파워 트렁크 스핀들 RH (스핀들 홀 센서 신호2)
23. G/O 파워 트렁크 스핀들 RH (스핀들 홀 센서 전원)
24. B/O 파워 트렁크 스핀들 RH (스핀들 모터 전원)

F20 빌트인 캠 보조 배터리

WRK P/No.	-
Vender P/No.	HP516-12021
Vender P/Name	KUM_025110WP_12F

1. B   접지 (GF02)
2. -
3. P   에어백 컨트롤 모듈 (Backup Power)
4. -
5. -
6. -
7. -
8. R   P/R 정션 블록 (멀티 퓨즈2 - 보조 배터리)
9. O/B 빌트인 캠 유닛 (전원)
10. -
11. Y/O ICU 정션 블록 (퓨즈 - 모듈7)
12. L   빌트인 캠 유닛 (LIN)

F21-N 리어 디포거 (-)

WRK P/No.	-
Vender P/No.	172320-2
Vender P/Name	AMP_PLM2_01F

1. B   접지 (GF05)

F21-P 리어 디포거 (+)

WRK P/No.	-
Vender P/No.	172320-2
Vender P/Name	AMP_PLM2_01F

1. W   P/R 정션 블록 (열선 유리 (뒤) 릴레이)

F22 스마트 키 트렁크 안테나

WRK P/No.	-
Vender P/No.	MG611271
Vender P/Name	KET_060_02F

1. L/B IBU (접지)
2. R/B IBU (전원)

블로어 하네스 (8)

F23 리어 파워 아웃렛

WRK P/No.	-
Vender P/No.	172434-2
Vender P/Name	AMP_PLM2_02F

1. L P/R 정션 블록(퓨즈 - 파워 아웃렛3)
2. B 접지 (GF03)

F24-S ICCU (신호)

WRK P/No.	-
Vender P/No.	1897688-2
Vender P/Name	AMP_060WP_18F

1. B 접지 (GF05)
2. R ICU 정션 블록(퓨즈 - 충전기)
3. - -
4. - G-CAN (High)
5. Y G-CAN (Low)
6. Br 접지 (GF05)
7. B 접지 (GF05)
8. R ICU 정션 블록(퓨즈 - 충전기)
9. - -
10. - -
11. - -
12. - -
13. B 접지 (GF05)
14. W/O ICU 정션 블록 (퓨즈 - IG3 10)
15. - -
16. - -
17. - -
18. - -

F25 V2L 유닛 (신호)

WRK P/No.	-
Vender P/No.	936268-1
Vender P/Name	AMP_090III_06F

1. W/O ICU 정션 블록(퓨즈 - IG3 10)
2. Y/O VCMS (피드백 신호)
3. B 접지 (GF05)
4. W VCMS (릴레이 컨트롤)
5. - -
6. L VCMS (Cord Set On/Off)

F26 VCMS

WRK P/No.	1473252-1
Vender P/No.	-
Vender P/Name	AMP_MQSJPT_40F

1. W 충전 단자 (CP)
2. - -
3. - -
4. - -
5. - -
6. - G-CAN (Low)
7. Br G-CAN (High)
8. Y 충전 단자 (CP (-))
9. W/B V2L 유닛 (Socket PD)
10. L 충전 단자 (PD)
11. G -
12. - -
13. L/O 충전 단자 온도 센서 #2 (급속 (+))(+)
14. L/B 충전 단자 온도 센서 #2 (급속 (+))(-)
15. Gr ICU 정션 블록
   (IPS 컨트롤 모듈-ICU Wake Up)
16. Y/O V2L 유닛 (AC_V)
17. Gr 충전 단자 온도 센서 #3 (완속)(+)
18. P 충전 단자 온도 센서 #3 (완속)(-)
19. - -
20. O 충전 단자 잠금/언록 액추에이터
   (센서 신호)
21. W V2L 유닛 (릴레이 컨트롤)
22. - -
23. R/B ICU 정션 블록
   (충전 단자 록 릴레이-컨트롤)
24. G ICU 정션 블록
   (IPS 컨트롤 모듈-CHG Wake Up)
25. - -
26. - -
27. Br/O 충전 단자 온도 센서 #2 (급속 (-))(+)
28. Br/B 충전 단자 온도 센서 #2 (급속 (-))(-)
29. L 충전 단자 잠금/언록 액추에이터
   (센서 접지)
30. - -
31. P/B ICU 정션 블록
   (충전 단자 연록 릴레이-컨트롤)
32. - -
33. W/O ICU 정션 블록(퓨즈 - IG3 10)
34. R/O ICU 정션 블록(퓨즈 - 충전기)
35. R/O ICU 정션 블록(퓨즈 - 충전기)
36. B 접지 (GF05)
37. B 접지 (GF05)
38. B 접지 (GF05)
39. - -
40. - -

CV40-8

2023 > 엔진 > 160kW > 커넥터 정보 > 플로어 하네스

플로어 하네스 (9)

F28 트렁크 룸 램프

WRK P/No.	9999900055AS
Vender P/No.	368500-1
Vender P/Name	AMP_070_03F

1. Y 전원 : ICU 정션 블록 (IPS5)
2. - 컨트롤 : ICU 정션 블록 (IPS 컨트롤 모듈)

F29-L 리어 콤비네이션 램프 (OUT) LH

WRK P/No.	-
Vender P/No.	MG645579-5
Vender P/Name	KET_060WP_06F

1. G/B 미등 : ICU 정션 블록 (IPS8)
2. G   접지등 : ICU 정션 블록 (IPS2)
3. L/O 방향등 : ICU 정션 블록 (IPS8)
4. L   방향등테일 : ICU 정션 블록 (IPS 컨트롤 모듈)
5. Y   웰컴 램프 : IBU
6. B   접지 (GF03)

F29-R 리어 콤비네이션 램프 (OUT) RH

WRK P/No.	-
Vender P/No.	MG645579-5
Vender P/Name	KET_060WP_06F

1. Br/B 미등 : ICU 정션 블록 (IPS8)
2. G/O   접지등 : ICU 정션 블록 (IPS9)
3. R/O   방향등 : ICU 정션 블록 (IPS8)
4. O   방향등테일 : ICU 정션 블록
         (IPS 컨트롤 모듈)
5. Y   웰컴 램프 : IBU
6. B   접지 (GF05)

F30 운전석 사이드 에어백 & 시트벨트 버클 센서

WRK P/No.	-
Vender P/No.	SISCRB-04-2A-Y
Vender P/Name	JST_SISC_04F

1. Y
2. -
3. W/B
3. B   에어백 (High) : 에어백 컨트롤 모듈
4. L/B 에어백 (Low) : 에어백 컨트롤 모듈
      센서 : 접지 (GF06)
      센서 신호 : 에어백 컨트롤 모듈

F31 동승석 사이드 에어백

WRK P/No.	-
Vender P/No.	SABRB-02-1A-Y
Vender P/Name	JST_025WP_02F

1. W   에어백 (High) : 에어백 컨트롤 모듈
2. Br
2. G   에어백 컨트롤 모듈 (Low)

F32 센터 사이드 에어백

WRK P/No.	-
Vender P/No.	SABRB-02-1A2-M
Vender P/Name	JST_025WP_02F

1. O   에어백 컨트롤 모듈 (Low)
1. R/O 에어백 컨트롤 모듈 (Low)
2. G/O 에어백 컨트롤 모듈 (High)

F33 동승석 시트벨트 버클 센서

WRK P/No.	-
Vender P/No.	BABRB-02-1A-Y
Vender P/Name	JST_025_02F

1. Y/B 에어백 컨트롤 모듈 (+)
2. B   접지 (GF06)

CV40-9

2023 > 엔진 > 160kW > 커넥터 정보 > 플로어 하네스

플로어 하네스 (10)

콘솔 익스텐션 하네스

F51 콘솔 USB 충전 단자

WRK P/No.	-
Vender P/No.	220202-NA
Vender P/Name	YRC_025_06F

1. B 접지 (GF02)
2. B 접지 (GF02)
3. Br ILL. (-)
4. W ILL. (+)
5. R ICU 정션 블록 (퓨즈 - USB 충전기 뒤)
6. R ICU 정션 블록 (퓨즈 - USB 충전기 뒤)

F52 리어 USB 충전 단자

WRK P/No.	-
Vender P/No.	220202-NA
Vender P/Name	YRC_025_06F

1. B 접지 (GF02)
2. B 접지 (GF02)
3. Br ILL. (-)
4. W ILL. (+)
5. R ICU 정션 블록 (퓨즈 - USB 충전기 뒤)
6. R ICU 정션 블록 (퓨즈 - USB 충전기 뒤)

비전 루프 익스텐션 하네스

R20 선루프 글래스 모터

WRK P/No.	-
Vender P/No.	MG655347
Vender P/Name	KET_10F

1. B 접지 (GF03)
2. -
3. L/B 오버헤드 콘솔 (Tilt Up)
4. -
5. B/O 오버헤드 콘솔 (Open)
6. Y/O ICU 정션 블록 (퓨즈 - 선루프)
7. Br/B IBU (LIN)
8. -
9. -
10. L/O 오버헤드 콘솔 (Close)

R21 선루프 블라이드 모터

WRK P/No.	-
Vender P/No.	MG655347
Vender P/Name	KET_10F

1. B 접지 (GF03)
2. -
3. -
4. -
5. -
6. Y/O ICU 정션 블록 (퓨즈 - 선루프)
7. Br/B IBU (LIN)
8. -
9. -
10. -

2023 > 엔진 > 160KW > 커넥터 정보 > 플로어 하네스

플로어 하네스 (11)

리어 휠 센서 익스텐션 하네스

F59-L   리어 EPB 액추에이터 LH

WRK P/No.	-
Vender P/No.	33347439
Vender P/Name	APTIV_02F

1. W   IEB 유닛 (-)
2. G   IEB 유닛 (+)

F59-R   리어 EPB 액추에이터 RH

WRK P/No.	-
Vender P/No.	33347439
Vender P/Name	APTIV_02F

1. W   IEB 유닛 (-)
2. G   IEB 유닛 (+)

도어 하네스 (1)

운전석 도어 하네스

D01 운전석 도어 아웃사이드 핸들 PIC 안테나

WRK P/No.	-
Vender P/No.	MG611271-7
Vender P/Name	KET_060_02F

1. Br   IBU (접지)　　　2. W/B   IBU (전원)

D03 운전석 세이프티 파워 윈도우 모듈

WRK P/No.	-
Vender P/No.	902970-00
Vender P/Name	FCI_MINIWP_06F

1. -
2. -
3. P   ICU 정션 블록 (퓨즈 - 파워 윈도우 (좌))
4. B   접지 (GF01)
5. L   IBU (LIN)
6. -

D08 운전석 도어 스피커 (앰프 미적용)

WRK P/No.	-
Vender P/No.	HK485-02010
Vender P/Name	KUM_060_02F

1. La/Br   A/V & 내비게이션 헤드 유닛 (+)　　　2. La/W   A/V & 내비게이션 헤드 유닛 (-)

D09 운전석 도어 스피커 (앰프 적용)

WRK P/No.	-
Vender P/No.	HK487-02120
Vender P/Name	KUM_060_02F

1. La/Br   앰프 (+)　　　2. La/W   앰프 (-)

D11 운전석 IMS 스위치

WRK P/No.	-
Vender P/No.	CL6424-0073-7
Vender P/Name	HRS_025_06F

1. L   ILL. (+)
2. -
3. G/B   운전석 파워 윈도우 스위치 (신호)
4. W   선루프 컨트롤러 (글라스 모터) (열림) (SIG A)
5. L   선루프 컨트롤러 (글라스 모터) (닫힘) (SIG B)
6. R   선루프 컨트롤러 (글라스 모터) (틸트 업) (SIG C)
5. B   접지 (GF01)
6. Gr   ILL. (-)

도어 하네스 (2)

D12-C 운전석 아웃사이드 카메라 (DSM 적용)

WRK P/No.	-
Vender P/No.	6442-0043-1-000
Vender P/Name	HSR_025FAKRA_23M

1. -
2. -
3. -
4. P/B 디포거 (전원) : 운전석 DSM 모니터
5. Gr   디포거 (접지) : 운전석 DSM 모니터
6. R/O 풀업 모듈 (풀업) : 운전석 DSM 모니터
7. L   운전석 DSM 모니터
8. O   방향등 : ICU 정션 블록 (IPS8)
9. B   방향등 : 접지 (GF01)
10. -
11. -
12. -
13. B   DSM 카메라 신호 : 운전석 DSM 모니터
14. -
15. B   사이드 LH 카메라 신호 : 운전석 주차 보조 제어기 유닛
16. -
17. -
18. -
19. -
20. -
21. -
22. -
23. -

D12-M 운전석 아웃사이드 미러 (DSM 미적용)

WRK P/No.	-
Vender P/No.	6442-0043-1-000
Vender P/Name	HSR_025FAKRA_23M

1. L/B 미러 모터 (세로) :
2. Y   운전석 사이드 바디 컨트롤 모듈
3. W   미러 모터 (Common) :
4. P/B 미러 모터 (가로) :
5. B   운전석 사이드 바디 컨트롤 모듈
6. Y   방향등, 디포거 (GF01)
7. L   풀딩 모듈 (풀딩) :
8. O   풀딩 모듈 (언풀딩) : 운전석 사이드 바디 컨트롤 모듈
9. O/B 방향등 : ICU 정션 블록 (IPS8)
10. B   BCW IND. : 운전석 사이드 바디 컨트롤 모듈 BCW IND. : 접지 (GF01)
11. G/B 미러 모터 센서 (세로 신호) : 운전석 사이드 바디 컨트롤 모듈 [IMS 적용]
12. L/O 미러 모터 센서 (가로 신호) : 운전석 사이드 바디 컨트롤 모듈 [IMS 적용]
13. -
14. -
15. B   사이드 LH 카메라 신호 : 운전석 주차 보조 제어기 유닛
16. L/O [IMS 적용] 미러 모터 센서 (전원) : 운전석 사이드 바디 컨트롤 모듈
17. W   [IMS 적용] 미러 모터 센서 (접지) : 운전석 사이드 바디 컨트롤 모듈
18. -
19. -
20. -
21. -
22. -
23. -

2023 > 엔진 > 150kW > 커넥터 정보 > 도어 하네스

도어 하네스 (3)

D13-A 운전석 사이드 바디 컨트롤 모듈

WRK P/No.	
Vender P/No.	MG655752
Vender P/Name	KET_025060_22F

1. -
2. Y [DSM 미적용]
   운전석 아웃사이드 미러
   (폴딩 & 미러 모터 HOR/VER Common)
3. O B-CAN (Low)
4. G B-CAN (High)
5. -
6. L/B [DSM 미적용]
   운전석 아웃사이드 미러
   (미러 모터-세로)
7. W [DSM 미적용]
   운전석 아웃사이드 미러
   (미러 모터-가로)
8. O/B [DSM 미적용]
   운전석 아웃사이드 미러 (BCW IND.)
9. P/B [DSM 미적용]
   운전석 아웃사이드 미러 (디포거)
10. -
11. P ICU 정션블록
    (퓨즈 - SBCM 운전석)
12. -
13. L [DSM 미적용]
   운전석 아웃사이드 미러 (언폴딩)
14. -
15. -
16. -
17. -
18. -
19. -
20. -
21. -
22. -

D13-B 운전석 사이드 바디 컨트롤 모듈

WRK P/No.	-
Vender P/No.	MG655753-2
Vender P/Name	KET_025060_20F

1. Br/O ICU 정션블록 (퓨즈 - IG3 11)
2. -
3. -
4. -
5. -
6. -
7. -
8. L/O [DSM 미적용-IMS 적용]
   운전석 아웃사이드 미러
   (미러 모터 센서-전원)
9. G/B [DSM 미적용-IMS 적용]
   운전석 아웃사이드 미러
   (미러 모터 센서-가로)
10. G 리어 도어 아웃사이드 핸들
    풀러시 액츄에이터 LH (모터 (+))
11. -
12. -
13. -
14. -
15. -
16. L/O [DSM 미적용-IMS 적용]
   운전석 아웃사이드 미러
   (미러 모터 센서-전원)
17. -
18. -
19. W [DSM 미적용-IMS 적용]
   운전석 아웃사이드 미러
   (미러 모터 센서-세로)
20. B 접지 (GF01)

도어 하네스 (4)

D13-C 운전석 사이드 바디 컨트롤 모듈

WRK P/No.	-
Vender P/No.	MG655755
Vender P/Name	KET_025060_22F

1. L 리어 도어 아웃사이드 핸들 플라시 액추에이터 LH (모터 (-))
2. G 운전석 도어 아웃사이드 핸들 플라시 액추에이터 (모터 (-))
3. -
4. R/O 운전석 도어 아웃사이드 핸들 플라시 액추에이터 (모터 (+))
5. -
6. W 운전석 도어 아웃사이드 핸들 플라시 신호 (풀링)
7. R/B 리어 도어 아웃사이드 핸들 플라시 액추에이터 (포지션 신호 (언폴딩))
8. W 리어 도어 아웃사이드 핸들 플라시 액추에이터 LH (포지션 신호 (풀링))
9. R/B 리어 도어 아웃사이드 핸들 플라시 액추에이터 LH (포지션 신호 (언폴딩))
10. -
11. -
12. -
13. -
14. W 크래쉬 패드 스위치 (충전 단자 도어 스위치)
15. -
16. -
17. -
18. -
19. -
20. -
21. -
22. -

D14 운전석 도어 사이드 충돌 압력 센서

WRK P/No.	-
Vender P/No.	MG656859-3
Vender P/Name	KET_060WP_02F

1. G 에어백 컨트롤 모듈 (High)
2. O 에어백 컨트롤 모듈 (Low)

D16 운전석 도어 록 액추에이터 익스텐션 하네스

운전석 도어 록 액추에이터

WRK P/No.	-
Vender P/No.	-
Vender P/Name	08F

1. -
2. -
3. Gr/Y 접지 (GF01)
4. R/W 도어 록/언록 스위치 (IPS 컨트롤 모듈)
5. B/W 도어 스위치 : ICU 정션 블록 (IPS 컨트롤 모듈)
6. -
7. L/W ICU 정션 블록 (도어 록 릴레이)
8. Gr ICU 정션 블록 (투 턴 언록 릴레이)

D17 운전석 도어 아웃사이드 핸들 (디지털 키 적용)

WRK P/No.	-
Vender P/No.	HKC05-12707
Vender P/Name	KET_06F

1. Y/W ICU 정션 블록 (퓨즈 - 오토 도어 핸들)
2. W/R Local-CAN (Low) : IAU
3. P/W IBU (스위치 신호)
4. W Local-CAN (High) : IAU
5. -
6. Y 접지 (GF01)

도어 하네스 (5)

D18 운전석 도어 아웃사이드 핸들
(디지털 키 미적용)

WRK P/No.	-	HKC05-12707
Vender P/No.		
Vender P/Name		KET_06F

1. Y/W ICU 정션블록(퓨즈 - 아웃도어핸들)   4. -
2. W/R IBU (푸들/포켓 램프)   5. -
3. P/W IBU (스위치 신호)   6. Y   접지 (GF01)

D19 운전석 도어 아웃사이드 핸들 플러시 액추에이터

WRK P/No.	-	F860010
Vender P/No.		
Vender P/Name		FCI_150WP_06F

1. R   운전석사이드 바디 컨트롤모듈   4. G   운전석사이드 바디 컨트롤모듈
       (포지션 신호-풀딩)   (모터 (+))
2. B   운전석사이드 바디 컨트롤모듈   5. Br 운전석사이드 바디 컨트롤모듈
       (포지션 신호-언풀딩)   (모터 (-))
3. L   접지 (GF01)   6. -

운전석 도어 무드 램프 익스텐션 하네스

D10-1 운전석 도어 무드 램프 #1

WRK P/No.	-	MG656923
Vender P/No.		
Vender P/Name		KET_025_04F

1. N/A 무드 램프 유닛 (LIN)   3. N/A
2. N/A ICU 정션블록 (퓨즈 - 모듈1)   4. -   접지 (GF01)

D10-2 운전석 도어 무드 램프 #2

WRK P/No.	-	MG656923
Vender P/No.		
Vender P/Name		KET_025_04F

1. N/A 무드 램프 유닛 (LIN)   3. N/A
2. N/A ICU 정션블록 (퓨즈 - 모듈1)   4. -   접지 (GF01)

2023 > 젠신 > 160KW > 커넥터 정보 > 도어 하네스

도어 하네스 (6)

동승석 도어 하네스

D31 동승석 도어 아웃사이드 핸들 PIC 안테나

WRK P/No.	-
Vender P/No.	MG611271-7
Vender P/Name	KET_060_02F

1. Br/O IBU (접지) 2. W/O IBU (전원)

D32 동승석 파워 윈도우 모터 (세이프티 미적용)

WRK P/No.	1895902114AS
Vender P/No.	PB625-02027
Vender P/Name	KUM_NMWP_02F

1. O 운전석 파워 도어 스위치 (Down) 2. R 운전석 파워 도어 스위치 (Up)

D33 동승석 세이프티 파워 윈도우 모듈 (세이프티 적용)

WRK P/No.	-
Vender P/No.	902970-00
Vender P/Name	FCI_MINIWP_06F

1. -
2. -
3. P ICU 정션블록 (퓨즈 - 파워윈도우(우))
4. B 접지 (GF02)
5. L IBU (LIN)
6. -

D38 동승석 도어 스피커 (앰프 미적용)

WRK P/No.	-
Vender P/No.	HK485-02010
Vender P/Name	KUM_060_02F

1. La/R A/V & 내비게이션헤드유닛 (+) 2. La/L A/V & 내비게이션헤드유닛 (-)

D39 동승석 도어 스피커 (앰프 적용)

WRK P/No.	-
Vender P/No.	HK487-02120
Vender P/Name	KUM_060_02F

1. La/R 앰프 (+) 2. La/L 앰프 (-)

CV50-6

도어 하네스 (7)

D42-C 동승석 아웃사이드 카메라 (DSM 적용)

WRK P/No.	-
Vender P/No.	6442-0043-1-000
Vender P/Name	HSR_025FAKRA_23M

1. -
2. -
3. -
4. P/B 디포거 (전원) : 동승석 DSM 모니터
5. Gr 디포거 (접지) : 동승석 DSM 모니터
6. R/O 폴딩 모터 (풀링) : 동승석 DSM 모니터
7. Br 폴딩 모터 (열폴딩) : -
8. O 동승석 DSM 모니터
9. B 방향등 : ICU 정션 블록 (IPS8)
10. - 방향등 : 접지 (GF02)
11. -
12. -
13. B DSM 카메라 신호 : 동승석 DSM 모니터
14. -
15. B 사이드 RH 카메라 신호 : 운전석 주차 보조 제어기 유닛
16. -
17. -
18. -
19. -
20. -
21. -
22. -
23. -

D42-M 동승석 아웃사이드 미러 (DSM 미적용)

WRK P/No.	-
Vender P/No.	6442-0043-1-000
Vender P/Name	HSR_025FAKRA_23M

1. L 미러 모터 (세로) : -
2. Y 동승석 사이드 바디 컨트롤 모듈
3. W 미러 모터 (가로) : -
4. P/B 동승석 사이드 바디 컨트롤 모듈
5. B 디포거 : -
6. Y 동승석 사이드 바디 컨트롤 모듈
7. L 방향등 : 접지 (GF02)
8. O 동승석 사이드 바디 컨트롤 모듈
9. O/B 방향등 (풀링) : -
10. B 동승석 사이드 바디 컨트롤 모듈
11. G/B [IMS 적용] 미러 모터 센서 (세로 신호) : 동승석 사이드 바디 컨트롤 모듈
12. L/O [IMS 적용] 미러 모터 센서 (가로 신호) : 동승석 사이드 바디 컨트롤 모듈
13. -
14. -
15. B 사이드 RH 카메라 신호 : 운전석 주차 보조 제어기 유닛
16. L/O [IMS 적용] 미러 모터 센서 (전원) : 동승석 사이드 바디 컨트롤 모듈
17. L/B [IMS 적용] 미러 모터 센서 (접지) : 동승석 사이드 바디 컨트롤 모듈
18. -
19. -
20. -
21. -
22. -
23. -

도어 하네스

D43-A 동승석 사이드 바디 컨트롤 모듈

WRK P/No.	-
Vender P/No.	MG655752
Vender P/Name	KET_025060_22F

1. -
2. Y [DSM 미적용] 동승석 아웃사이드 미러 (폴딩 & 미러 모터 HOR/VER Common)
3. O B-CAN (Low)
4. G B-CAN (High)
5. Br/O 충전 단자 LED 모듈 (전원)
6. L [DSM 미적용] 동승석 아웃사이드 미러 (미러 모터-세로)
7. W [DSM 미적용] 동승석 아웃사이드 미러 (미러 모터-가로)
8. O/B [DSM 미적용] 동승석 아웃사이드 미러 (BCW IND.)
9. P/B [DSM 미적용] 동승석 아웃사이드 미러 (디포거)
10. -
11. R ICU 정션블록 (퓨즈 - SBCM 조수석)
12. -
13. L [DSM 미적용] 동승석 아웃사이드 미러
14. -
15. -
16. G/O 충전 단자 LED 모듈 (LIN)
17. -
18. -
19. -
20. R/O 충전 단자 램프 (전원)
21. -
22. -

D43-B 동승석 사이드 바디 컨트롤 모듈

WRK P/No.	-
Vender P/No.	MG655753-2
Vender P/Name	KET_025060_20F

1. Br/O ICU 정션블록 (퓨즈 - IG3 11)
2. -
3. -
4. -
5. L 충전 단자 도어 액추에이터 (센서-신호)
6. W 충전 단자 도어 액추에이터 (센서-접지)
7. -
8. L/O [DSM 미적용] 동승석 아웃사이드 미러 (미러 모터 센서-접지)
9. G/B [DSM 미적용] 동승석 아웃사이드 미러 (미러 모터 센서-가로)
10. G 리어 도어 아웃사이드 핸들 플라시 액추에이터 RH (모터 (+))
11. -
12. -
13. Br/B 접지 : 충전 단자 LED 모듈, 충전 단자 램프
14. -
15. -
16. L/O [DSM 미적용] 동승석 아웃사이드 미러 (미러 모터 센서-전원)
17. -
18. L/B 충전 단자 도어 액추에이터 (센서-접지)
19. L/B [DSM 미적용] 동승석 아웃사이드 미러 (미러 모터 센서-세로)
20. B 접지 (GF02)

2023 > 엔진 > 160kW > 커넥터 정보 > 도어 하네스

도어 하네스 (9)

D43-C 동승석 사이드 바디 컨트롤 모듈

WRK P/No.	-
Vender P/No.	MG655755
Vender P/Name	KET_025060_22F

1. L 리어 도어 아웃사이드 핸들 풀러시 액츄에이터 RH (모터 -)
2. G 동승석 도어 아웃사이드 핸들 풀러시 액츄에이터 (모터 -)
3. -
4. R/O 동승석 도어 아웃사이드 핸들 풀러시 액츄에이터 (모터 +)
5. -
6. W 동승석 도어 아웃사이드 핸들 액츄에이터 (포지션 신호)
7. R/B 동승석 도어 아웃사이드 핸들 풀러시
8. W 리어 도어 아웃사이드 핸들 액츄에이터 RH (포지션 신호) (풀링)
9. R/B 리어 도어 아웃사이드 핸들 풀러시 액츄에이터 RH (포지션 신호)
10. -
11. Y/O 충전 단자 도어 액츄에이터 (액츄에이터-Open)
12. -
13. -
14. -
15. -
16. -
17. -
18. -
19. -
20. -
21. -
22. Y/B 충전 단자 도어 액츄에이터 (액츄에이터-Close)

D44 동승석 도어 사이드 충돌 압력 센서

WRK P/No.	-
Vender P/No.	MG656859-3
Vender P/Name	KET_060WP_02F

1. R 에어백 컨트롤 모듈 (High)
2. P 에어백 컨트롤 모듈 (Low)

동승석 도어 락 액추에이터 익스텐션 하네스

D46 동승석 도어 락 액추에이터

WRK P/No.	-
Vender P/No.	-
Vender P/Name	08F

1. Gr/Y ICU 정션 블록 (도어 락 릴레이)
2. R/W ICU 정션 블록 (도어 언락 릴레이)
3. - 도어 스위치 :
4. G/W ICU 정션 블록 (IPS 컨트롤 모듈)
5. L/W 도어 락/언락 스위치 : ICU 정션 블록 (IPS 컨트롤 모듈)
6. Gr 접지 (GF02)
7. -
8. -

D47 동승석 도어 아웃사이드 핸들 (디지털 키 적용)

WRK P/No.	HKC05-12707
Vender P/No.	-
Vender P/Name	KET_06F

1. Y/W ICU 정션 블록 (퓨즈 - 오토 도어 핸들)
2. W/R Local-CAN (Low) : IAU
3. P/W IBU (스위치 신호)
4. W Local-CAN (High) : IAU
5. -
6. Y 접지 (GF02)

2023 > 엔진 > 150KW > 커넥터 정보 > 도어 하네스

도어 하네스 (10)

D48 동승석 도어 아웃사이드 핸들 (디지털키 미적용)

WRK P/No.	-
Vender P/No.	HKC05-12707
Vender P/Name	KET_06F

1. Y/W   ICU 정션블록 (퓨즈 - 아웃도어 핸들)
2. W/R   IBU (퍼들/포켓 램프)
3. P/W   IBU (스위치 신호)
4. -
5. -
6. Y   접지 (GF02)

D49 동승석 도어 아웃사이드 핸들 풀러시 액추에이터

WRK P/No.	-
Vender P/No.	F860010
Vender P/Name	FCI_150WP_06F

1. -
2. R   동승석 사이드 바디 컨트롤 모듈 (모터 +)
3. B   동승석 사이드 바디 컨트롤 모듈 (모터 -)
4. L   접지 (GF02)
5. Br   동승석 사이드 바디 컨트롤 모듈 (포지션 신호-언폴딩)
6. G   동승석 사이드 바디 컨트롤 모듈 (포지션 신호-폴딩)

D20-1 동승석 도어 무드 램프 익스텐션 하네스

동승석 도어 무드 램프 #1

WRK P/No.	-
Vender P/No.	MG656923
Vender P/Name	KET_025_04F

1. N/A
2. N/A   무드 램프 유닛 (LIN)
          ICU 정션블록 (퓨즈 - 모듈1)
3. N/A
4. -   접지 (GF01)

D20-2 동승석 도어 무드 램프 #2

WRK P/No.	-
Vender P/No.	MG656923
Vender P/Name	KET_025_04F

1. N/A
2. N/A   무드 램프 유닛 (LIN)
          ICU 정션블록 (퓨즈 - 모듈1)
3. N/A
4. -   접지 (GF01)

2023 > 엔진 > 150kW > 커넥터 정보 > 도어 하네스

도어 하네스 (11)

리어 도어 LH 하네스

D62 리어 파워 윈도우 모터 LH (세이프티 미적용)

WRK P/No.	1895902114AS
Vender P/No.	PB625-02027
Vender P/Name	KUM_NMWP_02F

1. O 리어 파워 윈도우 스위치 LH (Down)   2. Gr 리어 파워 윈도우 스위치 LH (Up)

D63 리어 세이프티 파워 윈도우 모듈 LH (세이프티 적용)

WRK P/No.	-
Vender P/No.	902970-00
Vender P/Name	FCI_MINIWP_06F

1. L 리어 파워 윈도우 스위치 LH (신호)   4. B 접지 (GF01)
2. -
3. P ICU 정션블록   5. L IBU (LIN)
   (퓨즈 - 파워윈도우 (좌))   6. -

D66 리어 도어 스피커 LH (앰프 미적용)

WRK P/No.	-
Vender P/No.	HK485-02010
Vender P/Name	KUM_060_02F

1. La/Y A/V & 내비게이션 헤드 유닛 (+)   2. La/B A/V & 내비게이션 헤드 유닛 (-)

D67 리어 도어 스피커 LH (앰프 적용)

WRK P/No.	-
Vender P/No.	HK487-02120
Vender P/Name	KUM_060_02F

1. La/Y 앰프 (+)   2. La/B 앰프 (-)

D68 리어 파워 윈도우 스위치 LH

WRK P/No.	1879005501AS
Vender P/No.	MG655613
Vender P/Name	KET_060_12F

1. B 접지 (GF01)
2. Br 리어 시트 히터 스위치 (High IND.)
3. O 리어 시트 히터 스위치 (Low IND.)
4. L 리어 파워 윈도우 스위치 LH (Down)
5. Gr [세이프티 미적용]
   리어 파워 윈도우 스위치 LH (Up)
6. W 리어 시트 히터 스위치 (신호)
7. O [세이프티 적용]
   리어 세이프티 파워 윈도우
8. L 모듈 LH (신호)
   [세이프티 미적용]
   윈도우 스위치 (록)
9. - ICU 정션블록 (IPS 컨트롤 모듈)
10. G [세이프티 적용]
    윈도우 스위치 (Up)
11. R ILL. (+) ICU 정션블록 (IPS 컨트롤 모듈)
12. P ICU 정션블록
    (퓨즈 - 파워 윈도우 (좌))

2023 > 엔진 > 150kW > 커넥터 정보 > 도어 하네스

도어 하네스 (12)

리어 도어 록 액추에이터 LH 익스텐션 하네스

D76 리어 도어 록 액추에이터 LH

WRK P/No.	-
Vender P/No.	-
Vender P/Name	08F

1. -
2. Gr/Y 접지 (GF01)
3. R/W 도어 록/언록 스위치 : ICU 정션 블록 (IPS 컨트롤 모듈)
4. B/W 도어 스위치 : ICU 정션 블록 (IPS 컨트롤 모듈)
5. -
6. -
7. L/W ICU 정션 블록 (도어 록 릴레이)
8. Gr ICU 정션 블록 (도어 언록 릴레이)

D78 리어 도어 아웃사이드 핸들 풀라시 액추에이터 LH

WRK P/No.	-
Vender P/No.	F860010
Vender P/Name	FCI_150WP_06F

1. R 운전석 사이드 바디 컨트롤 모듈 (포지션 신호-풀링)
2. B 운전석 사이드 바디 컨트롤 모듈 (포지션 신호-언풀링)
3. L 접지 (GF01)
4. G 운전석 사이드 바디 컨트롤 모듈 (모터 (+))
5. Br 운전석 사이드 바디 컨트롤 모듈 (모터 (-))
6. -

리어 도어 무드 램프 LH 익스텐션 하네스

D60-1 리어 도어 무드 램프 LH #1

WRK P/No.	-
Vender P/No.	MG656923
Vender P/Name	KET_025_04F

1. N/A 무드 램프 유닛 (LIN)
2. N/A ICU 정션 블록 (퓨즈 - 모듈1)
3. N/A
4. - 접지 (GF01)

D60-2 리어 도어 무드 램프 LH #2

WRK P/No.	-
Vender P/No.	MG656923
Vender P/Name	KET_025_04F

1. N/A 무드 램프 유닛 (LIN)
2. N/A ICU 정션 블록 (퓨즈 - 모듈1)
3. N/A
4. - 접지 (GF01)

도어 하네스 (13)

리어 도어 RH 하네스

D82 리어 파워 윈도우 모터 RH (세이프티 미적용)

WRK P/No.	-
Vender P/No.	1895902114AS
Vender P/Name	PB625-02027
	KUM_NMWP_02F

1. O 리어 파워 윈도우 스위치 RH (Down)
2. Gr 리어 파워 윈도우 스위치 RH (Up)

D83 리어 세이프티 파워 윈도우 모듈 RH (세이프티 적용)

WRK P/No.	-
Vender P/No.	902970-00
Vender P/Name	FCI_MINIWP_06F

1. L 리어 파워 윈도우 스위치 RH (신호)
2. -
3. P ICU 정션블록 (퓨즈 - 파워 윈도우(우))
4. B 접지 (GF02)
5. L IBU (LIN)
6. -

D86 리어 도어 스피커 RH (앰프 미적용)

WRK P/No.	-
Vender P/No.	HK485-02010
Vender P/Name	KUM_060_02F

1. La/G A/V & 내비게이션헤드유닛 (+)
2. La/O A/V & 내비게이션헤드유닛 (-)

D87 리어 도어 스피커 RH (앰프 적용)

WRK P/No.	-
Vender P/No.	HK487-02120
Vender P/Name	KUM_060_02F

1. La/G 앰프 (+)
2. La/O 앰프 (-)

D88 리어 파워 윈도우 스위치 RH

WRK P/No.	1879005501AS
Vender P/No.	MG655613
Vender P/Name	KET_060_12F

1. B 접지 (GF02)
2. Gr 리어 파워 윈도우 스위치 RH (High IND.) :
리어 시트 하단 컨트롤모듈
3. O [세이프티 미적용]
리어 파워 윈도우 스위치 RH (Low IND.) :
리어 시트 하단 컨트롤모듈
4. Y [세이프티 적용]
리어 파워 윈도우 모터 RH (Down)
5. Gr 리어 파워 윈도우 모터 RH (Up)
6. G [세이프티 적용]
리어 시트 하단 스위치 RH (신호) :
리어 시트 하단 컨트롤모듈
7. Y [세이프티 미적용]
윈도우 스위치 (Down) :
ICU 정션블록 (IPS 컨트롤모듈)
8. L [세이프티 적용]
리어 세이프티 파워 윈도우
모듈 RH (신호)
9. - [세이프티 미적용]
윈도우 스위치 (Up) :
ICU 정션블록 (IPS 컨트롤모듈)
10. R [세이프티 미적용]
윈도우 스위치 (Up) :
ICU 정션블록 (IPS 컨트롤모듈)
11. L ILL. (+)
ICU 정션블록
12. P (퓨즈 - 파워 윈도우(우))

도어 하네스 (14)

리어 도어 록 액추에이터 RH 익스텐션 하네스

D96 리어 도어 록 액추에이터 RH

WRK P/No.	-
Vender P/No.	-
Vender P/Name	08F

1. Gr/Y   ICU 정션 블록 (도어 록 릴레이)
2. R/W   ICU 정션 블록 (도어 언록 릴레이)
3. -
4. -
5. G/W   도어 스위치 :
       ICU 정션 블록 (IPS 컨트롤 모듈)
6. L/W   도어 록/언록 스위치 :
       ICU 정션 블록 (IPS 컨트롤 모듈)
7. Gr   접지 (GF02)
8. -

D98 리어 도어 아웃사이드 핸들
플래시 액추에이터 RH

WRK P/No.	-
Vender P/No.	F860010
Vender P/Name	FCI_150WP_06F

1. -
2. R   동승석 사이드 바디 컨트롤 모듈 (모터 (+))
3. B   동승석 사이드 바디 컨트롤 모듈 (모터 (-))
4. L   접지 (GF02)
5. Br   동승석 사이드 바디 컨트롤 모듈 (포지션 신호-연동)
6. G   동승석 사이드 바디 컨트롤 모듈 (포지션 신호-폴딩)

리어 도어 무드 램프 RH 익스텐션 하네스

D80-1 리어 도어 무드 램프 RH #1

WRK P/No.	-
Vender P/No.	MG656923
Vender P/Name	KET_025_04F

1. N/A   무드 램프 유닛 (LIN)
2. N/A   ICU 정션 블록 (퓨즈-모듈1)
3. N/A
4. -   접지 (GF01)

D80-2 리어 도어 무드 램프 RH #2

WRK P/No.	-
Vender P/No.	MG656923
Vender P/Name	KET_025_04F

1. N/A   무드 램프 유닛 (LIN)
2. N/A   ICU 정션 블록 (퓨즈-모듈1)
3. N/A
4. -   접지 (GF01)

루프 하네스 (1)

R01 오버헤드 콘솔

WRK P/No.	-
Vender P/No.	MG655830-5
Vender P/Name	KET_025II_20F

1. Y   ICU 정션블록 (IPS5)
2. W   PAB Off IND. :
3. L   ILL. (+)
4. Y/B ICU 정션블록 (퓨즈 - 에어백 경고등)
5. Br/O 빌트인 캠 스위치 IND. :
6. O   MTS 스위치 :
7. R   A/V & 내비게이션 헤드 유닛
8. -   빌트인 캠 스위치 신호:
9. B/O 접지 (GM04)
10. Gr ILL. (-)
11. -
12. Br/O PAB Off IND. : 에어백 컨트롤 모듈
13. G   ICU 정션블록 (퓨즈 - IPS 컨트롤)
14. W   룸램프 (컨트롤)
15. -
16. -
17. -
18. -
19. -
20. B   접지 (GM01)

R03 프론트 뷰 카메라 (빌트인 캠)

WRK P/No.	-
Vender P/No.	MG656964-5
Vender P/Name	KET_025FAKRA_05F

1. Y   빌트인 캠 유닛 (전원)
2. Gr/O 빌트인 캠 유닛 (IND.)
3. -
4. Br   빌트인 캠 유닛 (접지)
5. B   빌트인 캠 유닛 (영상 신호)

R04 실내 감광 미러

WRK P/No.	5011-0073-2
Vender P/No.	-
Vender P/Name	KSC_025_10F

1. -
2. -
3. -
4. -
5. -
6. -
7. -
8. B   접지 (GM01)
9. Br   ICU 정션블록 (IPS9)
10. Y/B ICU 정션블록 (퓨즈 - 모듈5)

R05 다기능 프론트 뷰 카메라

WRK P/No.	-
Vender P/No.	MG656971-5
Vender P/Name	KET_020_12F

1. -
2. -
3. B   A-CAN (FD1-Low)
4. L   E-CAN (Low)
5. -
6. -
7. Gr/B ICU 정션블록 (퓨즈 - 모듈4)
8. -
9. Y   A-CAN (FD1-High)
10. R   E-CAN (High)
11. B   접지 (GM01)
12. -

루프 하네스 (2)

R06 후석 승객 감지 (ROA) 센서

WRK P/No.	-
Vender P/No.	220316-BK
Vender P/Name	YRC_025WP_04F

1. B 접지 (GM01)
2. O B-CAN (Low)
3. G B-CAN (High)
4. G/O ICU 정션블록 (IPS5)

R07 룸 램프

WRK P/No.	-
Vender P/No.	MG651032
Vender P/Name	KET_090II_03F

1. Y ICU 정션블록 (IPS5)
2. B 접지 (GM01)
3. W 오버헤드콘솔 (컨트롤)

R08-L 마이크 LH

WRK P/No.	-
Vender P/No.	HK326-02010
Vender P/Name	KUM_025_02F

1. Y A/V & 내비게이션헤드 유닛 (+)
2. Br A/V & 내비게이션헤드 유닛 (-)

R08-R 마이크 RH

WRK P/No.	-
Vender P/No.	HK327-02020
Vender P/Name	KUM_025_02F

1. R A/V & 내비게이션헤드 유닛 (+)
2. B A/V & 내비게이션헤드 유닛 (-)

R09 선루프 스위치

WRK P/No.	-
Vender P/No.	CL6424-0076-5
Vender P/Name	HRS_025_06F

1. B 접지 (GM02)
2. O 선루프글래스모터 (Open)
3. Gr 선루프글래스모터 (Close)
4. Gr/B 선루프글래스모터 (Tilt Up)
5. -
6. -

R11-L 선 바이저 램프 LH

WRK P/No.	-
Vender P/No.	220285
Vender P/Name	YRC_020_02F

1. Y ICU 정션블록 (IPS5)
2. B 접지 (GM01)

CV60-2

루프 하네스 (3)

R11-R 선 바이저 램프 RH

WRK P/No.	-
Vender P/No.	220285
Vender P/Name	YRC_020_02F

1. Y   ICU 정션 블록 (IPS5)
2. B   접지 (GM01)

R12 오토 디포거 센서
(레인 센서 미적용)

WRK P/No.	-
Vender P/No.	MG651439
Vender P/Name	KET_91A_06F

1. -
2. O   에어컨 컨트롤 모듈 (센서 전원)
3. R   에어컨 컨트롤 모듈 (Class TEMP.)
4. Y   에어컨 컨트롤 모듈 (SCL)
5. W   에어컨 컨트롤 모듈 (SDA)
6. B   에어컨 컨트롤 모듈 (센서 접지)

오토 디포거 센서 익스텐션 하네스

R02 오토 디포거 센서
(레인 센서 적용)

WRK P/No.	-
Vender P/No.	MG651439
Vender P/Name	KET_91A_06F

1. -
2. N/A   에어컨 컨트롤 모듈 (센서 전원)
3. N/A   에어컨 컨트롤 모듈 (Class TEMP.)
4. N/A   에어컨 컨트롤 모듈 (SCL)
5. N/A   에어컨 컨트롤 모듈 (SDA)
6. N/A   에어컨 컨트롤 모듈 (센서 접지)

R10 레인 센서

WRK P/No.	-
Vender P/No.	1-1718346-1
Vender P/Name	AMP_025_03F_MQS

1. N/A   ICU 정션 블록 (퓨즈 - 모듈1)
2. N/A   접지 (GM01)
3. N/A   IBU (LIN)

2023 > 엔진 > 160KW > 커넥터 정보 > 트렁크 하네스

트렁크 하네스 (1)   CV61-1

R61 파워 트렁크 부져

WRK P/No.	-
Vender P/No.	MG653494-5
Vender P/Name	KET_0900IIWP_02F

1. B   접지 (GR01)
2. Br/B   파워 테일게이트 유닛 (컨트롤)

R62 보조 정지등

WRK P/No.	-
Vender P/No.	MG643866-5
Vender P/Name	KET_HEADLAMP_06F

1. Gr   정지등 : ICU 정션 블록 (IPS2)
2. Y   휄컴 램프 : IBU
3. G/B   미등 : ICU 정션 블록 (IPS8)
4. -
5. -
6. B   접지 (GF03)

R63 파워 트렁크 래치
(파워 트렁크 적용)

WRK P/No.	-
Vender P/No.	F804500
Vender P/Name	FCI_DRLATCH_08F

1. G/B   Full Lock 스위치 : 파워 트렁크 유닛
2. L/O   ICU 정션 블록 : IPS 컨트롤 모듈
3. B   Open 스위치 접지 : 파워 트렁크 유닛
4. L   스위치 접지 : 파워 트렁크 유닛
       Home Position 스위치 : 파워 트렁크 유닛
5. L/B   모터 (-) : 파워 트렁크 유닛
6. R   모터 (+) : 파워 트렁크 유닛
7. B   스위치 접지 : 파워 트렁크 유닛
8. Gr   Half Lock 스위치 : 파워 트렁크 유닛

R64 트렁크 래치 (파워 트렁크 미적용)

WRK P/No.	-
Vender P/No.	F904500
Vender P/Name	FCI_APEXWP_04F

1. R   모터 : ICU 정션 블록
       (트렁크리드 릴레이)
2. B   모터 : 접지 (GF03)
3. Gr   스위치 : 접지 (GF04)
4. G/B   스위치 : ICU 정션 블록 (IPS 컨트롤 모듈)

R65 리어 뷰 카메라
(SVM/빌트인 캠 미적용)

WRK P/No.	-
Vender P/No.	HP285-06021
Vender P/Name	KUM_TWP_06F

1. B/O   리어 뷰 카메라 (접지) :
       A/V 내비게이션 헤드 유닛
2. B   리어 뷰 카메라 (비디오 접지) :
       A/V 내비게이션 헤드 유닛
3. Gr   트렁크 스위치 (실외) 접지 : (GF04)
4. P   트렁크 스위치 (실외) :
       ICU 정션 블록 (IPS 컨트롤 모듈)
5. G   리어 뷰 카메라 : B-CAN (High)
6. O   리어 뷰 카메라 : B-CAN (Low)
7. R   리어 뷰 카메라 (비디오 신호) :
       A/V 내비게이션 헤드 유닛
8. Y   리어 뷰 카메라 (전원) :
       A/V 내비게이션 헤드 유닛

트렁크 하네스 (2) CV61-2

R66 리어 뷰 카메라 (SVM/빌트인 캠 적용)

WRK P/No.	-
Vender P/No.	MG657068-5
Vender P/Name	KET_025FAKRA_WP_03F

1. Gr 트렁크 스위치 (실외):접지 (GF04)
2. P   트렁크 스위치 (실외) :
      ICU 정션 블록 (IPS 컨트롤 모듈)
3. B   [빌트인 캠 미적용]
      리어 뷰 카메라 :
      운전자 주차 보조 제어기 유닛
      [빌트인 캠 적용] 리어 뷰 카메라 :
      빌트인 캠 유닛

R67 리어 콤비네이션 램프 (CTR)

WRK P/No.	-
Vender P/No.	MG645579-5
Vender P/Name	KET_060WP_06F

1. G/B 미등 LH : ICU 정션 블록 (IPS8)
2. Br/B 미등 RH : ICU 정션 블록 (IPS8)
3. G   정지등 LH : ICU 정션 블록 (IPS2)
4. G/O 정지등 RH : ICU 정션 블록 (IPS9)
5. Y   휠 검 램프 : IBU
6. B   접지 (GF03)

R68 트렁크 스위치 (실내)

WRK P/No.	-
Vender P/No.	HP285-06021
Vender P/Name	KUM_TWP_06F

1. G/B 실내 잠금 스위치 : 파워 트렁크 유닛
2. -
3. G   실내 스위치 : 파워 트렁크 유닛
4. O   ILL. (+) : 파워 트렁크 유닛
5. B   스위치 : 접지 (GF03)
6. B   ILL. (-) : 접지 (GF03)

R69 트렁크 스위치 (실외)

WRK P/No.	-
Vender P/No.	HP281-02020
Vender P/Name	KUM_025WP_02M

1. B 접지 (GF03)
2. P ICU 정션 블록 (IPS 컨트롤 모듈)

범퍼 하네스 (1)

프론트 범퍼 하네스

E81-IL 전방 PDW 센서 LH (In)
(PCAA 미적용)

WRK P/No.	-
Vender P/No.	35377791
Vender P/Name	KUM_TWP_06F_JOINT

1. -
2. -
3. -
4. B   접지 (GE02)
5. L/O IBU (LIN)
6. L   IBU (전원)

E81-IR 전방 PDW 센서 RH (In)
(PCAA 미적용)

WRK P/No.	-
Vender P/No.	35377787
Vender P/Name	KUM_TWP_06F_JOINT

1. -
2. -
3. -
4. B   접지 (GE02)
5. L/O IBU (LIN)
6. L   IBU (전원)

E81-OL 전방 PDW 센서 LH (Out)
(PCAA 미적용)

WRK P/No.	-
Vender P/No.	35377795
Vender P/Name	KUM_TWP_06F_JOINT

1. -
2. -
3. -
4. B   접지 (GE02)
5. L/O IBU (LIN)
6. L   IBU (전원)

E81-OR 전방 PDW 센서 RH (Out)
(PCAA 미적용)

WRK P/No.	-
Vender P/No.	35350644
Vender P/Name	KUM_TWP_06F_JOINT

1. -
2. -
3. -
4. B   접지 (GE02)
5. L/O IBU (LIN)
6. L   IBU (전원)

E82-IL 전방 PDW 센서 LH (In)
(PCAA 적용)

WRK P/No.	-
Vender P/No.	35377793
Vender P/Name	KUM_TWP_06F_JOINT

1. -
2. -
3. -
4. B   운전자주차보조제어기유닛 (접지)
5. L/O 운전자주차보조제어기유닛 (LIN)
6. L   운전자주차보조제어기유닛 (전원)

E82-IR 전방 PDW 센서 RH (In)
(PCAA 적용)

WRK P/No.	-
Vender P/No.	35377789
Vender P/Name	KUM_TWP_06F_JOINT

1. -
2. -
3. -
4. B   운전자주차보조제어기유닛 (접지)
5. L/O 운전자주차보조제어기유닛 (LIN)
6. L   운전자주차보조제어기유닛 (전원)

범퍼 하네스 (2)

E82-OL 전방 PDW 센서 LH (Out) (PCAA 적용)

WRK P/No.	-
Vender P/No.	35377797
Vender P/Name	KUM_TWP_06F_JOINT

1. -
2. -
3. -
4. B 운전자 주차 보조 제어기 유닛 (접지)
5. L/O 운전자 주차 보조 제어기 유닛 (LIN)
6. L 운전자 주차 보조 제어기 유닛 (전원)

E82-OR 전방 PDW 센서 RH (Out) (PCAA 적용)

WRK P/No.	-
Vender P/No.	35377785
Vender P/Name	KUM_TWP_06F_JOINT

1. -
2. -
3. -
4. B 운전자 주차 보조 제어기 유닛 (접지)
5. L/O 운전자 주차 보조 제어기 유닛 (LIN)
6. L 운전자 주차 보조 제어기 유닛 (전원)

E82-SL 전방 PDW 센서 LH (Side) (PCAA 적용)

WRK P/No.	-
Vender P/No.	35377795
Vender P/Name	KUM_TWP_06F_JOINT

1. -
2. -
3. -
4. B 운전자 주차 보조 제어기 유닛 (접지)
5. L/O 운전자 주차 보조 제어기 유닛 (LIN)
6. L 운전자 주차 보조 제어기 유닛 (전원)

E82-SR 전방 PDW 센서 RH (Side) (PCAA 적용)

WRK P/No.	-
Vender P/No.	35377791
Vender P/Name	KUM_TWP_06F_JOINT

1. -
2. -
3. -
4. B 운전자 주차 보조 제어기 유닛 (접지)
5. L/O 운전자 주차 보조 제어기 유닛 (LIN)
6. L 운전자 주차 보조 제어기 유닛 (전원)

E83 전방 카메라 (SVM)

WRK P/No.	-
Vender P/No.	59K2LK-103A4-A
Vender P/Name	RSB_018FAKRA_01F

1. B 운전자 주차 보조 제어기 유닛 (영상 신호)

E85 실외 온도 센서

WRK P/No.	-
Vender P/No.	MG610320-5
Vender P/Name	KET_SWP_02F

1. Br 에어컨 컨트롤 모듈 (신호)
2. B 에어컨 컨트롤 모듈 (접지)

2023 > 엔진 > 150KW > 커넥터 정보 > 범퍼 하네스

범퍼 하네스 (3)

E84-L 프런트 코너 레이더 LH

WRK P/No.	-
Vender P/No.	1367-8639
Vender P/Name	PKD_050WP_12F

1. G/O ICU 정션 블록 (IPS5)
2. O/B A-CAN (FD2-Low) :
    프런트 코너 레이더 RH,
    운전자 주행보조 제어기 유닛
3. Y A-CAN (FD2-High) :
    프런트 코너 레이더 RH,
    운전자 주행보조 제어기 유닛
4. B 접지 (GE01)
5. O ADAS-CAN (Low) :
    프런트 코너 레이더 RH,
    리어 코너 레이더 LH/RH
6. G ADAS-CAN (High) :
    프런트 코너 레이더 RH,
    리어 코너 레이더 LH/RH
7. -
8. -
9. -
10. W ICU 정션 블록 (퓨즈 - 모듈4)
11. -
12. -

E84-R 프런트 코너 레이더 RH

WRK P/No.	-
Vender P/No.	1367-8639
Vender P/Name	PKD_050WP_12F

1. G/O ICU 정션 블록 (IPS5)
2. O/B A-CAN (FD2-Low) :
    프런트 코너 레이더 LH,
    운전자 주행보조 제어기 유닛
3. Y A-CAN (FD2-High) :
    프런트 코너 레이더 LH,
    운전자 주행보조 제어기 유닛
4. B 접지 (GE01)
5. O ADAS-CAN (Low) :
    프런트 코너 레이더 LH,
    리어 코너 레이더 LH/RH
6. G ADAS-CAN (High) :
    프런트 코너 레이더 LH,
    리어 코너 레이더 LH/RH
7. -
8. -
9. -
10. W ICU 정션 블록 (퓨즈 - 모듈4)
11. -
12. -

E86-L 액티브 에어 플랩 유닛 LH

WRK P/No.	-
Vender P/No.	MG644803-5
Vender P/Name	KET_040WP_08F

1. -
2. -
3. -
4. -
5. G/O ICU 정션 블록 (IPS5)
6. -
7. B 접지 (GE03)
8. L 리어 인버터 (LIN)

E86-R 액티브 에어 플랩 유닛 RH

WRK P/No.	-
Vender P/No.	MG644803-5
Vender P/Name	KET_040WP_08F

1. -
2. -
3. -
4. -
5. G/O ICU 정션 블록 (IPS5)
6. -
7. B 접지 (GE03)
8. L 리어 인버터 (LIN)

범퍼 하네스 (4)

리어 범퍼 하네스

R41-IL 후방 PDW 센서 LH (In) (PCAA 미적용)

WRK P/No.	-
Vender P/No.	35377793
Vender P/Name	KUM_TWP_06F_JOINT

1. -
2. -
3. -
4. B 접지 (GF04)
5. B IBU (LIN)
6. B IBU (전원)

R41-IR 후방 PDW 센서 RH (In) (PCAA 미적용)

WRK P/No.	-
Vender P/No.	35377793
Vender P/Name	KUM_TWP_06F_JOINT

1. -
2. -
3. -
4. B 접지 (GF04)
5. B IBU (LIN)
6. B IBU (전원)

R41-OL 후방 PDW 센서 LH (Out) (PCAA 미적용)

WRK P/No.	-
Vender P/No.	35377797
Vender P/Name	KUM_TWP_06F_JOINT

1. -
2. -
3. -
4. B 접지 (GF04)
5. B IBU (LIN)
6. B IBU (전원)

R41-OR 후방 PDW 센서 RH (Out) (PCAA 미적용)

WRK P/No.	-
Vender P/No.	35377785
Vender P/Name	KUM_TWP_06F_JOINT

1. -
2. -
3. -
4. B 접지 (GF04)
5. B IBU (LIN)
6. B IBU (전원)

R42-IL 후방 PDW 센서 LH (In) (PCAA 적용)

WRK P/No.	-
Vender P/No.	35377793
Vender P/Name	KUM_TWP_06F_JOINT

1. -
2. -
3. -
4. B 운전자 주차 보조 제어기 유닛 (접지)
5. O 운전자 주차 보조 제어기 유닛 (LIN)
6. Y 운전자 주차 보조 제어기 유닛 (전원)

R42-IR 후방 PDW 센서 RH (In) (PCAA 적용)

WRK P/No.	-
Vender P/No.	35377789
Vender P/Name	KUM_TWP_06F_JOINT

1. -
2. -
3. -
4. B 운전자 주차 보조 제어기 유닛 (접지)
5. O 운전자 주차 보조 제어기 유닛 (LIN)
6. Y 운전자 주차 보조 제어기 유닛 (전원)

2023 > 엔진 > 150KW > 커넥터 정보 > 범퍼 하네스

범퍼 하네스 (5)

R42-OL 후방 PDW 센서 LH (Out) (PCAA 적용)

WRK P/No.	-
Vender P/No.	35377797
Vender P/Name	KUM_TWP_06F_JOINT

1. -
2. -
3. -
4. B 운전자 주차 보조 제어기 유닛 (접지)
5. O 운전자 주차 보조 제어기 유닛 (LIN)
6. Y 운전자 주차 보조 제어기 유닛 (전원)

R42-OR 후방 PDW 센서 RH (Out) (PCAA 적용)

WRK P/No.	-
Vender P/No.	35377785
Vender P/Name	KUM_TWP_06F_JOINT

1. -
2. -
3. -
4. B 운전자 주차 보조 제어기 유닛 (접지)
5. O 운전자 주차 보조 제어기 유닛 (LIN)
6. Y 운전자 주차 보조 제어기 유닛 (전원)

R42-SL 후방 PDW 센서 LH (Side) (PCAA 적용)

WRK P/No.	-
Vender P/No.	35377795
Vender P/Name	KUM_TWP_06F_JOINT

1. -
2. -
3. -
4. B 운전자 주차 보조 제어기 유닛 (접지)
5. O 운전자 주차 보조 제어기 유닛 (LIN)
6. Y 운전자 주차 보조 제어기 유닛 (전원)

R42-SR 후방 PDW 센서 RH (Side) (PCAA 적용)

WRK P/No.	-
Vender P/No.	35377791
Vender P/Name	KUM_TWP_06F_JOINT

1. -
2. -
3. -
4. B 운전자 주차 보조 제어기 유닛 (접지)
5. O 운전자 주차 보조 제어기 유닛 (LIN)
6. Y 운전자 주차 보조 제어기 유닛 (전원)

R43-L 번호판등 LH

WRK P/No.	-
Vender P/No.	MG64111-5
Vender P/Name	KET_025WP_02F

1. G/B ICU 정션 블록 (IPS8)
2. B 접지 (GF03)

R43-R 번호판등 RH

WRK P/No.	-
Vender P/No.	MG64111-5
Vender P/Name	KET_025WP_02F

1. Br/B ICU 정션 블록 (IPS8)
2. B 접지 (GF04)

CV62-5

2023 > 엔진 > 150kW > 커넥터 정보 > 범퍼 하네스

범퍼 하네스 (6)

R45 스마트 키 리어 안테나

WRK P/No.	-
Vender P/No.	HP285-02021
Vender P/Name	KUM_025WP_02F

1. W/B IBU (전원)
2. Br/B IBU (접지)

R46-L 리어 코너 레이더 LH

WRK P/No.	-
Vender P/No.	1367-8639
Vender P/Name	PKD_050WP_12F

1. G/O ICU 정션 블록 (IPS5)
2. L E-CAN (Low)
3. R E-CAN (High)
4. B 접지 (GF04)
5. O [프런트 코너 레이더 적용]
    Local-CAN (Low) :
    리어 코너 레이더 RH,
    프런트 코너 레이더 LH/RH
    [프런트 코너 레이더 미적용]
    Local-CAN (Low) :
    리어 코너 레이더 RH
6. G [프런트 코너 레이더 적용]
    Local-CAN (High) :
    리어 코너 레이더 RH,
    프런트 코너 레이더 LH/RH
    [프런트 코너 레이더 미적용]
    Local-CAN (High) :
    리어 코너 레이더 RH
7. -
8. -
9. -
10. P ICU 정션 블록 (퓨즈 - 모듈4)
11. -
12. -

R46-R 리어 코너 레이더 RH

WRK P/No.	-
Vender P/No.	1367-8639
Vender P/Name	PKD_050WP_12F

1. G/O ICU 정션 블록 (IPS5)
2. -
3. B 접지 (GF04)
4. -
5. O Local-CAN (Low) :
    리어 코너 레이더 LH,
    [프런트 코너 레이더 LH/RH
    Local-CAN (Low) :
    리어 코너 레이더 LH
6. G [프런트 코너 레이더 적용]
    Local-CAN (High) :
    리어 코너 레이더 LH,
    프런트 코너 레이더 LH/RH
    [프런트 코너 레이더 미적용]
    Local-CAN (High) :
    리어 코너 레이더 LH
7. -
8. -
9. -
10. P ICU 정션 블록 (퓨즈 - 모듈4)
11. -
12. -

R48-L 후진등 LH

WRK P/No.	189590311AS
Vender P/No.	PB625-03027
Vender P/Name	KUM_NMWP_03F

1. Br ICU 정션 블록 (IPS9)
2. -
3. B 접지 (GF04)

R48-R 후진등 RH

WRK P/No.	189590311AS
Vender P/No.	PB625-03027
Vender P/Name	KUM_NMWP_03F

1. Br ICU 정션 블록 (IPS9)
2. -
3. B 접지 (GF04)

2023 > 엔진 > 150kW > 커넥터 정보 > 시트 하네스

시트 하네스 (1)

운전석 시트 하네스

S01-1 운전석 파워 시트 스위치 (IMS 미적용-2WAY)

WRK P/No.	-
Vender P/No.	368501-1
Vender P/Name	AMP_070_04F

1. R   ICU 정션 블록
     (퓨즈 - 전동 시트 운전석)
2. L/W   운전석 허리받이 모터 (BWD)
3. B   접지 (GF01)
4. L/G   운전석 허리받이 모터 (FWD)

S02 프런트 시트 히터 컨트롤 모듈 (IMS 미적용)

WRK P/No.	-
Vender P/No.	MG656961-5
Vender P/Name	KET_025060_28F

1. Y   [2WAY] ICU 정션 블록
     (퓨즈 - 시트 히터 (운전석/동승석))
     [10WAY] ICU 정션 블록
     (퓨즈 - 시트 히터 (운전석/동승석))
R   히터 전원 : 동승석 히터 (쿠션/등받이)
2. R/B   ICU 정션 블록 : 운전석 히터 (쿠션/등받이)
3. R/Y   -
4. W   B-CAN (Low)
5. L   B-CAN (High)
6. -   -
7. -   -
8. -   -
9. -   -
10. -   -
11. Br   NTC (+) : 운전석 히터 (쿠션)
12. G   NTC (-) : 운전석 히터 (쿠션)
13. B/Y   운전석 히터 :
14. G   [2WAY] 접지 (GF01)
B   [10WAY] 접지 (GF01)
15. Y   [2WAY] ICU 정션 블록
     (퓨즈 - 시트 히터 (운전석/동승석))
R   [10WAY] ICU 정션 블록
     (퓨즈 - 시트 히터 (운전석/동승석))
16. R/W   히터 전원 :
17. -   -
18. -   -
19. -   -
20. -   -
21. -   -
22. -   -
23. -   -
24. -   -
25. O/B   NTC (+) : 동승석 히터 (쿠션)
26. Y/L   NTC (-) : 동승석 히터 (쿠션)
27. B/G   히터 접지 :
     동승석 히터 (쿠션/등받이)
28. G   [2WAY] 접지 (GF01)
B   [10WAY] 접지 (GF01)

S01-2 운전석 파워 시트 스위치 (IMS 미적용-10WAY)

WRK P/No.	CL6424-0097-5
Vender P/No.	-
Vender P/Name	HRS_KM_060_16F

1. R   ICU 정션 블록
     (퓨즈 - 전동 시트 운전석)
2. R   ICU 정션 블록
     (퓨즈 - 전동 시트 운전석)
3. R/B   운전석 등받이 모터 (BWD)
4. Gr   운전석 등받이 모터 (FWD)
5. L   운전석 뒤 높낮이 모터 (Up)
6. Y/B   운전석 앞 높낮이 모터 (Up)
7. G   운전석 뒤 높낮이 모터 (Down)
8. Lg   운전석 앞 높낮이 모터 (Down)
9. L/W   운전석 허리받이 모터 (BWD)
10. L/G   운전석 허리받이 모터 (FWD)
11. -   -
12. B   접지 (GF01)
13. B   접지 (GF01)
14. -   -
15. L/B   운전석 슬라이드 모터 (BWD)
16. Y   운전석 슬라이드 모터 (FWD)

S01-3 운전석 파워 시트 스위치 (IMS 적용)

WRK P/No.	CL6424-0100-8
Vender P/No.	-
Vender P/Name	HRS_KM_025_060_20F

1. R   ICU 정션 블록
     (퓨즈 - 전동 시트 운전석)
2. L/G   운전석 허리받이 모터 (FWD)
3. -   -
4. L/W   운전석 허리받이 모터 (BWD)
5. -   -
6. -   -
7. G/Y   운전석 IMS 모듈 (릴랙스 스위치-Return)
8. G   운전석 IMS 모듈 (릴랙스 스위치-Relax)
9. -   -
10. B   접지 (GF01)
11. -   -
12. B   접지 (GF01)
13. L/B   운전석 IMS 모듈 (등받이-BWD)
14. Gr/B   운전석 IMS 모듈 (등받이-FWD)
15. Y   운전석 IMS 모듈
16. Gr   운전석 IMS 모듈
17. Br/B   운전석 IMS 모듈 (슬라이드-FWD)
18. P   운전석 IMS 모듈 (슬라이드-BWD)
19. Y/B   운전석 IMS 모듈 (위 높낮이-Up)
20. R/W   운전석 IMS 모듈 (앞 높낮이-Down)

2023 > 엔진 > 150kW > 커넥터 정보 > 시트 하네스

시트 하네스 (2)

S03-A 프런트 통풍 시트 컨트롤 모듈

WRK P/No.	1879005501AS
Vender P/No.	MG655613
Vender P/Name	KET_060_12F

1. B/Y — 접지 : 운전석 히터 (등받이/쿠션)
2. B/G — 접지 : 동승석 히터 (등받이/쿠션)
3. R/L — 전원 : 운전석 히터 (쿠션)
4. R/B — 전원 : 동승석 히터 (등받이)
5. R/W — 전원 : 동승석 히터 (쿠션)
6. R/G — 전원 : 운전석 히터 (등받이)
7. B — 접지 (GF01)
8. B — 접지 (GF01)
9. -
10. -
11. Y — [IMS 적용]
    ICU 정션블록
    (퓨즈 - 시트 히터 (운전석/동승석))
    [IMS 미적용]
    ICU 정션블록
    (퓨즈 - 시트 히터 (운전석/동승석))
12. Y — [IMS 적용]
    ICU 정션블록
    (퓨즈 - 시트 히터 (운전석/동승석))
    [IMS 미적용]
    ICU 정션블록
    (퓨즈 - 시트 히터 (운전석/동승석))
    R

S03-B 프런트 통풍 시트 컨트롤 모듈

WRK P/No.	-
Vender P/No.	MG655758
Vender P/Name	KET_025_24F

1. Y/W — 운전석 통풍 시트 블로어 모터 (전원)
2. -
3. W — B-CAN (Low)
4. L — B-CAN (High)
5. -
6. -
7. -
8. R/Y — ICU 정션블록 (퓨즈 - 모듈5)
9. Gr — 운전석 통풍 시트 블로어 모터 (Speed)
10. Y/B — 동승석 통풍 시트 블로어 모터 (Speed)
11. -
12. G/W — NTC (-) : 운전석/동승석 히터 (쿠션)
13. R/B — 동승석 통풍 시트 블로어 모터 (전원)
14. -
15. -
16. -
17. -
18. -
19. -
20. -
21. -
22. Br/B — NTC (+) : 운전석 히터 (쿠션)
23. O/B — NTC (+) : 동승석 히터 (쿠션)
24. -

S04-A 운전석 IMS 모듈

WRK P/No.	-
Vendor P/No.	MG65680-7
Vendor P/Name	KET_090II_10F

1. Y/B — 운전석 앞 높낮이 모터 (Up)
2. Gr — 운전석 등받이 모터 (FWD)
3. L — 운전석 뒤 높낮이 모터 (Up)
4. Y — 운전석 슬라이드 모터 (FWD)
5. Lg — 운전석 앞 높낮이 모터 (Down)
6. R/B — 운전석 등받이 모터 (BWD)
7. R/W — 운전석 럼버서포트 릴렉세이션 모터 (Up)
8. W — 운전석 럼버서포트 릴렉세이션 모터 (Down)
9. G — 운전석 뒤 높낮이 모터 (Down)
10. L/B — 운전석 슬라이드 모터 (BWD)

S04-B 운전석 IMS 모듈

WRK P/No.	-
Vender P/No.	MG655778-11
Vender P/Name	KET_110_04F

1. R — ICU 정션블록
2. R — ICU 정션블록
3. B — 접지 (GF01)
4. B — 접지 (GF01)

S07 운전석 통풍 시트 블로어 모터

WRK P/No.	-
Vender P/No.	MG651044
Vender P/Name	KET_090-II_06F

1. -
2. Y/W — 프런트 통풍 시트 컨트롤 모듈 (전원)
3. Gr — 프런트 통풍 시트 컨트롤 모듈 (Speed)
4. B/W — 접지 (GF01)
5. -
6. -

2023 > 엔진 > 160KW > 커넥터 정보 > 시트 하네스

시트 하네스 (3)

S04-C 운전석 IMS 모듈

WRK P/No.	-
Vender P/No.	MG655759
Vender P/Name	KET_025_II_28F

1. Br/B 운전석 파워 시트 스위치 (슬라이드-FWD)
2. Gr/B 운전석 파워 시트 스위치 (등받이-FWD)
3. -
4. G/Y -
5. Y/B 운전석 파워 시트 스위치 (뒤 높낮이-Up) 운전석 파워 시트 스위치 (앞 높낮이-Up)
6. L B-CAN (High)
7. W B-CAN (Low)
8. Gr 운전석 파워 시트 스위치 (릴렉스 스위치-Relax)
9. W/B 운전석 허리받이 모터 (FWD)
10. Lg/B 운전석 슬라이드 모터 (신호)
11. L/G 운전석 릴렉세이션 모듈 스위치
12. Y 운전석 파워 시트 스위치 (릴렉스 스위치-Return)
13. R/B 센서 전원 : 운전석 등받이 모터, 운전석 앞 높낮이 모터, 운전석 뒤 높낮이 모터, 운전석 슬라이드 모터, 운전석 릴렉세이션 모듈
14. R/Y ICU 정션 블록 (퓨즈 - 모듈5)
15. G 운전석 파워 시트 스위치 (슬라이드-BWD)
16. L/B 운전석 파워 시트 스위치 (등받이-BWD)
17. -
18. P 운전석 파워 시트 스위치 (뒤 높낮이-Down)
19. R/W 운전석 파워 시트 스위치 (앞 높낮이-Down)
20. B 접지 (GF01)
21. -
22. -
23. G/O 운전석 허리받이 모터 (BWD)
24. G/B 운전석 등받이 모터 (신호)
25. L/Y 운전석 뒤 높낮이 모터 (신호)
26. G/W 운전석 앞 높낮이 모터 (신호)
27. -
28. R ICU 정션 블록 (퓨즈 - 모듈8)

S08 운전석 슬라이드 모터

WRK P/No.	-
Vender P/No.	MG656916-4
Vender P/Name	KET_025110(UNSEAL)_04F

[IMS 미적용]
1. R
2. L/B -
3. -
4. Y

[IMS 적용]
1. R 운전석 IMS 모듈 (센서-전원)
2. L/B 운전석 IMS 모듈 (모터-BWD)
3. Lg/B 운전석 IMS 모듈 (센서-신호)
4. Y 운전석 IMS 모듈 (모터-FWD)

S09 운전석 앞 높낮이 모터

WRK P/No.	-
Vender P/No.	MG656916-4
Vender P/Name	KET_025110(UNSEAL)_04F

[IMS 미적용]
1. -
2. Lg 운전석 파워 시트 스위치 (Down)
3. -
4. Y/B 운전석 파워 시트 스위치 (Up)

[IMS 적용]
1. R 운전석 IMS 모듈 (센서-전원)
2. Lg 운전석 IMS 모듈 (모터-Down)
3. G/W 운전석 IMS 모듈 (센서-신호)
4. Y/B 운전석 IMS 모듈 (모터-Up)

2023 > 엔진 > 160KW > 커넥터 정보 > 시트 하네스

시트 하네스 (4)

S10 운전석 뒤 높낮이 모터

WRK P/No.	-
Vender P/No.	MG656916-4
Vender P/Name	KET_025110(UNSEAL)_04F

[IMS 적용]
1. R   운전석 IMS 모듈 (센서-전원)
2. L   운전석 IMS 모듈 (모터-Up)
3. L/Y 운전석 IMS 모듈 (센서-신호)
4. G   운전석 IMS 모듈 (모터-Down)

[IMS 미적용]
1. -
2. L   운전석 파워 시트 스위치 (Up)
3. -
4. G   운전석 파워 시트 스위치 (Down)

S11 운전석 릴렉세이션 모터

WRK P/No.	-
Vender P/No.	MG656916-4
Vender P/Name	KET_025110(UNSEAL)_04F

1. R   운전석 IMS 모듈 (센서-전원)
2. W   운전석 IMS 모듈 (모터-Down)
3. L/G 운전석 IMS 모듈 (센서-신호)
4. R/W 운전석 IMS 모듈 (모터-Up)

S16 운전석 시트 허리받이 모터

WRK P/No.	1456985-1
Vender P/No.	-
Vender P/Name	AMP_025_06F

[IMS 적용]
1. W/R   FWD : 운전석 IMS 모듈,
          운전석 파워 시트 스위치
        BWD : 운전석 IMS 모듈,
          운전석 파워 시트 스위치
2. B/Y 접지 (GF01)
3. G   -
4. -   -
5. -   -
6. -   -

[IMS 미적용]
1. W/R 운전석 파워 시트 스위치 (FWD)
2. B/Y 운전석 파워 시트 스위치 (BWD)
3. G   접지 (GF01)
4. -
5. -
6. -

운전석 시트 익스텐션 하네스

S17 운전석 등받이 모터

WRK P/No.	-
Vender P/No.	MG656916-4
Vender P/Name	KET_025110(UNSEAL)_04F

[IMS 적용]
1. Y   운전석 IMS 모듈 (센서-전원)
2. R/B 운전석 IMS 모듈 (모터-BWD)
3. Lg   운전석 IMS 모듈 (센서-신호)
4. Gr   운전석 IMS 모듈 (모터-FWD)

[IMS 미적용]
1. -
2. R/B 운전석 파워 시트 스위치 (BWD)
3. -
4. Gr   운전석 파워 시트 스위치 (FWD)

2023 > 엔진 > 150KW > 커넥터 정보 > 시트 하네스

시트 하네스 (5)

동승석 시트 하네스

S21-1 동승석 파워 시트 스위치
(워크인 & 릴렉세이션 미적용)

WRK P/No.	-
Vender P/No.	CL6424-0097-5
Vender P/Name	HRS_KM_060_16F

1. Lg - 동승석 앞 높낮이 조절 모터
2. G - 동승석 뒤 높낮이 조절 모터
3. Y/B - 동승석 앞 높낮이 조절 모터 (Up)
4. L - 동승석 뒤 높낮이 조절 모터 (Up)
5. Gr - 동승석 등받이 모터 (FWD)
6. R/B - 동승석 등받이 모터 (BWD)
7. R - ICU 정션블록 (퓨즈 - 전동 시트 조수석)
8. R - ICU 정션블록 (퓨즈 - 전동 시트 조수석)
9. Y - 동승석 슬라이드 모터 (FWD)
10. L/B - 동승석 슬라이드 모터 (BWD)
11. -
12. B - 접지 (GF02)
13. B - 접지 (GF02)
14. -
15. L/G - 동승석 허리 등받이 모터 (FWD)
16. L/W - 동승석 허리 등받이 모터 (BWD)

S21-2 동승석 파워 시트 스위치
(워크인 & 릴렉세이션 적용)

WRK P/No.	-
Vender P/No.	CL6424-0097-5
Vender P/Name	HRS_KM_060_16F

1. Gr - 스위치 신호-릴렉스 : 동승석 시트 유닛
2. Y/B - 스위치 신호-등받이 : 동승석 시트 유닛
3. -
4. -
5. -
6. -
7. L/W - 동승석 허리받이 모터 (BWD)
8. R - ICU 정션블록 (퓨즈 - 전동 시트 조수석)
9. O - 스위치 신호-앞 높낮이 : 동승석 시트 유닛
10. Br/B - 동승석 시트 유닛
11. G - 스위치 신호-뒤 높낮이 : 동승석 시트 유닛
12. B/W - 접지 : 동승석 시트 유닛, 동승석 워크인 스위치
13. -
14. B - 접지 (GF02)
15. -
16. L/G - 동승석 허리받이 모터 (FWD)

S24-A 동승석 시트 유닛
(워크인 & 릴렉세이션 적용)

WRK P/No.	-
Vender P/No.	MG655628
Vender P/Name	KET_060_18F

1. Y - 동승석 슬라이드 모터 (FWD)
2. -
3. G - 동승석 뒤 높낮이 모터 (Up)
4. -
5. R/W - 동승석 릴렉세이션 모터 (Up)
6. -
7. Lg - 동승석 앞 높낮이 모터 (Down)
8. -
9. R/B - 동승석 등받이 모터 (BWD)
10. L/B - 동승석 슬라이드 모터 (BWD)
11. -
12. L - 동승석 뒤 높낮이 모터 (Down)
13. -
14. W - 동승석 릴렉세이션 모터 (Down)
15. -
16. Y/B - 동승석 앞 높낮이 모터 (Up)
17. -
18. Gr - 동승석 등받이 모터 (FWD)

S24-B 동승석 시트 유닛
(워크인 & 릴렉세이션 적용)

WRK P/No.	-
Vender P/No.	MG614463-5
Vender P/Name	KET_250_05F

1. R - ICU 정션블록 (퓨즈 - 전동 시트 조수석)
2. B - 접지 (GF02)
3. R - ICU 정션블록 (퓨즈 - 전동 시트 조수석)
4. -
5. B - 접지 (GF02)

CV70-5

2023 > 엔진 > 150kW > 커넥터 정보 > 시트 하네스

시트 하네스 (6)

S24-C 동승석 시트 유닛
(워크인 & 릴렉세이션 적용)

WRK P/No.	-
Vender P/No.	MG655759
Vender P/Name	KET_025II_28F

1. B/B 스위치 신호-슬라이드
2. G 동승석 파워 시트 뒤 높낮이
3. Y/B 스위치 신호-뒤 높낮이
4. O 스위치 신호-등받이
5. Gr 스위치 신호-앞 높낮이: 동승석 파워 시트 릴랙스 : 동승석 파워 릴랙스 시트 스위치
6. -
7. -
8. W B-CAN (Low)
9. L B-CAN (High)
10. L/B 동승석 워크인 스위치 (리턴)
11. -
12. -
13. R/Y ICU 정션 블록 (퓨즈 - 모듈5)
14. R ICU 정션 블록 (퓨즈 - 모듈8)

15. Gr/B 동승석 워크인 스위치 (릴렉스)
16. P 동승석 워크인 스위치 (슬라이드)
17. G/Y 동승석 워크인 스위치 (등받이)
18. -
19. -
20. B/W 접지 : 동승석 워크인 스위치, 동승석 파워 시트 스위치
21. B 접지 (GF02)
22. L/G 동승석 릴렉세이션 모터 (신호)
23. G/B 동승석 등받이 모터 (신호)
24. Lg/B 동승석 슬라이드 모터 (신호)
25. L/Y 동승석 뒤 높낮이 모터 (신호)
26. G/W 동승석 앞 높낮이 : 동승석 등받이 모터, 동승석 슬라이드 모터 : 동승석 뒤 높낮이 모터, 동승석 앞 높낮이 모터
27. O/B 센서 전원 : 동승석 릴렉세이션 모터
28. R/B 센서 전원

S27 동승석 통풍 시트 블로어 모터

WRK P/No.	-
Vender P/No.	MG651044
Vender P/Name	KET_090-II_06F

1. -
2. Br/W 프런트 통풍 시트 컨트롤 모듈 (전원)
3. P 프런트 통풍 시트 컨트롤 모듈 (Speed)
4. B/L 접지 (GF01)
5. -
6. -

S28 동승석 슬라이드 모터

WRK P/No.	-
Vender P/No.	MG656916-4
Vender P/Name	KET_025110(UNSEAL)_04F

[워크인 & 릴렉세이션 미적용]
1. -
2. Y 동승석 파워 시트 스위치 (모터-BWD)
3. - 동승석 파워 시트 스위치 (모터-FWD)
4. L/B

[워크인 & 릴렉세이션 적용]
1. R/B 동승석 시트 유닛 (센서-전원)
2. Y 동승석 시트 유닛 (모터-BWD)
3. Lg/B 동승석 시트 유닛 (센서-신호)
4. L/B 동승석 시트 유닛 (모터-FWD)

S29 동승석 앞 높낮이 모터

WRK P/No.	-
Vender P/No.	MG656916-4
Vender P/Name	KET_025110(UNSEAL)_04F

[워크인 & 릴렉세이션 미적용]
1. -
2. Y/B 동승석 파워 시트 스위치 (모터-Up)
3. -
4. Lg 동승석 파워 시트 스위치 (모터-Down)

[워크인 & 릴렉세이션 적용]
1. R/B 동승석 시트 유닛 (센서-전원)
2. Y/B 동승석 시트 유닛 (모터-Up)
3. G/W 동승석 시트 유닛 (센서-신호)
4. Lg 동승석 시트 유닛 (모터-Down)

2023 > 엔진 > 160KW > 커넥터 정보 > 시트 하네스

시트 하네스 (7)

S30 동승석 위 높낮이 모터

WRK P/No.	-
Vender P/No.	MG656916-4
Vender P/Name	KET_025110(UNSEAL)_04F

[워크인 & 릴렉세이션 미적용]
1. -
2. L
3. -
4. G

1. R/W 동승석 시트 유닛 (센서-전원)
2. L 동승석 시트 유닛 (모터-Up)
3. L/Y 동승석 시트 유닛 (센서-신호)
4. G 동승석 시트 유닛 (모터-Down)

S31 동승석 릴렉세이션 모터

WRK P/No.	-
Vender P/No.	MG656916-4
Vender P/Name	KET_025110(UNSEAL)_04F

1. R 동승석 시트 유닛 (센서-전원)
2. RW 동승석 시트 유닛 (모터-Up)
3. L/G 동승석 시트 유닛 (센서-신호)
4. W 동승석 시트 유닛 (모터-Down)

S36 동승석 시트 익스텐션 하네스

WRK P/No.	1456985-1
Vender P/No.	-
Vender P/Name	AMP_025_06F

1. W/R 동승석 파워 시트 스위치 (FWD)
2. B/Y 동승석 파워 시트 스위치 (BWD)
3. G 접지 (GF01)
4. -
5. -
6. -

S37 동승석 허리받이 모터

WRK P/No.	-
Vender P/No.	MG656916-4
Vender P/Name	KET_025110(UNSEAL)_04F

[워크인 & 릴렉세이션 미적용]
1. -
2. R/B 동승석 파워 시트 스위치 (모터-BWD)
3. -
4. Gr 동승석 파워 시트 스위치 (모터-FWD)

1. Y 동승석 시트 유닛 (센서-전원)
2. R/B 동승석 시트 유닛 (모터-BWD)
3. Lg 동승석 시트 유닛 (센서-신호)
4. Gr 동승석 시트 유닛 (모터-FWD)

S38 동승석 워크인 스위치

WRK P/No.	-
Vender P/No.	CL6432-0021-8
Vender P/Name	HIROSE_025_08F

1. L 동승석 시트 유닛 (등받이)
2. P 동승석 시트 유닛 (릴랙스)
3. Br 동승석 시트 유닛 (리언)
4. W 동승석 시트 유닛 (슬라이드)
5. -
6. B 동승석 시트 유닛 (접지)
7. O 동승석 시트 유닛 (워크인)
8. -

CV70-7

시트 하네스 (8)

리어 시트 하네스

S52 리어 시트 히터 컨트롤 모듈

WRK P/No.	-
Vendor P/No.	MG656961-5
Vendor P/Name	KET_025060_28F

1. R/B   ICU 정션 블록 (퓨즈 - 시트 히터 후석)
2. Y/B   리어 시트 히터 LH (B+)
3. R/B   ICU 정션 블록 (퓨즈 - 모듈5)
4. L   B-CAN (Low)
5. L/B   B-CAN (High)
6. -
7. P/B   리어 파워 윈도우 스위치 LH (리어 시트 히터 스위치 LH-High IND.)
8. -
9. Y/B   리어 파워 윈도우 스위치 LH (리어 시트 히터 스위치 LH-Low IND.)
10. G/B   리어 파워 윈도우 스위치 LH (리어 시트 히터 스위치 LH-신호)
11. Br/B   리어 시트 히터 LH (NTC (+))
12. W/B   리어 시트 히터 LH (NTC (-))
13. B/Y   리어 시트 히터 LH (GND)
14. B   접지 (GF05)
15. R   ICU 정션 블록 (퓨즈 - 시트 히터 후석)
16. Y   리어 시트 히터 RH (B+)
17. -
18. -
19. -
20. -
21. P   리어 파워 윈도우 스위치 RH (리어 시트 히터 스위치 RH-High IND.)
22. -
23. Y   리어 파워 윈도우 스위치 RH (리어 시트 히터 스위치 RH-Low IND.)
24. G   리어 파워 윈도우 스위치 RH (리어 시트 히터 스위치 RH-신호)
25. Br   리어 시트 히터 RH (NTC (+))
26. W   리어 시트 히터 RH (NTC (-))
27. B/R   리어 시트 히터 RH (GND)
28. B/L   접지 (GF05)

S55-L 리어 시트 히터 LH

WRK P/No.	-
Vendor P/No.	MG622229
Vendor P/Name	KET_090III_06M

1. -
2. -
3. Y/B   리어 시트 히터 컨트롤 모듈 (B+)
4. Br/B   리어 시트 히터 컨트롤 모듈 (NTC (+))
5. W/B   리어 시트 히터 컨트롤 모듈 (NTC (-))
6. B/Y   리어 시트 히터 컨트롤 모듈 (GND)

S55-R 리어 시트 히터 RH

WRK P/No.	-
Vendor P/No.	MG622229
Vendor P/Name	KET_090III_06M

1. -
2. -
3. Y   리어 시트 히터 컨트롤 모듈 (B+)
4. Br   리어 시트 히터 컨트롤 모듈 (NTC (+))
5. W   리어 시트 히터 컨트롤 모듈 (NTC (-))
6. B/R   리어 시트 히터 컨트롤 모듈 (GND)

2023 > 엔진 > 160kW > 커넥터 정보 > ICU (Integrated Central Control Unit) 정선 블록

ICU (Integrated Central Control Unit) 정선 블록 (1)

ICU-B	ICU 정선 블록	WRK P/No.	-
		Vender P/No.	MG656800
		Vender P/Name	KET_025060110250_58F

1. W — B+2 전원 입력 : P/R 정선 블록 (멀티 퓨즈2 - B+2)
2. L — IPS1 - 전조등 Low : 전조등 LH
3. R — IPS1 - 전조등 High : 전조등 LH
4. L/O — IPS1 : 방향등 : 전조등 LH
5. - -
6. - -
7. W/B — IPS7 - 포지션 램프 : 전조등 RH
8. - -
9. W/B — IPS 컨트롤 모듈 : 포잉크 러기지 램프 (컨트롤)
10. - -
11. - -
12. G — IPS1 - 포지션 램프 : 전조등 LH
13. R/O — IPS7 - 방향등 : 전조등 RH
14. - -
15. - -
16. P — IPS 컨트롤 모듈 : 전조등 LH (방향등 팀테일)
17. Gr — IPS 컨트롤 모듈 : 전조등 RH (전조등 Low 팀테일)
18. O/B — IPS 컨트롤 모듈 : VCU (Wake Up)
19. - -
20. - -
21. R — B+1 전원 입력 : P/R 정선 블록 (멀티 퓨즈3 - B+1)
22. Br/O — 퓨즈 - IG3 11 : 운전석 사이드 바디 컨트롤 모듈, 동승석 사이드 바디 컨트롤 모듈
23. - -
24. L — IPS 컨트롤 모듈 : 전조등 RH (방향등 팀테일)
25. L/B — IPS 컨트롤 모듈 :
26. G — 12V 배터리 센서 (신호)
27. Br — 정지등 스위치 (신호)
28. Y — 와셔 액 레벨 센서 (신호)
29. - -
30. R — IPS7 - 전조등 High : 전조등 RH

ICU-A	ICU 정선 블록	WRK P/No.	2188405-2
		Vender P/No.	-
		Vender P/Name	AMP_250_06F

1. W — IG2 전원 입력 : IG2 정선 블록 (IG2 릴레이)
2. - -
3. - -
4. L — ACC 전원 입력 : P/R 정선 블록 (ACC 릴레이)
5. R — IG1 전원 입력 : IG1 정선 블록 (IG1 릴레이)
6. W — B+3 전원 입력 : P/R 정선 블록 (멀티 퓨즈3 - B+3)

31. P — 퓨즈 - 제동등 스위치 : 정지등 스위치
32. B/O — IPS3 - DRL : 전조등 RH
33. O/B — IPS3 - DRL : 전조등 LH
34. Y — IPS5 - Lamp Load : 포잉크 러기지 램프
35. Gr — IPS 컨트롤 모듈 : 전조등 LH (전조등 Low 팀테일)
36. Gr/B — IPS 컨트롤 모듈 : 브레이크 오일 레벨 센서 (신호)
37. G — IPS 컨트롤 모듈 : 후드 스위치 (신호)
38. - -
39. - -
40. L — IPS7 : 전조등 RH (전조등 Low)
41. - -
42. - -
43. W — 퓨즈 - 모듈4 : VESS 유닛, 스마트 크루즈 컨트롤 릴레이, 프런트 코너 레이더 LH/RH
44. P/B — 퓨즈 - IG3 11
45. Y/O — IPS 컨트롤 모듈 : 전자식 에어컨 컴프레서 : 전조등 RH (방향등 팀테일)

46. B — IPS 컨트롤 모듈 : P/R 정선 블록 (열선 유리 (뒤) 릴레이01-컨트롤)
47. - -
48. W — B+4 전원 입력 : P/R 정선 블록 (퓨즈 - B+4)
49. R — IG3 전원 입력 : PCB 블록 (퓨즈 - IG3 1)
50. - -
51. G — 퓨즈 - 시동 : IBU, VCU
52. R/O — IPS 컨트롤 모듈 : P/R 정선 블록 (열선 유리 (뒤) 릴레이01, 블로어 릴레이)
53. B — IPS 컨트롤 모듈 : PCB 블록 (IG3 메인 릴레이01-컨트롤)
54. Y/B — 퓨즈 - 모듈5 : 전조등 LH/RH
55. Gr/B — 퓨즈 - 모듈3 : 정지등 스위치
56. L — 퓨즈 - 모듈2 : P/R 정선 블록 (파워 아웃렛 릴레이)
57. G/O — IPS5 - Short Term Load : 프런트 코너 레이더 LH/RH, 액티브 에어 플랩 유닛 LH/RH
58. - -

2023 > 엔진 > 150kW > 커넥터 정보 > ICU (Integrated Central Control Unit) 정션 블록

ICU (Integrated Central Control Unit) 정션 블록 (2)

CV80-2

WRK P/No.	-
Vender P/No.	MG656801-1
Vender P/Name	KET_025060110250_58F

ICU-C ICU 정션 블록

1. P 퓨즈 - 파워 윈도우(좌) :
운전석 세이프티 파워 윈도우 모듈,
리어 파워 윈도우 스위치 LH
2. R 퓨즈 - 시트 히터 우석 :
리어 시트 히터 컨트롤 모듈
3. L 퓨즈 - 시트 히터 후석 :
프런트 시트 히터 컨트롤 모듈(운전석/동승석),
리어 시트 히터 컨트롤 모듈
4. P 퓨즈 - USB 충전기우 :
콘솔 USB 충전 단자,
리어 USB 충전 단자
5. Gr 퓨즈 - 메모리1 : ADP 유닛
6. -
7. -
8. G/O IPS5 - Short Term Load :
9. -
10. P 퓨즈 - 모듈4 : 리어 인버터,
리어 코너 레이다 LH/RH
11. R 선루프 블라인드 모터
12. Y/O 퓨즈 - 모듈7 : 빌트인 캠 보조 배터리
13. -
14. Gr/B 퓨즈 - 모듈8 : 운전석 IMS 모듈,
동승석 시트 히터유닛
15. -

16. -
17. L 퓨즈 - 모듈2 : 램프, ADP 유닛
18. R 퓨즈 - BMS : BMU
19. P 퓨즈 - 파워 윈도우(우) :
동승석 세이프티 파워 윈도우 모듈,
파워 윈도우 모듈 RH,
리어 파워 윈도우 스위치 RH
20. Gr 도어 록 릴레이0 :
운전석/동승석 도어 록 액추에이터,
리어 도어 록 액추에이터 LH/RH
21. -
22. G 퓨즈 - 에어백1 :
동승석 무게 감지 센서
23. Y IPS5 - Lamp Load : 트렁크 룸 램프
트렁크 리드 릴레이 : 트렁크 래치
24. R 퓨즈 - 모듈1 : 파워 트렁크 유닛,
운전석/동승석 무드 램프
25. -
26. R/O 퓨즈 - 모듈4 : 리어 인버터,
리어 코너 레이다 LH/RH
27. Y/B 퓨즈 - 모듈5 : 운전석 IMS 모듈,
프런트 동승석 시트 컨트롤 모듈,
동승석 시트 히터 컨트롤 모듈,
리어 시트 컨트롤 모듈
28. - 퓨즈 - SBCM 조수석 :
동승석 시트 사이드 바디 컨트롤 모듈
29. R

30. W 투터 연료도 릴레이0 :
운전석 도어 록 액추에이터
31. Br 퓨즈 - IG3 9 : 리어 인버터, BMU
32. L/O IPS8 - 방향등 리어 LH :
리어 콤비네이션 램프 (Out) LH,
운전석 아웃사이드 미러,
운전석 DSM 카메라
33. G IPS2 - 정지등 LH :
리어 콤비네이션 램프 (Out) LH,
리어 콤비네이션 램프 (CTR)
34. -
35. R 퓨즈 - EPCU3 : 리어 인버터
36. -
37. -
38. Br 퓨즈 - 전동식 파워시트 운전석 :
운전석 파워 시트 스위치,
운전석 IMS 모듈
39. P 퓨즈 - SBCM 운전석 :
운전석 아웃사이드 바디 컨트롤 모듈
40. B 접지 (GF01)
41. -
42. R/O IPS8 - 방향등 리어 RH :
리어 콤비네이션 램프 (Out) RH,
동승석 아웃사이드 미러,
동승석 DSM 카메라
43. R 퓨즈 - 충전기 : ICCU
44. R/O 퓨즈 - 충전기 : VCMS

45. W/O 퓨즈 - IG3 10 : V2L 유닛, VCMS,
리어 전자식 구동 모터 오일 펌프,
SCU, ICCU
46. -
47. L/O 퓨즈 - 오토 도어 핸들 :
운전석 도어 아웃사이드 핸들,
동승석 도어 아웃사이드 핸들
48. R 퓨즈 - 전동식 파워 시트 조수석 :
동승석 파워 시트 유닛
49. L 퓨즈 - 파워 트렁크 유닛
50. O 퓨즈 - 램프 : 헤드
51. L IPS4 - ILL(+) : 운전석 IMS 스위치,
리어 파워 윈도우 스위치 LH/RH
52. Br IPS9 - 후진등 : 후진등 LH/RH
53. G/O IPS9 - 정지등 RH :
리어 콤비네이션 램프 (Out) RH,
리어 콤비네이션 램프 (CTR)
54. Gr IPS2 - 정지등 : 보조 정지등
55. Y 충전 단자 운틀 릴레이 :
충전 단자 록/언록 액추에이터
56. B 접지 (GF01)
57. R 충전 단자 록 릴레이 :
도어 록 릴레이
58. Br 동승석 도어 록 액추에이터,
리어 도어 록 액추에이터 LH/RH

ICU (Integrated Central Control Unit) 접선 블록 (3)

ICU-D ICU 접선 블록

WRK P/No.	-
Vender P/No.	2379274-1
Vender P/Name	AMP_025_24F

1. -
2. Y   IPS 컨트롤 모듈 :
3. L   IPS 컨트롤 모듈 : 리어 파워 윈도우 스위치 RH (Down)
   스위치 LH/RH (윈도우 록)
4. O   IPS 컨트롤 모듈 :
   리어 파워 윈도우 스위치 LH (Down)
5. G   IPS 컨트롤 모듈 :
   리어 파워 윈도우 스위치 LH (Up)
6. -
7. R   IPS 컨트롤 모듈 :
   리어 파워 윈도우 스위치 RH (Up)
8. -
9. -
10. Gr IPS 컨트롤 모듈 : VCMS (Wake Up)
11. -
12. -
13. -
14. -
15. -
16. -
17. -
18. -
19. -
20. -
21. -
22. -
23. -
24. -

ICU-E ICU 접선 블록

WRK P/No.	-
Vender P/No.	2365978-2
Vender P/Name	AMP_025_36F

1. -
2. P   IPS 컨트롤 모듈 :
   실외 트렁크 스위치 (신호)
3. G/B IPS 컨트롤 모듈 :
   트렁크 래치 (스위치 신호)
4. -   IPS8 - 방향등 LH 텔테일 :
   리어 콤비네이션 램프 (Out) LH
5. -   IPS8 - 방향등 LH 텔테일 :
   리어 콤비네이션 램프 (Out) RH
6. L
7. O
8. -
9. -
10. -
11. -
12. -
13. R/B 충전단자 록 릴레이 : VCMS (컨트롤)
14. P/B 충전단자 언록 릴레이 :
   VCMS (컨트롤)
15. W/B IPS 컨트롤 모듈 :
   트렁크 릴리즈 램프 (컨트롤)
16. G   IPS 컨트롤 모듈 :
   운전석 도어 록 액추에이터
   (도어 열림 신호)
17. Gr IPS 컨트롤 모듈 :
   동승석 도어 록 액추에이터
   (도어 열림 신호)
18. Br/B IPS8 - 미등 리어 RH : 번호판등 RH,
   리어 콤비네이션 램프 (Out) RH,
   리어 콤비네이션 램프 (CTR)
19. -
20. -
21. -
22. -
23. -
24. G   IPS 컨트롤 모듈 : VCMS (Wake Up)
25. Br/O IPS 컨트롤 모듈 : 리어 시트 벨트
26. L   IPS 컨트롤 모듈 : 리어 시트 벨트
27. Y   버클 스위치 LH & CTR (CTR신호)
   IPS 컨트롤 모듈 : 리어 시트 벨트
   버클 스위치 LH & CTR (LH신호)
28. -
29. -
30. W   IPS 컨트롤 모듈 : 리어 도어 록
   액추에이터 RH (록/언록 도어 록
31. Y   IPS 컨트롤 모듈 : 리어 도어 록
   액추에이터 LH (록/언록 도어 록
32. L   IPS 컨트롤 모듈 :
   액추에이터 (동승석 도어 신호)
33. Br IPS 컨트롤 모듈 :
   액추에이터 (운전석 도어 신호)
34. O   IPS 컨트롤 모듈 : 리어 도어 록
   액추에이터 RH (도어 열림 신호)
35. P/B IPS 컨트롤 모듈 : 리어 도어 록
   액추에이터 LH (도어 열림 신호)
36. G/B IPS8 - 미등 리어 LH :
   리어 콤비네이션 램프 (Out) LH,
   번호판등 LH, 보조 정지등,
   리어 콤비네이션 램프 (CTR)

ICU (Integrated Central Control Unit) 정션 블록

ICU-F ICU 정션 블록

WRK P/No.	-
Vender P/No.	MG656800
Vender P/Name	KET_025060110250_58F

CV80-4

1. -
2. Br 퓨즈 - 통합 제어기1 : IBU
3. R   퓨즈 - 헤드미디어 :
      A/V & 내비게이션 헤드 유닛
4. -
5. O/B 퓨즈 - 모듈6 : IBU, IAU
6. R   퓨즈 - 에어백2 : 에어백 컨트롤 모듈
7. -
8. -
9. -
10. W 퓨즈 - 에어백 경고등 : 오버헤드 콘솔
11. -
12. R/O 퓨즈 - wireless DCU1 : DCU
13. -
14. L/O 퓨즈 - 메모리1 : 에어컨 컨트롤 모듈,
       DCU, 빌트인 캠 유닛,
       헤드업 디스플레이
15. -
16. -
17. P 퓨즈 - 메모리2 : 계기판
18. -
19. -
20. G 퓨즈 - 에어백1 : 에어백 컨트롤 모듈
21. -
22. L/B 퓨즈 - IAU : IAU
23. W/O 퓨즈 - IG3 8 : 에어컨 PTC 히터,
       실내 온도 센서, 실내 미세 먼지 센서,
       에어컨 컨트롤 모듈
24. Y/B 퓨즈 - CCU2 : CCU
25. -
26. W/O 퓨즈 - IG3 8 : 계기판, CCU,
       A/V & 내비게이션 헤드 유닛
27. Gr 퓨즈 - 전자식 변속 레버
28. Y/B 퓨즈 - 에어백5 : 자기 진단 점검 단자,
       오버헤드 콘솔, 실내 감광 미러
29. G   퓨즈 - 모듈4 : 웨셔, 다기능 스위치
30. -
31. Y   퓨즈 - 시동
32. L   퓨즈 - 모듈2 : IBU, 빌트인 캠 유닛,
       A/V & 내비게이션 헤드 유닛,
       프런트 콘솔 키보드, CCU, DCU, IAU,
       운전자 주차 보조 제어기 유닛
33. -
34. O/B 퓨즈 - 에어컨 : 에어컨 컨트롤 모듈
35. Gr/B 퓨즈 - 모듈3 : 다기능 스위치, IAU,
       파워 윈도우 스위치
36. -
37. -
38. -
39. -
40. -
41. G   퓨즈 CCU 1 : CCU
42. Y/B 퓨즈 - 모듈5 :
       A/V & 내비게이션 헤드 유닛,
       IFS 유닛, 빌트인 캠 유닛,
       스마트폰 무선 충전기
43. Gr/B 퓨즈 - 모듈4 : -
       운전자 주차 보조 제어기 유닛, IBU,
       다기능 프런트 뷰 카메라
44. W   퓨즈 - 모듈4 : 크래쉬 패드 스위치
       DSM 모니터 (운전석/동승석)
45. P/B IPS12 : 클락 스프링
46. P   퓨즈 - 통합 제어기2 : IBU
47. -
48. -
49. G/O IPS5 - Short Term Load : 클락 스프링,
       운전자 주행 보조기 유닛,
       DSM 모니터 (운전석/동승석),
       스마트폰 무선 충전기,
       후석 승객 감지 센서
50. Y   IPS5 - Lamp Load : 무드 램프 유닛,
       글로브 박스 램프, 오버헤드 콘솔,
       선바이저 램프 LH/RH, 룸 램프
51. P   퓨즈 - 제동등 스위치
52. Gr/O 퓨즈 - 계기판 :
       계기판, 헤드업 디스플레이
53. L   IPS6 - Steering Heater : 클락 스프링
54. R/O 퓨즈 - 모듈1 : 비상등 스위치,
       자기 진단 점검 단자, 다기능 스위치,
       크래쉬 패드 무드 램프,
       에어컨 컨트롤 모듈,
       아웃사이드 미러 스위치,
       파워 윈도우 스위치, 레인 센서
55. Gr/B IPS 컨트롤 모듈 :
       PCB 블록 (경음기 릴레이-컨트롤)
56. L   IPS4 - ILL(+) : 프런트 콘솔 키보드,
       A/V & 내비게이션 헤드 유닛,
       프런트 콘솔 USB 단자 어셈블리,
       콘솔 USB 충전 단자,
       리어 USB 단자 충전식
57. B   IPS 컨트롤 모듈 : 접지 (GM01)
58. -

ICU (Integrated Central Control Unit) 커넥터 정보 > ICU (Integrated Central Control Unit) 정션 블록

ICU (Integrated Central Control Unit) 정션 블록 (5)

ICU-G   ICU 정션 블록

WRK P/No.	-
Vender P/No.	2365978-2
Vender P/Name	AMP_025_36F

1. -
2. -
3. Br   IPS9 - 후진등 : 실내 감광 미러
4. Gr   IPS 컨트롤 모듈 : 스티어링 활 열선 모듈 (NTC (+))
5. G   IPS 컨트롤 모듈 : 오버헤드 콘솔 (도어 열림 신호)
6. -
7. -
8. -
9. -
10. G   IPS 컨트롤 모듈 : 비상등 스위치 (비상등 스위치-IND.)
11. -
12. -
13. -
14. -
15. -
16. O   B-CAN (Low)
17. G   B-CAN (High)
18. R   IPS 컨트롤 모듈 : 비상등 스위치 (비상등 스위치-신호)

19. B   IPS 컨트롤 모듈 : 접지 (GM01)
20. P   IPS 컨트롤 모듈 :
21. W   에어백 컨트롤 모듈 (충돌신호)
22. -   IPS 컨트롤 모듈 : CCU (Wake Up)
23. Y   IPS 컨트롤 모듈 : 다기능 스위치 (전조등 Low 백업 신호)
24. B   IPS 컨트롤 모듈 : 스티어링 휠 열선 모듈 (NTC (-))
25. -
26. -
27. -
28. -
29. L/O IPS 컨트롤 모듈 : 크래쉬 패드 스위치 (운전석 트렁크 스위치)
30. -
31. -
32. -
33. -
34. -
35. -
36. B/O IPS 컨트롤 모듈-에프터 블로우 : P/R 정션 블록 (블로어 릴레이-컨트롤)

CV80-5

PCB 블록 (1)

P/B-A PCB 블록

WRK P/No.	-
Vender P/No.	MG653994
Vender P/Name	KET_312_01F

1. L   B+2 전원 입력 : P/R 정션 블록 (엔티 퓨즈2 - B+2)

P/B-B PCB 블록

WRK P/No.	-
Vender P/No.	MG655767
Vender P/Name	KET_025060110_24F

1. R   퓨즈 - IG31 : ICU정션 블록
2. P   퓨즈 - IG37 :
3. Gr   전자식 구동 모터 오일 펌프 (프론트)
4. B   IG3 메인 릴레이-컨트롤 :
5. O   ICU 정션 블록 (IPS 컨트롤 모듈)
6. -
7. O   퓨즈 - IG35 : 냉각수 밸브
8. O/B 와이퍼 메인 릴레이-컨트롤 : IBU
9. Gr/B 경음기 스위치 & 조명등,
         ICU 정션 블록 (IPS 컨트롤 모듈)
10. -
11. P   퓨즈 - IG36 : BMS냉각수 3웨이 밸브
12. G   와이퍼 (Low) 릴레이-N.O :
         와이퍼 모터
13. Br 퓨즈 - IG32 : 프론트 인버터
14. G   퓨즈 - IG33 :
         전자식 워터 펌프 (리어 PE)
15. -
16. -
17. P   퓨즈 - IG35 :
         전자식 워터 펌프 #1~#2
18. -
19. -
20. R   와이퍼 (Low) 릴레이-컨트롤 : IBU
21. -
22. -
23. P/B 퓨즈 - IG34 : VCU
24. O   와이퍼 메인 릴레이이,
         와이퍼 (Low) 릴레이-N.C :
         와이퍼 모터

P/B-C PCB 블록

WRK P/No.	-
Vender P/No.	MG655696
Vender P/Name	KET_025060110_18F

1. R   IG1 전원 입력 :
         IG1 정션 블록 (IG1 릴레이)
2. Y   와이퍼 (High) 릴레이-N.O :
         와이퍼 모터
3. Y   퓨즈 - EPCU2 : 프론트 인버터
4. -   퓨즈 - IEB3 : IEB 유닛
5. P   퓨즈 - VCU3 : VCU
6. Y   -
7. -   -
8. -   -
9. -   -
10. L   와이퍼 (High) 릴레이-컨트롤 : IBU
11. L   퓨즈 - VCU2 : VCU
12. R/O 와이퍼 (Low) 릴레이-N.O :
         와이퍼 모터
13. -   퓨즈 - 파워 스티어링2 : MDPS 유닛
14. P   와이퍼 (High/Low) 릴레이 :
15. B   접지 (GE01)
16. -
17. G   경음기 릴레이 : 경음기 (High/Low)
18. W   와이퍼 (High) 릴레이-N.C :
         와이퍼 모터

2023 > 엔진 > 160KW > 커넥터 정보 > 고전압 정션 블록

고전압 정션 블록 (1)

CV82-1

프런트 고전압 정션 블록

H11 배터리 히터 릴레이 (2WD)

WRK P/No.	9999900036AS
Vender P/No.	MG642984
Vender P/Name	KET_040III_02M

1. R　BMU (컨트롤)　　2. B　접지 (GB11)

H12 고전압 커넥터 인터록 (2WD)

WRK P/No.	-
Vender P/No.	MG652987
Vender P/Name	KET_040-III(UNSEAL)_02F

1. L　BMU　　2. P　BMU

H21 배터리 히터 릴레이 (4WD)

WRK P/No.	9999900036AS
Vender P/No.	MG642984
Vender P/Name	KET_040III_02M

1. R　BMU (컨트롤)　　2. B　접지 (GB11)

P07-P 전자식 에어컨 컴프레서 (전원)

WRK P/No.	-
Vender P/No.	MG657174-11
Vender P/Name	KET_HV280WP_02F

1. O　프런트 고전압 정션 블록 (+)　　2. O　프런트 고전압 정션 블록 (-)

고전압 정션 블록 (2) CV82-2

리어 고전압 정션 블록

H01 급속충전 (+) 릴레이

WRK P/No.	-
Vender P/No.	7283-1020
Vender P/Name	YAZ_090II_02F

1. R BMU (컨트롤)
2. B BMU (접지)

H02 급속충전 (-) 릴레이

WRK P/No.	-
Vender P/No.	7283-1020
Vender P/Name	YAZ_090II_02F

1. R BMU (컨트롤)
2. B BMU (접지)

조인트 커넥터 (1)

JD11

조인트 커넥터
- 단자 번호 1 ~ 8 : 접지 (GF01)

WRK P/No.	-
Vender P/No.	MG651050
Vender P/Name	KET_090II_08F

1. B 접지 (GF01)
2. B/O 접지 (GF01) : 아웃사이드 핸들 폴딩 리시 액추에이터
3. B 운전석 도어 록 액추에이터
4. B 접지 (GF01) : 운전석 IMS 스위치
5. B 접지 (GF01)
6. B 접지 (GF01) :
7. - -
8. B 접지 (GF01) : 운전석 세이프티 파워 윈도우 모듈
운전석 도어 아웃사이드 핸들

JE02

조인트 커넥터
- 단자 번호 1 ~ 3 : Local-CAN (High)
- 단자 번호 4 ~ 7 : G-CAN (High)
- 단자 번호 8 ~ 10 : Local-CAN (Low)
- 단자 번호 11 ~ 14 : G-CAN (Low)

WRK P/No.	-
Vender P/No.	2373977-3
Vender P/Name	AMP_025WP_14F

1. O/B Local-CAN (High) : 프런트 인버터
2. O/B Local-CAN (High) : 리어 인버터
3. O/B Local-CAN (High) : VCU
4. Y G-CAN (High) :
조인트 커넥터 (JM04)
5. Y G-CAN (High) : IEB유닛
6. Y G-CAN (High) : 조인트 커넥터 (JE01)
7. -
8. G Local-CAN (Low) : 프런트 인버터
9. G Local-CAN (Low) : 리어 인버터
10. G Local-CAN (Low) : VCU
11. Br G-CAN (Low) :
조인트 커넥터 (JM04)
12. Br G-CAN (Low) : IEB유닛
13. Br G-CAN (Low) : 조인트 커넥터 (JE01)
14. -

JE01

조인트 커넥터
- 단자 번호 1 ~ 3 : G-CAN (High)
- 단자 번호 4 ~ 7 : C-CAN (High)
- 단자 번호 8 ~ 10 : G-CAN (Low)
- 단자 번호 11 ~ 14 : C-CAN (Low)

WRK P/No.	-
Vender P/No.	2373977-3
Vender P/Name	AMP_025WP_14F

1. Y G-CAN (High) : 조인트 커넥터 (JE02)
2. Y [2WD] G-CAN (High) :
조인트 커넥터 (JP11)
[4WD] G-CAN (High) :
조인트 커넥터 (JP01)
3. Y G-CAN (High) : VCU
4. W C-CAN (High) :
조인트 커넥터 (JM01)
5. W C-CAN (High) : IEB유닛
6. W C-CAN (High) : MDPS유닛
7. W C-CAN (High) : 조인트 커넥터 (JF05)
8. Br G-CAN (Low) : 조인트 커넥터 (JE02)
9. Br [2WD] G-CAN (Low) :
조인트 커넥터 (JP11)
[4WD] G-CAN (Low) :
조인트 커넥터 (JP01)
10. Br G-CAN (Low) : VCU
11. Br/B C-CAN (Low) :
조인트 커넥터 (JM01)
12. Br/B C-CAN (Low) : IEB유닛
13. Br/B C-CAN (Low) : MDPS유닛
14. Br/B C-CAN (Low) : 조인트 커넥터 (JF05)

JD21

조인트 커넥터
- 단자 번호 1 ~ 8 : 접지 (GF02)

WRK P/No.	-
Vender P/No.	MG651050
Vender P/Name	KET_090II_08F

1. B 접지 (GF02)
2. B 접지 (GF02) :
3. B 동승석 도어 록 액추에이터
4. B 접지 (GF02) : 동승석 도어 무드 램프
5. B 접지 (GF02) :
아웃사이드 핸들 폴딩 리시 액추에이터
6. - -
7. - -
8. B 접지 (GF02) : 동승석 도어 아웃사이드 핸들

조인트 커넥터 (2)

JE21
조인트 커넥터
- 단자 번호 1 ~ 3 : -
- 단자 번호 4 ~ 7 : 접지 (GE03)
- 단자 번호 8 ~ 10 : ICU 정션 블록 (IPS5)
- 단자 번호 11 ~ 14 : LIN

WRK P/No.	-
Vender P/No.	2373977-3
Vender P/Name	AMP_025WP_14F

1. -
2. -
3. -
4. -
5. B   액티브 에어 플랩 유닛 RH
6. B   접지 (GE03)
7. B   액티브 에어 플랩 유닛 LH
8. G/O ICU 정션 블록 (IPS5)
9. G/O IPS5 : 액티브 에어 플랩 유닛 LH
10. G/O IPS5 : 액티브 에어 플랩 유닛 RH
11. -
12. L   LIN : 액티브 에어 플랩 유닛 LH
13. L   LIN : 액티브 에어 플랩 유닛 RH
14. L   LIN : 리어 인버터

JE22
조인트 커넥터
- 단자 번호 1 ~ 8 : 접지 (GE02)

[4CH-PCAA 미적용]
1. -
2. -
3. B   접지 (GE02)
4. B   전방 PDW 센서 LH (Out)
5. B   전방 PDW 센서 LH (In) : 전방 PDW 센서 LH (In)
6. B   접지 (GE02) : 전방 PDW 센서 RH (In)
7. B   전방 PDW 센서 RH (Out)
8. -

[6CH-PCAA 적용]
1. B   접지 : 전방 PDW 센서 RH (Side)
2. B   접지 : 전방 PDW 센서 LH (Side)
3. B   접지 : 전방 PDW 센서 LH (Out)
4. B   접지 : 전방 PDW 센서 LH (In)
5. B   접지 : 전방 PDW 센서 RH (In)
6. B   접지 : 전방 PDW 센서 RH (Out)
7. B   운전석 주차 보조 제어기 유닛 (접지)
8. -

WRK P/No.	-
Vender P/No.	2373977-3
Vender P/Name	KET_025WPJOINT_08F

JE23
조인트 커넥터
- 단자 번호 1 ~ 7 : 센서 (LIN)
- 단자 번호 8 ~ 14 : 센서 (전원)

[4CH-PCAA 미적용]
1. L/O   LIN : 전방 PDW 센서 RH (Out)
2. L/O   LIN : 전방 PDW 센서 RH (In)
3. L/O   LIN : 전방 PDW 센서 LH (In)
4. L/O   LIN : 전방 PDW 센서 LH (Out)
5. L/O   IBU (LIN)
6. -
7. -
8. L   전원 : 전방 PDW 센서 RH (Out)
9. L   전원 : 전방 PDW 센서 RH (In)
10. L   전원 : 전방 PDW 센서 LH (In)
11. L   전원 : 전방 PDW 센서 LH (Out)
12. L   IBU (전원)
13. -
14. -

[6CH-PCAA 적용]
1. L/O   LIN : 전방 PDW 센서 RH (Out)
2. L/O   LIN : 전방 PDW 센서 RH (In)
3. L/O   LIN : 전방 PDW 센서 LH (In)
4. L/O   LIN : 전방 PDW 센서 LH (Out)
5. L/O   LIN : 전방 PDW 센서 LH (Side)
6. L/O   LIN : 전방 PDW 센서 RH (Side)
7. L/O   운전자 주차 보조 제어기 유닛 (LIN)
8. L   전원 : 전방 PDW 센서 RH (Out)
9. L   전원 : 전방 PDW 센서 RH (In)
10. L   전원 : 전방 PDW 센서 LH (In)
11. L   전원 : 전방 PDW 센서 LH (Out)
12. L   전원 : 전방 PDW 센서 LH (Side)
13. L   전원 : 전방 PDW 센서 RH (Side)
14. L   전원 : 전방 PDW 센서 LH (Side)

WRK P/No.	-
Vender P/No.	2373977-2
Vender P/Name	AMP_025WP_14F

2023 > 엔진 > 160KW > 커넥터 정보 > 조인트 커넥터

조인트 커넥터 (3)

CV83-3

JE27	조인트 커넥터	WRK P/No.	-
	- 단자 번호 1~3 : ICU 정션 블록 (IPS5)	Vender P/No.	2373977-3
	- 단자 번호 4~7 : ADAS-CAN (High)	Vender P/Name	AMP_025WP_14F
	- 단자 번호 8~10 : On/Start 전원		
	- 단자 번호 11~14 : ADAS-CAN (Low)		

1. G/O ICU 정션 블록 (퓨즈 - IPS5)
2. G/O IPS5 : 프론트 코너 레이다 RH
3. G/O IPS5 : 프론트 코너 레이다 LH
4. -
5. G   ADAS-CAN (High) : 조인트 커넥터 (JE28)
6. G   ADAS-CAN (High) : 프론트 코너 레이다 LH
7. G   ADAS-CAN (High) : 프론트 코너 레이다 RH
8. W   ICU 정션 블록 (퓨즈 - 모듈4)
9. W   On/Start 전원 : 프론트 코너 레이다 RH
10. W   On/Start 전원 : 프론트 코너 레이다 LH
11. -
12. O   ADAS-CAN (Low) : 조인트 커넥터 (JE28)
13. O   ADAS-CAN (Low) : 프론트 코너 레이다 LH
14. O   ADAS-CAN (Low) : 프론트 코너 레이다 RH

JE28	조인트 커넥터	WRK P/No.	-
	- 단자 번호 1~3 : -	Vender P/No.	2373977-3
	- 단자 번호 4~7 : ADAS-CAN (High)	Vender P/Name	AMP_025WP_14F
	- 단자 번호 8~10 : -		
	- 단자 번호 11~14 : ADAS-CAN (Low)		

1. -
2. -
3. -
4. -
5. G   ADAS-CAN (High) : 조인트 커넥터 (JE27)
6. G   ADAS-CAN (High) : 프론트 코너 레이다 RH
7. G   ADAS-CAN (High) : 프론트 코너 레이다 LH
8. -
9. -
10. -
11. -
12. O   ADAS-CAN (Low) : 조인트 커넥터 (JE27)
13. O   ADAS-CAN (Low) : 프론트 코너 레이다 RH
14. O   ADAS-CAN (Low) : 프론트 코너 레이다 LH

2023 > 엔진 > 160KW > 커넥터 정보 > 조인트 커넥터

조인트 커넥터 (4)

JF02

	WRK P/No.	-
	Vender P/No.	CL6449-0003-07-000
	Vender P/Name	HRS_025JOINT_T1_32F

조인트 커넥터
- 단자 번호 1 ~ 16 : B-CAN (High)
- 단자 번호 17 ~ 32 : B-CAN (Low)

1. -
2. G   B-CAN (High) : 파워 트렁크 유닛
3. -
4. G   B-CAN (High) : CCU
5. -
6. -
7. G   B-CAN (High) : 동승석 사이드 바디 컨트롤 모듈
8. G   B-CAN (High) : 동승석 시트 유닛 (JM06)
9. G   B-CAN (High) : 조인트 커넥터 :
10. G   B-CAN (High) : 프런트 통풍 시트 컨트롤 모듈, 프런트 시트 히터 컨트롤 모듈 운전석 IMS 모듈
11. -
12. G   B-CAN (High) : 리어 시트 히터 컨트롤 모듈
13. -
14. G   B-CAN (High) :
15. G   B-CAN (High) : 운전석 사이드 바디 컨트롤 모듈
16. -
17. -
18. O
19. -
20. O   B-CAN (Low) : 파워 트렁크 유닛
21. -
22. -
23. O   B-CAN (Low) : CCU
24. O   B-CAN (Low) : 동승석 사이드 바디 컨트롤 모듈
25. O   B-CAN (Low) : 동승석 시트 유닛 (JM06)
26. O   B-CAN (Low) :
27. -
28. O   B-CAN (Low) : 프런트 통풍 시트 컨트롤 모듈, 프런트 시트 히터 컨트롤 모듈 운전석 IMS 모듈
29. -
30. O   B-CAN (Low) : 리어 시트 히터 컨트롤 모듈
31. O   B-CAN (Low) : 운전석 사이드 바디 컨트롤 모듈
32. -

JF03

	WRK P/No.	-
	Vender P/No.	CL6405-0056-0-010
	Vender P/Name	HRS_025JOINT_14F

조인트 커넥터
- 단자 번호 1 ~ 4 : On/Start 전원
- 단자 번호 5 ~ 7 : G-CAN (High)
- 단자 번호 8 ~ 11 : -
- 단자 번호 12 ~ 14 : G-CAN (Low)

1. Y/B   ICU 정션블록 (퓨즈 - 모듈5)
2. Y/B   On/Start 전원 : 동승석 시트 유닛
3. Y/B   On/Start 전원 :
4. -   리어 시트 히터 컨트롤 모듈
5. Y   G-CAN (High) : VCMS
6. Y   G-CAN (High) :
7. Y   G-CAN (High) : BMU
8. -
9. -
10. -
11. -
12. Br   G-CAN (Low) : VCMS
13. Br   G-CAN (Low) :
14. Br   G-CAN (Low) : BMU

JF04

	WRK P/No.	-
	Vender P/No.	CL6405-0054-4-000
	Vender P/Name	HRS_025JOINT_06F

조인트 커넥터
- 단자 번호 1 ~ 3 : G-CAN (High)
- 단자 번호 4 ~ 8 : G-CAN (Low)

1. Y   G-CAN (High) : ICCU
2. Y   G-CAN (High) : 조인트 커넥터 (JF03)
3. Y   G-CAN (High) : 조인트 커넥터 (JP11)
4. Br   G-CAN (Low) : ICCU
5. Br   G-CAN (Low) : 조인트 커넥터 (JF03)
6. Br   G-CAN (Low) : 조인트 커넥터 (JP11)

2023 > 엔진 > 160KW > 커넥터 정보 > 조인트 커넥터

조인트 커넥터 (5)   CV83-5

JF05
WRK P/No. : -
Vender P/No. : CL6405-0056-0-010
Vender P/Name : HRS_025JOINT_14F

조인트 커넥터
- 단자 번호 1 ~ 4 : 상시 전원
- 단자 번호 5 ~ 7 : C-CAN (High)
- 단자 번호 8 ~ 11 : IG3 전원
- 단자 번호 12 ~ 14 : C-CAN (Low)

1. R/O 상시 전원 : 운전석/동승석 도어 모듈, 리어 도어 모듈 LH/RH
2. R/O 상시 전원 : 파워트렁크 유닛
3. -
4. R/O ICU 정션 블록 (퓨즈 - 모듈1)
5. W   C-CAN (High) : 조인트 커넥터 (JE01)
6. W   C-CAN (High) : 동승석 무게 감지 센서
7. W   C-CAN (High) : 에어백 컨트롤 모듈
8. W/O IG3 전원 : VCMS
9. W/O IG3 전원 : ICCU
10. W/O IG3 전원 : V2L 유닛
11. W/O ICU 정션 블록 (퓨즈 - IG3 10)
12. Br/B C-CAN (Low) : 조인트 커넥터 (JE01)
13. Br/B C-CAN (Low) : 동승석 무게 감지 센서
14. Br/B C-CAN (Low) : 에어백 컨트롤 모듈

JF06
WRK P/No. : -
Vender P/No. : CL6405-0057-2-040
Vender P/Name : HRS_025JOINT_T1_32F

조인트 커넥터
- 단자 번호 1 ~ 6 : Local-CAN (High)
- 단자 번호 7 ~ 11 : LIN
- 단자 번호 12 ~ 16 : P-CAN (High)
- 단자 번호 17 ~ 22 : Local-CAN (Low)
- 단자 번호 23 ~ 27 : 접지 (GF01)
- 단자 번호 28 ~ 32 : P-CAN (Low)

1. -
2. Br   Local-CAN (High) : IAU
3. Br   Local-CAN (High) :
4. Br   Local-CAN (High) : 운전석 도어 아웃사이드 핸들
5. Br   Local-CAN (High) : 동승석 도어 아웃사이드 핸들
6. -   Local-CAN (High) : 스마트폰 무선충전기
7. Y/O LIN : 동승석 도어 무드 램프
8. Y/O LIN : 리어 도어 무드 램프 LH
9. Y/O LIN : 리어 도어 무드 램프 RH
10. Y/O LIN : 무드램프 유닛 (LIN)
11. Y/O LIN : 운전석 도어 무드 램프
12. O   P-CAN (High) : 조인트 커넥터 (JM01)
13. O   P-CAN (High) : SCU
14. O   P-CAN (High) : VCU
15. -
16. -
17. -
18. Y   Local-CAN (Low) : IAU
19. Y   Local-CAN (Low) :
20. Y   Local-CAN (Low) : 운전석 도어 아웃사이드 핸들
21. Y   Local-CAN (Low) : 동승석 도어 아웃사이드 핸들
22. -   Local-CAN (Low) : 스마트폰 무선충전기
23. B/O 접지 (GF01) : SCU쉴드
24. B/O 접지 (GF01) : SCU쉴드
25. B/O 접지 (GF01)
26. -
27. B/O 접지 (GF01) : SCU쉴드
28. L/O P-CAN (Low) : 조인트 커넥터 (JM01)
29. L/O P-CAN (Low) : SCU
30. L/O P-CAN (Low) : VCU
31. -
32. -

2023 > 엔진 > 160kW > 커넥터 정보 > 조인트 커넥터

조인트 커넥터 (6)

JM01

조인트 커넥터
- 단자 번호 1 ~ 6 : E-CAN (High)
- 단자 번호 7 ~ 11 : C-CAN (High)
- 단자 번호 12 ~ 16 : P-CAN (High)
- 단자 번호 17 ~ 22 : E-CAN (Low)
- 단자 번호 23 ~ 27 : C-CAN (Low)
- 단자 번호 28 ~ 32 : P-CAN (Low)

	WRK P/No.	-	CL6405-0057-2-040
	Vender P/No.		
	Vender P/Name		HRS_025JOINT_T1_32F

1. -
2. -
3. R   E-CAN (High):헤드 업 디스플레이
4. R   E-CAN (High):조인트 커넥터 (JM02)
5. R   E-CAN (High):CCU
6. -
7. W   C-CAN (High):CCU
8. W   C-CAN (High):다기능 스위치
9. W   C-CAN (High):조인트 커넥터 (JE01)
10. -
11. -
12. O   P-CAN (High):전자식 시프트 레버
13. O   P-CAN (High):CCU
14. -
15. -
16. O   P-CAN (High):조인트 커넥터 (JF06)
17. -
18. -
19. L   E-CAN (Low):헤드 업 디스플레이
20. L   E-CAN (Low):조인트 커넥터 (JM02)
21. L   E-CAN (Low):CCU
22. -
23. Br/B C-CAN (Low):CCU
24. Br/B C-CAN (Low):다기능 스위치
25. Br/B C-CAN (Low):조인트 커넥터 (JE01)
26. -
27. -
28. L/O P-CAN (Low):전자식 시프트 레버
29. L/O P-CAN (Low):CCU
30. -
31. -
32. L/O P-CAN (Low):조인트 커넥터 (JF06)

JM02

조인트 커넥터
- 단자 번호 1 ~ 4 : E-CAN (High)
- 단자 번호 5 ~ 7 : -
- 단자 번호 8 ~ 11 : E-CAN (Low)
- 단자 번호 12 ~ 14 : -

	WRK P/No.	-	CL6405-0056-0-010
	Vender P/No.		
	Vender P/Name		HRS_025JOINT_14F

1. R   [프런트 ADAS 카메라 적용됨]
       E-CAN (High):조인트 커넥터 (JR11)
       [프런트 ADAS 카메라 미적용됨]
       리어 코너 레이더 적용됨
2. R   E-CAN (High):조인트 커넥터 (JR24)
       [프런트 ADAS 카메라 미적용됨]
       리어 코너 레이더 미적용됨
3. R   E-CAN (High):조인트 커넥터 (JM04)
4. R   E-CAN (High): :
       운전자주차보조 제어기 유닛
5. -
6. -
7. -
8. L   [프런트 ADAS 카메라 적용됨]
       E-CAN (Low):조인트 커넥터 (JR11)
       [프런트 ADAS 카메라 미적용됨]
       리어 코너 레이더 적용됨
9. L   E-CAN (Low):조인트 커넥터 (JR24)
       [프런트 ADAS 카메라 미적용됨]
       리어 코너 레이더 미적용됨
10. L E-CAN (Low):조인트 커넥터 (JM04)
11. L E-CAN (Low): :
       운전자주차보조 제어기 유닛
12. - E-CAN (Low):계기판
13. - E-CAN (Low):조인트 커넥터 (JM01)
14. -

2023 > 엔진 > 160KW > 커넥터 정보 > 조인트 커넥터

조인트 커넥터 (7)

JM03

WRK P/No.	-
Vender P/No.	CL6405-0057-2-040
Vender P/Name	HRS_025JOINT_T1_32F

조인트 커넥터
- 단자 번호 1 ~ 6 : G-CAN (High)
- 단자 번호 7 ~ 11 : Climate-CAN (High)
- 단자 번호 12 ~ 16 : A-CAN FD2 (High)
- 단자 번호 17 ~ 22 : G-CAN (Low)
- 단자 번호 23 ~ 27 : Climate-CAN (Low)
- 단자 번호 28 ~ 32 : A-CAN FD2 (Low)

1. Y   G-CAN (High) : CCU
2. Y   G-CAN (High) :전자식 시프트 레버
3. Y   G-CAN (High) : 조인트 커넥터 (JM04)
4. -
5. -
6. -
7. Br Climate-CAN (High) : 에어컨 PTC 히터
8. Br Climate-CAN (High) : 전자식 에어컨 컴프레서
9. Br Climate-CAN (High) : 에어컨 컨트롤 모듈
10. -
11. -
12. Y A-CAN FD2 (High) : 운전자 주행보조 제어기 유닛
13. Y A-CAN FD2 (High) : 프론트 코너 레이더 RH
14. -
15. Y A-CAN FD2 (High) : 프론트 코너 레이더 LH
16. -

17. Br G-CAN (Low) : CCU
18. Br G-CAN (Low) :전자식 시프트 레버
19. Br G-CAN (Low) : 조인트 커넥터 (JM04)
20. -
21. -
22. -
23. W Climate-CAN (Low) : 에어컨 PTC 히터
24. W Climate-CAN (Low) : 전자식 에어컨 컴프레서
25. W Climate-CAN (Low) : 에어컨 컨트롤 모듈
26. -
27. -
28. O/B A-CAN FD2 (Low) : 운전자 주행보조 제어기 유닛
29. O/B A-CAN FD2 (Low) : 프론트 코너 레이더 RH
30. -
31. O/B A-CAN FD2 (Low) : 프론트 코너 레이더 LH
32. -

JM04

WRK P/No.	-
Vender P/No.	CL6405-0056-0-010
Vender P/Name	HRS_025JOINT_14F

조인트 커넥터
- 단자 번호 1 ~ 4 : E-CAN (High)
- 단자 번호 5 ~ 7 : -
- 단자 번호 8 ~ 11 : E-CAN (Low)
- 단자 번호 12 ~ 14 : -

1. -
2. Y   G-CAN (High) : 조인트 커넥터 (JM03)
3. Y   G-CAN (High) : IBU
4. Y   G-CAN (High) : 조인트 커넥터 (JE02)
     [리어 코너 레이더 미적용]
5. R   E-CAN (High) : 조인트 커넥터 (JR24)
     [리어 코너 레이더 미적용]
   E-CAN (High) : 프론트 ADAS 카메라 적용]
   E-CAN (High) : 조인트 커넥터 (JR11)
     [리어 코너 레이더 미적용]
   E-CAN (High) : 프론트 ADAS 카메라 미적용]
   E-CAN (High) : 조인트 커넥터 (JM02)
6. R   E-CAN (High) : 운전자 주행보조 제어기 유닛
7. R   E-CAN (High) : 에어컨 컨트롤 모듈

8. -
9. Br G-CAN (Low) : 조인트 커넥터 (JM03)
10. Br G-CAN (Low) : IBU
11. Br G-CAN (Low) :조인트 커넥터 (JE02)
     [리어 코너 레이더 미적용]
12. L E-CAN (Low) : 조인트 커넥터 (JR24)
     [리어 코너 레이더 미적용]
   E-CAN (Low) : 프론트 ADAS 카메라 적용]
   E-CAN (Low) : 조인트 커넥터 (JR11)
     [리어 코너 레이더 미적용]
   E-CAN (Low) : 프론트 ADAS 카메라 미적용]
   E-CAN (Low) : 조인트 커넥터 (JM02)
13. L E-CAN (Low) : 운전자 주행보조 제어기 유닛
14. L E-CAN (Low) : 에어컨 컨트롤 모듈

JM05

WRK P/No.	-
Vender P/No.	CL6405-0054-4-000
Vender P/Name	HRS_025JOINT_06F

조인트 커넥터
- 단자 번호 1 ~ 3 : A-CAN FD1 (High)
- 단자 번호 4 ~ 8 : A-CAN FD1 (Low)

1. Y A-CAN FD1 (High) : 운전자 주행보조 제어기 유닛
2. Y A-CAN FD1 (High) : 스마트 크루즈 컨트롤 레이더
3. Y A-CAN FD1 (High) : 다기능 프론트 뷰 카메라

4. B A-CAN FD1 (Low) : 운전자 주행보조 제어기 유닛
5. B A-CAN FD1 (Low) : 스마트 크루즈 컨트롤 레이더
6. B A-CAN FD1 (Low) : 다기능 프론트 뷰 카메라

- 425 -

조인트 커넥터 (8)

JM06

조인트 커넥터
- 단자 번호 1 ~ 16 : B-CAN (High)
- 단자 번호 17 ~ 32 : B-CAN (Low)

	WRK P/No.	-
	Vender P/No.	MG646470-5
	Vender P/Name	KET_025JOINT_32F

1. G B-CAN (High) : IBU
2. G B-CAN (High) :
3. G B-CAN (High) : 아웃사이드미러 스위치
4. G B-CAN (High) : 조인트 커넥터 (JF02)
5. G B-CAN (High) : IAU
6. G B-CAN (High) : 스마트 후면 무선 충전기
7. G B-CAN (High) : IFS유닛
8. G B-CAN (High) : 다기능 스위치
9. -
10. G B-CAN (High) : 후석 승객 감지 센서
11. G B-CAN (High) : DSM모니터 (운전석)
12. G B-CAN (High) : DSM모니터 (동승석)
13. G B-CAN (High) : ICU 정션 블록 (IPS 컨트롤 모듈)
14. G B-CAN (High) : 무드 램프 유닛
15. G B-CAN (High) : 파워 윈도우 스위치
16. G B-CAN (High) : 클러스터
17. O B-CAN (Low) : 발도어 컴프 유닛
18. O B-CAN (Low) : IBU
19. O B-CAN (Low) :
20. O B-CAN (Low) : 아웃사이드미러 스위치
21. O B-CAN (Low) : 조인트 커넥터 (JF02)
22. O B-CAN (Low) : IAU
23. O B-CAN (Low) :
24. - 스마트 후면 무선 충전기
25. O B-CAN (Low) : IFS유닛
26. O B-CAN (Low) : 다기능 스위치
27. O B-CAN (Low) : 후석 승객 감지 센서
28. O B-CAN (Low) : DSM모니터 (운전석)
29. O B-CAN (Low) : DSM모니터 (동승석)
30. O B-CAN (Low) :
31. O B-CAN (Low) : ICU 정션 블록 (IPS 컨트롤 모듈)
32. O B-CAN (Low) : 무드 램프 유닛

JM07

조인트 커넥터
- 단자 번호 1 ~ 6 : 충돌 신호
- 단자 번호 7 ~ 16 : ILL. (-)
- 단자 번호 17 ~ 22 : 상시 전원
- 단자 번호 23 ~ 32 : ILL. (+)

	WRK P/No.	CL6405-0057-2-010
	Vender P/No.	-
	Vender P/Name	HRS_025JOINT_T1_32F

1. P 에어백 컨트롤 모듈 (충돌 신호)
2. -
3. - 충돌 신호 : BMU
4. P 충돌 신호 :
5. P ICU 정션 블록 (IPS 컨트롤 모듈)
6. -
7. -
8. -
9. Gr ILL. (-) : 시동정지 버튼
10. Gr ILL. (-) : 프론트 USB 단자 어셈블리
11. Gr ILL. (-) : 운전석 USB IMS 스위치, 콘솔 USB 충전 단자, 리어 USB 충전 단자
12. Gr ILL. (-) : 오버헤드 콘솔
13. Gr ILL. (-) : 크래쉬 패드 스위치
14. Gr ILL. (-) : A/V & 내비게이션 헤드 유닛
15. Gr ILL. (-) : A/V & 내비게이션 키보드
16. Gr ILL. (-) : 계기판
17. L/O 상시 전원 : 에어컨 컨트롤 모듈
18. -
19. L/O 상시 전원 : 무드 램프 유닛
20. L/O 상시 전원 : 발도어 컴프 유닛
21. L/O 상시 전원 : 헤드 업 디스플레이
22. L/O ICU 정션 블록 (퓨즈 - 메모리1)
23. -
24. -
25. -
26. L ILL. (+) : 프론트 USB 단자 어셈블리
27. L ILL. (+) : 콘솔 USB 충전 단자, 리어 USB 충전 단자
28. L ILL. (+) : 오버헤드 콘솔
29. L ILL. (+) : 크래쉬 패드 스위치
30. L ILL. (+) :
31. L ILL. (+) : A/V & 내비게이션 헤드 유닛
32. L ILL. (+) : A/V & 내비게이션 키보드
     ICU 정션 블록 (IPS4)

2023 > 엔진 > 160kW > 커넥터 정보 > 조인트 커넥터

조인트 커넥터 (9)

JM08 조인트 커넥터
- 단자 번호 1 ~ 16 : M-CAN (High)
- 단자 번호 17 ~ 32 : M-CAN (Low)

WRK P/No.	-
Vender P/No.	CL6449-0003-7-000
Vender P/Name	HRS_025JOINT_T1_32F

1. -
2. -
3. -
4. -
5. -
6. -
7. G/O   M-CAN (High) : BMU
8. G/O   M-CAN (High) : 앰프
9. G/O   M-CAN (High) : CCU
10. G/O   M-CAN (High) : A/V & 내비게이션 헤드 유닛
11. G/O   M-CAN (High) : VESS 유닛
12. G/O   M-CAN (High) : 계기판
13. -
14. G/O   M-CAN (High) : A/V & 내비게이션키보드
15. G/O   M-CAN (High) : 헤드 업 디스플레이
16. G/O   M-CAN (High) : ADP 유닛

17. -
18. -
19. -
20. -
21. -
22. -
23. O/B   M-CAN (Low) : BMU
24. O/B   M-CAN (Low) : 앰프
25. O/B   M-CAN (Low) : CCU
26. O/B   M-CAN (Low) : A/V & 내비게이션 헤드 유닛
27. O/B   M-CAN (Low) : VESS 유닛
28. O/B   M-CAN (Low) : 계기판
29. -
30. O/B   M-CAN (Low) : A/V & 내비게이션키보드
31. O/B   M-CAN (Low) : 헤드 업 디스플레이
32. O/B   M-CAN (Low) : ADP 유닛

JM09 조인트 커넥터
- 단자 번호 1 ~ 16 : 센서 전원
- 단자 번호 17 ~ 32 : 센서 접지

WRK P/No.	-
Vender P/No.	MG646470-5
Vender P/Name	KET_025JOINT_32F

1. O   에어컨 컨트롤 모듈 (센서 전원)
2. O   센서 전원 :
3. O   오토 라이트 & 포토 센서 (센서 전원)
APT 앞좌 & 온도 센서
센서 전원 : 칠러 센서 #2,
4. O   센서 전원 : 오토 디포거 센서
5. O   센서 전원 : 인테이크 액추에이터
6. O   센서 전원 : A/C 쿨솔 모드 액추에이터
7. O   센서 전원 :
8. O   에어컨 모드 액추에이터 (동승석)
9. O   센서 전원 :
10. O   후석 온도 액추에이터 (Warm)
11. O   후석 온도 액추에이터 (Cool)
12. -   에어컨 온도 액추에이터 (운전석)
13. -   에어컨 온도 액추에이터 (동승석)
14. -   에어컨 온도 액추에이터 디포거 디스플레이
15. -   센서 전원 :
16. O   에어컨 모드 액추에이터 (운전석)

17. B   프런트 벤트 덕트 센서 (운전석),
센서 접지 :
18. B   풀오어 벤트 덕트 센서 (동승석),
덕트 센서 접지 : DEF, 이베퍼레이터 센서
19. B   센서 접지 : 오토 디포거 센서
20. B   센서 접지 : 인테이크 액추에이터
21. B   센서 접지 :
22. B   에어컨 모드 액추에이터 (운전석)
센서 접지 :
23. B   에어컨 모드 액추에이터 (동승석)
24. B   후석 운도 액추에이터 (Warm)
25. B   후석 운도 액추에이터 (Cool)
26. B   에어컨 온도 액추에이터 (운전석)
APT 앞좌 & 온도 센서
27. B   센서 접지 :
28. B   에어컨 온도 액추에이터 (동승석)
29. B   에어컨 온도 액추에이터 디포거 온도 센서
30. B   에어컨 온도 실내 온도 센서
31. B   에어컨 온도 실외 온도 센서
32. B   A/C 쿨솔 모드 컨트롤 모듈
에어컨 컨트롤 모듈 (센서 접지)

2023 > 엔진 > 160KW > 커넥터 정보 > 조인트 커넥터

조인트 커넥터 (10) CV83-10

JM10 조인트 커넥터
- 단자 번호 1 ~ 7 : 접지
- 단자 번호 8 ~ 14 : 접지 (GM04)

WRK P/No.	-	CL6405-0056-0-000
Vender P/No.	-	HRS_025JOINT_14F
Vender P/Name		

1. -
2. -
3. Gr   접지 : A/V & 내비게이션 헤드 유닛
4. Gr   접지 : A/V & 내비게이션 헤드 유닛
5. Gr   접지 : 리어 뷰 카메라
6. -
7. -
8. -
9. -
10. -
11. B/O   접지 (GM04) : 마이크 LH 쉴드
12. B/O   접지 (GM04) : 마이크 RH 쉴드
13. B/O   접지 (GM04)
14. -

JP01 조인트 커넥터
- 단자 번호 1 ~ 3 : G-CAN (High)
- 단자 번호 4 ~ 6 : G-CAN (Low)

WRK P/No.	-	MG646290-5
Vender P/No.		KET_025WPJOINT_06F
Vender P/Name		

1. Y   G-CAN (High) : 프론트 인버터
2. Y   G-CAN (High) : 조인트 커넥터 (JE02)
3. Y   G-CAN (High) : 조인트 커넥터 (JP11)
4. Br   G-CAN (Low) : 프론트 인버터
5. Br   G-CAN (Low) : 조인트 커넥터 (JE02)
6. Br   G-CAN (Low) : 조인트 커넥터 (JP11)

JP12 조인트 커넥터
- 단자 번호 1 ~ 8 : 쉴드

WRK P/No.	-	2373977-3
Vender P/No.		KET_025WPJOINT_08F
Vender P/Name		

1. B/O   리어 인버터 (쉴드)
2. B/O   쉴드 : 리어 구동 모터 쉴드
3. B/O   쉴드 : 리어 구동 모터 쉴드
4. B/O   쉴드 : 리어 구동 모터 쉴드
5. Gr/O   쉴드 : 리어 구동 모터 쉴드
6. Gr/O   쉴드 : 리어 구동 모터 쉴드
7. Gr/O   쉴드 : 리어 구동 모터 쉴드
8. Gr/O   리어 인버터 (쉴드)

JP02 조인트 커넥터
- 단자 번호 1 ~ 8 : 쉴드

WRK P/No.	-	CL6405-0050-3-010
Vender P/No.		HRS_025WPJOINT_08F
Vender P/Name		

1. B/O   프론트 인버터 (쉴드)
2. B/O   쉴드 : 프론트 구동 모터 쉴드
3. B/O   쉴드 : 프론트 구동 모터 쉴드
4. B/O   쉴드 : 프론트 구동 모터 쉴드
5. Gr/O   쉴드 : 프론트 구동 모터 쉴드
6. Gr/O   쉴드 : 프론트 구동 모터 쉴드
7. Gr/O   쉴드 : 프론트 구동 모터 쉴드
8. Gr/O   프론트 인버터 (쉴드)

JP11 조인트 커넥터
- 단자 번호 1 ~ 3 : G-CAN (High)
- 단자 번호 4 ~ 6 : G-CAN (Low)

WRK P/No.	-	MG646290-5
Vender P/No.		KET_025WPJOINT_06F
Vender P/Name		

1. Y   G-CAN (High) : 리어 인버터
2. Y   G-CAN (High) : 조인트 커넥터 (JE02)
   [2WD] G-CAN (High) :
   조인트 커넥터 (JE02)
   [4WD] G-CAN (High) :
   조인트 커넥터 (JP01)
3. Y   G-CAN (High) : 조인트 커넥터 (JF04)
4. Br   G-CAN (Low) : 리어 인버터
5. Br   [2WD] G-CAN (Low) :
   조인트 커넥터 (JE02)
   [4WD] G-CAN (Low) :
   조인트 커넥터 (JP01)
6. Br   G-CAN (Low) : 조인트 커넥터 (JF04)

2023 > 엔진 > 160KW > 커넥터 정보 > 조인트 커넥터

조인트 커넥터 (11)

JR11

WRK P/No.	
Vender P/No.	5011-0399-4
Vender P/Name	KSC_060JOINT_20F

조인트 커넥터
- 단자 번호 1~4 : E-CAN (High)
- 단자 번호 5~10 : ICU 정션블록 (IPS5)
- 단자 번호 11~14 : E-CAN (Low)
- 단자 번호 15~20 : 접지 (GM01)

1. R E-CAN (High) :
     다기능 프런트 뷰 카메라
2. R [리어 코너 레이더 미적용]
     E-CAN (High) : 조인트 커넥터 (JM04)
     [리어 코너 레이더 적용]
     E-CAN (High) : 조인트 커넥터 (JR24)
3. R E-CAN (High) :
     조인트 커넥터 (JM02)
5. Y IPS5 : 오버헤드 콘솔
6. Y IPS5 : 룸램프
7. Y IPS5 : 선 바이저 램프 LH
8. Y IPS5 : 선 바이저 램프 RH
9. Y ICU 정션블록 (IPS5)
11. L E-CAN (Low) :
      다기능 프런트 뷰 카메라
12. L E-CAN (Low) : 조인트 커넥터 (JM04)
      [리어 코너 레이더 미적용]
      E-CAN (Low) : 조인트 커넥터 (JR24)
      [리어 코너 레이더 적용]
      E-CAN (Low) :
13. L E-CAN (Low) :
      조인트 커넥터 (JM02)
15. B 접지 (GM01)
16. B 접지 (GM01) :
      룸램프, 다기능 프런트 뷰 카메라
17. B 접지 (GM01) : 오버헤드 콘솔
18. B 접지 (GM01) : 선 바이저 램프 LH/RH
19. B 접지 (GM01) : 레인 센서
20. B 접지 (GM01) : 실내 감광 미러

JR21

WRK P/No.	
Vender P/No.	2373977-3
Vender P/Name	KET_025WPJOINT_08F

조인트 커넥터
- 단자 번호 1~8 : 센서 (접지)

[4CH-PCAA 미적용]
1. B 접지 (GF04)
2. B 접지 (GF04) :
3. B 후방 PDW 센서 RH (Out)
4. B 접지 (GF04) : 후방 PDW 센서 RH (In)
5. B 접지 (GF04) : 후방 PDW 센서 LH (In)
6. -
7. -
8. - 후방 PDW 센서 LH (Out)

[6CH-PCAA 적용]
1. B 운전석 주차 보조 제어기 유닛 (접지)
2. B 접지 : 후방 PDW 센서 RH (Out)
3. B 접지 : 후방 PDW 센서 RH (In)
4. B 접지 : 후방 PDW 센서 LH (Out)
5. B 접지 : 후방 PDW 센서 LH (In)
6. B 접지 : 후방 PDW 센서 RH (Side)
7. B 접지 : 후방 PDW 센서 LH (Side)
8. -

JR22

WRK P/No.	
Vender P/No.	2373977-2
Vender P/Name	AMP_025WP_14F

조인트 커넥터
- 단자 번호 1~7 : 센서 (LIN)
- 단자 번호 8~14 : 센서 (전원)

[4CH-PCAA 미적용]
1. O IBU (LIN)
2. O LIN : 후방 PDW 센서 LH (Out)
3. O LIN : 후방 PDW 센서 LH (In)
4. O LIN : 후방 PDW 센서 RH (In)
5. O LIN : 후방 PDW 센서 RH (Out)
6. -
7. -
8. Y 전원 : 후방 PDW 센서 LH (Out)
9. Y 전원 : 후방 PDW 센서 LH (In)
10. Y 전원 : 후방 PDW 센서 RH (In)
11. Y 전원 : 후방 PDW 센서 RH (Out)
12. Y IBU (전원)
13. -
14. -

[6CH-PCAA 적용]
1. O 운전자 주차 보조 제어기 유닛 (LIN)
2. O LIN : 후방 PDW 센서 LH (Out)
3. O LIN : 후방 PDW 센서 LH (In)
4. O LIN : 후방 PDW 센서 RH (Out)
5. O LIN : 후방 PDW 센서 RH (In)
6. O LIN : 후방 PDW 센서 LH (Side)
7. O LIN : 후방 PDW 센서 RH (Side)
8. Y 전원 : 후방 PDW 센서 LH (Out)
9. Y 전원 : 후방 PDW 센서 LH (In)
10. Y 전원 : 후방 PDW 센서 RH (In)
11. Y 전원 : 후방 PDW 센서 RH (Out)
12. Y 전원 : 후방 PDW 센서 LH (Side)
13. Y 운전자 주차 보조 제어기 유닛 (전원)
14. Y 전원 : 후방 PDW 센서 RH (Side)

2023 > 밴신 > 150KW > 커넥터 정보 > 조인트 커넥터

조인트 커넥터 (12)

JR23

조인트 커넥터
- 단자 번호 1 ~ 3 : ICU 정션 블록 (IPS5)
- 단자 번호 4 ~ 7 : 접지 (GF04)
- 단자 번호 8 ~ 10 : On/Start 전원
- 단자 번호 11 ~ 14 : -

	WRK P/No.	-
	Vender P/No.	2373977-3
	Vender P/Name	AMP_025WP_14F

1. G/O   IPS5 : 리어 코너 레이더 RH
2. G/O   IPS5 : 리어 코너 레이더 LH
3. G/O   ICU 정션 블록 (IPS5)
4. B   접지 (GF04)
5. B   접지 (GF04) : 리어 코너 레이더 RH
6. B   접지 (GF04) : 리어 코너 레이더 LH
7. -
8. P   On/Start 전원 : 리어 코너 레이더 RH
9. P   On/Start 전원 : 리어 코너 레이더 LH
10. P   ICU 정션 블록 (On/Start 전원)
11. -
12. -
13. -
14. -

JR24

조인트 커넥터
- 단자 번호 1 ~ 3 : E-CAN (High)
- 단자 번호 4 ~ 6 : E-CAN (Low)

	WRK P/No.	-
	Vender P/No.	2373977-3
	Vender P/Name	AMP_025WP_14F

1. R   E-CAN (High) : 리어 코너 레이더 LH
       [프런트 ADAS 카메라 미적용]
       E-CAN (High) : 조인트 커넥터 (JM02)
       [프런트 ADAS 카메라 적용]
       E-CAN (High) : 조인트 커넥터 (JR11)
       E-CAN (High) : 조인트 커넥터 (JM04)
2. R   E-CAN (High) : 리어 코너 레이더 LH
3. R
4. L   E-CAN (Low) : 리어 코너 레이더 LH
       [프런트 ADAS 카메라 미적용]
       E-CAN (Low) : 조인트 커넥터 (JM02)
       [프런트 ADAS 카메라 적용]
       E-CAN (Low) : 조인트 커넥터 (JR11)
5. L   E-CAN (Low) : 조인트 커넥터 (JM04)
6. L

JS11

조인트 커넥터 (IMS 미적용)
- 단자 번호 1 ~ 5 : 상시 전원
- 단자 번호 6 ~ 10 : 접지 (GF01)
- 단자 번호 11 ~ 15 : 상시 전원
- 단자 번호 16 ~ 20 : 접지 (GF01)

	WRK P/No.	MG621818-5
	Vender P/No.	-
	Vender P/Name	KET_090II_20F

[통풍 시트 미적용]
1. Y   ICU 정션 블록 (퓨즈 - 시트 히터 (운전석/동승석))
2. R   상시 전원 :
3. R   프런트 시트 히터 컨트롤 모듈
4. -
5. -
6. -
7. B   접지 (GF01)
8. B   접지 (GF01) : 프런트 시트 히터 컨트롤 모듈
9. B   ICU 정션 블록
10. G   (퓨즈 - 전동 시트 운전석)
11. R   상시 전원 : 운전석 파워 시트 스위치
12. R   상시 전원 : 운전석 파워 시트 스위치
13. R
14. -
15. -
16. -
17. B   접지 (GF01)
18. B   운전석 허리받이 스위치
19. B   운전석 파워 시트 스위치
20. B   운전석 파워 시트 스위치

[통풍 시트 적용]
1. Y   ICU 정션 블록 (퓨즈 - 시트 히터 (운전석/동승석))
2. R   상시 전원 :
3. R   프런트 통풍 시트 컨트롤 모듈
        상시 전원 :
        프런트 통풍 시트 컨트롤 모듈
4. -
5. -
6. B   접지 (GF01)
7. B   프런트 통풍 시트 컨트롤 모듈
8. B/W 접지 (GF01) : 프런트 통풍 시트 컨트롤 모듈
9. B/Y 운전석 통풍 시트 블로어 모터
10. G   동승석 통풍 시트 블로어 모터
11. R   접지 (GF01)
12. R   ICU 정션 블록
13. R   (퓨즈 - 전동 시트 운전석)
14. -   상시 전원 : 운전석 파워 시트 스위치
15. -   상시 전원 : 운전석 파워 시트 스위치
16. -
17. B   접지 (GF01)
18. B   운전석 허리받이 스위치
19. B   운전석 파워 시트 스위치
20. B   운전석 파워 시트 스위치

CV83-12

<< 111213 >>

2023 > 엔진 > 160KW > 커넥터 정보 > 조인트 커넥터

조인트 커넥터 (13)

JS12

WRK P/No.	-
Vender P/No.	MG621818-5
Vender P/Name	KET_090II_20F

조인트 커넥터 (IMS 적용)
- 단자 번호 1 ~ 5 : 접지 (GF01)
- 단자 번호 6 ~ 10 : IMS스위치
- 단자 번호 11 ~ 15 : 상시 전원 (GF01)
- 단자 번호 16 ~ 20 : 센서 전원

1. B 접지 (GF01)
2. B 접지 (GF01)
3. B 운전석 허리받이 스위치
4. B 접지 (GF01) : IMS스위치
5. B 접지 (GF01) : IMS스위치
6. B 운전석 파워 시트 컨트롤 모듈
7. B 프런트 통풍 시트 컨트롤 모듈
8. B/W 운전석 통풍 시트 블로어 모터
9. B/Y 접지 (GF01) :
10. G 동승석 통풍 시트 블로어 모터
11. R 상시 전원 : 운전석 파워 시트 스위치
12. R 상시 전원 : 운전석 IMS 스위치
13. R -
14. -
15. R ICU 정션 블록
(퓨즈 - 전동 시트 운전석)
16. R 센서 전원 : 운전석 운전석 모터
17. B 센서 전원 :
[릴렉세이션 미적용]
18. B 운전석 앞 높낮이 모터,
운전석 슬라이드 모터
19. B 센서 전원 :
[릴렉세이션 미적용]
20. B 운전석 릴렉세이션 모터 [릴렉세이션 적용]
운전석 IMS 모듈 (센서 전원)

JS13

WRK P/No.	-
Vender P/No.	MG610750-5
Vender P/Name	KET_070_08F

조인트 커넥터
- Pin No. 1 ~ 4 : B-CAN (High)
- Pin No. 5 ~ 8 : B-CAN (Low)

1. L B-CAN (High) :
조인트 커넥터 (JF02)
2. L B-CAN (High) :
운전석 IMS 모듈
3. L B-CAN (High) :
프런트 통풍 시트 컨트롤 모듈
4. -
5. W B-CAN (Low) :
조인트 커넥터 (JF02)
6. -
7. W B-CAN (Low) :
운전석 IMS 모듈
8. W B-CAN (Low) :
프런트 통풍 시트 컨트롤 모듈

JS21

WRK P/No.	-
Vender P/No.	MG610750-5
Vender P/Name	KET_070_08F

조인트 커넥터
- Pin No. 1 ~ 4 : 접지 (GF02)
- Pin No. 5 ~ 8 : 상시 전원

1. B 접지 (GF02)
2. B 접지 (GF02)
3. B 접지 (GF02)
4. B 접지 (GF02)
5. R 상시 전원 : 동승석 파워 시트 스위치
6. R 상시 전원 : 동승석 파워 시트 스위치
7. -
8. R ICU 정션 블록
(퓨즈 - 전동 시트 조수석)

JS22

WRK P/No.	-
Vender P/No.	MG621818-5
Vender P/Name	KET_090II_20F

조인트 커넥터
(워크인 & 릴렉세이션 미적용)
- 단자 번호 1 ~ 5 : 접지 (GF02)
- 단자 번호 6 ~ 10 : 센서 전원
- 단자 번호 11 ~ 15 : 상시 전원
- 단자 번호 16 ~ 20 : 센서 전원

1. B 접지 (GF02)
2. B 접지 (GF02) : 동승석 허리받이 모터
3. B 상시 전원 : 동승석 시트 유닛
4. B 상시 전원 : 동승석 시트 유닛
5. B 상시 전원 : 동승석 파워 시트 스위치
6. -
7. -
8. R 센서 전원 : 동승석 릴렉세이션 모터
9. R 센서 전원 : 동승석 릴렉세이션 모터
10. O/B 동승석 등받이 모터
11. R 상시 전원 : 동승석 뒤 높낮이 스위치
12. R 상시 전원 : 동승석 앞 높낮이 스위치
13. R 상시 전원 : 동승석 슬라이드 스위치
14. -
15. R ICU 정션 블록
(퓨즈 - 전동 시트 조수석)
16. -
17. R/B 센서 전원 : 동승석 뒤 높낮이 모터
18. R/B 센서 전원 : 동승석 앞 높낮이 모터
19. R/B 센서 전원 : 동승석 슬라이드 모터
20. R/B 동승석 시트 유닛 (센서 전원)

CV83-13

2023 > 엔진 > 160KW > 커넥터 정보 > 하네스 연결 커넥터

하네스 연결 커넥터 (1)

BB01 BSA 메인과 BSA ICCU 커넥터 하네스 연결 커넥터
- BSA 메인 하네스

WRK P/No.	1890202223AS
Vender P/No.	MG641029
Vender P/Name	KET_090II_02M

- BSA ICCU 커넥터 하네스

WRK P/No.	-
Vender P/No.	MG645595
Vender P/Name	KET_N060_04M

BB02 BSA 메인과 프런트 고전압 터미널 블록 하네스 연결 커넥터
- BSA 메인 하네스

WRK P/No.	-
Vender P/No.	-
Vender P/Name	KET_N060_02M

- 프런트 고전압 터미널 블록 하네스

WRK P/No.	-
Vender P/No.	MG655593
Vender P/Name	KET_N060_02F

BB03 BSA 센서 #2와 BSA 온도 센서 #1 하네스 연결 커넥터 (Standard)
- BSA 센서 #2 하네스

WRK P/No.	-
Vender P/No.	MG643269
Vender P/Name	KET_020_02M

- BSA 온도 센서 #1 하네스

WRK P/No.	-
Vender P/No.	MG652630
Vender P/Name	KET_030_02F

BB04 BSA 센서 #6과 BSA 온도 센서 #2 하네스 연결 커넥터 (Standard)
- BSA 센서 #6 하네스

WRK P/No.	-
Vender P/No.	MG643269
Vender P/Name	KET_020_02M

- BSA 온도 센서 #2 하네스

WRK P/No.	-
Vender P/No.	MG652630
Vender P/Name	KET_030_02F

CV90-1

하네스 연결 커넥터 (2)

BB05 BSA 센서 #2와 BSA 온도 센서 #1 하네스 연결 커넥터 (Long Range)
- BSA 센서 #2 하네스

WRK P/No.	-
Vender P/No.	MG643269
Vender P/Name	KET_020_02M

- BSA 온도 센서 #1 하네스

WRK P/No.	-
Vender P/No.	MG652630
Vender P/Name	KET_030_02F

BB06 BSA 센서 #8과 BSA 온도 센서 #2 하네스 연결 커넥터 (Long Range)
- BSA 센서 #8 하네스

WRK P/No.	-
Vender P/No.	MG643269
Vender P/Name	KET_020_02M

- BSA 온도 센서 #2 하네스

WRK P/No.	-
Vender P/No.	MG652630
Vender P/Name	KET_030_02F

BB11 BSA 메인과 BSA 센서 #1 하네스 연결 커넥터 (Standard)
- BSA 메인 하네스

WRK P/No.	1890202223AS
Vender P/No.	MG642996
Vender P/Name	KET_040II_04M

- BSA 센서 #1 하네스

WRK P/No.	999990081AS
Vender P/No.	MG652999
Vender P/Name	KET_040III_04F

BB12 BSA 메인과 BSA 센서 #2 하네스 연결 커넥터 (Standard)
- BSA 메인 하네스

WRK P/No.	-
Vender P/No.	MG645571
Vender P/Name	KET_060_06M

- BSA 센서 #2 하네스

WRK P/No.	-
Vender P/No.	MG655574
Vender P/Name	KET_040III_04F

하네스 연결 커넥터 (3)

BB13 BSA 메인과 BSA 센서 #3 하네스 연결 커넥터 (Standard)
- BSA 메인 하네스

WRK P/No.	1890202223AS
Vender P/No.	MG642996
Vender P/Name	KET_040II_04M

- BSA 센서 #3 하네스

WRK P/No.	999990081AS
Vender P/No.	MG652999
Vender P/Name	KET_040III_04F

BB14 BSA 메인과 BSA 센서 #4 하네스 연결 커넥터 (Standard)
- BSA 메인 하네스

WRK P/No.	1890202223AS
Vender P/No.	MG642996
Vender P/Name	KET_040II_04M

- BSA 센서 #4 하네스

WRK P/No.	999990081AS
Vender P/No.	MG652999
Vender P/Name	KET_040III_04F

BB15 BSA 메인과 BSA 센서 #5 하네스 연결 커넥터 (Standard)
- BSA 메인 하네스

WRK P/No.	1890202223AS
Vender P/No.	MG642996
Vender P/Name	KET_040II_04M

- BSA 센서 #5 하네스

WRK P/No.	999990081AS
Vender P/No.	MG652999
Vender P/Name	KET_040III_04F

BB16 BSA 메인과 BSA 센서 #6 하네스 연결 커넥터 (Standard)
- BSA 메인 하네스

WRK P/No.	-
Vender P/No.	MG645571
Vender P/Name	KET_060_06M

- BSA 센서 #6 하네스

WRK P/No.	-
Vender P/No.	MG655574
Vender P/Name	KET_040III_04F

2023 > 엔진 > 160kW > 커넥터 정보 > 하네스 연결 커넥터

하네스 연결 커넥터 (4)

BB21 BSA 메인과 BSA 센서 #1 하네스 연결 커넥터 (Long Range)

- BSA 메인 하네스

WRK P/No.	1890202223AS
Vender P/No.	MG642996
Vender P/Name	KET_040II_04M

- BSA 센서 #1 하네스

WRK P/No.	999990081AS
Vender P/No.	MG652999
Vender P/Name	KET_040III_04F

BB22 BSA 메인과 BSA 센서 #2 하네스 연결 커넥터 (Long Range)

- BSA 메인 하네스

WRK P/No.	-
Vender P/No.	MG645571
Vender P/Name	KET_060_06M

- BSA 센서 #2 하네스

WRK P/No.	-
Vender P/No.	MG655574
Vender P/Name	KET_040III_04F

BB23 BSA 메인과 BSA 센서 #3 하네스 연결 커넥터 (Long Range)

- BSA 메인 하네스

WRK P/No.	1890202223AS
Vender P/No.	MG642996
Vender P/Name	KET_040II_04M

- BSA 센서 #3 하네스

WRK P/No.	999990081AS
Vender P/No.	MG652999
Vender P/Name	KET_040III_04F

BB24 BSA 메인과 BSA 센서 #4 하네스 연결 커넥터 (Long Range)

- BSA 메인 하네스

WRK P/No.	1890202223AS
Vender P/No.	MG642996
Vender P/Name	KET_040II_04M

- BSA 센서 #4 하네스

WRK P/No.	999990081AS
Vender P/No.	MG652999
Vender P/Name	KET_040III_04F

하네스 연결 커넥터 (5)

BB25 BSA 메인과 BSA 센서 #5 하네스 연결 커넥터 (Long Range)
- BSA 메인 하네스

WRK P/No.	1890202223AS
Vender P/No.	MG642996
Vender P/Name	KET_040II_04M

- BSA 센서 #5 하네스

WRK P/No.	999990081AS
Vender P/No.	MG652999
Vender P/Name	KET_040III_04F

BB26 BSA 메인과 BSA 센서 #6 하네스 연결 커넥터 (Long Range)
- BSA 메인 하네스

WRK P/No.	1890202223AS
Vender P/No.	MG642996
Vender P/Name	KET_040II_04M

- BSA 센서 #6 하네스

WRK P/No.	999990081AS
Vender P/No.	MG652999
Vender P/Name	KET_040III_04F

BB27 BSA 메인과 BSA 센서 #7 하네스 연결 커넥터 (Long Range)
- BSA 메인 하네스

WRK P/No.	1890202223AS
Vender P/No.	MG642996
Vender P/Name	KET_040II_04M

- BSA 센서 #7 하네스

WRK P/No.	999990081AS
Vender P/No.	MG652999
Vender P/Name	KET_040III_04F

BB28 BSA 메인과 BSA 센서 #8 하네스 연결 커넥터 (Long Range)
- BSA 메인 하네스

WRK P/No.	-
Vender P/No.	MG645571
Vender P/Name	KET_060_06M

- BSA 센서 #8 하네스

WRK P/No.	-
Vender P/No.	MG655574
Vender P/Name	KET_040III_04F

2023 > 엔진 > 160kW > 커넥터 정보 > 하네스 연결 커넥터

하네스 연결 커넥터 (6)

BF11 풀로어와 BSA 메인 하네스 연결 커넥터
- 풀로어 하네스

WRK P/No.	-
Vender P/No.	MG656922-5
Vender P/Name	KET_025060WP_33F

- BSA 메인 하네스

WRK P/No.	-
Vender P/No.	MG646089-5
Vender P/Name	KET_06025_33M

CC11 충전 단자 하네스와 고전압 케이블 #3 연결 커넥터
- 충전 단자 하네스

WRK P/No.	-
Vender P/No.	35531923
Vender P/Name	APTIV_HV250W_04M

- 고전압 케이블 #3

WRK P/No.	-
Vender P/No.	35509222
Vender P/Name	APTIV_HV250WP_04F

CF11 플로어와 충전 단자 하네스 연결 커넥터
- 플로어 하네스

WRK P/No.	-
Vender P/No.	HK342-16010
Vender P/Name	KUM_060110_16M

- 충전 단자 커넥터 하네스

WRK P/No.	-
Vender P/No.	HK346-16010
Vender P/Name	KUM_060110_16F

하네스 연결 커넥터 (7)

DD11
운전석 도어와 운전석 도어 익스텐션 하네스 연결 커넥터
- 운전석 도어 하네스

WRK P/No.	-
Vender P/No.	HK261-20010
Vender P/Name	KUM_060_20M

- 운전석 도어 익스텐션 하네스

WRK P/No.	-
Vender P/No.	HK265-2001
Vender P/Name	KUM_20F

DD12
운전석 도어와 운전석 도어 무드 램프 익스텐션 하네스 연결 커넥터
- 운전석 도어 하네스

WRK P/No.	-
Vender P/No.	MG611275
Vender P/Name	KET_62C_04F

- 운전석 도어 무드 램프 익스텐션 하네스

WRK P/No.	-
Vender P/No.	MG621389
Vender P/Name	KET_025_HZT_04M

DD21
동승석 도어와 동승석 도어 익스텐션 하네스 연결 커넥터
- 동승석 도어 하네스

WRK P/No.	-
Vender P/No.	HK261-20010
Vender P/Name	KUM_060_20M

- 동승석 도어 익스텐션 하네스

WRK P/No.	-
Vender P/No.	HK265-2001
Vender P/Name	KUM_20F

2023 > 엔진 > 160kW > 커넥터 정보 > 하네스 연결 커넥터

하네스 연결 커넥터 (8)

DD22
동승석 도어와 동승석 도어 무드 램프 익스텐션 하네스 연결 커넥터
- 동승석 도어 하네스

WRK P/No.	-
Vender P/No.	MG611275
Vender P/Name	KET_62C_04F

- 동승석 도어 무드 램프 익스텐션 하네스

WRK P/No.	-
Vender P/No.	MG621389
Vender P/Name	KET_025_HZT_04M

DD31
리어 도어 내와 리어 도어 내 익스텐션 하네스 연결 커넥터
- 리어 도어 내 하네스

WRK P/No.	-
Vender P/No.	HK261-20010
Vender P/Name	KUM_060_20M

- 리어 도어 내 익스텐션 하네스

WRK P/No.	-
Vender P/No.	HK265-2001
Vender P/Name	KUM_20F

DD32
리어 도어 내와 리어 도어 내 무드 램프 익스텐션 하네스 연결 커넥터
- 리어 도어 내 하네스

WRK P/No.	-
Vender P/No.	MG611275
Vender P/Name	KET_62C_04F

- 리어 도어 내 무드 램프 익스텐션 하네스

WRK P/No.	-
Vender P/No.	MG621389
Vender P/Name	KET_025_HZT_04M

하네스 연결 커넥터 (9)

DD41
리어 도어 RH와 리어 도어 RH 익스텐션 하네스 연결 커넥터
- 리어 도어 RH 하네스

WRK P/No.	-
Vender P/No.	HK261-20010
Vender P/Name	KUM_060_20M

- 리어 도어 RH 익스텐션 하네스

WRK P/No.	-
Vender P/No.	HK265-2001
Vender P/Name	KUM_20F

DD42
리어 도어 RH와 리어 도어 RH 무드 램프 익스텐션 하네스 연결 커넥터
- 리어 도어 RH 하네스

WRK P/No.	-
Vender P/No.	MG611275
Vender P/Name	KET_62C_04F

- 리어 도어 RH 무드 램프 익스텐션 하네스

WRK P/No.	-
Vender P/No.	MG621389
Vender P/Name	KET_025_HZT_04M

EE01
프런트와 프런트 휠 센서 LH 익스텐션 하네스 연결 커넥터
- 프런트 하네스

WRK P/No.	35050101
Vender P/No.	-
Vender P/Name	DEL_050WP_02F

- 프런트 휠 센서 LH 익스텐션 하네스

WRK P/No.	06.4130-1005.2
Vender P/No.	-
Vender P/Name	CONTINETAL_APEX1.2_02M

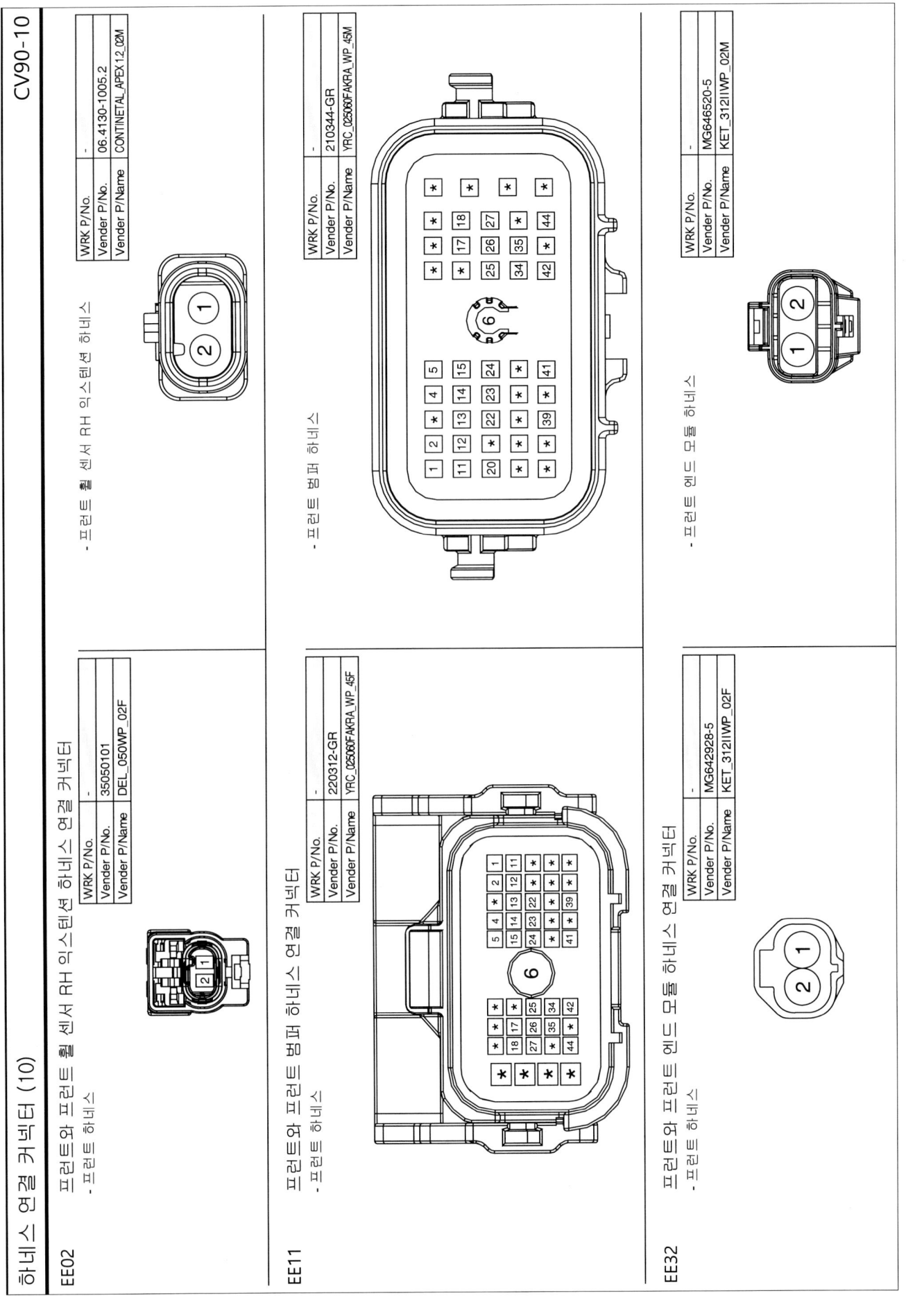

하네스 연결 커넥터 (11)

EE31
프론트와 프론트 엔드 모듈 하네스 연결 커넥터
- 프론트 하네스

WRK P/No.	-
Vender P/No.	MG646049-5
Vender P/Name	KET_025060WP_27M

- 프론트 엔드 모듈 하네스

WRK P/No.	-
Vender P/No.	MG656891-5
Vender P/Name	KET_025060WP_27F

EF11
프론트와 플로어 하네스 연결 커넥터
- 프론트 하네스

WRK P/No.	-
Vender P/No.	MG657013-2
Vender P/Name	KET_025060110250FAKRA_50F

- 플로어 하네스

WRK P/No.	-
Vender P/No.	MG646195-2
Vender P/Name	KET_025060110250FAKRA_50M

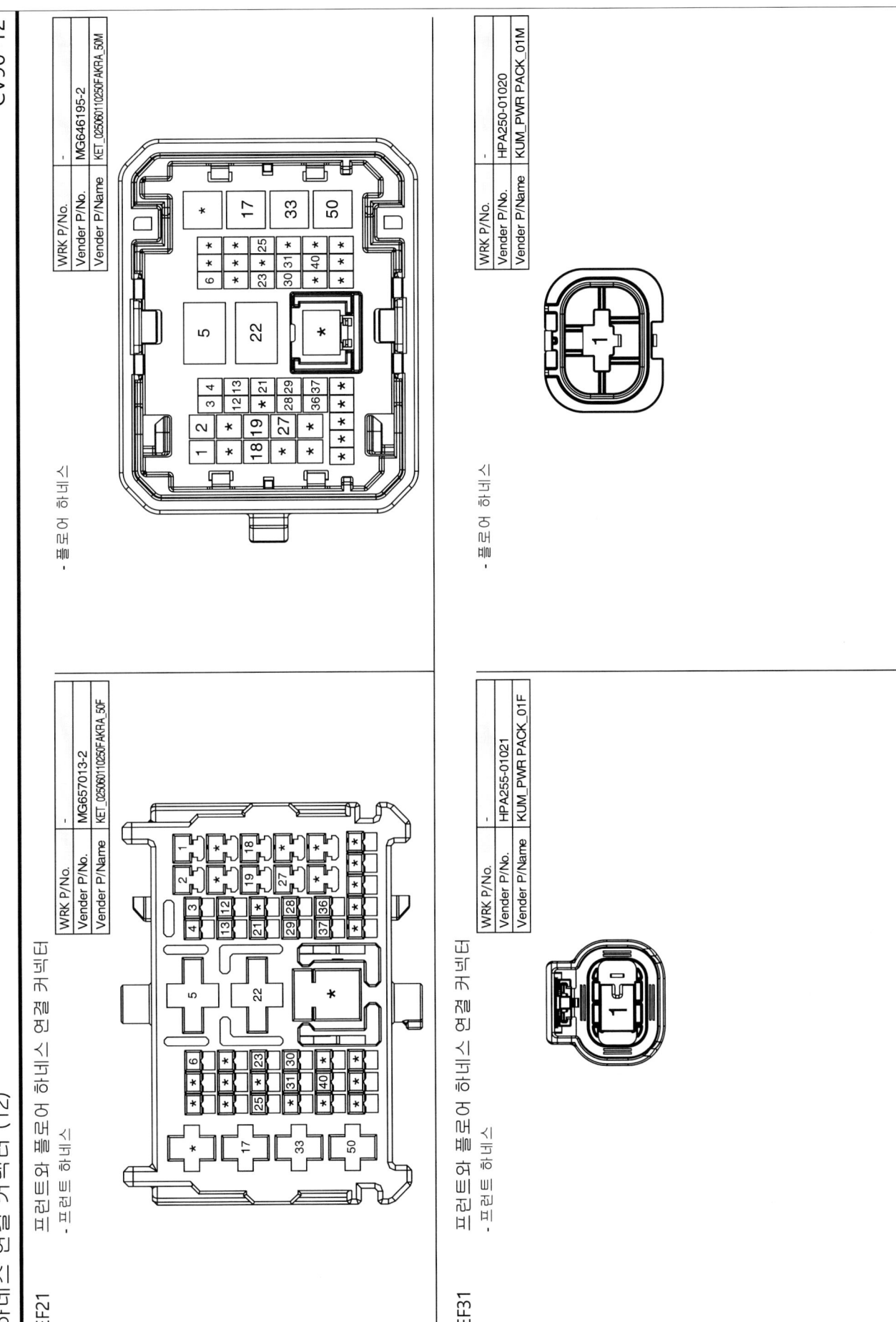

하네스 연결 커넥터 (13)

EM11 프런트와 메인 하네스 연결 커넥터
- 프런트 하네스

WRK P/No.	-
Vender P/No.	MG657272
Vender P/Name	KET_025060110FAKRA_76F

- 메인 하네스

WRK P/No.	-
Vender P/No.	MG646474
Vender P/Name	KET_025060110FAKRA_76M

EM21 프런트와 메인 하네스 연결 커넥터
- 프런트 하네스

WRK P/No.	-
Vender P/No.	MG646473-2
Vender P/Name	KET_025060110_52M

- 메인 하네스

WRK P/No.	-
Vender P/No.	MG657226-2
Vender P/Name	KET_025060110_52F

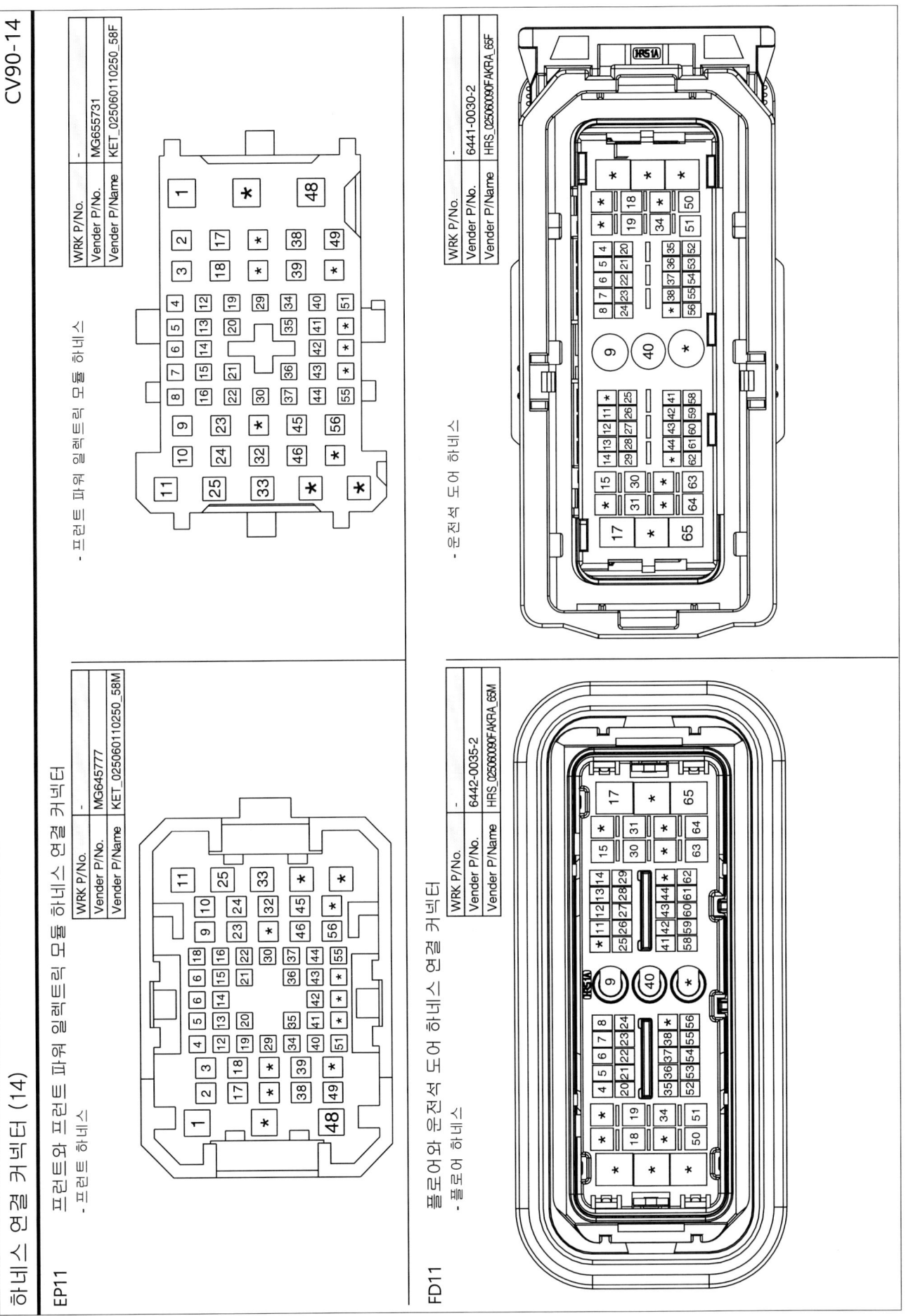

하네스 연결 커넥터 (15)

FD21 플로어와 동승석 도어 하네스 연결 커넥터
- 플로어 하네스
- 동승석 도어 하네스

	WRK P/No.	-
	Vender P/No.	6441-0030-2
	Vender P/Name	HRS_025060090FAKRA_65F

	WRK P/No.	-
	Vender P/No.	6442-0035-2
	Vender P/Name	HRS_025060090FAKRA_65M

FD31 플로어와 리어 도어 LH 하네스 연결 커넥터
- 플로어 하네스
- 리어 도어 LH 하네스

	WRK P/No.	-
	Vender P/No.	2309582-2
	Vender P/Name	AMP_025060110_26F

	WRK P/No.	-
	Vender P/No.	2309575-2
	Vender P/Name	AMP_025060110_26M

하네스 연결 커넥터 (16)

FD41 플로어와 리어 도어 RH 하네스 연결 커넥터
- 플로어 하네스

WRK P/No.	-
Vender P/No.	2309575-2
Vender P/Name	AMP_025060110_26M

- 리어 도어 RH 하네스

WRK P/No.	-
Vender P/No.	2309582-2
Vender P/Name	AMP_025060110_26F

FF01 플로어와 EPB LH 익스텐션 하네스 연결 커넥터
- 플로어 하네스

WRK P/No.	-
Vender P/No.	PB041-04020
Vender P/Name	KUM_WWP_04M

- EPB LH 익스텐션 하네스

WRK P/No.	-
Vender P/No.	PB045-04027
Vender P/Name	KUM_WWP04F-4P

FF02 플로어와 EPB RH 익스텐션 하네스 연결 커넥터
- 플로어 하네스

WRK P/No.	-
Vender P/No.	PB041-04020
Vender P/Name	KUM_WWP_04M

- EPB RH 익스텐션 하네스

WRK P/No.	-
Vender P/No.	PB045-04027
Vender P/Name	KUM_WWP04F-4P

2023 > 엔진 > 160kW > 커넥터 정보 > 하네스 연결 커넥터

하네스 연결 커넥터 (17)

FF11 플로어와 리어 콘솔 익스텐션 하네스 연결 커넥터
- 플로어 하네스

WRK P/No.	-
Vender P/No.	220168-NA
Vender P/Name	YRC_060II_12F

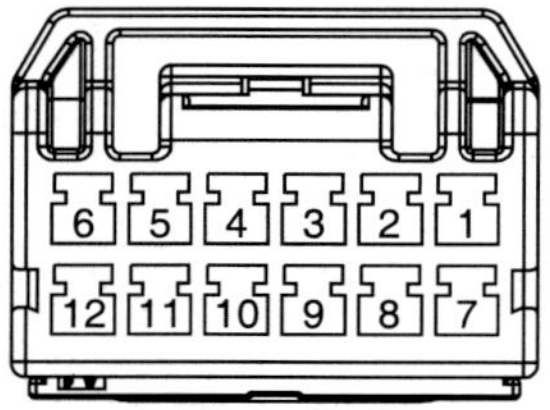

- 리어 콘솔 익스텐션 하네스

WRK P/No.	-
Vender P/No.	YURA 210191-NA
Vender P/Name	12M

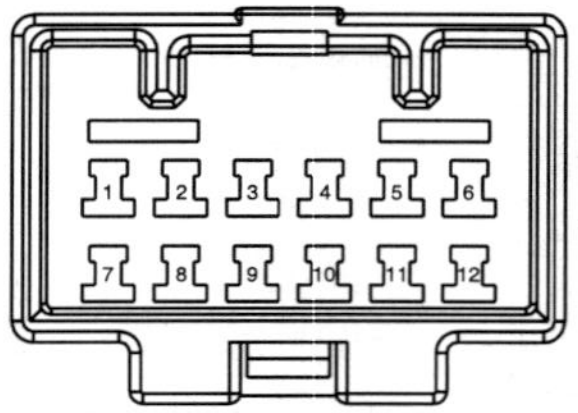

FP11 플로어와 프런트 엔드 모듈 하네스 연결 커넥터
- 플로어 하네스

WRK P/No.	-
Vender P/No.	MG657037-5
Vender P/Name	KET_025060110WP_52F

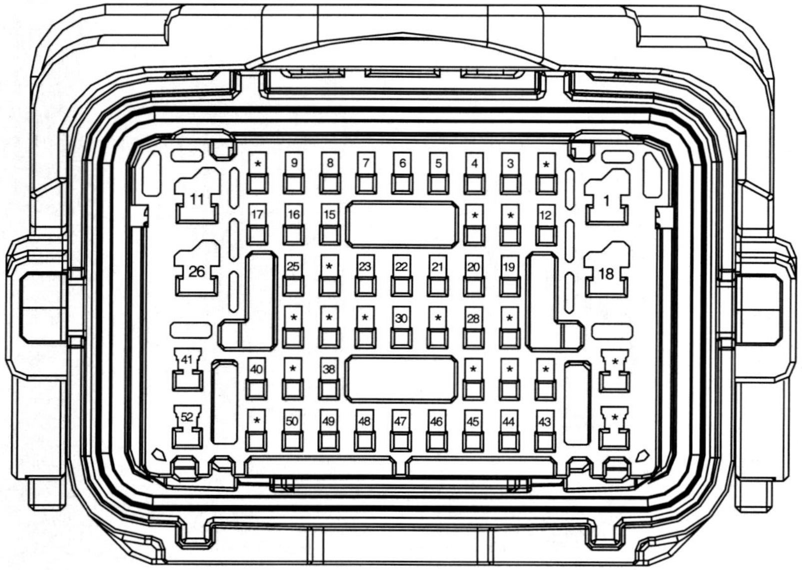

- 프런트 엔드 모듈 하네스

WRK P/No.	-
Vender P/No.	MG46219-5
Vender P/Name	KET_025060110WP_52M

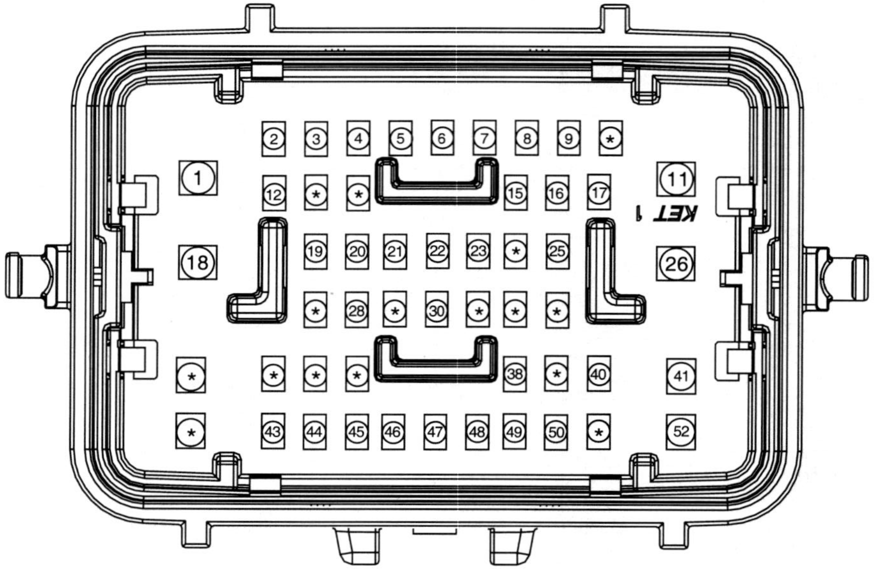

2023 > 엔진 > 160kW > 커넥터 정보 > 하네스 연결 커넥터

CV90-18

하네스 연결 커넥터

하네스 연결 커넥터 (18)

FF12 플로어와 충전 단자 도어 하네스 연결 커넥터
- 플로어 하네스

WRK P/No.	-
Vender P/No.	MG655608
Vender P/Name	KET_060_10F

- 충전 단자 도어 하네스

WRK P/No.	-
Vender P/No.	MG645605
Vender P/Name	KET_N060(Unseal)_10M

FR11 플로어와 루프 하네스 연결 커넥터
- 플로어 하네스

WRK P/No.	-
Vender P/No.	HK111-1011
Vender P/Name	KUM_025_10M

- 루프 하네스

WRK P/No.	-
Vender P/No.	HK115-10011
Vender P/Name	KUM_HSC_10F

FR12 플로어와 선루프 하네스 연결 커넥터
- 플로어 하네스

WRK P/No.	1879005501AS
Vender P/No.	MG655613
Vender P/Name	KET_060_12F

- 선루프 하네스

WRK P/No.	-
Vender P/No.	MG645610
Vender P/Name	KET_12M

- 449 -

2023 > 엔진 > 150kW > 커넥터 정보 > 하네스 연결 커넥터

하네스 연결 커넥터 (19)

FR21 플로어와 리어 범퍼 하네스 연결 커넥터
- 플로어 하네스

WRK P/No.	-
Vendor P/No.	CL6439-0011-9
Vendor P/Name	HRS_KM_025_060_110_28M

- 리어 범퍼 하네스

WRK P/No.	-
Vendor P/No.	CL6439-0010-6
Vendor P/Name	HRS_025060110_28F

FR31 플로어와 트렁크 #1 하네스 연결 커넥터
- 플로어 하네스

WRK P/No.	-
Vendor P/No.	2370477-1
Vendor P/Name	AMP_025060110_22M

- 트렁크 #1 하네스

WRK P/No.	-
Vendor P/No.	2370474-1
Vendor P/Name	AMP_025060110_22F

FR32 플로어와 트렁크 #1 하네스 연결 커넥터
- 플로어 하네스

WRK P/No.	-
Vendor P/No.	2005079-1
Vendor P/Name	AMP_025_16M

- 트렁크 #1 하네스

WRK P/No.	187900156AS
Vendor P/No.	2005076-1
Vendor P/Name	AMP_025_16F

2023 > 엔진 > 160KW > 커넥터 정보 > 하네스 연결 커넥터

하네스 연결 커넥터 (20)

FS11 플로어와 운전석 시트 하네스 연결 커넥터
- 플로어 하네스

WRK P/No.	-
Vendor P/No.	CL6439-0010-6
Vendor P/Name	HRS_025060110_28F

- 운전석 시트 하네스

WRK P/No.	-
Vendor P/No.	CL6439-0011-9
Vendor P/Name	HRS_KM_025_060_110_28M

FS21 플로어와 동승석 시트 하네스 연결 커넥터
- 플로어 하네스

WRK P/No.	-
Vendor P/No.	CL6439-0010-6
Vendor P/Name	HRS_025060110_28F

- 동승석 시트 하네스

WRK P/No.	-
Vendor P/No.	CL6439-0011-9
Vendor P/Name	HRS_KM_025_060_110_28M

FS31 플로어와 리어 시트 하네스 연결 커넥터
- 플로어 하네스

WRK P/No.	-
Vendor P/No.	MG655766
Vender P/Name	KET_025060110_22F

- 리어 시트 하네스

WRK P/No.	-
Vender P/No.	MG645808
Vender P/Name	KET_025-II_22M

하네스 연결 커넥터 (21)

HH11
프론트 고전압 정션 블록 #1과 프론트 고전압 정션 블록 #2 하네스 연결 커넥터 (2WD)
- 프론트 고전압 정션 블록 #1 하네스

WRK P/No.	-
Vender P/No.	HKC02-02512
Vender P/Name	KSC_025_02M

- 프론트 고전압 정션 블록 #2 하네스

WRK P/No.	-
Vender P/No.	HKC02-02522
Vender P/Name	KSC_025_02F

HH12
프론트 고전압 정션 블록 #1과 프론트 고전압 정션 블록 #3 하네스 연결 커넥터 (2WD)
- 프론트 고전압 정션 블록 #1 하네스

WRK P/No.	-
Vender P/No.	HKC02-02512
Vender P/Name	KSC_025_02M

- 프론트 고전압 정션 블록 #3 하네스

WRK P/No.	-
Vender P/No.	HKC02-02522
Vender P/Name	KSC_025_02F

HH21
프론트 고전압 정션 블록 #1과 프론트 고전압 정션 블록 #2 하네스 연결 커넥터 (4WD)
- 프론트 고전압 정션 블록 #1 하네스

WRK P/No.	-
Vender P/No.	HKC02-02512
Vender P/Name	KSC_025_02M

- 프론트 고전압 정션 블록 #2 하네스

WRK P/No.	-
Vender P/No.	HKC02-02522
Vender P/Name	KSC_025_02F

HH22
프론트 고전압 정션 블록 #1과 프론트 고전압 정션 블록 #3 하네스 연결 커넥터 (4WD)
- 프론트 고전압 정션 블록 #1 하네스

WRK P/No.	-
Vender P/No.	HKC02-02512
Vender P/Name	KSC_025_02M

- 프론트 고전압 정션 블록 #3 하네스

WRK P/No.	-
Vender P/No.	HKC02-02522
Vender P/Name	KSC_025_02F

하네스 연결 커넥터 (22)

HV11 리어 파워 일렉트릭 모듈과 리어 고전압 정션 블록 하네스 연결 커넥터

- 리어 파워 일렉트릭 모듈 하네스

WRK P/No.	-
Vender P/No.	HKC06-16021
Vender P/Name	KSC_060WP_06F

- 리어 고전압 정션 블록 하네스

WRK P/No.	-
Vender P/No.	HKC06-16011
Vender P/Name	KSC_060WP_06M

HV12 리어 고전압 정션 블록과 충전 단자 하네스 연결 커넥터

- 리어 고전압 정션 블록 하네스

WRK P/No.	-
Vender P/No.	-
Vender P/Name	02M

- 충전 단자 하네스

WRK P/No.	-
Vender P/No.	HKC02-57140
Vender P/Name	KSC_HV_570WP_02F

HV21 프론트와 프론트 고전압 정션 블록 #2 하네스 연결 커넥터

- 프론트 하네스

WRK P/No.	-
Vender P/No.	HKC04-11140
Vender P/Name	KSC_HV_110_04F

- 프론트 고전압 정션 블록 #2

WRK P/No.	-
Vender P/No.	HKC04-11130
Vender P/Name	KSC_HV_110_04M

하네스 연결 커넥터 (23)

HV22
프런트 고전압 정션 블록과 BMS PTC 히터 하네스 연결 커넥터
- 프런트 고전압 정션 블록 하네스

WRK P/No.	3317-5359
Vender P/No.	DEL_ASM_280_04M
Vender P/Name	

- BMS PTC 히터 하네스

WRK P/No.	-
Vender P/No.	-
Vender P/Name	04F

N/A

HV23
프런트 파워 일렉트릭 모듈과 프런트 고전압 정션 블록 #1 하네스 연결 커넥터 (2WD)
- 프런트 파워 일렉트릭 모듈 하네스

WRK P/No.	
Vender P/No.	HKC06-16021
Vender P/Name	KSC_060WP_06F

- 프런트 고전압 정션 블록 #1 하네스

WRK P/No.	-
Vender P/No.	HKC06-16011
Vender P/Name	KSC_060WP_06M

HV24
프런트 파워 일렉트릭 모듈과 프런트 고전압 정션 블록 #1 하네스 연결 커넥터 (4WD)
- 프런트 파워 일렉트릭 모듈 하네스

WRK P/No.	
Vender P/No.	HKC06-16021
Vender P/Name	KSC_060WP_06F

- 프런트 고전압 정션 블록 #1 하네스

WRK P/No.	-
Vender P/No.	HKC06-16011
Vender P/Name	KSC_060WP_06M

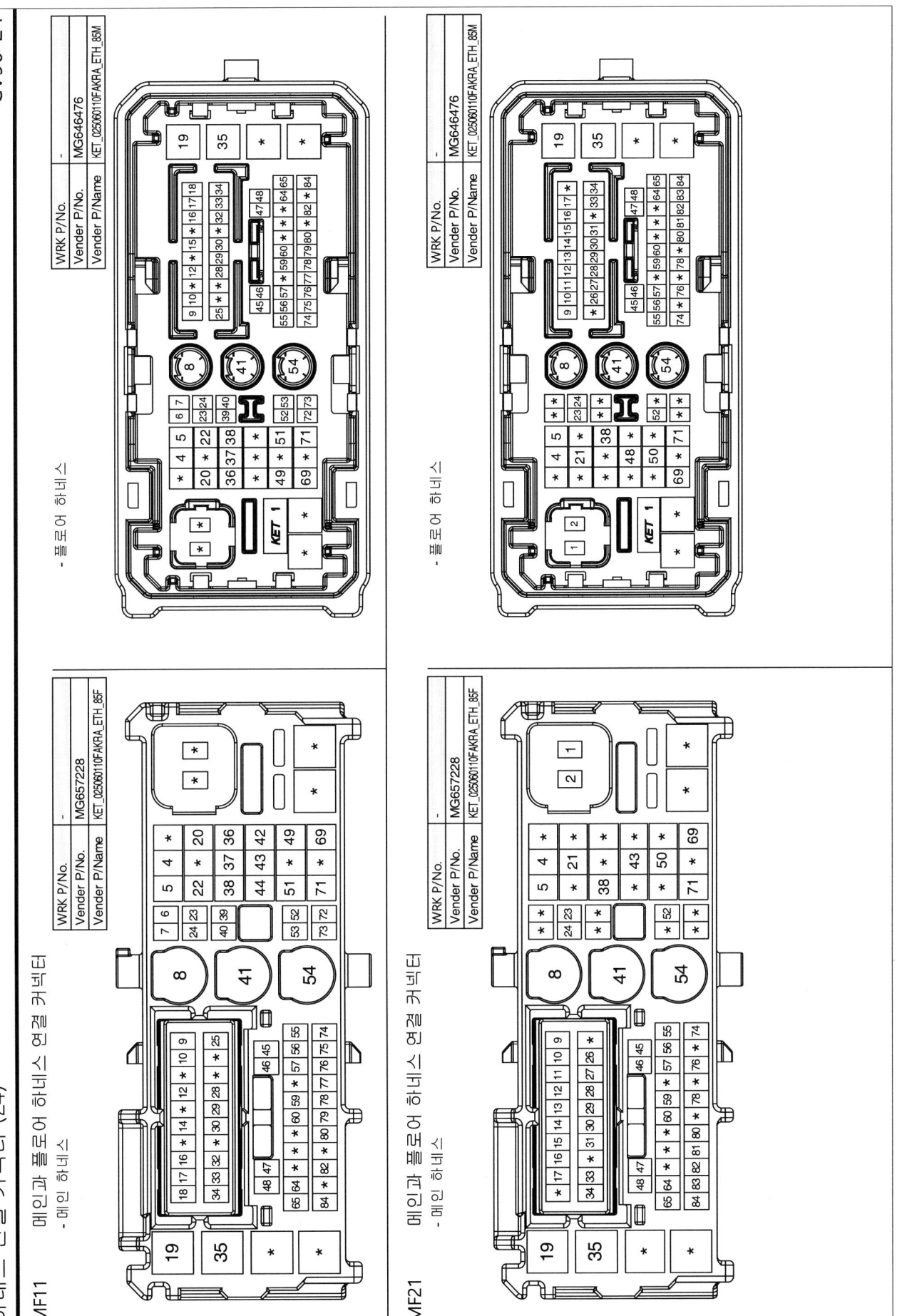

하네스 연결 커넥터 (25)

MM01 메인과 프론트 콘솔 익스텐션 하네스 연결 커넥터
- 메인 하네스

WRK P/No.	2188391-1
Vender P/No.	-
Vender P/Name	AMP_025060110_30F

- 프론트 콘솔 익스텐션 하네스

WRK P/No.	2188394-1
Vender P/No.	-
Vender P/Name	AMP_025060090_HYB_30M

MM02 메인과 HUD 익스텐션 하네스 연결 커넥터
- 메인 하네스

WRK P/No.	1879005501AS
Vender P/No.	MG655613
Vender P/Name	KET_060_12F

- HUD 익스텐션 하네스

WRK P/No.	-
Vender P/No.	MG645610
Vender P/Name	KET_12M

MM03 메인과 USB 잭 익스텐션 하네스 연결 커넥터
- 메인 하네스

WRK P/No.	1891405224AS
Vender P/No.	PH841-05010
Vender P/Name	KUM_CDR_05M

- USB 잭 익스텐션 하네스

WRK P/No.	1891305224AS
Vender P/No.	PH845-05010
Vender P/Name	KUM_05F

하네스 연결 커넥터 (26)

MM05 메인과 DSM 모니터 (운전석) 익스텐션 하네스 연결 커넥터
- 메인 하네스

WRK P/No.	-
Vender P/No.	MG645987
Vender P/Name	KET_025FAKRA_21M

- DSM 모니터 (운전석) 익스텐션 하네스

WRK P/No.	-
Vender P/No.	MG656839
Vender P/Name	21F

MM06 메인과 DSM 모니터 (동승석) 익스텐션 하네스 연결 커넥터
- 메인 하네스

WRK P/No.	-
Vender P/No.	MG645987
Vender P/Name	KET_025FAKRA_21M

- DSM 모니터 (동승석) 익스텐션 하네스

WRK P/No.	-
Vender P/No.	MG656839
Vender P/Name	21F

MM31 안테나 #1과 안테나 #2 하네스 연결 커넥터
- 안테나 #1 하네스

WRK P/No.	-
Vender P/No.	-
Vender P/Name	03M

- 안테나 #2 하네스

WRK P/No.	-
Vender P/No.	-
Vender P/Name	03F

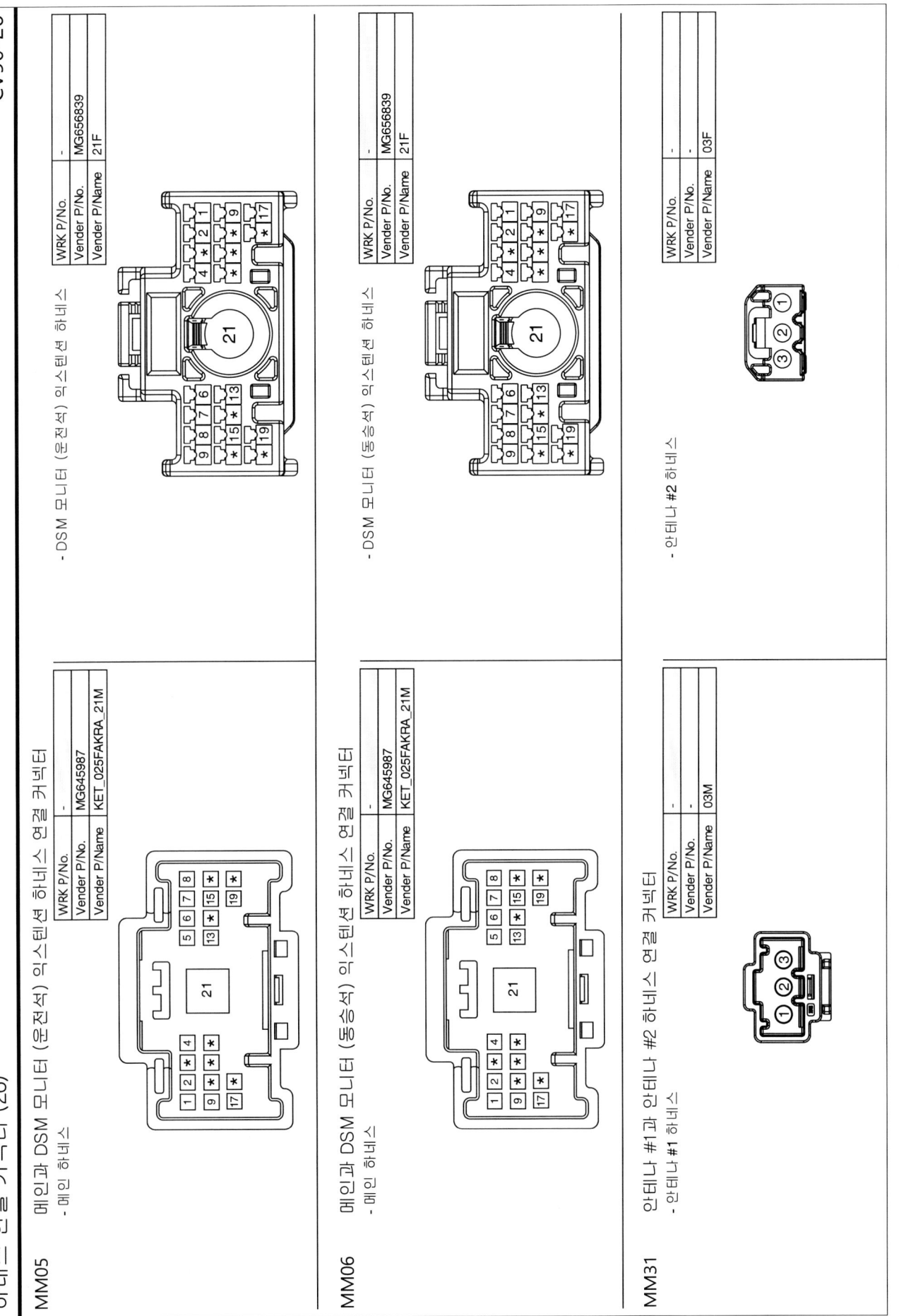

하네스 연결 커넥터 (27)

MM32
안테나 #2과 안테나 #3 하네스 연결 커넥터
- 안테나 #2 하네스

WRK P/No.	-
Vender P/No.	-
Vender P/Name	03F

- 안테나 #3 하네스

WRK P/No.	-
Vender P/No.	-
Vender P/Name	03M

MR11
메인과 루프 하네스 연결 커넥터
- 메인 하네스

WRK P/No.	-
Vender P/No.	MG656997
Vender P/Name	KET_025060_45F

- 루프 하네스

WRK P/No.	-
Vender P/No.	MG646176
Vender P/Name	KET_025060_45M

RR01
루프와 우토 디포거 센서 익스텐션 하네스 연결 커넥터
- 루프 하네스

WRK P/No.	HK115-10011
Vender P/Name	KUM_HSC_10F

- 우토 디포거 센서 익스텐션 하네스

N/A

WRK P/No.	-
Vender P/No.	-
Vender P/Name	04F

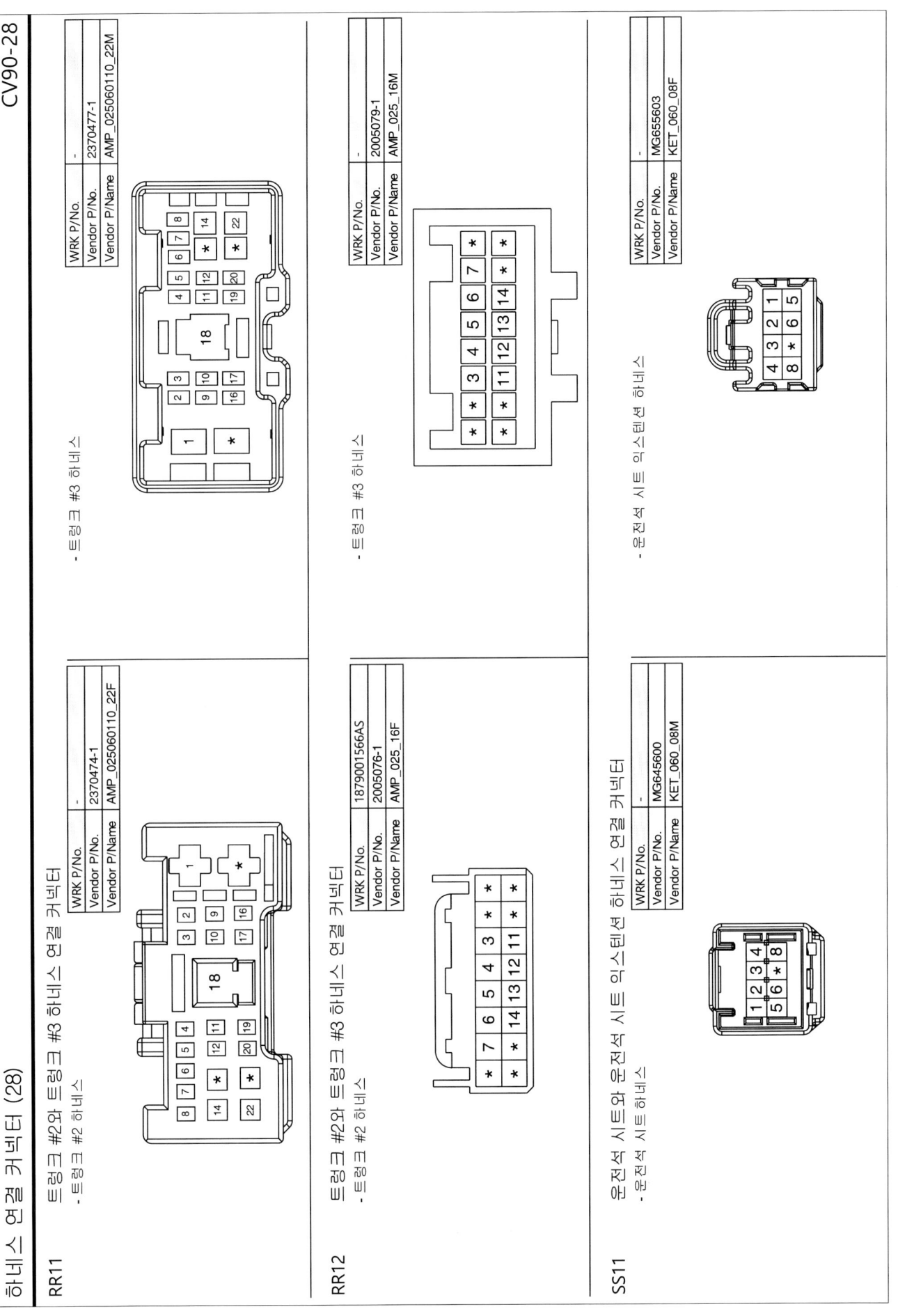

하네스 연결 커넥터 (29)

SS13
운전석 시트와 운전석 시트 히터 익스텐션 하네스 연결 커넥터 (통풍 시트 미적용)
- 운전석 시트 하네스

WRK P/No.	-
Vendor P/No.	MG641047
Vendor P/Name	KET_090_06M

- 운전석 시트 히터 익스텐션 하네스

WRK P/No.	-
Vendor P/No.	MG651044
Vendor P/Name	06F

SS14
운전석 시트와 운전석 시트 히터 익스텐션 하네스 연결 커넥터 (통풍 시트 적용)
- 운전석 시트 하네스

WRK P/No.	-
Vendor P/No.	MG641041
Vendor P/Name	04M

- 운전석 시트 히터 익스텐션 하네스

WRK P/No.	-
Vendor P/No.	MG612225
Vendor P/Name	04F

SS15
운전석 시트 히터 익스텐션과 운전석 시트 히터 등받이 익스텐션 하네스 연결 커넥터 (통풍 시트 미적용)
- 운전석 시트 히터 익스텐션 하네스

WRK P/No.	-
Vendor P/No.	MG651201-4
Vendor P/Name	02F

- 운전석 시트 히터 익스텐션 하네스

WRK P/No.	-
Vendor P/No.	MG641203-4
Vendor P/Name	02M

SS16
운전석 시트 히터 익스텐션과 운전석 시트 히터 등받이 익스텐션 하네스 연결 커넥터 (통풍 시트 적용)
- 운전석 시트 히터 익스텐션 하네스

WRK P/No.	-
Vendor P/No.	MG651201-4
Vendor P/Name	02F

- 운전석 시트 히터 익스텐션 하네스

WRK P/No.	-
Vendor P/No.	MG641203-4
Vendor P/Name	02M

하네스 연결 커넥터 (30)

SS21 통숨석 시트와 통숨석 시트 익스텐션 하네스 연결 커넥터
- 통숨석 시트 하네스

WRK P/No.	-
Vendor P/No.	MG645615
Vendor P/Name	KET_060_14M

- 통숨석 시트 익스텐션 하네스

WRK P/No.	-
Vendor P/No.	MG655618
Vendor P/Name	KET_060_14F

SS23 통숨석 시트와 통숨석 시트 히터 익스텐션 하네스 연결 커넥터 (통풍 시트 미적용)
- 통숨석 시트 하네스

WRK P/No.	-
Vendor P/No.	MG641047
Vendor P/Name	KET_090_06M

- 통숨석 시트 히터 익스텐션 하네스

WRK P/No.	-
Vendor P/No.	MG651044
Vendor P/Name	06F

SS24 통숨석 시트와 통숨석 시트 히터 익스텐션 하네스 연결 커넥터 (통풍 시트 적용)
- 통숨석 시트 하네스

WRK P/No.	-
Vendor P/No.	MG641041
Vendor P/Name	04M

- 통숨석 시트 히터 익스텐션 하네스

WRK P/No.	-
Vendor P/No.	MG612225
Vendor P/Name	04F

하네스 연결 커넥터 (31)

SS25 동승석 시트 히터 익스텐션과 동승석 시트 히터 등받이 익스텐션 하네스 연결 커넥터 (통풍시트 미적용)
- 동승석 시트 히터 익스텐션 하네스

WRK P/No.	-
Vendor P/No.	MG651201-4
Vendor P/Name	02F

- 동승석 시트 히터 익스텐션 하네스 연결 커넥터 (통풍시트 미적용)

WRK P/No.	-
Vendor P/No.	MG641203-4
Vendor P/Name	02M

SS26 동승석 시트 히터 익스텐션과 동승석 시트 히터 등받이 익스텐션 하네스 연결 커넥터 (통풍시트 적용)
- 동승석 시트 히터 익스텐션 하네스

WRK P/No.	-
Vendor P/No.	MG651201-4
Vendor P/Name	02F

- 동승석 시트 히터 익스텐션 하네스 연결 커넥터 (통풍시트 적용)

WRK P/No.	-
Vendor P/No.	MG641203-4
Vendor P/Name	02M

CV90-31

구성 부품 위치도

- 회로도 ·································· CL-1

구성 부품 위치도 (1)

1. 프런트 범퍼 좌측
2. 프런트 범퍼 좌측
3. 프런트 범퍼 좌측

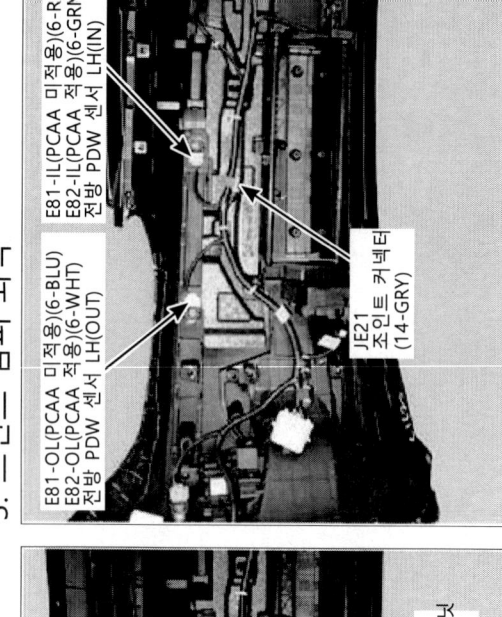
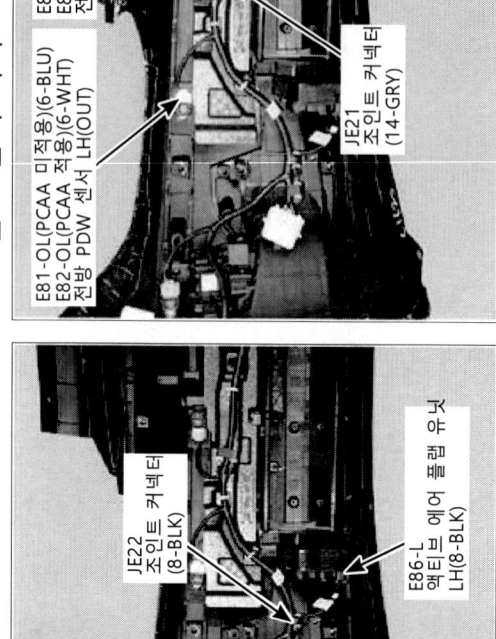

4. 프런트 범퍼 중앙
5. 프런트 범퍼 우측
6. 프런트 범퍼 우측

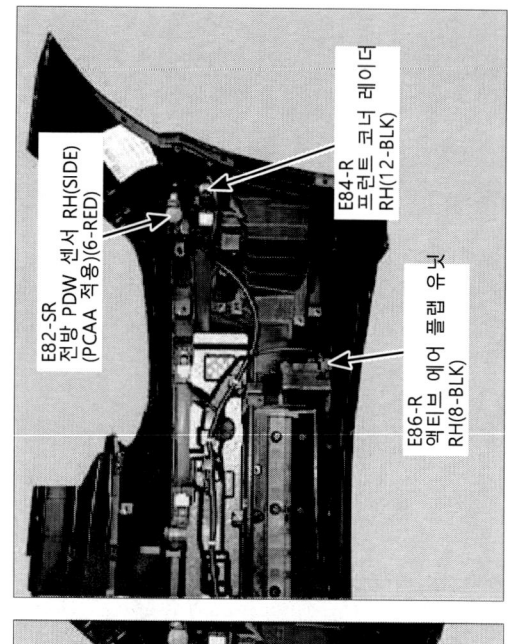
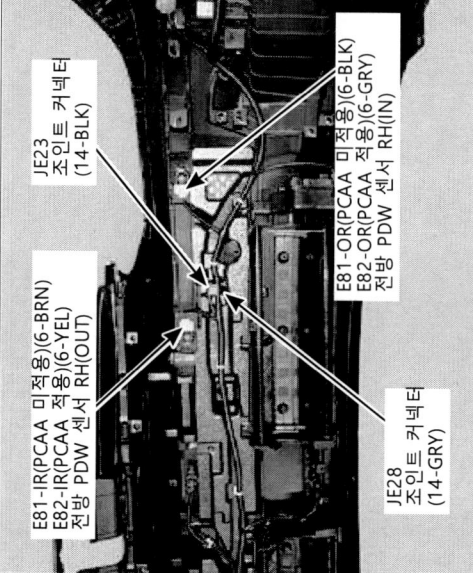
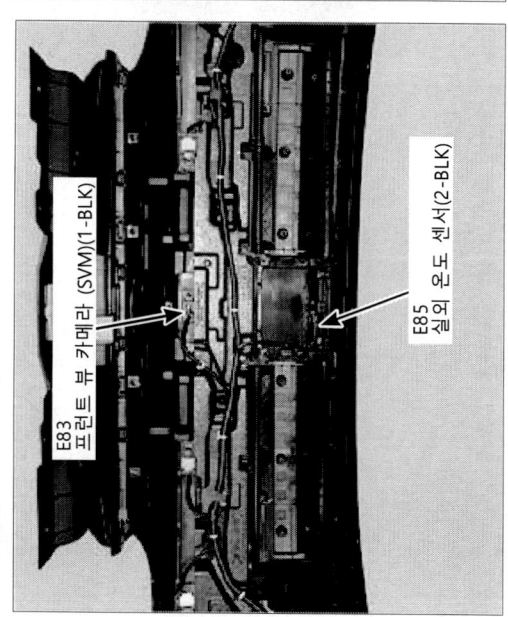

CL-1

구성 부품 위치도 (2)

7. 프런트 엔드 모듈 좌측

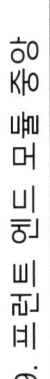

E75-L 경음기(LOW)(2-BLK)

8. 프런트 엔드 모듈 좌측

E73 워셔탱크 부저 (2-BLK)
EE31 (27-BLK)
EE32 (2-BLK)

9. 프런트 엔드 모듈 중앙

E74 후드 스위치(2-BLK)

10. 프런트 엔드 모듈 중앙

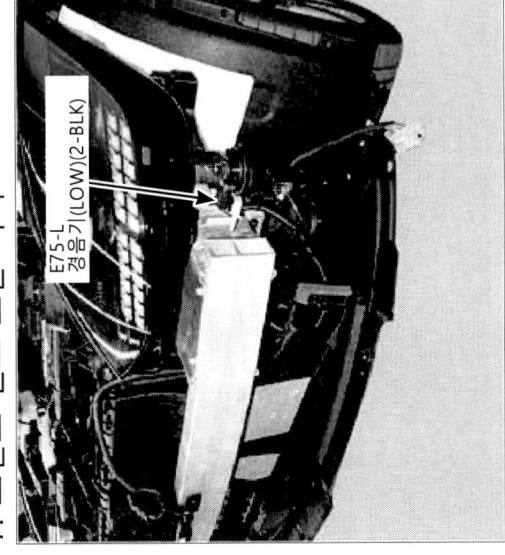

E71 VESS 유닛 (8-BLK)
E77 스마트 키 프런트 안테나 (2-BLK)

11. 프런트 엔드 모듈 중앙

E76 스마트 크루즈 컨트롤 레이더(6-BLK)

12. 프런트 엔드 모듈 우측

E75-H 경음기 (HIGH) (2-BLK)

2023 > 엔진 > 160kW > 구성 부품 위치

구성 부품 위치도 (3)

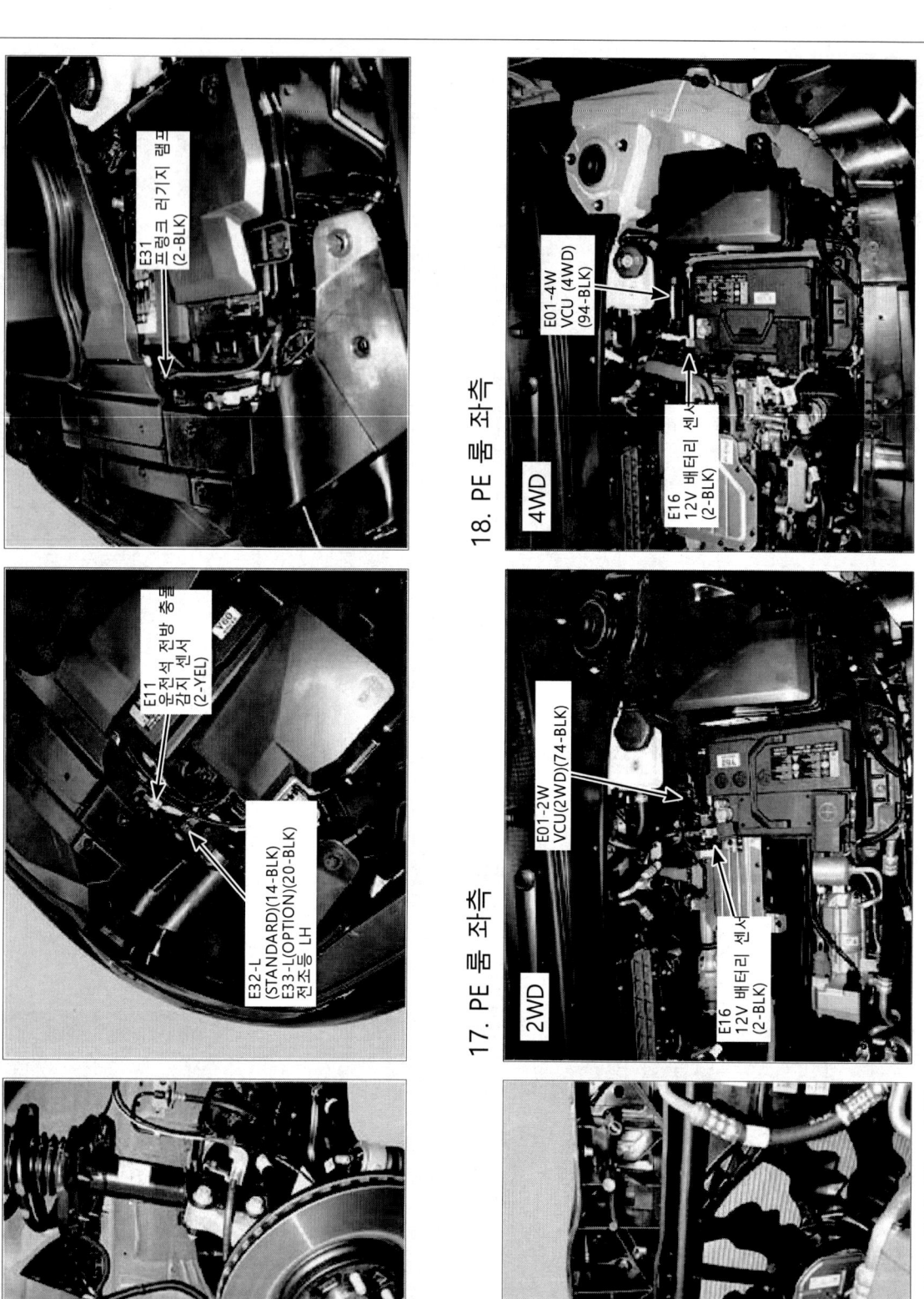

13. 프론트 범퍼 좌측
14. PE 룸 좌측 앞
15. PE 룸
16. PE 룸 앞쪽
17. PE 룸 좌측
18. PE 룸 좌측

구성 부품 위치도 (4)

19. PE 룸 좌측

- E51 ACC 릴레이 (RLY1)
- E53 ACC 릴레이 (RLY3)
- E55 ACC 릴레이 (RLY5)
- E52 ACC 릴레이 (RLY2)

20. PE 룸 좌측

- EP11 (58-WHT)
- E60 열선 유리 (뒤) 릴레이 (RLY10)
- E58 전자식 변속 레버 릴레이 (RLY8)
- E59 블로어 릴레이 (RLY9)

21. PE 룸 좌측

- P/B-C PCB 블록 (16-WHT)
- P/B-B PCB 블록 (24-WHT)
- P/B-A PCB 블록 (1-WHT)

22. PE 룸 좌측 앞

- GE04
- GE01

23. PE 룸 좌측 뒤

- E15 IEB 유닛 (INTEGRATED ELECTRIC BRAKE) (46-BLK)
- E06 브레이크 오일 레벨 센서 (2-BLK)

24. PE 룸 좌측 뒤

- JE02 조인트 커넥터 (14-GRY)
- JE01 조인트 커넥터 (14-GRY)

2023 > 엔진 > 160KW > 구성 부품 위치도

구성 부품 위치도 (5)

25. PE 룸 뒤쪽

E35 인테이크 액추에이터 (6-BLK)
E09 APT 센서 (히터 펌프 적용) (4-BLK)
E19 에어컨 블로어 모터 (4-BLK)

26. PE 룸 우측 앞

E12 동승석 전방 감지 센서 (2-YEL)
E32-R(Standard)(14-BLK) E33-R(Option)(20-BLK) 전조등 RH

27. PE 룸 우측 앞

E23 와셔 모터 (3-BLK)
E22 와셔액 레벨 센서 (2-BLK)

28. PE 룸 우측 앞

E28 전자식 워터 펌프 #(고전압 배터리) (4-BLK)

29. PE 룸 우측 앞

E03-2 냉매밸브 #2 (4-BLK)

30. PE 룸 우측 앞

E10 전자식 워터 펌프 (리어 P) (4-BLK)
E20 냉각수 밸브 (3-BLK)

CL-5

구성 부품 위치도 (6)

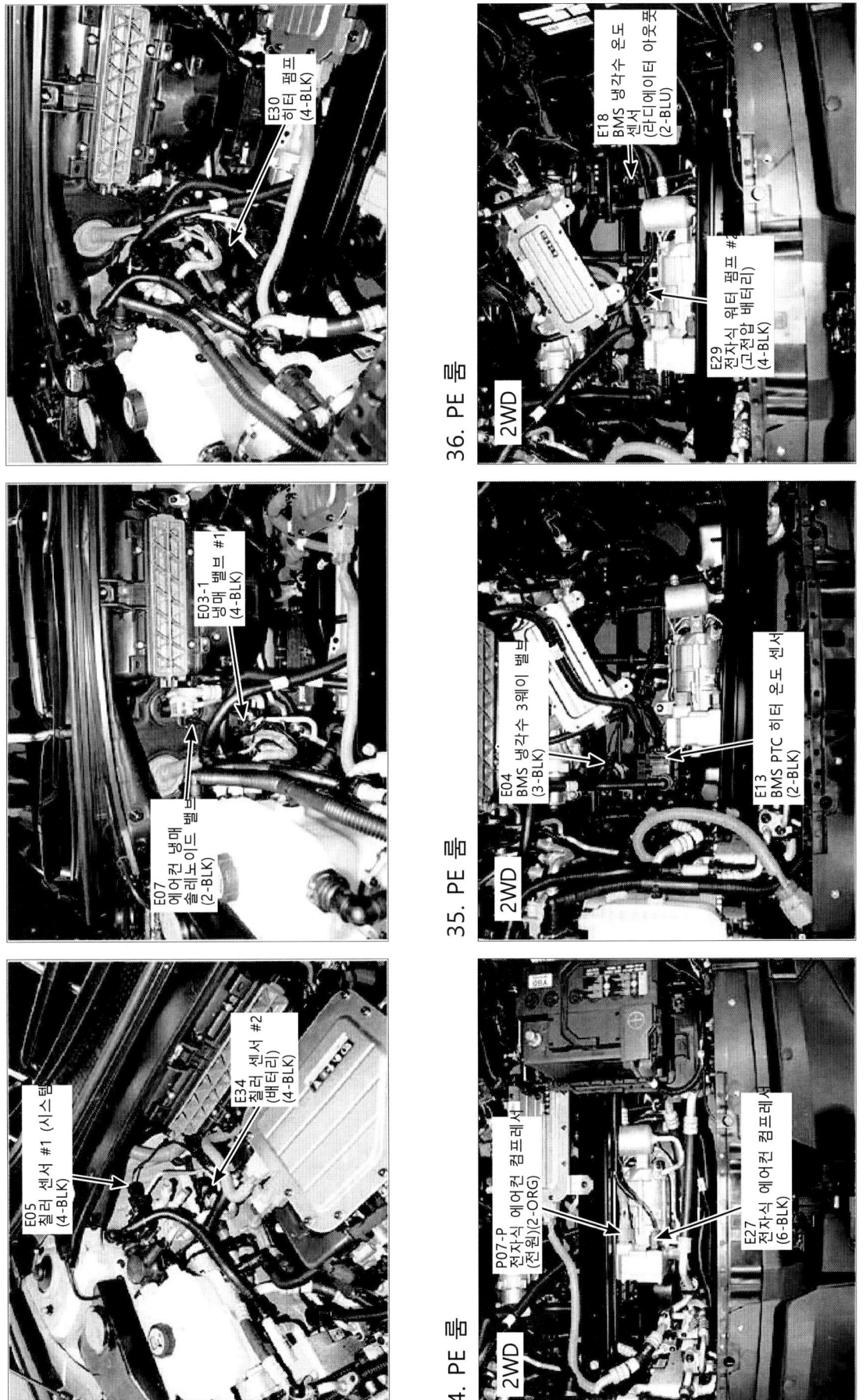

구성 부품 위치도 (7)

37. PE 룸 (HV 정션블록)

2WD

- HV22 (2-ORG)
- H13 프런트 고전압 정션 블록 (고전압 배터리)(2-ORG)
- HV23 (6-BLK)
- HV21 (4-N/A)

38. HV 정션블록

2WD

- H11 배터리 히터 릴레이 (2-WHT)
- HH11(2-WHT)
- H12 고전압 커넥터 인터록(2-WHT)
- HH12 (2-WHT)

39. 프런트 서스펜션

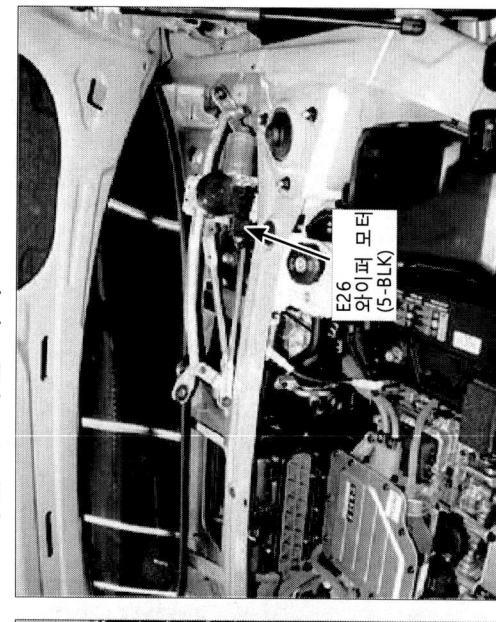

- E17 MDPS 유닛 (7-BLK)

40. 좌측 앞 휠 하우징

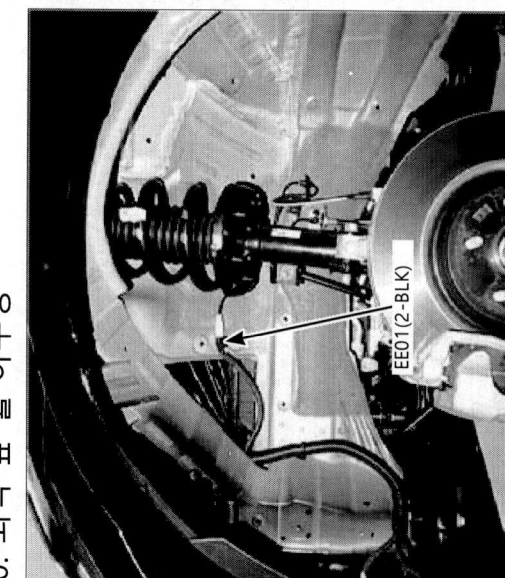

- EE01(2-BLK)

41. 우측 앞 휠 하우징

- EE02(2-BLK)

42. 카울 탑 패널 좌측

- E26 와이퍼 모터 (5-BLK)

2023 > 엔진 > 160KW > 구성 부품 위치도

구성 부품 위치도 (8)

43. 프론트 서스펜션 좌측
44. 프론트 서스펜션 우측
45. PE 룸 우측 앞
46. 좌측 프론트 필러
47. 크래쉬 패드 좌측
48. 대시 패널 좌측

CL-8

구성 부품 위치도 (9)

49. 크래쉬 패드 좌측

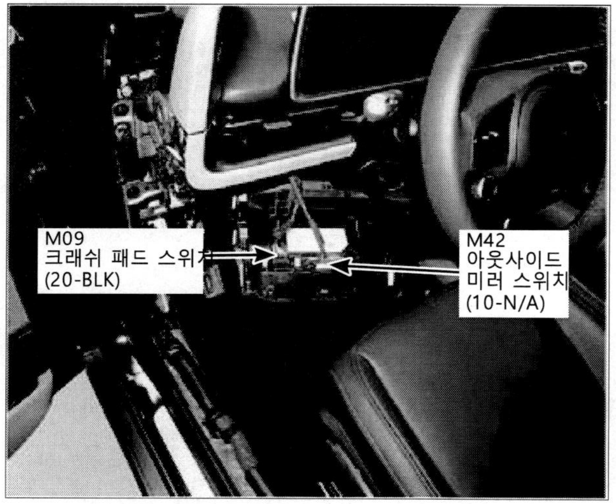

50. 카울 크로스 바 좌측(ICU 정션 블록)

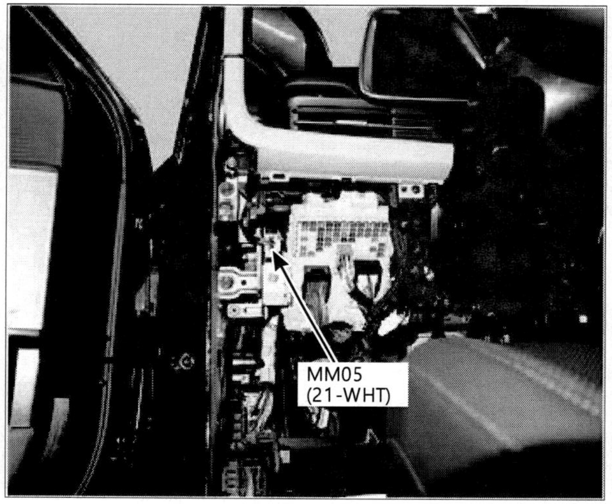

51. 카울 크로스 바 좌측(ICU 정션 블록)

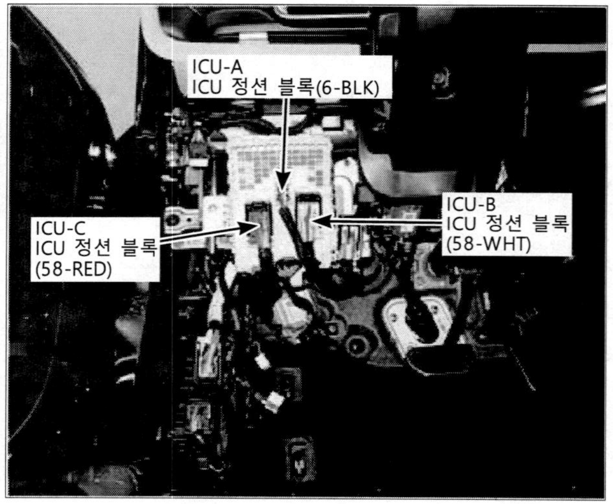

52. 대시 패널 좌측

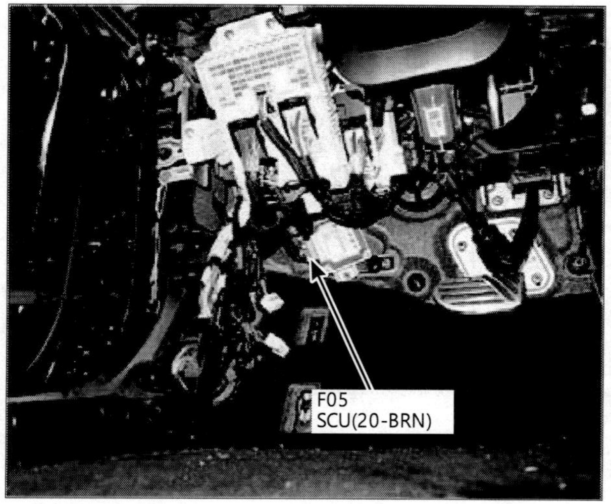

53. 카울 크로스 바 좌측(ICU 정션 블록)

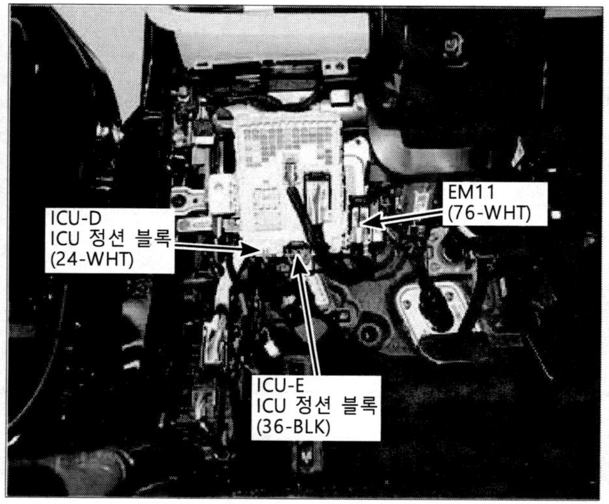

54. 카울 크로스 바 좌측(ICU 정션 블록)

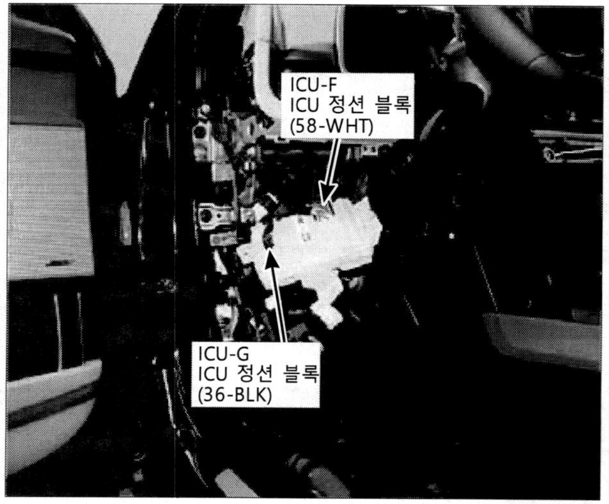

2023 > 엔진 > 160kW > 구성 부품 위치도

구성 부품 위치도 (10)

55. 카울 크로스 바 좌측

56. 카울 크로스 바 좌측

57. 히터 유닛 좌측

58. 크래쉬 패드 좌측

59. 크래쉬 패드 중앙

60. 스티어링 컬럼

2023 > 엔진 > 160KW > 구성 부품 위치도

구성 부품 위치도 (11)

61. 카울 크로스 바 좌측

- JM09 조인트 커넥터 (32-BLK)
- JM02 조인트 커넥터 (14-BLK)

62. 스티어링 휠

- M90 클락 스프링 (14-WHT)
- M93 경음기 스위치 & 조명등 (4-N/A)

63. 스티어링 휠 뒤쪽

- M95 패들 시프트 스위치 LH (3-N/A)
- M96 패들 시프트 스위치 RH (3-N/A)

64. 스티어링 휠 뒤쪽

- 스티어링 휠 로어 커버를 탈거한 상태
- M94 스티어링 휠 열선 모듈 (4-N/A)
- M98 드라이브 모드 스위치 (6-N/A)
- M97 햅틱 모터 (2-N/A)

65. 스티어링 휠 뒤쪽

- M91 스티어링 휠 리모컨 스위치 LH (12-N/A)
- M92 스티어링 휠 리모컨 스위치 RH (6-N/A)
- 스티어링 휠 로어 커버를 탈거한 상태

66. 크래쉬 패드 중앙

- M39 오토 라이트 & 포토 센서 (6-WHT)

CL-11

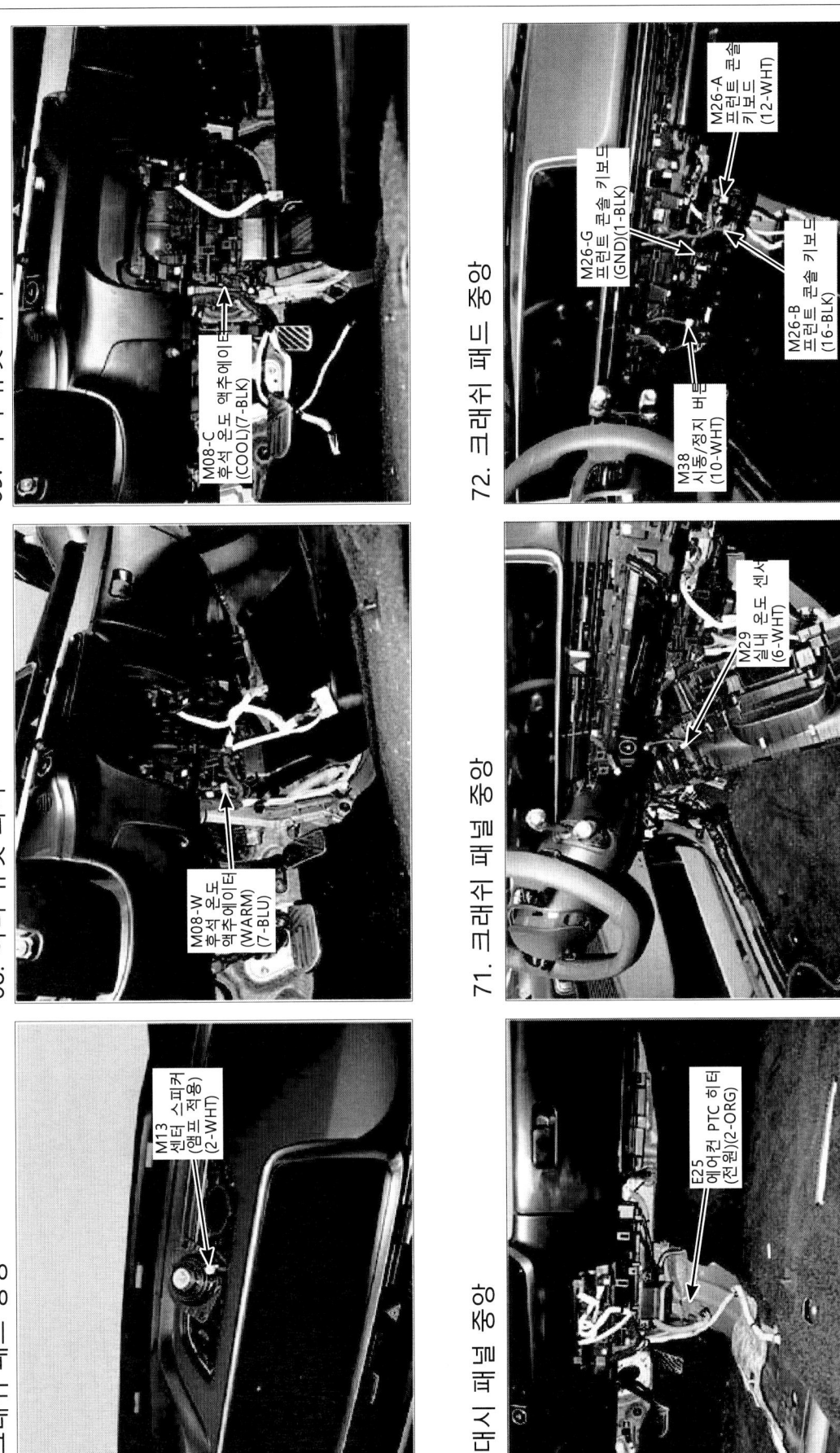

2023 > 엔진 > 150KW > 구성 부품 위치도

구성 부품 위치도 (13)

CL-13

73. 우측 프런트 필러

MM31 (AM/FM1+GPS+DMB+LTE1) (3-GRY)
M44-R(엠프 미적용)(2-WHT)
M45-R(엠프 적용)(2-BLK) 프런트도어 스피커 RH

74. 카울 크로스 바 우측

MM06(21-WHT)

75. 대시 패널 우측

EF21(50-RED)
MF21(85-WHT)
EM21(52-BLU)

76. 크래쉬 패드 우측(글로브 박스 아래)

M05-GND A/V & 네비게이션 헤드 유닛 (GND) (1-BLK)
M05-B A/V & 네비게이션 헤드 유닛 (35-GRY)
M05-A A/V & 네비게이션 헤드 유닛 (38-WHT)
M05-GD A/V & 네비게이션 헤드 유닛 (GPS.DMB) (1-BRN)
M05-C A/V & 네비게이션 헤드 유닛 (21-WHT)
M05-R A/V & 네비게이션 헤드 유닛 (Radio) (1-GRY)
A/V &네비게이션 헤드 유닛을 탈거한 상태

77. 크래쉬 패널 우측(글로브 박스 아래)

M05-SV A/V & 네비게이션 헤드 유닛 (SVM) (1-N/A)
M05-CL A/V & 네비게이션 헤드 유닛 (계기판) (1-GRN)
M05-U A/V & 네비게이션 헤드 유닛 (USB)(4-N/A)
M05-L1 A/V & 네비게이션 헤드 유닛 (LTE1) (1-N/A)
M05-L2 A/V & 네비게이션 헤드 유닛 (LTE1) (1-GRY)
A/V &네비게이션 헤드 유닛을 탈거한 상태

78. 크래쉬 패드 우측(글로브 박스)

M24 글로브 박스 램프 (6-WHT)

— 476 —

구성 부품 위치도 (14)

79. 크래쉬 패드 우측
80. 크래쉬 패드 중앙
81. 크래쉬 패드 중앙
82. 크래쉬 패드 좌측
83. 카울 크로스 바 중앙
84. 카울 크로스 바 우측

구성 부품 위치도 (15)

85. 히터 유닛 우측

- M19-P 블로어 덕트 센서 (돌솝성)(3-BLK)
- M40 에어컨 PTC 히터 (센서)(4-BLK)
- M46-P 에어컨 온도 액츄에이터 (돌솝성)(7-WHT)
- 글로브 박스를 탈거한 상태

86. 카울 크로스 바 우측

- M25-A 빌트인 캠 유닛 (BUILT-IN CAM) (18-WHT)
- M25-D 빌트인 캠 유닛 (카메라)(2-N/A)
- M25-E 빌트인 캠 유닛 (카메라)(1-GRN)

87. 카울 크로스 바 우측

- M25-B 빌트인 캠 유닛 (ESU)(2-WHT)
- M25-U 빌트인 캠 유닛 (USB)(4-N/A)
- M25-C 빌트인 캠 유닛 (카메라)(2-N/A)

88. 카울 크로스 바 우측

- M01-D IBU(36-BLK)
- M01-C IBU(34-BLU)
- M01-B IBU(34-GRN)
- M01-A IBU(34-BRN)

89. 대시 패널 우측

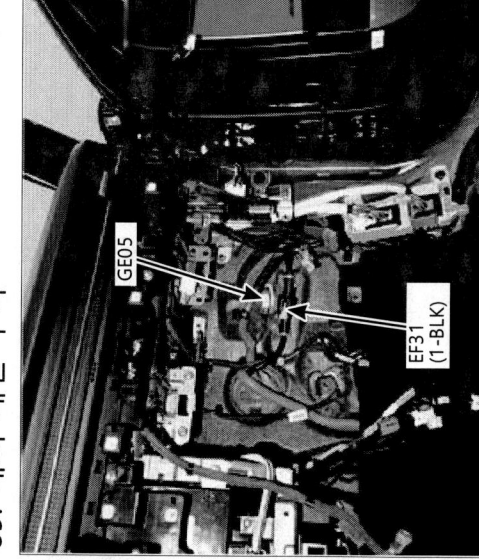

- GE05
- EF31 (1-BLK)

90. 크래쉬 패드 우측

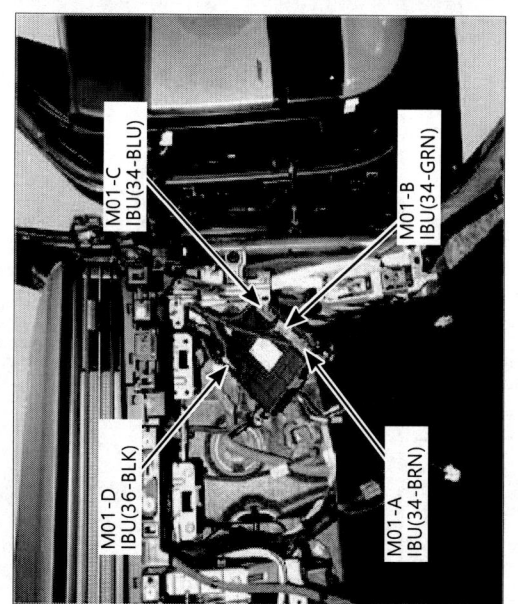

- M28 실내 미세먼지 센서(3-WHT)

구성 부품 위치도 (16)

91. 크래쉬 패드 좌측
M81 헤드 업 디스플레이 (8-N/A)

92. 크래쉬 패드 우측
M35-2 동승석 에어백 # (2-GRY)
M35-1 동승석 에어백 # (2-GRN)

93. 히터 유닛 좌측
M46-D 에어컨 온도 액추에이터(운전석)(7-WHT)
M12 이베퍼레이터 센서 (2-WHT)

94. 히터 유닛 좌측
M21 덕트 센서 (DEF) (3-BLK)

95. 히터 유닛 좌측
M33-D 에어컨 모드 액추에이터 (운전석)(7-YEL)

96. 카울 크로스 바 중앙
M14 IFS 유닛 (지능형 전조등) (18-WHT)

CL-16

구성 부품 위치도 (17)

97. 카울 크로스 바 중앙
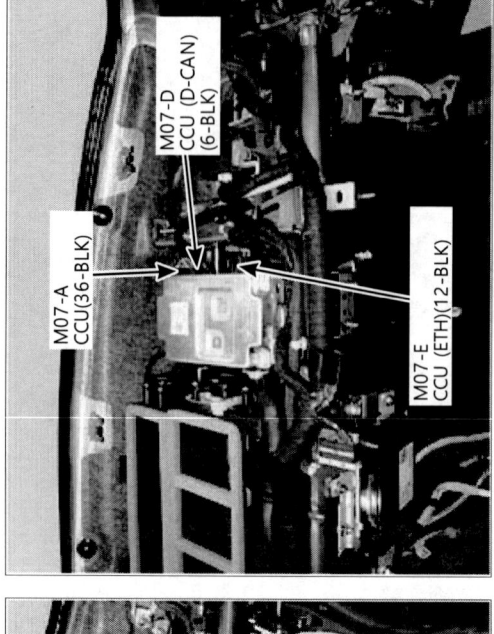

98. 카울 크로스 바 중앙
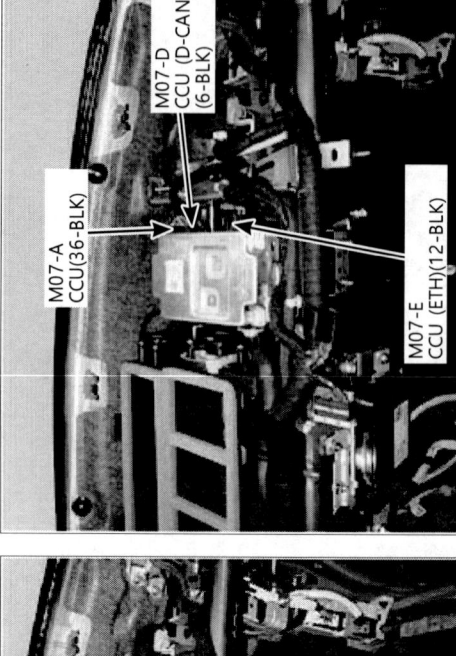

99. 카울 크로스 바 우측
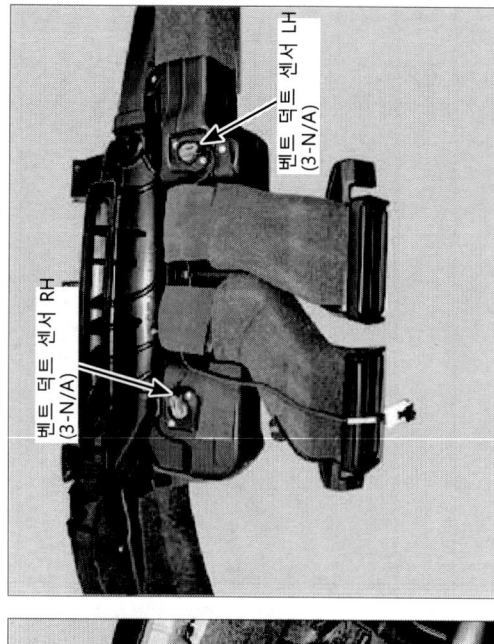

100. 카울 크로스 바 우측
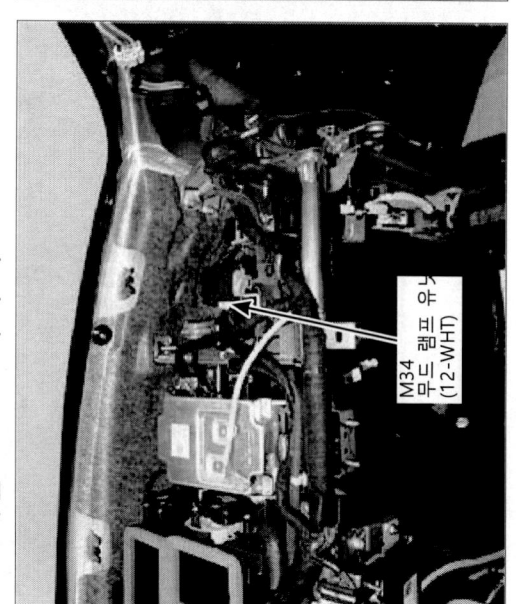

101. 히터 유닛 우측
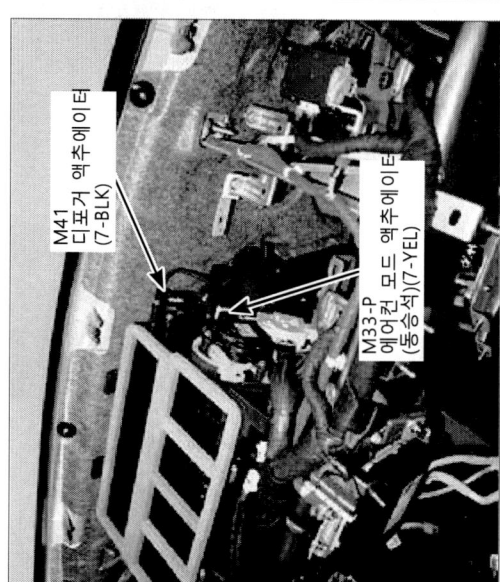

102. 크래쉬 패드 중앙
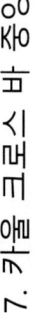

구성 부품 위치도 (18)

103. 크래쉬 패드 중앙

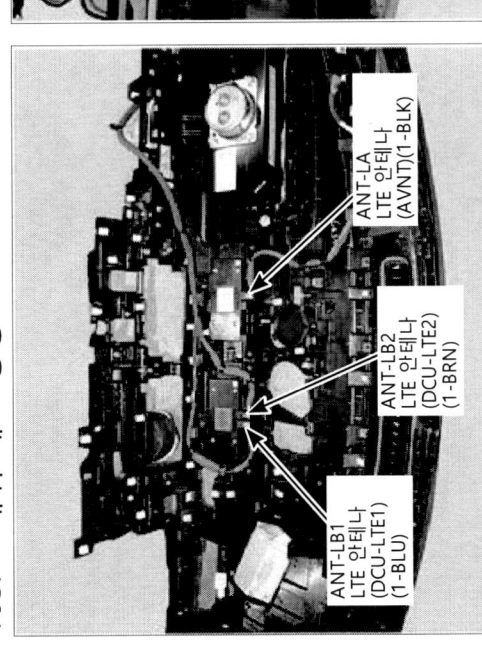

- ANT-LB1 LTE 안테나 (DCU-LTE1) (1-BLU)
- ANT-LB2 LTE 안테나 (DCU-LTE2) (1-BRN)
- ANT-LA LTE 안테나 (AVNT)(1-BLK)

104. 카울 크로스 바 좌측 뒤

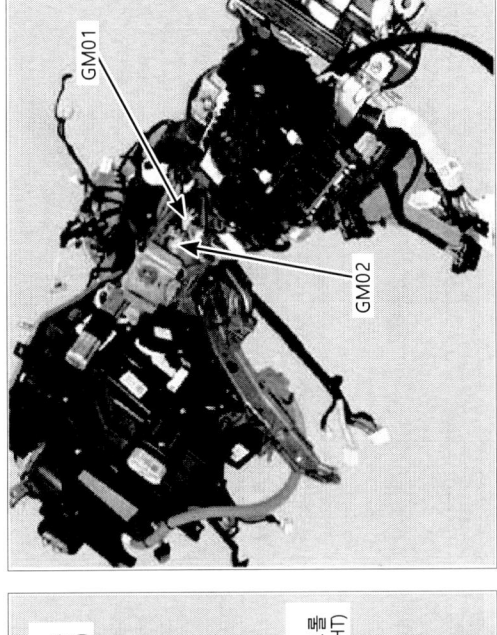

- M03-C 에어컨 컨트롤 모듈(24-WHT)
- M03-B 에어컨 컨트롤 모듈(32-WHT)
- M03-A 에어컨 컨트롤 모듈 (40-WHT)

105. 카울 크로스 바 좌측 뒤

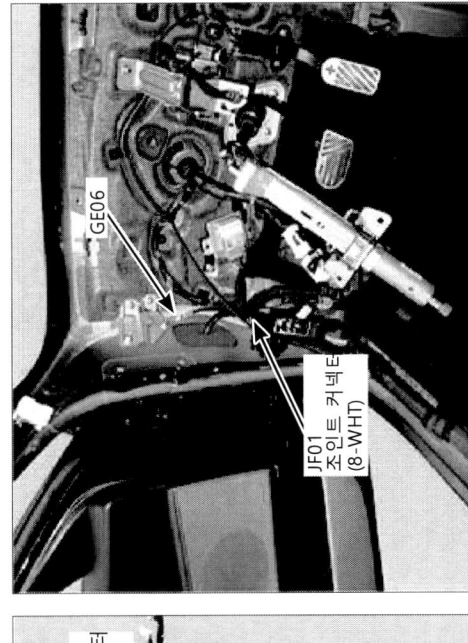

- GM01
- GM02

106. 카울 크로스 바 좌측 뒤

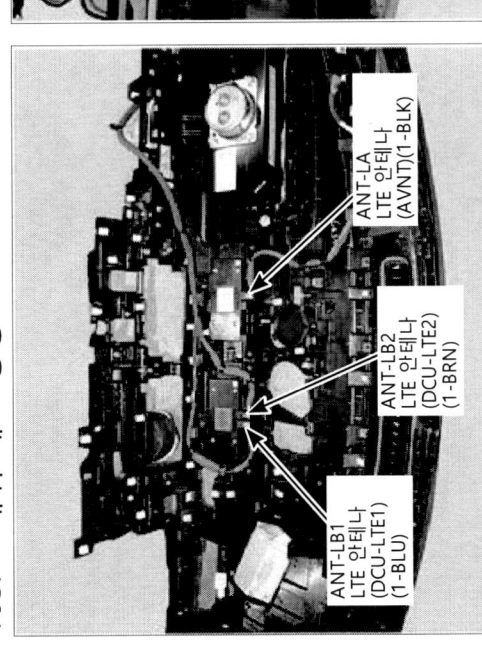

- JM01 조인트 커넥터 (32-BRN)
- JM07 조인트 커넥터 (32-BLU)

107. 카울 크로스 바 우측

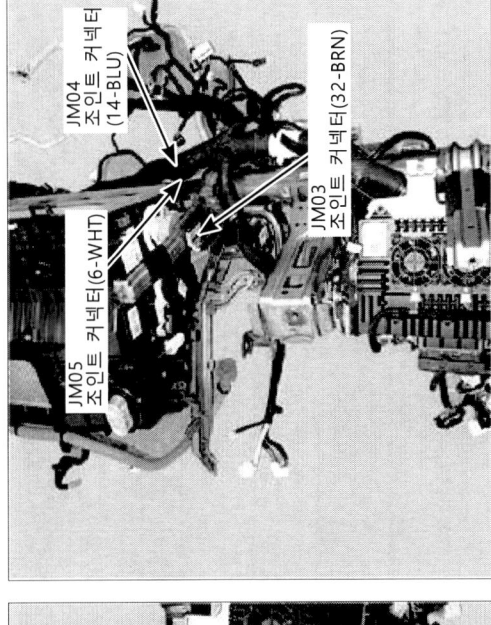

- JM04 조인트 커넥터 (14-BLU)
- JM03 조인트 커넥터(32-BRN)
- JM05 조인트 커넥터(6-WHT)

108. 대시 패널 좌측

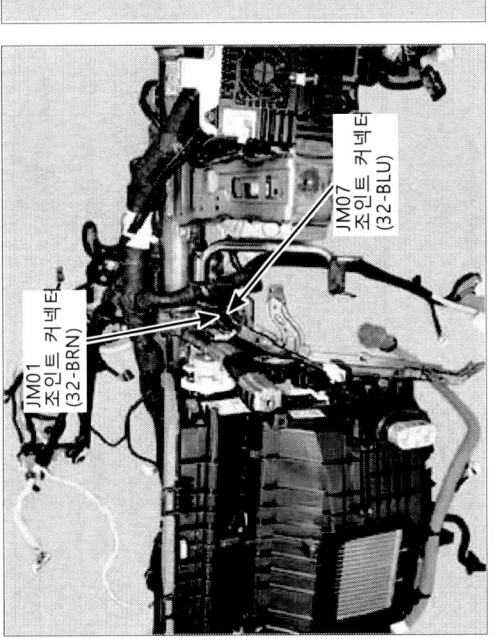

- GE06
- JF01 조인트 커넥터 (8-WHT)

CL-18

2023 > 엔진 > 150kW > 구성 부품 위치도

구성 부품 위치도 (19)

CL-19

109. 대시 패널 좌측
- E08 브레이크 페달 모듈 (6-GRY)
- E02 악셀 페달 모듈 (6-BLK)
- E21 정지등 스위치 (6-BLK)

110. 콘솔 어퍼 커버
- MM0130-WHT

111. 리어 콘솔
- FF11(12-WHT)

112. 프런트 콘솔
- M31 프런트 파워 아웃렛 (2-BLK)

113. 리어 콘솔
- F51 콘솔 USB 충전 단자 (4-N/A)

114. 리어 콘솔
- F52 리어 USB 충전 단자 (4-N/A)

구성 부품 위치도 (20)

115. 콘솔 어퍼 커버

M82
파워 윈도우 스위치
(18-N/A)

116. 콘솔 어퍼 커버

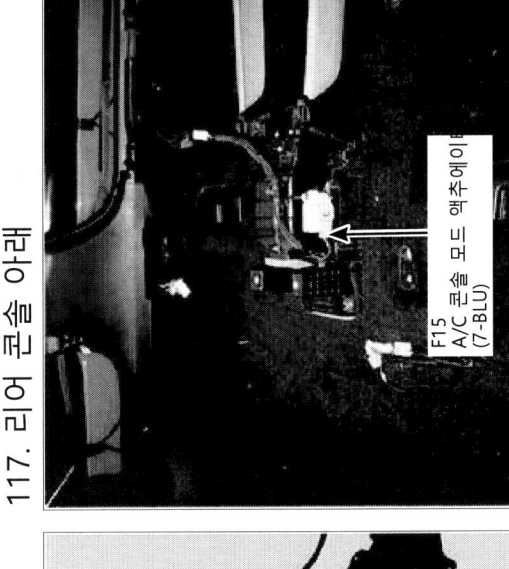

M83
스마트 폰 무선 충전기
(12-N/A)

M84
스마트 폰 무선 충전기
인디케이터(6-N/A)

MM03(5-N/A)

117. 리어 콘솔 아래

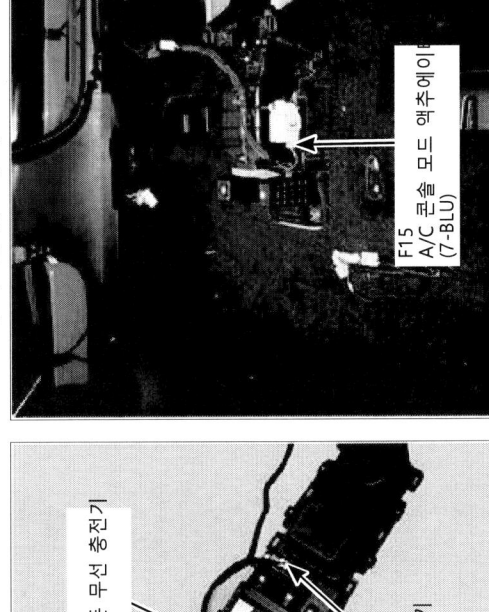

F15
A/C 콘솔 모드 액추에이터
(7-BLU)

118. 콘솔 아래

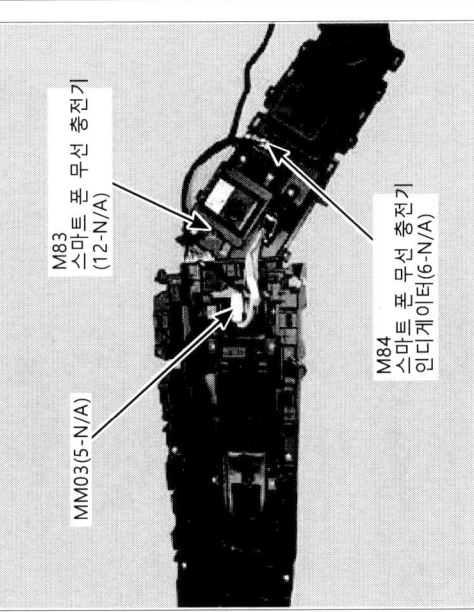

F13
스마트 키 실내 안테나
(2-BRN)

119. 콘솔 아래

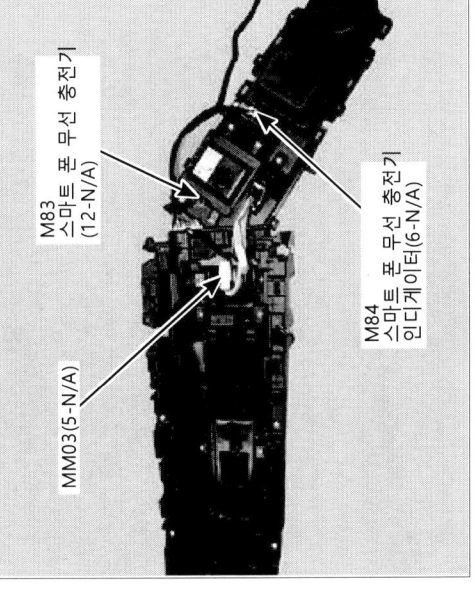

M02
에어백 컨트롤 모듈
(36-BLK)

F01
에어백 컨트롤 모듈
(52-BLK)

GF06

매트를 들어 걷어낸 상태

120. 운전석 시트 아래

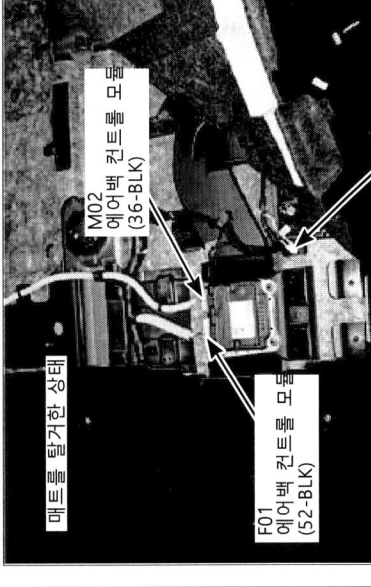

F32
센터 사이드 에어백
(1-GRN)

FS11(28-WHT)

F30
운전석 사이드 에어백
시트 벨트 버클 센서
(4-GRN)

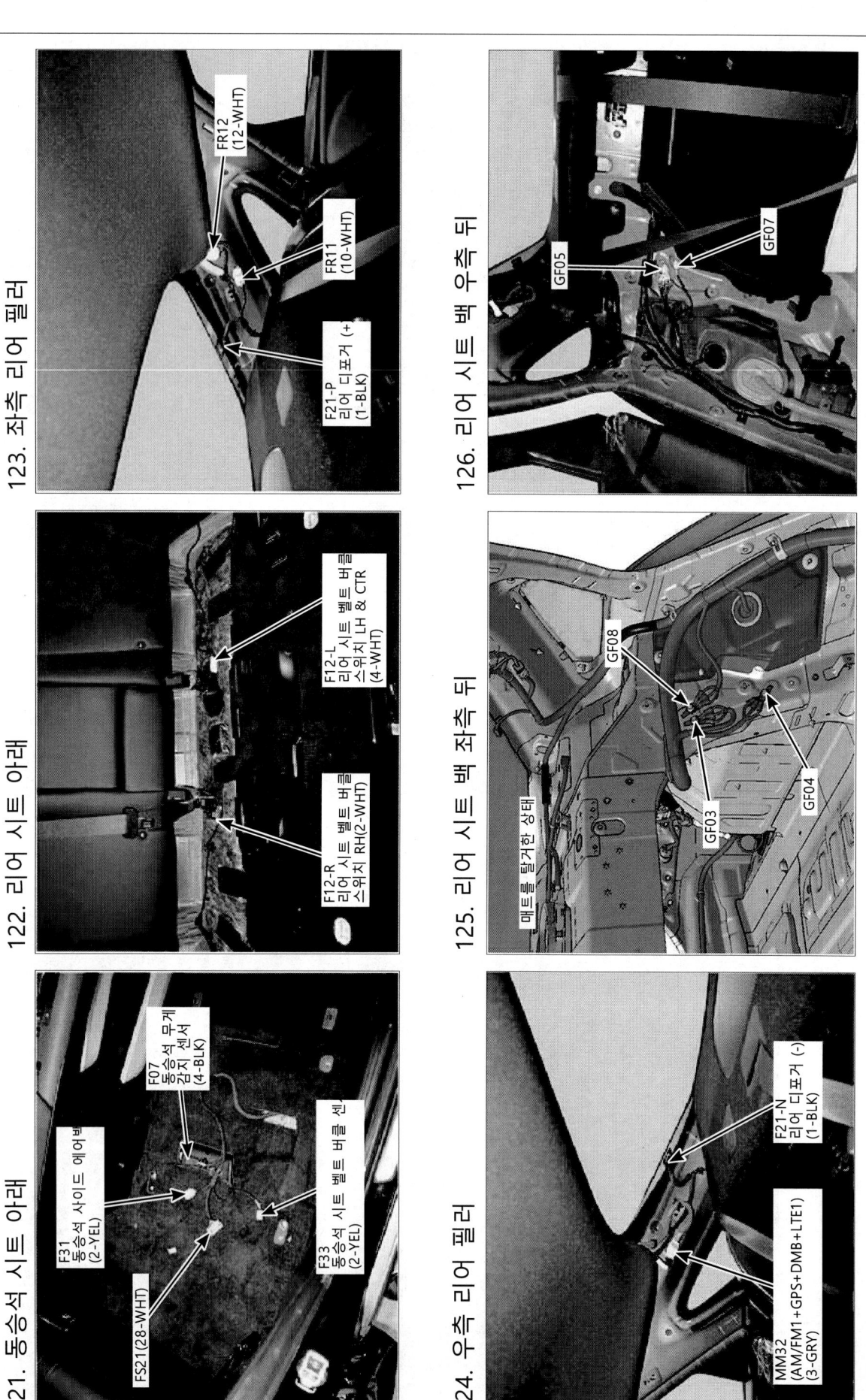

구성 부품 위치도 (22)

127. 리어 시트 백 우측 뒤
128. 좌측 센터 필러
129. 좌측 센터 필러
130. 우측 센터 필러
131. 우측 센터 필러
132. 패키지 트레이 패널

구성 부품 위치도 (23)

133. 패키지 트레이 패널

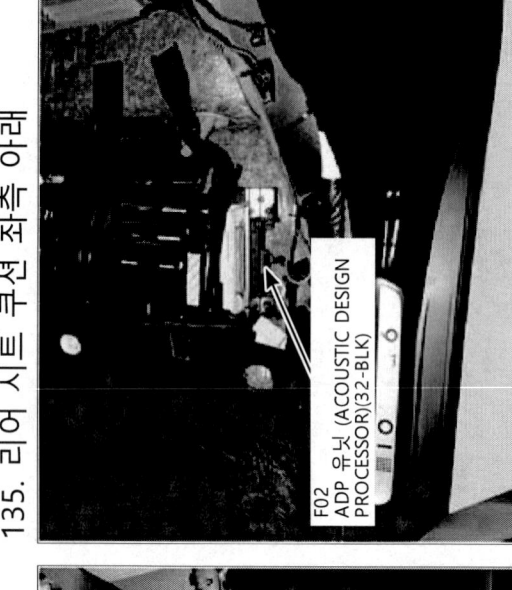

F10-R
리어 시트 벨트 리트렉터 RH(2-GRY)

134. 리어 시트 쿠션 좌측 아래

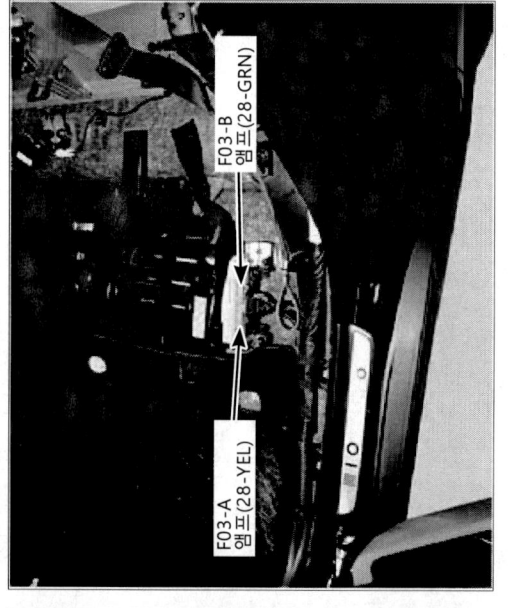

F03-A 앰프(28-YEL)
F03-B 앰프(28-GRN)

135. 리어 시트 쿠션 좌측 아래

F02
ADP 유닛 (ACOUSTIC DESIGN PROCESSOR)(32-BLK)

136. 리어 시트 쿠션 우측 아래

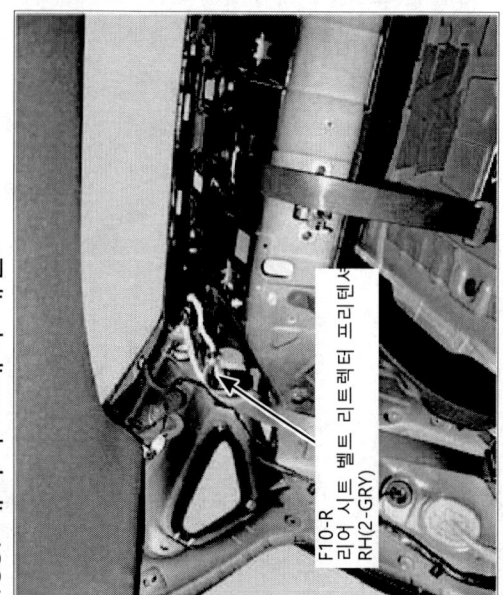

F25 V2L 유닛 (신호)(6-WHT)
C21 V2L 유닛 (전원)(2-ORG)

137. 리어 시트 쿠션 좌측 아래

F24-S ICCU (신호)(18-BLK)
F24-DC ICCU (고전압 배터리)(2-ORG)

138. 리어 시트 쿠션 좌측 아래

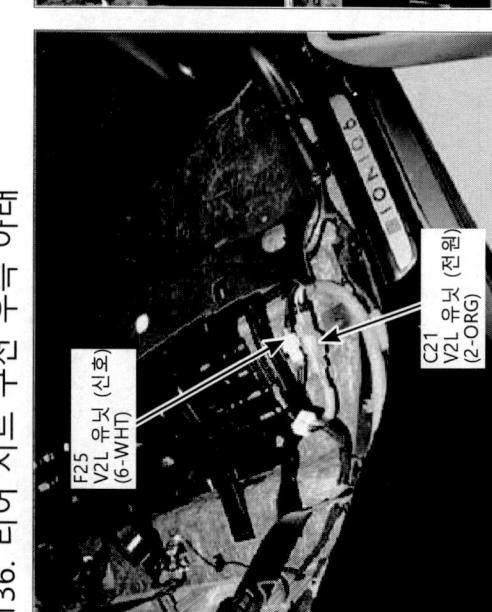

C24-AC ICCU (AC INPUT)(6-ORG)
JF04 조인트 커넥터 (6-WHT)

구성 부품 위치도 (24)

139. 리어 시트 쿠션 우측 아래

- F26 VCMS(40-BLK)
- F20 빌트인 캠 보조 배터리(12-BLK)

140. 트렁크 룸

- HV12 (2-ORG)

141. 트렁크 룸 위쪽

- F28 트렁크 룸 램프(3-BLK)

142. 트렁크 룸 뒤쪽

- FR21 (28-WHT)
- F22 스마트 키 트렁크 안테나 (2-BRN)

143. 트렁크 룸 좌측

- F17-L 파워 테일게이트 스핀들 LH(10-BLK)
- F29-L 리어 콤비네이션 램프 (OUT)LH(6-BLK)
- F23 리어 파워 아웃렛 (2-BLK)

144. 트렁크 룸 좌측

- FR31 (22-WHT)
- FR32 (16-WHT)
- F18-B 파워 트렁크 유닛 (24-GRY)
- F18-A 파워 트렁크 유닛 (24-BLK)

구성 부품 위치도 (25)

145. 트렁크 룸 우측
- FF12(10-WHT)
- CF11(16-WHT)
- GC11

146. 트렁크 룸 우측
- F17-R 파워 테일게이트 스핀들 RH(10-BLK)
- F29-R 리어 콤비네이션 램프 (OUT) RH(6-BLK)
- GC12

147. 좌측 리어 휠 하우징
- FF01 (4-BLK)

148. 우측 리어 휠 하우징
- FF02 (4-BLK)
- CC11 (4-N/A)

149. 리어 서스펜션
- F59-L(LH) F59-R(RH) 리어 EPB 액추에이터 (2-N/A)

150. 리어 서스펜션 좌측 뒤
- FP11 (52-BLK)

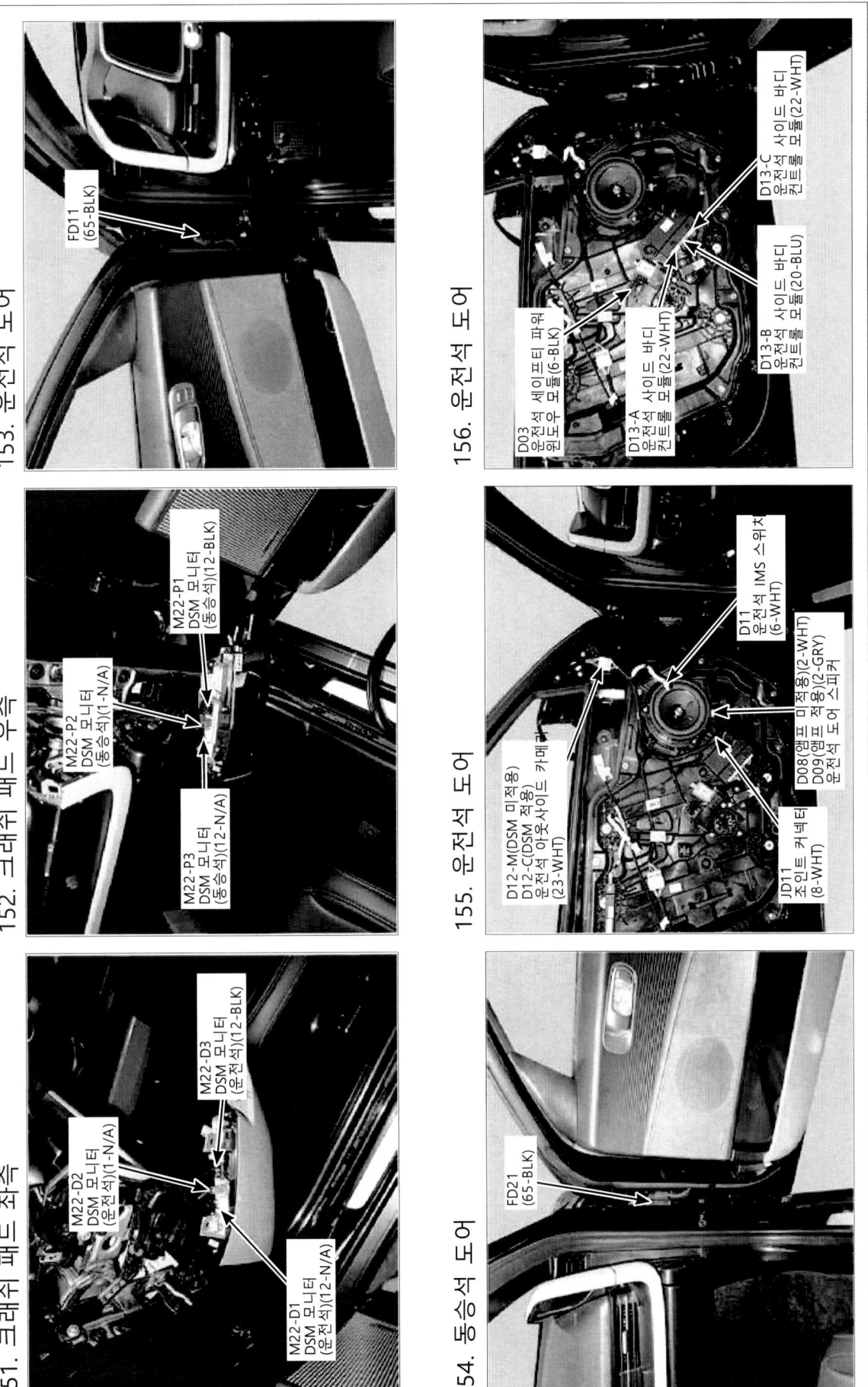

구성 부품 위치도 (27)

157. 운전석 도어

158. 운전석 도어

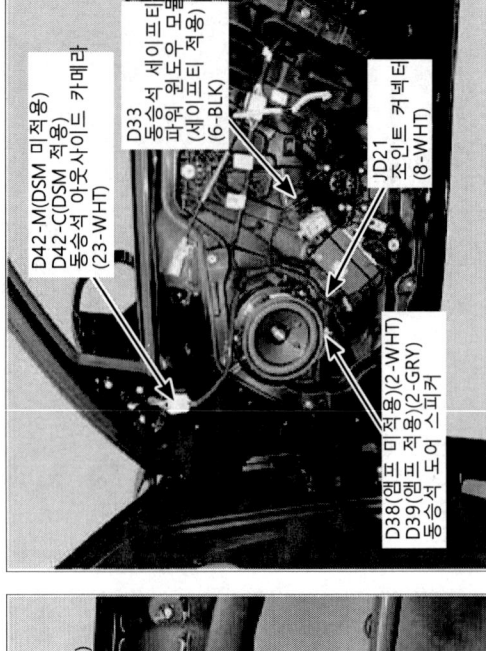

159. 동승석 도어

160. 동승석 도어

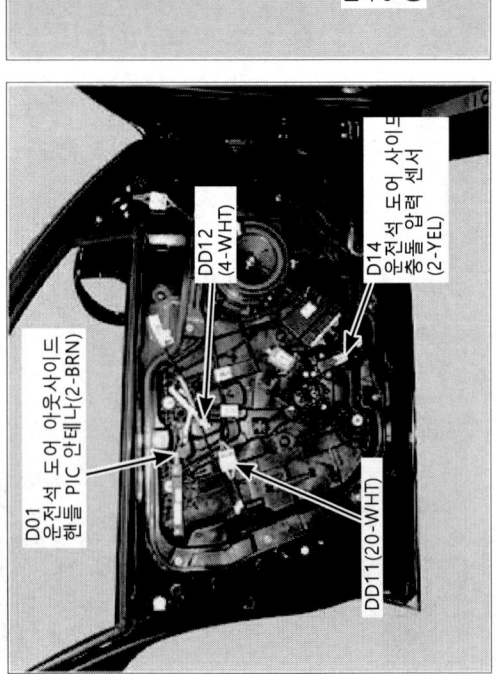

161. 동승석 도어

162. 동승석 도어

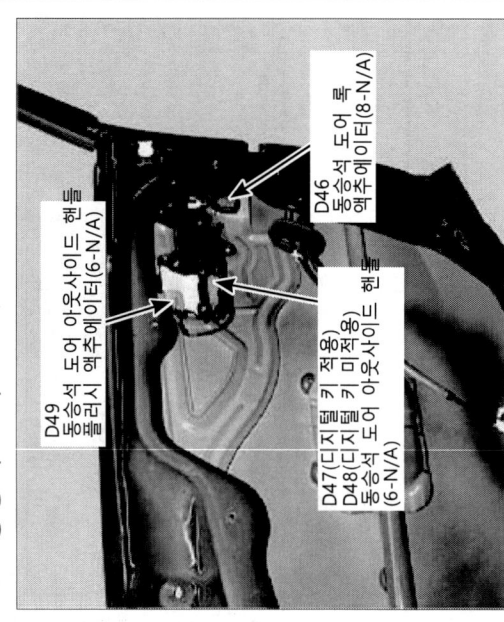

구성 부품 위치도 (28)

163. 프런트 도어 트림

- D10-1(운전석)
- D20-1(동승석)
- 도어 무드 램프 #1 (4-N/A)
- D10-2(운전석)
- D20-2(동승석)
- 도어 무드 램프 #2 (4-N/A)

164. 좌측 리어 도어

- D63 리어 세이프티 파워 윈도우 모터 LH (세이프티 적용)(6-BLK)
- D66(엠프 미적용)(2-WHT) D67(엠프 적용)(2-GRY) 리어 도어 스피커 LH
- DD31(20-WHT)

165. 우측 리어 도어

- DD41 (20-WHT)
- D83 리어 세이프티 파워 윈도우 모터 RH (세이프티 적용)(6-BLK)
- D86(엠프 미적용)(2-WHT) D87(엠프 적용)(2-GRY) 리어 도어 스피커 RH

166. 리어 도어

- D62(LH) D82(RH) 리어 파워 윈도우 모터 (세이프티 미적용)(2-BLK)
- D68(LH) D88(RH) 리어 파워 윈도우 스위치 (12-WHT)
- DD32(LH) DD42(RH) (4-WHT)

167. 리어 도어

- D78(LH) D98(RH) 리어 도어 아웃사이드 핸들 플러시 액추에이터(6-N/A)
- D76(LH) D96(RH) 리어 도어 록 액추에이터 (8-N/A)

168. 리어 도어 트림

- D60-2(LH) D80-2(RH) 리어 도어 무드 램프 #2(4-N/A)
- D60-1(LH) D80-1(RH) 리어 도어 무드 램프 #1(4-N/A)

구성 부품 위치도 (29)

169. 테일게이트

170. 테일게이트
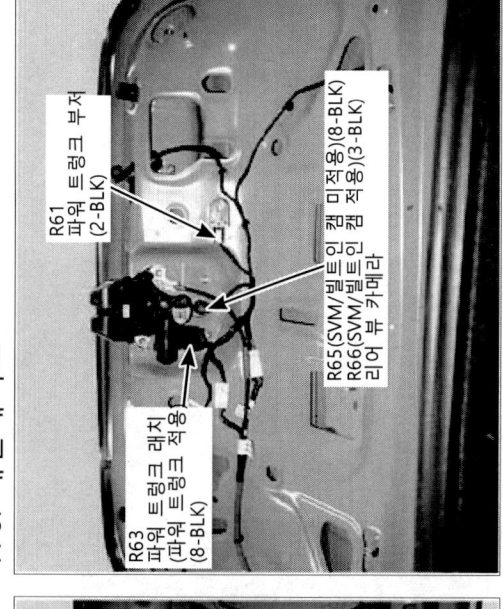

171. 테일게이트
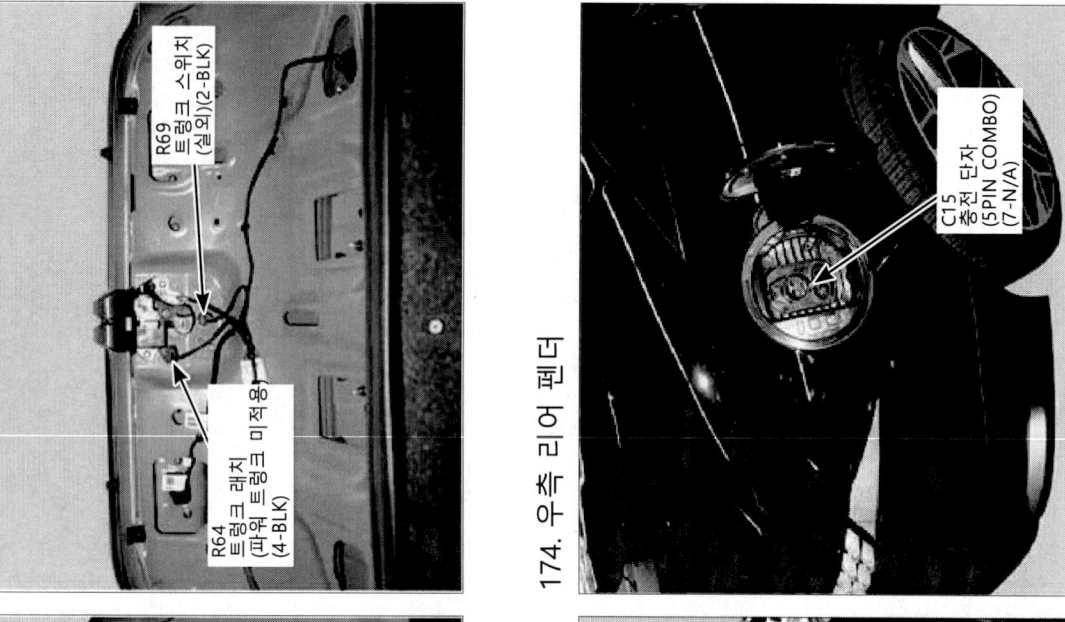

172. 테일게이트

173. 테일게이트
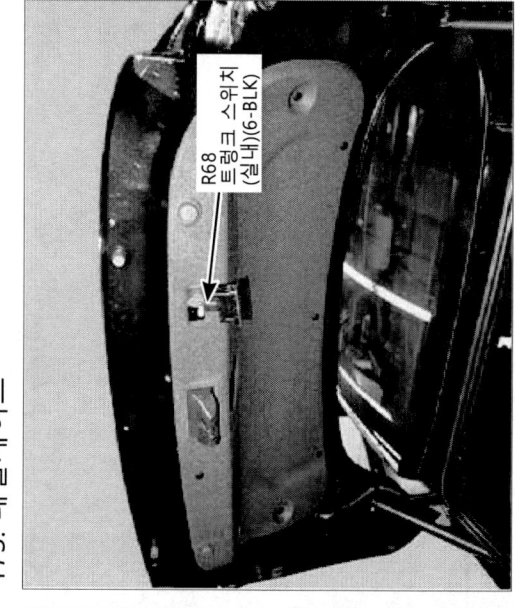

174. 우측 리어 펜더

2023 > 엔진 > 160KW > 구성 부품 위치도

구성 부품 위치도 (30)

175. 우측 리어 펜더

F91 충전단자 LED 모듈 (3-N/A)
F92 충전단자 램프 (2-N/A)
F93 충전단자 도어 액추에이 (6-N/A)

176. 우측 리어 휠 하우징

C16 충전단자 록/언록 액추에이터 (4-BLK)
C12 충전단자 레지스터 (3-BLK)

177. 리어 범퍼 좌측

R42-SL 후방 PDW 센서 LH (SIDE) (PCAA 적용)(6-BLU)

178. 리어 범퍼 좌측

R46-L 리어 코너 레이더 LH (12-BLK)
R48-L 후진등 LH (3-GRY)

179. 리어 범퍼 좌측

JR23 조인트 커넥터 (14-GRY)
R41-OL(PCAA 미적용) R42-OL(PCAA 적용) 후방 PDW 센서 LH (OUT)(6-WHT)
R41-IL(PCAA 미적용) R42-IL(PCAA 적용) 후방 PDW 센서 LH(IN) (6-GRN)

180. 리어 범퍼 중앙

R43-L 번호판등 LH (2-BLK)
JR24 조인트 커넥터 (6-BLK)
R43-R 번호판등 RH (2-BLK)
JR21 조인트 커넥터 (8-BLK)

CL-30

구성 부품 위치도 (31)

181. 리어 범퍼 중앙
182. 리어 범퍼 우측
183. 리어 범퍼 우측
184. 리어 범퍼 우측
185. 윈드 쉴드 글라스
186. 윈드 쉴드 글라스

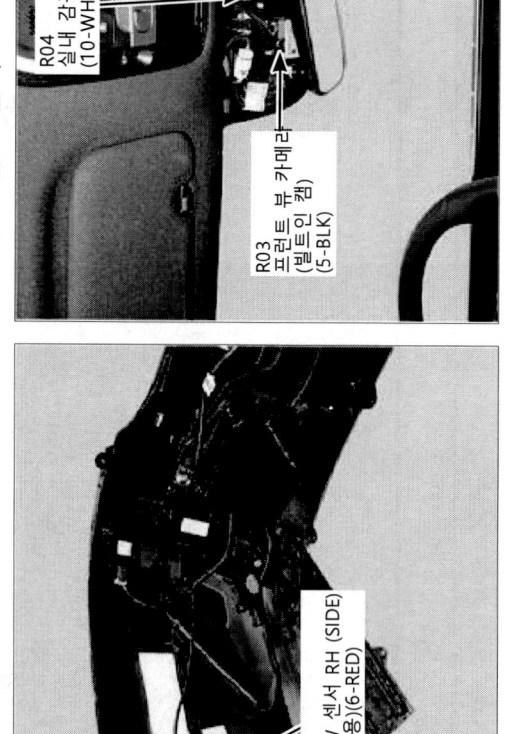

구성 부품 위치도 (32)

187. 루프 트림 좌측 앞
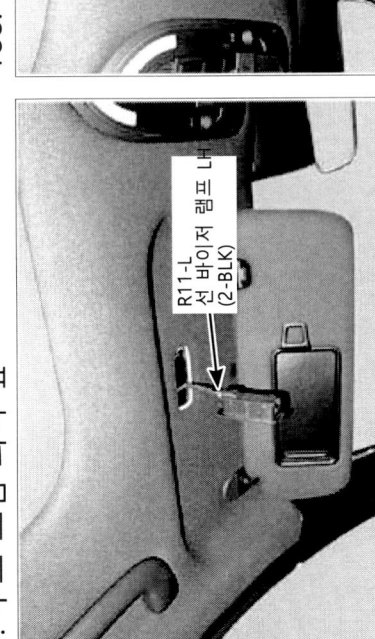

188. 루프 트림 우측 앞

189. 루프 트림 앞쪽
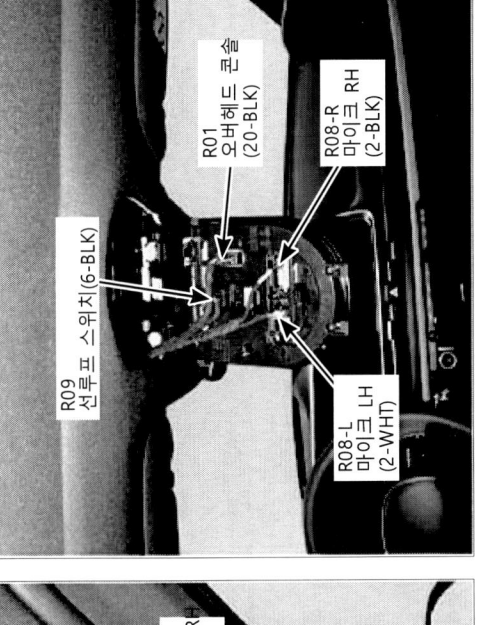

190. 루프 트림 중앙

191. 루프 트림 앞쪽
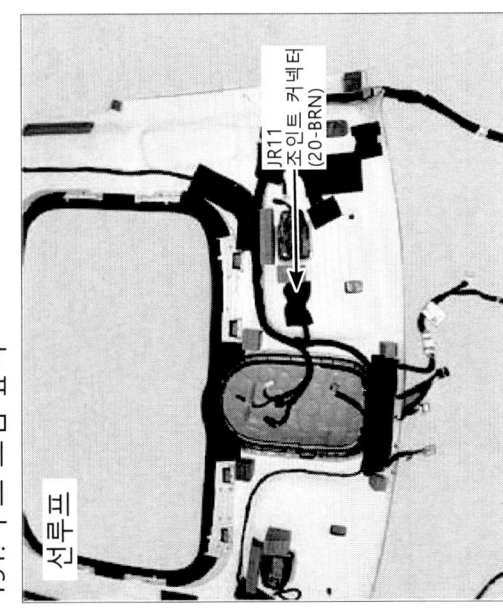

192. 루프 트림 중앙
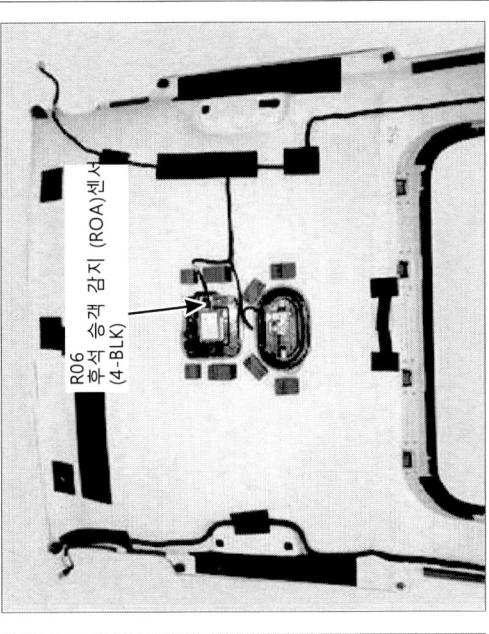

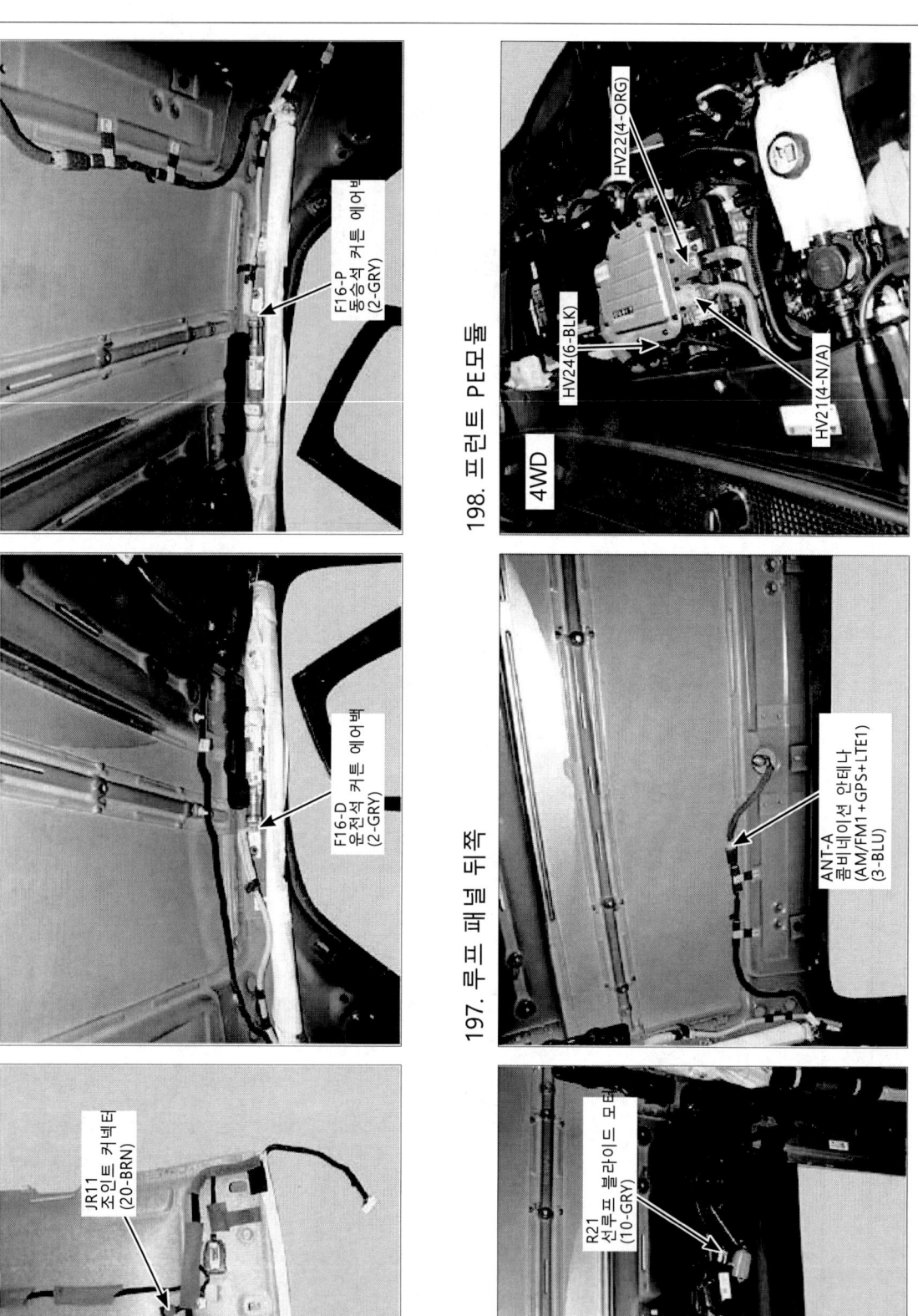

구성 부품 위치도 (34)

프런트 PE 모듈

199. 프런트 PE 모듈
200. 프런트 PE 모듈
201. 프런트 PE 모듈
202. 프런트 PE 모듈 앞쪽
203. 프런트 PE 모듈 아래
204. 프런트 PE 모듈

구성 부품 위치도 (35)

205. 프런트 PE 모듈 뒤쪽
4WD
- P05 BMS PTC 히터 온도 센서(4WD)(2-BLU)

206. 프런트 PE 모듈 뒤쪽
4WD
- P06 전륜 감속기 디스커넥트 액추에이터(4WD)(8-BLK)

207. 프런트 HV 정션 블록
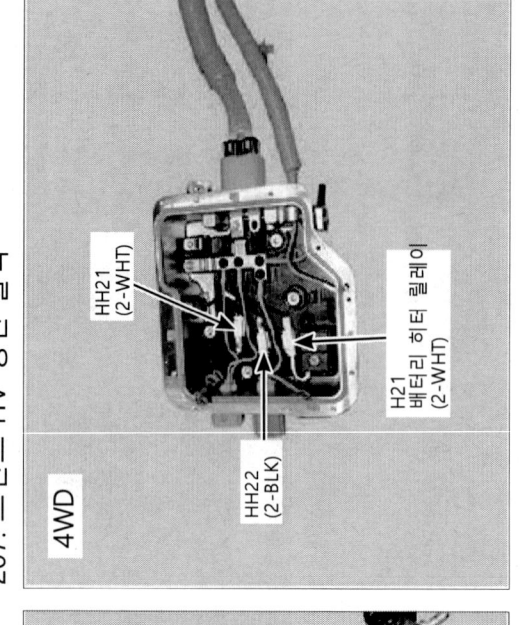
4WD
- HH21 (2-WHT)
- HH22 (2-BLK)
- H21 배터리 히터 릴레이 (2-WHT)

208. 리어 PE 모듈 아래
- P24 전자식 구동 오일 펌프(리어)(4-BLK)
- P23 구동 모터 온도 센서(2-BLK)

209. 리어 PE 모듈
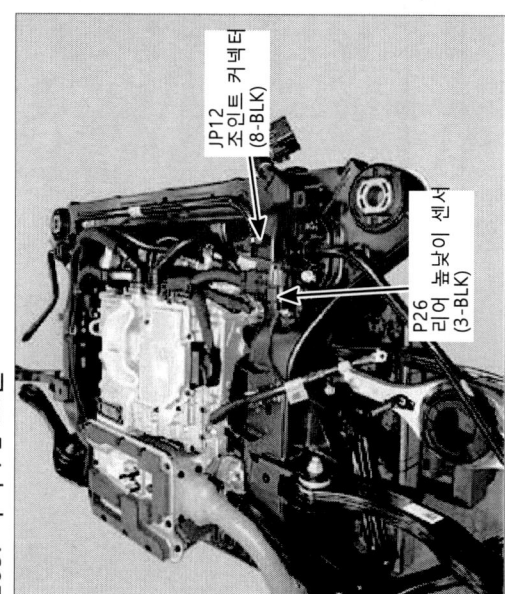
- JP12 조인트 커넥터 (8-BLK)
- P26 리어 높낮이 센서 (3-BLK)

210. 리어 PE 모듈
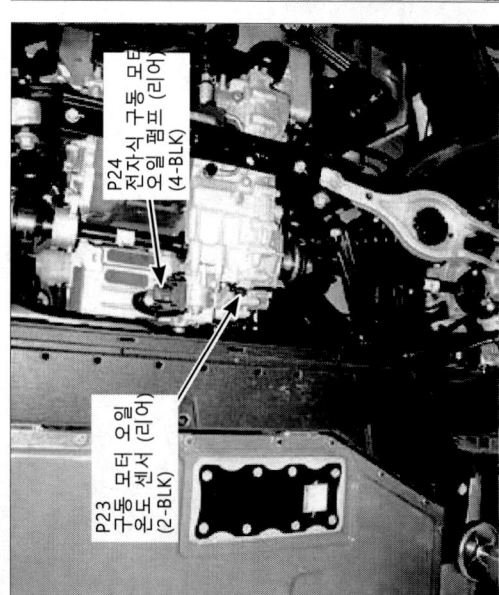
- P21 구동 모터(리어)(10-GRY)
- P22 인버터(리어)(시스템)(40-BLK)

2023 > 엔진 > 160kW > 구성 부품 위치도

구성 부품 위치도 (36)

211. 리어 PE 모듈

HV11(6-BLK)

212. 리어 PE 모듈

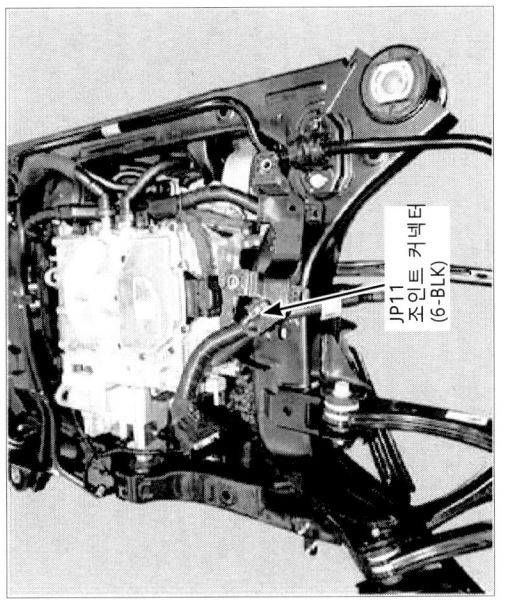

P25 SBW 액추에이터 (10-BLK)

213. 리어 PE 모듈

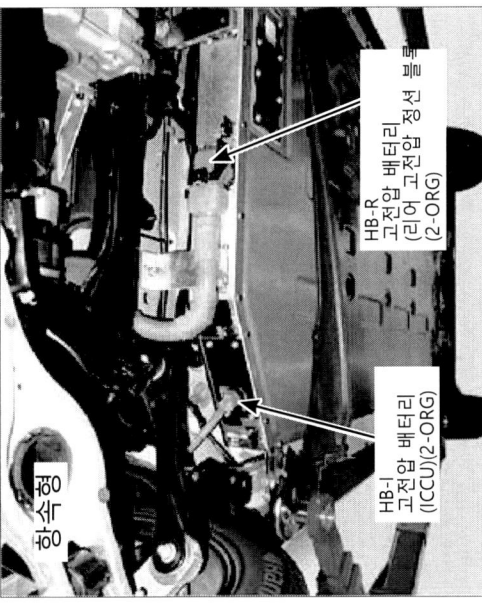

JP11 조인트 커넥터 (6-BLK)

214. 리어 HV 정션 블록

H01 급속충전 (+) 릴레이(2-WHT)

H02 급속충전 (-) 릴레이(2-WHT)

215. 고전압 배터리 팩

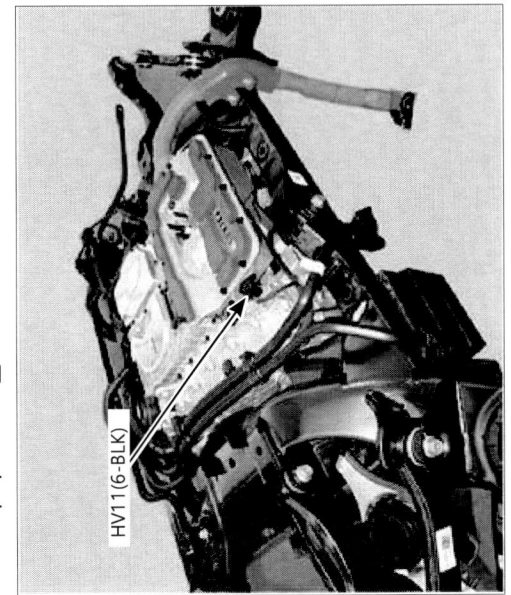

HB-F 고전압 배터리 (프론트 고전압 정션 블록) (2-ORG)

E24 BMS 냉각수 온도 센서 (인렛)(2-BLU)

216. 고전압 배터리 팩

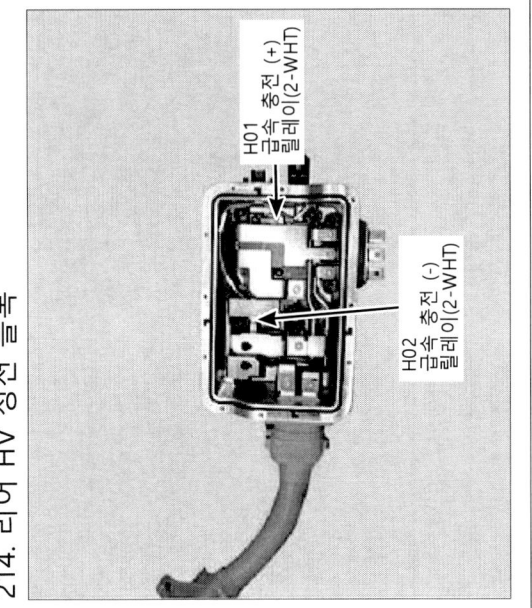

HB-I 고전압 배터리 (ICCU)(2-ORG)

HB-R 고전압 배터리 (리어 고전압 정션 블록) (2-ORG)

차량 방향

구성 부품 위치도 (37)

217. 고전압 배터리 팩
항속형

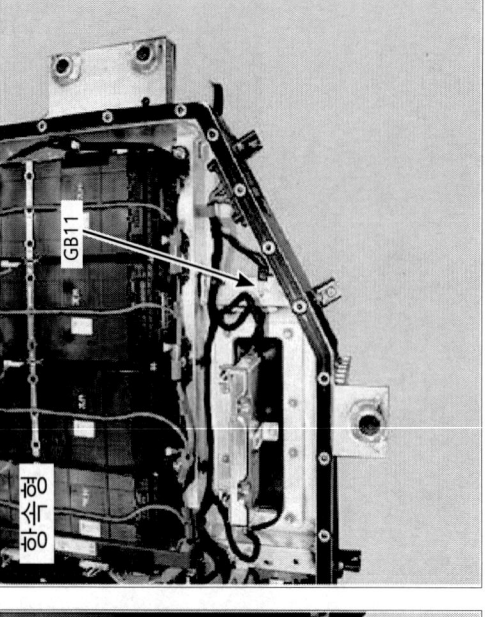

BF11 (33-BLK)

218. 고전압 배터리 팩
항속형

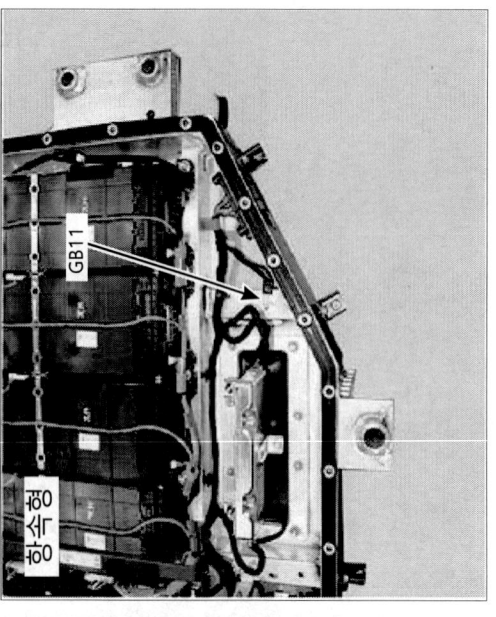

- B01-A BMU (24-WHT)
- B01-B BMU (20-N/A)
- B01-D BMU (20-N/A)
- B01-C BMU (24-N/A)

219. 고전압 배터리 팩
항속형

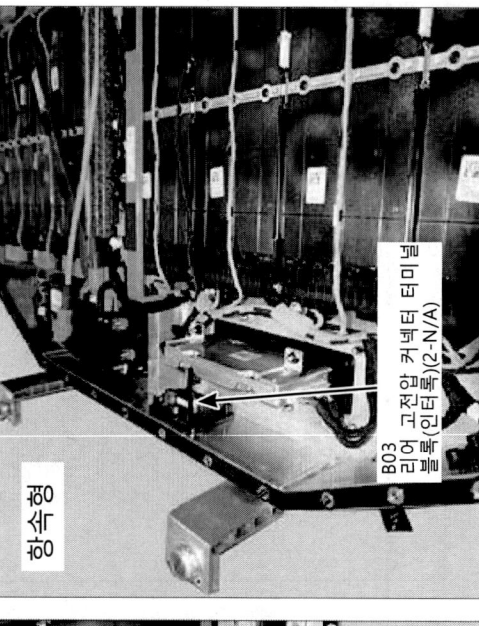

GB11

220. 고전압 배터리 팩
항속형

- B02-E 파워 릴레이 어셈블리 (CURRENT SENSOR)(4-N/A)
- B02-B 파워 릴레이 어셈블리 (MAIN)(10-N/A)
- B02-A 파워 릴레이 어셈블리 (ISOLATION +)(2-WHT)
- B02-C 파워 릴레이 어셈블리 (ISOLATION -)(2-WHT)

221. 고전압 배터리 팩
항속형

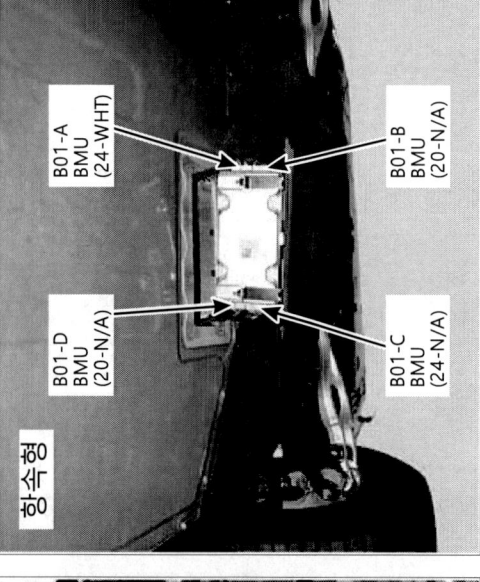

- B02-F 파워 릴레이 어셈블리 (-)(1-BLK)
- B02-D 파워 릴레이 어셈블리 (+)(1-WHT)
- BB01(4-N/A)

222. 고전압 배터리 팩
항속형

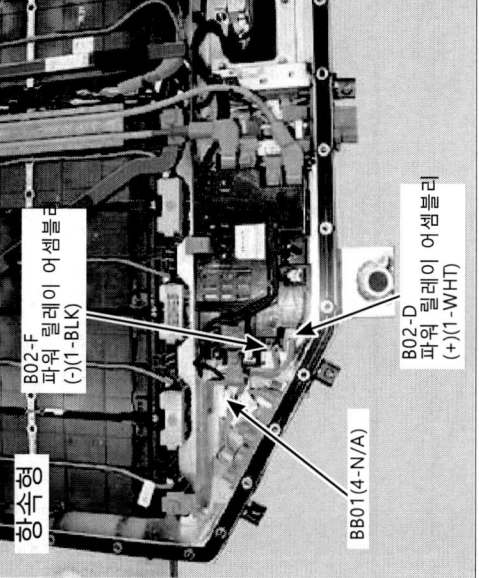

B03 리어 고전압 블록(인터록)(2-N/A) 리어 고전압 커넥터 터미널

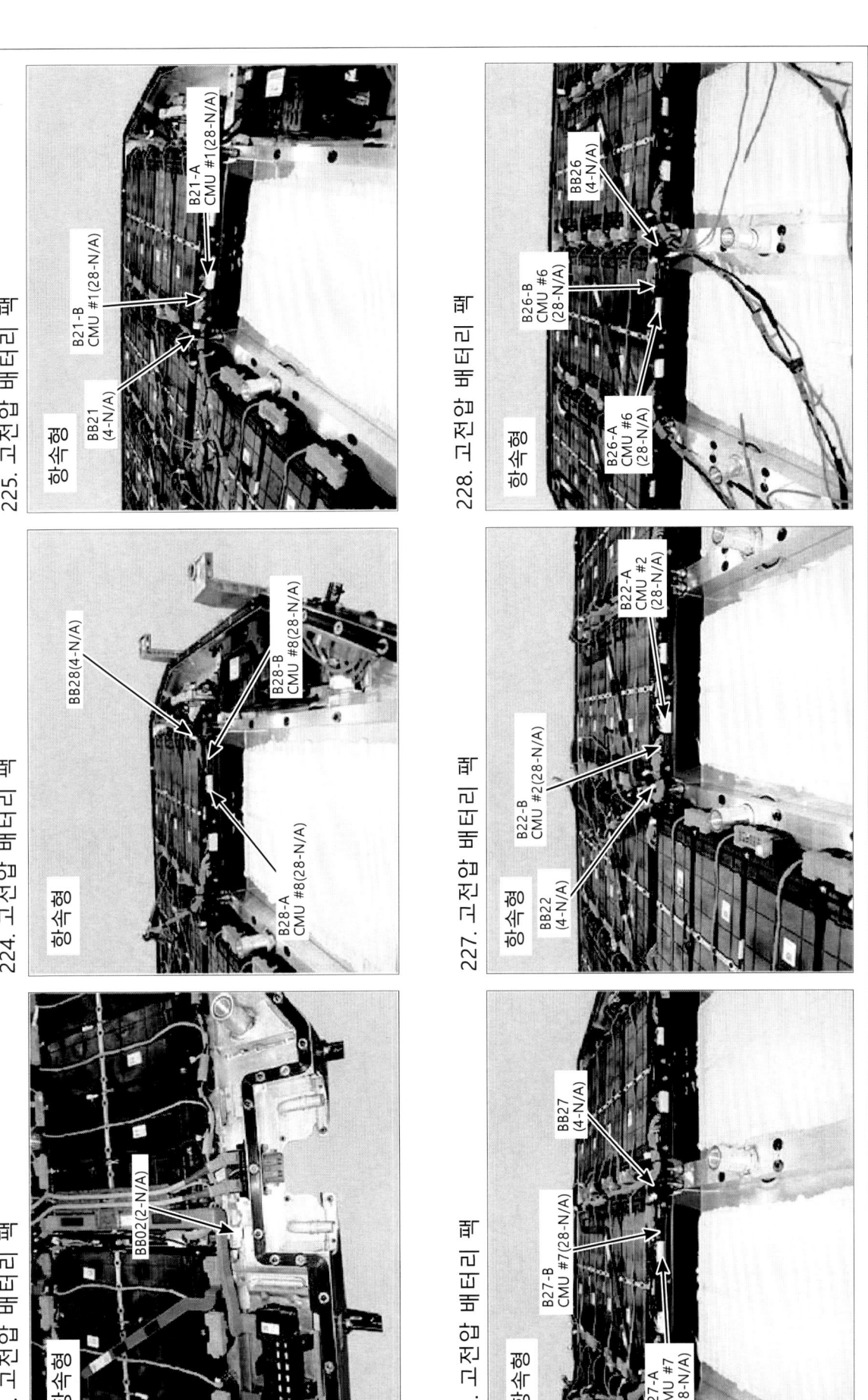

구성 부품 위치도 (39)

229. 고전압 배터리 팩
항속형
BB23 (4-N/A)
B23-B CMU #3 (28-N/A)
B23-A CMU #3 (28-N/A)

230. 고전압 배터리 팩
항속형
BB25 (4-N/A)
B25-B CMU #5 (28-N/A)
B25-A CMU #5 (28-N/A)

231. 고전압 배터리 팩
항속형
BB24 (4-N/A)
B24-B CMU #4 (28-N/A)
B24-A CMU #4 (28-N/A)

232. 고전압 배터리 팩
항속형
B229-B 배터리 모듈 #29(3-N/A)
B230-B 배터리 모듈 #30(3-N/A)
B231-B 배터리 모듈 #31(3-N/A)
B232-B 배터리 모듈 #32(3-N/A)

233. 고전압 배터리 팩
항속형
BB06 (2-N/A)

234. 고전압 배터리 팩
항속형
B229-A 배터리 모듈 #29 (4-N/A)
B230-A 배터리 모듈 #30 (4-N/A)
B231-A 배터리 모듈 #31 (4-N/A)
B232-A 배터리 모듈 #32 (4-N/A)

구성 부품 위치도 (40)

235. 고전압 배터리 팩

- 항속형
- B228-B 배터리 모듈 #28(3-N/A)
- B227-B 배터리 모듈 #27(3-N/A)
- B226-B 배터리 모듈 #26(3-N/A)
- B225-B 배터리 모듈 #25(3-N/A)

236. 고전압 배터리 팩

- 항속형
- B225-A 배터리 모듈 #25(4-N/A)
- B226-A 배터리 모듈 #26(4-N/A)
- B227-A 배터리 모듈 #27(4-N/A)
- B228-A 배터리 모듈 #28(4-N/A)

237. 고전압 배터리 팩

- 항속형
- B224-B 배터리 모듈 #24(3-N/A)
- B223-B 배터리 모듈 #23(3-N/A)
- B222-B 배터리 모듈 #22(3-N/A)
- B221-B 배터리 모듈 #21(3-N/A)

238. 고전압 배터리 팩

- 항속형
- B221-A 배터리 모듈 #21(4-N/A)
- B222-A 배터리 모듈 #22(4-N/A)
- B223-A 배터리 모듈 #23(4-N/A)
- B224-A 배터리 모듈 #24(4-N/A)

239. 고전압 배터리 팩

- 항속형
- B220-B 배터리 모듈 #20(3-N/A)
- B219-B 배터리 모듈 #19(3-N/A)
- B218-B 배터리 모듈 #18(3-N/A)
- B217-B 배터리 모듈 #17(3-N/A)

240. 고전압 배터리 팩

- 항속형
- B217-A 배터리 모듈 #17(4-N/A)
- B218-A 배터리 모듈 #18(4-N/A)
- B219-A 배터리 모듈 #19(4-N/A)
- B220-A 배터리 모듈 #20(4-N/A)

구성 부품 위치도 (41)

241. 고전압 배터리 팩

242. 고전압 배터리 팩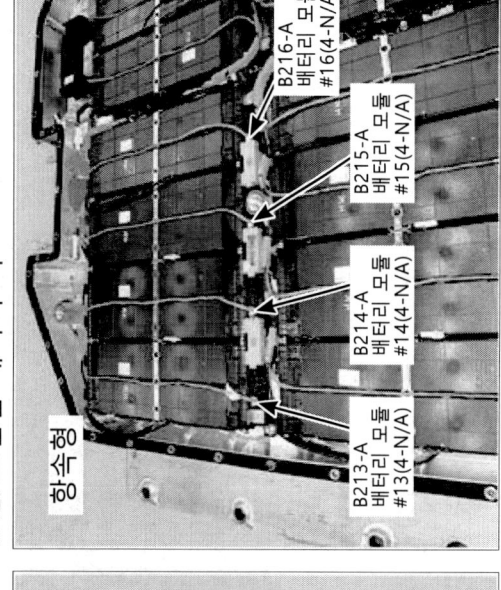

243. 고전압 배터리 팩

244. 고전압 배터리 팩

245. 고전압 배터리 팩

246. 고전압 배터리 팩

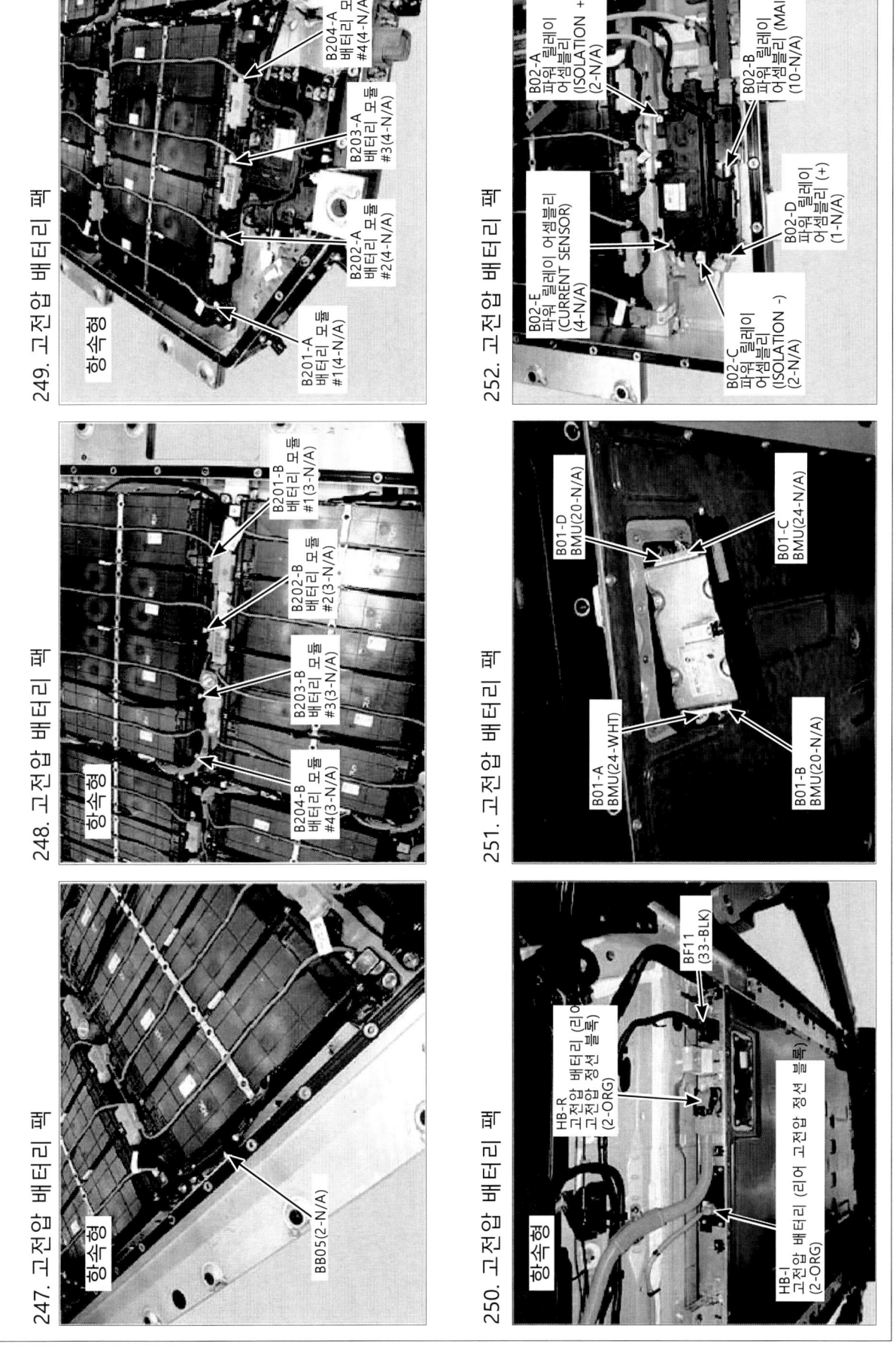

구성 부품 위치도 (43)

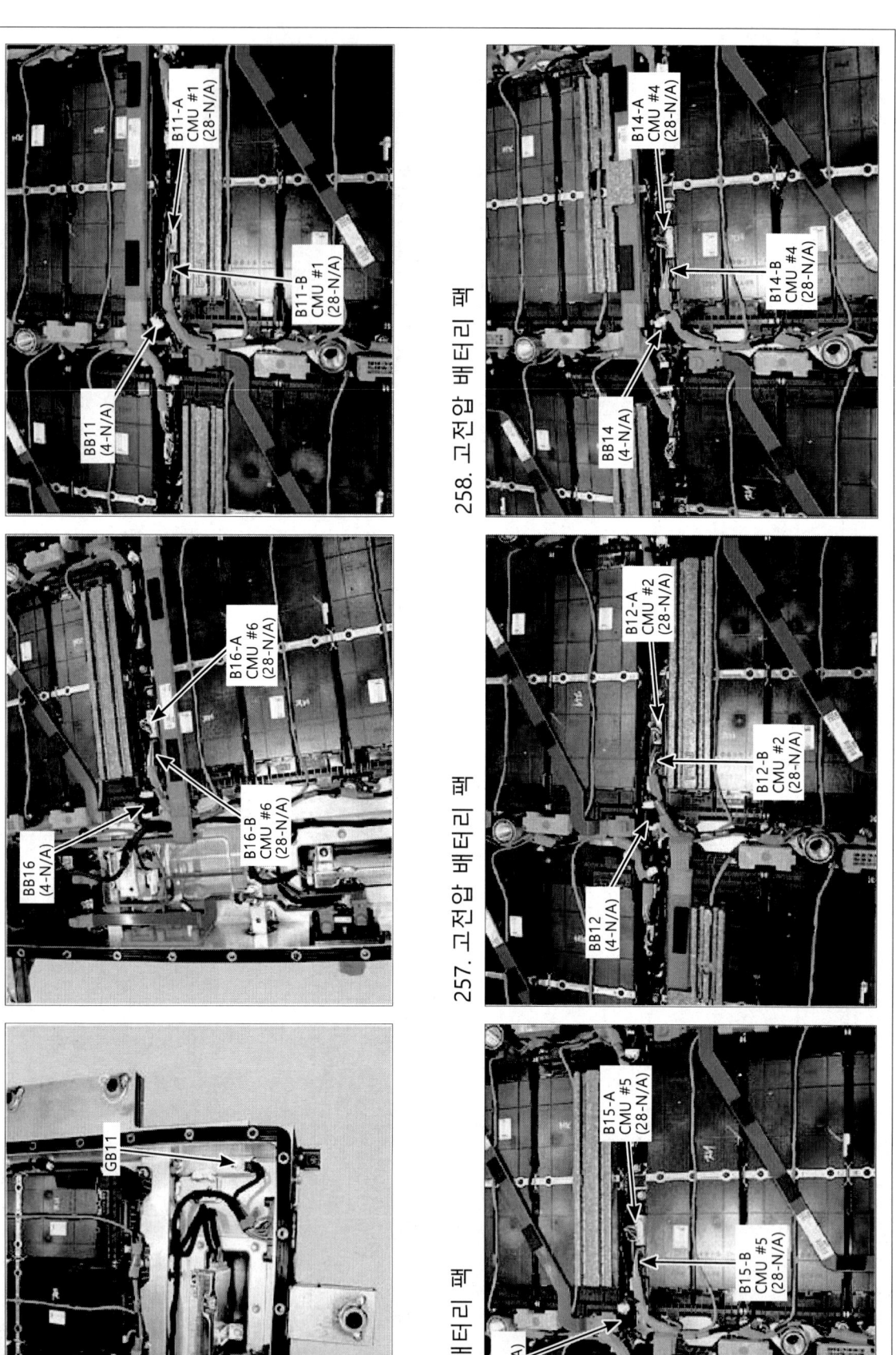

253. 고전압 배터리 팩

254. 고전압 배터리 팩

255. 고전압 배터리 팩

256. 고전압 배터리 팩

257. 고전압 배터리 팩

258. 고전압 배터리 팩

2023 > 엔진 > 160KW > 구성 부품 위치도

구성 부품 위치도 (44)

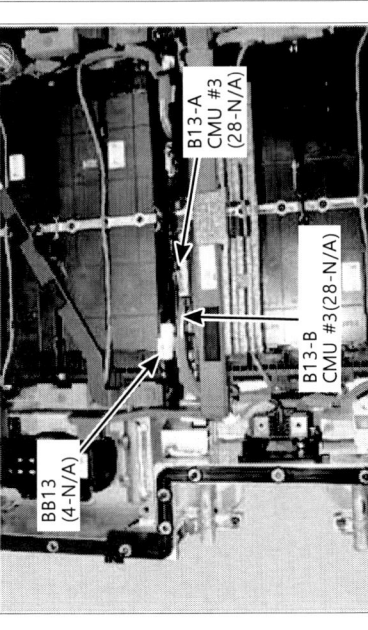

259. 고전압 배터리 팩

260. 고전압 배터리 팩

261. 고전압 배터리 팩

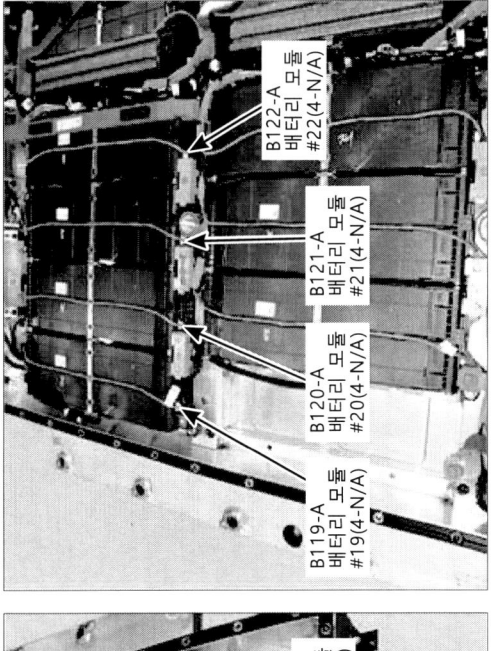

262. 고전압 배터리 팩

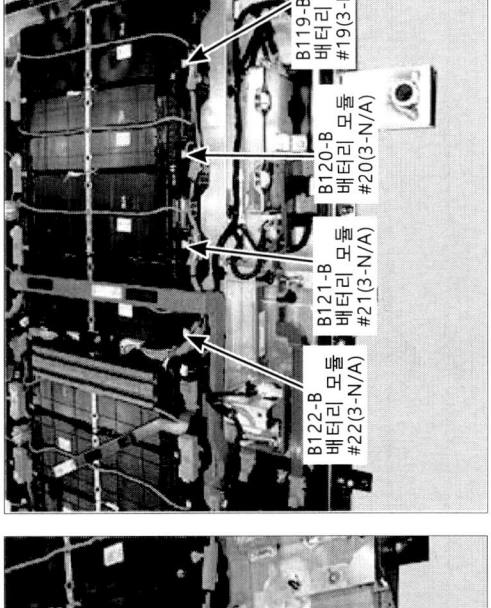

263. 고전압 배터리 팩

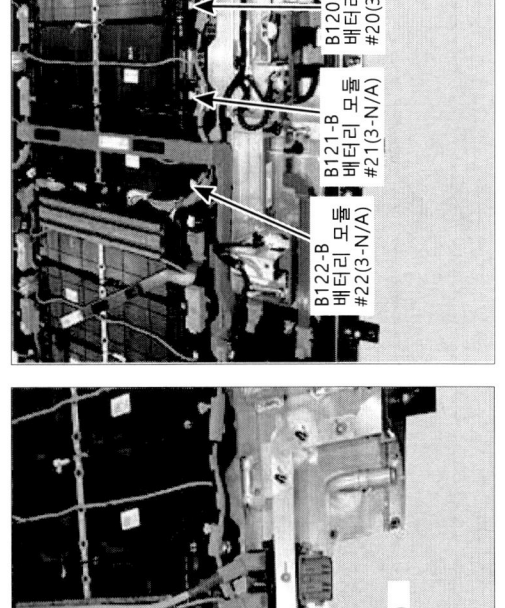

264. 고전압 배터리 팩

CL-44

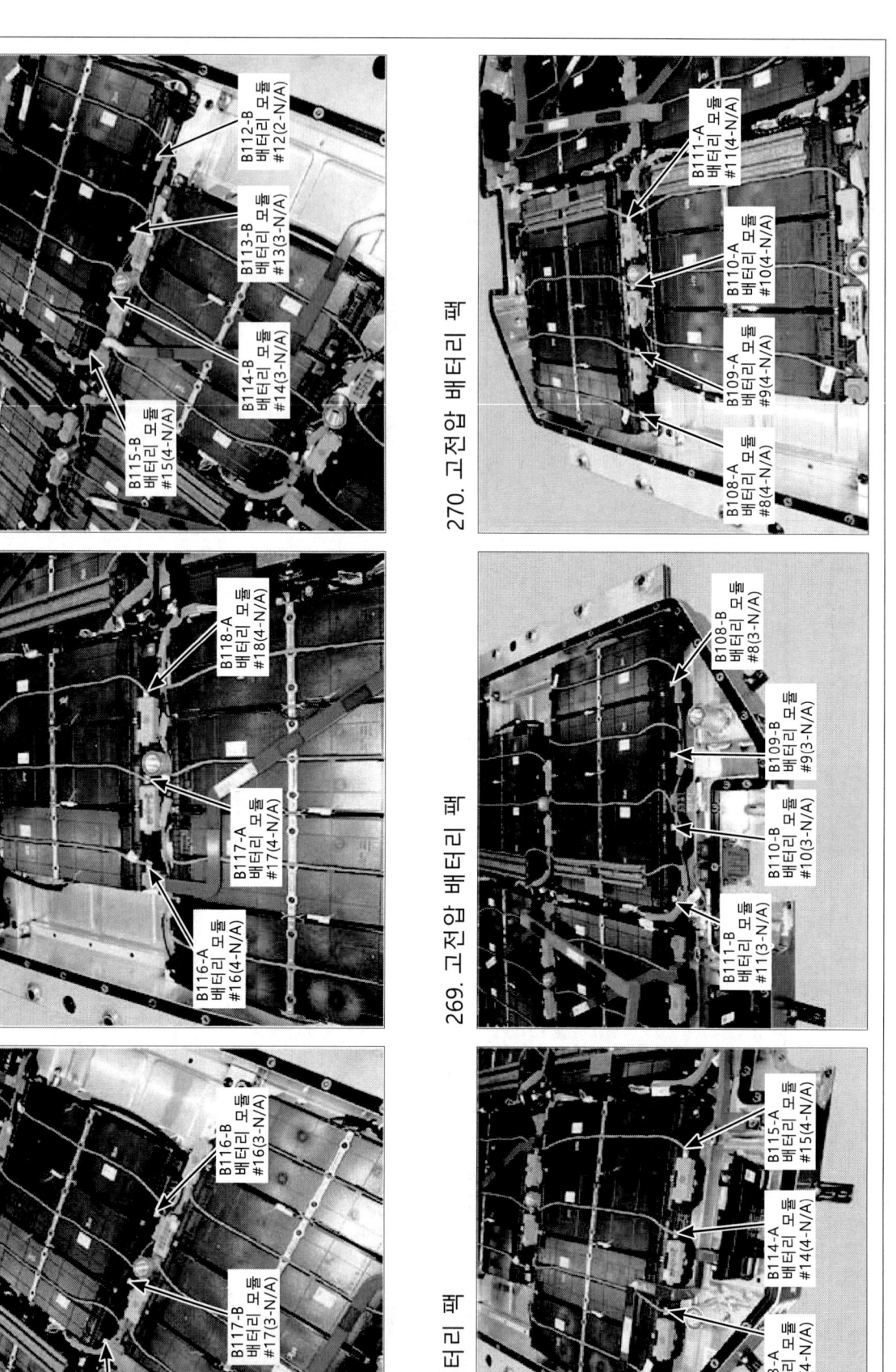

구성 부품 위치도 (46)

271. 고전압 배터리 팩
272. 고전압 배터리 팩
273. 고전압 배터리 팩

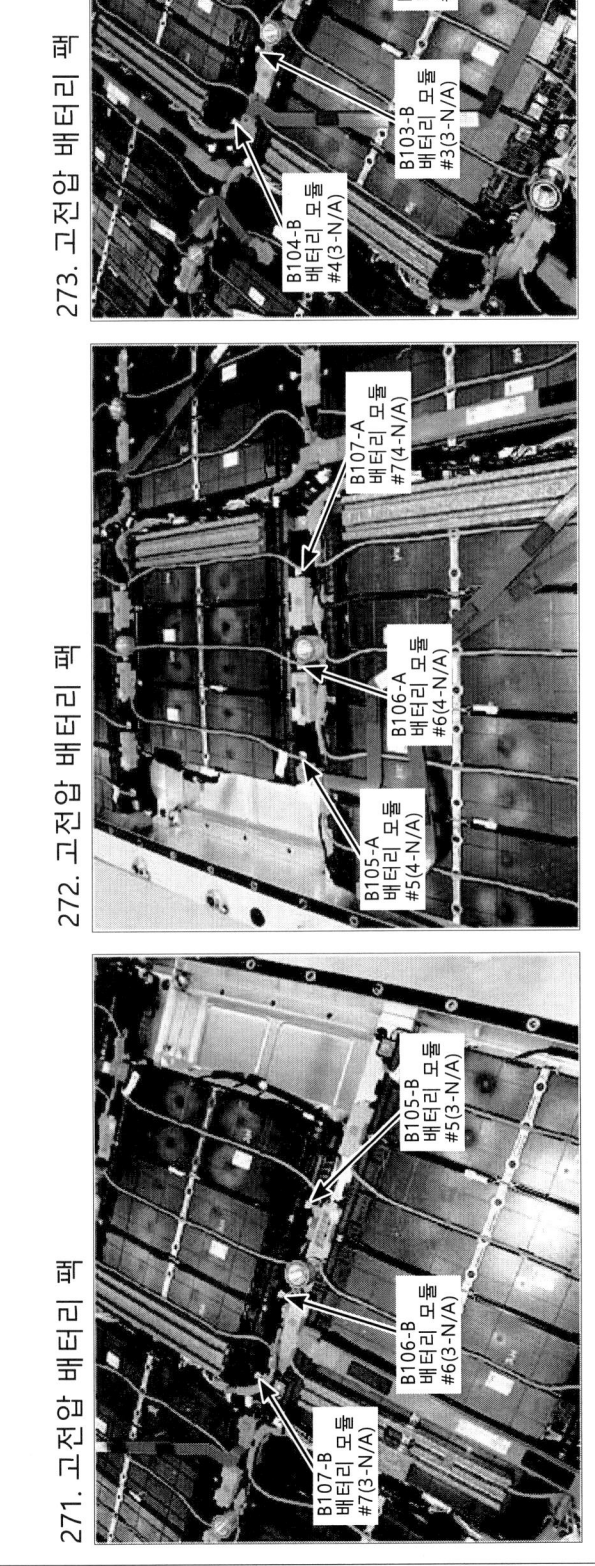

274. 고전압 배터리 팩

275. 고전압 배터리 팩

276. 고전압 배터리 팩

구성 부품 위치도 (47)

277. 운전석 시트
- S04-C 운전석 IMS 모듈 (28-WHT)
- S04-B 운전석 IMS 모듈 (4-ORG)
- S04-A 운전석 IMS 모듈 (10-BRN)

278. 운전석 시트
- S09 운전석 펌프이 모터 (4-GRY)

279. 운전석 시트
- S11 운전석 릴렉세이션 모터 (4-GRY)

280. 운전석 시트
- S03-A 프런트 통풍 컨트롤 모듈 (12-WHT)
- S03-B 프런트 통풍 시트 컨트롤 모듈 (24-WHT)

281. 운전석 시트
- JS11(IMS 미적용) JS12(IMS 적용) 조인트 커넥터 (20-BLK)
- JS13 조인트 커넥터 (8-BLK)
- S08 운전석 슬라이드 모터 (4-GRY)

282. 운전석 시트
- SS11 (8-N/A)
- SS16 (2-N/A)
- SS14 (6-WHT)
- S07 운전석 통풍 시트 블로어 모터 (6-WHT)

구성 부품 위치도 (48)

283. 운전석 시트

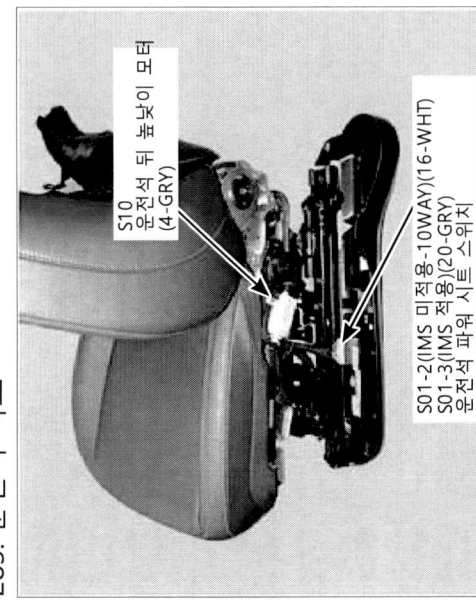

S10
운전석 뒤 높낮이 모터
(4-GRY)

S01-2(IMS 미적용-10WAY)(16-WHT)
S01-3(IMS 적용)(20-GRY)
운전석 파워 시트 스위치

284. 운전석 시트 백

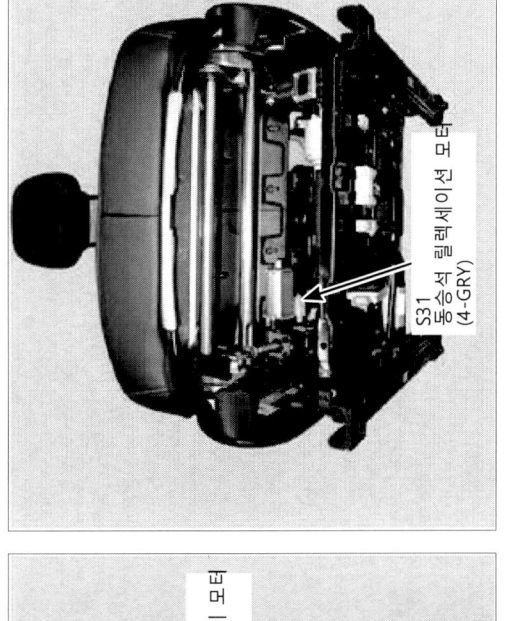

S16
운전석 허리받이 모터
(6-BLK)

S17
운전석 등받이 모터
(4-GRY)

285. 동승석 시트

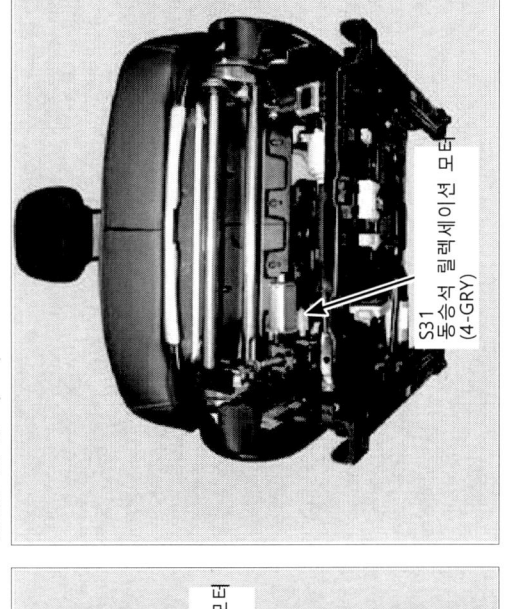

S31
동승석 릴렉세이션 모터
(4-GRY)

286. 동승석 시트

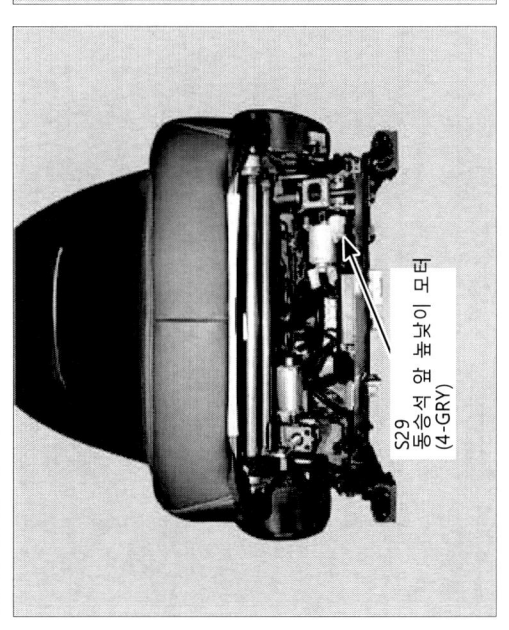

S29
동승석 앞 높낮이 모터
(4-GRY)

287. 동승석 시트

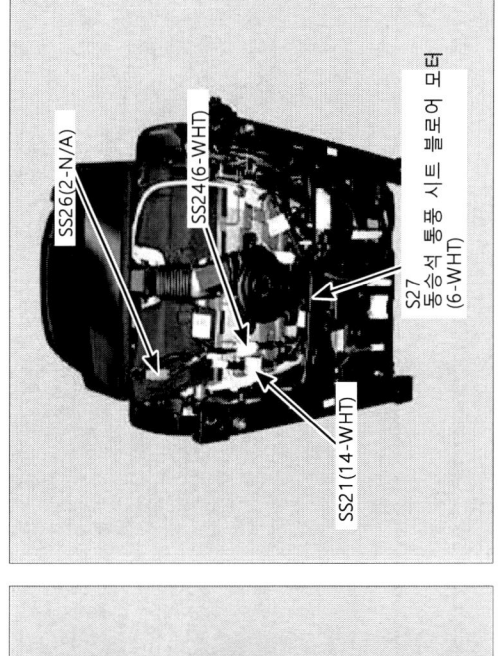

S28
동승석 슬라이드 모터
(4-GRY)

JS21(워크인 & 릴렉세이션 미적용)(8-BLK)
JS22(워크인 & 릴렉세이션 적용)(20-BLK)
조인트 커넥터

288. 동승석 시트

SS26(2-N/A)
SS24(6-WHT)
S27
동승석 통풍 시트 블로어 모터
(6-WHT)
SS21(14-WHT)

구성 부품 위치도 (49)

289. 동승석 시트

- S30 동승석 뒤 높낮이 모터 (4-GRY)
- S21-1 (워크인 & 릴렉세이션 미적용)(16-WHT)
- S21-2 (워크인 & 릴렉세이션 적용)(16-GRY) 동승석 파워 시트 스위치

290. 동승석 시트

- S24-A 동승석 시트 유닛 (워크인 & 릴렉세이션 적용)(18-N/A)
- S24-B 동승석 시트 유닛 (워크인 & 릴렉세이션 적용)(5-BLK)
- S24-C 동승석 시트 유닛 (워크인 & 릴렉세이션 적용)(22-WHT)

291. 동승석 시트 백

- S38 동승석 워크인 스위치 (8-BLK)

292. 동승석 시트 백

- S37 동승석 등받이 모터 (5-GRY)
- S36 동승석 허리받이 모터 (6-BLK)

293. 리어 시트 쿠션

- S55-L 리어 시트 히터 LH (6-N/A)

294. 리어 시트 쿠션

- S52 리어 시트 히터 컨트롤 모듈(28-BLK)

CL-49

2023 > 엔진 > 150KW > 구성 부품 위치도

구성 부품 위치도 (50)

295. 리어 시트 쿠션

S55-R
리어 시트 히터 RH
(6-N/A)

FS3122-WHT)

CL-50

하네스 위치도

- 메인 하네스 ·· HL-1
- 프런트 하네스 ······································ HL-4
- 파워 일렉트릭 모듈 하네스 ················ HL-6
- 플로어 하네스 ······································ HL-8
- 도어 하네스 ·· HL-10
- 프런트 엔드 모듈 &
  콘솔 익스텐션 하네스 ······················· HL-15
- 범퍼 하네스 ·· HL-16
- 루프 하네스 ·· HL-18
- 트렁크 하네스 ······································ HL-20
- 충전 단자 하네스 ································ HL-21
- 고전압 정션 블록 ································ HL-23
- 고전압 케이블 ······································ HL-26
- 배터리 시스템 어셈블리 ···················· HL-27
- 배터리 시스템 어셈블리 ···················· HL-32
- 접지 포인트 ·· HL-36

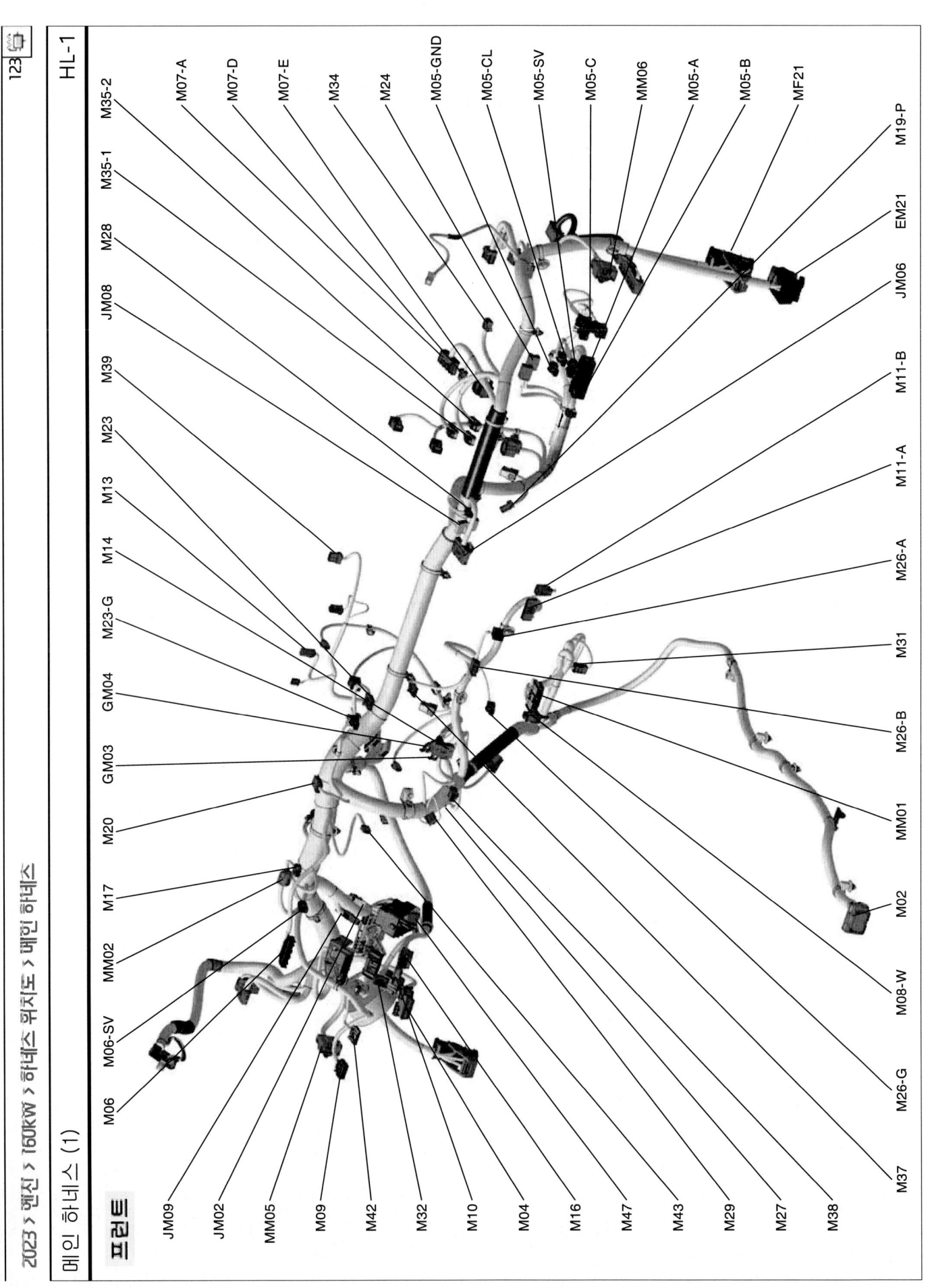

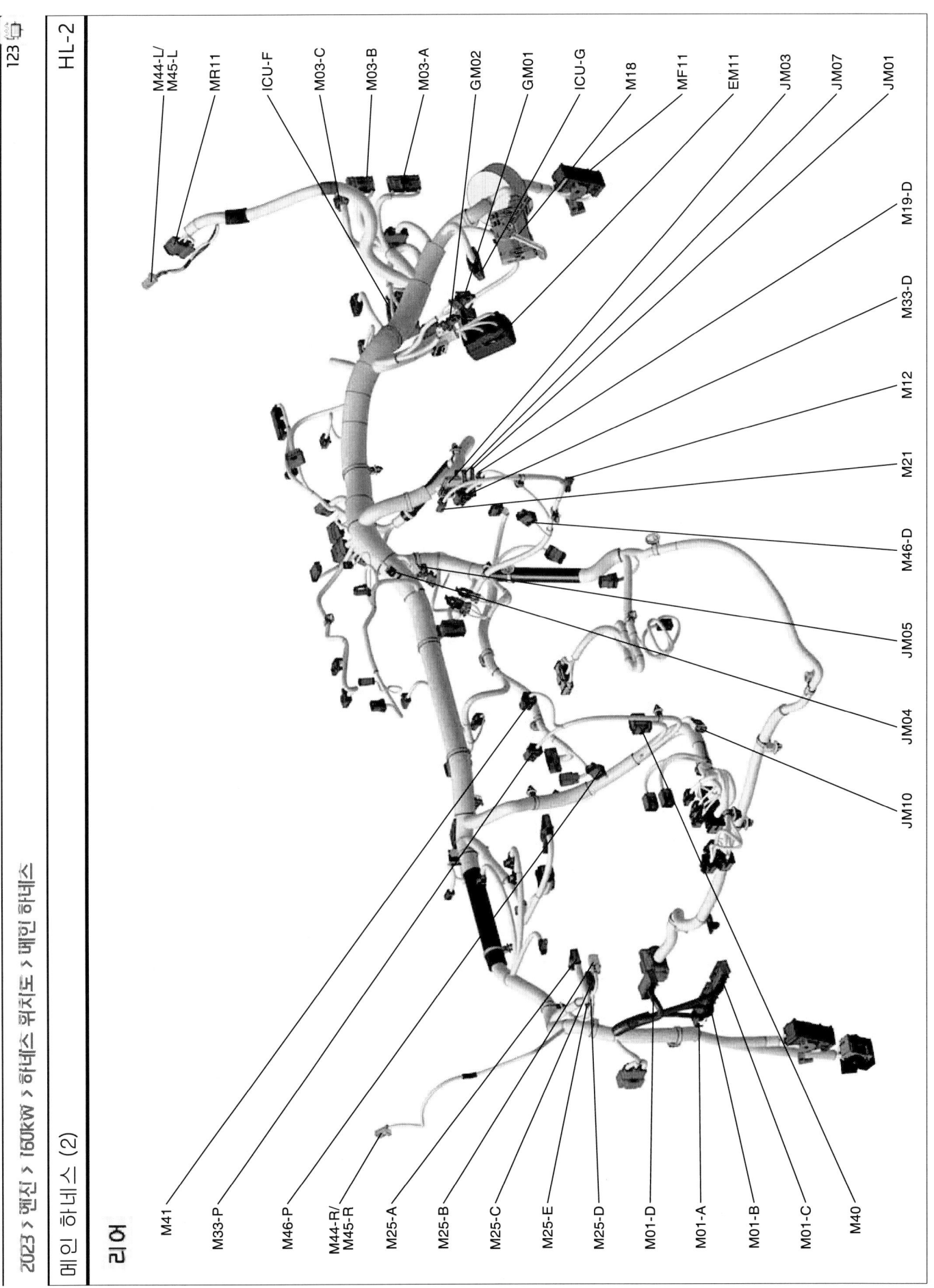

메인 하니스 (3)

메인 하니스

M01-A	IBU	M24	글로브 박스 램프
M01-B	IBU	M25-A	빌트인 캠 유닛 (Built-In CAM)
M01-C	IBU	M25-B	빌트인 캠 유닛 (Built-In CAM)
M01-D	IBU	M25-C	빌트인 캠 유닛 (Built-In CAM)
M02	에어백 컨트롤 모듈	M25-D	빌트인 캠 유닛 (Built-In CAM)
M03-A	에어백 컨트롤 모듈	M25-E	빌트인 캠 유닛 (Built-In CAM)
M03-B	에어백 컨트롤 모듈	M26-A	프런트 콘솔 키패드
M03-C	에어백 컨트롤 모듈	M26-B	프런트 콘솔 키패드
M04	자기 진단 점검 단자	M26-G	프런트 콘솔 키패드 (GND)
M05-A	A/V & 내비게이션 헤드 유닛	M27	IAU (Identity Authentication Unit)
M05-B	A/V & 내비게이션 헤드 유닛	M28	실내 미세 먼지 센서
M05-C	A/V & 내비게이션 헤드 유닛 (계기판)	M29	실내 온도 센서
M05-CL	A/V & 내비게이션 헤드 유닛 (Cool)	M31	프런트 파워 아웃렛
M05-GND	A/V & 내비게이션 헤드 유닛 (GND)	M32	다기능 스위치
M05-SV	A/V & 내비게이션 헤드 유닛 (SVM)	M33-D	에어컨 모드 액추에이터 (운전석)
M06	계기판	M33-P	에어컨 모드 액추에이터 (동승석)
M06-SV	계기판 (SVM)	M34	무선 램프 유닛
M07-A	CCU	M35-1	동승석 에어백 #
M07-D	CCU (D-CAN)	M35-2	동승석 에어백 非
M07-E	CCU (ETH)	M37	비상등 스위치
M08-C	후석 온도 액추에이터 (Cool)	M38	시동/정지 버튼
M08-W	후석 온도 액추에이터 (Warm)	M39	오토 라이트 & 포토 센서
M09	크래쉬 패드 스위치	M40	에어컨 PTC 히터
M10	클럭 스프링 (스티어링 휠 리모컨)	M41	디포거 액추에이터
M11-A	DCU	M42	아웃사이드 미러 스위치
M11-B	DCU	M43	크래쉬 패드 무드 램프
M12	이베퍼레이터 센서	M44-L	프런트 트위터 스피커 LH (앰프 미적용)
M13	센터 스피커 (앰프 적용)	M44-R	프런트 트위터 스피커 RH (앰프 미적용)
M14	IFS 유닛 (지능형 전조등)	M45-L	프런트 트위터 스피커 LH (앰프 적용)
M16	운전석 에어백	M45-R	프런트 트위터 스피커 RH (앰프 적용)
M17	운전자 주행 보조 제어기 유닛	M46-D	에어컨 온도 액추에이터 (운전석)
M18	운전자 주차 보조 제어기 유닛	M46-P	에어컨 온도 액추에이터 (동승석)
M19-D	풋 룸어 덕트 센서 (운전석)	M47	전자식 시프트 레버
M19-P	풋 룸어 덕트 센서 (동승석)	JM01	조인트 커넥터
M20	벤트 덕트 센서 (프런트)	JM02	조인트 커넥터
M21	덕트 센서 (Def)	JM03	조인트 커넥터
M23	프런트 모니터	JM04	조인트 커넥터
M23-G	프런트 모니터	JM05	조인트 커넥터
JM06	조인트 커넥터		
JM07	조인트 커넥터		
JM08	조인트 커넥터		
JM09	조인트 커넥터		
JM10	조인트 커넥터		
ICU-F	ICU 정션 블록		
ICU-G	ICU 정션 블록		
EM11	프런트 하네스 연결 커넥터		
EM21	풋 룸어 하네스 연결 커넥터		
MF11	풋 룸어 하네스 연결 커넥터		
MF21	프런트 콘솔 하네스 연결 커넥터		
MM01	HUD 익스텐션 하네스 연결 커넥터		
MM02	DSM 모니터 (운전석)		
MM05	익스텐션 하네스 연결 커넥터 (동승석)		
MM06	DSM 모니터		
MR11	루프 하네스 연결 커넥터		
GM01	접지		
GM02	접지		
GM03	접지		
GM04	접지		

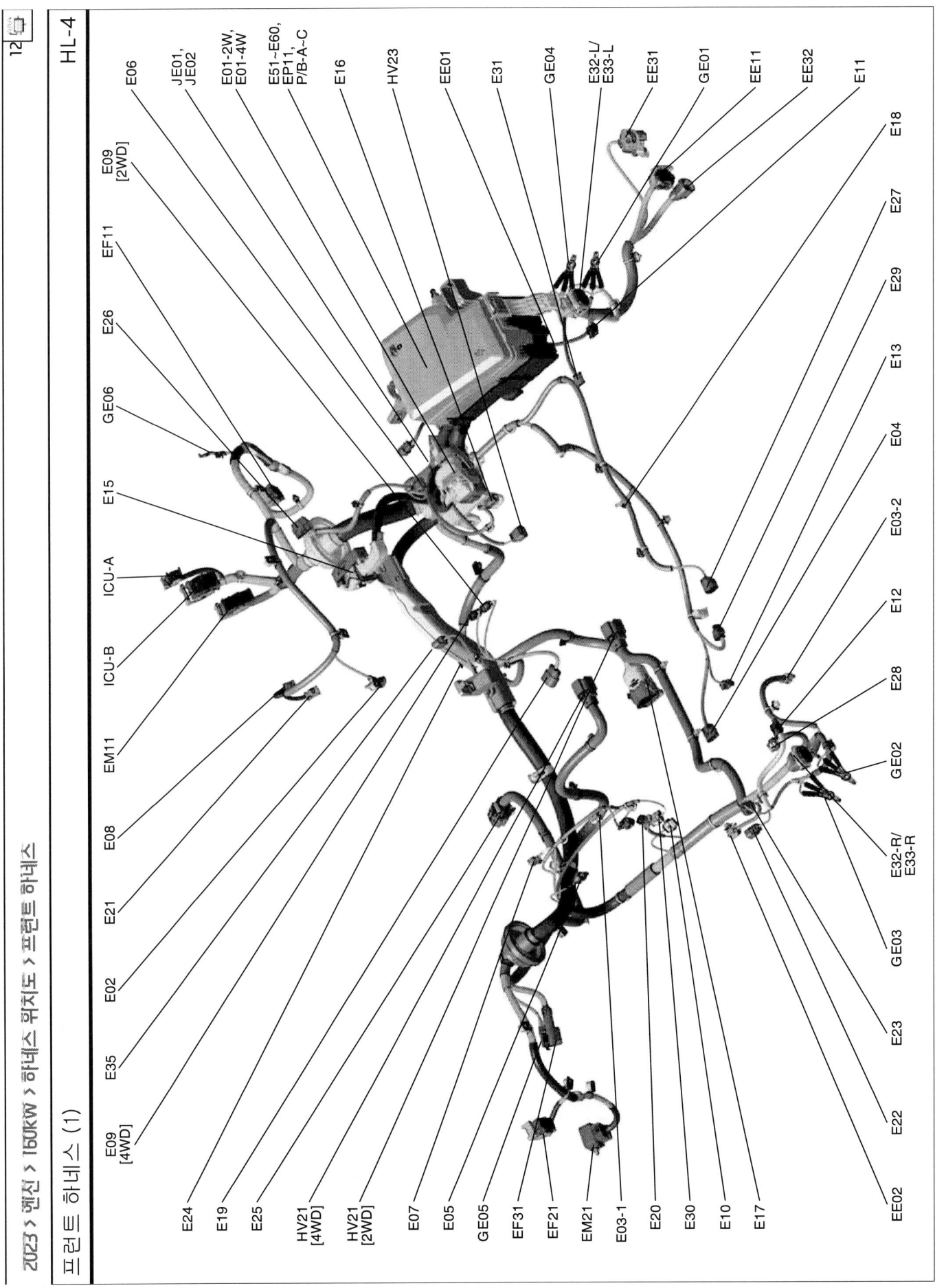

프런트 하네스 (2)

프런트 하네스

E01-2W	VCU (2WD)
E01-4W	VCU (4WD)
E02	악셀 페달 모듈
E03-1	냉매 밸브 #1
E03-2	냉매 밸브 #2
E04	BMS 냉각수 3웨이 밸브 (시스템)
E05	칠러 센서 #1 (시스템)
E06	브레이크 오일 레벨 센서
E07	에어컨 냉매 솔레노이드 밸브
E08	브레이크 페달 모듈
E09	APT 센서 (히터 펌프 적용)
E10	전자식 워터 펌프 (리어 PE)
E11	운전석 전방 충돌 감지 센서
E12	동승석 전방 충돌 감지 센서
E13	BMS PTC 히터 온도 센서 (2WD)
E15	IEB 유닛 (Integrated Electric Brake)
E16	12V 배터리 센서
E17	MDPS 유닛
E18	BMS 냉각수 온도 센서 (라디에이터 아웃렛 - 2WD)
E19	에어컨 블로어 모터
E20	냉각수 밸브
E21	정지등 스위치
E22	와셔 액 레벨 센서
E23	와셔 모터
E24	BMS 냉각수 온도 센서 (인렛)
E25	에어컨 PTC 히터 (전원)
E26	와이퍼 모터
E27	전자식 에어컨 컴프레서 (신호 - 2WD)
E28	전자식 워터 펌프 #1 (고전압 배터리)
E29	전자식 워터 펌프 #2 (고전압 배터리 - 2WD)
E30	히터 펌프
E31	포핑크 러기지 램프
E32-L	전조등 LH (Standard)
E32-R	전조등 RH (Standard)
E33-L	전조등 LH (Option)
E33-R	전조등 RH (Option)
E34	칠러 센서 #2 (배터리)
E35	인테이크 액추에이터
E51	ACC 릴레이 (RLY.1)
E52	IG2 릴레이 (RLY.2)
E53	IG1 릴레이 (RLY.3)
E55	파워 아웃풋 릴레이 (RLY.5)
E58	전자식 변속 레버 릴레이 (RLY.8)
E59	블로어 릴레이 (RLY.9)
E60	열선 유리 (위) 릴레이 (RLY.10)
JE01	조인트 커넥터
JE02	조인트 커넥터
ICU-A	ICU 정션 블록
ICU-B	ICU 정션 블록
P/B-A	PCB 블록
P/B-B	PCB 블록
P/B-C	PCB 블록
EE01	프런트 활 센서 LH 익스텐션 하네스 연결 커넥터
EE02	프런트 활 센서 RH 익스텐션 하네스 연결 커넥터
EE11	프런트 범퍼 하네스 연결 커넥터
EE31	프런트 엔드 모듈 하네스 연결 커넥터
EE32	프런트 엔드 모듈 하네스 연결 커넥터
EF11	플로어 하네스 연결 커넥터
EF21	플로어 하네스 연결 커넥터
EF31	플로어 하네스 연결 커넥터
EM11	메인 하네스 연결 커넥터
EM21	메인 하네스 연결 커넥터
EP11	프런트 파워 일렉트릭 모듈 하네스 연결 커넥터
HV21	프런트 고전압 정션 블록 #2 하네스 연결 커넥터
HV23	프런트 고전압 정션 블록 #1 하네스 연결 커넥터 (2WD)
GE01	접지
GE02	접지
GE03	접지
GE04	접지
GE05	접지
GE06	접지

파워 일렉트릭 모듈 하네스 (1)

프론트 파워 일렉트릭 모듈 하네스

프론트 파워 일렉트릭 모듈

- P01   구동 모터 (프론트)
- P02   인버터 (프론트) (시스템-4WD)
- P03   구동 모터 오일 온도 센서 (프론트) (4WD)
- P04   전자식 구동 모터 오일 펌프 (프론트) (4WD)
- P05   BMS PTC 히터 온도 센서 (4WD)
- P06   전륜 감속기 디스커넥트 액추에이터 (4WD)
- P07-S 전자식 에어컨 컴프레서 (신품 - 4WD)
- P08   전자식 워터 펌프 #2 (고전압 배터리 - 4WD)
- P09   BMS 냉각수 3웨이 밸브 (4WD)
- P10   BMS 냉각수 온도 센서 (라디에이터 아웃풋 - 4WD)
- JP01   조인트 커넥터 (4WD)
- JP02   조인트 커넥터 (4WD)
- EP11   프론트 하네스 연결 커넥터
- HV24   프론트 고전압 정션블록 위 하네스 연결 커넥터 (4WD)

파워 일렉트릭 모듈 하네스 (2)

리어 파워 일렉트릭 모듈 하네스

리어 파워 일렉트릭 모듈

- P21   구동 모터 (리어)
- P22   인버터 (리어) (시스템)
- P23   구동 모터 오일 온도 센서 (리어)
- P24   전자식 구동 모터 오일 펌프 (리어)
- P25   SBW 액추에이터
- P26   리어 높낮이 센서
- JP11 조인트 커넥터
- HV11 리어 고전압 정션 블록 하네스 연결 커넥터
- FP11 플로어 하네스 연결 커넥터

2023 > 엔진 > 150KW > 하네스 위치도 > 플로어 하네스

플로어 하네스 (1)

HL-8

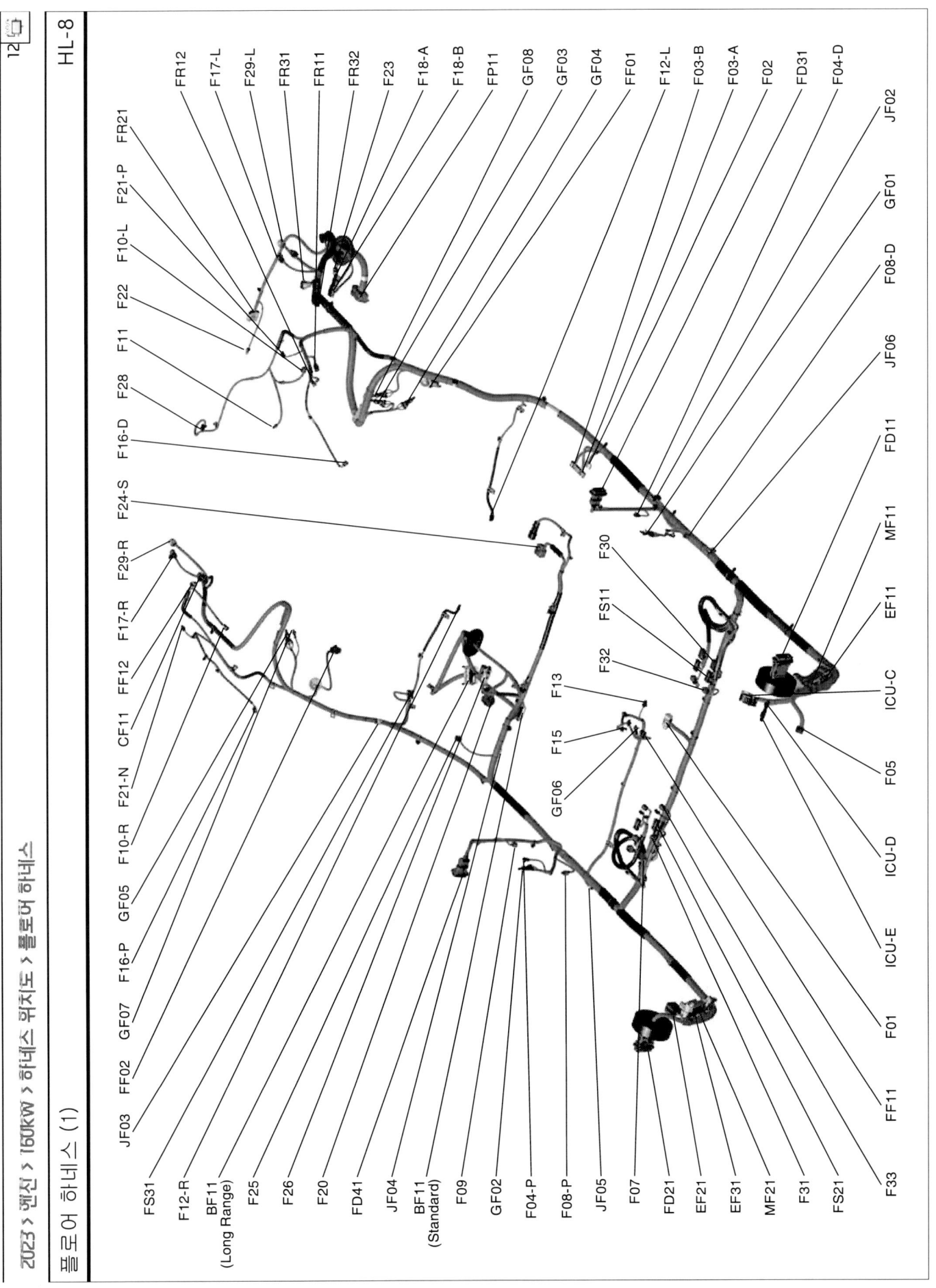

플로어 하네스 (2)

플로어 하네스

F01	에어백 컨트롤 모듈	F31	동승석 사이드 에어백	
F02	ADP 유닛 (Acoustic Design Processor)	F32	센터 사이드 에어백	
F03-A	앰프	F33	동승석 시트 벨트 버클 센서	
F03-B	앰프	JF02	조인트 커넥터	
F04-D	운전석 시트 벨트 리트렉터 프리텐셔너	JF03	조인트 커넥터	
F04-P	동승석 시트 벨트 리트렉터 프리텐셔너	JF04	조인트 커넥터	
F05	SCU	JF05	조인트 커넥터	
F07	동승석 무게 감지 센서	JF06	조인트 커넥터	
F08-D	운전석 사이드 충돌 감지 센서	ICU-C	ICU 정션 블록	
F08-P	동승석 사이드 충돌 감지 센서	ICU-D	ICU 정션 블록	
F09	ALR 센서 (Automatic Locking Retractor)	ICU-E	ICU 정션 블록	
F10-L	리어 시트 벨트 리트렉터 프리텐셔너 LH	BF11	BSA 메인 하네스 연결 커넥터	
F10-R	리어 시트 벨트 리트렉터 프리텐셔너 RH	CF11	충전 단자 하네스 연결 커넥터	
F11	서브 우퍼 (앰프 적용)	EF11	프런트 하네스 연결 커넥터	
F12-L	리어 시트 벨트 버클 스위치 LH & CTR	EF21	프런트 하네스 연결 커넥터	
F12-R	리어 시트 벨트 버클 스위치 RH	EF31	프런트 하네스 연결 커넥터	
F13	스마트 키 실내 안테나	FD11	운전석 도어 하네스 연결 커넥터	
F15	A/C 콘솔 모드 액추에이터	FD21	동승석 도어 하네스 연결 커넥터	
F16-D	운전석 카드 에어백	FD31	리어 도어 LH 하네스 연결 커넥터	
F16-P	동승석 카드 에어백	FD41	리어 도어 RH 하네스 연결 커넥터	
F17-L	파워 테일게이트 스핀들 LH	FF01	리어 휠 센서 LH 익스텐션 하네스 연결 커넥터	
F17-R	파워 테일게이트 스핀들 RH	FF02	리어 휠 센서 RH 익스텐션 하네스 연결 커넥터	
F18-A	파워 트렁크 유닛	FF11	리어 컨솔 단자 도어 익스텐션 하네스 연결 커넥터	
F18-B	파워 트렁크 유닛	FF12	충전 컨솔 단자 일렉트릭 모듈 하네스 연결 커넥터	
F20	빌트인 캠프 보조 배터리	FP11	리어 파워 하네스 연결 커넥터	
F21-N	리어 디포거 (-)	FR11	루프 하네스 익스텐션 하네스 연결 커넥터	
F21-P	리어 디포거 (+)	FR12	선루프 하네스 연결 커넥터	
F22	스마트 키 트렁크 안테나	FR21	리어 범퍼 하네스 연결 커넥터	
F23	리어 파워 아웃렛	FR31	테일게이트 # 하네스 연결 커넥터	
F24-S	ICCU (신호)	FR32	테일게이트 # 하네스 연결 커넥터	
F25	V2L 유닛 (신호)	FS11	운전석 하네스 연결 커넥터	
F26	VCMS	FS21	동승석 하네스 연결 커넥터	
F28	트렁크 룸 램프	FS31	리어 시트 하네스 연결 커넥터	
F29-L	리어 콤비네이션 램프 (OUT) LH	MF11	메인 하네스 연결 커넥터	
F29-R	리어 콤비네이션 램프 (OUT) RH	MF21	메인 하네스 연결 커넥터	
F30	운전석 사이드 에어백 & 시트 벨트 버클 센서	GF01	접지	
		GF02		접지
		GF03		접지
		GF04		접지
		GF05		접지
		GF06		접지
		GF07		접지
		GF08		접지

도어 하네스 (1)

운전석 도어 하네스

운전석 도어 하네스

D01	운전석 도어 아웃사이드 핸들 PIC 안테나
D03	운전석 세이프티 파워 윈도우 모듈
D08	운전석 도어 스피커 (앰프 미적용)
D09	운전석 도어 스피커 (앰프 적용)
D11	운전석 도어 IMS 스위치
D12-M	운전석 아웃사이드 미러 (DSM 미적용)
D12-C	운전석 아웃사이드 카메라 (DSM 적용)
D13-A	운전석 사이드 바디 컨트롤 모듈
D13-B	운전석 사이드 바디 컨트롤 모듈
D13-C	운전석 사이드 바디 컨트롤 모듈
D14	운전석 도어 사이드 충돌 압력 센서
JD11	조인트 커넥터
DD11	운전석 도어 익스텐션 하네스 연결 커넥터
DD12	운전석 도어 무드 램프 익스텐션 하네스 연결 커넥터
FD11	플로어 하네스 연결 커넥터

도어 하네스 (2)

동승석 도어 하네스

동승석 도어 하네스

D31	동승석 도어 아웃사이드 핸들 PIC 안테나
D32	동승석 파워 윈도우 모터 (세이프티 미적용)
D33	동승석 세이프티 파워 윈도우 모듈 (세이프티 적용)
D38	동승석 도어 스피커 (앰프 미적용)
D39	동승석 도어 스피커 (앰프 적용)
D42-M	동승석 아웃사이드 미러 (DSM 미적용)
D42-C	동승석 아웃사이드 카메라 (DSM 적용)
D43-A	동승석 사이드 바디 컨트롤 모듈
D43-B	동승석 사이드 바디 컨트롤 모듈
D43-C	동승석 사이드 바디 컨트롤 모듈
D44	동승석 도어 사이드 충돌 압력 센서
JD21	조인트 커넥터
DD21	동승석 도어 익스텐션 하네스 연결 커넥터
DD22	동승석 도어 무드 램프 익스텐션 하네스 연결 커넥터
FD21	플로어 하네스 연결 커넥터

도어 하네스 (3)

HL-12

리어 도어 LH 하네스

리어 도어 LH 하네스

D62	리어 파워 윈도우 모터 LH (세이프티 미적용)
D63	리어 세이프티 파워 윈도우 모듈 LH (세이프티 적용)
D66	리어 도어 스피커 LH (앰프 미적용)
D67	리어 도어 스피커 LH (앰프 적용)
D68	리어 파워 윈도우 스위치 LH
DD31	리어 도어 LH 익스텐션 하네스 연결 커넥터
DD32	리어 도어 무드 램프 LH 익스텐션 하네스 연결 커넥터
FD31	플로어 하네스 연결 커넥터

리어 도어 RH 하네스

리어 도어 RH 하네스

D82	리어 파워 윈도우 모터 RH (세이프티 미적용)
D83	리어 세이프티 파워 윈도우 모듈 RH (세이프티 적용)
D86	리어 도어 스피커 RH (앰프 미적용)
D87	리어 도어 스피커 RH (앰프 적용)
D88	리어 파워 윈도우 스위치 RH
DD41	리어 도어 RH 익스텐션 하네스 연결 커넥터
DD42	리어 도어 무드 램프 RH 익스텐션 하네스 연결 커넥터
FD41	플로어 하네스 연결 커넥터

도어 하네스 (4)

운전석/동승석 도어 록 액추에이터 익스텐션 하네스

운전석 도어 록 액추에이터 익스텐션 하네스

- D16   운전석 도어 록 액추에이터
- D17   운전석 도어 아웃사이드 핸들 (디지털 키 적용)
- D18   운전석 도어 아웃사이드 핸들 (디지털 키 미적용)
- D19   운전석 도어 아웃사이드 핸들 풀러시 액추에이터
- DD11   운전석 도어 하네스 연결 커넥터

동승석 도어 록 액추에이터 익스텐션 하네스

- D46   동승석 도어 록 액추에이터
- D47   동승석 도어 아웃사이드 핸들 (디지털 키 적용)
- D48   동승석 도어 아웃사이드 핸들 (디지털 키 미적용)
- D49   동승석 도어 아웃사이드 핸들 풀러시 액추에이터
- DD21   동승석 도어 하네스 연결 커넥터

( ) : 운전석
[ ] : 동승석

도어 하네스 (5)

리어 도어 록 액추에이터 LH/RH 익스텐션 하네스

리어 도어 록 액추에이터 LH 익스텐션 하네스

D76   리어 도어 록 액추에이터 LH
D78   리어 도어 아웃사이드 핸들 풀러시 액추에이터 LH
DD31   리어 도어 LH 하네스 연결 커넥터

리어 도어 록 액추에이터 RH 익스텐션 하네스

D96   리어 도어 록 액추에이터 RH
D98   리어 도어 아웃사이드 핸들 풀러시 액추에이터 RH
DD41   리어 도어 RH 하네스 연결 커넥터

( ) : 리어 LH
[ ] : 리어 RH

프런트 엔드 모듈 & 콘솔 익스텐션 하네스 (1)

프런트 엔드 모듈 하네스

프런트 엔드 모듈 하네스

E71	VESS 유닛
E72	냉각 팬 모터
E73	익스터널 부저
E74	후드 스위치
E75-H	경음기 (High)
E75-L	경음기 (Low)
E76	스마트 크루즈 컨트롤 레이더
E77	스마트 키 프런트 안테나
EE31	프런트 하네스 연결 커넥터
EE32	프런트 하네스 연결 커넥터

콘솔 익스텐션 하네스

콘솔 익스텐션 하네스

M82	파워 윈도우 스위치
M83	스마트폰 무선 충전기
M84	스마트폰 무선 충전기 인디게이터
MM01	메인 하네스 연결 커넥터
MM03	프런터 USB 단자 어셈블리 익스텐션 하네스 연결 커넥터

2023 > 엔진 > 150kW > 하네스 위치도 > 범퍼 하네스

범퍼 하네스 (1)　　　　　　　　　　　　　　　　　　　　　　HL-16

프론트 범퍼 하네스

프론트 범퍼 하네스

E81-IL	전방 PDW 센서 LH (In) (PCAA 미적용)
E81-IR	전방 PDW 센서 RH (In) (PCAA 미적용)
E81-OL	전방 PDW 센서 LH (Out) (PCAA 미적용)
E81-OR	전방 PDW 센서 RH (Out) (PCAA 미적용)
E82-IL	전방 PDW 센서 LH (In) (PCAA 적용)
E82-IR	전방 PDW 센서 RH (In) (PCAA 적용)
E82-OL	전방 PDW 센서 LH (Out) (PCAA 적용)
E82-OR	전방 PDW 센서 RH (Out) (PCAA 적용)
E82-SL	전방 PDW 센서 LH (Side) (PCAA 적용)
E82-SR	전방 PDW 센서 RH (Side) (PCAA 적용)
E83	프론트 뷰 카메라 (SVM)
E84-L	프론트 코너 레이더 LH
E84-R	프론트 코너 레이더 RH
E85	실외 온도 센서
E86-L	액티브 에어 플랩 유닛 LH
E86-R	액티브 에어 플랩 유닛 RH
EE11	프론트 하네스 연결 커넥터
JE21	조인트 커넥터
JE22	조인트 커넥터
JE23	조인트 커넥터
JE27	조인트 커넥터
JE28	조인트 커넥터

( ) : PCAA 미적용
[ ] : PCAA 적용

리어 범퍼 하네스

리어 범퍼 하네스

R41-IL	후방 PDW 센서 LH (In) (PCAA 미적용)
R41-IR	후방 PDW 센서 RH (In) (PCAA 미적용)
R41-OL	후방 PDW 센서 LH (Out) (PCAA 미적용)
R41-OR	후방 PDW 센서 RH (Out) (PCAA 미적용)
R42-IL	후방 PDW 센서 LH (In) (PCAA 적용)
R42-IR	후방 PDW 센서 RH (In) (PCAA 적용)
R42-OL	후방 PDW 센서 LH (Out) (PCAA 적용)
R42-OR	후방 PDW 센서 RH (Out) (PCAA 적용)
R42-SL	후방 PDW 센서 LH (Side) (PCAA 적용)
R42-SR	후방 PDW 센서 RH (Side) (PCAA 적용)
R43-L	번호판등 LH
R43-R	번호판등 RH
R45	스마트 키 리어 안테나
R46-L	리어 코너 레이더 LH
R46-R	리어 코너 레이더 RH
R48-L	후진등 LH
R48-R	후진등 RH
JR21	조인트 커넥터
JR22	조인트 커넥터
JR23	조인트 커넥터
JR24	조인트 커넥터
FR21	플로어 하네스 연결 커넥터

( ) : PCAA 미적용
[ ] : PCAA 적용

루프 하네스 (1)

선루프 미적용

루프 하네스

R01	오버헤드 콘솔
R03	프런트 뷰 카메라 (빌트인 캠)
R04	실내 감광 미러
R05	다기능 프런트 뷰 카메라
R06	후석 승객 감지 (ROA) 센서
R07	룸 램프
R08-L	마이크 LH
R08-R	마이크 RH
R11-L	선 바이저 램프 LH
R11-R	선 바이저 램프 RH
R12	오토 디포거 센서 (레인 센서 미적용)
JR11	조인트 커넥터
MR11	메인 하네스 연결 커넥터
RR01	오토 디포거 센서 익스텐션 하네스 연결 커넥터

루프 하네스 (2)

선루프 적용

루프 하네스

R01	오버헤드 콘솔
R03	프런트 뷰 카메라 (빌트인 캠)
R04	실내 감광 미러
R05	다기능 프런트 뷰 카메라
R06	후석 승객 감지 (ROA) 센서
R07	룸 램프
R08-L	마이크 LH
R08-R	마이크 RH
R09	선루프 스위치
R11-L	선 바이저 램프 LH
R11-R	선 바이저 램프 RH
R12	오토 디포그 센서 (레인 센서 미적용)
JR11	조인트 커넥터
FR11	풀로어 하네스 연결 커넥터
MR11	메인 하네스 연결 커넥터
RR01	오토 디포그 센서 익스텐션 하네스 연결 커넥터

트렁크 하네스 (1)

트렁크 #1 하네스

- FR31 플로어 하네스 연결 커넥터
- FR32 플로어 하네스 연결 커넥터
- RR11 트렁크 #2 하네스 연결 커넥터
- RR12 트렁크 #2 하네스 연결 커넥터

트렁크 #2 하네스

- R61 파워 트렁크 부저
- R62 보조 정지등
- R63 파워 트렁크 래치 (파워 트렁크 적용)
- R64 파워 트렁크 래치 (파워 트렁크 미적용)
- R65 리어 뷰 카메라 (SVM/빌트인 캠 미적용)
- R66 리어 뷰 카메라 (SVM/빌트인 캠 적용)
- R67 리어 콤비네이션 램프 (CTR)
- R68 트렁크 스위치 (실내)
- R69 트렁크 스위치 (실외)
- RR11 트렁크 #1 하네스 연결 커넥터
- RR12 트렁크 #1 하네스 연결 커넥터

충전 단자 하네스 (1)

충전 단자 하네스

충전 단자 하네스

C12	충전 단자 레지스터
C13-1	충전 단자 온도 센서 #1 (급속 (+))
C13-2	충전 단자 온도 센서 #2 (급속 (-))
C13-3	충전 단자 온도 센서 #3 (완속)
C15	충전 단자 (5Pin Combo)
C16	충전 단자 락/언록 액추에이터
CC11	ICCU 하네스 연결 커넥터
CF11	플로어 하네스 연결 커넥터
HV12	리어 고전압 정션 블록 하네스 연결 커넥터
GC11	접지
GC12	접지

ICCU 하네스

C21	V2L 유닛 (전원)
C24-AC	ICCU (AC Input)
CC11	충전 단자 하네스 연결 커넥터

2023 > 엔진 > 150KW > 하네스 위치도 > 충전 단자 하네스

충전 단자 하네스 (2)

충전 단자 도어 모듈 하네스

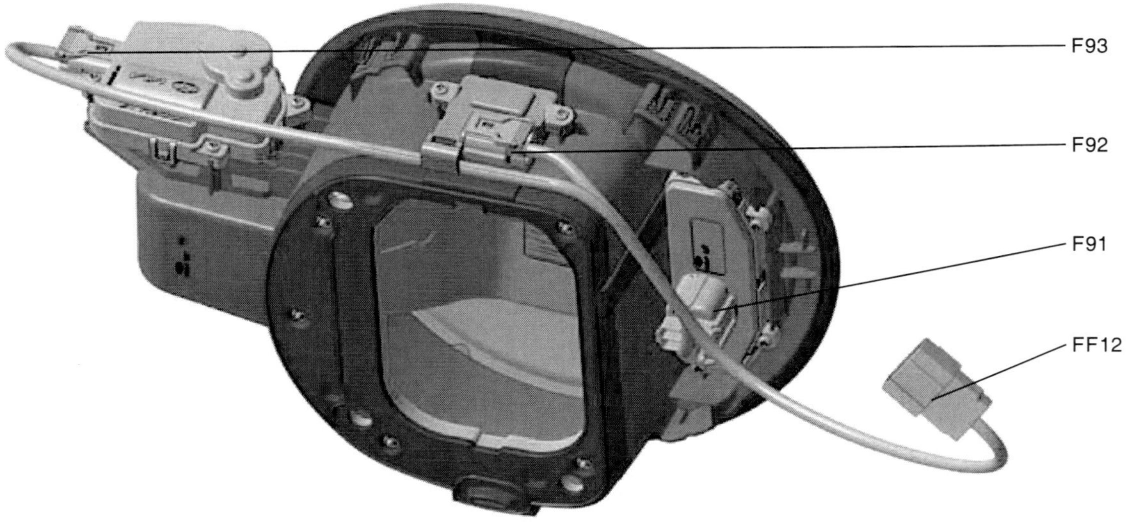

충전 단자 도어 모듈 하네스

F91	충전 단자 LED 모듈
F92	충전 단자 램프
F93	충전 단자 도어 액추에이터
FF12	플로어 하네스 연결 커넥터

2023 > 엔진 > 160kW > 하네스 위치도 > 고전압 정션 블록

고전압 정션 블록

고전압 정션 블록 (1)

프론트 고전압 정션 블록 하네스 - 2WD

프론트 고전압 정션 블록 하네스 #1 - 2WD

H11	배터리 히터 릴레이
H12	고전압 커넥터 인터락
HH11	프론트 고전압 정션 블록 #2 하네스 연결 커넥터
HH12	프론트 고전압 정션 블록 #3 하네스 연결 커넥터
HV23	프론트 파워 일렉트릭 모듈 하네스 연결 커넥터

프론트 고전압 정션 블록 하네스 #2 - 2WD

HH11	프론트 고전압 정션 블록 #1 하네스 연결 커넥터
HV21	프론트 고전압 하네스 연결 커넥터

프론트 고전압 정션 블록 하네스 #3 - 2WD

HH12	프론트 고전압 정션 블록 #1 하네스 연결 커넥터
HV22	BMS PTC 히터 하네스 연결 커넥터

프론트 고전압 정션 블록 하네스 #4 - 2WD

P07-P	전자식 에어컨 컴프레서 (전원)

고전압 케이블

H13	프론트 고전압 정션 블록 (고전압 배터리)
HB-F	고전압 배터리 (프론트 고전압 정션 블록)

HL-23

2023 > 엔진 > 160KW > 하네스 위치도 > 고전압 정션 블록

고전압 정션 블록

프론트 고전압 정션 블록 하네스 - 4WD

프론트 고전압 정션 블록 하네스 #1 - 4WD

H21	배터리 히터 릴레이
HH21	프론트 고전압 정션 블록 #2 하네스 연결 커넥터
HH22	프론트 고전압 정션 블록 #3 하네스 연결 커넥터
HV24	프론트 파워 일렉트릭 모듈 하네스 연결 커넥터

프론트 고전압 정션 블록 하네스 #2 - 4WD

HH21	프론트 고전압 정션 블록 #1 하네스 연결 커넥터
HV21	프론트 하네스 연결 커넥터

프론트 고전압 정션 블록 하네스 #3 - 4WD

HH22	프론트 고전압 정션 블록 #1 하네스 연결 커넥터
HV22	BMS PTC 히터 하네스 연결 커넥터

프론트 고전압 정션 블록 하네스 #4 - 4WD

P07-P	전자식 에어컨 컴프레서 (전원)

프론트 고전압 정션 블록 하네스 #5 - 4WD

HB-F	고전압 배터리 (프론트 고전압 정션 블록)

HL-24

고전압 정션 블록 (3)

리어 고전압 정션 블록 하네스

리어 고전압 정션 블록 하네스 #1

- H01   급속 충전 (+) 릴레이
- H02   급속 충전 (-) 릴레이
- HV11 리어 파워 일렉트릭 모듈 하네스 연결 커넥터
- HV12 충전 단자 하네스 연결 커넥터

리어 고전압 정션 블록 하네스 #2

- HB-R 고전압 배터리 (리어 고전압 정션 블록)

2023 > 엔진 > 160KW > 하네스 위치도 > 고전압 케이블

고전압 케이블 (1)

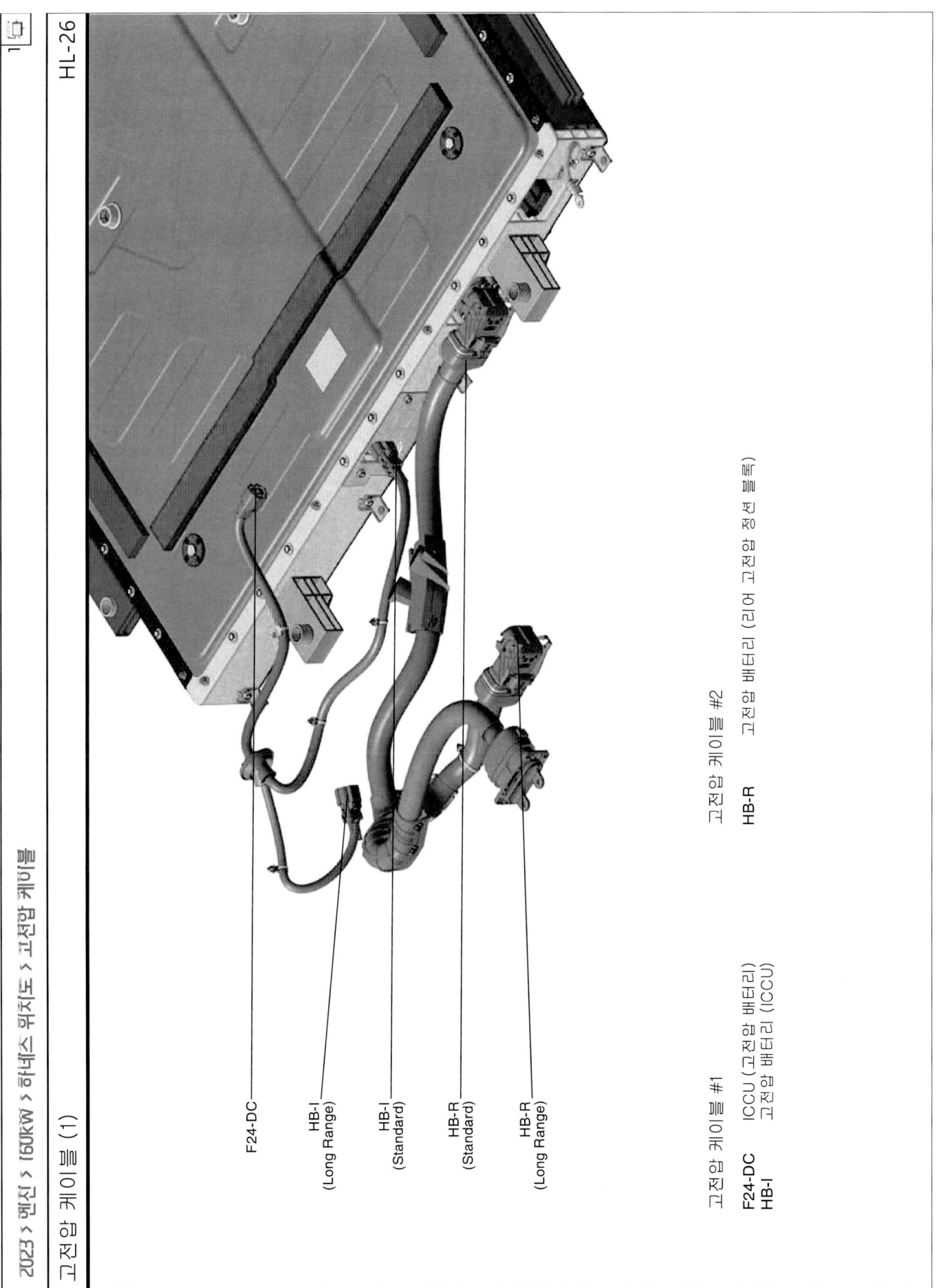

고전압 케이블 #1

F24-DC ICCU (고전압 배터리)
HB-I 고전압 배터리 (ICCU)

고전압 케이블 #2

HB-R 고전압 배터리 (리어 고전압 정션 블록)

HL-26

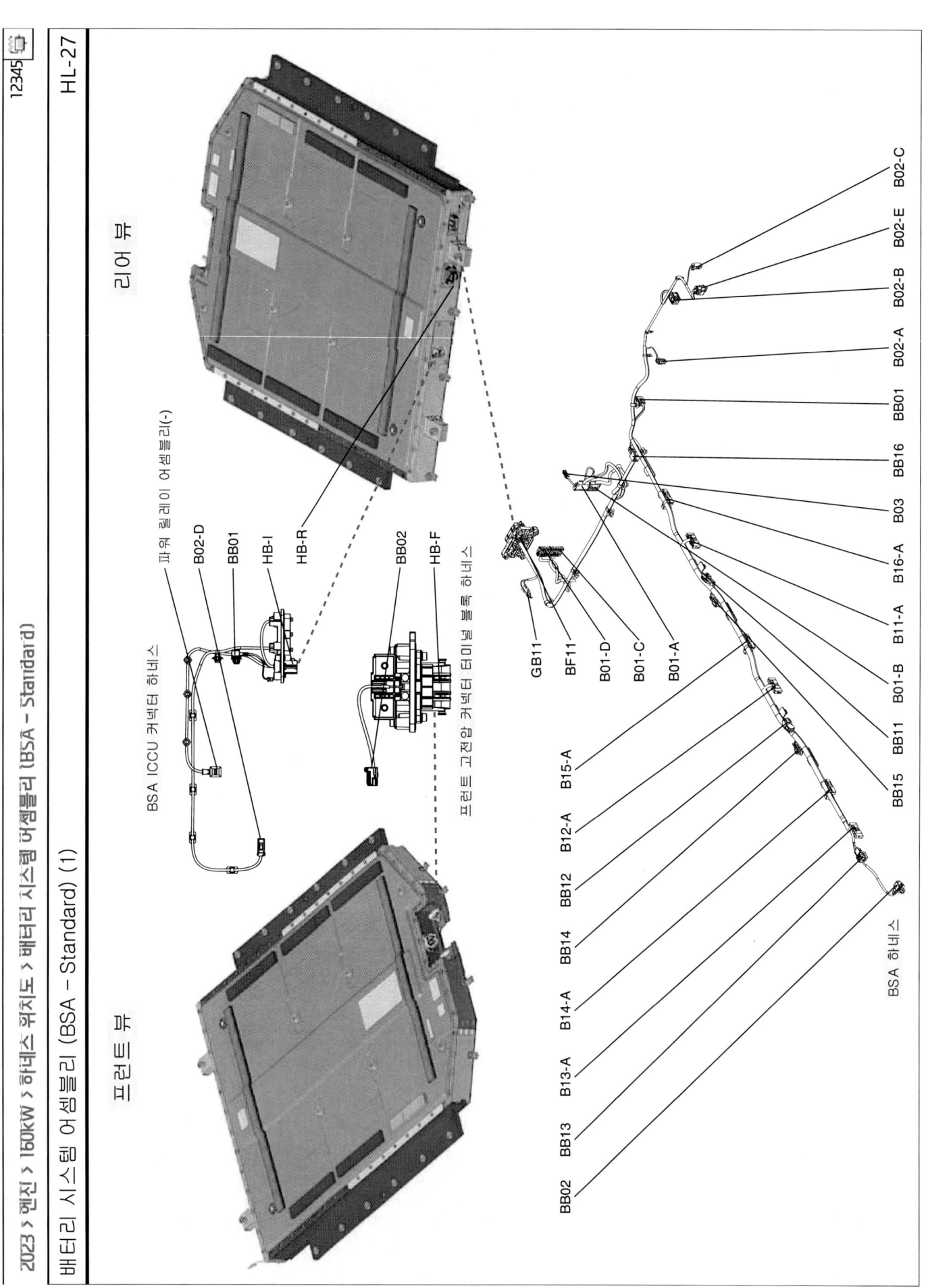

배터리 시스템 어셈블리 (BSA – Standard) (1)

2023 > 엔진 > 160kW > 하네스 위치도 > 배터리 시스템 어셈블리 (BSA – Standard)

배터리 시스템 어셈블리 (BSA – Standard) (2)

BSA 하네스

B01-A	BMU
B01-B	BMU
B01-C	BMU
B01-D	BMU
B02-A	파워 릴레이 어셈블리 (Isolation +)
B02-B	파워 릴레이 어셈블리 (Main)
B02-C	파워 릴레이 어셈블리 (Isolation –)
B02-E	파워 릴레이 어셈블리 (Current Sensor)
B03	리어 고전압 커넥터 터미널 블록 (인터록)
B11-A	CMU #1
B12-A	CMU #2
B13-A	CMU #3
B14-A	CMU #4
B15-A	CMU #5
B16-A	CMU #6
BB01	BSA ICCU 커넥터 하네스 연결 커넥터
BB02	프런트 고전압 커넥터 터미널 블록 하네스 연결 커넥터
BB11	BSA 센서 #1 하네스 연결 커넥터
BB12	BSA 센서 #2 하네스 연결 커넥터
BB13	BSA 센서 #3 하네스 연결 커넥터
BB14	BSA 센서 #4 하네스 연결 커넥터
BB15	BSA 센서 #5 하네스 연결 커넥터
BB16	BSA 센서 #6 하네스 연결 커넥터
BF11	풀로어 하네스 연결 커넥터
GB11	접지

BSA ICCU 커넥터 하네스

B02-D	파워 릴레이 어셈블리 (+)
BB01	BSA MAIN 하네스 연결 커넥터

프런트 고전압 커넥터 터미널 블록 하네스

BB02	BSA MAIN 하네스 연결 커넥터

배터리 시스템 어셈블리 (BSA)

HB-F	고전압 배터리 (프런트 고전압 정션 블록)
HB-I	고전압 배터리 (ICCU)
HB-R	고전압 배터리 (리어 고전압 정션 블록)

배터리 시스템 어셈블리 (BSA - Standard) (3)

BSA 센서 하네스 (1/2)

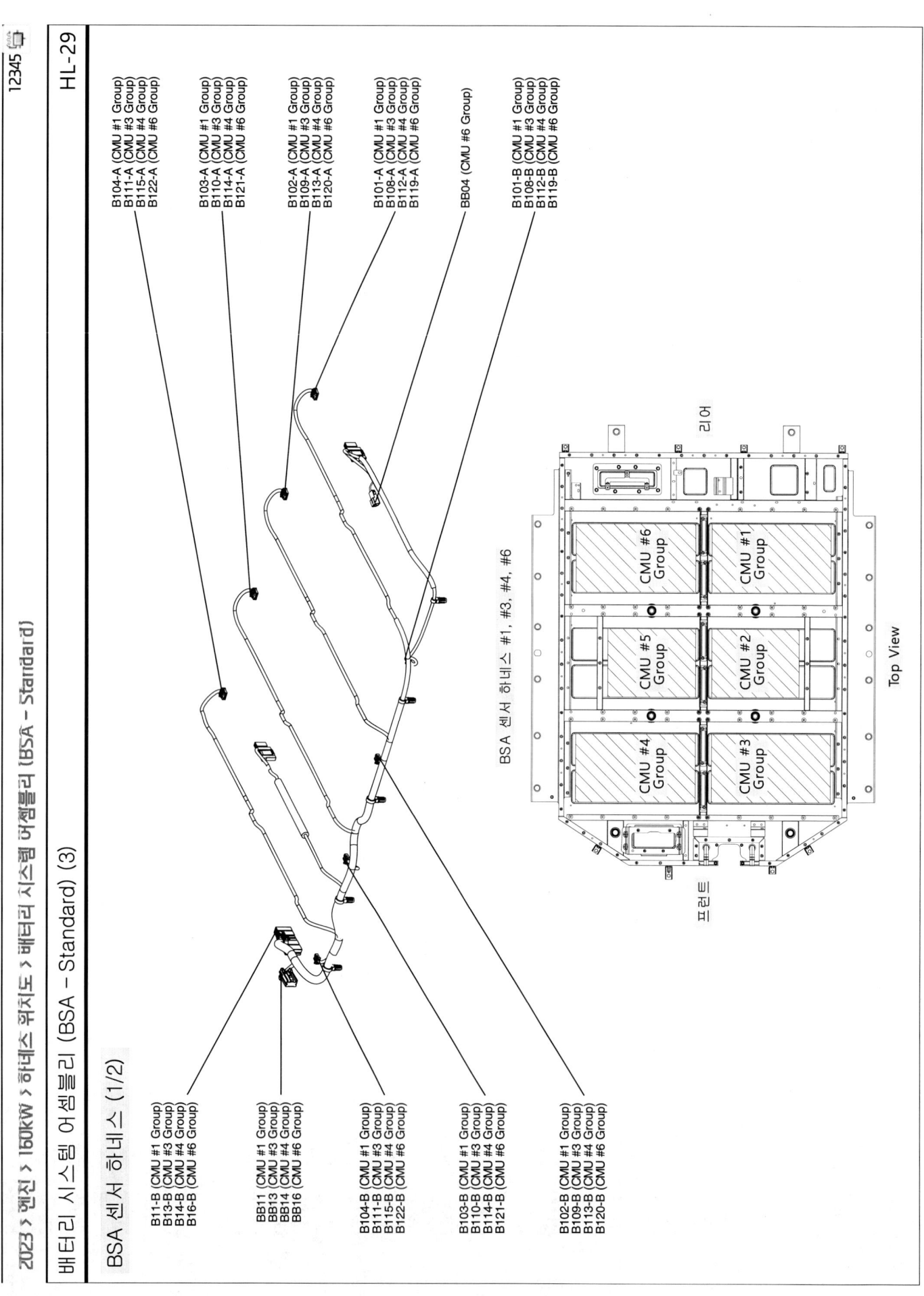

배터리 시스템 어셈블리 (BSA - Standard) (4)

BSA 센서 하네스 (2/2)

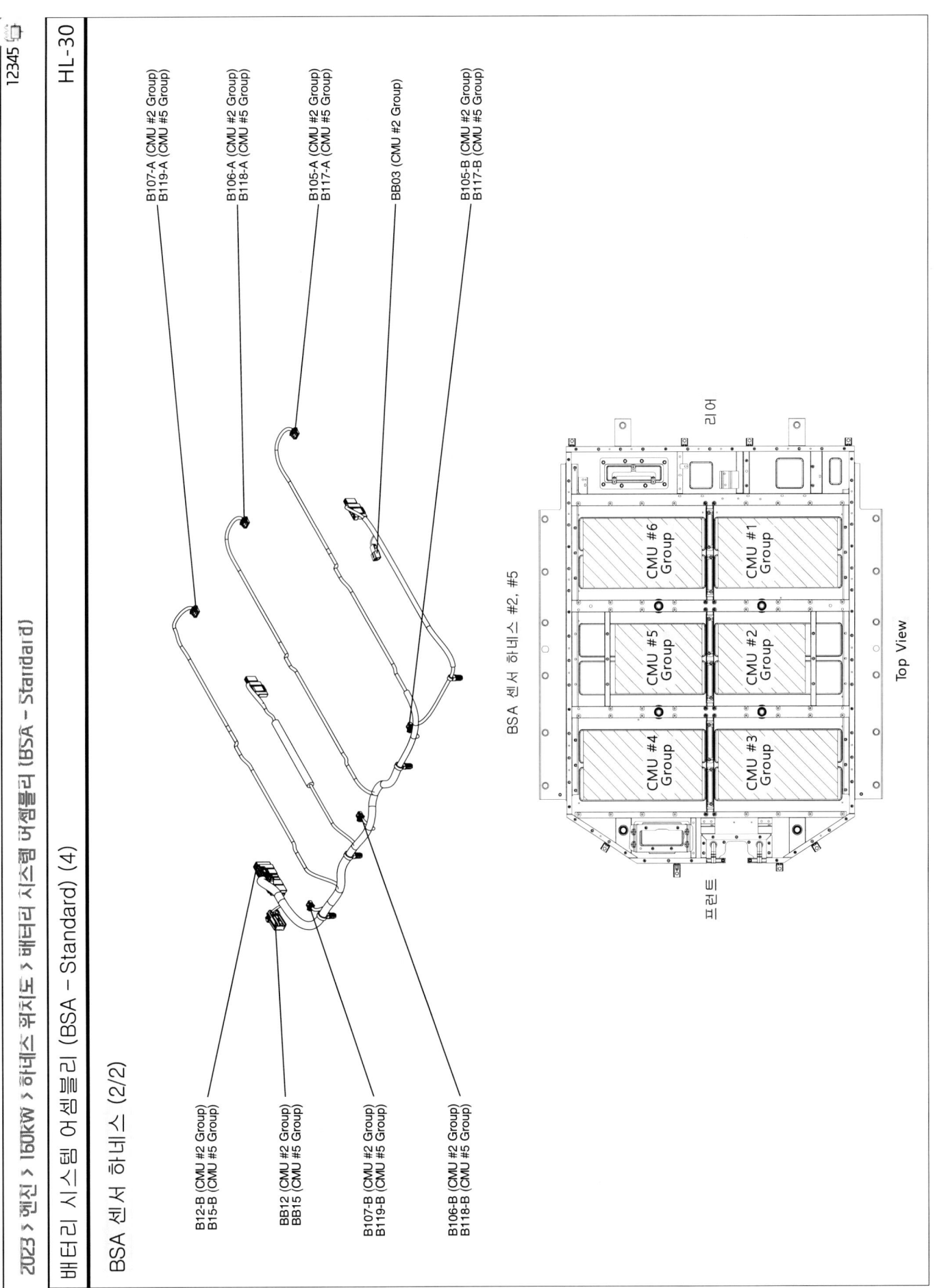

2023 > 엔진 > 160kW > 하네스 위치도 > 배터리 시스템 어셈블리 (BSA – Standard)

배터리 시스템 어셈블리 (BSA – Standard) (5)

BSA 센서 #1 하네스 (CMU #1 Group)

B11-B	CMU #1
B101-A	배터리 모듈 #1
B101-B	배터리 모듈 #1
B102-A	배터리 모듈 #2
B102-B	배터리 모듈 #2
B103-A	배터리 모듈 #3
B103-B	배터리 모듈 #3
B104-A	배터리 모듈 #4
B104-B	배터리 모듈 #4
BB11	BSA MAIN 하네스 연결 커넥터

BSA 센서 #2 하네스 (CMU #2 Group)

B12-B	CMU #2
B105-A	배터리 모듈 #5
B105-B	배터리 모듈 #5
B106-A	배터리 모듈 #6
B106-B	배터리 모듈 #6
B107-A	배터리 모듈 #7
B107-B	배터리 모듈 #7
BB03	BSA 온도 센서 #1 하네스 연결 커넥터
BB12	BSA MAIN 하네스 연결 커넥터

BSA 센서 #3 하네스 (CMU #3 Group)

B13-B	CMU #3
B108-A	배터리 모듈 #8
B108-B	배터리 모듈 #8
B109-A	배터리 모듈 #9
B109-B	배터리 모듈 #9
B110-A	배터리 모듈 #10
B110-B	배터리 모듈 #10
B111-A	배터리 모듈 #11
B111-B	배터리 모듈 #11
BB13	BSA MAIN 하네스 연결 커넥터

BSA 센서 #4 하네스 (CMU #4 Group)

B14-B	CMU #4
B112-A	배터리 모듈 #12
B112-B	배터리 모듈 #12
B113-A	배터리 모듈 #13
B113-B	배터리 모듈 #13
B114-A	배터리 모듈 #14
B114-B	배터리 모듈 #14
B115-A	배터리 모듈 #15
B115-B	배터리 모듈 #15
BB14	BSA MAIN 하네스 연결 커넥터

BSA 센서 #5 하네스 (CMU #5 Group)

B15-B	CMU #5
B116-A	배터리 모듈 #16
B116-B	배터리 모듈 #16
B117-A	배터리 모듈 #17
B117-B	배터리 모듈 #17
B118-A	배터리 모듈 #18
B118-B	배터리 모듈 #18
BB15	BSA MAIN 하네스 연결 커넥터

BSA 센서 #6 하네스 (CMU #6 Group)

B16-B	CMU #6
B119-A	배터리 모듈 #19
B119-B	배터리 모듈 #19
B120-A	배터리 모듈 #20
B120-B	배터리 모듈 #20
B121-A	배터리 모듈 #21
B121-B	배터리 모듈 #21
B122-A	배터리 모듈 #22
B122-B	배터리 모듈 #22
BB04	BSA 온도 센서 #2 하네스 연결 커넥터
BB16	BSA MAIN 하네스 연결 커넥터

배터리 시스템 어셈블리 (BSA – Long Range) (1)

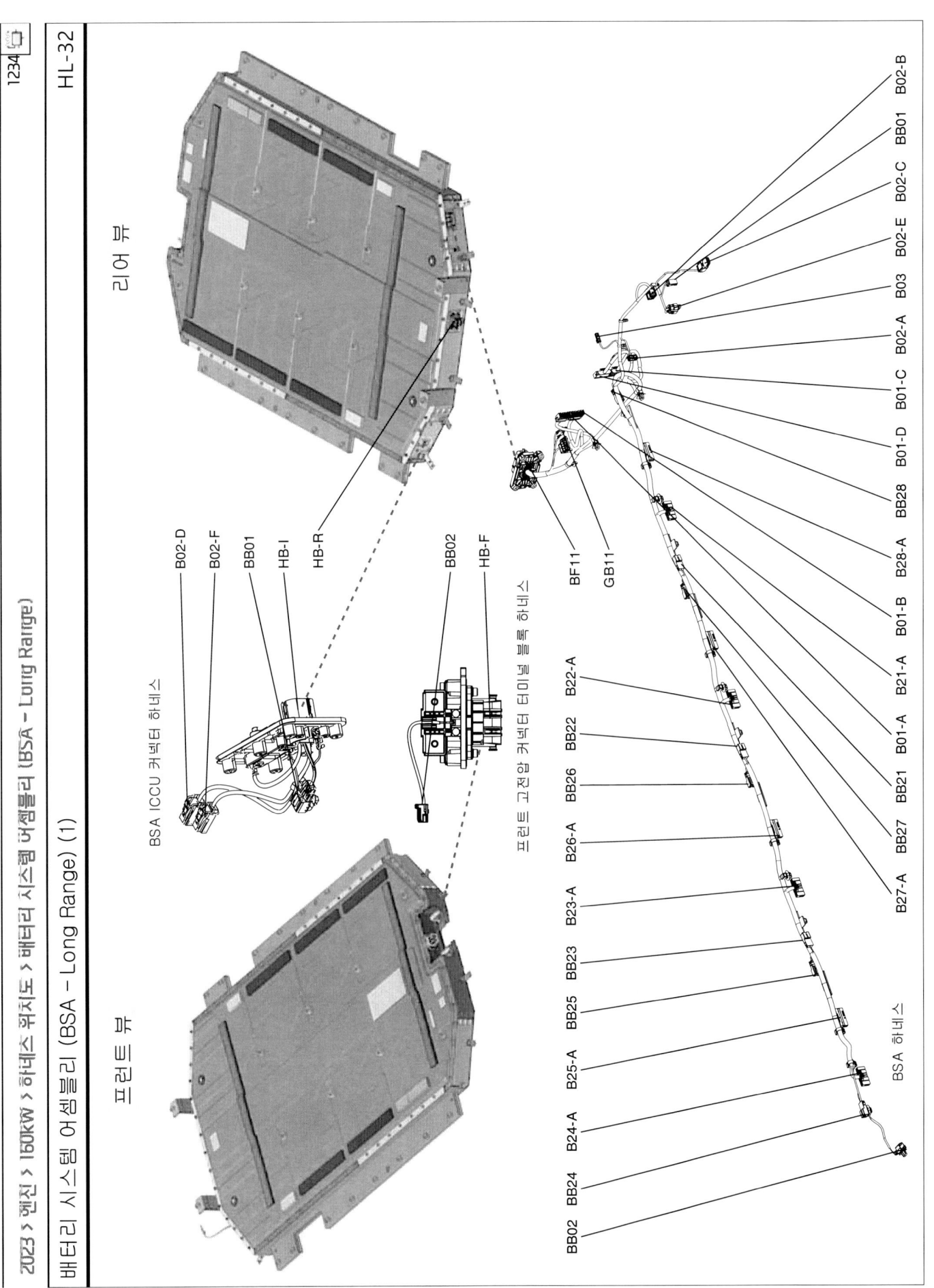

배터리 시스템 어셈블리 (BSA – Long Range) (2)

BSA 하네스

B01-A	BMU
B01-B	BMU
B01-C	BMU
B01-D	BMU
B02-A	파워 릴레이 어셈블리 (Isolation +)
B02-B	파워 릴레이 어셈블리 (Main)
B02-C	파워 릴레이 어셈블리 (Isolation –)
B02-E	파워 릴레이 어셈블리 (Current Sensor)
B03	리어 고전압 커넥터 터미널 블록 (인터록)
B21-A	CMU #1
B22-A	CMU #2
B23-A	CMU #3
B24-A	CMU #4
B25-A	CMU #5
B26-A	CMU #6
B27-A	CMU #7
B28-A	CMU #8
BB01	BSA ICCU 커넥터 하네스 연결 커넥터
BB02	프런트 고전압 커넥터 터미널 블록 하네스 연결 커넥터
BB21	BSA 센서 #1 하네스 연결 커넥터
BB22	BSA 센서 #2 하네스 연결 커넥터
BB23	BSA 센서 #3 하네스 연결 커넥터
BB24	BSA 센서 #4 하네스 연결 커넥터
BB25	BSA 센서 #5 하네스 연결 커넥터
BB26	BSA 센서 #6 하네스 연결 커넥터
BB27	BSA 센서 #7 하네스 연결 커넥터
BB28	BSA 센서 #8 하네스 연결 커넥터
BF11	플로어 하네스 연결 커넥터
GB11	접지

BSA ICCU 커넥터 하네스

B02-D	파워 릴레이 어셈블리 (+)
B02-F	파워 릴레이 어셈블리 (–)
BB02	BSA MAIN 하네스 연결 커넥터

프런트 고전압 커넥터 터미널 블록 하네스

BB02	BSA 하네스 연결 커넥터

배터리 시스템 어셈블리 (BSA)

HB-F	고전압 배터리 (프런트 고전압 정션 블록)
HB-I	고전압 배터리 (ICCU)
HB-R	고전압 배터리 (리어 고전압 정션 블록)

배터리 시스템 어셈블리 (BSA - Long Range) (3)

BSA 센서 하네스

B21-B (CMU #1 Group)
B22-B (CMU #2 Group)
B23-B (CMU #3 Group)
B24-B (CMU #4 Group)
B25-B (CMU #5 Group)
B26-B (CMU #6 Group)
B27-B (CMU #7 Group)
B28-B (CMU #8 Group)

BB21 (CMU #1 Group)
BB22 (CMU #2 Group)
BB23 (CMU #3 Group)
BB24 (CMU #4 Group)
BB25 (CMU #5 Group)
BB26 (CMU #6 Group)
BB27 (CMU #7 Group)
BB28 (CMU #8 Group)

B204-B (CMU #1 Group)
B208-B (CMU #2 Group)
B212-B (CMU #3 Group)
B216-B (CMU #4 Group)
B220-B (CMU #5 Group)
B224-B (CMU #6 Group)
B228-B (CMU #7 Group)
B232-B (CMU #8 Group)

B203-B (CMU #1 Group)
B207-B (CMU #2 Group)
B211-B (CMU #3 Group)
B215-B (CMU #4 Group)
B219-B (CMU #5 Group)
B223-B (CMU #6 Group)
B227-B (CMU #7 Group)
B231-B (CMU #8 Group)

B202-B (CMU #1 Group)
B206-B (CMU #2 Group)
B210-B (CMU #3 Group)
B214-B (CMU #4 Group)
B218-B (CMU #5 Group)
B222-B (CMU #6 Group)
B226-B (CMU #7 Group)
B230-B (CMU #8 Group)

B204-A (CMU #1 Group)
B208-A (CMU #2 Group)
B212-A (CMU #3 Group)
B216-A (CMU #4 Group)
B220-A (CMU #5 Group)
B224-A (CMU #6 Group)
B228-A (CMU #7 Group)
B232-A (CMU #8 Group)

B203-A (CMU #1 Group)
B207-A (CMU #2 Group)
B211-A (CMU #3 Group)
B215-A (CMU #4 Group)
B219-A (CMU #5 Group)
B223-A (CMU #6 Group)
B227-A (CMU #7 Group)
B231-A (CMU #8 Group)

B201-A (CMU #1 Group)
B205-A (CMU #2 Group)
B209-A (CMU #3 Group)
B213-A (CMU #4 Group)
B217-A (CMU #5 Group)
B221-A (CMU #6 Group)
B225-A (CMU #7 Group)
B229-A (CMU #8 Group)

B202-A (CMU #1 Group)
B206-A (CMU #2 Group)
B210-A (CMU #3 Group)
B214-A (CMU #4 Group)
B218-A (CMU #5 Group)
B222-A (CMU #6 Group)
B226-A (CMU #7 Group)
B230-A (CMU #8 Group)

BB05 (CMU #2 Group)
BB06 (CMU #8 Group)

B201-B (CMU #1 Group)
B205-B (CMU #2 Group)
B209-B (CMU #3 Group)
B213-B (CMU #4 Group)
B217-B (CMU #5 Group)
B221-B (CMU #6 Group)
B225-B (CMU #7 Group)
B229-B (CMU #8 Group)

BSA 센서 하네스 #1~#8

리어
프론트
Top View

배터리 시스템 어셈블리 (BSA – Long Range) (4)

BSA 센서 #1 하네스 (CMU #1 Group)

- B21-B   CMU #1
- B201-A   배터리 모듈 #1
- B201-B   배터리 모듈 #1
- B202-A   배터리 모듈 #2
- B202-B   배터리 모듈 #2
- B203-A   배터리 모듈 #3
- B203-B   배터리 모듈 #3
- B204-A   배터리 모듈 #4
- B204-B   배터리 모듈 #4
- BB21   BSA MAIN 하네스 연결 커넥터

BSA 센서 #2 하네스 (CMU #2 Group)

- B22-B   CMU #2
- B205-A   배터리 모듈 #5
- B205-B   배터리 모듈 #5
- B206-A   배터리 모듈 #6
- B206-B   배터리 모듈 #6
- B207-A   배터리 모듈 #7
- B207-B   배터리 모듈 #7
- B208-A   배터리 모듈 #8
- B208-B   배터리 모듈 #8
- BB05   BSA 온도 센서 #1 하네스 연결 커넥터
- BB22   BSA MAIN 하네스 연결 커넥터

BSA 센서 #3 하네스 (CMU #3 Group)

- B23-B   CMU #3
- B209-A   배터리 모듈 #9
- B209-B   배터리 모듈 #9
- B210-A   배터리 모듈 #10
- B210-B   배터리 모듈 #10
- B211-A   배터리 모듈 #11
- B211-B   배터리 모듈 #11
- B212-A   배터리 모듈 #12
- B212-B   배터리 모듈 #12
- BB23   BSA MAIN 하네스 연결 커넥터

BSA 센서 #4 하네스 (CMU #4 Group)

- B24-B   CMU #4
- B213-A   배터리 모듈 #13
- B213-B   배터리 모듈 #13
- B214-A   배터리 모듈 #14
- B214-B   배터리 모듈 #14
- B215-A   배터리 모듈 #15
- B215-B   배터리 모듈 #15
- B216-A   배터리 모듈 #16
- B216-B   배터리 모듈 #16
- BB24   BSA MAIN 하네스 연결 커넥터

BSA 센서 #5 하네스 (CMU #5 Group)

- B25-B   CMU #5
- B217-A   배터리 모듈 #17
- B217-B   배터리 모듈 #17
- B218-A   배터리 모듈 #18
- B218-B   배터리 모듈 #18
- B219-A   배터리 모듈 #19
- B219-B   배터리 모듈 #19
- B220-A   배터리 모듈 #20
- B220-B   배터리 모듈 #20
- BB25   BSA MAIN 하네스 연결 커넥터

BSA 센서 #6 하네스 (CMU #6 Group)

- B26-B   CMU #6
- B221-A   배터리 모듈 #21
- B221-B   배터리 모듈 #21
- B222-A   배터리 모듈 #22
- B222-B   배터리 모듈 #22
- B223-A   배터리 모듈 #23
- B223-B   배터리 모듈 #23
- B224-A   배터리 모듈 #24
- B224-B   배터리 모듈 #24
- BB26   BSA MAIN 하네스 연결 커넥터

BSA 센서 #7 하네스 (CMU #7 Group)

- B27-B   CMU #7
- B225-A   배터리 모듈 #25
- B225-B   배터리 모듈 #25
- B226-A   배터리 모듈 #26
- B226-B   배터리 모듈 #26
- B227-A   배터리 모듈 #27
- B227-B   배터리 모듈 #27
- B228-A   배터리 모듈 #28
- B228-B   배터리 모듈 #28
- BB27   BSA MAIN 하네스 연결 커넥터

BSA 센서 #8 하네스 (CMU #8 Group)

- B28-B   CMU #8
- B229-A   배터리 모듈 #29
- B229-B   배터리 모듈 #29
- B230-A   배터리 모듈 #30
- B230-B   배터리 모듈 #30
- B231-A   배터리 모듈 #31
- B231-B   배터리 모듈 #31
- B232-A   배터리 모듈 #32
- B232-B   배터리 모듈 #32
- BB06   BSA 온도 센서 #2 하네스 연결 커넥터
- BB27   BSA MAIN 하네스 연결 커넥터

2023 > 엔진 > 150KW > 하네스 위치도 > 설치 포인트

설치 포인트 (1)

HL-36

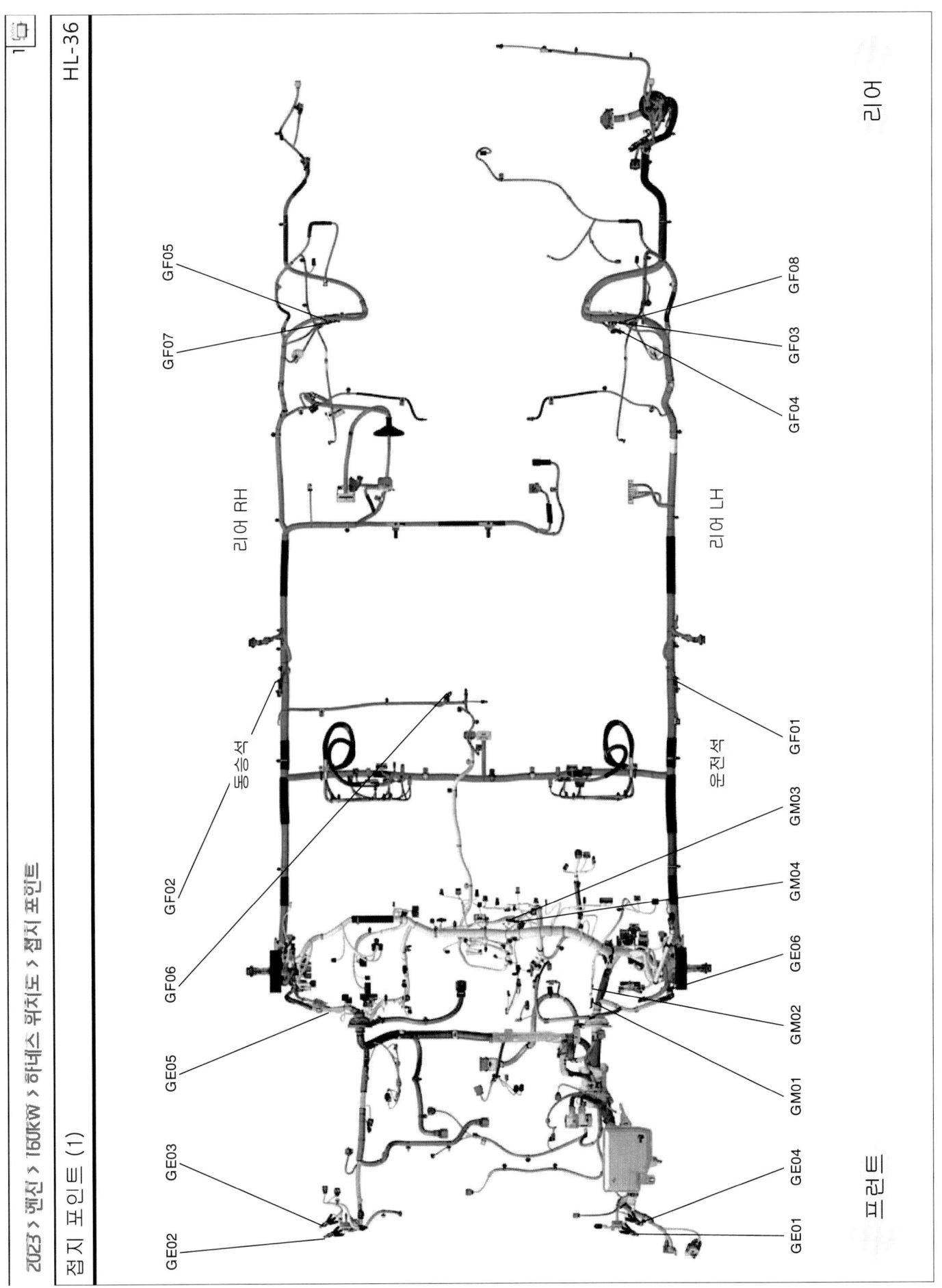

부품 인덱스

- 회로도 ·································· CI - 1

2023 > 엔진 > 160kW > 부품 인덱스

부품 인덱스 (1)   C1-1

	명칭	번호	회로도
	경음기 (High)	E75-H	(SD814-1)/(SD968-1)
	경음기 (Low)	E75-L	(SD814-1)/(SD968-1)
	경음기 스위치 & 조명등	M93	(SD968-1)/(SD969-3)
	계기판	M06/M06-SV	(SD940-1)
	고전압 배터리 (Standard)	HB-F/HB-V/HB-R	(SD371-1)
	고전압 배터리 (Long Range)	HB-F/HB-V/HB-R	(SD371-12)
	고전압 커넥터 인터록	H12	(SD919-2)
가	구동 모터 (리어)	P21	(SD597-1)
	구동 모터 (프런트)	P01	(SD597-3)
	구동 모터 오일 온도 센서 (리어)	P23	(SD233-1)
	구동 모터 오일 온도 센서 (프런트)	P03	(SD233-2)
	굴뚝 박스 램프	M24	(SD929-2)
	급속 충전 (-) 릴레이	H02	(SD373-4)/(SD919-1)
	급속 충전 (+) 릴레이	H01	(SD373-4)/(SD919-1)
	냉각 팬 모터	E72	(SD253-1)
나	냉각수 펌프	E20	(SD971-2)
	냉매 펌프 #1	E03-1	(SD971-2)
	냉매 펌프 #2	E03-2	(SD971-2)
	다기능 스위치	M32	(SD563-2)/(SD921-1)/(SD925-1)/(SD928-1)/(SD941-1)/(SD951-1)/(SD958-1)/(SD981-1)
	다기능 프런트 뷰 카메라	R05	(SD957-8)
	덕트 센서 (Def)	M21	(SD971-6)
	동승석 도어 록 액추에이터	D46	(SD813-2)
	동승석 도어 무드 램프 #1-#2	D20-1/D20-2	(SD929-5)
	동승석 도어 사이드 충돌 압력 센서	D44	(SD569-3)
	동승석 도어 스피커 (앰프 미적용)	D38	(SD969-7)
	동승석 도어 스피커 (앰프 적용)	D39	(SD969-6)
	동승석 도어 아웃사이드 핸들 (디지털 키 미적용)	D48	(SD952-5)
다	동승석 도어 아웃사이드 핸들 (디지털 키 적용)	D47	(SD952-7)
	동승석 도어 아웃사이드 핸들 PIC 안테나	D31	(SD952-5)/(SD952-6)
	동승석 도어 아웃사이드 핸들 플러시 액추에이터	D49	(SD813-4)
	동승석 도어 맵 모터	S30	(SD880-2)/(SD880-5)
	동승석 도어 등받이 모터	S37	(SD880-2)/(SD880-4)
	동승석 도어 릴랙세이션 모터	S31	(SD880-4)
	동승석 무게 감지 센서	F07	(SD569-1)
	동승석 사이드 바디 컨트롤 모듈	D43-A/D43-B/D43-C	(SD952-13)
	동승석 사이드 에어백	F31	(SD569-3)
	동승석 사이드 충돌 감지 센서	F08-P	(SD569-2)
	동승석 세이프티 파워 윈도우 모듈	D33	(SD824-1)/(SD824-3)
	동승석 슬라이드 모터	S28	(SD880-2)/(SD880-5)

2023 > 엔진 > 160KW > 부품 인덱스

부품 인덱스 (2)

명칭	번호	회로도
동승석 시트 벨트 리트랙터 프리텐셔너	F04-P	(SD569-3)
동승석 시트 벨트 버클 센서	F33	(SD569-3)
동승석 시트 유닛 (워크인 & 릴렉세이션 적용)	S24-A/S24-B/S24-C	(SD880-3)(SD880-4)(SD880-5)
동승석 아웃사이드 미러 (DSM 미적용)	D42-M	(SD876-2)
동승석 아웃사이드 카메라 (DSM 적용)	D42-C	(SD876-4)
동승석 앞 눈부심 모터	S29	(SD880-2)(SD880-5)
동승석 에어백 #1~#2	M35-1/M35-2	(SD569-2)
동승석 워크인 스위치	S38	(SD880-4)
동승석 전방 충돌 감지 센서	E12	(SD569-1)
동승석 카드 에어백	F16-P	(SD569-2)
동승석 통풍 시트 블로어 모터	S27	(SD886-1)
동승석 파워 시트 스위치 (워크인 & 릴렉세이션 적용)	앞좌용	(SD880-2)
동승석 파워 시트 스위치 (워크인 & 릴렉세이션 미적용)	뒷좌용	(SD880-3)(SD880-4)
동승석 파워 원도우 모터 (세이프티 미적용)	D32	(SD824-5)
동승석 허리받이 모터	S36	(SD880-2)(SD880-4)
드라이브 모드 스위치	M98	(SD969-3)
디포가 액추에이터	M41	(SD971-3)
레인 센서	R10	(SD951-2)(SD981-1)
룸 램프	R07	(SD929-2)
리어 EPB 액추에이터 LH/RH	F59-L/F59-R	(SD588-2)
리어 USB 충전 단자	F52	(SD945-1)
리어 고전압 커넥터 터미널 블록 (인터록)	B03	(SD371-2)(SD371-12)(SD373-4)
리어 눈부심 센서	P26	(SD922-1)
리어 도어 록 액추에이터 LH	D76	(SD813-2)
리어 도어 록 액추에이터 RH	D96	(SD813-2)
리어 도어 무드 램프 LH #1~#2	D60~D60-2	(SD929-5)
리어 도어 무드 램프 RH #1~#2	D80~D80-2	(SD929-5)
리어 도어 스피커 LH/RH (앰프 미적용)	D66/D86	(SD969-7)
리어 도어 스피커 LH/RH (앰프 적용)	D67/D87	(SD969-6)
리어 도어 아웃사이드 핸들 플러시 액추에이터 LH	UH/6H	(SD813-3)
리어 도어 아웃사이드 핸들 플러시 액추에이터 RH	UH/6H	(SD813-4)
리어 디포거	F21-P/F21-P	(SD879-1)
리어 뷰 카메라 (SVM/빌트인 캠 미적용)	R65	(SD812-1)(SD817-2)(SD969-4)
리어 뷰 카메라 (SVM/빌트인 캠 적용)	R66	(SD812-1)(SD817-2)(SD957-6)(SD957-14)
리어 세이프티 파워 윈도우 모듈 LH/RH	D63/D83	(SD824-2)
리어 시트 벨트 리트랙터 프리텐셔너 LH/RH	F10-L/F10-R	(SD569-3)
리어 시트 벨트 버클 스위치 LH & CTR	F12-L	(SD569-4)
리어 시트 벨트 버클 스위치 RH	F12-R	(SD569-4)
리어 시트 히터 LH/RH	S55-L/S55-R	(SD889-3)

부품 인덱스 (3)

	명칭	번호	회로도
라	리어 시트 히터 컨트롤 모듈	S52	(SD889-3)(SD889-4)
	리어 코너 레이더 LH/RH	R46-L/R46-R	(SD957-10)(SD957-11)
	리어 콤비네이션 램프 (CTR)	R67	(SD927-2)(SD928-3)
	리어 콤비네이션 램프 (OUT) LH/RH	F29-L/F29-R	(SD925-3)(SD927-2)(SD928-3)
	리어 파워 아웃렛	F23	(SD945-1)
	리어 파워 윈도우 모터 LH/RH (세이프티 미적용)	D62/D82	(SD824-4)(SD824-6)
	리어 파워 윈도우 스위치 LH/RH	D68/D88	(SD824-2)(SD824-4)(SD889-4)
마	마이크 LH/RH	R08-L/R08-R	(SD969-2)
	무드 램프 유닛	M34	(SD929-4)
바	배터리 모듈 #1~#2 (Standard)	B101-A/B101-B/B102-A/B102-B	(SD371-4)
	배터리 모듈 #3~#4 (Standard)	B103-A/B103-B/B104-A/B104-B	(SD371-4)
	배터리 모듈 #5 (Standard)	B105-A/B105-B	(SD371-5)
	배터리 모듈 #6~#7 (Standard)	B106-A/B106-B/B107-A/B107-B	(SD371-5)
	배터리 모듈 #8~#9 (Standard)	B108-A/B108-B/B109-A/B109-B	(SD371-6)
	배터리 모듈 #10~#11 (Standard)	B110-A/B110-B/B111-A/B111-B	(SD371-6)
	배터리 모듈 #12~#13 (Standard)	B112-A/B112-B/B113-A/B113-B	(SD371-7)
	배터리 모듈 #14~#15 (Standard)	B114-A/B114-B/B115-A/B115-B	(SD371-7)
	배터리 모듈 #16 (Standard)	B116-A/B116-B	(SD371-8)
	배터리 모듈 #17~#18 (Standard)	B117-A/B117-B/B118-A/B118-B	(SD371-8)
	배터리 모듈 #19~#20 (Standard)	B119-A/B119-B/B120-A/B120-B	(SD371-9)
	배터리 모듈 #21~#22 (Standard)	B121-A/B121-B/B122-A/B122-B	(SD371-9)
	배터리 모듈 #1~#2 (Long Range)	B201-A/B201-B/B202-A/B202-B	(SD371-14)
	배터리 모듈 #3~#4 (Long Range)	B203-A/B203-B/B204-A/B204-B	(SD371-14)
	배터리 모듈 #5~#6 (Long Range)	B205-A/B205-B/B206-A/B206-B	(SD371-15)
	배터리 모듈 #7~#8 (Long Range)	B207-A/B207-B/B208-A/B208-B	(SD371-15)
	배터리 모듈 #9~#10 (Long Range)	B209-A/B209-B/B210-A/B210-B	(SD371-16)
	배터리 모듈 #11~#12 (Long Range)	B211-A/B211-B/B212-A/B212-B	(SD371-16)
	배터리 모듈 #13~#14 (Long Range)	B213-A/B213-B/B214-A/B214-B	(SD371-17)
	배터리 모듈 #15~#16 (Long Range)	B215-A/B215-B/B216-A/B216-B	(SD371-17)
	배터리 모듈 #17~#18 (Long Range)	B217-A/B217-B/B218-A/B218-B	(SD371-16)
	배터리 모듈 #19~#20 (Long Range)	B219-A/B219-B/B220-A/B220-B	(SD371-16)
	배터리 모듈 #21~#22 (Long Range)	B221-A/B221-B/B222-A/B222-B	(SD371-17)
	배터리 모듈 #23~#24 (Long Range)	B223-A/B223-B/B224-A/B224-B	(SD371-17)
	배터리 모듈 #25~#26 (Long Range)	B225-A/B225-B/B226-A/B226-B	(SD371-20)
	배터리 모듈 #27~#28 (Long Range)	B227-A/B227-B/B228-A/B228-B	(SD371-20)
	배터리 모듈 #29~#30 (Long Range)	B229-A/B229-B/B230-A/B230-B	(SD371-21)
	배터리 모듈 #31~#31 (Long Range)	B231-A/B231-B/B232-A/B232-B	(SD371-21)
	배터리 히터 릴레이	H11/H21	(SD919-3)(SD919-5)(SD971-9)(SD971-11)
	번호판등 LH/RH	R43-L/R43-R	(SD928-3)

2023 > 엔진 > 160kW > 부품 인덱스

부품 인덱스 (4)

CI-4

	명칭	번호	회로도
ㅂ	벤트 덕트 센서 (프런트)	M20	(SD971-6)
	보조 정지등	R62	(SD927-2)(SD928-3)
	브레이크 오일 레벨 센서	E06	(SD588-3)
	브레이크 페달 모듈	E08	(SD588-2)
	블로어 릴레이 (RLY.9)	E59	(SD971-1)
	비상등 스위치	M37	(SD925-1)
	빌트인 참 보조 배터리	F20	(SD957-13)
	빌트인 참 유닛 (Built-in CAM)	M25-A/M25-B/M25-C/M25-D/M25-E/M25-U	(SD957-13)(SD957-14)
	서브 우퍼 (앰프 적용)	F11	(SD969-6)
	선 바이저 램프 LH	R11-L	(SD929-2)
	선 바이저 램프 RH	R11-R	(SD929-2)
	선루프 글래스 모터	R20	(SD816-1)
	선루프 블라이드 모터	R21	(SD816-1)
	선루프 스위치	R09	(SD569-1)
	센터 사이드 에어백	F32	(SD969-6)
	센터 스피커 (앰프 적용)	M13	(SD957-9)
	스마트 크루즈 컨트롤 레이더	E76	(SD952-4)
ㅅ	스마트 키 리어 안테나	R45	(SD952-4)
	스마트 키 실내 안테나	F13	(SD952-4)
	스마트 키 트렁크 안테나	F22	(SD952-4)
	스마트 키 프런트 안테나	E77	(SD945-2)
	스마트 폰 무선 충전기	M83	(SD945-2)
	스마트 폰 무선 충전기 인디게이터	M84	(SD969-3)
	스티어링 휠 리모컨 스위치 LH/RH	M91/M92	(SD879-4)
	스티어링 휠 열선 모듈	M94	(SD952-4)
	시동/정지 버튼	M38	(SD851-1)
	실내 감광 미러	R04	(SD971-1)
	실내 미세 먼지 센서	M28	(SD971-6)
	실내 온도 센서	M29	(SD971-6)
	실외 온도 센서	E85	(SD876-1)(SD876-3)(SD878-1)(SD878-2)
	아웃사이드 미러 스위치	M42	(SD366-2)
	악셀 페달 모듈	E02	(SD253-2)
	액티브 에어 플랩 유닛 LH/RH	E86-L/E86-R	(SD969-5)(SD969-6)
	앰프	F03-A/F03-B	(SD569-1)(SD569-2)(SD569-3)
ㅇ	에어백 컨트롤 모듈	F01/M02	(SD971-7)
	에어컨 PTC 히터	E25/M40	(SD971-2)
	에어컨 냉매 솔레노이드 밸브	E07	(SD971-3)
	에어컨 모듈 액추에이터 (동승석)	M33-P	(SD971-3)
	에어컨 모듈 액추에이터 (운전석)	M33-D	(SD971-3)

- 557 -

부품 인덱스 (5)

명칭	번호	회로도
에어컨 블로어 모터	E19	(SD971-1)
에어컨 온도 액츄에이터 (동승석)	M46-P	(SD971-4)
에어컨 온도 액츄에이터 (운전석)	M46-D	(SD971-4)
에어컨 컨트롤 모듈	M03-A/M03-B/M03-C	(SD971-1)(SD971-2)(SD971-3)(SD971-4)(SD971-5)(SD971-6)(SD971-7)
열선 유리 (위) 릴레이 (RLY.10)	E60	(SD879-1)
오버헤드 콘솔	R01	(SD569-1)(SD929-2)(SD957-14)(SD969-2)
오토 디포거 센서	R02	(SD971-4)
오토 라이트 & 포토 센서	M39	(SD951-2)(SD971-5)
외서 모터	E23	(SD981-1)
외서 액 레벨 센서	E22	(SD981-1)
와이퍼 모터	E26	(SD981-2)
운전석 IMS 모듈	S04-A/S04-B/S04-C	(SD877-1)(SD877-2)(SD877-3)
운전석 IMS 스위치	D11	(SD877-4)
운전석 도어 록 액츄에이터	D16	(SD813-2)
운전석 도어 무드 램프 #1-#2	D10-V/D10-2	(SD929-5)
운전석 도어 사이드 충돌 압력 센서	D14	(SD569-3)
운전석 도어 스피커 (앰프 미적용)	D08	(SD969-7)
운전석 도어 스피커 (앰프 적용)	D09	(SD969-6)
운전석 도어 아웃사이드 핸들 (디지털 키 미적용)	D18	(SD952-5)
운전석 도어 아웃사이드 핸들 (디지털 키 적용)	D17	(SD952-7)
운전석 도어 아웃사이드 핸들 PIC 안테나	D01	(SD952-5)(SD952-6)
운전석 도어 아웃사이드 핸들 풀러시 액츄에이터	D19	(SD813-3)
운전석 도어 뒤 램프	S10	(SD877-3)(SD880-1)
운전석 도어 등받이 모터	S17	(SD877-2)(SD880-1)
운전석 릴렉세이션 모터	S11	(SD877-3)
운전석 사이드 바디 컨트롤 모듈	D13-A/D13-B/D13-C	(SD952-12)
운전석 사이드 에어백 & 시트 벨트 버클 센서	F30	(SD569-3)
운전석 사이드 충돌 감지 센서	F08-D	(SD569-2)
운전석 세이프티 파워 윈도우 모듈	D03	(SD824-1)(SD824-3)(SD824-5)
운전석 슬라이드 모터	S08	(SD877-3)(SD880-1)
운전석 시트 벨트 리트랙터 프리텐셔너	F04-D	(SD569-3)
운전석 아웃사이드 미러 (DSM 미적용)	D12-M	(SD876-1)
운전석 아웃사이드 카메라 (DSM 적용)	D12-C	(SD876-3)
운전석 앞 높낮이 모터	S09	(SD877-3)(SD880-1)
운전석 에어백	M16	(SD569-2)
운전석 전방 충돌 감지 센서	E11	(SD569-1)
운전석 커튼 에어백	F16-D	(SD569-2)
운전석 통풍 시트 블로어 모터	S07	(SD886-1)
운전석 파워 시트 스위치 (IMS 미적용-2WAY)	S01-1	(SD880-1)

2023 > 엔진 > 160kW > 부품 인덱스

부품 인덱스 (6)

	명칭	번호	회로도
아	운전석 파워 시트 스위치 (IMS 미적용-10WAY)	S01-2	(SD880-1)
	운전석 파워 시트 스위치 (IMS 적용)	S01-3	(SD877-1)(SD877-2)
	운전석 허리받이 모터	S16	(SD877-2)(SD880-1)
	운전자 주차 보조 제어기 유닛	M18	(SD957-3)(SD957-4)(SD957-5)(SD957-6)
	운전자 주행 보조 제어기 유닛	M17	(SD957-7)
	이매파레이터 센서	M12	(SD971-6)
	익스타넬 부저	E73	(SD952-3)
	인버터 (리어)(시스템)	P22	(SD597-1)(SD597-2)
	인버터 (프런트)(시스템)	P02	(SD597-3)(SD597-4)
	인테이크 액추에이터	E35	(SD971-5)
	자기 진단 점검 단자	M04	(SD200-13)
	전륜 감속기 디스커넥트 액추에이터 (4WD)	P06	(SD597-4)
	전방 PDW 센서 LH/RH (In)(PCAA 미적용)	E81-IL/E81-IR	(SD957-1)
	전방 PDW 센서 LH/RH (Out)(PCAA 미적용)	E81-OL/E81-OR	(SD957-1)
	전방 PDW 센서 LH/RH (In)(PCAA 적용)	E82-IL/E82-IR	(SD957-4)
	전방 PDW 센서 LH/RH (Out)(PCAA 적용)	E82-OL/E82-OR	(SD957-4)
	전방 PDW 센서 LH/RH (Side)(PCAA 적용)	E82-SL/E82-SR	(SD957-4)
저	전자식 구동 모터 오일 펌프 (리어)	P24	(SD233-1)
	전자식 구동 모터 오일 펌프 (프런트)	P04	(SD233-2)
	전자식 변속 레버 릴레이 (RLY.8)	E58	(SD450-2)
	전자식 시프트 레버	M47	(SD450-1)
	전자식 에어컨 컴프레서	E27/P07-S/P07-P	(SD971-7)
	전자식 워터 펌프 #1 (고전압 배터리)	E28	(SD971-8)(SD971-10)
	전자식 워터 펌프 #2 (고전압 배터리)	E29/P08	(SD971-8)(SD971-10)
	전자식 워터 펌프 (리어 PE)	E10	(SD253-1)
	전조등 LH/RH (Option)	E33-L/E33-R	(SD921-2)(SD922-1)(SD925-2)(SD928-2)(SD951-3)(SD958-2)
	전조등 LH/RH (Standard)	E32-L/E32-R	(SD921-2)(SD922-2)(SD925-2)(SD928-2)(SD951-3)(SD958-2)
	점지등 스위치	E21	(SD927-1)
	충전 단자 (5Pin Combo)	C15	(SD373-2)
	충전 단자 LED 모듈	F91	(SD373-6)
	충전 단자 도어 액추에이터	F93	(SD373-6)
	충전 단자 램프	F92	(SD373-6)
	충전 단자 레지스터	C12	(SD373-2)
	충전 단자 록(연록 액추에이터	C16	(SD373-1)
	충전 단자 온도 센서 #1 (급속 +)	C13-1	(SD373-2)
	충전 단자 온도 센서 #2 (급속 -)	C13-2	(SD373-2)
	충전 단자 온도 센서 #3 (완속)	C13-3	(SD373-2)
저	칠러 센서 #1 (시스템)	E05	(SD971-2)
	칠러 센서 #2 (배터리)	E34	(SD971-5)

2023 > 엔진 > 160kW > 부품 인덱스

부품 인덱스 (7)

명칭	편어	회로도
카		
콘솔 USB 충전 단자	F51	(SD945-1)
콤비네이션 안테나 (AM/FM1+GPS+LTE1)	ANT-A	(SD969-8)
크래쉬 패드 무드 램프	M43	(SD929-4)
크래쉬 패드 스위치	M09	(SD373-6)/(SD588-4)/(SD812-1)/(SD817-2)/(SD922-2)/(SD941-1)
클락 스프링	M10/M90	(SD814-1)/(SD879-4)/(SD968-1)/(SD969-3)
타		
트렁크 래치 (파워 트렁크 미적용)	R64	(SD812-1)
트렁크 룸 램프	F28	(SD929-1)
트렁크 스위치 (실내)	R68	(SD817-1)
트렁크 스위치 (실외)	R69	(SD812-1)/(SD817-2)
파		
파워 릴레이 어셈블리 (Isolation +)	B02-A/B02-B/B02-C/B02-D/B02-E/B02-F	(SD371-3)/(SD371-13)
파워 아웃렛 릴레이 (RLY.5)	E55	(SD945-1)
파워 윈도우 스위치	M82	(SD588-4)/(SD813-1)/(SD824-1)/(SD824-3)/(SD824-5)/(SD877-4)
파워 테일게이트 스펀들 LH/RH	F17-L/F17-R	(SD817-3)
파워 트렁크 래치 (파워 트렁크 적용)	R63	(SD817-2)
파워 트렁크 부저	R61	(SD817-1)
파워 트렁크 유닛	F18-A/F18-B	(SD817-1)/(SD817-2) /(SD817-3)
패들 시프트 스위치 LH/RH	M95/M96	(SD969-3)
프런트 고전압 정션 블록 (고전압 배터리)	H13	(SD919-2)
프런트 모니터	M23/M23-G	(SD969-2)
프런트 뷰 카메라 (SVM)	E83	(SD957-6)
프런트 뷰 카메라 (빌트인 캠)	R03	(SD957-14)
프런트 시트 히터 컨트롤 모듈	S02	(SD889-2)
프런트 코너 레이더 LH/RH	E84-L/E84-R	(SD957-10)/(SD957-11)
프런트 룸 키보드	M26-A/M26-B/M26-G	(SD969-1)
프런트 통풍 시트 컨트롤 모듈	S03-A/S03-B	(SD886-1)/(SD886-2)
프런트 도어 스피커 LH/RH (앰프 미적용)	M44-L/M44-R	(SD969-7)
프런트 도어 스피커 LH/RH (앰프 적용)	M45-L/M45-R	(SD969-6)
프런트 파워 아웃렛	M31	(SD945-1)
프런트 휠 센서 LH	E79-L	(SD588-2)
프런트 휠 센서 RH	E79-R	(SD588-2)
프런트 라기지 램프	E31	(SD929-1)
풀로어 무드 센서 (동승석)	M19-P	(SD971-6)
풀로어 무드 센서 (운전석)	M19-D	(SD971-6)
하		
헤드업 디스플레이	M97	(SD969-3)
헤드 램프 디스플레이	M81	(SD943-1)
후드 스위치	E74	(SD814-1)
후방 PDW 센서 LH/RH (In)(PCAA 미적용)	R41-IL/R41-IR	(SD957-2)
후방 PDW 센서 LH/RH (Out)(PCAA 미적용)	R41-OL/R41-OR	(SD957-2)
후방 PDW 센서 LH/RH (In)(PCAA 적용)	R42-IL/R42-IR	(SD957-5)

CI-7

2023 > 엔진 > 160kW > 부품 인덱스

부품 인덱스 (8)

	명칭	번호	회로도
하	후방 PDW 센서 LH/RH (Out)(PCAA 적용)	R42-OL/R42-OR	(SD957-5)
	후방 PDW 센서 LH/RH (Side)(PCAA 적용)	R42-SL/R42-SR	(SD957-5)
	후측 승객 감지 (ROA) 센서	R06	(SD957-15)
	후석 온도 액추에이터 (Cool)	M08-C	(SD971-4)
	후석 온도 액추에이터 (Warm)	M08-W	(SD971-3)
	후석등 LH/RH	R48-L/R48-R	(SD926-1)
	히터 펌프	E30	(SD971-2)
	12V 배터리 센서	E16	(SD373-3)
	A/C 쿨송 모드 액추에이터	F15	(SD971-5)
	A/V & 내비게이션 헤드 유닛	M05-A/M05-B/M05-C/M05-GN/M05-GD	(SD969-1)(SD969-2)(SD969-3)(SD969-4)(SD969-5)(SD969-7)(SD969-8)
		M05-L7/M05-L2/M05-R/M05-SV/M05-U	
		M05-CL	
	ACC 릴레이 (RLY.1)	E51	(SD952-3)
	ADP 유닛 (Acoustic Design Processor)	F02	(SD969-5)
	ALR 센서 (Automatic Locking Retractor)	F09	(SD569-1)
	APT 센서 (히터 펌프 적용)	E09	(SD971-5)
	BMS PTC 히터 온도 센서	E13/P05	(SD971-9)(SD971-11)
	BMS 냉각수 3웨이 밸브	E04/P09	(SD971-8)(SD971-10)
	BMS 냉각수 온도 센서 (라디에이터 아웃)	E18/P10	(SD971-9)(SD971-11)
	BMS 냉각수 온도 센서 (인렛)	E24	(SD971-9)(SD971-11)
	BMU (Standard)	B01-A/B01-B/B01-C/B01-D	(SD371-1)(SD371-2)(SD371-3)(SD371-4)(SD371-9)
	BMU (Long Range)	B01-A/B01-B/B01-C/B01-D	(SD371-11)(SD371-12)(SD371-13)(SD371-14)(SD371-21)
미터	CCU	M07-A/M07-D/M07-E	(SD200-23)(SD200-24)
	CMU #1-#2 (Standard)	B11-A/B11-B/B12-A/B12-B	(SD371-4)(SD371-5)
	CMU #3-#4 (Standard)	B13-A/B13-B/B14-A/B14-B	(SD371-5)(SD371-6)(SD371-7)
	CMU #5-#6 (Standard)	B15-A/B15-B/B16-A/B16-B	(SD371-7)(SD371-8)(SD371-9)
	CMU #1-#2 (Long Range)	B21-A/B21-B/B22-A/B22-B	(SD371-14)(SD371-15)
	CMU #3-#4 (Long Range)	B23-A/B23-B/B24-A/B24-B	(SD371-15)(SD371-16)(SD371-17)
	CMU #5-#6 (Long Range)	B25-A/B25-B/B26-A/B26-B	(SD371-17)(SD371-16)(SD371-17)
	CMU #7-#8 (Long Range)	B27-A/B27-B/B28-A/B28-B	(SD371-17)(SD371-20)(SD371-21)
	DCU	M11-A/M11-B/M11-L7/M11-L2	(SD955-1)
	DSM 모니터 (동승식)	M22-P/M22-P2/M22-P3	(SD876-4)
	DSM 모니터 (운전식)	M22-D/M22-D2/M22-D3	(SD876-3)
	IAU (Identity Authentication Unit)	M27	(SD952-6)
	IBU	M01-A/M01-B/M01-C/M01-D	(SD952-1)(SD952-2)(SD952-3)(SD952-4)(SD952-5)(SD952-6)(SD952-7)
	ICCU	C24-AC/F24-DC/F24-S	(SD373-2)(SD373-3)
	IEB 유닛 (Integrated Electric Brake)	E15	(SD588-1)(SD588-2)(SD588-3)(SD588-4)
	IFS 유닛 (지능형 전조등)	M14	(SD922-1)
	IG1 릴레이 (RLY.3)	E53	(SD952-3)

2023 > 엔진 > 160kW > 부품 인덱스

부품 인덱스 (9)

	명칭	번호	회로도
	IG2 릴레이 (RLY.2)	E52	(SD952-3)
	LTE 안테나 (AVNT)	ANT-LA	(SD969-8)
	LTE 안테나 (DCU-LTE1)	ANT-LB1	(SD955-1)
	LTE 안테나 (DCU-LTE2)	ANT-LB2	(SD955-1)
	MDPS 유닛	E17	(SD563-1)
기타	SBW 액추에이터	P25	(SD450-2)
	SCU	F05	(SD450-2)
	USB 잭 (빌트인 캠)	M89	(SD957-13)
	V2L 유닛	C21/F25	(SD373-1)
	VCMS	F26	(SD373-1)/(SD373-2)
	VCU	E01-2W/E01-4W	(SD366-1)/(SD366-2)
	VESS 유닛	E71	(SD314-1)

제 목 :	**2023 IONIQ6(EV) 전장회로도**
발행일자 :	2023년 1월 10일 발 행
저 자 :	현대자동차(주) 디지털써비스컨텐츠팀
발 행 인 :	김 길 현
발 행 처 :	**(주) 골든벨**
	서울시 용산구 245(원효로1가 53-1) 골든벨빌딩 5~6F
등 록 :	제 1987-000018호
대표전화 :	02) 713-4135 / FAX : 02) 718-5510
홈페이지 :	http : //www.gbbook.co.kr
I S B N :	979-11-5806-628-4
정 가 :	30,000원